油田企业强“三基”实战型培训系列教材

油气地质勘探评价及技术

丛书主编 张庆生

本书主编 段金宝 蔡其新

中国石化出版社

·北京·

内容提要

本书为《油田企业强“三基”实战型培训系列教材》之一，共分八个部分35章，对油田早期勘探阶段获得的特色技术、成功经验进行了系统梳理，结合近年来油气勘探实践和技术成果，总结汇编了中原油田油气勘探发展现状及历程，东濮凹陷、川东北探区、内蒙古探区等三大探区油气地质勘探评价技术，非常规油气勘探评价技术，地震勘探技术，地球物理测井评价及地质实验技术等。

本书可作为从事油气地质勘探评价工作的技术人员和管理人员的培训或继续教育教材使用，也可供石油工程专业相关科研工作者、生产管理人员以及石油院校师生学习参考。

图书在版编目(CIP)数据

油气地质勘探评价及技术 / 段金宝，蔡其新主编.
北京 ：中国石化出版社，2025. 8. --(油田企业强“三基”
实战型培训系列教材). --ISBN 978-7-5114-8064-4

Ⅰ. P618. 13

中国国家版本馆 CIP 数据核字第 2025TA6284 号

中国石化出版社出版发行

地址:北京市东城区安定门外大街 58 号
邮编:100011　电话:(010)57512500
发行部电话:(010)57512575
http://www. sinopec-press. com
E-mail:press@ sinopec. com
北京科信印刷有限公司印刷
全国各地新华书店经销

*

787 毫米×1092 毫米 16 开本 24. 75 印张 475 千字
2025 年 8 月第 1 版　2025 年 8 月第 1 次印刷
定价：128. 00 元

序　言

习近平总书记指出，“能源的饭碗必须端在自己手里”。中国石化牢记殷切嘱托，大力实施人才强企战略，聚焦人才布局与业务发展，加快打造能源化工领域重要人才集聚中心和创新高地，以人才大发展支撑引领公司建设世界领先企业。

中原油田作为国有特大型能源企业，自1975年发现以来，始终胸怀“国之大者”，坚定扛起保障国家能源安全核心职责，加大油气勘探和增储上产力度，加强复杂断块油田及高含硫气田开发技术研究和难题攻关，形成一批关键核心技术和创新成果。为系统总结各专业领域的核心技术和实践经验，推动技术转化与经验传承，在油田发现50周年之际，中原油田组织编写了这套《油田企业强“三基”实战型培训系列教材》。谨以本套丛书向油田献礼！

本套丛书集中了中原油田各专业技术领域多年来的研究成果，是历代专业技术技能人员智慧的结晶，内容涉及油田地质勘探、油藏开发、工程技术，以及高含硫气田开发等领域，围绕科研、生产实际业务和操作项目设置，涵盖技术规范和操作规程，大量引用实例分析，写我所干、干我所写，体现了实战化特点，具有鲜明的中原特色。本套丛书既可以作为岗位工作人员的工具书和操作规范，也可以用作青年人才提升实际工作能力的培训教材。

国以才立、企以才兴。本套丛书是推动产业链、人才链、培训链“三链”融合的重要载体，是人才培养和人才梯队建设的重要基础，是聚力建设“人才支撑型”油田的重要抓手。希望广大读者能够借助本丛书深入掌握油田技术精髓，传承实践经验，在学习与实践中不断探索创新，助力油田在奋进50载，取得辉煌成果的基础上，百尺竿头更进一步，启航新征程，推动油田高质量发展行稳致远。

沉淀镌刻匠心，精工擘画宏图。本套丛书要根据油田发展需要在实践中不断丰富完善，为人才职业成长与行业技术发展赋能，为端牢能源饭碗与保障能源安全再立新功、再创佳绩。

张庆生

2025年5月

前　言

中原油田发展50年，离不开人才支撑，离不开精准培训。员工教育培训是建设高素质专业化人才队伍的先导性、基础性、战略性工程，在全面推进油田高质量发展、加快建设千万吨级一流油气公司中具有不可替代的重要地位和作用。随着油气勘探领域越来越复杂，勘探实践越来越丰富，急需编撰一套适合油气地质勘探专业技术人员的培训教材。

中原油田油气勘探所辖探区，分布在渤海湾、南华北、四川、二连及银额等五大含油气盆地，横跨豫、鲁、冀、蒙、川等五大省区。1975年，东濮凹陷文留构造濮参1井喜获高产轻质原油，标志着中原油田的发现。历经50年艰苦探索和勘探评价，中原油田大力实施技术创新战略和资源扩充战略，积极参与勘探矿权竞标扩大资源基础，先后在东濮凹陷、川东北探区、内蒙古探区建成了三大国内重要的油气生产基地，为我国油气勘探开发事业及能源保供作出了突出贡献。50年来，油田先后组织三次大规模科技攻关，创新研发和消化吸收国际先进水平的地质、物探、钻完井、储层改造、试油试气、计算机等勘探关键技术，形成了丰富的油气地质勘探理论方法、技术成果及实践经验，成为油气地质勘探领域的宝贵财富，特别是在国内创新提出了复式油气藏勘探、复杂断块群勘探、碳酸盐岩礁滩相油气藏勘探、致密砂岩油气藏勘探、页岩油气勘探、煤层气勘探等地质勘探理论及方法，首创了国内第一块实际意义上的三维地震勘探、中国石化第一块高精度三维地震勘探、行业首次突破“高温、高压、高盐”复杂断块钻完井等核心技术，渤海湾盆地复式油气聚集（区）带勘探理论及实践(东濮凹陷)、特大型超深层高含硫气田安全高效开发技术及工业化应用等两次荣获国家科技进步奖特等奖。总结提炼这些宝贵经验、发扬光大这些特色技术，形成通俗易懂的系列培训教材，对于传承赓续、奖掖后学具有重大而深远的意义。

恰逢中原油田发现50周年之际，油田组织编写《油田企业强“三基”实战型培训系列教材》，旨在固化成果，传承经验，培养人才，推动创新。本书基于中原油田勘探实践创新成果和技术集成所得首次编写，立足油田特色、紧贴实际，系统梳理了油田勘探的特色技术、成功经验，结合近年油气勘探实践与技术成果，总结汇编了中原油田油气勘探发展现状及历程、三大探区油气地质勘探与评价、非常规油气地质勘探与评价、地震勘探技术、地球物理测井评价及地质实验技术等内容。

本书充分考虑油气地质勘探评价实际需求，理论与实际结合，突出实用性，可作为油气地质勘探专业技术人员培训或继续教育的教材，也可供相关科研工作者、生产管理人员以及石油院校师生学习参考。当前，油田勘探处于转型期，理论、方法和技术有待完善，因编写人员水平有限，书中或存错漏，望读者多提意见以完善。

本书编写委员会

2025 年 5 月

目　录

第一部分　总　论

第二部分　东濮凹陷油气地质勘探与评价

第三部分　川东北探区油气地质勘探与评价

第四部分　内蒙古探区油气地质勘探与评价

第六部分　地震勘探技术

第七部分　地球物理测井评价技术

第八部分　地质实验技术

第一部分　总　论

第一章　中原油田油气勘探概况

截至2024年底，中原油田拥有油气探矿权15个、矿权面积$1.63\times10^4km^2$，经营区块1个、面积$814.6km^2$，主要分布在渤海湾盆地、南华北盆地、四川盆地、二连盆地及银根－额济纳旗盆地(简称银额盆地)。据“十四五”资源评价，中原油田探区常规石油地质资源量19.24×10^8t、天然气地质资源量$2.87\times10^{12}m^3$；非常规页岩油地质资源量4.65×10^8t、页岩气地质资源量$2.27\times10^{12}m^3$、煤层气地质资源量$0.57\times10^{12}m^3$。

第一节　勘探现状

中原油田油气勘探工作区分布广，勘探领域多，勘探程度差别大，下面按东濮凹陷及南华北、川东北、内蒙古三大探区分别介绍。

一、东濮凹陷及南华北探区

东濮凹陷及南华北探区包括东濮凹陷和2024年新竞得的南华北4个矿权区。

(一)东濮凹陷

东濮凹陷地处山东省、河南省交界地带，区域构造上位于渤海湾盆地临清坳陷南部(图1－1－1)。受兰聊、长垣、黄河等北北东向断裂控制，整体呈北北东向延伸，南宽北窄，面积约$5300km^2$，呈现为“两洼一隆一斜坡”构造形态特征。凹陷内主要发育新生界碎屑岩和盐岩地层，厚度约9000m，富含油气资源，目前探矿权面积为$4008km^2$。

东濮凹陷油气勘探始于1955年，1975年在文留构造钻探的濮参1井突破出油关，1979年正式投入开发，快速建成了中原腹地的大型油气田。共完成二维地震39551.7km，三维地震$4808.4km^2$，凹陷主体构造带和主生烃洼陷带已被高精度三维地震覆盖。完钻各类探井1650口，探井进尺557.99×10^4m，获工业油气流井719口，探井密度为$0.41口/km^2$。

东濮凹陷共揭示东营组、沙一段、沙二上亚段、沙二下亚段、沙三上亚段、沙三中亚段、沙三下亚段、沙四上亚段、沙四下亚段、中生界、上古生界11套含油气层系，已探明文中、文南、文东、濮城、卫城、文明寨、古云集、马寨、桥口、白庙、马厂、胡状集、庆祖集、刘庄、赵庄、南湖、三春集、徐集、前梨园共19个油气田，石油探明率54.1%，天然气探明率17.2%。

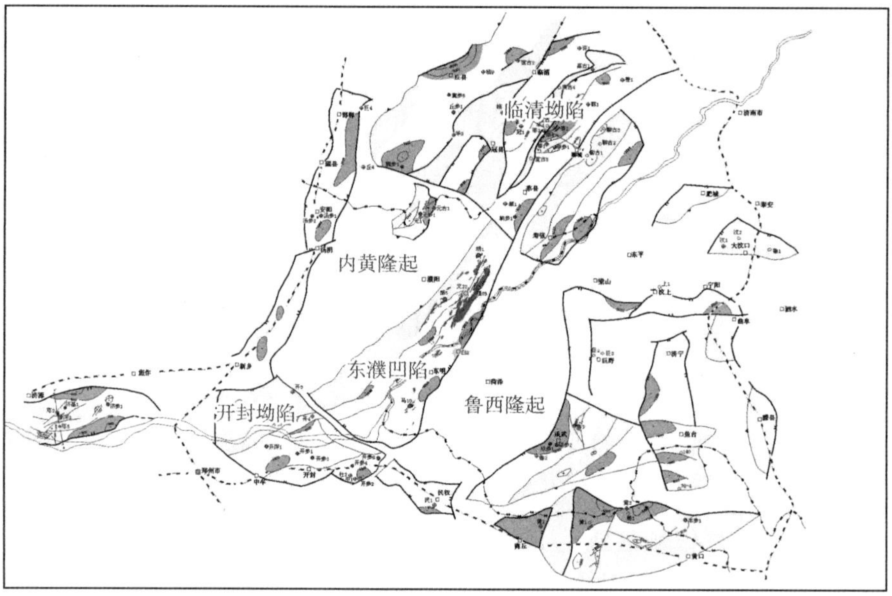

图1-1-1　东濮凹陷区域构造位置图

根据“十四五”资源评价结果，东濮凹陷石油地质资源量为 11.00×10^8t，常规天然气地质资源量为 $3874.8\times10^8m^3$，剩余油气资源潜力较大，主要分布在老油田周边、洼陷带、深层超深层等“三新领域”和非常规领域。近年来，按照“深挖富油构造转换带、拓展低勘探程度区、探索岩性/页岩油新领域”的思路，进军洼陷带，在西南洼南何家构造、葛岗集洼陷马厂构造东翼、前梨园洼陷文东斜坡取得了勘探突破。

（二）南华北探区

2024 年 6 月 14 日，中原油田通过竞标新获得南华北盆地洛宁 1、太康西 2、豫西 2、周口 4 个油气探矿权，面积 $2675.13km^2$。南华北探区油气勘探始于 20 世纪 50 年代，但目前整体勘探程度较低。

二、川东北探区

川东北探区包括普光探区和通南巴探区（经营区）（图 1-1-2）。

（一）普光探区

普光探区地处四川省达州市宣汉县、达县境内，构造上位于四川盆地东北部大巴山推覆带前缘褶断带与川中平缓褶皱带之间，发育陆相和海相多套油气勘探层系。区块内北东向构造包括分水岭西－铁山西、分水岭－铁山、毛坝场－双庙场、土主－雷音铺、东岳寨－双石庙构造带；北西向构造有清溪场、宣汉构造带。目前探矿权面积 $766.11km^2$。

普光探区油气勘探始于 20 世纪 50 年代。2003 年普光 1 井和毛坝 1 井于海相飞仙关组、长兴组获天然气重大突破，发现了普光海相整装高含气田。2005 年开始开发，2009 年建成年产天然气 $106\times10^8m^3$ 的大气田，是国家“川气东送”工程的起点站。截至 2024 年底，区内共完成二维地震 2581.00km，测网密度 1.5km×1.5km；三维地震 $2032.51km^2$，完钻各类常规探井 75 口，累计进尺 39.25×10^4m，获工业气流井 42 口。

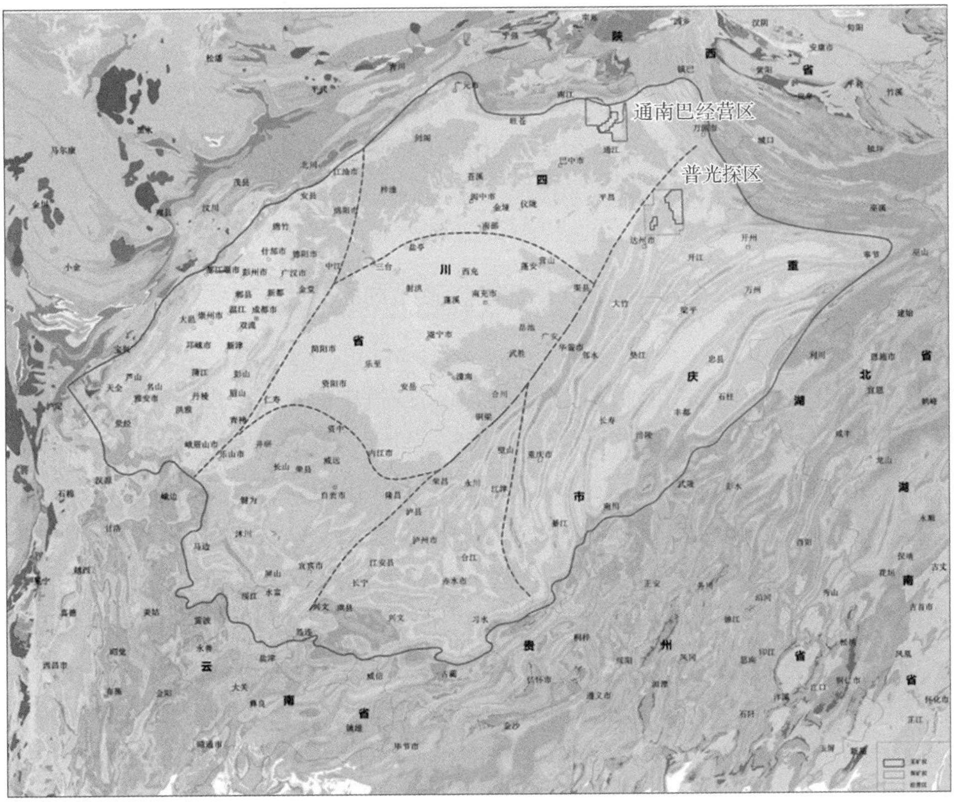

图 1－1－2 川东北普光及通南巴探区构造位置图

普光探区发现多套海相和陆相含气层系，其中陆相含气层系为三叠系须家河组－侏罗系千佛崖组，海相含气层系为嘉陵江－雷口坡组、长兴－飞仙关组、茅口－龙潭组，探明普光、宣汉两个气田，天然气探明率 11.98%。

根据“十四五”资源评价结果，普光探区海陆相天然气资源丰富，常非一体勘探潜力大。近年来，按照“聚焦东向斜陆相千佛崖组致密气、页岩气以及须家河组致密气立体勘探整体部署”的思路，开展全层系勘探评价，取得了新类型勘探重大突破。

（二）通南巴探区

通南巴探区地理位置处于四川省通江县、南江县及巴中市境内，构造上位于四川盆地东北缘，其北侧为秦岭造山带南缘的米仓山冲断构造带，东北侧为大巴山前缘弧形推覆构造带，南邻川中平缓构造带。区块内呈“两洼夹一隆”构造格局，北东走向展布，被北西向断层切割复杂化，可划分为西南段河坝场构造、中段马路背构造和东北段黑池梁构造。2018 年 10 月 12 日中原油田获通南巴地区马路背区块经营权，目前经营区探矿权面积 814.6km^2。

通南巴地区油气勘探始于 20 世纪 50 年代。2006 年部署的马 2 井对须家河组 3161.84～3266.00m 井段进行中途裸眼测试，日产天然气量 3.58×10^{4}m^3，通南巴区块须家河组气藏获突破。区内共完成二维地震 3139.40km/99 条，测网密度达 1km×2km～2km×2km，三维地震覆盖全区，面积 1260.00km^2。经营区块内共钻井 29 口井，累计进尺 13.93×10^{4}m，获工业气流井 15 口，钻揭最老地层为震旦系灯影组。

通南巴探区共发现须家河组、雷口坡组、嘉陵江组、飞仙关组、长兴组、茅口组等多套含油气层系，探明通南巴气田1个，探明率7.3%。根据“十四五”资源评价结果，通南巴区块天然气剩余资源量丰富。近年来，按照“突破侏罗系新层系、展开须家河组新类型”的部署思路，实现了致密气勘探重要突破，拓展了勘探领域。

三、内蒙古探区

内蒙古探区油气勘探工作集中在白音查干、查干和拐子湖三个凹陷。

（一）白音查干凹陷

白音查干凹陷地处内蒙古自治区巴彦淖尔市乌拉特中旗北部，区域构造上位于二连盆地川井坳陷北部，为北断南超的中生界箕状凹陷，呈北东东向展布，东西长约150km，南北宽15～28km，面积约3200km^2。中原油田1993年获得白音查干凹陷油气探矿权，目前探矿权面积1697.41km^2。白音查干凹陷油气勘探工作始于20世纪50年代，中原油田获油气探矿权后，1994年在达尔其构造部署的达1井在下白垩统见油气显示后，向南部构造高部位追踪部署达2井，在腾格尔组738.6～748.6m试获日产油4.69m^3，突破了工业油流关。累计完成二维地震6779.00km，三维地震975.00km^2；完钻探井217口（含地质井、滚动评价井），揭示阿尔善组、腾格尔组两套含油气层系，发现了达尔其、桑合、锡林好来3个油田。根据“十四五”资源评价结果，白音查干凹陷石油地质资源量为1.90×10^8t。

（二）查干凹陷

查干凹陷地处内蒙古自治区巴彦淖尔市乌拉特后旗，区域构造位于银额盆地东部的查干德勒苏坳陷，呈不规则“菱形”展布，面积约2000km^2。中原油田1998年获得查干凹陷的油气勘探权，目前探矿权面积为1737.36km^2（含白云凹陷）。查干凹陷油气勘探工作始于20世纪50年代中期，2009年毛1井苏二段老井试油首次突破工业油流关。完成二维地震2172.65km/62条，测网密度1km×1km～2km×2km，三维地震704.90km^2；探井72口，累计进尺17.55×10^4m，其中47口井见良好油气显示，13口井获工业油流。已发现浅层银根组、苏二段稠油和中深层苏一段、巴二段、巴一段稀油5套含油层系，相继发现吉祥、如意2个油田，石油探明率4.5%。根据“十四五”资源评价结果，查干凹陷石油地质资源量为1.61×10^8t（含白云凹陷），天然气地质资源量为28.47×10^8m^3。

（三）拐子湖凹陷

拐子湖凹陷地处内蒙古自治区阿拉善盟额济纳旗和阿拉善右旗巴丹吉林沙漠腹地，位于银额盆地中部，是在前白垩系复合褶皱变质基底之上发育起来的中、新生代沉积凹陷。中原油田2013年获得油气探矿权，目前探矿权面积为3548.96km^2（含敖西南凹陷、芨芨海子凹陷），2016年钻探拐参1井获工业油流，取得油气勘探重大突破。完成二维地震1277.88km，测网密度4km×6km～8km×6km，三维地震371.06km^2，非地震物探1073km^2，完钻各类探井16口，总进尺7.11×10^4m，工业油流井9口。已发现巴二段、巴一段、前中生界3套含油层系和1个油田（拐子湖油田），石油探明率4.5%。根据“十四五”资源评价结果，石油地质资源量为1.64×10^8t，通过开展洼陷区烃源岩展布和生烃潜力评价，明确了资源背景和勘探潜力，近期主要油气勘探方向是拓展反向屋脊带岩性油藏勘探场面，兼顾基岩潜山勘探新发现。

第二节　勘探发展历程

中原油田油气地质勘探工作始于1955年，共经历了5个发展阶段。

（一）实施区域勘探，突破东濮凹陷，发现中原油田阶段（1955—1978年）

1955年开始，国家地质、石油部门对东濮凹陷所在的华北平原开展了地质普查、重力、磁法勘探和二维地震勘探，基本查明了东濮凹陷（当时称东明凹陷）结构、二级构造带分布及主要局部构造。1975年9月7日，在文留构造钻探的濮参1井喷出高产工业油流，标志着中原油田的发现。

（二）推进科技攻关，加大圈闭详探，大规模增储建产阶段（1979—1988年）

1979年4月，东濮石油勘探会战指挥部改为东濮石油会战指挥部，1983年3月12日，国务院批准组织中原油田生产建设技术攻关会战，会战的具体目标是，新增石油天然气探明储量50%，1985年生产原油500×10^4t。通过组织东濮石油勘探会战，集中勘探、扩大勘探、滚动勘探，快速在中原腹地发现了石油天然气规模资源，发现了文中、卫城、文东、文南、桥口等一批整装油田和文23气田。随后东濮凹陷的油气勘探工作以文中油田为中心，向濮城、卫城、文明寨、胡状集、庆祖集、白庙、马厂等构造迅速展开，储量、产量大规模增长，1988年年产原油722×10^4t，年产天然气$12.88\times10^8m^3$。

（三）多方位扩矿权，大力度拓资源，新区新领域探索阶段（1989—2003年）

东濮凹陷经过大规模油气勘探工作，主体构造的石油地质储量已基本探明，勘探工作逐步转向油田周边的小断块、低幅度小圈闭，油气储量增长缓慢。为获取新的油气发现，中原油田加强了东濮凹陷外围勘探工作。1993年，中国石油天然气总公司确立“加快全国勘探步伐，放开勘探市场”的方针，将国内含油气盆地划分为油田自营区、对外承包区和风险勘探区，把油气勘探项目推向市场，实行招标承包。中原油田大力实施资源扩充战略，开展国内风险勘探，积极寻求新的资源接替阵地。针对东濮凹陷外围，至2003年中原油田登记莘县、济源、中牟、成武、鱼台等探矿权面积达$1.27\times10^4km^2$。1993年通过竞标获得白音查干凹陷油气探矿权，1998年获得查干凹陷油气探矿权，其间还先后获得新疆伊犁盆地、青海民和盆地、银川盆地、陕北富县、塔里木盆地中原探区、宁夏永利探区、山西和顺煤层气区块等探矿权。

（四）进军川东北，再战内蒙古，跨入千万吨级油气田阶段（2004—2011年）

进入21世纪，国家对石油资源安全稳定供应更加重视，中原油田认真贯彻落实中国石化集团公司党组决策部署，按照“全力推进普光、强化东濮老区、积极挺进内蒙古”的勘探思路，实现了三大探区油气勘探开发储量产量快速增长。2005 年油田接手普光气田开发建设，2009 年取得普光探矿权，2010 年普光气田投产。东濮老区加强精细勘探，保持储量稳定增长。2009 年 9 月获得内蒙古探区二连新区 7 个探矿权区块，面积 $1.96\times10^4km^2$；白音查干桑合、达尔其、锡林好来油田相继投产，查干凹陷探明了吉祥、如意 2 个油田，中康合作区块投入开发。2011 年油田年产油气 1111×10^4t(油气当量)，迈入全国千万吨级油气田行列。

(五)老区深化勘探，新区高效勘探，支撑高质量发展阶段(2012 年至今)

2012 年以来，在新的发展形势下，油田认真贯彻落实习近平总书记关于端牢能源饭碗重要指示批示精神，加大勘探开发和增储上产力度，大力实施资源扩充战略，积极开展“拓资源、增储量、扩矿权”，油气并重，常非并举，全面推进油气勘探工作。东濮老区加强复杂断块群精细勘探和“三新”领域高效勘探，实现了老区常规非常规油气勘探新突破；普光探区推进海陆并进、常非一体油气勘探，新区新层系实现常规非常规油气勘探新发现。2013 年在内蒙古探区新增银额盆地拐子湖凹陷油气探矿权，部署拐参 1、拐 6 井相继获得高产油气流。2018 年在川东北探区获得通南巴气田经营权，勘探开发一体化推进致密砂岩断缝体勘探，实现储量产量新增长。2024 年在南华北盆地新获 4 个区块油气探矿权。通过大力推进三大基地联动发展，持续打造千万吨级一流油气田，确保油田在新时代高质量发展新征程中行稳致远。

第三节　油气勘探发现井

由于每个探区的油气地质条件不同，油气勘探突破的规律和特点也不尽相同，这里针对每个探区，选取其突破发现井进行简单介绍，以期对探区新的油气发现能有所借鉴和启发。

(一)东濮凹陷发现井——濮参 1 井

经过重力勘探、磁法勘探和二维地震勘探，在东濮凹陷落实了 4 个二级构造带和文留、卫城等 18 个局部构造，实施的东参 1、新 1 井见油斑砂岩，证实具备油气生成、运移过程，是有利的油气远景区。1975 年在文留构造部署探井濮参 1 井。河南石油勘探局 3282 钻井队承担濮参 1 井钻探任务，该井于 1975 年 7 月 25 日开钻，1975 年 9 月 7 日钻至沙二下亚段井深 2607.06m 时发生强烈井喷，井口开始溢出棕黄色原油，紧接着泥浆、流砂携带大量原油从井口喷出，油柱喷高 5 ~ 20m。该井的钻探突破了东濮凹陷出油关，展现了良好的含油气远景，也揭开了东濮石油会战的序幕。

濮参 1 井是钻探中自喷且未正常生产，后期为完善井网部署替代井——新濮参 1 井。新濮参 1 井于 1976 年 6 月进行沙二下 2 – 3 砂组酸化试油，初期油压 5.2MPa 自喷生产，日产油量为 31.2t，至 1985 年 7 月转抽，1986 年 9 月至 2008 年 10 月关井。在精细地层对比、储层及构造研究基础上，2008 年 2 月利用文侧 90 – 2 低效井实施配套精细注水开发，新濮参 1 井同年 11 月重新开井，自喷生产，日产油量为 12t，至 2009 年 2 月转抽，日产油量为 36.1t，见效显著。新濮参 1 井累计产油量为 2.3×10^4t。

（二）普光气田发现井——普光 1 井

经过重力勘探、磁法勘探和二维地震勘探，落实了普光探区发育有双石庙、黄金口、东岳寨、雷音铺、铁山、双庙场等构造，钻 10 余口浅井及川 1、川 25、川 26、川岳 83 井，在下侏罗统、上三叠统发现了微弱油气显示。1999 年之后，重新分析认为川东北地区具有下寒武统、上奥陶－下志留统、下二叠统和上二叠统 4 套优质烃源岩，油气资源基础雄厚；自下而上发育有石炭系黄龙组、上二叠统长兴组、下三叠统飞仙关组及嘉陵江组等优质储层；同时，上有较厚的嘉陵江组优质膏盐岩盖层；发育构造及构造－岩性复合圈闭，具有优越的成藏条件，明确了普光地区是天然气勘探首选。

2001 年在宣汉－达县地区东岳寨－普光构造上部署了第一口预探井——普光 1 井，设计垂深为 5180m。普光 1 井于 2001 年 11 月 3 日开钻，至 2002 年 5 月 14 日自 1750m 开始侧钻，至 2003 年 4 月 27 日钻至井深 5700m 完钻，完钻层位二叠系长兴组。共发现异常显示 300.07m/94 层，在主要目的层段飞仙关组共发现气测异常 158.97m/57 层，气测全烃最高达 69.13%。对飞一段 5610.3～5666.24m 射孔测试，采用 21mm 孔板求产，油压为 19.0MPa，试获天然气产量为 $42.37\times10^4m^3/d$，定性为高产气层，发现了普光大气田。

（三）通南巴探区发现井——马 2 井

经过重力勘探、磁法勘探和二维地震勘探，落实了通南巴探区马路背背斜带构造形态以及地层岩性和岩相变化特征。1984 年在马路背背斜带钻探海相区域普查探井川涪 82 井，在嘉陵江组二段完井测试仅获日产天然气 $0.8\times10^4m^3$。

21 世纪初，受河坝 1 井和普光气田发现的启示，为加快通南巴背斜带天然气勘探步伐，于 2006 年在马路背构造部署实施了海陆兼探井马 1、马 2 井。马 2 井于 2006 年 4 月 4 日开钻，2008 年 2 月 14 日完钻，完钻井深为 5660.64m（斜深），完钻层位为上二叠统吴家坪组（未穿）。共发现油气显示 228.57m/66 层，其中须家河组四段发现裂缝型气层 2.5m/1 层、裂缝型含气层 0.5m/1 层、含气层 15.6m/4 层。对须家河组四段 3220.0～3265.0m 井段进行常规测试，采用 8mm 油嘴、31.8mm 孔板，获日产天然气 $4.038\times10^4m^3$，实现了通南巴气田须家河组气藏勘探突破。

（四）白音查干凹陷发现井——达 2 井

经过重力勘探、磁法勘探、电法勘探和二维地震勘探，明确了白音查干凹陷结构构造和主生烃洼陷。钻探的白参 1 井见油斑、油迹、荧光 21.5m/25 层，证实白音查干凹陷具备生油能力，但随后钻探的白 3、白 6、白 7 井均未见任何油气显示。1993 年中原油田中标白音查干凹陷的风险勘探权后，1994 年首钻达 1 井，7 月 16 日开钻，8 月 7 日完钻，完钻井深为 1394.3m，完钻层位为阿二段。见含油－荧光级别油气显示 60.58m/35 层，裸眼测试见油花，原油密度为 $0.8331g/cm^3$，油品好。随后追踪达 1 井油气，在构造较高部位反向断鼻实施达 2 井钻探。

1994 年 8 月 19 日达 2 井开钻，9 月 17 日完钻，完钻井深为 1552.88m，完钻层位为古生界。达 2 井油气显示丰富，见油浸 14.24m/7 层、油斑 16.8m/11 层、油迹 4.94m/5 层、荧光 20.7m/13 层。综合解释油层 2.7m/2 层、油水同层 10.22m/6 层、可疑层 14.15m/14

层、水层28.74m/13层。同年10月20日，对2层油水同层进行地层测试，获得日产液量32.83m^3、日产油量4.69m^3，发现了达尔其油田。

（五）查干凹陷发现井——毛1井

经过重力勘探、磁法勘探、电法勘探和二维地震勘探，明确了查干凹陷结构及主要构造带。1995年钻探的查参1井完钻井深为4316.5m，取得高收获率的含油岩心16层10.56m，试获低产油流。1997年实施了毛1、巴1、毛2井钻探，仅毛1井试获低产油流，证实凹陷具有基本的成藏条件和较好的油气勘探前景。

中原油田1998年获得查干凹陷的油气勘探权后，开展了深入的区域地质特征与油气成藏条件综合研究，认为乌里吉构造带具有深层(巴二段、苏一段)、火成岩裂缝和苏二段顶部砂砾岩段三套有利含油层系，尤其是浅层苏二段顶部砂砾岩段成藏条件更为优越。根据显示情况，2009年3月25日—4月9日，对毛1井1145.9～1185.4m井段20.1m/7层(电测解释为油层、低产油层)进行老井试油，日产油量为2.22m^3，无水，试油结论为油层，突破了工业油流关，实现了查干凹陷勘探突破。

（六）拐子湖凹陷发现井——拐参1井

经过重力勘探、磁法勘探、电法勘探、地球化学勘探和二维地震勘探，查清了拐子湖凹陷形态结构特征。2013年12月中原油田获得油气探矿权后，进一步加大了地震勘探工作，连续开展两期二维地震425km/13条，测网密度达4km×6km～8km×6km。落实了拐子湖凹陷具有北东向斜列拉张半地堑结构特征，优选反向屋脊带部署拐参1井。该井于2015年11月22日开钻，2016年3月23日完钻，完钻井深为3800m，完钻层位为前中生界。

拐参1井在苏红图组、巴音戈壁组和基岩内幕累计钻遇油气显示73.05m/38层，电测解释气层、油层、差油层共46.4m/24层，含气层9.3m/2层。2016年5月26日，对巴音戈壁组二段3419.4～3460.5m井段22.6m/7层进行射孔试油，采用3mm油嘴控制油管放喷，获日产油量为5.86m^3的工业油流。6月15日，对该层段进行压裂，压后采用3mm油嘴放喷，日产油量为51.67m^3、日产气量为7290m^3。采用2mm油嘴放喷求产，日产油量为21.74m^3。实现了拐子湖凹陷油气勘探突破。

第二章　油气地质勘探与评价

油气地质勘探的基本任务是根据石油地质勘探理论，综合采用针对性勘探技术和方法，寻找和评价油气远景区带，发现具工业价值的油气田，并探明其地质储量，取得开发油气田所需的各项数据，为油气田的开发做好准备。

油气地质勘探是一项多学科综合应用的系统工程。表现在理论知识的综合和技术方法的综合。勘探研究与评价需要由石油地质学、地层学、储层地质学、构造地质学、沉积学、地球化学、地球物理学、油气藏工程技术等多学科人员组成的综合研究组协同攻关才能顺利完成。在勘探手段和技术运用上，要综合利用地质、物探、工程一体化多种手段和现代测试分析技术。

油气地质勘探是一项探索性很强的工作。油气田勘探工作的对象在地下深处，影响油气藏形成和分布的因素很多，再加上地下地质资料的多解性及不同地区地质条件的千差万别，使得对一个地区油气分布规律的认识不可能一次完成，而是需要不断地实践、认识，再实践、再认识。一个盆地或探区，往往经过多年甚至长达几十年的勘探和评价，反复多次甚至几上几下，才能找到高产富集区。一个探区成功的理论和经验，可以大大增强勘探地质家的预见性，但不能代替对新探区的探索。

油气地质勘探是一项高投入、高风险的经济活动。油气勘探的投入自始至终伴随着各种各样的风险，如地质家的预测与地下实际情况之间的误差造成的地质风险，油价、税制、供求关系波动造成的经济风险等。要提高经济效益，就要正确地估计各种风险，严格遵循油气勘探的客观规律及勘探程序开展工作，使油气勘探风险降至最低点。

第一节　油气地质勘探理论及程序

通过长期油气勘探实践，形成了各种各样的找油学说或理论，作为一种先进的、有效的油气勘探理论，至少应具备3个基本条件：一是普遍性，要经过较多同类型地质条件区的验证；二是机理性，要能用石油地质理论说明其形成机制；三是可实现性，能较好地用于指导油气勘探实践，具有可操作性，能有效地提高勘探成效，避免在勘探工作中走弯路。

一、油气勘探基本理论

1. 沉积盆地找油论

沉积盆地是油气生成、运移和聚集的基本地质单元。早期的背斜聚油论曾对油气勘探起了很大的指导和推动作用，当时世界上已发现石油的95%以上聚集在背斜圈闭中。随着勘探的深入，发现并不是所有的油气都产自背斜圈闭，技术的进步也促进了大量非背斜型油气藏的发现。

目前世界上已发现的油气田，几乎都位于各种类型的沉积盆地中。全世界大约有600个沉积盆地(不包括深水大洋区)，其中160个已开采油气，240个进行了部分勘探，全球已发现大油气田311个，大气田127个，总数438个。这也许是使石油地质学家和勘探家都把含油气盆地作为主要研究对象的重要原因和动力。虽然油气田都产生和分布于沉积盆地中，但并非所有的沉积盆地都产油气。把在其形成演化历史中存在油气的生成、运移和聚集过程的沉积盆地称为含油气盆地；不存在油气生成、运移和聚集过程的沉积盆地称为非含油气盆地。控制沉积盆地是否含油气的内在因素是该盆地是否存在油气生成、运移和聚集的有利地质环境和过程。沉积盆地找油论在勘探实践中的应用总的来说是“先找油区，再找油田”，即先查明控制油气藏形成的盆地区域地质条件，再寻找有利区带进行重点突破。

坚持已确定的目标盆地的勘探和评价，力争油气勘探突破。通过对一个沉积盆地的各项石油地质条件的评价，确认它具有较好的勘探前景，即使勘探工作在相当长的时期内没有取得重大突破，也不应该悲观。要坚信坚持勘探，必有收获。世界油气勘探史上有许多这样的实例，油气勘探突破有时需要很长时间，甚至几上几下，出现“山重水复疑无路”的情况，但坚持勘探，最终还是实现了大突破。一个大的含油气盆地，总可以发现一批大中型油气田，这个决心和信心不能动摇，关键问题是不断总结勘探实践，认真评价盆地发育史和石油地质条件，找到突破的地区、含油气层系、油气藏类型等。

2. 有效生烃区控制论

该理论也称“源控论”，是我国石油地质工作者在大庆油田勘探开发会战时最早提出来的，并在以后的勘探实践中得到进一步总结和发展。它的基本论点是有效生烃区控制了油气田的分布范围。这个理论虽然是针对我国陆相盆地油气分布特点提出来的，但也同样适用于其他类型的盆地。近年来，越来越多的勘探实例证明了“源控论”在找油找气中的重要作用，国外有些学者把它称为“有机地球化学找油论”。

有效生烃区即盆地中成熟烃源岩的分布区，处于有效生烃区内部及其上下层系和邻近地区的圈闭，具有“近水楼台”的优势，易于捕获油气形成油气藏(田)。陆相含油气盆地的有效烃源岩区位于持续下沉的坳陷或凹陷及其邻近地区。油气田一般分布于有效生烃区内或者围绕生烃中心呈环带状分布，可以是半环、单环和多环，一个有效生烃区形成一个或多个油气聚集带。一个陆相含油气盆地常常具有不止一个生烃凹陷，因此，也就有多个油气聚集区。因不同生烃凹陷的烃源岩类型、丰度、成熟度等参数不尽相同，不同油气聚集区的油气富集程度、油气藏类型等也就有较大的差别。

3. 圈闭带控制油气聚集论

圈闭带控制油气聚集论(圈闭带聚油论)是“背斜聚油论”和“二级构造带控油论”的进一步发展。圈闭是油气聚集的最小单元，是进行勘探的直接目标。大量的勘探实践证明，油气田的分布不是孤立的，人们在发现某个油气田后，经常在其相邻的圈闭中找到新的油气田，或者在钻井过程中见到油气显示。这个现象充分说明油气运移是区域性的，它受盆地内一系列圈闭带的控制，亦即油气田的分布是成排成带的。这些圈闭带可以是盆地内的二级构造带(如背斜带、长垣等)，也可以是由区域性的岩性尖灭带形成的圈闭带，或者是由区域性的不整合形成的各类不整合圈闭带等。

按照圈闭带聚油论的基本思想，在勘探过程中，要重视圈闭带的发现、描述和研究，重视油气聚集带的预测，优先选择那些位于生烃凹陷内部或附近的大型圈闭带(如长垣、继承性古隆起等)进行勘探，以期早日发现油气田，从而带动全区勘探工作的全面展开。

在勘探中，要注重总结和运用已有的不同类型圈闭带聚油模式，指导新区勘探工作。我国石油地质工作者在陆相盆地油气勘探实践中，提出了“复式油气聚集带”的概念，并认为这是陆相盆地油气富集的一种显著特征。所谓“复式油气聚集带”，是指由多个含油气层系、多个油气藏类型和多油气水系统组成的油气藏群体。这些油气藏都从属于同一断裂带或地层岩性带，其油气圈闭具有相同的地质成因，一般又有相同的油气源和相同的油气运移和聚集过程，形成了以一种油气藏类型为主而以其他类型油气藏为辅的多种类型油气藏的群体。它们在纵向上相互叠置，在平面上是由不同层系、不同圈闭类型的油气藏相互连片的含油气带。

4. 全油气系统论

全油气系统具体定义为含油气盆地中一套或多套相互关联的有效烃源岩层系生成的油气，从生成演化到非常规连续性聚集和常规圈闭中聚集，以及后期调整改造的全部地质要素与地质过程的自然系统。全油气系统研究的最终目的是实现含油气单元全部常规－非常规油气资源的一体化勘探开发。常规油气聚集过程遵循浮力成藏机制，运移聚集过程为达西流，油气的成藏机制控制了油气分布范围。非常规油气主要为源内滞留成藏和源外近源聚集，整体表现为非浮力自封闭成藏。

近年来，全油气系统理论在国内多个油田均获得了大量的应用。新疆油田基于准噶尔盆地二叠系勘探实践，揭示了准噶尔盆地二叠系“全油气系统中常规－非常规油气序列成藏规律”；由二叠系风城组生油岩向上依次充注形成致密油－常规油，风城组滞留烃形成页岩油，由浅至深依次发育常规油、致密油和页岩油。大庆油田通过对松辽盆地北部青山口组全油气系统深入研究发现：平面上常规油藏、致密油和页岩油横向序列分布。全油气系统常规－非常规油气有序分布打破了传统油气勘探只专注单一类型油气资源的思路。

二、油气地质勘探程序

油气勘探是一个对地下情况反复认识、反复实践的连续过程，但油气勘探在不同时期内的重点勘探对象、主要工作方法、采用的技术和解决的主要问题等都有所不同，从这个意义上讲，油气勘探又是分阶段的。把各阶段之间的先后顺序和相互关系称为油气勘探程序。科学的勘探程序能够正确地体现寻找和评价油气藏这一实践活动的客观规律，它是在勘探过程中必须遵循的科学准则。

油气勘探为什么要按一定程序进行，而不直接钻探获得油气田呢？这既是一个理论问题，也是一个实践问题。油气深埋地下，一般地面无迹象或仅有痕迹，油气是流动的矿产，即使它泄漏而形成的油苗和痕量标志，还是不能肯定油气藏的具体位置(深度、层位、范围)。因此，油气田勘探具有科学探索性、综合性、风险性等特点。必须经过由粗到细、由表及里的探索，才能最终确定油气田存在与否。现代石油地质理论揭示了油气藏形成的内在规律和油气田分布规律，决定了必须先从盆地入手，再到有利地区、有利油气聚集带进行勘探，然后才能最终发现油气藏和评价油气藏。

油气勘探程序是人们在长期勘探实践中总结出来的找油找气步骤，是客观规律。按照这一规律开展勘探工作，能够用较少的资金较快地发现油气田，反之则可能造成大量的浪费，并且延误油气藏的发现。勘探实践反复证明“程序可以加快，但绝不能超越”，现行的勘探程序包括区域勘探、圈闭预探和评价勘探三大阶段。

1. 区域勘探阶段

把整个盆地或盆地的一部分作为勘探对象，强调从全区出发进行整体研究。根据认识程度大体可分为概查和普查两个步骤。概查结果对下一步区域重点或优先区域选择有重要意义。区域勘探阶段不是以直接发现油气为主要目标，不能急于求成，所以，钻探部署很少，重点利用航空航天和地面物探技术，以及结合少量的钻井资料进行地质综合研究。允许对选定区带投入预探之后，继续进行盆地其他地区的区域勘探。

2. 圈闭预探阶段

圈闭预探以直接发现油气藏为主要目标，预探的对象是整个圈闭区带(二级构造带、地层岩性带、断裂带等)。为了弄清圈闭区带的整体情况和细节以及最终选定重点解剖的圈闭，必须首先对整个圈闭区带进行以地震勘探为主的详查，然后进行预探井部署和钻探工作，并对所得的结果进行评价，所以本阶段大体可分为地震详查和钻预探井两大步骤。为了加快找油步伐，允许部分详查工作与钻预探井同时进行或做补充详查。预探阶段成果要反过来加深对区域和盆地勘探的认识。一口预探井出油气后，在继续对其他少量圈闭进行预探的同时，允许对已出油气圈闭采用评价勘探或滚动勘探方式进行勘探部署。

3. 评价勘探阶段

通过地震详查和钻预探井，对已发现油气藏进行评价，取得油气藏类型、面积、厚度、流体性质等参数，计算和提交油气探明地质储量，为油气田开发做好准备。在评价勘探阶段，各种地震勘探技术、井筒勘探技术及分析化验技术的配合使用是取得油气藏各项参数的必要保证。评价勘探可以和开发工作同时交叉进行。对复杂油气田或油气聚集带，在预探阶段结束或未全部结束时，便可首先在高产富集区块或部位，按开发井网部署，一体化边评价边开发，然后逐步外推，最终探明整个油气田或含油气聚集带，这便是滚动勘探开发。

第二节　区域勘探

一、区域勘探的任务及特点

(一) 区域勘探的任务

区域勘探是在一个盆地或盆地的一部分进行的油气勘探。它是油气田勘探程序的第一阶段。其主要任务是查明整个盆地或盆地的一部分的区域地质和石油地质基本条件，进行早期油气远景资源量的估算，选出最有利的生烃凹陷，并确定最有利的油气聚集区带，为下一步的预探部署做好准备，简言之，即“选凹、定带”。由此可见，区域勘探的主要目标是选择油气勘探的战略“靶区”，并不以直接发现油气为目的。查明盆地的区域地质和石油地质基本条件，是区域勘探阶段首要的和最基本的任务。这些基本条件如下。

(1)盆地地层和沉积条件：沉积盖层的地层层序、时代、岩性、厚度、接触关系及其变化，沉积相带的展布及沉积模式。特别注意查明不整合及其分布，并确定地层、岩性尖灭带位置。

(2)盆地构造条件：进一步分析盆地的性质和类型，基底性质和起伏情况，盆地一级构造单元和二级构造带的划分和展布，查明主要断裂的分布和发育情况。

(3)生油条件：生油层系的岩性、岩相及厚度变化，生油岩丰度指标和有机质类型、生油岩的成熟度、生烃量和排烃量。圈出有效生油岩分布区的大致范围。

(4)区域性储层及生储盖组合条件：储层岩性、岩相及厚度变化，特别注意储集体(三角洲、河道等砂体，生物礁、滩等碳酸盐岩透镜体)的存在及变化情况，储层基本物性特征和类型，盖层岩性、厚度和变化，沉积盖层中生储盖组合的类型及分布模式，特别注意找准主要目的层系。

(5)油气水资料：油、气的宏观与微观显示，纵向层系中油、气、水的物理、化学性质及分类。

在上述资料综合研究的基础上，做出区域含油气远景评价，并对盆地的构造升降史、沉积充填史、生油岩热演化史、油气运移聚集史(“四史”)进行深入的分析。

(二)区域勘探工作的特点

区域勘探作为油气田勘探的第一步，有其自身的一些特点，主要表现在它的区域性、整体性和综合性(“三性”)上。

区域性：这是由油气藏分布的地质规律所决定的，油气藏只分布在区域上各种石油地质条件均较有利的地区。不可能一下子直接找到油气藏，除非有方便、高效的直接找油方法和手段。所以，总得先撒大网，找到有利区块或聚集带，再找油气藏。了解这种区域性着眼的思想和特点，有利于避免在区域情况不清的情况下急于求成或四面出击，找不到区域上的重点；或过早过多地把勘探力量集中在某一地区；或勘探力量过于分散，殆误重点区带的突破。

整体性：如果说区域性主要从盆地上着眼的话，整体性体现的是盆地作为油气生成、运移和聚集的基本单元，盆地的演化控制着油气的演化和油气田的分布。同一性质的盆地，有大体相同的油气聚集规律，即油气的生成、运移、聚集是与盆地演化有机联系的。整体性特点要求在整个区域勘探阶段要注意研究盆地的性质和类型，既要用一定的盆地成烃成藏模式指导区域勘探部署，又要依据区域地质和石油地质条件对盆地再认识，对成藏规律再探索，避免预探及以后阶段的反复，坚持沿区域勘探指出的“路”走下去。

综合性：区域勘探阶段多种勘探手段的应用和综合性研究工作性质很强，切忌仅从某一手段所获资料和成果出发，或仅从石油地质某一条件的优劣出发，对整个区块做出肯定性或否定性的结论。

二、区域勘探的步骤及工作部署

根据中国石化区域勘探的经验，把区域勘探划分为获得探矿权及建立项目、物探普查及地面地质调查、钻参数井(或风险探井)及盆地评价和区带评价等四个步骤。

(一)获得探矿权及建立项目

区域勘探项目的建立是通过竞争性出让招投标获取区块的探矿权，在有限的时间内开展石油地质勘探评价和钻探工作，以保证油气后备储量不断增长。这个阶段的主要任务有两个：一是对勘探对象(含油气盆地或盆地的部分区域)地质情况进行分析研究，初步预测其含油气性及资源潜力；二是做好勘探对象的总体设计。

区域勘探项目的建立应当以现代石油地质和勘探理论为指导，在已有资料基础上，或对盆地先做少量区域地质调查和地球物理工作，做出综合分析判断。含油气盆地成藏模式和理论，对区域勘探对象的选择有重要的指导作用。坚持盆地找油理论，并对含油气盆地进行分析研究，划分含油气区，特别是根据世界和我国含油气盆地的新发现，进行总结、类比和预测待建区域勘探对象的含油气性，是使区域勘探工作保持活力的保证。

(二)物探普查及地面地质调查

本阶段主要是对所选择的盆地或盆地的一部分广泛地开展以地震普查为主的地球物理勘探工作，并综合使用地质调查、非地震物探、地球化学勘探、卫星照片解释等手段。物探普查阶段的主要任务是进一步研究盆地的区域地质概况，划分构造单元，查明二级构造带，提出参数井的部署方案。为了完成这些任务，物探普查必须分两步走。

(1)进行全盆地的小比例尺重磁力概查(比例尺 1：50 ~ 1：100 万)、地震概查(线距 10 ~ 32km)，同时辅以遥感照片解释、地球化学勘探和地面地质测量及各项地质专题研究。概查的目的是概略了解盆地区域隆起(凸起)和坳陷(凹陷)的分布，划分盆地的一级构造单元，明确盆地结构、地质构造特征及沉积岩的厚度与分布。

(2)在概查的基础上，主要加密地震测线进行连片测量。线距一般 8 ~ 16km，海域及小盆地可适当加密至 4 ~ 8km。在有利凹陷及地区，地震测网密度可达 4km × 4km ~ 3km × 6km。其他勘测手段应根据实际需要做补充部署，如适当安排一些中比例尺(1：20 ~ 1：5 万)的重磁力、遥感解释、地球化学勘探工作等。主要目的是详细划分二级构造单元，查明各二级构造带的特征，做出构造分析。同时要根据地震地质资料，结合盆地周边及地面露头等资料，进行地震地层学研究，了解沉积体系和砂体分布。此外，也可追踪露头区生油层在盆地内的分布，划分出有利的洼陷区和生烃区，提出钻探方案。

(三)钻参数井(或风险探井)

参数井(或风险探井)部署是在物探普查的基础上进行的，具体参考图 1 – 2 – 1，主要任务如下：

(1)了解探区内的地层层序、时代、接触关系、岩性等，建立覆盖区的标准地层剖面。

(2)查明生储盖组合情况，纵向上的目的层数和可能的主要目的层，配合物探普查明确储集层和砂体基本展布。

(3)了解区内生油层的纵向分布，配合物探资料，可确定生油坳(凹)陷。

(4)为地球物理解释特别是地震资料的解释提供参数，如地层的层位、年代、反射性质等。

(5)找油气。

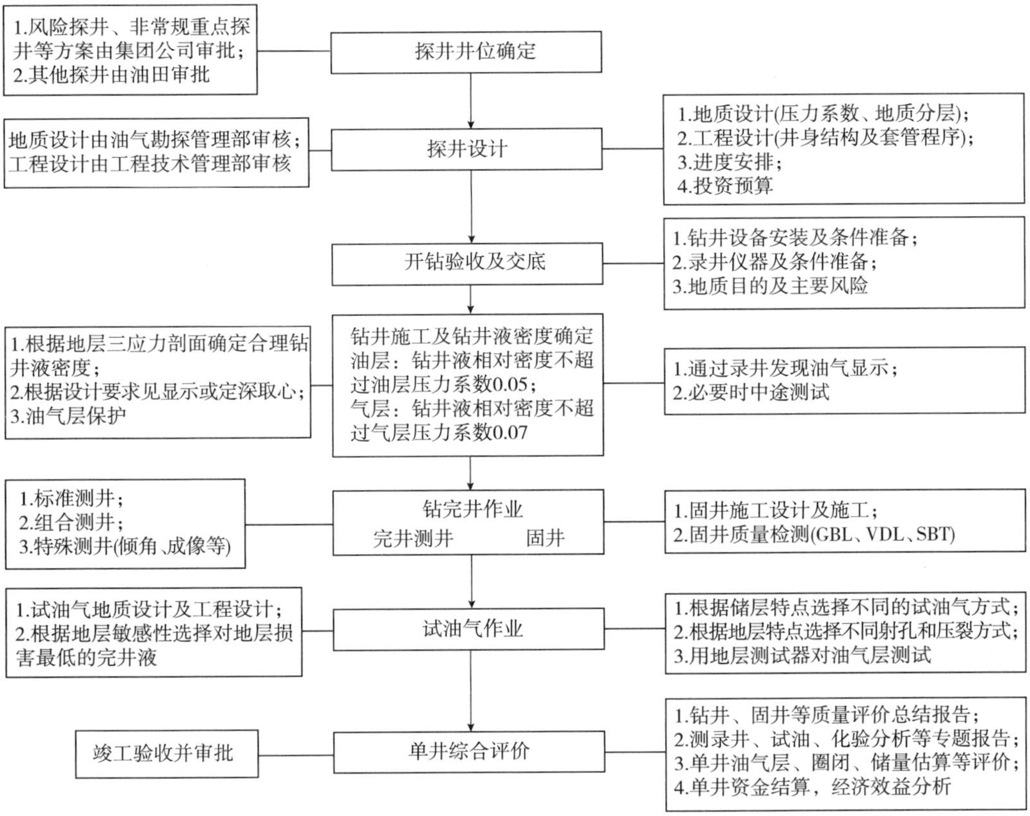

图 1－2－1 探井系统工程运行流程图(以中原油田为例)

(四)盆地评价和区带评价

经过区域勘探各个步骤和环节的勘探部署之后，应对盆地的含油气性潜力做出正确的评价并优选出有利的二级构造带或圈闭带，这就是盆地评价与区带评价所要解决的问题。

1. 盆地评价

盆地评价的主要地质任务是在区域地质调查的基础上，优选出具有含油气远景的盆地；通过盆地分析和模拟等方法，阐明盆地油气形成和富集的基本规律，优选出油气聚集的有利区带，并进行盆地油气远景资源量的估算(据 SY/T 5519《盆地评价技术规范》)。概括为两点：一是开展盆地综合分析、建立盆地地质模型；二是对盆地的油气资源潜力做出评价。

1)盆地综合分析、建立盆地地质模型

紧紧围绕控制油气藏形成的区域地质条件和基本石油地质条件的分析、总结、类比，重塑盆地发育史。概括起来有盆地基底结构及盆地性质、地层特征、沉积岩、沉积相及储集岩体特征、盖层特征、圈闭类型、展布特征、烃源岩体特征等。在上述诸多内容中，生油条件研究是盆地评价的关键，按“源控论”观点，只要在盆地中发现巨厚而有效的烃源岩层和生烃凹陷，就有希望在有利聚集带发现油气田，而区域勘探阶段的任务也就基本完成了，可转入有利区带的预探。

2)盆地资源潜力的预测

预测沉积盆地的油气总资源量及其在纵向上各层系的分布和平面上的分布是盆地评价

的主要内容之一。目前主要通过盆地模拟方法进行。盆地模拟是一种定量的盆地分析技术，它可以帮助定量地了解和重建沉积盆地的地质史(包括构造发展史、沉降史、沉积史及成岩史等)、热演化史、油气生成、运移及聚集历史，为有利油气聚集带分析提供依据。

2. 区带评价

区带是指在选定的盆地内，具有相似地质特征和成藏条件的区域。区带评价是在盆地尺度上细化勘探目标的过程；区带评价是对区带“源岩条件、储集条件、圈闭条件、保存条件和配套史条件”等5项地质因素的评价。也就是在区带划分的基础上，进行烃源岩、储层、圈闭、盖层分布等叠合评价，优选有利的勘探区带。主要方法包括：通过地震资料的精细解释获取关键地质界面的断裂特征、局部构造及储盖组合展布，利用地球化学分析方法分析烃源岩特征和生烃潜力，结合其他地质资料建立区带的地质模型及成藏模式，明确区带的勘探潜力。做好这一工作应该：

(1)综合分析区域地质和石油地质条件，特别是这些条件在时空上的配置，以选择最佳条件和最佳配置区带进行预探。分别列出区带的石油地质条件及其时空配置关系进行比较分析和分类排队。不要平均看待各种地质条件，是否邻近生油凹陷和有无配置良好的圈闭是主要条件；同时又要实行“一票否决权”，即某条件完全不具备应予否定。可以采取多种数理统计或评判方法，但专家的综合分析和预测仍是主要的。

(2)广泛收集国内外类似盆地和相邻盆地成藏模式进行类比，提出油气成藏预测模式，可以有效地指导对有利聚集带的评价和部署。即使是参数井和第一口风险探井寻找油气失利，也能及时调整补救。

第三节　圈闭预探

盆地或盆地的一部分区域勘探基本结束后，便可以进入以发现油气田(藏)为目标的圈闭预探阶段。

一、圈闭预探的任务

圈闭预探的主要任务是在区域勘探选定的有利圈闭带或圈闭上进行以发现油气田为目的的钻探工作，查明圈闭的含油气性，推算含油气边界，提供评价勘探的对象。具体来说有以下三条：

(1)对区域勘探选定的有利地区或有利圈闭带，在地震详查的基础上，进行局部圈闭的对比评价，选出优先进行预探的目标。

(2)对选定的一个或多个局部圈闭进行钻探以发现油气藏，并查明其含油气性，初步确定其含油气边界，计算控制和预测储量，为评价勘探提供有利区域。

(3)对于未发现油气的圈闭或所在的二级圈闭带，应认真分析和评价，以便补充详查(或精查)和预探。确实是由于油气藏形成条件不具备的，可提出暂缓勘探和停止勘探的建议。

二、圈闭预探的特点

圈闭预探工作与区域勘探阶段有一定区别，它主要是由勘探对象的不同决定的。

一是寻找有利的圈闭、突破出油关是预探的中心环节。预探工作研究和技术手段的安排都要围绕这个中心进行，圈闭是一个由储层、盖层和遮挡三要素组成的综合体，构成了能捕集和保存地下油气的储集体，如果说区探阶段的中心是研究区域生油条件的话，那么，在预探阶段，寻找有利的储油圈闭便是中心。所以，二级圈闭带的储集条件、遮挡条件、油气保存条件，生油凹(坳)陷和圈闭形成的时空配置关系，应当是评价和选择预探对象的基础。从区域勘探到圈闭预探，有一个工作中心和着眼点的转移问题，特别是预探工作遇到挫折的时候，更要抓住中心进行总结和综合研究。

二是在区域勘探阶段，多“兵种”综合勘探是其最显著的特点，在圈闭预探阶段则主要应以圈闭的地震描述为基础、以圈闭的含油气性评价为依据、以钻探技术为手段，因此，合理地部署预探井是油气勘探发现的关键。在预探井部署前，应当通过地震详查或其他勘探手段对圈闭进行认真描述和评价，进一步搞清圈闭带的形态、成因机制、断层发育、储集砂体和不整合的分布等，特别是要明确主要钻探目的层。总之，不要轻易在目标不明的情况下，简单用钻头去检验。在参数井找油落空后，更应特别注意预探工作的上述特点，把预探井部署在最有利圈闭的最佳位置上。

三、圈闭预探的步骤

圈闭预探和区域勘探一样，是一个包括不同任务和方法在内的分阶段实施的系统工程。按照圈闭预探规范要求，可分为确定预探目标、地震详查、预探井钻探和圈闭评价 4 个步骤。

(一)确定预探目标

选择预探目标是区域勘探的重要任务。如上所述，区域勘探最后阶段的盆地评价，就是要综合分析不同区块的石油地质条件，选择其中最有远景、经济条件最佳的圈闭带进行预探。对预探目标应有以下论证：

(1)圈闭区带形态的准确描述，说明其存在的可靠性；

(2)预期效果论证，分析成功的概率、勘探的风险性；

(3)预探井工程及工艺技术论证，分析钻探的可行性；

(4)经济效益论证，做出投资和收益预算，即经济上的有效性。

(二)地震详查

地震详查的任务就是提高预探目标的可靠性，提出预探井井位建议，保证预探工作顺利进行。按照对圈闭识别与描述的要求，地震详查具体任务：圈闭形态和特征的描述，查明储集砂体在圈闭内的分布和变化，特别注意圈闭内不整合、地层超复和剥蚀，砂体厚度变化和尖灭带的分布及变化；对圈闭进行综合评价和优选排队，提出钻探的目标，评价主要是圈闭的石油地质条件和预测储量或资源量估算；提出预探井井位部署建议。

由此可见，地震详查内容不仅包括构造解释，还应重视地震资料的特殊处理、地震地层学研究，做出沉积相、岩性、储集性，甚至含油气性解释。地震详查测网密度一般为

1km × 2km 或 1km × 1km。在圈闭高点附近、构造复杂带，还需加密测线或实施三维地震以查清局部构造细节。

（三）预探井的钻探

对地震详查的圈闭带和圈闭进行优选之后，便可开始预探井的钻探。

预探井部署和设计所需的基础资料包括：主要标准层的地震构造图；地层柱状剖面图，标明生油层、储集层、盖层组合和主要勘探目的层；2 条以上通过高点的地震和地质横剖面图；岩相古地理图，标明储集砂体及生油岩分布；构造发育史图；地震或地化展示的烃类异常或显示图。预探井肩负着发现油气、打开找油气局面的重要任务，必须严格按要求进行钻探、收集资料和评价，重点工作包括：

(1)预探井必须严格按要求设计。这里着重强调设计井深，要按参数井和物探普查结果，设计可能钻遇的最深目的层，以便发现尽量多的含油气层位，选择主要目的层。这方面的经验教训是很多的。如果在预探中注意井深设计，在钻机所及条件下，尽可能揭露更深的油层剖面(甚至基底)，发现更多的含油层系，确定主力目的层和立体综合勘探开发，无疑有重要意义，要避免眼光短浅，因小失大，造成重要目的层的遗漏，甚至得出停止勘探的错误结论。

(2)科学地实施探井钻完井，取全取准各种录井地质资料。准确地划分油、气、水层，采取先进的测试手段，突破找油关。

(3)认真进行单井评价，或以一口发现井为依据的油气藏框架描述。在取全取准资料的基础上，分地层、沉积、构造、生油、储层和油气藏多个专题进行单井评价，特别是做好储层和油气藏评价，确定主要目的层和主要油气藏类型及分布，根据测试和试采资料，初步估算油气藏或单井控制的储量，为进一步预探井部署或评价勘探提供依据。

（四）圈闭评价

在区域勘探和盆地评价确定有利的圈闭发育带之后，对圈闭发育带和圈闭进行描述和可靠性评价，是整个预探的中心工作，贯穿该过程的始终。其目的是指导预探圈闭的选择和预探井部署，提高圈闭预探成功率；在预探井基础上，进一步描述圈闭特征，对发现的油气藏进行评价，为评价勘探作准备(据 SY/T 5520《圈闭评价技术规范》)。根据预探阶段划分和圈闭描述评价所依据的基础资料的不同，圈闭描述评价可以分为两个大的阶段。

1. 预探井钻探前的圈闭描述评价

在地震详查或精查工作基础上，通过圈闭特征和圈闭成藏地质条件综合分析，估算圈闭的资源量，进行圈闭的综合排队，优选出可供钻探的圈闭。此阶段圈闭描述评价分为以下 3 个步骤。

(1)圈闭识别：以地震详查资料为主，划分圈闭带和圈闭序列，识别可能存在的所有圈闭的类型和特征，确认其可靠程度。

(2)圈闭优选：对圈闭带内识别出的各类圈闭，进行石油地质综合评价、资源量估算和经济评价，根据分析评价结果，进行圈闭综合排队，优选出有利的圈闭。

(3)优选圈闭的精细描述：视优选圈闭的描述评价情况，对圈闭或圈闭的某些部分进行精细描述，提供预探井位部署意见和所需资料。

应当强调，上述描述和评价是以钻探前的资料为基础的，由于油气藏深埋地下，不确定因素很多，即使充分利用了现代勘探技术和评价技术，第一口预探井钻探后的圈闭反馈描述和评价也是必不可少的。特别是对第一口井预探失利的圈闭带和圈闭更是如此；即使是成功的预探井，也应根据钻探实际所获得的资料，对圈闭带和圈闭进行再描述、再评价。

2. 预探井钻探后对圈闭的描述和评价

这个阶段除了钻探前的资料，最重要的是通过钻预探井，对钻探前的评价认识进行验证，使认识更趋近于地下的实际情况；根据反馈的信息和评价的需要，应进一步补充二维地震精查、三维地震、储层识别和含油气检测等资料。

预探井钻探后的圈闭描述和评价可以分成两个阶段：一是圈闭的再评价，这是指圈闭预探过程中的评价。其目的仍然是指导预探井部署，提高圈闭预探和预探井钻探的成功率。二是预探工作结束后的圈闭描述评价，应该说从一个圈闭的第一口发现井开始，到预探工作结束，该圈闭的再评价就兼具油气藏初步评价的性质。

不同类型油气聚集带的预探具有不同的预探特点和部署思路(表1－2－1)。

表1－2－1　不同类型油气聚集带的预探

序号	类型	主要特点	预探部署基本思路	典型实例
1	长垣及大型隆起带	稳定地台区正向二级构造带，构造闭合面积大，两翼平缓，断裂不发育，常具同沉积和继承性发育、发育时间长等特点，油气聚集条件优越	优选三级构造探索，查明二级构造含油气性及主控因素；再预探查明二级构造整体含油气性，解剖其他三级构造	大庆长垣油藏、威远气田、加瓦尔油田、布尔干油田等
2	背斜构造带	一种较特殊而对油气聚集十分有利的背斜构造带，背斜还可以组合成各种构造带。如平行背斜构造带、斜列背斜构造带、S形背斜构造带等	从二级构造带出发，从最有利的三级构造入手，突破出油关，以证实二级构造带的含油气性	塔中4油田、塔中10油田、法国拉克气田等
3	断裂构造带	断裂(块)构造带中各断块之间的相互分割及复杂的油、气、水关系，使其预探井的部署有独特的一面	从二级构造带出发，从三级构造断块区入手，先从整体出发，占高点，打开突破口；再解剖断块区，找富集块	东濮凹陷文中油田、辽河兴隆台油田等
4	古潜山带	受二级断裂控制的古侵蚀和沉积隆起带。风化淋滤和构造作用产生的孔、洞、缝形成内幕次生储集空间	“占山头、打高点、探边界、探含油高度”，以了解潜山带的含油气性	任丘潜山油藏、渤中19－6油气藏、拐6油藏等
5	隐蔽性油气藏	从勘探难易程度的角度而划分的，专指那些采用常规勘探技术和识别方法难以发现的油气藏	在储层预测及地震地层学等解释基础上，选择可靠的有利岩性地层圈闭入手	胜利油田陈家庄明化镇组浅层气藏等
6	多层系、多圈闭类型油气藏	含油层系多、圈闭类型多，纵向上相互叠置，平面上相互连片，组成复式油气聚集带和富集区	结合区域资料，优选主要目的层系；根据地质工程甜点合理划分勘探层系；主兼探结合和专网专探结合	我国东部油区第三系断陷复式油气聚集带、四川卧龙河气田等

一个油气聚集带或油气田，通过以上几个步骤，也就基本上完成了预探任务，进入油气藏评价勘探阶段。对于复杂的含油气聚集带和油气田，常采用滚动勘探开发程序，可能会出现在含油气聚集带内同时进行预探、评价勘探和开发的情况，预探任务要持续相当一段时间才能完成。

第四节　评价勘探及滚动勘探开发

预探井突破工业油气流之后，接下来就要对油气藏进行整体评价和详细勘探，为油气田全面投入开发做好准备。

一、油气评价勘探

(一)评价勘探的任务

油气评价勘探的主要任务是查明含油气边界，确定含油气面积，对油气层岩性、物性及其分布情况进行分析，查清油气水分布和产能变化，提交探明和控制储量。对油气藏进行综合评价及经济预测分析，为编制油气田开发方案做好准备。

(二)评价勘探的基本步骤

根据规范要求，评价勘探分为项目建立、地震精查、评价井钻探、油气藏评价 4 个步骤。

1. 项目建立

对预探发现的油气田，在圈闭评价基础上，提出评价勘探目标和方案。对于受局部圈闭控制的油气田，在油气田面积较大或有多种油气藏类型存在(平面上分块分布，剖面上互相交叠)情况下，也可以分块进行评价或分油气藏进行评价，取得经验，再进行推广；对剖面上互相交叠的油气藏，在对主力油气藏进行评价的同时，还可进一步对其他油气藏进行预探。

评价勘探方案应对所发现的油气田进行地质论证，预期工程和工艺措施论证，预期效果和经济效益论证，然后按批准的方案实施。

2. 地震精查

地震精查是在地震详查的基础上，利用预探井资料和根据评价井部署需要，进一步加密测网(如0.5km×1km)，以查明圈闭的构造细节，分析油气富集规律。随着三维地震勘探技术经济性提高，许多地区在地震精查阶段直接用三维地震取代二维地震。地震精查的主要任务：查明油气藏所在圈闭的准确形态、断裂的分布和发育情况；开展局部层序地层学、地震地层学分析，研究圈闭分布范围内岩性、岩相变化；开展地震储层的横向预测，查明圈闭内部储层物性、岩性的变化。运用地震特殊处理技术和碳氢检测技术预测油、气、水分布和界线；提出评价井位建议。

3. 评价井钻探

评价井的任务：探明含油气范围，确定油、气、水边界；查明油气藏内含油气层分层厚度、岩性和物性变化情况，确定“四性”(岩性、物性、电性和含油气性)关系；查明油气藏流体性质和特征；查明油气藏分层(或合层)产能和压力系统。

评价井的部署原则：一是正确处理取心、试油和快速钻进之间的关系。二是根据圈闭特点和油气藏类型，适当增加评价井部署，以达到基本查清油气藏，提供探明和控制储量的目的。

4. 油气藏评价

油气藏评价要提供油气藏开发所必需的地质资料，主要包括：圈闭和油气藏的静态参数，如油气水边界、含油气高度和面积等；含油气层的物性参数及变化，油、气、水性质及变化；测试和试采所取得的有关参数和油气藏动态特征；提交油气田探明和控制储量报国家储量委员会批准；编制一次开发方案，内容主要包括开发地质基础模型、开发方案，工程和经济效益分析等。

油气藏评价的任务需要一轮或数轮油气藏描述工作才能完成。所谓的油气藏描述是从发现油气藏到探明储量过程中使用的综合性勘探评价方法。它是以现代地质理论为指导，以现代计算机技术和现代勘探技术为手段，综合应用地震、录井、测井、试油、试采、分析化验等资料在三维空间描述油气藏形态，储层分布、岩性和物性变化，以及储集体中油气分布的系统工程。其目的是建立含油气地质体模型，指导勘探部署，以尽可能少的探井，控制和探明更多的石油天然气地质储量。

二、滚动勘探开发

(一)滚动勘探开发的特点

滚动勘探开发是在圈闭预探的基础上，从发现工业油气的区块出发，把评价勘探和开发工作紧密结合，交叉进行，向未知区块滚动前进，以加快勘探开发速度和提高综合经济效益。滚动勘探开发的做法就是打破勘探和开发界限，勘探中有开发，开发中有勘探，从而实现勘探开发一体化。

(二)滚动勘探开发步骤

对复杂背斜、断裂、地层和岩性圈闭带，在预探井获得工业油气流之后，可按下面基本程序实行滚动勘探开发。

1. 滚动勘探开发区的确定

在断裂构造带的断块区上部署预探井之后，一旦发现油气，应首先选择断块面积大、油层厚度大、产量高的富集断块进行滚动勘探开发。

2. 三维地震勘探

预探井出油后，在原来圈闭评价基础上，结合单井评价，初步确定油气藏(田)的类型，主力油气层及储集特征、产能情况，根据这些评价确定三维地震勘探部署方案，进一步搞清圈闭的细节，准备投入评价和开发；对构造带的其余部分，可视情况进行地震详查或三维地震勘探工作，为滚动勘探开发创造条件。

3. 勘探评价和开发相结合

对已取得的探井试油试采资料，进行综合研究，结合地震精查结果，初步预测含油气范围，估算储量，初步确定开发层系，并参照已开发油田的经验，规划初步的开发井网，然后在基础井网上选择关键井优先钻探(评价井),一旦出油即是生产井。要做好分层试油、试采工作,取全取准产量、压力、油气性质、高压物性等资料,为编制开发方案提供各项参数。与此同时,继续进行其他区块的预探或滚动勘探工作。待初步开发井网钻探完成后,根据钻探结果,详细划分开发层系,并逐步投入全面开发。由于评价井的部分任务落在了开发井上,因此,在执行过程中,可能出现一些井的落空。在具体实施时,要强调整体部署、分批实施,并根据新的钻探结果及时调整。

4. 预探勘查提供后备滚动区块

对一个区块开展滚动勘探开发的同时,要进一步对未预探区块进行预探,对新发现的含油气区块进行评价详探和滚动勘探开发,对已开发的区块进行调整完善。这样发现一块、探明一块,直至把一个地区或构造带全部勘探评价清楚为止。

第五节　成熟探区深化勘探

一、对成熟探区勘探程序的辩证认识

现行的油气勘探程序分为区域勘探、圈闭预探和评价勘探三个阶段。每个阶段都有其自身的工作侧重点和相应的工作方法,前一阶段是后一阶段的准备,后一阶段又是前一阶段的继续和发展。二者之间既相互联系,又相互区别。忽视它们之间的联系,把各个阶段相互割裂开来,必然影响勘探速度;相反只看到它们之间的联系而忽视了区别,工作就会不分主次,同样也会使勘探工作遭受损失。勘探程序是对油气地质及油气分布规律认识的客观反映,也是长期勘探实践总结出来的规律,在勘探工作中,必须严格遵守。勘探的节奏可以加快,但程序不能超越。

对于一个较小的油气勘探单元来讲,比如一个油气藏(田)或者一个油气聚集带,油气田(藏)从发现到探明,是经过区域勘探、圈闭预探、评价勘探逐步进行的。有时一个区带已经投入开发多年,而整个盆地还有许多地区在进行区域勘探。要求在勘探工作中不但要从全局着眼、整体研究、整体评价,而且要重点突破,尽早获得工业油气流,带动全区勘探的展开。这就是常说的“区域展开,重点突破”。

就一般勘探程序而言,油气田经过评价勘探之后,勘探工作就告一段落。实际上,油田评价勘探阶段的结束,并不等于油气田勘探工作的结束。对于复杂隐蔽的油气田和油气聚集带,由于采用了滚动勘探开发程序,部分预探任务、全部评价任务都要在油气田开发中继续进行,形成勘探和开发交叉进行的情况。更何况在油田投入开发之后,还有大量的未知领域和潜力地区需要继续进行补充勘探。因此决不能把勘探和开发截然割裂开来。

科学技术的进步、新层系和新的油气藏类型的发现、非常规油气的勘探等因素引起的油气勘探的反复,不同于盆地或探区勘探初期的情况,它是在对盆地或探区的地质情况有了比较深入了解,以及占有大量资料基础上的反复和飞跃,不必一切从头开始。鉴于这种勘探是在具有相当勘探程度的基础上进行的,所以把它称为“成熟探区深化勘探”,包括开

发过程中的继续勘探。

二、成熟探区深化勘探的对象

成熟探区深化勘探的主要目的是不断加深石油地质条件和油气藏分布规律的认识，扩大油气田的范围或发现新的油气藏，增加后备储量，提供新的开发区块。其对象主要有以下几个方面。

(一)采用滚动勘探开发程序的复杂油气田和油气聚集带

由于采用了滚动勘探开发程序，许多勘探阶段的任务要在开发阶段继续完成，勘探和开发同时进行。对这类油气藏，评价井(甚至预探井)和开发井就很难区分，采用滚动勘探开发程序，在预探井出油气后，采用多种储层预测等手段，在可能的储层内进行开发井网部署，部分兼作评价井，取得油气藏的相关资料，并随时根据评价井和开发井的钻探情况进行油气藏评价和井网调整。我国东部断块构造带，具有复式油藏特点，其中某些隐蔽性较强的油藏，甚至不是一次滚动勘探开发就能发现的。

(二)新的层系

包括浅层次经济层位、深层未探及层位及勘探程度不够的非主力层位。容易开采的主力油气层往往最先投入开发，从而把次要的、成藏条件较差的油气层暂时搁置。这些较次要的油气层，或者因为产能不高经济效益差；或者是比较复杂，受勘探技术限制，难于搞清。随着油气地质勘探研究的深入和技术发展，深层－超深层致密油气、页岩油气、煤岩气等勘探正在得到日益广泛的重视。

(三)新的区带

新的区带主要指富油气区相邻的外围地区，那里的勘探工作还未完成。常有这种情况，由于发现了大中型油气田而放松或轻视了相邻地区的预探，作出否定的结论，或使预探工作长期延误。随着勘探和开发的进一步推进，对地下石油地质情况和油气分布规律的深入认识，或者在相似或相邻地区有了新的发现而使原来认为不可能有油气的地区重新上马，获得发现和突破。

(四)新的类型

由于一个油气田或油气聚集带含油气层位多，圈闭类型和条件复杂，初期常常开发主力油气藏，还有许多勘探中难于发现的其他类型油气藏。从认识规律上，勘探阶段不可能把那些比较小的、复杂的和较隐蔽的油气藏都发现，这有勘探程度问题，也有井距因素，更重要的是认识不及。在开发中会有新发现，或勘探开发另一个区块时，得到对早期勘探开发区域油气藏类型的新启示。这些早期难于发现且容易忽视的油气藏包括：小的断块或背斜油气藏、透镜状或岩性上倾尖灭油气藏、地层超覆和基岩油气藏、裂缝或孔隙－裂缝型油气藏等隐蔽性油气藏以及非常规油气藏，用常规的勘探手段难于发现和突破，随着勘探理论和技术发展，将成为主要勘探对象。

老油气田的深化勘探和挖潜是勘探工作的纵深发展，有其自身的具体任务和勘探工作部署特点，是勘探程序中的一个重要阶段。

三、成熟探区深化勘探的特点

（一）对老区进行重新认识和评价是深化勘探的前提和基础

对老区的许多地质资料进行重新研究评价，运用新观点、新方法看待老问题，可以打开人们的思路，过去不可能发现的油气田现在有可能发现了，过去需要多打井的，现在可以打较少的井就可达到目的。这就是通常所说的“新区用老观点可以找到油，而老区必须有新观点才可能找到更多的油”。成熟探区往往具备较多的老资料，这是一笔可观的财富，在进行深化勘探之前要仔细地消化吸收，并用新理论、新方法进行重新评价，赋予其新的含义。目前对地震、测录井、钻井地质、试油等老资料挖潜都很重视，在“高成熟区”寻找新的勘探目标时，利用老资料成本低、见效快、经济效益高。

（二）克服较差的勘探条件，以勘探隐蔽油气藏和非常规油气藏为主

一个探区的勘探初期和中期阶段，较大的油气田、较容易发现的简单油气藏、经济价值较高的油藏、油气层往往最先被发现和开发。在勘探后期，一些较大较容易发现的油气藏都已经被发现，剩下的主要是环境条件差、技术难度大、相对较隐蔽和非常规油气藏。

（三）采取先进的、特殊的勘探技术手段是揭开未知对象的关键

由于成熟探区深化勘探的对象大多比较复杂，采用常规的勘探方法往往难以奏效，所以需要采用一些特殊的工程技术手段。尽管成熟探区的深化勘探与常规勘探相比较有其自身的艰难性，但油气的分布有其自身的特点和规律。所以依据成熟探区丰富的石油地质资料，分析和总结油气藏形成和分布的规律，建立成藏地质模型，按照这种规律和模型，采取或补充新的勘探技术方法，反复地对新取得的成果和资料进行认识和评价，这样，就可以由已知到未知、由内向外、由浅层到深层，在勘探成熟区挖掘和发现更多的油气潜力。

第六节　油气地质储量估算

油气地质储量是指存在于地下油气藏中的原始石油、天然气量。石油和天然气的储量估算涉及对油气田的综合评价以及各项参数的求取，储量估算的结果必须经过权威部门的审查批准，并作为编制油气田开发方案、确定油气田建设规模和投资的依据。

油气储量估算是在区域地质调查、地球物理勘探、钻井、录井、取岩心、测井和试油气等工作获得大量资料并查清油气田地下地质规律的基础上进行的，是一个复杂且系统的过程，涉及多个阶段和多种方法的综合应用，以确保准确评估油气田的资源量和开发潜力。

一、油气储量分类

油气储量通常被分为不同的类别，包括预测储量、控制储量、探明储量等。

预测储量：基于预探井获得的工业油气流或油气显示后计算的储量。

控制储量：在一口或多口探井已获得工业油流，并进行了初步评价之后计算的储量。

探明储量：在发现井之后，经过详细评价钻探阶段后计算出的可靠工业储量。

二、油气储量估算方法

石油、天然气不同级别地质储量的估算都有其特定的定义和估算依据。常用的油气地质储量估算方法包括以下几种。

容积法：容积法是最常用的油气储量估算方法之一，它基于油藏的几何尺寸和岩石物理性质来计算（参见 DZ/T 0217《石油天然气储量估算规范》）。

物质平衡法：物质平衡法利用油藏的压力变化来推断累计产量和剩余可采储量。这种方法适用于已经投入生产的油气藏。

数值模拟：数值模拟通过建立油藏的数学模型来预测未来产量和估算可采储量。这种方法能够考虑油藏动态行为的复杂性，包括多相流动、非均质性和多层交互作用等。

类比法：类比法基于与已知油藏相似的地质条件来估计储量。这种方法适用于数据有限的情况。

圈闭法：圈闭法用于估算与已发现油气田相邻或条件类似的潜在油气藏的储量。

扫一扫
获取更多资源

第三章　油气勘探技术

油气田勘探需要运用现代化的科学技术手段，地质、物探、钻完井、测录井、压裂改造、试油气等多专业多工种的联合攻关，才能对地下深处的油气地质情况进行认识和探索，以达到发现和探明油气藏的目的。作为一名油气勘探工作者，除了要具备较扎实的专业理论知识，还应当熟知和掌握各种勘探方法、技术的工作原理和工作特点，以便正确地选择和使用合适的勘探手段，去完成勘探任务。

第一节　油气地质研究技术

在油气田勘探的整个过程中，油气地质研究始终处于核心地位，包括地面地质调查、井下地质研究(各种分析化验资料及物探、测井、钻井资料)、卫星遥感照片的解释以及各项以指导油气勘探为目的的综合研究等。

地面地质调查是人类较早使用的油气勘查方法，它主要在沉积盆地周边和内部露头区进行，包括不同比例尺的地面地质测量和地层、构造、沉积和油气等专题研究。地面地质调查具有速度快、成本低、获取资料直接等优点，至今仍然是盆地勘探初期使用的一种有效方法。地面地质调查成果可以为建立盆地内部覆盖区油气地质模型提供帮助。如盆地周边标准地层剖面的建立可以成为井下地层对比的依据及地震解释追踪的依据。盆地周边及露头区的油气苗及良好生油岩的存在可能预示着盆地内部有丰富的油气聚集等。可以说，地面地质调查成果，是进行覆盖区勘探的基础和依据。但地面地质调查也有其自身的局限性，它的观察和研究仅局限于表层，而且容易受地理环境和植被的制约。

井下地质工作方法主要利用钻井所获得的录井、测井、测试等资料进行各项研究，如井下地层划分对比、单井或多井相分析、油气层评价、流体性质的研究等。单井地质研究常常是一“孔”之见，必须结合地震、测井等资料进行综合分析，才能得出正确的结论。

各种分析化验技术、物化探工作、钻探工作、卫星遥感等都是为了从不同方面去获取地质、油气信息，它们所获得的成果、图件必须由地质工作者进行综合分析研究，赋予其地质意义后才是有用的。这些工作的开展需要地质研究指路，而最终又以解决地质问题为目的。

总之，油气地质研究要综合各种勘探方法和手段所获得的野外的、室内的、宏观的、微观的观察测试资料，找出其内在的联系，获得规律，建立起一个探区的油气地质模型，并用它来指导油气勘探工作的进行。因此，在油气地质研究中要密切注意各相关学科专业以及各种技术手段和方法的新进展，及时引入油气地质研究工作中，促进地质研究在深度、广度上的发展。

油气地质研究是研究一个沉积盆地“成盆、成烃、成储、成藏”的复杂过程，包括对地层、构造、油、气、水以及“生、储、盖、圈、运、保”六个成藏要素等综合研究，下面简要介绍。

一、地层

地层是指地球表层或岩石圈中由沉积物、火山物质或其他地质过程形成的、具有层状结构的岩体。在地质学中，“地层”通常指的是沉积岩层。这些岩层是长期通过沉积作用逐渐积累形成的。地层可以包含多种类型的沉积物，比如碎屑沉积物(如砂岩和泥岩)、化学沉淀物(如石灰岩)以及生物沉积物(如珊瑚礁)。

地层研究是地质学的一个重要分支，称为地层学。通过对地层的研究，能够了解地球历史上的事件，比如古环境的变化、生物演化的过程以及过去的气候变化等。地层中的化石对于确定地层的年代特别有用，它可以建立不同地层之间的相对时间顺序。

二、地质构造

地质构造是指组成地壳或岩石圈的岩层和岩体在地球内部和外部地质作用下的变形和变位所形成的形态和结构。这些地质作用是构造运动，它导致岩石发生弯曲、断裂和其他类型的变形。地质构造是构造运动在岩层和岩体中遗留下来的可见痕迹，如岩层的褶皱、断层、节理、劈理等。

地质构造的规模可以从微小的矿物晶体内的位错到长达数千千米的板块边界构造。了解地质构造对于研究地球的历史演化、资源勘探(如石油、天然气和矿产)、工程地质以及评估地震风险等都非常重要。

三、沉积相与储层

(一)沉积相

沉积相是指一定的沉积环境和在该环境形成的沉积岩(物)特征的综合。沉积相的研究是地质学的一个重要分支，它有助于理解古地理环境、古水流方向以及沉积物的形成过程等。沉积相分析通常涉及岩石类型、沉积构造、生物化石、化学成分等内容。沉积相的研究对于石油勘探、地下水开发、矿产资源评估等方面具有重要意义。

(二)储层

储层是指具有连通孔隙，能够储存并使流体(如石油、天然气或水)在其内部渗流的岩层，要成为有效的油气储层，必须具备以下特性。

(1)孔隙性：储层岩石中的空隙或孔洞空间，这些空间能够容纳流体。

(2)渗透性：储层岩石允许流体通过其连通孔隙的能力。

(3)连通性：孔隙之间的连通程度，决定了流体能否在储层内自由移动。

根据上述特性，储层可以进一步划分为有效储层和无效储层。

(1)有效储层：油气既能储集又能渗流的储层，即储层中的油气能够被经济有效地开采出来。

(2)无效储层：只能储集但不能渗流的储层，或者是当前工艺技术条件下流体仍然无法流动的储层。随着技术的进步，一些无效储层可能会转变为有效储层。

储层通常由沉积岩构成，特别是砂岩、石灰岩、白云岩等；但也有一些例外，比如某些情况下火成岩和变质岩也可能作为储层。储层是构成油气藏的基本要素之一，它的性质直接影响油气藏的分布、储量大小以及开采能力。储层的类型多种多样，主要包括：碎屑岩储集层，如砾岩、砂岩、粉砂岩等；碳酸盐岩储集层，如石灰岩、白云岩等；裂缝性储集层，如裂缝发育的泥岩或碳酸盐岩；煤岩储集层，如含有甲烷等气体的煤层。

四、烃源岩及生烃演化

（一）烃源岩

烃源岩是指能够生成并排出商业量级石油和天然气的岩石。这些岩石通常具有以下特点。

（1）有机质丰富：烃源岩中含有大量的有机物质，这些有机物源于古代生物的遗骸，如浮游生物、植物残骸等，陆相烃源岩有机质丰度评价内容包括总有机碳含量（TOC）、S_1+S_2（已存在的游离烃＋潜在可生成的烃类）、氯仿沥青“A”和生烃总量（表1－3－1）。

表1－3－1　陆相烃源岩有机质丰度评价表

评价级别	TOC/%（质量）		S_1+S_2/（mg/g）	氯仿沥青“A”/%	生烃总量/（μg/g）
	淡水－半咸水	咸水－超咸水			
非生油岩	<0.4	<0.2		<0.015	<100
差	0.4～0.6	0.2～0.4	<2	0.015～0.050	100～200
中等	0.6～1.0	0.4～0.6	2～6	0.050～0.100	200～500
好	1.0～2.0	0.6～0.8	6～20	0.100～0.200	500～1000
最好	>2.0	>0.8	>20	>0.200	>1000

（2）热演化适宜：烃源岩在地质历史中经历了适当的温度和压力条件，使得其中的有机质能够转化为石油或天然气。

（3）厚度与连续性：烃源岩层通常需要具备一定的厚度，并且分布较为连续，以保证能够产生足够的油气资源。

典型的烃源岩包括泥岩、页岩、某些类型的石灰岩以及富含有机质的煤。例如，美国的巴肯页岩（Bakken Shale）和中国的松辽盆地中的烃源岩都是著名的生油岩。烃源岩的研究对于油气勘探非常重要，因为它可以帮助地质学家确定潜在的油气生成区域。

（二）生烃演化

生烃演化指的是有机质在地质环境中转变为石油和天然气的过程。这一过程可以分为几个主要阶段，并受到多种因素的影响，包括温度、压力、时间以及有机质的类型等。生烃演化包括以下阶段。

（1）生物化学生气阶段（未成熟阶段）：温度范围50～60℃，镜质体反射率R_0小于0.5%。有机质在这个低温条件下开始分解，主要产生生物化学气体，如甲烷。这些气体主要是通过微生物作用产生的。

（2）早期成油窗口（低成熟阶段）：温度范围约60～90℃，R_0介于0.5%～0.7%。随着温度的升高，一些更复杂的有机化合物开始分解，生成轻质油。这一阶段是干酪根（一种富含碳的有机质)向液态烃转化的起始阶段。

(3)主成油窗口(成熟阶段):温度范围90～150℃,R_0介于0.7%～1.3%。这是石油生成的主要阶段,大量的液态烃被释放出来。随着温度的进一步上升,干酪根逐渐转化为更重的原油。

(4)晚期成油及早期生气阶段(高成熟阶段):温度范围150～200℃,R_0介于1.3%～2.0%。在更高的温度下,剩余的干酪根继续裂解,生成更多的天然气(主要是甲烷),同时原有的液态烃也会发生裂解,导致原油变轻。

(5)生气阶段(过成熟阶段):温度范围大于200℃,R_0大于2.0%。在非常高的温度下,几乎所有的有机质都已经完全裂解,剩下的主要是天然气。这一阶段可能还会伴随无机碳的形成。

在生烃演化过程中,有机质的类型也非常重要。一般而言,有机质可以分为几种类型,如腐殖型、腐泥型和混合型。腐泥型有机质更有利于生成石油,腐殖型有机质则倾向于生成天然气。有机质生烃演化的研究有助于地质学家了解烃源岩的成熟程度,这对预测石油和天然气的生成和分布至关重要。

五、油气成藏

(一)油气成藏过程

油气成藏过程主要包括:

(1)有机质沉积:在古地理环境中,富含有机物(如古代生物遗骸)的沉积物随着时间积累,最终被新的沉积物覆盖。

(2)埋藏与热演化:随着沉积物不断积累,早期沉积层逐渐被埋得更深,温度和压力也不断增加。在适宜的温度和压力条件下,有机质开始转化为石油和天然气。

(3)油气生成:在"成熟窗"内,即特定的温度范围(大约60～150℃),干酪根发生裂解,产生液态石油(烃类混合物)和较轻的天然气。

(4)运移:生成的油气通过渗透作用从源岩中排出,并向储集层迁移。这一过程可以是初次运移(从生油岩到附近储层)或二次运移(从一个储层到另一个储层)。

(5)聚集:当油气到达具有良好孔隙性和渗透性的储集层时,它们会在有利的圈闭结构(如背斜、断层、不整合面等)中聚集起来,形成油气藏。

(6)保存:为了保持油气藏的存在,需要有良好的盖层来防止油气进一步运移或逸散。盖层通常由细粒沉积物(如页岩或盐岩)构成,能够有效地封存油气。

油气成藏的影响因素:一是地质条件,包括沉积环境、地壳运动、构造演化等;二是物理化学条件,如温度、压力、孔隙度、渗透率等;三是时间因素,油气成藏是一个长期过程,需要足够的时间让所有步骤得以完成。

理解这些过程对于勘探和开发油气资源至关重要。地质学家和地球物理学家通过研究岩石样本、地震数据和其他地质信息来识别潜在的油气藏。

(二)油气成藏条件

盆地不仅是油气生成、运移和聚集的基本单元,也是控制油气藏和油气田分布的基本单元。一个盆地油气的形成和富集程度取决于盆地的石油地质条件。油气成藏条件主要包括:

(1)生烃条件:油气成藏的首要条件是要有充足的生物和迅速堆积的有机质,这些有机质在高温、高压和氧化还原环境下能够生成油气。烃源岩类型包括泥质岩、碳酸盐岩、煤系烃源岩等，评价指标包括有机质丰度、类型及成熟度等。

(2)储集条件：油气需要在合适的储集层中聚集，这些储集层具有良好的孔隙度和渗透率，以便油气能够储存和流动。储集层类型包括碎屑岩、碳酸盐岩和其他岩类的储层。

(3)盖层条件：良好的盖层可以阻止油气向上逸散，起到封闭作用，是油气藏形成的重要因素。通常盖层的岩石类型主要为泥质岩，其次是膏岩和盐岩，少量为碳酸盐岩。

(4)圈闭条件：油气需要在圈闭中聚集，圈闭是指地质构造中的局部低点或高点，能够阻止油气继续向上运移，从而形成油气藏。圈闭类型包括构造圈闭和岩性地层圈闭。

(5)运移条件：油气需要通过运移通道从生成区运移到储集层中，这个过程受到地质构造和流体压力的影响，主要通道包括断裂、不整合面和储层等。

(6)保存条件：油气藏需要具备良好的保存条件，以防止后期因构造运动、岩浆活动等地质作用，以及水文地质条件变化破坏其平衡状态，导致油气逸散。

六、资源潜力评价

资源潜力评价是石油和天然气勘探与开发过程中的关键步骤，旨在评估一个特定区域或盆地内潜在的油气资源量。这个过程涉及地质、地球物理、地球化学以及经济分析等多个方面。常用资源量估算方法主要有以下几种。

(1)体积法：基于已知的地质模型计算潜在储量大小，包括原始地质储量。

(2)容积法：通过计算储层体积(面积 × 厚度)乘有效孔隙度和含油饱和度估算资源量。

(3)类比法：参考类似地质条件下的已知油田数据进行资源量估算。

(4)概率统计法：采用蒙特卡罗模拟等统计技术，考虑不确定性因素，提供资源量的概率分布。

(5)数值模拟：使用油藏模拟软件预测油田生产行为，优化开发方案，并估算最终可采储量。

第二节　地球物理勘探技术

现代石油工业中广泛采用地球物理勘探技术(简称物探技术)，主要采用地震勘探方法寻找地下构造和地层岩性圈闭，然后才拟定井位进行钻探。物探方法除地震勘探方法外，还包括重力勘探、磁力勘探和电法勘探等。各种物探方法都只能提供有利圈闭，唯有钻探后才能证实是否储集油气，因而都是间接的方法。

一、地震勘探

地震勘探是通过记录人工制造的地震波(或称弹性波)研究地下地质情况的勘探方法。地震勘探是油气勘探最重要的常用方法，被誉为“勘探家的眼睛”。地震勘探方法包括反射波法及折射波法两种，目前主要使用的是反射波法。地震反射剖面几乎提供了全部地质界面特征的信息，可以用它来研究区域构造的展布情况和局部构造的形态，查明沉积岩的厚度变化、地层超覆及削蚀尖灭、断裂的发育情况及不整合等。运用地震地层学、层序地层学的方法可以研究沉积相带的展布及预测储集层发育区，与测井资料结合还可以预测储集层岩性、物性、含油气性等参数的平面变化。

(一) 二维地震勘探

自20世纪20年代初期出现地震勘探以来，都是采用二维地震勘探方法。它是一条测线、一条测线地进行采集，原始成果是二维的(测线方向 x 和深度方向 t)剖面图。其地质任务按照普查、详查和精查三个阶段安排。

(二) 三维地震勘探

三维地震由于其精度高、效果好，无论是勘探还是开发应用都很广泛。三维地震能发现小于0.1km^2 的小断块、小构造和复杂岩性、地层圈闭，使钻井成功率提高15% ~45%，并可攻克过去因二维地震资料“看不清”而无法开展工作的一些地区，加速滚动勘探开发节奏，探明过去难以探明的储量，提高老油田勘探开发效益。

地质体都是在三维空间存在的，所以用三维方法观测才是合理的。三维地震的地质任务应在探井出油气以后，研究构造细节和储层横向预测，为勘探评价和效益开发服务。三维地震数据信息量大，又具有解决小构造、小断层、岩性地层变化的能力，还可结合的钻井、测井、油气藏开发等新资料进行反复精细解释和油气藏描述。

二、重力勘探

重力勘探指通过测定自然存在的重力场，或测定重力场沿不同方向的变化率在地球表面的分布特征，进一步研究地下岩石密度分布不均匀所引起的重力异常来确定地质体的空间位置、大小和形状，从而对地质构造和矿产分布情况做出判断的一种地球物理勘探方法。

重力勘探主要应用于区域勘探，在区域性隆起和坳陷划分等方面具有快速经济的优势，能够有效解决地质勘探中的大地构造单元划分、沉积盆地分布范围圈定、基底起伏与构造特征确定、油气构造普查及勘探等地质任务。重力勘探是物探工作的一个组成部分，只能合理地应用在地质勘探工作中的某些阶段，解决其力所能及的问题，为了提高重力勘探效果，必须与其他地质和物探方法有机结合，通过综合勘探提高解决实际地质问题的效果。

三、电法勘探

电法勘探是根据地壳中各类岩石或矿体的电磁学性质(如导电性、导磁性、电磁感应特性和介电性等)和电化学特性差异，通过观测和研究人工或天然电场、电磁场或电化学场在时间域和空间域的分布特征，研究地质构造、直接或间接寻找矿产资源的一类地球物理勘探方法，简称“电法”。

电法勘探主要利用岩石和矿物的导电性、电化学性质、导磁性、激电性、介电性和压电性特征等性质差异及其空间分布规律和时间特性，来推断矿体或地质构造的赋存状态(形状、大小、位置、产状和埋藏深度)和物性参数等。其采用的主要物理参数包括电阻率(ρ)、电导率(σ)、磁导率(μ)、极化特性(体极化率 η、面极化系数 λ、自然极化的电位跃变 $\Delta\varepsilon$)和介电常数(ε)等。

目前，常用的电法勘探方法有电阻率法、充电法、激发极化法、自然电场法、大地电磁测深法和电磁感应法等。电阻率是各种地球物理特征中对烃类最为敏感的指示标志，因此，采用电法勘探有助于探测油气聚集所引起的电阻率差异特征，从而有效提高勘探成功率。

四、磁法勘探

磁法勘探是通过观测和分析由岩石、矿石或其他探测对象磁性差异所引起的磁场变化（或磁异常），进而研究地质构造和矿产资源（或其他探测对象）分布规律的一种地球物理勘探方法。由于磁异常与磁性体的特点密切相关，可以根据磁异常的特点来推断磁性体的形状、埋深、走向、倾斜方向及磁化强度的大小和方向等特征。

磁法勘探应用的前提条件是探测对象与围岩具有磁性差异，并要求与探测对象无关的干扰因素必须足够小或具有明显的特征以确保能够有效分辨或消除。磁异常资料的解释需要以地质为依据、以岩石物性为基础开展综合解释。磁力资料解释可以定性解释，如等值线平缓区解释为洼陷区，密集带解释为断层；也可以定量解释，如采取切线法和模型正反演法等确定磁异常体深度。它在研究断裂、火山岩和区域构造上效果较好。

磁法勘探与重力勘探关系特别密切，两者原理接近，处理解释方法相通，可以同步开展资料采集，地质效果也具有很强互补性，常被一起用于石油地质普查。

第三节　地质录井技术

地质录井是油气勘探开发井筒工程的关键环节，其技术核心是通过采集、录取钻井过程中相关的地质、工程、钻井液、地层压力等资料，并应用相关技术方法达到建立井筒地质剖面、发现油气显示、评价地层流体性质、监测钻井安全的目的。因此录井技术是油气勘探开发活动中最基本的技术，是发现、评估油气藏最及时、最直接的手段，具有获取地下信息及时多样、分析解释快捷的特点。现阶段主要录井技术有地质录井、气测录井、综合录井、评价录井和信息录井等，通过对这些录井技术获取各项资料的综合解释评价能够实现对油气水层的相对准确评价。

一、地质录井

地质录井具有广义和狭义两种概念，广义上是所有录井技术的简称，狭义上是指以岩屑录井为基础，包含钻时、荧光、钻井液、岩心（钻井取心、井壁取心）等常规录井技术，地质录井是其他录井技术的基础和重要技术支撑，其资料的取全取准是后期处理、解释的重要依据。

二、气测录井

气测录井是随钻天然气地面监测的一项关键技术，钻头破碎岩石后，地层流体经钻井液携带至井口，从安置在振动筛前的脱气器可获得从井底返回的钻井液所携带的气体，通过专业气体检测设备分析对气体进行组分和含量的检测和编录，从而判断油气层。气测录井是目前各项录井技术中发现和评价油气藏最及时、最直接的手段之一，并能预报井喷，在油气藏钻井中广泛采用。

三、综合录井

综合录井是在钻井过程中应用电子技术、计算机技术及分析技术，通过安装一定的采集仪器，来获取钻井工程、钻井液循环动态、钻井液性质、气测等信息的随钻测量录井技术。综合录井仪器附带多种传感器设备，比如绞车传感器、压力传感器、套管压力传感器、电扭矩传感器、H_2S 传感器等多种设备，可实现多功能测量，获取的各种参数信息是钻井安全监测的重点，也是油气发现和油气评价的重要手段。

四、评价录井

评价录井是应用在录井现场以岩屑、岩心、井壁取心、钻井液等实物资料为分析对象的化验分析录井技术的总称，主要包括定量荧光、地球化学、X 射线元素、岩屑图像、核磁共振等。评价录井是常规地质录井、气测录井、综合录井的有效技术补充，在岩性识别、储层评价、油气显示发现、地层流体评价等方面发挥显著作用。

五、信息录井

信息录井又称为录井信息化服务，随着计算机网络的高速发展，录井信息的综合应用成为发展的主流，信息录井主要涉及现场信息采集、远程信息传输、基地信息处理和网上信息服务 4 个方面，通过数字、曲线、图像等多种方式实现于千里之外置身现场的效果。信息录井是推动勘探开发技术进步的有效手段和途径，有利于实现数据资源共享，提高工作效率，降低生产成本，应用前景极为广泛。

上述地质录井技术在油气藏勘探开发中至关重要，综合应用各类录井方法可显著提高勘探开发效率。同时地质录井技术正朝着智能化、数字化、高精度、实时化和环保化等方向发展，能够高效支撑非常规、深海和深地领域的油气资源的勘探和开发，通过技术创新并加强与地质、物探、测井、地球化学和工程等多学科的融合，地质录井技术将进一步为各类型油气藏的高效勘探开发提供强有力的支持。

第四节 地球物理测井技术

地球物理测井技术（简称测井技术）于井眼中接收来自地层电化学、声波、放射、核磁、重力、压力、温度等类型的地球物理信息（测井响应）。对这些地球物理信息进行数学处理反演与解释评价，获得满足勘探开发需求的地质信息，如孔隙度、渗透率、含油气饱和度、油气层分布及其厚度等。测井技术是准确发现油气层、精细描述油气藏和动态监测油气生产的必不可少的技术手段，为勘探部署、油气储量估算、开发方案制定与调整、储气库井筒质量评价与管理提供重要的科学依据。

自 20 世纪 20 年代以来，测井采集技术得到不断发展，经历了半自动测井、模拟测井、数字测井、数控测井、成像测井和扫描测井等阶段，技术更新换代快。近年来，国内外测井技术均取得了显著进步，测井技术的应用领域得到极大拓宽，通常将测井技术按照采集的井筒环境、仪器的方法原理进行分类。

一、按照采集的井筒环境分类

按照测井资料采集的井筒环境以及技术特点，可将测井分为裸眼井测井技术、套管井测井技术、随钻测井技术三大类。

(一)裸眼井测井技术

在未下套管的裸眼井中实施的测井，主要以电缆作为仪器输送、信号控制和信息上传等的载体，复杂井筒环境井(垮塌严重井、水平井和大斜度井等)，可优选过钻杆测井、钻杆输送测井等。根据裸眼井测井技术发展的历史，可将裸眼井测井技术分为数控测井技术、成像测井技术和扫描测井技术 3 个发展阶段，随着科技的进步裸眼井测井技术相关测井系列也不断得到创新发展。

(二)套管井测井技术

适用于套管井的测井技术，其测量对象有井筒内流体特性(注入地层的流体和产于地层的流体)、套管状况(穿孔、缩径、错断、破裂和磨损等)、水泥固井质量(第一界面与第二界面胶结质量、串槽、微间隙和水泥体胶结状况等)和套后地层评价(岩性、孔隙度、渗透率和饱和度等)等 4 个方面，由此形成了相应的注入剖面测井、产出剖面测井、套损检测与固井质量评价测井和套后地层评价测井等测井系列。

(三)随钻测井技术

随钻测井是钻井过程中实施的测井采集技术，主要用于水平井和大斜度井的地质导向和地层评价，广泛应用于非常规油气(致密油气、页岩油气和煤层气等)规模开发中。随着随钻遥测、测量方法和测井项目的快速发展，随钻测井技术不仅实现了模块化、集成化和近钻头等，而且测井项目与电缆裸眼井测井系列一致，资料质量不断提高，相继提出了自然伽马、方位自然伽马、电磁波电阻率、声波、感应电阻率、侧向电阻率、方位电阻率及可控源密度与中子等随钻测井项目，近年来又相继发展了电成像、核磁共振、阵列声波和测压与取样等新技术。

二、按照仪器的方法原理分类

随着测井技术的不断发展进步，现有的各类测井项目有数十种之多，按照各种测井仪器的方法原理，通常将测井方法分为电法测井、声波测井、核测井三大类。

(一)电法测井

电法测井是发展最早的地球物理测井方法，它主要用于测量井眼周围岩石电性参数，通过分析井眼附近人工电磁产生和变化的规律，以及井下自然电场产生和变化的规律，评价地层流体饱和度、渗透率、孔洞缝、沉积相等特征参数。到目前为止，电法测井仍被认为是最重要和有效的测井方法。常见的电法测井主要有自然电位、普通电阻率、侧向、感应、电磁波传播、过套管电阻率、磁化率等测井项目，同时也包含了阵列侧向、阵列感应、地层倾角、地层微电阻率成像(电成像)、随钻电阻率等特殊测井项目。

（二）声波测井

声波测井是地球物理测井的重要分支，是测量记录井下地层剖面的岩石声学性质并评价井壁岩层性质的地球物理测井方法。所测量记录的岩石声学性质包括：岩石中纵波和横波以及井筒内导波（管波和斯通利波）等的声速、幅度，声波在岩石中传播时能量或幅度的衰减规律以及声波信号频率变化的特征等。声波测井主要用于评价地层的岩性、孔隙度、孔隙结构、流体性质、岩石弹性参数、地应力、套管井中水泥胶结质量等特征参数，常见的声波测井主要有声波速度测井、声波幅度测井、声波全波列测井等，同时也包含了后续发展的阵列声波、偶极子或多极子横波、井壁超声脉冲反射波成像（声成像）、声波远探测、噪声、随钻声波等特殊测井项目。

（三）核测井

核测井是指将核技术应用于井中测量，根据岩石及其孔隙流体的核物理性质，研究井的地质剖面，勘探石油、天然气、煤以及金属、非金属矿藏，研究石油地质、油井工程和油田开发的核地球物理方法，又称放射性测井。核测井通常可划分为伽马测井、中子测井、核磁共振测井3类：伽马测井是测量由核衰变产生并与地层相互作用的伽马射线；中子测井是测量经地层慢化的中子或中子诱发的伽马射线；核磁共振测井是测量核磁共振产生的射频信号。核测井主要用于评价地层的岩性、孔隙度、渗透率、饱和度、孔隙结构、流体性质、流体分布、沉积环境等特征参数。常见的核测井主要有自然伽马、自然伽马能谱、散射伽马能谱（密度测井）、中子伽马、补偿中子、脉冲中子、放射性示踪剂等，同时也包含了核磁共振、元素俘获、随钻伽马、随钻密度、随钻中子等特殊测井项目。

上述各种测井项目均有其技术特色，都具备解决油气藏勘探开发中某一（些）特定技术问题的能力，但同时又都具有其自身的局限性和适应性。为全面而准确地认识地层特征并进而发现和研究油气藏，就需要针对不同类型油气藏优选一些能够适应该油气藏自身特点的测井项目，以达到能够准确评价地层关键特征参数的目的，为合理开发油气和科学钻探提供依据。

三、测录井综合解释及应用

现场采集的测井、录井资料经质量验收合格后，即送室内进行处理解释。首先要对测井、录井资料进行深度校正、环境校正等预处理工作，然后通过对目标地层进行资料处理反演建立关键储层参数的解释模型和方法，最终实现对储层参数的处理解释。一般对裸眼井资料处理、解释的目的主要是用于寻找油、气层，并对储层参数做出评价，为油气藏的开发决策提供信息；对套管井资料处理、解释的目的主要是用于开发过程中油、气层的动态分析，为油气藏开发的合理调整提供资料。

（一）常规油气解释

常规油气测井、录井解释注重评价岩性、物性、含油气性和电性的“四性关系”，评价储层类别一般分为储层、差储层和干层，并在识别流体性质的基础上划分出油气层、油层、气层、油水同层、气水同层等，进而提出试油气层段，计算有效厚度。

（二）非常规油气解释

非常规油气测井、录井解释则突出岩性、物性、电性、含油气性、脆性、生烃特性和地应力各向异性的“七性关系”评价，在此基础上，开展源岩品质、储层品质和工程品质的“三品质”评价，并综合考虑“三品质”配置关系，明确甜点段分布，通过多井测井、录井综合评价和井－震一体化分析，由点到线、由线及面地优选出油气甜点分布区。

(三)套管井测井解释

套管井测井解释以下套管后测井资料开展注入效果分析、产液(气)特征评价、剩余油气分布评价、套管状况评估和固井质量评价，分析油气藏生产动态及其特征。

(四)其他测井、录井解释

除上述常见的测录井解释之外，测录井资料还应用于测录井地质综合评价、工程测录井解释评价等研究中。测录井地质综合评价主要包括利用单井和多井测录井资料开展烃源岩评价、沉积微相分析、盖层评价和岩石力学分析等，并识别出过井断层和破碎带；工程测录井解释评价主要体现在对于钻井和压裂的及时支持，如支持水平井部署、优选水平井窗体、指导水平段井眼轨迹设计等。

伴随油气等矿产资源开发的难度加大和科学技术的快速发展，测录井新理论、新方法、新技术也在不断出现和发展，测录井技术发展趋势主要体现在以下三个方面：一是储层评价更精细，油气层识别更准确；二是井筒环境适用性更强，发展复杂井筒环境的安全高效取全取准技术；三是测录井采集、质量监控、资料处理和解释将向着数字化、智能化发展。

第五节　探井工程技术

油气勘探是一项技术密集型高科技产业，其发展离不开工程技术的进步。油气勘探史上的任何一次重大飞跃无不与新技术、新工艺的出现有关。勘探实践证明，没有先进的、有效的、适用的工程技术，就不可能实现勘探的大突破；没有工程技术的进步，就不可能有地质认识的进一步提高。近年来，石油工程技术的进步，正推动油气行业由“资源主导”向“资源技术并重”转变，针对我国油气构造复杂、资源禀赋较差的实际，石油工程技术领域通过多年攻关，基本具备支撑我国复杂构造、深层－超深层、常规－非常规油气藏勘探的技术能力，为油气勘探开发快速发展提供了有力的技术支撑。如超深井优快钻井技术、水平井钻井技术、提高单井产能的储层改造技术等，这些工程技术支撑能力的进一步提升，在常规、非常规油气勘探中发挥了巨大作用，取得了显著效果。

一、钻井工程技术

(一)钻井工程的概念

钻井工程是石油工程领域中非常重要的一项工程技术，它是利用钻机、钻头、钻杆等设备工具在地下钻出具有一定深度的井眼，并通过下套管、固井等工艺形成一个从地下到地面的完整油气勘探开发通道的一整套工艺技术。石油钻井按照目的可分为油气探井和开发井；按照油气井的钻井深度可分为浅井(井深小于2000m)、中深井(井深介于2000～4500m)、深井(井深介于4500～6000m)、超深井(井深介于6000～9000m)以及特超深井(井深大于9000m)；按照井型分为直井、定向井、水平井。

(二)钻井工程在油气勘探中的作用

钻井工程是石油与天然气勘探的关键环节之一，勘探技术人员通过地球物理勘探落实地下含油气构造目标后，必须通过钻井获取目标层系的岩性、埋深、温度、压力及含油气性等准确信息，并建立试油试气通道，为评价油气储量及油气性质等提供技术保证。

一方面，钻井工程是油气高质量勘探的重要技术支撑，对于勘探来说，钻井最先与油气层直接接触，直接影响到油气的发现与评价；另一方面，钻井成本占到了勘探投资的50%以上，钻井成本的高低、质量的好坏直接关系到油气勘探的效果与效益，钻井速度、工艺技术影响着油气勘探的进程。

钻井工程是非常规石油与天然气勘探的重要技术之一，随着非常规油气勘探技术的发展，探井中大斜度定向井和水平井占的比重越来越大。水平井钻井是页岩油气和致密油气等非常规油气勘探开发的主导性技术，近钻头、旋转导向等新技术配合地质工程一体化的监测、导向、追踪储层技术，有效保证了水平井储层钻遇率不断提高。

(三)钻井工程的特点

(1)生产的连续性。一口井从开始钻井到完井，整个过程连续进行。除特殊情况外施工不可以中断，否则易造成井下复杂情况甚至事故的发生，如卡钻等。

(2)钻进的不连续性。钻进过程中要不断地接单根、起下钻，体现出钻进的不连续性。

(3)井下情况的复杂性。钻头在井下深处旋转破碎岩石，既看不见，也摸不着，属隐蔽钻进，只有借助于地面上的各种仪表和某些设备运转的声音、速度变化等来分析判断井下情况是否正常。由于地层情况的复杂，这些分析判断的正确性受到一定的局限。

(4)工作场所的多变性。一是钻井地点可能是在旷野、沙漠，也可能是在海洋等，钻井工作场所表现为多变性。二是工作流动性大，每钻完一口井，就要动迁，呈现出流动性。由于建井周期大多较短，故钻井工作流动性大。三是工作场所大、振动大、噪声大，其中所摆放设备(如柴油机)功率大，设备传动采用链条、皮带，振动大、噪声大。随着钻机的不断完善，振动及噪声在不断降低。

(5)钻井作业的艰苦性。许多井位人烟稀少，极其荒芜，周围环境极其恶劣，相当一部分钻机作业在露天进行。作业过程中劳动强度大，在起下钻过程中，井口所使用的卡瓦、吊卡及吊钳的操作与钻柱移位等都由于工具设备管材笨重而需较大的体力。当然，随着钻机自动化程度的不断提高，劳动强度也在不断降低。

(四)钻井工程技术

现代石油钻井工程技术正不断朝信息化与自动化等方向快速发展，尤其是在技术研发方面，通过多年探索，出现很多满足国情需要的钻井新技术，而且不同新技术有着不同的机理、特点和优势，能适应很多较为复杂的油气田。

(1)科学化钻井技术。通过开展大量的科学研究，使钻井工程技术得以迅速发展，突出的技术成就有高压喷射钻井、高效牙轮钻头、优质钻井液、优选参数钻井、地层压力检测技术、油气井压力控制技术、钻井液固相控制技术、平衡压力钻井技术等。

(2)自动化钻井技术。主要特征是以钻井信息化、智能化并向自动化钻井迈进，突出的技术成就有井下信息实时检测技术(如随钻测量、随钻测井、随钻地震、随钻地层评价和钻井动态数据实时测量)、井下导向和井下闭环钻井系统、新型钻井技术和方法(如欠平衡压力钻井、水平井钻井、多分支井钻井、连续油管钻井技术等)。

（3）随钻井下测量与评价技术。在地层未被钻井液污染时测得；实时进行地层对比与评价；实时检测异常高压层；对比分析钻井液侵入情况；随钻测井不占用钻井时间；实现钻井数据自动采集。

（4）地质导向钻井技术。地质导向钻井技术以人机对话方式来控制井眼轨迹。它是以井下实际地质特征来确定和控制井轨迹进行钻井，不是按预先设计的井眼轨道进行钻井，地质导向可以随时预知钻头周围几米范围内的地质特征、钻头与地质界面以及地层流体界面的相对位置，可以控制钻头始终在目的层中钻进。

（5）井下闭环钻井技术。通过地面测量（钻井液录井和钻井参数地面测量）、井下随钻测量（井下几何参数和地层参数）、数据采集和地面计算、数据整体综合解释，把测量数据解释成有用参数以指导作业，做到地面操作控制自动化，井下操作自动控制。

（6）大位移井钻井技术。大位移井是指水平位移与垂直深度之比大于 2 的定向井和水平井，比值大于 3 为特大位移井。大位移井的主要特征是斜井段长，钻柱磨阻和井眼清洁是两大难题，需要用旋转导向技术和工具。

（7）多分支井钻井技术。多分支井是指在一口井的底部钻出 2 口或多口进入油气藏的分支井眼，或从 2 级井眼中钻出 3 级井眼。主井可以是直井、斜井，水平多分支井可实现多个油气层的立体开采。

（8）欠平衡钻井技术。欠平衡钻井技术适应了勘探过程中及早发现油气层和开采过程中提高油气产能与油气采收率的要求，得到广泛应用。欠平衡钻井具有减少对油气层的污染和损害、及时发现低压低渗油气层、大幅提高机械钻速等优点。适用条件包括完善的井控设施、良好的井壁稳定性、无水层。

二、试油气工程技术

（一）试油气的概念

试油气工程就是利用一套专用的设备和方法，让地层中的流体进入井筒或流出地面，从而获得地层流体的性质、油气水的产量、地层压力、温度、产量与压力之间的关系以及压力随时间的变化关系等资料，通过对这些资料的分析和解释，对储层的含油气性做出评价，并获得地层物性参数和井的生产能力的一系列工艺技术。

（二）试油气的目的及任务

1. 试油气的作用

（1）探明新区、新构造是否有工业油气流；

（2）查明油、气田的含油气面积和油水或气水边界，确定油气藏的产油气能力、驱动类型；

（3）验证储层的含油气情况和测、录井解释的可靠性；

（4）通过分层试油、试气取得各分层的测试资料及流体的性质，确定单井（层）的合理工作制度，为计算油、气田储量和编制开发方案提供依据。

2. 试油气目的与任务

（1）区域探井（参数井）：当钻遇油气层时应进行中途测试，确定含油、气层的工业价值。

（2）预探井：查明新区、新圈闭、新层系是否有工业油、气流，为计算控制储量提供依据。

(3)评价井：查明油、气田的含油气面积及油水或气水边界，落实油气藏的产油、气能力，产能变化特性，驱动类型及压力系统，为计算探明储量、进行油气藏评价提供依据。

(4)开发井：确定油、气、水产能及性质，为制定开发方案和确定油井合理工作制度提供依据。

(三)试油气的技术分类

1. 按钻井过程分类

可分为中途测试、完井测试。中途测试是在钻井过程中，遇到油气显示或钻开目标层时所进行的试油气测试。完井测试是在完井之后，投入开采之前所进行的试油气测试。二者除了部分测试工具和工艺有所不同，其目的、任务和内容基本相同。

2. 按测试工具分类

可分为常规试油气和地层测试试油气。常规试油气工艺方法单一，试油气效率较低。基本工序包括：通井、诱喷(替喷或排液)、求产、取样、测压、封层等技术环节。地层测试试油气是采用专门的测试工具进行的试油气。该技术起初是由钻井过程中(中途测试)发展起来的，后来发展到完井测试和生产井的测试及联合作业测试技术(射孔－测试联作、酸压－测试联作等)。

(四)试油气资料录取的内容

(1)产量：地层中的流体包括油、气、水，在试油气过程中，地层中产出的油、气、水应分别计量。

(2)压力：试油气录取的压力资料包括原始地层压力、静压(平均地层压力)、井底流动压力、井口的油压和套压、随时间变化的不稳定压力(工作制度变化后某一时刻的井底压力)等。

(3)温度：地层温度直接影响储层流体的相态、渗流特性和井筒流动状态，如凝析与反凝析，井筒和地面原油析蜡等。试油气录取的温度资料包括井口温度、井底温度、地层温度。

(4)流体性质：油、气、水的物理性质、组分等是通过测试过程中进行取样分析而获得的，流体取样、分析是试油气的重要内容。通过地层水的分析，可以了解区域水动力情况、沉积环境、油气水运移、保存条件等。油气的密度、黏度、组分等资料是制订开发方案和采油工艺方案的重要依据。

(五)试油气资料及其成果应用

试油气测试工程，包括试井测试，服务于油气勘探和开发的全过程，是及时发现油气藏、正确评价油气藏的有效手段。试油气测试提供的是油气藏在动态条件下的特性参数(压力卡片的应用)，这种动态信息比静态信息所提供的油气藏的信息量要大得多。因此，试油气测试广泛应用于勘探开发的各个阶段。

1. 进行早期油气藏评价

在发现油气藏的早期，根据试油气测试提供的油层全套参数，即可对油气藏进行早期评价，为下一步勘探开发提供依据。对范围较小的油气藏在能探测到边界反应的情况下，通过单井的试井，可以落实油气藏的外边界类型和距离，估算油气藏的面积和储量。

2. 油气层保护效果评价

保护油气层是石油勘探开发过程中重要的技术措施之一，而试井测试是矿场评价油气层保护技术实施效果的有效手段。通过对测试计算表皮系数、堵塞比、污染压降等参数进行分析，可以判断油层污染的原因，评价井筒完善类型，为各项工程方案的设计以及采取补救措施提供依据，进一步提高油气层保护的水平和把油气层污染的损失降到最低限度。

3. 指导油气层改造选层和实施效果评价

在勘探试油气过程中，对大量的低产层能否合理选择酸化、压裂增产措施是提高勘探成功率的关键。根据测试提供的参数和测试压力曲线形态特征，可以有效指导选择酸化、压裂井层，提高决策的科学性；根据对酸化、压裂等措施前后测试资料的对比分析，可对实施效果进行定量评价。

三、压裂工程技术

（一）压裂的机理

压裂是利用液体传导压力的作用，由地面高压泵组，将具有一定黏度的液体以超过地层吸收能力的排量注入井中，使之在井底附近憋起高压。当此压力超过井壁附近的地应力及岩石的抗张强度后，地层就会破裂产生裂缝，或使原有的微小裂缝扩张，形成较大的裂缝。随后泵入携砂液将支撑剂带入裂缝，支撑剂分布在裂缝中。停泵后，支撑剂阻止裂缝闭合，形成了支撑裂缝。形成的支撑裂缝具有很高的导流能力，可大幅度降低油气向井流动时的流动阻力。

压裂是一个系统工程，涉及的理论知识有油藏工程、岩石力学、应用化学、渗流力学、流体力学、材料力学等。一项压裂工程要求做到：压前储层评价、压裂材料优选、工艺参数优选、压裂施工、压后排液与投产、配套的油藏管理以及压后评估。

（二）压裂的作用

（1）改善低渗透率地层，地层内油气由径向流变为单向流，减小了油气流阻力；

（2）调整各层之间的矛盾，使中低渗透层充分发挥作用；

（3）解除井底附近地层的堵塞，沟通地层的高渗透带。

（三）压裂技术的特点

1. 压裂技术分类

根据造缝介质不同，压裂分为：水力压裂、高能气体压裂、干法压裂、爆炸压裂。

（1）水力压裂：利用水力在压裂施工井段附近地层内形成具有一定几何尺寸和导流能力的填砂裂缝，使井达到增产增注目的的工艺技术。体积压裂属于水力压裂技术的一种。

（2）高能气体压裂：利用特定发射药或推进剂在油气井目的层段高速燃烧，产生高温高压气体，压裂地层形成多条自井眼呈放射状的径向裂缝，清除油气层污染及堵塞物，有效地降低表皮系数，达到油气井增产目的的一种工艺技术。

（3）干法压裂：利用100%的液体二氧化碳和石英砂进行压裂，无水无任何添加剂，压后压裂液几乎完全排出地层，可避免地层伤害。其关键技术是使混合支撑剂进入液体二氧化碳中的二氧化碳混合器。适用于对驱替液、冻胶或表面活性剂的伤害敏感的地层，包括渗水层、低压层及有微粒运移的储层以及水敏性储层。

(4)爆炸压裂：利用炸药的爆炸力进行压裂，它的增压速度极快(微秒级)，气体生成量较少，地层裂隙来不及扩张和延伸，大部分能量消耗在井壁岩石的破碎上，产生无数细小裂缝，井眼内残留的应力场具有压实效应，可能完全闭塞所产生的裂缝。

2. 常用压裂工艺的特点

常用压裂工艺的特点见表1－3－2和表1－3－3。

表1－3－2　水平井常用分段压裂工艺

压裂工艺	适合完井方式	优点	缺点
泵送桥塞 分段压裂	套管完井	1. 压裂技术成熟，工艺可靠； 2. 分段级数不受限制； 3. 适于成本低、大规模体积压裂； 4. 压后井筒畅通，便于后续作业	1. 等待时间较长； 2. 存在桥塞下井遇阻风险； 3. 压后带压下生产管柱
智能滑套/ 封隔器多段压裂	套管完井	1. 节约时间； 2. 级数不受限制； 3. 压后等通径(61mm、75mm)	1. 井下工具下不到位风险； 2. 砂堵时难处理； 3. 内通径减小，后续作业难度较大
永置式封隔器 多段压裂	裸眼完井 套管完井	1. 节约时间； 2. 压裂与完井管柱一体化	1. 井下工具下不到位风险； 2. 砂堵时难处理； 3. 压裂管柱无法起出，后续作业难度大
水力喷射压裂	裸眼完井 套管完井 筛管完井	1. 射孔与压裂联作； 2. 多段压裂管柱能够顺利起出	深井不适用
连续油管 拖动压裂	套管完井	1. 作业周期短； 2. 费用低	1. 井深、施工压力受到限制； 2. 封隔器多次坐封，性能要求高
固井滑套 分段压裂	套管完井	1. 无须磨铣，压后井筒畅通； 2. 级数不受限制	1. 存在下井遇卡风险； 2. 水泥环对打开滑套的影响

表1－3－3　直井(大斜度井)常用压裂工艺

压裂工艺	射孔方式	技术特点	适用储层情况
水力喷射分层压裂	喷砂射孔	自分隔，改造针对性强；需环空补液，相同砂量液体多	裂缝发育较好、储层分散
环空加砂压裂	油管传输射孔	操作简单、费用少；改造层跨度小	裂缝欠发育、储层集中
泵送桥塞压裂	连续油管 电缆桥塞	施工排量高、改造彻底；施工费用高，压后需钻塞，施工时间长	裂缝欠发育、储层分散
卡封分层压裂	油管传输射孔	技术成熟、成本低；分段层数少	裂缝发育较好、储层分散

第二部分　东濮凹陷油气地质勘探与评价

第一章　勘探概况

东濮凹陷位于豫鲁两省交界处的黄河两岸，地跨河南省濮阳、新乡、安阳、开封和山东省菏泽、聊城6市12个县(区)。区域构造位置上处于渤海湾盆地临清坳陷南部，面积约5300km^2。其东侧以兰聊断裂与鲁西隆起为界，西侧为内黄隆起，南隔兰考凸起与开封坳陷相望，北以马陵断层与莘县凹陷相连。

东濮凹陷油气勘探工作始于1955年，前期以地球物理概查或普查工作为主，地震勘探始于1969年，石油钻探始于1970年，1975年濮参1井突破出油关，1982—1985年通过国务院组织的“三年科技攻关会战”，在国内率先应用三维地震、数控测井、大型压裂等新技术，油气勘探开发工作实现了“起点高、快速发现、快速投产”，仅用了几年时间便建成了一个石油工业新基地，现为中国石化重要的油气生产单位。

东濮凹陷既富油又富气。经过50年勘探开发，在东营组、沙一段、沙二上亚段、沙二下亚段、沙三上亚段、沙三中亚段、沙三下亚段、沙四上亚段、沙四下亚段及三叠系、二叠系11个层系找到油气藏，先后发现文中、文南、文东、濮城等17个油田，白庙、南湖2个气田(图2-1-1)。

50年来，东濮凹陷油气勘探经历了勘探突破快速发展期，也经历了勘探低谷期。通过区域预探评价突破东濮凹陷出油关，通过区域预探与详探结合，快速探明大型构造油气藏，特别是技术攻关会战取得了显著成效，实现了油气探明储量大幅度增长；但在大型构造油气藏发现探明之后，东濮凹陷油气勘探工作进入困难期，年探明石油储量大幅度回落(图2-1-2)，勘探工作量大幅度萎缩，油田相继开展区域甩开勘探、“三新”勘探、深层勘探、富油区精细勘探等工作，仅发现一些小型油气田。

随着东濮凹陷“三新”勘探受阻、深层勘探效益制约，富油气区断块油气藏精细挖潜成为主要的滚动勘探对象。为适应勘探需求，2005—2013年针对主要富油气区实施了高精度三维地震1689.8km^2，为复杂断块油气藏精细勘探提供了强力支撑；同时针对东濮凹陷复杂断块“一把刷子”的油气富集特征，加强了多靶定向井新技术的应用，为复杂断块油气藏挖潜奠定了基础。在新技术支撑下，按照“收缩外围、集中老区、主攻中浅层复杂断块群、探明可动用优质地质储量”总体勘探思路，围绕老油田周边、构造结合部、构造翼部低幅度、小断缝等含油断块，分地区、分类型整体解剖，找漏、扩边、填空，“拾零为整”。10年间，油气探明地质储量每年以500×10^4t左右持续增长。

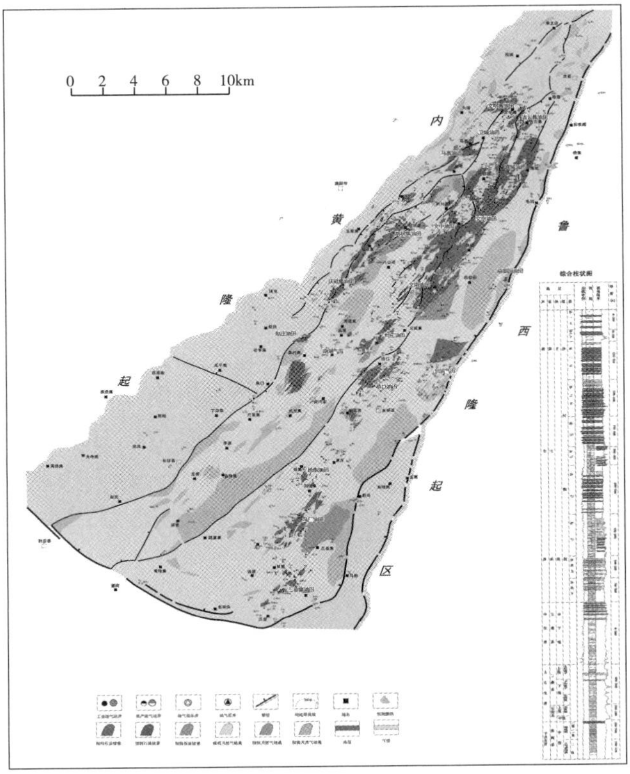

图 2－1－1 东濮凹陷勘探形势图

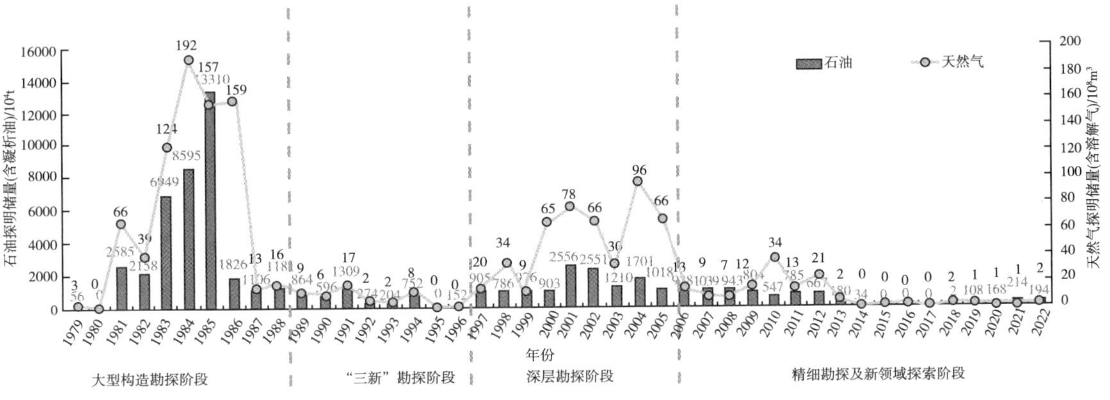

图 2－1－2 东濮凹陷油气勘探阶段划分

近年来，通过在富油气区块周边文濮结合部开展“油水层识别、储层发育、构造控圈、油气藏类型”等 4 个精细评价，明确了文濮结合部浅水－深水砂体沉积模式，一体化实施了濮 158、濮 7602 等井，取得了文濮结合部商业发现。通过加强近洼自封闭油气藏成藏条件评价和目标优选，按照“进入烃源选层、环洼岩性选区、多层叠合选点”的部署思路，重新评价葛岗集近洼带优质生烃层系(沙三下－沙四段)储层发育情况，优先在葛岗集南洼西翼“构造岩性圈闭＋优质储层”叠置区部署大斜度井——马 3001 斜井，对沙河街组三－四段直井分段压裂试油，获日产油 62.8m^3、日产气 4.32×10^4m^3 的高产工业油气流，油气当量 106.0m^3，实现了东濮老区近洼带自生自储油气藏勘探重大突破，形成千万吨级油气规模增储阵地。通过在西南洼陷带低勘探程度区开展“成盆、成烃、成储、成藏”再认识，攻关高密度三维地震勘探，进一步厘清了复杂断块成藏模式，何302、何303井在新层系钻遇千米油层段，多口探井获高产油气流，西南洼陷带低勘探程度区油气勘探持续获得突破，勘探潜力大。

经过50年勘探开发，东濮凹陷已经进入成熟探区深化勘探阶段，随着难度的逐年增大，勘探转型成为必然。近年来，在加强常规油气藏勘探挖潜的同时，非常规油气藏勘探已成为重要的接替领域，按照“深挖富油构造转换带、拓展低勘探程度区、探索岩性/页岩油新领域”的常非一体勘探思路，部署了文318、濮161、濮7601H、文东1、濮卫1HF等重点探井，均取得良好效果。其中，文318井沙三中亚段2－3砂组采用CO_2增能体积压裂试油，自喷日产油量为9.7t，实现了前梨园洼陷带致密油勘探重要突破；实施常非兼探井濮7601H井试获高产油气流，初期最高日产油22.5m^3，打开了洼陷带源内、源上致密油＋页岩油常非一体立体勘探新局面，成为东濮凹陷最现实的资源接替领域。

扫一扫
获取更多资源

第二章　油气地质基本特征

东濮凹陷是典型的断陷盐湖凹陷，沉积主体是巨厚的新生界地层，包括厚约7000m 的古近系湖相砂泥岩、含盐组合和约2000m 的新近系－第四系河流冲积相堆积。其中古近系湖相沉积构成了良好生储盖组合，与构造相匹配形成多个复式油气聚集带，成为渤海湾盆地重要的富油气凹陷。本章主要从地层特征、构造特征、沉积储层特征、油气生成等4 个方面详细论述东濮凹陷基本石油地质特征。

第一节　地层特征

东濮凹陷是渤海湾盆地最南部的一个次级构造单元，古生代时期是华北地台的一部分，古老结晶基底由太古界花岗片麻岩组成(表2－2－1)。早古生代时期，本区受广泛海侵，沉积了厚度超过2000 m 的以碳酸盐岩建造为主的寒武系、中下奥陶统沉积。奥陶系沉积后，因加里东运动导致华北地台抬升，经历约1.3 亿年的风化剥蚀，形成准平原，东濮凹陷缺失上奥陶统至中石炭统地层。从上石炭统开始，本区又逐渐下沉，接受一套海陆交互相的含煤碎屑岩及陆相碎屑岩沉积，与下伏中奥陶统呈平行不整合接触关系。

燕山运动之后，新生界凹陷开始形成，新生界厚约9000m，其中古近系为裂谷型沉积，是凹陷中主要的生储油层系。古近系可划分为沙河街组、东营组，新近系划分为馆陶组和明化镇组，新近系之上广覆第四系平原组。本节重点介绍油气勘探主要地层、主要标志层及岩电性特征。

一、太古界

太古界在兰聊断裂上升盘及断阶上的龙古2、龙古3、前1、白22、白51、高1、东1、东3 等井钻遇。岩性南北有差异，北部为花岗片麻岩，致密坚硬，成分以石英、黑云母为主。自然伽马、深侧向、补偿中子曲线均表现为块状高值与上覆地层低值段相区分。

二、古生界

通过岩性、电性、古生物、重矿物等综合研究，将本区下古生界地层自下而上划分为寒武系第二统朱砂洞组、馒头组，寒武系第三统毛庄组、徐庄组、张夏组，寒武系芙蓉统崮山组、长山组、凤山组，奥陶系下统冶里组、亮甲山组，奥陶系中统下马家沟组、上马家沟组和峰峰组。上古生界地层自下而上划分为石炭系本溪组，二叠系乌拉尔统太原组、山西组，二叠系瓜德鲁普统下石盒子组、上石盒子组，二叠系乐平统石千峰组。

表 2-2-1　东濮凹陷地层划分简表

地层系统						主要岩性及地层厚度	主要沉积相
界	系	统	组段		亚段		
	第四系	全新统	平原组			含砾砂岩、粉、细砂岩、泥岩 150～350m	河流相
新生界	新近系	上—中新统	明化镇组			砂、泥岩互层 1000～1700m	河流相
			馆陶组			块状砂砾岩夹泥岩 200～620m	
	古近系	渐新统	东营组			泥岩与粉、细砂岩互层 0～2000m	河流相
			沙河街组	沙一	上	泥岩、云质泥岩、粉砂夹生物灰岩 100～280m	湖相漫湖相
					下	盐岩、泥岩夹泥质白云岩 40～200m	
				沙二	上	泥膏岩、膏泥岩、泥岩夹粉砂岩 100～650m	
					下	砂岩、泥岩不等厚互层 180～550m	河流相
		始新统		沙三	上	粉砂岩、泥岩、页岩 130～780m	湖泊相
					中	盐岩、泥岩、页岩、粉砂岩 28～1200m	
					下	粉砂岩、泥岩、页岩、盐岩 100～1100m	
				沙四	上	盐岩、页岩、泥岩、粉砂岩 60～1250m	
					下	红色砂、泥岩互层 0～380m	
中生界	三叠系	中统	二马营组			粉砂岩与泥岩不等厚互层 0～210m	河流相
		下统	和尚沟组			粉砂岩、粉砂质泥岩、泥岩夹细砂岩 0～380m	
			刘家沟组			泥岩、粉砂岩、细砂岩 170～500m	
古生界	二叠系	乐平统	石千峰组			泥岩、粉砂岩、细砂岩 0～245m	河流湖沼相
		瓜德鲁普统	上石盒子			泥岩、细砂岩、粉砂岩 0～390m	
			下石盒子			泥岩、粉砂岩夹铝土质泥岩 140～194m	河流湖沼相
		乌拉尔统	山西组			泥岩、煤层夹砂岩 70～129m	
			太原组			砂岩、碳质泥岩、煤层夹铝土质泥岩 80～125m	海陆交互相
	石炭系		本溪组			砂岩、泥岩、煤层、铝土岩 0～43m	
	奥陶系	中统	峰峰组		上	灰岩、泥质白云岩 0～145m	浅海相
					下	白云岩夹石膏 0～85m	
			上马家沟组		上	灰岩夹白云岩 0～314m	
					下	白云岩夹白云质灰岩 62～112m	
			下马家沟组		上	灰岩夹白云岩 36～110m	
					下	泥晶白云岩、泥质夹膏质白云岩 26～70m	
		下统	亮甲山组			白云岩夹硬石膏 40～70m	
			冶里组			细晶白云岩 50～70m	浅海相
	寒武系	芙蓉统	凤山组			细晶白云岩夹条带状灰岩 22～85m	浅海相
			长山组			泥晶灰岩夹鲕粒灰岩 15～50m	
			崮山组			灰岩、泥灰岩夹页岩 44～84m	
		第三统	张夏组			鲕状灰岩，灰岩、白云岩 48－102m	
			徐庄组			页岩、石灰岩含海绿石 48～102m	
			毛庄组			砂质页岩、灰岩 46～71m	
		第二统	馒头组			页岩、白云岩、灰岩 35～93m	
			朱砂洞组			白云岩、灰岩夹泥岩 24～54m	
太古界						花岗片麻岩	

三、中生界

东濮凹陷古生界之上的一套高电阻红色砂泥岩地层，俗称“高阻红”。2006 年底以来，在东濮凹陷北部“高阻红”层裂缝性油气藏勘探开发研究过程中，对“高阻红”地层时代归属进行了重点攻关，通过岩心观察、古生物、重矿物、绝对年龄等分析，确定东濮凹陷“高阻红”的地质时代属于早、中三叠世，从而解决了四十多年来未能解决的重大遗留问题。因此，东濮凹陷中生界仅保存有中、下三叠统，而邻近地区分布有晚三叠统及侏罗系、白垩系。中、下三叠统主要分布在东濮凹陷中北部，向南由于顶部地层遭受剥蚀逐渐减薄，直至剥蚀殆尽，从下往上分为刘家沟组、和尚沟组、二马营组。

四、新生界

(一)古近系

东濮凹陷古近系是在中、古生界基底上发育起来的断陷盆地，以陆相咸化湖盆含盐细碎屑岩沉积为特征(图 2 - 2 - 1)。由于断裂持续活动，凹陷快速下沉、快速补偿，沉积厚度可达 7000m。东濮凹陷古近系及其生物群特征，属于渤海湾盆地古近系生物地层区，具有相同或类似的地层层序结构、岩性特征与微古生物演化规律。因此，古近系的划分遵循命名剖面基本含义，特别是古生物组合面貌。经过多年的生物地层研究和统层工作，对古近系地层层序及其基本特征，已形成一致意见，划分为沙河街组和东营组。

1. 沙河街组

东濮凹陷沉积了厚达 5600m 的沙河街组，依据古生物组合、岩电性特征及地震反射特征，又细分为四个段。

1)沙四段

沙四段是东濮凹陷断陷初期的沉积，地层颜色上灰下红，古生物面貌也有一定差异，与渤海湾盆地其他坳陷(凹陷)沙四段纵向上的岩性、古生物面貌变化特点相似，划分为沙四下亚段和沙四上亚段。沙四下沉积末期至沙四上沉积期，湖盆水域逐渐扩大，由当时的凹陷中心(习城集)向北至观城地区，地势逐渐抬高，古地形呈宽缓的阶梯状(图 2 - 2 - 2)，砂体在沙四上亚段底部发育，其分布层位逐渐变新呈退积式。

沙四下亚段：没有明显的泥页岩标志层，视电阻率整体较低，曲线较平直，俗称“低阻红”，该亚段没有进行砂组的进一步划分。

地层主要分布在东濮凹陷中部和北部，陈营 - 文明寨一线以北区域缺失，整体呈东厚西薄的楔状，沉降中心在凹陷东侧的兰聊断层下降盘，地层厚度 0 ~ 380m。发育一套滨浅湖、河流相的棕红、紫红色粉砂岩、灰质粉砂岩与泥岩、砂质泥岩互层。

沙四上亚段：划分为 4 个砂层组，是“特殊岩性集中段”。有盐地层剖面从下向上划分出 44 个盐韵律，视电阻率曲线表现为系列高阻特征；无盐地层剖面表现为砂泥互层，泥页岩整体呈现高阻尖峰状。

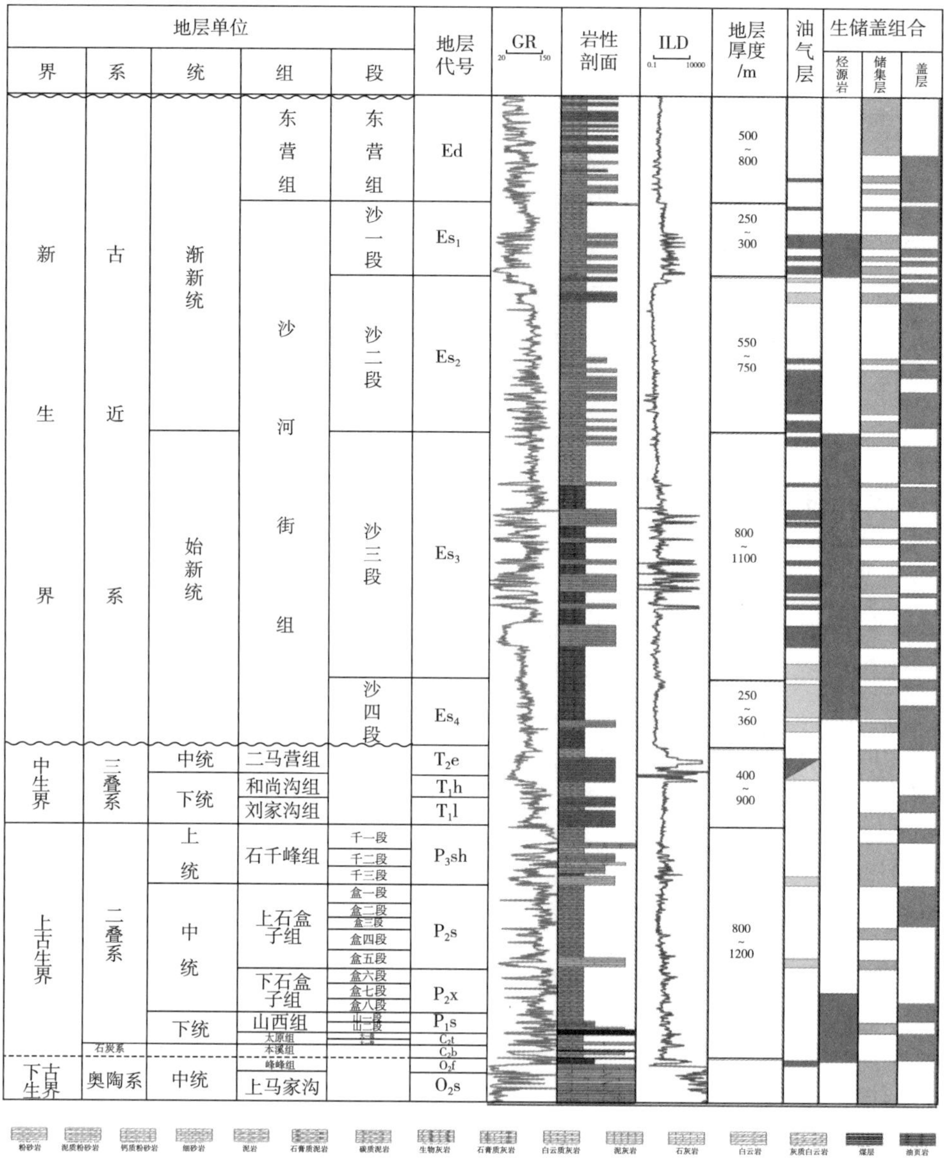

图 2-2-1　东濮凹陷综合柱状图

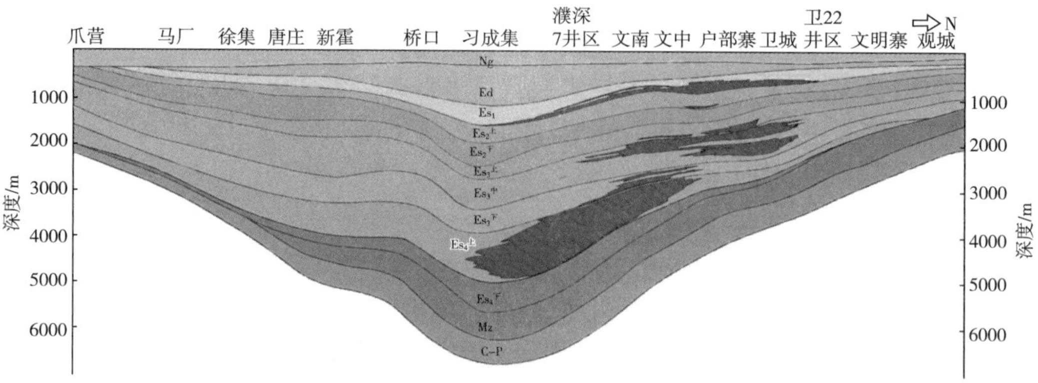

图 2-2-2　东濮凹陷 Ng-C-P 时期地层南北方向分布示意图

沙四上时期湖盆水域开始扩大，是初始成盐时期，分布范围大于沙四下亚段，陈营－文明寨以北区域缺失，整体呈东厚西薄楔状，沉积沉降中心位于前梨园洼陷。该时期文留、马寨南、胡状集地区为一套盐岩夹灰色泥、页岩沉积；文留以北广大区域主要为泥岩、泥灰岩、泥云岩、油页岩与粉砂岩薄互层；西斜坡高台阶为厚层粉砂岩夹薄层泥岩、泥灰岩的较稳定韵律层；黄河南地区沙四上高阻密集段不发育，主要为砂岩与泥岩互层，厚层泥岩间夹油页岩，和北部20～40m泥页岩整体呈现高峰电阻特征不同。

2）沙三段

沙三段沉积于东濮凹陷强烈断陷期，也是主要成盐时期，与渤海湾盆地其他凹陷沙三段的岩性、古生物面貌相似。从上至下发育三套盐岩沉积，即文9盐（卫城上盐）、卫城下盐、文23盐（上部），并依据这三套盐岩及岩电性标志，把沙三段划分为沙三上、沙三中、沙三下三个亚段：以东濮北部文9盐或卫城上盐的结束作为沙三中亚段结束进入沙三上亚段的一个基本特征，个别区域文9盐上延到沙三上亚段，如柳屯次洼和文留北部；卫城下盐与文23盐（上部）之间稳定泥页岩中部的原沙三3亚段底界作为沙三中亚段与沙三下亚段分界。沙三段上、中、下亚段的沉积、构造特征有一定差异。

沙三下亚段：划分为8个砂层组，有盐地层剖面从下向上划分出9个盐韵律，视电阻率曲线表现为系列高阻特征；无盐地层剖面从下向上发育8套厚度10～40m不等的泥页岩段（以北部地区地层为参考），视电阻率整体呈现连续高阻特征，是区域地层对比的稳定标志层，也是砂组划分方案的重要依据。标志层的编号依据感应电导率和视电阻率曲线特征，从下向上依次编号为0#、1#、2#、3#、4#、5#、6#、7#（图2－2－3）。

沙三下亚段时期湖盆进入强烈断陷期，东濮北部一些二、三级断层多在此时产生，并强烈活动，断层生长指数在2.0～2.5；东濮南部还没有出现明显的断层活动，地层表现为由兰聊断层向西厚度逐渐减薄，沉降中心位于葛岗集洼陷，地层厚度100～1150m。沙三下亚段主要为浅湖－深湖相的灰、深灰色泥页岩、油页岩、灰质泥岩与粉砂岩不等厚互层，柳屯洼陷向南到前梨园以北为灰白色（膏）盐岩、泥膏岩、灰色泥岩夹粉砂岩，盐岩最厚达200m。

沙三中亚段：划分为9个砂层组，有盐地层剖面因盐岩平面变化快未进行系统编号；无盐地层剖面从下向上发育17套厚度2～40m不等的泥页岩段（以北部地区地层为参考），视电阻率整体呈现连续高阻特征，除了极个别标志（6#～8#）不稳定，大部分是区域地层对比的稳定标志层，也是砂组划分方案重要依据。标志层的编号依据感应电导率、视电阻率曲线和自然伽马曲线特征，从下向上沙三中9砂组到4砂组地层依据感应电导率曲线和视电阻率曲线特征依次编号为1#、2#、3#、4#、5#、6#、7#、0#，沙三中3砂组到1砂组地层依据自然伽马曲线特征依次编号为6#、7#、8#、9#、10#、11#、12#、13#、14#。

沙三中亚段地层展布特征与沙三下亚段类似，东濮北部地层西厚东薄，东濮南部则呈现东厚西薄的“箕状”特征，厚度280～1200m。纵向上发育两个盐岩段，即文9盐和卫城下盐。上部（相当文9盐段）柳屯－海通集洼陷、文留北部主要为白色膏盐岩、泥膏岩夹灰色泥、页岩，盐岩最厚达260m（图2－2－4），其他地区主要为灰色泥、页岩夹粉砂岩；下部（相当卫城下盐段）灰、深灰色泥岩夹粉砂岩、页岩、油页岩，卫城、柳屯地区及濮卫洼陷带南部为膏盐岩夹薄层页岩、泥云岩、泥灰岩，盐岩最厚达200m。黄河南地区是无盐地层剖面，砂泥岩呈互层特征。

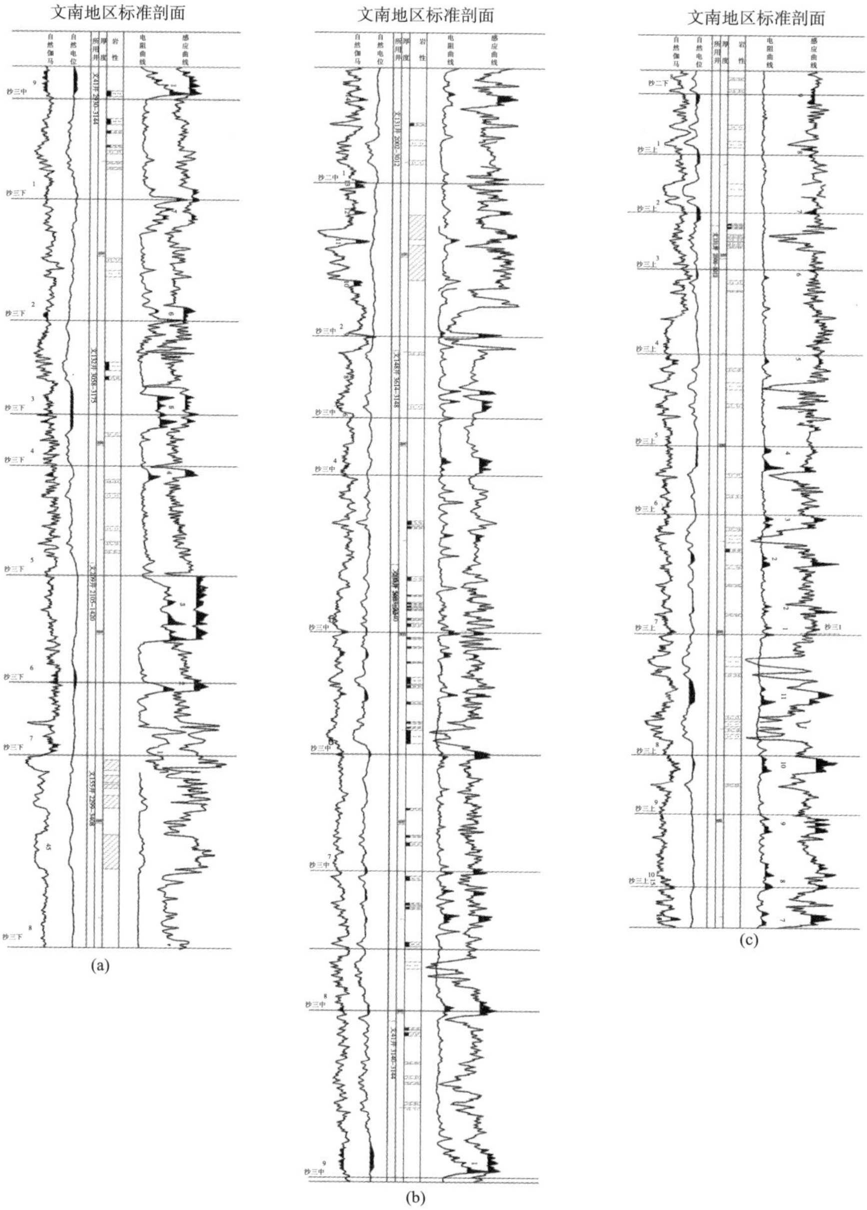

图 2-2-3　东濮凹陷文南地区沙三段标准剖面

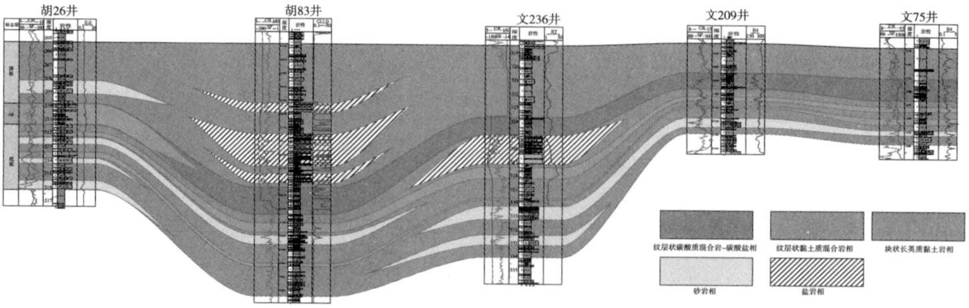

图 2-2-4　东濮凹陷沙三中 4 砂组 0#标志层连井岩相剖面图

沙三上亚段：划分为10个砂层组，有盐地层剖面因盐岩平面变化快未进行系统编号；无盐地层剖面从下向上发育13套厚度1~20m不等的泥页岩段（以北部地区地层为参考），视电阻率整体呈现高阻特征，是区域地层对比的稳定标志层，也是砂组划分方案重要依据。标志层的编号依据感应电导率和视电阻率曲线特征，从下向上沙三上10砂组到8砂组标志层依次编号为8#、9#、10#、11#，沙三上7砂组到1砂组标志层依次编号为1#、2#、3#、4#、5#、6#、7#、8#、9#（图2-2-3）。

沙三上亚段时期湖盆逐渐萎缩，东濮北部地层展布格局与沙三中亚段类似，南部地层厚值区则由东部洼陷逐渐向西转移到孟岗集洼陷，沉降中心位于海通集洼陷，与黄河断层等在这一时期形成并强烈活动有关，地层厚度130~780m。沉积了一套以滨浅湖-浅湖相为主的灰色泥岩、粉砂岩、页岩，徐集向南及西部斜坡带的胡状集-庆祖集地区顶部有缺失现象，并零星见红色泥岩，柳屯洼陷及文留与濮城结合部的下部为灰白色膏盐与暗色泥岩不等厚互层。

3）沙二段

沙二段沉积环境相对沙三段有了较大变化，以河流相、漫湖相的红色砂泥岩沉积夹泥膏岩、膏泥岩为主，还有一些滨浅湖相的浅灰色、灰白色的砂泥岩，与渤海湾盆地其他坳陷（凹陷）沙二段岩性、古生物面貌变化相似，依据岩性和电性特征划分为沙二下亚段和沙二上亚段。

沙二下亚段：划分为8个砂层组，地层整体以8套3~20m厚度不等的“高感应电导率”泥岩发育为特征，从下向上依据感应电导率和视电阻率曲线特征标志层依次编号为8#、7#、6#、5#、4#、3#、2#、1#。其中1#~4#标志层较为稳定，区域上有较好的对比关系。

沙二下亚段时期东濮凹陷二、三级大断层活动趋弱，出现众多三、四级小断层，地层整体呈南厚北薄、西厚东薄，沉降中心位于海通集-孟岗集洼陷，在西部断阶带的胡状集、庆祖集地区及唐庄以南区域沙二下亚段与沙三上亚段出现沉积间断，地层厚度180~550m。沉积了以河流相为主及短时期滨浅湖相的紫红、棕红、灰色泥岩与粉砂岩互层，泥岩具高电导、大时差值，是识别沙二下亚段的重要标志。

沙二上亚段：划分为7个砂层组，地层整体以26套2~15m厚度不等的高峰状感应电导率泥岩发育为特征，从下向上依据感应电导率曲线特征标志层依次编号为1#、2#、3#、4#、5#、6#、7#、8#、9#、10#、11#、12#、13#、14#、15#、16#、17#、18#、19#、20#、21#、22#、23#、24#、25#、26#。这些标志层中2#~7#、16#~23#较为稳定，区域上对比关系较好。

4）沙一段

沙一段沉积期湖盆水域再次扩大，沉降中心位于海通集洼陷，次沉降中心位于前梨园洼陷，地层厚度150~500m。在下部沉积了一套盐岩，局部盐岩上延到中上部，盐岩最厚达160m，根据盐岩发育和测井曲线特征划分为沙一下亚段和沙一上亚段。

沙一下亚段：没有进一步划分砂组，地层整体以6套2~10m厚度不等的高电阻泥岩、泥质白云岩发育为特征，从下向上依据感应电导率和视电阻率曲线特征标志层依次编号为1#、2#、3#、4#、5#、6#。其中1#~4#标志层较为稳定，岩性特征表现为泥质白云岩、白云质泥岩、泥灰岩和页岩，区域上有较好的对比关系。

沙一上亚段：没有进一步划分砂组，地层整体以10套3~15m厚度不等的含灰质、云质的高电阻泥岩发育为特征，从下向上依据感应电导率和视电阻率曲线特征标志层依次编号为1#、2#、3#、4#、5#、6#、7#、8#、9#、10#，区域上有较好的对比关系。

2. 东营组

东营组为一套充填式沉积，沉积末期遭受剥蚀，分布范围明显缩小，在西部斜坡带及徐集－三春集一线以南、孟岗集洼陷东边界黄河以东剥蚀殆尽，沉降中心位于孟岗集洼陷，次沉降中心位于前梨园洼陷，地层厚度0～2000m。沉积了一套河流相为主的紫红、灰绿色粉细砂岩、砾状砂岩、泥岩，箱状、指状负异常与平值间互自然电位曲线，电阻率曲线呈微波状起伏的低值，大小声波时差值间互。东营组纵向上岩电性的旋回性或分段性不明显，未进一步细分段及以下地层单元。

（二）新近系

新近系是在古近系剥蚀夷平的基础上发育起来的坳陷盆地，为河流相沉积，自北而南，地层由薄变厚。依据岩电性与地震反射特征，由下而上划分为馆陶组、明化镇组。馆陶组为一大套砂砾岩发育段，地层厚度200～620m。岩性主要为浅灰、灰白、杂色砂砾岩、含砾砂岩夹棕、灰绿色黏土岩。自然电位呈块状负异常，电阻曲线呈低而平直的低阻。明化镇组岩性为一套棕色黏土岩与棕色、灰白、浅灰色粉砂岩、细砂岩互层，上部夹砂砾岩，地层厚度1000～1700m。电性特征为锯齿状低电阻间夹高电阻尖峰，声波曲线呈波状起伏。

（三）第四系平原组

下部为灰黄色含砾砂层，上部为土黄、灰黄色黏土层与灰色粉、细砂层，顶部为土黄色表土层，地层厚度150～350m。

第二节　构造特征

东濮凹陷是渤海湾盆地复杂断块发育的典型代表，呈现“两洼一隆一斜坡”的构造格局（图2－2－5）。从充填的沉积地层时代看，内部缺失侏罗系、白垩系，古近系直接覆盖在中、下三叠统及更老的地层之上，而下古生界、上古生界及三叠系中、下统等反映的沉积特征与华北其他地区类似，属于华北克拉通盆地的一部分。

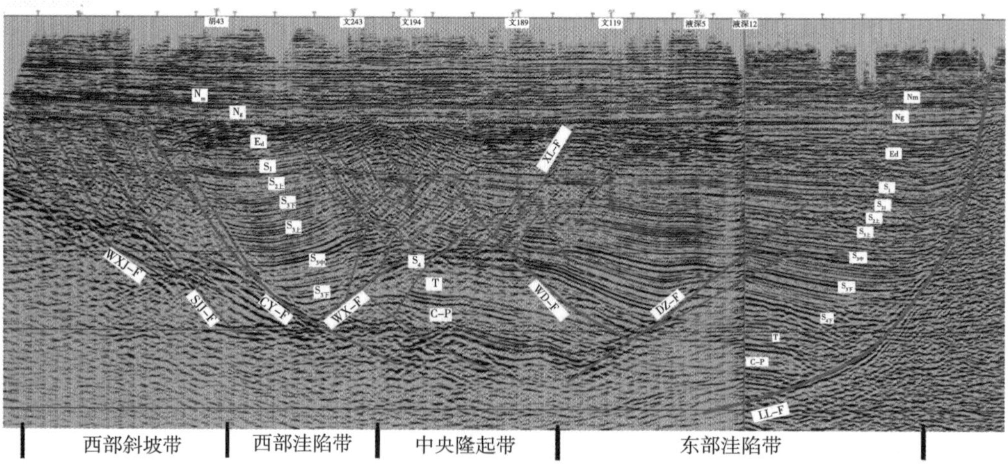

图2－2－5　东濮凹陷构造格局（中部）

一、凹陷格局形成及演化

在大地构造位置上，东濮凹陷处在华北板块中部。根据前人关于华北板块区域构造的形成和发展的研究成果，一般可以归纳为3个形成演化阶段，即结晶基底形成阶段、稳定地台盖层发育阶段和中－新生代裂陷盆地发育阶段。

(一) 结晶基底形成阶段

华北平原周边不同地区出露的结晶基底岩系及区域磁异常的空间分布特征，可以大致反映结晶基底现在的构造轮廓。根据岩石组合及变质岩的年龄等特征，华北平原及周边地区的结晶基底至少可以分为三种类型，即北部的燕辽型基底、西部的太行型基底和东部的鲁西型基底。

东濮凹陷东部边界兰聊断裂的上升盘及断阶上的部分钻井揭露了结晶基底，其岩心特征与泰山群相当。但是南北不同部位结晶基底在岩性上也存在差异，北部龙古2井岩心中为花岗片麻岩，致密坚硬，具弱的花岗变晶结构和片麻状构造，矿物成分以石英、黑云母、长石为主；南部东1、黄古1井为棕红色、肉红色花岗片麻岩，成分以长石为主，含少量石英及黑云母等。东濮凹陷内部尚未有揭露结晶基底钻井。区域航磁特征上，东濮处在太行型基底东部边缘，或大致相当于太行型基底与鲁西型基底的拼接部位，结晶基底岩性可能属于太行型结晶基底与鲁西型基底的过渡类型。不同类型的结晶基底的性质有一定的差异，它们对后期构造的形成和发展有重要的影响。

(二) 稳定地台盖层发育阶段

克拉通化以后，华北地区发育了多旋回的沉积盖层，包括中元古代以来各个时代的沉积地层，累计厚度逾30000m。其间也发生了多期次的构造运动、经历了多期盆地反转事件，但各期反转的性质、规模、程度各异，在不同区域的表现也不尽相同。华北地区结晶基底形成后所经历的盆地盖层发育时期及其构造反转期，其中地台盖层又可以分为中－上元古界和古生界(含中－下三叠统)两个构造层。

(三) 中－新生代裂陷盆地发育阶段

东濮凹陷燕山旋回盆地缺失侏罗系和白垩系，喜山旋回盆地缺失孔店组。在古近纪时期的地壳伸展速率是不均匀的，具有相对快的裂陷伸展时期和相对慢的裂陷伸展时期。结合地震剖面上所见同生断层的发育时期和地层结构反映的运动学特征，可以将东濮凹陷新生代构造演化分为古近纪裂陷阶段和新近纪－第四纪后裂陷阶段2个构造演化阶段。从东到西发育兰聊断裂带、文东断裂带、文西断裂带、长垣断裂带、石家集断裂带、五星集断裂带。

二、构造单元划分

东濮凹陷的新生代结构在剖面上由三个构造层组成：①由前古近系组成的凹陷基底构造层；②由古近系组成的凹陷下部沉积盖层，也是断陷构造层；③由新近系和第四系组成的凹陷上部沉积盖层，也是坳陷构造层。控制古近纪断陷的主干基底断层以北北东向正断层为主，凹陷内部发育大量以北北东向、北东向为主的盖层断层，使凹陷的总体走向表现为北北东向延伸，其产状及其组合特征沿洼陷走向有明显的变化，使凹陷结构具有“东西分带、南北分区”的特点，共划分出五个不同特征的构造带，35 个次级构造单元。

（一）东西分带

东濮凹陷构造总体走向为北北东向，发育大量北北东向断裂，构成由三个北北东向断裂带控制的北北东向延伸的结构，由东向西分为兰聊断裂带、东部洼陷带、中央低凸带、西部洼陷带及西部斜坡带五个不同特征的构造带(图 2－2－6)。西部斜坡带总体上向南东东向倾斜，不同区段倾斜程度有一定的差异。中央低凸带在不同地段的结构特征差异性明显，但是总体上都是由同向断层和反向断层的公共下盘断块构成。东部洼陷带和西部洼陷带的结构也不相同，东部洼陷带直接位于兰聊断裂带中主干断层上盘，显示半地堑结构。西部洼陷带则属于不对称地堑结构，在南区受相向倾斜的黄河断层和长垣断层控制，中区和北区不同地段则分别受不同断层控制，主要有文西、卫西和观城断层等。

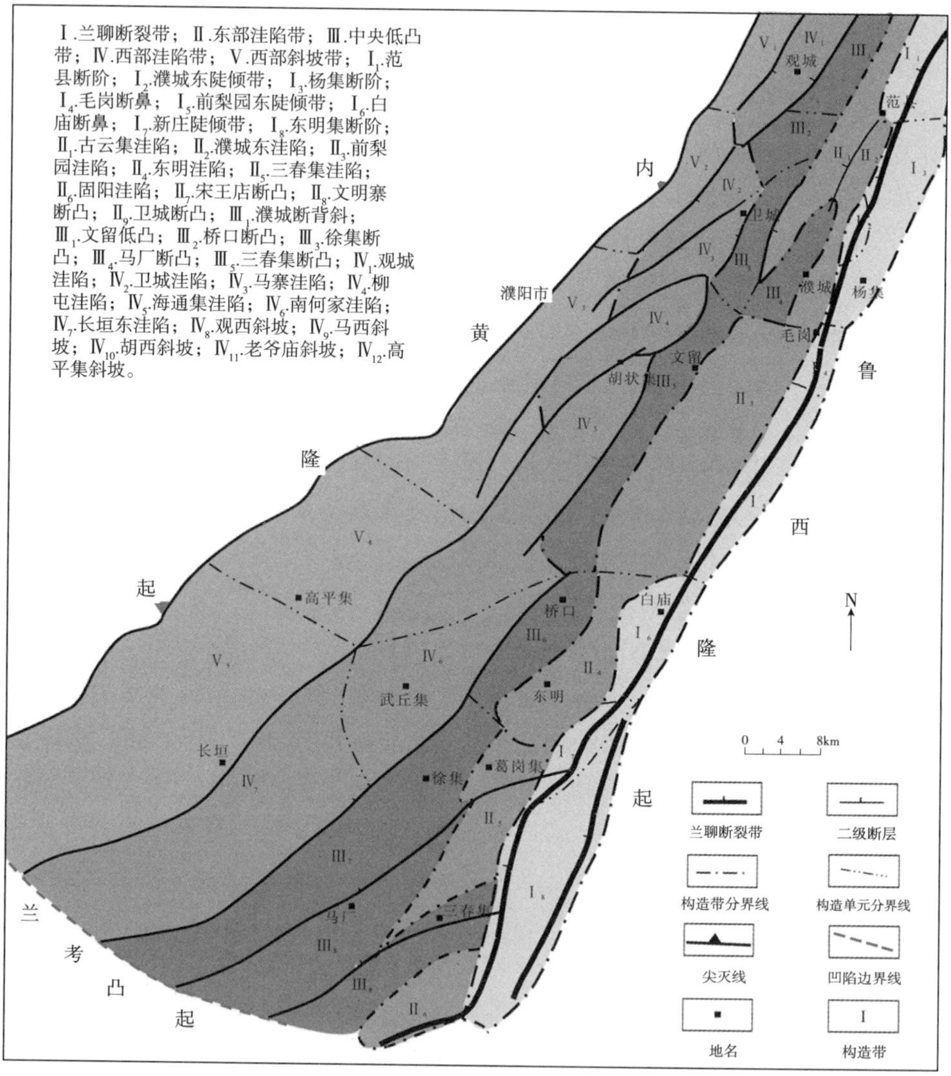

图 2－2－6　东濮凹陷构造单元划分图

(二)南北分区

根据东濮凹陷不同区段的主干基底断层的差异性可将东濮凹陷分为北、中、南三个区段。大致沿柳屯－户部寨－毛岗一线以北的地区称为东濮凹陷北区，大致以桑村集－桥口－白庙为界以南的地区称为东濮凹陷南区，南北之间的区域称为东濮凹陷中区。

北区总体上表现为东深西浅的两个平行的不对称半地堑夹持一个中央不对称半地垒低凸起的结构特征，凹陷基底和盖层岩层总体上仍然是南东东倾向。北区的两个洼陷表现为东深西浅的半地堑或不对称地堑结构，控制性正断层包括观城断层、卫西断层、濮城断层等。

中区横剖面上前述的五个构造带特征更加明显。尤其是中央低凸带至中区后幅度更大，且表现为在兰聊断层上盘的滚动背斜基础上，被文西断层切割形成断背斜凸起形态。中区东、西两个洼陷带的断陷相对较深，东部的前梨园洼陷受陡倾的、铲式特征明显的兰聊断层控制，西部的柳屯－海通集洼陷的两侧控制性断层都为斜列的基底断层组。

南区横剖面和中区形态基本相似。东部为兰聊断层直接控制的半地堑构造，相对宽而缓，充填古近系厚度较薄。中央低凸带由于兰聊断层上盘发育杜寨断层、马厂断层、三春集断层等同向断层，使得低凸带明显比中区和北区更加宽广。南区的西部是由黄河断层和长垣断层控制的相对窄而陡的地堑，沙三中亚段晚期开始充填的地层甚至比东部由兰聊断层直接控制的半地堑中充填的地层还厚。

三、断裂体系

不同级别的断裂分期活动，从不同尺度上控制凹陷和凹陷内局部构造演化、沉积作用及油气分布。根据东濮凹陷断裂发育特征，新生代主要二、三级断裂开始活动时期有四期：沙四段沉积期、沙三下亚段沉积期、沙三中亚段1－4砂组沉积期、沙二上亚段沉积期(图2－2－7)。

(一)断裂级别

东濮凹陷断裂级别划分主要考虑以下五条原则：①断裂规模，即断距大小和延伸长度；②对凹陷及凹陷内构造的控制作用；③对沉积的控制程度；④对构造演化的控制作用；⑤断裂形成、断裂活动延续时间及切割层位。据此，可将凹陷内断裂划分为四级。

Ⅰ级断裂：“控盆断层”，是指控制东濮凹陷形成演化的主要边界断层，断距大(可达5000～9000m)、延伸长(可达百余千米)，切割深(可达中下地壳，并直接与拆离断层相连)。兰聊断层属于Ⅰ级断层，是东濮凹陷的主控边界断层。

Ⅱ级断裂：“控洼断层”，是指控制凹陷内部二级构造带或洼陷带的断层，也就是控制凹陷内部构造格局的断层，断距一般在500～3000m，延伸长度达20～80km，切割至结晶基底。Ⅱ级断层可以是一条断层，也可以是一组断层。濮城、文西、文东、长垣等断层为凹陷内的Ⅱ级断层。

Ⅲ级断层：凹陷内部的主要盖层断层，多属于Ⅰ级或Ⅱ级断层活动诱导的次一级断层。断距一般100～500m，延伸长度约5～20km。Ⅲ级断层对某一时期的沉积有一定的控制，在盆地构造变形中起重要作用，对油气圈闭的形成和油气聚集有重要影响。

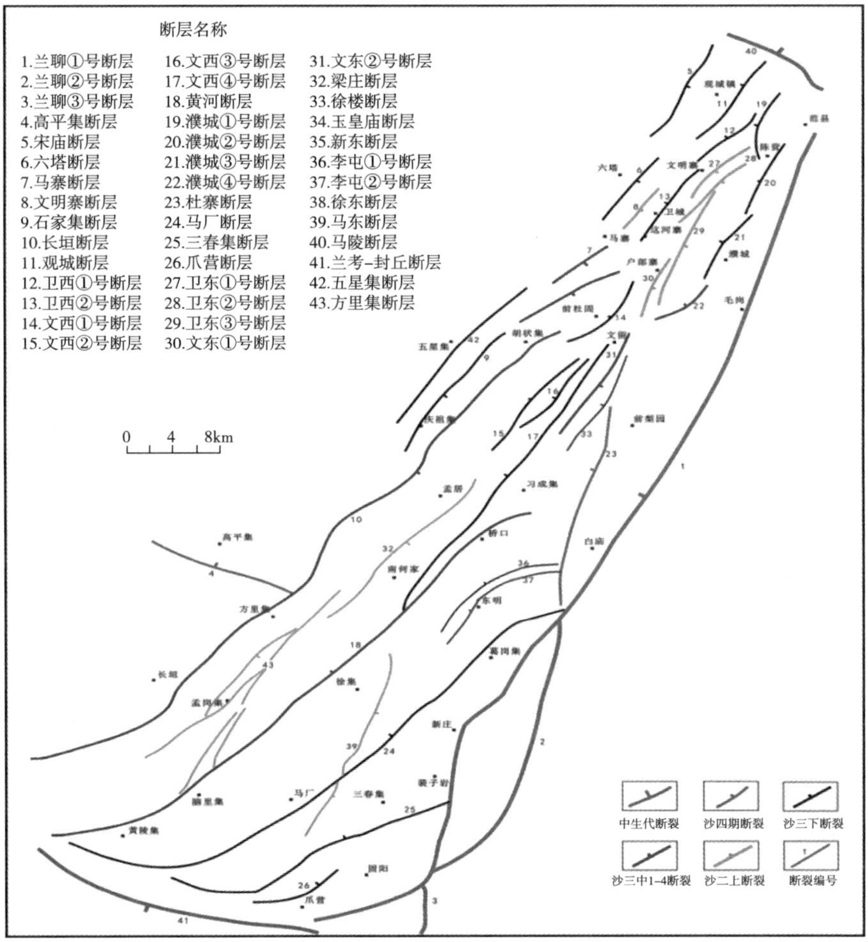

图2-2-7　东濮凹陷主要断裂分布

Ⅳ级及以下断裂：凹陷中还发育有大量的断距小(小于100m)、延伸较短(小于10km)的小断层，多为Ⅰ、Ⅱ、Ⅲ级断层位移诱导的次一级断层，可以按断距大小、延伸长度等划分为Ⅳ级、Ⅴ级断层，这些断层数量多、分布广，对凹陷的沉积作用影响甚微，但是影响凹陷构造变形，对三级构造起着复杂化的作用，对油气圈闭也有重要影响。

(二)主干基底断裂

1. 兰聊断裂带

兰聊断裂带是一条区域性深断裂带，深部地球物理资料表明兰聊断裂带向下切割至莫霍界面，构成了东濮凹陷、莘县凹陷与鲁西隆起的分界线。兰聊断裂带呈北北东走向，延伸约300km，在平面上与北西西向的区域性断裂(马陵断层、兰考－封丘断层等)交切而分成三段，其中莘县段长约130km，基底的最大垂直断距达5800m；东濮段长约140km，最大垂直断距约7200m；中牟段长约30km，最大垂直断距约4000m。

兰聊断裂带在东濮凹陷不同地段结构特征有所差异。北区兰聊主断层上盘发育濮城断层等同向基底断层，大致与兰聊断层平行延伸。中区东部边缘的杜寨断层也是兰聊主干断层面上盘的一条同向分支断层。南区兰聊断层主断层面上分出多条分支断层，包括马厂断层和三春集断层等，部分分支断层同样属于主干基底断层，对凹陷的形成和演化也有一定的控制作用。

2. 黄河－文西－卫西－观城断裂带

黄河－文西－卫西－观城断裂带是西部洼陷带的东部边缘断裂，也是主要基底断层。这些断层基本上都是在凹陷发育之初就出现雏形，在凹陷演化过程中对西部次凹带的形成和演化有重要控制作用，不同区段分别以黄河断层、文西断层和观城断层为界。

3. 长垣－石家集－宋庙断裂带

该断裂带为一条北北东走向、向凹陷内部倾斜的基底断裂带，是西部洼陷带与西部斜坡带的分界线，对西部洼陷带古近纪不同时期的沉积和油气分布具有重要控制作用。断裂带自南而北包括长垣断层、石家集断层、马寨断层、六塔断层、五星集断层和宋庙断层等。其中，长垣断层控制了东濮凹陷南区海通集－孟岗集洼陷的西部边界；石家集断层、马寨断层、六塔断层和宋庙断层等呈左阶斜列，大致控制了西部次凹带在中、北区的西部边界。

4. 北西向横向基底断裂

凹陷内部除盖层发育多条北西向次一级断层外，基本不发育北西向基底断裂，北西向基底断层发育在凹陷北部和南部边界以及高平集斜坡带。南部边界为兰考－封丘断层，北部边界为马陵断层，西斜坡发育高平集断层。这些横向断层在古近纪活动中对东濮凹陷形成和演化也产生了重要作用。

四、构造样式及其分布特征

东濮凹陷发育多种构造样式，根据地层特征可划分为伸展断块构造、变换构造、走滑构造和盐构造四类。

（一）伸展断块构造

东濮凹陷构造样式总体上包括如下特征：狭窄断阶、平缓断阶、复式地堑系和复式地垒系、堑垒叠置。狭窄断阶是主正断层与分支断层相互平行，或主正断层向下和向上分叉为多条断层，这类正断层可称为平行状断层、马尾状断层或倒马尾状断层，在东濮凹陷陡坡带分布。平缓断阶是由顺向正断层或反向正断层组成。顺向正断层与翘倾地层构成顺向断阶，反向正断层与翘倾地层构成反向断阶，分布在东濮凹陷中心和缓坡带。复式地堑系、地垒系是凹陷中的断块，基本上由两条相反倾向的正断层组成，它们在剖面上组成倒梯形、V 形和 Y 形、反 Y 形简单的地堑和复式地堑系以及相对应的梯形、倒 V 形、倒 Y 形和倒置反 Y 形简单的地垒和复式地垒系，在东濮凹陷中央低凸带广泛分布。堑、垒叠置是断块类型，可以独立分布，也可以相互叠加，常见的类型有复式地堑系叠加在倒 Y 形地垒之上，在马厂、文留等地区很发育。

（二）变换构造

东濮凹陷变换构造分为南、北端 2 个一级横向调节带、凹陷内 3 个二级横向调节带、8 种形式三级横向调节带和传递带。一级横向调节带为马陵－回隆镇横向凸起带、封丘－兰考横向凸起带，在东濮凹陷与北侧的莘县凹陷、南侧的中牟凹陷之间起构造变换作用。二级横向凸起带分布于东濮凹陷内部，有毛岗－户部寨－柳屯横向调节带、桑村集－南湖－桥口－白庙横向凸起带和高平集－新庄横向凸起带，跨越整个凹陷和相应的二级构造单元，对整个凹陷起到南北分区的作用。东濮凹陷内部三级变换构造类型细分为调节带和传递带2类8种形式，其中调节带2种形式、传递带5种形式、调节带和传递带叠加变换构造1种形式。调节带以同向共线型横向调节带为主，主要分布在东部兰聊断层下降盘和西部长垣断层下降盘，黄河断层下降盘也发育横向调节带；传递带以完全叠覆型传递带为主，分布在中央低凸带中区，主要为低凸起和走向斜坡传递带；西部石家集、马寨、六塔、宋庙断层下降盘主要发育横向调节带和走向斜坡传递带叠加型变换构造。

（三）走滑构造

走滑作用产生的各种构造变形组合称为走滑构造。走滑断层是走滑构造中最重要的构造要素。从东濮凹陷北区地震剖面和主要断裂分布平面图分析，兰聊断层为走滑断层，在兰聊走滑断层西侧分布宋庙、六塔、马寨、长垣雁列正断层，与走滑断层斜交，表明为右行走滑活动。东濮凹陷早期伸展作用产生的构造样式为晚期扭动作用产生的构造样式所叠加改造，形成与扭动作用有关的局部构造样式，主要是负花状构造和雁行式排列的断层等。

（四）盐构造

盐构造是指由于盐流动上拱形成的构造。盐构造主要有盐拱构造、盐断鼻构造、盐凹构造、刺穿（或称底辟）构造等。东濮凹陷盐构造主要在伸展背景下形成，发育在北部文留地区、卫城地区和濮城地区。盐岩在纵向上主要分布在沙四上亚段、沙三段和沙一段。

第三节　沉积储层特征

沉积环境是控制油气分布的重要因素之一。一定的沉积环境控制着油气生成和聚集，详细地了解沉积盆地的演化过程及沉积相带的分布规律，特别是搞清砂体的成因及其展布，岩性和岩相的变化，对油气的勘探和开发具有重要作用。

一、沉积相特征

东濮凹陷发育下古生界寒武系－奥陶系、上古生界石炭系－二叠系、中生界三叠系下－中统、古近系、新近系五套沉积岩系。

（一）古生界、中生界沉积相

1. 古生界沉积相

东濮早古生代主要为陆表海碳酸盐台地沉积，主要沉积相类型有潮上坪、潮间坪、局限海、开阔海等。储层类型主要为碳酸盐岩。

晚古生代，在加里东上升运动后，经过长期剥蚀，地形已基本准平原化。晚石炭世本溪期开始海侵，至晚石炭世末达到最大海泛面，早二叠世早期，海水逐渐由东南方向退出本区，构成一个完整的海进－海退序列。海侵充填序列主要包括晚石炭世本溪期杂色铁铝岩组合和早二叠世太原期碎屑－碳酸盐岩沉积组合。海退序列包括早二叠世山西组下段潮坪沉积、山西组上段及上下石盒子组三角洲沉积以及晚二叠世石千峰组河流、湖泊沉积。晚古生代接受以滨浅海沼泽相含煤碎屑夹碳酸盐组合沉积物。

2. 中生界沉积相

据区域研究成果，东濮凹陷中生界仅保存下－中三叠统地层，由于构造运动以升降运动为主，沉积范围不断向西退缩。下－中三叠统沉积了一套红色的内陆河湖相，以河流相沉积为主，主要发育河道砂砾岩、河漫滩细砂岩、粉砂岩及灰质粉砂岩。早－中三叠世气候干旱、炎热，各地区主要为红色碎屑沉积建造，沉积特征基本相似。

(二)新生界沉积相

东濮凹陷新生界古近系沉积特征复杂，前人对沉积体系的认识有多学科观点，如高山深盆、西辫东扇等观点。

1. 沉积环境

从区域地质演化来看，古生代末以来的构造运动形成了古近纪初东濮邻区整体上西高东低的区域地貌特征，在此基础上，喜马拉雅期兰聊断裂强烈活动，形成西缓东陡古地貌及西远东近的物源特点。兰聊上升盘成为高隆山地，内黄隆起在中生代末西高东低区域地貌基础上进一步发展为宽阔的斜坡。

2. 沉积体系

东濮凹陷古近系具有多种沉积类型纵、横向有序分布的特点。主要包括三角洲、湖相两大沉积体系，三角洲体系有扇三角洲、辫状河三角洲、网状河三角洲，湖泊体系有滨湖、滨湖、浅湖、半深湖－深湖等沉积相类型。主要砂体类型包括河道、河口坝、滩坝、浊积砂等(图2－2－8)。

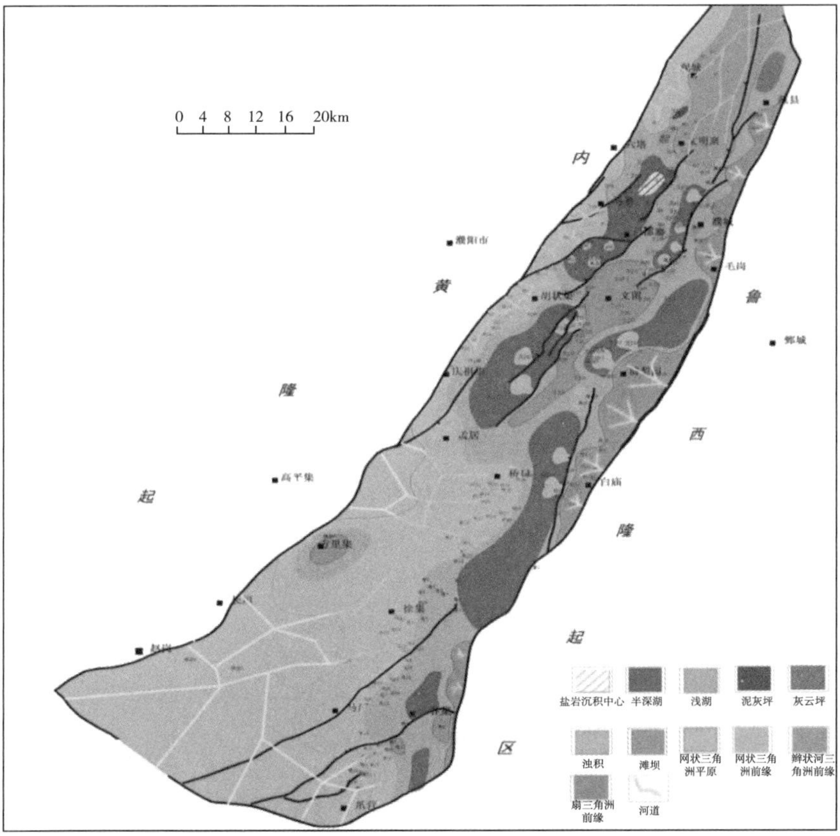

图2－2－8　东濮凹陷沙三中5－9砂组沉积(微)相图

1）三角洲体系

三角洲是河流携带大量沉积物流入相对静止和稳定汇水盆地或区域所形成的、不连续岸线的、突出的似三角形砂体。东濮凹陷东部陡坡带发育扇三角洲；西部和南部地貌较缓，形成网状河三角洲，沙四下、东营组沉积期发育辫状河三角洲；盆地北部物源区发育三角洲。

2）湖泊体系

东濮凹陷的湖泊体系分为漫湖、滨湖、浅湖、半深湖－深湖4种沉积相类型。湖泊体系中存在两种特殊的砂体类型，一种为滩坝砂体，其分布广泛，在漫湖、滨湖、浅湖中均有发育，另一种为浊积砂体，分布于深－半深湖中。

二、储层特征

东濮凹陷在古生界、新生界均获得工业油气流，有碎屑岩、碳酸盐岩两类储层，其中主要为砂岩碎屑岩储层。碎屑岩储层主要分布于古近系、上古生界，储集空间主要为孔隙，深层还发育裂缝；碳酸盐储层主要分布于下古生界，有构造缝、构造－溶蚀缝及溶蚀孔、洞等储集空间，为孔隙－裂缝型储层。

（一）古生界储层

1. 下古生界储层

东濮凹陷下古生界发育碳酸盐岩、碎屑岩、蒸发岩三大类岩石。储集岩主要有石灰岩、白云岩、石灰岩与白云岩过渡类型、含膏云岩、含膏灰岩。其中石灰岩主要分布于中奥陶统下马家沟组上段、上马家沟组上段、峰峰组上段、中寒武统张夏组、下寒武统馒头组；白云岩主要分布于下奥陶统冶里组、亮甲山组，上寒武统崮山组、长山组、凤山组，下寒武统朱砂洞组；过渡类型的储集岩主要分布于中奥陶统下马家沟组下段、上马家沟组下段、峰峰组下段和上寒武统崮山组、长山组、凤山组、中寒武统徐庄组、下寒武统馒头组。

下古生界储层储集空间包括孔、洞和裂缝三大类。大的孔、洞一般多为次生形成，它们是在小孔隙或缝的基础上，由近地表或地下水的溶蚀作用形成。整体上为低孔－特低孔，低渗－特低渗储层。孔隙度分布范围在0.3%～23.9%，平均为2.67%；渗透率的分布范围为$(0.01 \sim 58.8) \times 10^{-3}\mu m^2$，平均渗透率为$2.12 \times 10^{-3}\mu m^2$。孔隙度、渗透率相关关系表明，二者无明显相关性。

2. 上古生界储层

上古生界储层在石千峰组获工业气流，为三角洲前缘亚相储集体，岩性一般为细－粗砂岩、含砾砂岩。岩石以长石岩屑砂岩、岩屑长石砂岩为主，成分成熟度及结构成熟度中等，胶结类型以孔隙式为主。储集空间按成因主要有粒间孔隙、溶蚀孔隙、微孔隙、裂隙。储层物性整体较差，不同组段的平均孔隙度及渗透率数值都较低。上石盒子组物性相对较好，平均孔隙度为7.1%，渗透率平均为$0.11 \times 10^{-3}\mu m^2$；其次是下石盒子组，平均孔隙度为6.4%，渗透率平均为$0.1 \times 10^{-3}\mu m^2$；山西组孔隙度平均为6.2%，渗透率平均为$0.16 \times 10^{-3}\mu m^2$；石千峰组、太原组平均孔隙度及渗透率分别为6.0%、$0.19 \times 10^{-3}\mu m^2$，5.7%、$0.17 \times 10^{-3}\mu m^2$。孔渗相关性整体较好，山西、太原组储层发育少量微裂缝。

（二）新生界储层

东濮凹陷主要储集层是古近系沙河街组沙四段－沙一段，为湖泊相碎屑岩储层及少量湖泊相碳酸盐岩储层。

1. *碎屑岩储层*

碎屑岩储层主要岩性为粉砂岩和细砂岩，部分为中砂岩和粗砂岩，岩石成分成熟度及结构成熟度高，碳酸盐胶结强。岩石类型主要为岩屑长石砂岩、长石岩屑砂岩。砂岩成分成熟度中等，结构成熟度较高。碎屑成分中石英含量40%～80%，长石含量7%～45%，岩屑含量3%～33%。成分成熟度指数在1.50～3.40，砂岩分选性中－好，圆度次圆－次棱，杂基含量普遍小于10%，以净砂岩为主，胶结物类型主要为方解石、（铁）白云石及硬石膏。

孔隙类型按照成因可划分为残留原生孔隙、混合孔隙、次生孔隙、裂缝。浅层沙一段、沙二段及西部斜坡带的浅部主要发育原生孔隙。深层沙三段－沙四段砂岩经历了强烈压实、胶结、溶蚀、交代和再溶蚀的改造过程，保留的原生孔隙极少，有效孔隙大部分是混合孔隙和次生孔隙，深层储层还发育裂缝，主要分布于断层带或异常高压带的性脆岩石发育区。

浅层储层物性相对好，沙一段、沙二段孔隙度可达24%～27%，沙三上孔隙度一般在8.6%～14.91%，渗透率在（1.24～3.17）$\times 10^{-3}\mu m^2$；沙三中孔隙度主要分布在10%～15%，渗透率主要分布于（0.1～10）$\times 10^{-3}\mu m^2$；沙三下和沙四孔隙度平均下降至10%以下，渗透率小于$1\times 10^{-3}\mu m^2$，属于低渗透率致密砂岩储层。

2. *碳酸盐岩储层*

除碎屑岩储层外，东濮凹陷还发育一定量的湖相碳酸盐岩沉积。方2井在沙三上3951.8～3965.6m发现的角砾状溶孔鲕粒泥晶灰岩，孔隙度10.9%～13.1%。射孔后用4～10mm油嘴套管放喷，日产液222.7m^3、油99.1m^3、气16000m^3。岩石学分析，其成分主要为泥晶方解石，含少量粉砂，具残余鲕粒结构，溶蚀孔发育，溶解的物质主要是泥晶碳酸盐岩矿物，其形成于较高矿化度碱性水体环境下的浅水高能动荡环境，为滨岸浅滩相。

沙一段碳酸盐岩储层主要分布在文留、濮城，岩性为泥质泥晶白云岩，造岩矿物有白云石、石灰石、泥质、部分菱铁矿等。储集空间以裂缝和孔、洞以及白云石晶间孔为主，非均质性强，孔隙度为5.0%～18.1%，渗透率（0.05～244）$\times 10^{-3}\mu m^2$，岩心观察见高角度裂缝或垂直裂缝，其发育受岩石成分、构造应力场、地下流体性质控制，碳酸盐含量越高，越容易产生裂缝和溶蚀孔洞。

第四节　油气生成

东濮凹陷烃源岩和油气来源的认识，是一个随着油气勘探的进展而不断反复深入的过程。特别是“十二五”和“十三五”国家科技重大专项《大型油气田及煤层气开发》期间，对东濮凹陷烃源岩的认识已有了长足的进步，烃源岩发育规律、生排烃历史和成藏贡献认识不断深化。本节在总结东濮凹陷烃源岩相关研究成果基础上，对烃源岩展布、地球化学特征、生排烃史进行了系统阐述。

一、烃源岩特征

东濮凹陷发育新生界古近系和上古生界石炭－二叠系两大套烃源岩。主力烃源岩为古近系沙河街组巨厚的暗色泥页岩，贡献了已探明的全部原油和绝大部分气层气、溶解气，文23气田等部分气藏也有上古生界石炭－二叠系煤系烃源岩的贡献。

(一)古近系烃源岩

纵向上，东濮凹陷古近系发育沙河街组沙四上亚段、沙三下亚段、沙三中亚段、沙三上亚段和沙一段烃源岩层系，沙三中亚段依据构造沉积的差异又细分为沙三中下段和上段，共6套烃源岩，岩性均以暗色泥页岩为主。

纵向上烃源岩丰度分布也具有明显的规律性。不同级别源岩样品的频率从沙四上亚段至沙三上亚段，非烃源岩样品占比逐渐增大，由21.9%增大至44.1%，好－极好烃源岩样品占比均迅速降低，由48.4%降低至19.8%。沙一段沉积期，凹陷水体变深、湖盆扩大，利于烃源岩的发育，有机质丰度较沙三上亚段、沙三中亚段明显变好。

东濮凹陷烃源岩有机质类型整体以$Ⅱ_1$和$Ⅱ_2$型为主，有机质丰度高的烃源岩，类型也较好。三种水体环境中发育的烃源岩有机质类型也具有良好的规律，咸水环境有机质类型以$Ⅱ_1$和Ⅰ型为主，占比分别为49.3%和22.1%；半咸水环境略差一些，以$Ⅱ_2$和$Ⅱ_1$型为主，占比分别为28.9%和32.9%，Ⅰ型占比15.5%；淡水环境烃源岩整体偏差，以$Ⅱ_2$和$Ⅱ_1$型为主，$Ⅱ_2$型占比最高，达36.5%，Ⅰ型占比仅8.1%。

综上所述，东濮凹陷古近系烃源岩的发育总体上围绕膏盐岩分布，有机质丰度高、类型较好，厚度也较大。沙三下亚段、沙四上亚段烃源岩有机质丰度和类型均优于其他层系，分布范围也最广，是东濮凹陷区域性的、主力烃源岩；沙三中亚段烃源岩整体上丰度较低、类型也较差，但在凹陷北部咸水环境的濮城、濮卫、海通集、前梨园等洼陷局部发育好烃源岩；沙三上亚段烃源岩品质较差，且成熟度较低，对各地区成藏不起主要作用；沙一段烃源岩丰度虽然较沙三上亚段和沙三中亚段高，但成熟度低，仅海通集、前梨园和西南等洼陷中心区烃源岩达成熟阶段，对油气成藏贡献较小。

(二)上古生界烃源岩

东濮凹陷上古生界主要发育太原组和山西组海陆交互相的煤系烃源岩，岩性包括暗色泥岩、碳质泥岩和煤岩，有机质丰度高但类型为腐殖型(Ⅲ型)，除西部斜坡局部地区处于成熟阶段外，其余地区均已达高－过成熟阶段，整体以生气为主。

东濮凹陷上古生界测试烃源岩样品数量较少，共计278块。其中暗色泥岩从本溪组至上石盒子组均有分布，上、下石盒子组暗色泥岩TOC平均值0.29%～0.73%，属差－非烃源岩；本溪组暗色泥岩TOC较高，平均值2.83%，属较好烃源岩，但由于厚度较薄，不是主要烃源岩层系；太原组暗色泥岩TOC值整体大于1.5%，平均值达到2.22%，总体属于较好烃源岩；山西组TOC平均值1.89%，总体属于较差－较好烃源岩。

煤岩和碳质泥岩主要发育在太原组和山西组。太原组煤岩TOC平均值58.42%；山西组煤岩TOC平均值60.19%。生烃潜力平均值分别为68.87mg/g和69.19mg/g，氢指数平均值分别为112.70mg/g和108.63mg/g，整体属于较差烃源岩。太原组碳质泥岩TOC平均值14.9%，山西组碳质泥岩TOC平均值21.55%。生烃潜力平均值分别为18.84mg/g和8.63mg/g，氢指数平均值分别为91.27mg/g和55.42mg/g，整体属于差烃源岩。

二、烃源岩生排烃史

（一）古近系生烃模式及生排烃史

1. 古近系烃源岩生烃模式

东濮凹陷古近系开展过不同地区、不同丰度、不同类型烃源岩的生烃热压模拟实验。油产率和气产率分别如图 2－2－9 和图 2－2－10 所示。不同丰度、类型烃源岩油气产率存在显著的差异，随着 TOC 的增加油气产率明显增加，类型越好产率也越高。但南北同类型烃源岩产率也存在一定的差异，北部样品的产率较高，达生烃高峰时的成熟度比南部略低。北部Ⅰ型有机质样品的最大烃产率（包括油和气）为 522～706mg/gTOC，南部则为 548～551mg/gTOC。$Ⅱ_1$型干酪根最大生烃潜力为 400mg/gTOC；$Ⅱ_2$型干酪根最大生烃潜力为 301mg/gTOC；Ⅲ型干酪根最大生烃潜力仅为 184mg/gTOC。

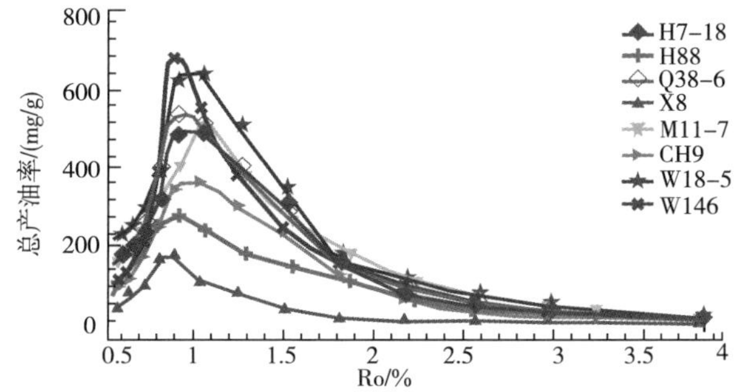

图 2－2－9　古近系烃源岩油产率模拟结果

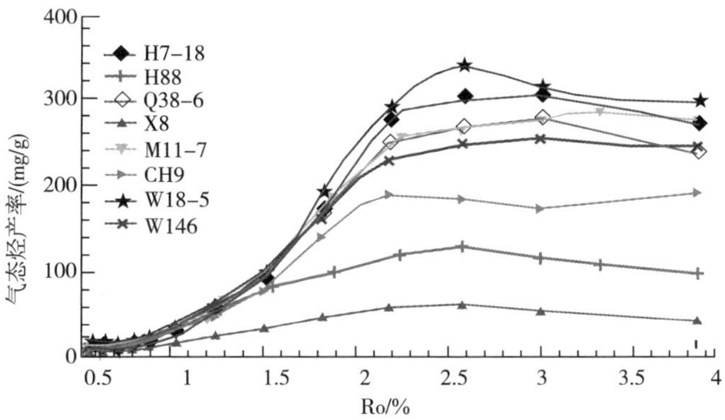

图 2－2－10　古近系烃源岩气产率模拟结果

2. 古近系烃源岩生排烃史

东濮凹陷古近系发育多个生油洼陷，烃源岩面积广、层系多、厚度大，伴随着地层沉降，热演化程度逐渐升高，不同烃源岩层系先后进入生排烃阶段，这是一个长期持续的过程。不同洼陷、层系的烃源岩由于埋深不同，同一时期热演化程度必然存在一定的差异，生排烃演化史也不尽相同。如前梨园洼陷沙四上亚段和沙三下亚段烃源岩总体上自沙二末沉积期开始生烃，共经历过两期主要的生排烃过程，分别为沙二末期－沙一初期和东营组沉积期；沙三中亚段和沙三上亚段烃源岩经历过两期主要的生排烃过程，分别为东营沉积期和明化镇末期－现今，如图 2－2－11 所示。

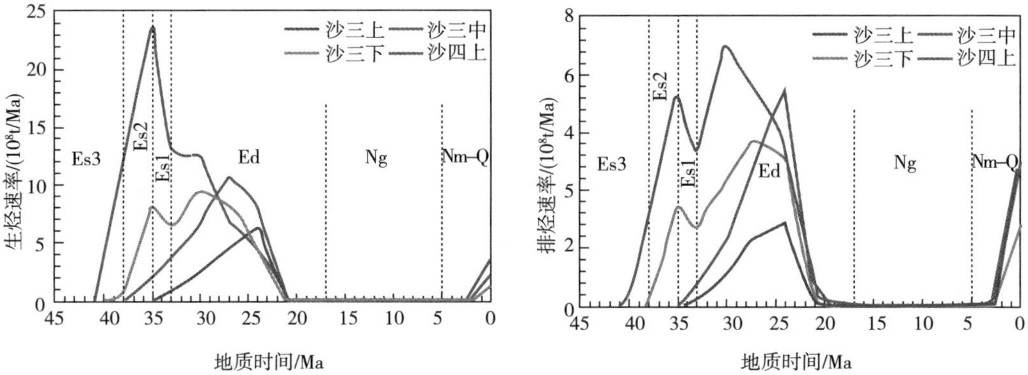

图 2-2-11　东濮凹陷古近系烃源岩生烃(左)、排烃(右)演化史图

(二)上古生界生烃模式及生排烃史

1. 上古生界烃源岩生烃模式

东濮凹陷上古生界烃源岩开展过 1 个煤岩样品和 1 个暗色泥岩样品的生烃热压模拟实验，模拟结果分别如图 2-2-12 和图 2-2-13 所示。从实验结果可以看出，煤岩具有较强的生烃潜力，随温度的升高液态烃的产出总体上呈现低-高-低的变化特征，气体和总烃的产出则表现为逐渐升高的特征。液态烃在 325℃ 时达到最高值，为 145.79mg/gTOC，镜质组反射率为 1.08%，气态烃最高产率达 200mg/gTOC 左右，总烃生成量在 600℃ 可达 260mg/gTOC。

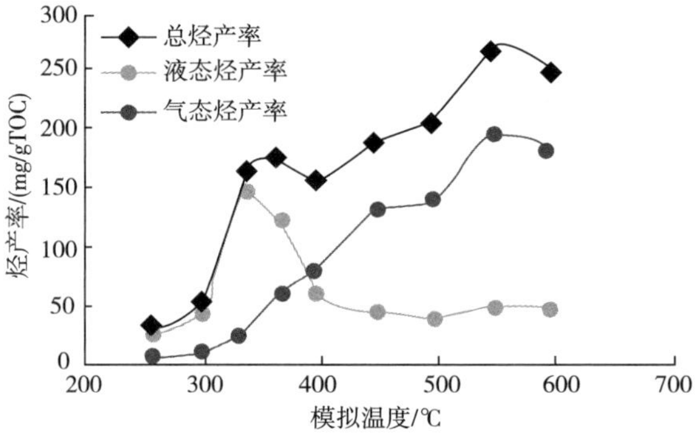

图 2-2-12　东濮凹陷上古生界煤岩烃产率模拟结果

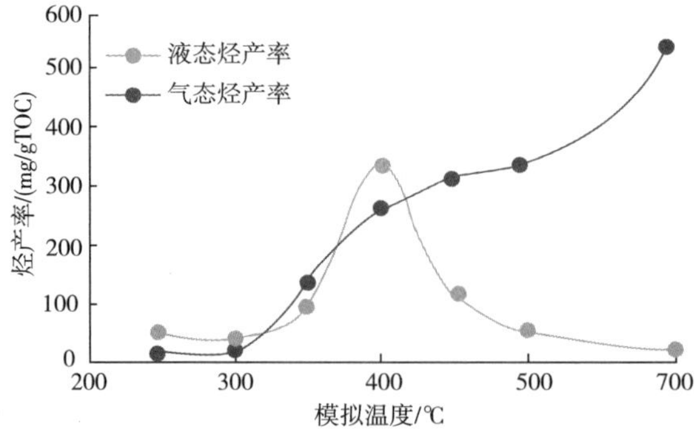

图 2-2-13 东濮凹陷上古生界暗色泥岩烃产率模拟结果

2. 上古生界烃源岩生排烃史

东濮凹陷上古生界烃源岩自沉积以来，经历了长期、断续的、复杂的构造热演化历史，不同构造单元烃源岩的埋藏史、热演化史和成藏条件存在差异。基于构造热演化史的分析，东濮凹陷上古生界烃源岩生排烃历史可划分为三个阶段：①印支期正常地温场早成熟阶段（C_2-T_3）。三叠纪末期埋深已达2800～3500m，烃源岩Ro达到0.65%～0.8%，进入早成熟阶段，以生成少量液态烃为主。②燕山期异常地温场一次生烃阶段（J－K）。在侏罗纪晚期－白垩纪，全区发生差异性沉降，上古生界煤系Ro达到1.1%～1.5%，南部地区高达3.0%，全区烃源岩整体进入生烃门限，经历了生排烃高峰期。③二次埋深高温生烃阶段（E－Q）。喜山期中原地区发生差异性断隆作用，东濮地区位于断陷区，上古生界烃源岩再次被深埋，凹陷中心地区埋深4000～10000m，演化至高成熟－过成熟阶段。该阶段是上古生界石炭－二叠系烃源岩的二次生气期，也是最为有效的生气期。

第三章　不同领域石油地质勘探评价技术

东濮凹陷是渤海湾盆地典型的既富油又富气凹陷，油气藏类型多样，常规、非常规油气均发育，整体以构造油气藏为主，探明储量占总探明储量约92%。本章内容主要针对构造油(气)藏类型、勘探方法及潜力进行编写，第三节列举实例说明区带上油气藏的勘探发现过程。

第一节　油气藏类型及特征

东濮凹陷是经过多期构造运动的盐湖断陷凹陷，断层分布复杂、岩性变化大，形成多种类型圈闭和多种类型油气藏(图2-3-1)。根据已发现油气藏类型及成因，划分为构造油气藏、地层-岩性油气藏、构造-岩性复合油气藏和其他类型油气藏4大类7个亚类13种油气藏类型(图2-3-2)。其中构造油气藏细分为背斜油气藏、断块油气藏；地层-岩性油气藏细分为地层油气藏、岩性油气藏；构造-岩性复合油气藏包括构造-岩性油气藏和岩性-构造油气藏。此外，东濮凹陷还发现了濮深18等盐间超压泥岩裂缝油气藏等。

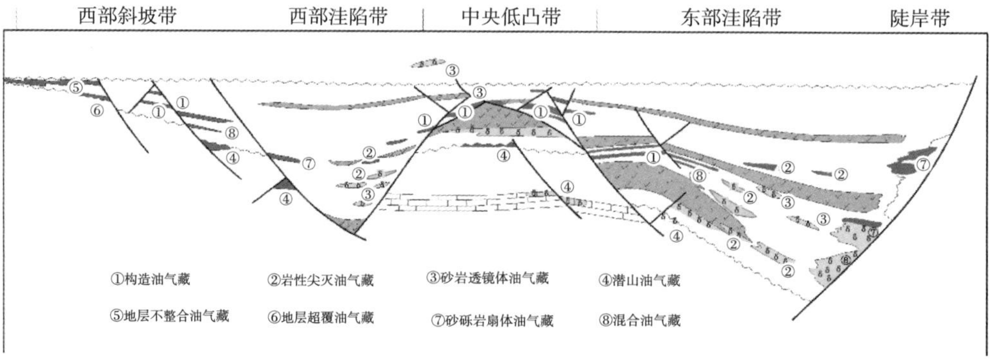

图2-3-1　东濮凹陷油气成藏模式图

一、构造油气藏

(一)背斜油气藏

油气聚集在背斜圈闭中的油气藏。根据背斜的成因，又可分为以下4种。

1. 与基底活动有关的背斜油气藏

由于基底隆起或断块翘倾后继承性发育，使上覆地层减薄或形变形成的背斜圈闭油气

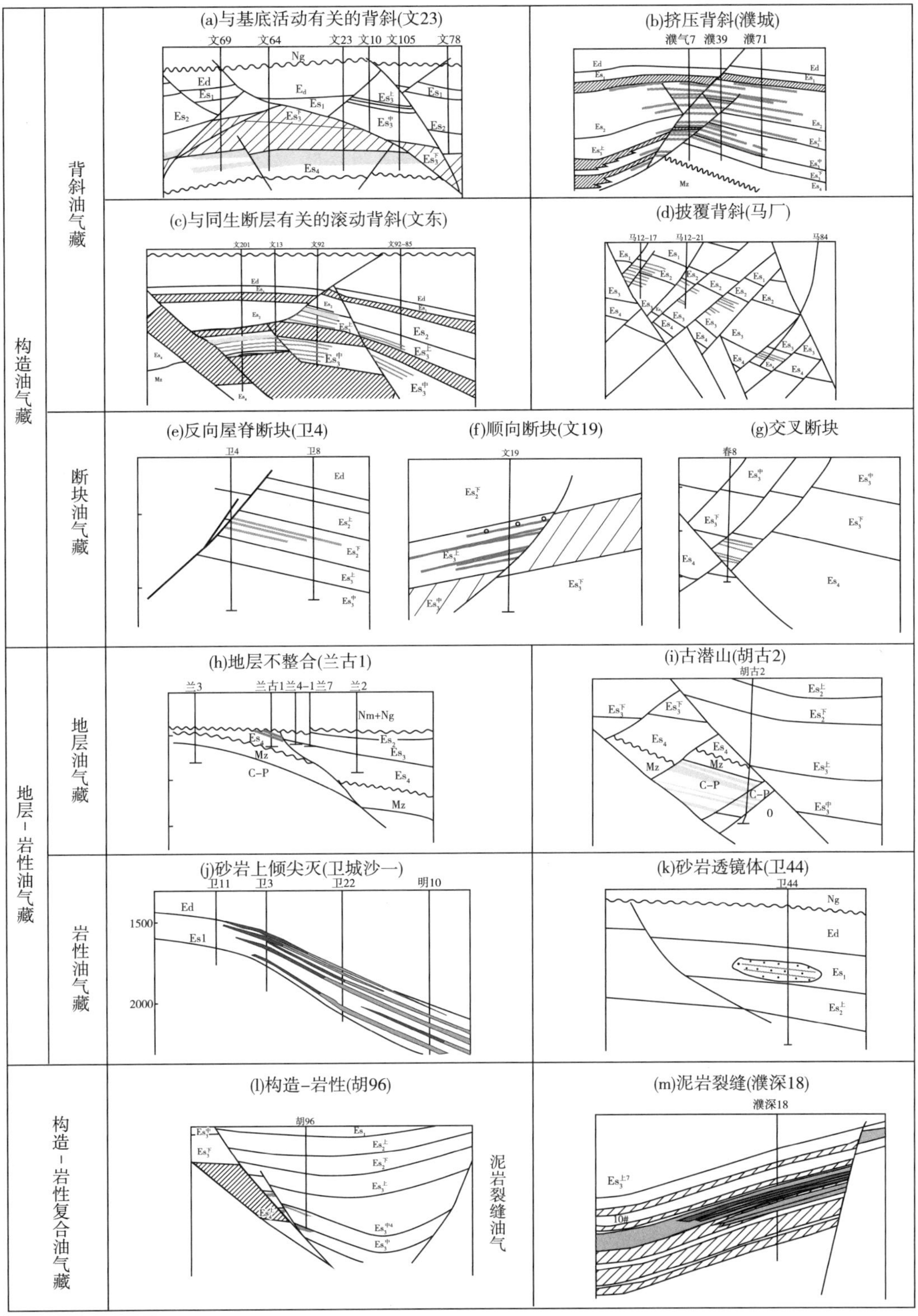

图 2-3-2　东濮凹陷油气藏类型综合图

藏，如文中文 23 沙四段气藏[图 2-3-2(a)]，气源岩为石炭-二叠系煤系烃源岩，储层为沙四段，盖层为沙四上亚段-沙三下亚段发育的盐岩，有统一的气水界面。

2. 挤压背斜油气藏

挤压背斜是指以侧向挤压为主的褶皱作用形成的背斜，挤压背斜圈闭中形成的油气聚集就是挤压背斜油气藏，如濮城构造[图2-3-2(b)]。

3. 与同生断层有关的滚动背斜油气藏

主要分布在文留构造文东断裂下降盘、濮城构造西翼濮城断裂和卫东断裂下降盘，都因断层逆牵引作用而形成滚动背斜。有时滚动背斜被一组平行于主断层的次级断裂分为几个断块油气藏，如文13滚动背斜油气藏被两条平行于文东2号断层的断层切割，分割成三个断块油藏[图2-3-2(c)]。但有时大断层下降盘伴生的构造没有明显“回倾”，而形成断层封闭的鼻状构造，如文南地区文72断块沙二下亚段、沙三段断鼻油气藏。

4. 披覆背斜油气藏

在基岩隆起部位，沙河街组超覆其上形成披覆构造含油，油气同时受断块控制，如马厂、三春集等构造在古生界潜山上披覆古近系，形成背斜、半背斜油气藏[图2-3-2(d)]。

(二)断块油气藏

东濮凹陷断裂十分发育，由断裂所遮挡形成众多的断块油气藏，是东濮凹陷最常见的一种油气藏类型。根据断块油气藏的特点，可分为以下3种。

1. 反向屋脊断块油气藏

正断层与上升盘反向地层组成的屋脊式圈闭，为断面上的非渗透层遮挡而形成的油气藏。这类油藏在东濮凹陷最为发育，如文东地区文88块、文99块、卫城地区卫4块断块油气藏等[图2-3-2(e)]。

2. 顺向断块油气藏

正断层与下降盘地层倾向一致，为断面上的非渗透层遮挡形成的油气藏，如文西断层下降盘的文19块沙三上亚段油气藏(图2-3-2)，胡状集油田胡7断块沙三中亚段-沙三下亚段也属于此类油气藏。

3. 交叉断块油气藏

由两条以上断层与构造等高线相交形成的油气藏，如三春集春8断块、文184断块油气藏[图2-3-2(g)]。

总之，在东濮凹陷二级构造带上，主断裂同派生断裂与地层走向交叉切割组成各种类型的断块油气藏，在平面上形成了十分富集、叠加连片的油气富集带。

二、地层-岩性油气藏

(一)地层油气藏

东濮凹陷发现的地层油气藏主要包括地层不整合油气藏和潜山油气藏。地层不整合油气藏主要分布在东濮凹陷南部的三春集地区。潜山油气藏包括卫77块三叠系潜山、胡古2上古生界潜山油气藏。

1. 地层不整合油气藏

位于新近系馆陶组底不整合之下，含油层系为古近系，其上为新近系馆陶组底泥岩所遮挡。如南部兰古1油藏，古近系沙四段与新近系馆陶组呈不整合接触，形成地层不整合油藏[图2-3-2(h)]。

2. 潜山油气藏

东濮凹陷古潜山多属断块山，古近系不整合其上。古近系和上古生界煤系烃源岩供烃，已发现三叠系、上古生界潜山油气藏。卫城－文明寨地区三个潜山构造的高点发现三叠系油气藏，三叠系砂岩基质孔隙度一般为1%～6%，砂岩基质不含油，但砂岩节理、裂缝、缝洞含油，为裂缝型油气藏。胡古2井上古生界石千峰组获得稳产工业气流，发现上古生界潜山气藏，气源分析为煤成气，为断块潜山气藏[图2－3－2(i)]。

(二)岩性油气藏

岩性圈闭是指储层岩性变化所形成的圈闭，其中聚集了油气就称为岩性油气藏。东濮凹陷发现了砂岩上倾尖灭油气藏和砂岩透镜体油气藏。

1. 砂岩上倾尖灭油气藏

由于储层沿上倾尖灭或渗透性变差而形成圈闭，砂岩上倾尖灭类油气藏发现较多，如濮卫洼陷带濮83块沙二上亚段、濮城、卫城沙一下亚段砂岩上倾尖灭油藏[图2－3－2(j)]。

2. 砂岩透镜体油气藏

砂岩在短距离内急剧变薄以至尖灭形成的油气藏，如卫城地区的沙一段油藏[图2－3－2(k)]。

三、构造－岩性复合油气藏

包括了多种成因圈闭组合的复合圈闭油气藏，东濮凹陷发现的复合圈闭油气藏主要为构造－岩性油气藏及岩性－构造油气藏。从凹陷的地质条件分析，这类圈闭对油气勘探有重要价值，而且数量也多，并具有相当富集的聚集储量，如濮城油田沙二上亚段岩性－构造油藏和濮城沙三中亚段、文西、文东地区沙三上亚段构造－岩性油藏等。以胡96块为例，该块在沙三中亚段砂体向东、北、西三个方向都尖灭，形成岩性遮挡，与构造配合形成构造－岩性圈闭油气藏[图2－3－2(l)]。

四、其他类型油气藏

东濮凹陷除上述油气藏外，还存在泥岩裂缝等类型油气藏。泥岩裂缝油气藏属于非常规油气藏。东濮凹陷共有74口井的泥岩裂缝见油气显示299.2m/151层，主要分布在文留地区及周边洼陷带，以柳屯洼陷沙三段盐间油气显示最集中。

2000年11月，文古2井沙三中亚段盐间录井油迹显示13m/3层，发生井涌、钻井液井口外溢现象，返出以原油为主液体60m^3。2010年10月，对文古2井泥岩裂缝段试油日产油9.8m^3，两日累计产油15.6m^3，从而发现了盐间超压泥岩裂缝油藏。2010年油藏评价井濮深18－1井在沙三上亚段盐间也发现了盐间超压泥岩裂缝油藏[图2－3－2(m)]。

第二节　复杂断块构造油气藏勘探与评价

东濮凹陷是伸展－走滑应力场控制的凹陷，复杂的应力场导致断裂发育，构造破碎复杂。统计表明，16条二级断裂中断距大于500m的有14条，断距大于1000m的有10条，这些二级断裂演化及延伸交切，往往控制了三级构造的产生和演化发育，虽然二级断裂产生的次级断层将三级构造进一步复杂化，但整体构造形态仍然较为清晰，三级构造上众多断块成群发育，具有成因联系，对油气的聚集和富集也有规律可循，所以复杂断块构造油气藏勘探较为可行的方法是采用“断块群”研究的方式开展。

一、断层识别方法

断层识别是构造研究中的主要工作，目前断层的识别主要是利用测井资料、地震资料、钻井资料、开发资料等，通过这些资料的对比、分析、解释，从而发现断层，落实断层的性质、走向、断距等，为油气藏的形成和分布研究提供资料。

(一)测井资料识别断层

识别断层的测井资料主要有两类：一类是利用测井组合图(或对比图)对比来识别断层及断距；另一类是利用地层倾角测井资料来识别断层。

1. 测井组合图对比识别断层

这种方法主要利用自然电位、自然伽马、视电阻率、感应电导率等测井曲线放在一起编制的测井组合图作为分析资料，从而识别断层各种要素。下面举例说明断层的识别。

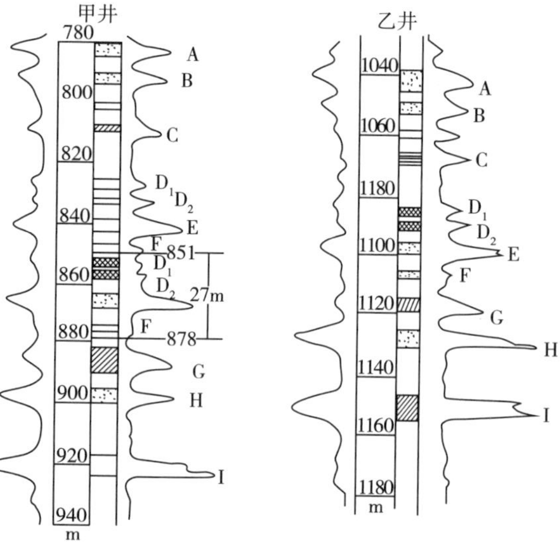

图 2－3－3　利用测井曲线确定断点示意图

图 2－3－3 中是甲、乙两口井组合测井资料，都是直井钻探剖面，其中乙井是正常剖面，甲井剖面中的 D_1、D_2、E、F 地层重复，表明该井钻遇逆断层。断点在第一次出现的 F 层底界，井深为 851m，与重复出现的地层 F 底界之差便是重复地层的钻厚，为 27m。如果甲井是铅直井，此厚度就是地层的铅直断距。正断层断点的确定方法与此相同，缺失层段起点即为断点。如果井身是垂直的，缺失层段的钻井厚度即为垂直断距，也称断层落差。在钻井地质剖面上确定断点时，首先要对该井剖面从上到下再从下到上反复地与正常剖面逐层进行对比，逐渐缩小断点可能出现范围，最后在可能存在断点范围内，根据测井曲线、岩性变化、钻时录井等资料仔细地分析并确定断点的具体位置。

2. 地层倾角测井资料识别断层

利用倾角测井仪测得的一系列数据，经计算机处理后所得到的地层产状数据表和成果图称为地层倾斜矢量图。根据地层倾斜矢量图来确定地层产状，实质上就是寻找倾斜方位和倾斜角的变化趋势。由于断裂作用使断层上下盘地层产状变异，在倾斜矢量图上表现出明显的差异。一般情况下，可以根据这些差异较准确地确定断点位置、断层走向及断面产状等地质构造特征。在矢量图上，把倾向大体一致、岩层倾角不随深度增加而发生变化的一组矢量用绿线加以连接称为绿色模式(图2-3-4中的A组矢量)；由于构造应力的作用，通常在断层附近发生牵引现象，使局部地层变陡或变缓，在矢量图上把倾向大体一致且倾角随深度增加而逐渐增大或减小的矢量，用红线或蓝线加以连接称红色模式或蓝色模式(图2-3-4中的B、D组矢量)；构造应力使岩石破碎，在断层面附近形成破碎带，岩层倾角和倾向的变化均无规律，在地层倾斜矢量图上表示为杂乱模式或空白带(图2-3-4中的C组矢量)。

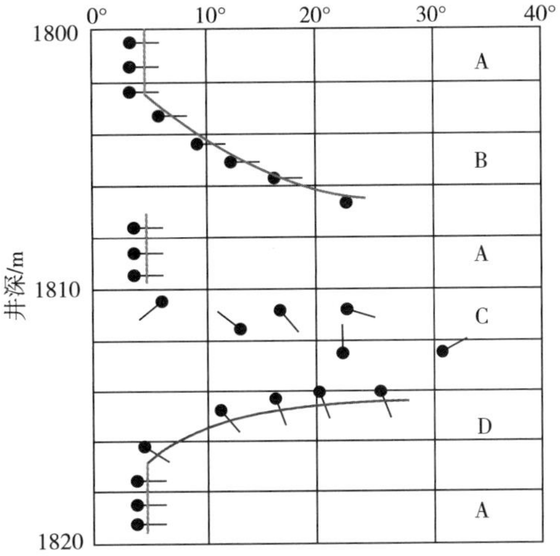

图2-3-4　常见的四种地质倾角矢量图模式

利用地层倾斜矢量图判断断层的最大优点是直观，只需要一口井的资料便可以作断层产状的预测，尤其是在测井曲线对比难以确定断点的具体位置时，它可以准确地确定其位置。对于一个新探区的第一口井来说，用地层倾斜矢量图来预测断层更为重要。近年来利用地层倾斜矢量图的特殊显示来分析井下断层已取得很好的效果。

(二)地震资料识别断层

断层识别的一项重要资料是地震资料。目前地震勘探已经发展到高精度、高密度地震资料阶段，10m以上断层在资料上清晰可见。地震剖面上断层识别主要反映在反射波同相轴错断、反射同相轴的数目突然增减或消失、反射波同相轴形状突变、反射标准波同相轴发生分叉、合并、扭曲、强相位转换等(小断层识别)，另外特殊波的出现是识别断层的重要标志，绕射波、断面波等常常伴随同相轴的错断而出现，它们一方面使记录复杂化，另一方面也成为确定断层的重要依据。

断层识别除了剖面断层解释，利用相干体分析、方差体技术、边缘检测算法、曲率属性分析等方法也可进行断层的解释识别(具体方法参考第六部分第四章)。现代断层识别多采用多属性融合策略，结合蚂蚁追踪算法进行三维断层网络智能连接。随着高分辨率处理和AI技术的发展，断层检测正朝着智能化、定量化方向演进。

(三)钻井资料识别断层

由于不同性质的断层对流体所起的作用不同，在钻井过程中，渗透性很差或致密的岩石中，突然产生钻井液大量漏失，出现异常的井漏、垮塌现象，或者在不应该产生油气显示的地层中出现油气显示等，均表明可能钻遇到了断层。此外，从钻井取心中如发现有断层角砾岩、岩心上有擦痕、岩屑中次生方解石、石英含量增高以及岩石被揉搓等现象，也说明可能钻遇了断层。在钻井过程中注意观察这些现象，对确定断层的存在是很有帮助的。

(四)开发资料识别断层

由于断层的切割，断层两侧同一地层处于不同的埋藏深度。由于断层的封闭性，它们互不连通，各自形成了独立的压力系统，因此造成断层两侧的折算压力不同，油水或油气界面的高度也发生突变。另外，由于各断块中的油气是在不同的地球化学条件下聚集并保存起来的，因而石油性质也可能显示出一定的变化。同一油层的石油密度曲线、胶质含量和含蜡量曲线在断层两侧存在明显的变异。再者，油气藏开发注水过程中，断层两盘的钻井砂层对比关系清楚，如果出现注水注不进去等现象也可以初步判断两口井间可能存在断层。

断层识别还有野外露头、区域构造研究及对比等方法，这里不再详述。

二、复杂断块群类型及成藏模式

复杂断块群油气藏是指在一定构造背景控制下，具有相似成藏条件的一系列断块油气藏的集合。东濮凹陷构造破碎、油气水关系复杂，油气藏类型主要是复杂断块油气藏，每年80%以上探明储量来自复杂断块油气藏，研究建立的复杂断块群勘探理论体系有效地促进了东濮断块油气藏勘探的深入。

(一) 复杂断块群类型

东濮凹陷复杂断块群的发育与变换构造的发育密切相关，与东濮走滑应力的影响也有紧密的关系，因此在对东濮凹陷复杂断块群进行分类时，主要采取成因分类，即从几何学－运动学关系和断块群发育的构造位置出发，同时考虑具体的构造背景、油气藏特点等进行综合划分。

根据断层的组合关系，可将东濮凹陷复杂断块群划分为8种类型(图2－3－5)。即褶皱相关型、复式地垒型、复式地堑型、垒堑叠置型、断阶型、叠合断阶型、迁移断阶型、转换交切型。其中前4种类型多分布在中央隆起带及其两侧，后4种类型主要分布在东、西两斜坡带及隆起向洼陷过渡带。

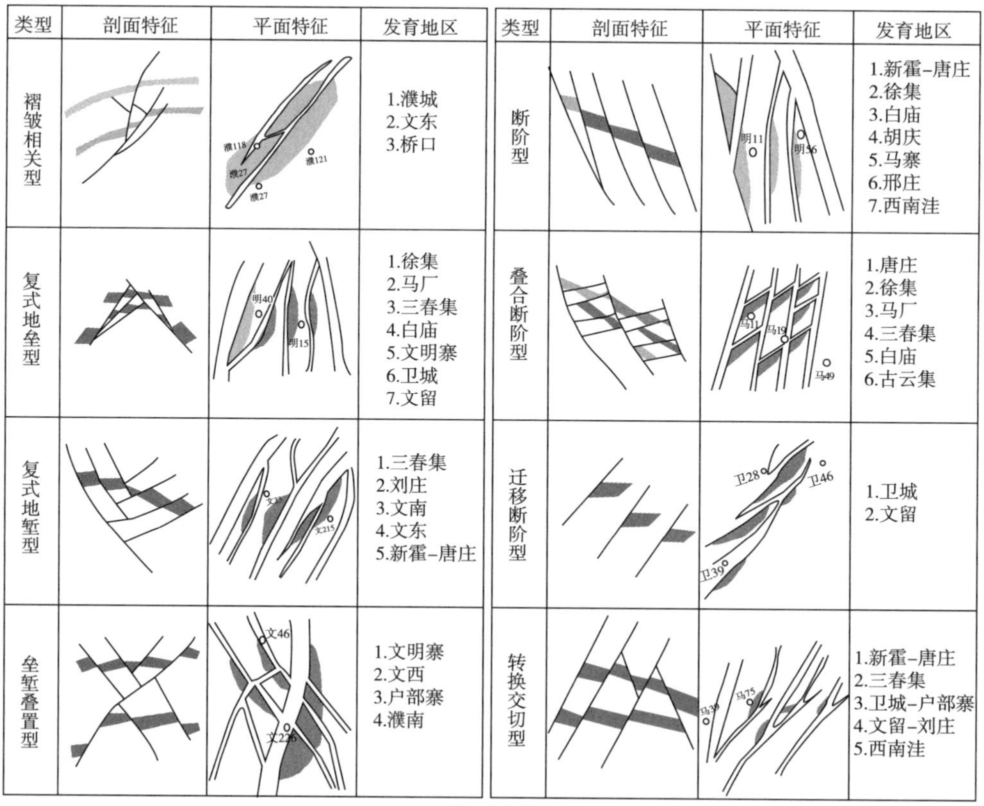

图2－3－5　东濮凹陷复杂断块群类型划分方案

(二)复杂断块群成藏要素与成藏模式

1. 主要成藏要素及成藏过程

1) 断层封闭性研究

复杂断块油气区，断层是断块油气藏至关重要的组成部分，断层封闭性是控制断块油气聚集成藏、含油范围和油藏高度的重要因素，也是控制油气富集程度的主因。东濮凹陷断层封闭模式较多，研究认为主要存在 5 种模式：岩性配置封堵模式、产状配置封堵模式、时间配置封堵模式、剪切带封堵模式、泥岩沾污带封堵模式。这 5 种模式在不同区带、不同类型断块群上表现各异，是控制断块群油气藏富集程度的一个主要因素。

2) 输导系统研究

输导系统中最重要的 3 个因素是断层、储层和不整合面。对于沙三段油气分布主要层位来说，东濮凹陷不整合不发育，因此主要是断层和砂体 2 个要素在起作用。按照这 2 个要素，东濮输导体系类型主要有砂体型、断层型及断层 – 砂体型 3 种类型。东濮凹陷油气主要聚集在靠近生油凹陷的斜坡上，油气从烃源岩排出以后有多种方式运移到圈闭中聚集成藏。考虑油气运移复杂的路径，东濮凹陷输导体系可以分成 4 种。第一种类型是从烃源岩直接运移到储集体中，即储层直接输导型，这种输导系统主要在斜坡带远端，靠近生油洼陷侧；第二种方式是“T”型输导系统，即烃源岩中的油气通过断层运移到断块型储集体内，这种输导系统主要在中央构造带内部；第三种类型是“Z”型输导系统，即烃源岩中的油气首先通过储层运移，然后通过断层进行垂向运移，最后通过断层运移到相邻的断块体中，形成油气田；第四种类型是网状输导系统，这种输导系统主要存在于断层特别发育的地区，在这些地区往往生油气层本身即是储集层，同时构造又接受洼陷或其他地区运移过来的油气，是上述 3 种输导系统的综合，东濮凹陷文北、卫城等地区均存在这种输导系统。

3) 成藏期次及成藏过程研究

由于东濮凹陷存在多期构造运动，复杂断块群的成藏期次较为复杂。分析认为主要有 3 个成藏时期：一是东营组沉积前，即沙二段 – 沙一段沉积末期；二是馆陶组沉积前，即东营运动时期；三是馆陶组 – 明化镇组沉积时期。这 3 个时期油气成藏部位及特点有较为明显的差别。

东营沉积前，古近系烃源岩大部分处于低熟到未熟阶段，以此为油源不可能大面积成藏。但是深层石炭 – 二叠系煤系源岩进入二次生气时期，伴随着沙二段 – 沙一段基底回返构造运动，煤成气向中央隆起带高部位聚集成藏，成藏时间约为 27 ~ 35Ma，文 23 气田等都是在这个时期成藏的。

馆陶组沉积前，即东营运动时期，东营运动为油气大规模运聚奠定了基础，该时期大部分断层处于开启状态，油气通过各种输导体系向高部位聚集成藏，一些规模较大、圈闭条件好的背斜、滚动背斜、断鼻等都是在该期成藏的，比如背景优越的濮城构造、文东构造、白庙构造、桥口构造、马厂构造等，成藏时间约为 17 ~ 30Ma。构造低部位由于圈闭条件较差，成藏范围较小。

馆陶组 – 明化镇组沉积时期，整个凹陷进入稳定下沉阶段。这个时期断裂活动减弱，许多断层逐渐由开启状态向封闭状态转换，油气向高部位运聚条件变差，主要聚集在低部位圈闭中，使低部位断块群成藏范围扩大，成藏时间约为10～0Ma。东濮凹陷北部由于异常高压发育，对古近系烃源岩成烃具有明显的高压抑制作用，使得生烃时间变长，对晚期低部位油气成藏十分有利。

2. 复杂断块群成藏模式

通过对典型油气藏进行解剖，总结了东濮凹陷复杂断块群8种成藏模式：

(1)褶皱相关型断块群成藏模式：构造形态为背斜或滚动背斜，背景大，距离油源近，油气富集程度高；油气富集程度与盖层条件密切相关，盖层厚度大、分布连续有利富集；早期成藏破坏程度小，后期连续充注导致更富集；输导体系以砂体直接输导型和复合“Z”型为主。

(2)复式地垒型断块群成藏模式：构造形态好，一般两侧供烃，地垒顶部油气最富集；断块破碎、数量多，不同地垒块平面叠合，形成连片油气富集场面；成藏期次多，断裂持续活动会导致部分油气散失；输导体系主要是网状和“T”型输导体系。

(3)复式地堑型断块群成藏模式：负向构造，油气富集与油源关系密切，油气来自两侧生油气洼陷，洼陷生油气能力决定地堑两翼油气富集程度；地堑断块呈条带状分布，数量多，油气主要聚集在不同断块的高点；油气藏主要分布在沙三上以上层位，属于下生上储组合，层位越往上富集程度越低；成藏期较晚，输导体系以复合“Z”型为主。

(4)垒堑叠置型断块群成藏模式：地垒上油气富集程度一般高于地堑，地堑、地垒平面相互交切，油气主要富集在交切部位，常呈现上、下叠合含油连片场面；断块群多分布隆起带两侧，距油源近，但断裂活动会导致部分油藏破坏严重；成藏期较晚，输导体系以“T”型和“Z”型为主。

(5)断阶型断块群成藏模式：比如西斜坡带，二级断层将斜坡分成3个台阶构造，二台阶油气最富集；右旋应力导致二台阶边界断层封闭性好，是油气富集主因，油气富集在二台阶差异压实形成的鼻状构造背景(90%)；调节带发育部位是古隆起与物源发育良好配套位置，形成富集区；油气主要分布在沙三段，成藏由高部位向低部位变晚、变差；输导体系以“T”型和“Z”型为主。

(6)断阶叠合型断块群成藏模式：比如马厂构造，东倾断层切割早期西倾断层，西倾反向断层对油气起主要封闭作用形成油气富集，富集程度受整体隆起背景控制；断层发育，断块数量多，叠合面积大，不同断块油水系统独立；油气主要分布在沙三段，成藏由高部位向低部位变晚、变差；东倾断层持续活动与深层油源沟通，构造主体主要是“Z”型，近洼边缘主要是储层直接输导型。

(7)迁移断阶型断块群成藏模式：比如文南－刘庄地区，多条断层雁行式平行排列，油气主要富集在断层控制圈闭的高部位；断块群多分布在浅层沙二下以上层位，油气来自下部沙三段；油气成藏较晚，圈闭高点顺隆起方向延伸，是油气运聚主要方向，输导体系是复合体系。

(8)转换交切型断块群成藏模式：主要有两种类型，二级构造形成的断块群背景大，油源、砂体、圈闭等配置好，油气富集；次级构造形成的断块群往往是构造的结合部位、倾末端，圈闭、储层条件差，不是油气主要运移方向，油气富集程度低，个别层位零星分布油气。

三、复杂断块群分布规律及勘探潜力

（一）复杂断块群油气藏分布规律

东濮凹陷复杂断块群油气藏分布规律主要总结为5个方面。

（1）基底变化控制了断块群分布及类型：东濮凹陷新生界构造演化明显受基底控制，凹陷中央以隆起为主要特征，在凹陷两侧则以单向倾斜为主要形式，因此形成了中央隆起带的褶皱相关型断块群，复式（合）垒、堑等断块群；而南部中央隆起带由于构造转换较为频繁，因此叠合断阶型、转换交切型等断块群发育；西部地区呈现斜坡背景，因此断阶型断块群发育。

（2）平面上油气藏围绕生油洼陷带状分布：东濮凹陷南北狭长、东西较窄的特点决定了生油洼陷呈条带状分布，进而控制了平面上油气藏呈带状分布；油气向上、向中运移的客观规律又决定了中央隆起带复式断块群油气藏的形成与富集。

（3）纵向上油气藏分布在古近系：东濮发育古近系及古生界煤系地层两套生烃层系。古近系的砂泥岩薄互层有利于生成的油气就近排出，同时，该时期又是东濮凹陷强烈断陷期，各次级别断裂的发育为油气的再次运移提供了优质通道，易于在古近系就近成藏。新近系沉积期处于东濮凹陷演化的坳陷期，断裂不发育是其主要特征，缺乏生烃层系是难以形成油气藏的最主要原因。

（4）多层系、断块小、高点成藏是各类型断块群油气藏主要特点：东濮断裂极其发育以及油气短距离运移，导致纵向上运移呈“Z”型，形成了多层系、多断块油气分布，进而在断块高点成藏。

（5）储盖组合特点决定了南部各断块群油气藏主要分布在沙三中、沙三下亚段，北部各断块群油气藏主要分布在沙二下至沙三中亚段。

（二）复杂断块群勘探潜力

通过精细构造解剖及成藏规律研究，东濮凹陷共落实划分56个断块群、545个断块。其中Ⅰ类断块群18个、Ⅱ类断块群25个、Ⅲ类断块群13个。剩余资源量主要分布在褶皱相关型、复式地垒型、复式地堑型、断阶型、断阶叠合型、转换交切型断块群中，占剩余资源量的92%；层系上主要分布在沙三段，占剩余资源量的77%。

通过评价，沙一段剩余圈闭资源量主要分布于中央隆起带复式地堑、地垒、迁移断阶、转换交切型复杂断块群等；沙二段剩余圈闭资源量主要分布于濮城、文留、桥口地区褶皱相关型断块群、文留复式地垒断块群、文南断阶迁移型断块群、文西垒堑叠置型断块群等；沙三上剩余圈闭资源量主要分布于濮卫地区垒堑叠置型、复式地堑型、断阶型，桥口地区褶皱相关型，文留地区复式地堑型等断块群及许多结合部发育的转换交切型断块群；沙三中及沙三下剩余圈闭资源量分布地区较广，不同地区、不同类型断块群均有分布。

第三节　典型区带评价及勘探实例

油气勘探阶段根据勘探进程可以划分为盆地评价、区带评价、圈闭评价、油气藏评价

4 个阶段。该部分内容从区带划分评价及优选入手，以东濮凹陷西部斜坡带评价及胡 10 块勘探作为典型实例进行研究。

一、区带划分评价及优选

区带划分主要根据勘探需求，按照一定原则进行划分，有按照油气类型进行划分的，有按照地质成因进行划分的，有按照勘探层系进行划分的，等等。

东濮凹陷古近系和上古生界是两个主要的生烃层系，不同层系沉积、构造特点，油气聚集特点等有较大差异。本章节在区分层系基础上，对不同层系进行了区带划分，古近系划分范县－观城构造带、濮卫－文留构造带、马寨－胡庆构造带、柳屯－海通集洼陷带、濮城－前梨园洼陷带、西南洼陷带、桥口－马厂构造带等 7 个区带；古生界划分北部中生界潜山、北部古生界高热演化带、西南洼古生界高热演化带、南部古生界高热演化带、西部古生界中－低热演化带等 5 个区带，分析认为中央隆起带北部濮卫－文留构造带和马寨－胡－庆构造带是 I 类成藏条件最好的区带。

胡－庆地区从沙一段至沙四段均有油气发现，沙三段的油气探明储量分别占了胡－庆地区油气总探明储量的 96.65% 和 96.91%，是胡－庆地区主力含油气层段。在平面上，胡庆地区绝大部分油气主要分布在二台阶，其次为一台阶(图 2－3－6)。

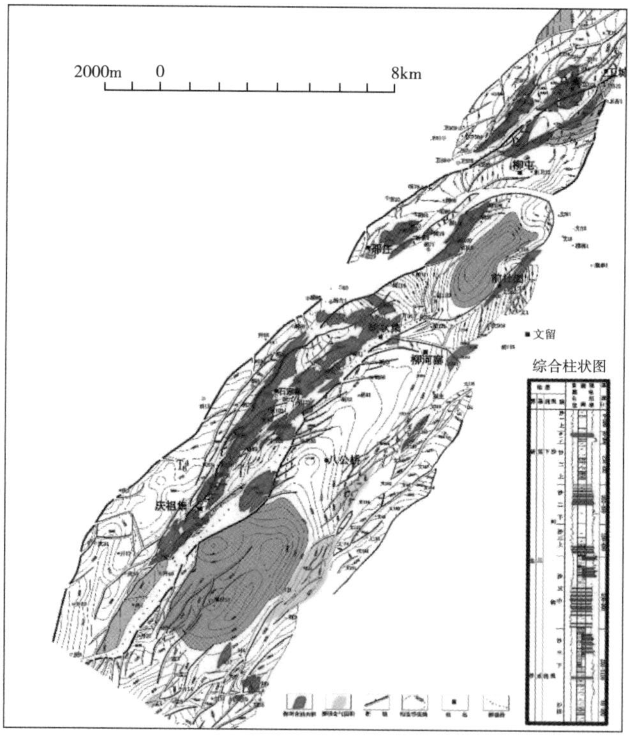

图 2－3－6　东濮凹陷胡庆地区勘探形势图

二、圈闭评价及优选

圈闭评价是在优选出含油气有利区带的基础上，依据油气成藏理论，以石油、天然气勘探数据库为依托，充分利用地面物化探资料、井筒资料和综合研究资料，进行圈闭识别和可靠性评价，采用综合评价方法，对识别出的圈闭进行含油气性分析、资源量计算、经济评价、圈闭综合排队优选和可钻圈闭的精细描述，进而提出预探井部署设计意见，并对已钻探圈闭进行圈闭钻探效果分析和反馈评价。圈闭评价的核心是圈闭识别和可靠性评价、圈闭的含油气性评价。本节内容主要以胡－庆构造为例，阐述圈闭识别和可靠性、圈闭的含油气性分析，最终在圈闭综合评价基础上优选出勘探方向。

(一) 胡－庆构造带圈闭识别及可靠性评价

胡状集－庆祖集(胡－庆)地区断阶特征表现尤为突出，每一个台阶均具不同的断裂发育特征、构造样式及圈闭特征。

一台阶受长垣断层的控制，古近系地层保存较为齐全。地层自南向北抬高，构造形态整体上表现为长垣断层控制下的单斜和向斜，局部构造以受Ⅳ级小断层控制的断块或断鼻为主，幅度较低，面积较小，如胡60、胡81、胡41、庆64、庆67等断鼻、断块。

二台阶地层自北向南抬高，与一台阶相反，地层自北向南逐渐抬升剥蚀，地层保存受古隆起的控制，胡7块处于古隆起最高部位，地层剥蚀最多，仅保存沙三中以下的地层。自北向南主要有胡2、胡5、胡7、胡12、庆85、庆62、庆19等7个断鼻构造，目前胡状集－庆祖集地区发现油气主要分布在二台阶。

三台阶由于后期构造的强烈抬升剥蚀，馆陶组以下仅保存了沙三下亚段下部以下的地层，地层自北向南抬升剥蚀。三台阶缺乏大的构造背景，主要在石家集断层上升盘发育一系列顺向和反向断层形成众多的断块圈闭，油气主要分布在石家集断层上升盘一侧断裂夹缝中。

胡－庆构造带圈闭的分布状况是在高精度三维地震资料精细解释基础上落实的，圈闭的可靠性高，圈闭的各项要素已经经过勘探实践证实。

(二) 胡－庆构造带圈闭含油气性评价

圈闭含油气性评价主要是根据圈闭识别结果，对选出的圈闭从油气成藏过程出发，从烃源与充注条件、储层条件、保存条件、成藏各要素配套演化条件等4个方面进行分析评价。胡－庆构造带的烃源岩条件前已述及，下面主要对其他条件进行论述。

1. 储集条件

由于古地貌的影响，胡－庆地区主要受来自西侧内黄古隆起上突发性洪水的影响，沉积了一套以粗细混杂、分选性差的滨－浅湖扇三角洲砂体为主的沉积组合。这里由于紧靠物源，沉积环境很不稳定，单一砂体在平面上的展布范围很有限。

本区储层岩性主要为粗细混杂的不等粒砂岩、含砾砂岩、细砂岩和粉砂岩。由于紧邻物源区，沉积物搬运距离短，储层岩性混杂、分选很差、成分成熟度很低。胡－庆地区储层岩石孔隙度在13.3%～34.2%，平均空气渗透率一般为$(40\sim450)\times10^{-3}\mu m^2$。

2. 盖层及保存条件

胡－庆地区盖层发育情况良好，沙一上亚段泥岩层厚度大且分布稳定，为良好的区域性盖层。胡－庆地区发育多套生储盖组合，如沙四段和沙三段自生自储型、沙二段和沙一段下生上储型及前古近系新生古储型等，其中以沙三段自生自储自盖型成藏组合最为有利和重要，如二台阶沙三中亚段水下分流河道砂体由北西向东南方向呈指状伸入柳屯－海通集注陷生烃中心，其砂岩厚度大，储集性能好，且具良好的时空配置关系，因此其油气富集程度高。

3. 成藏要素演化及成藏过程

1）油气运移条件及运移史

（1）断层与砂体的匹配关系：沿断层垂向运移上来的油气进入储集层后，总是优先选择在物性好的砂体中运移，并在合适的条件下聚集成藏。但也不是砂体厚度大的地方都有油气分布，如胡66井和胡76井沙三中、下亚段砂体，有没有油气聚集具体还要看砂体与油源以及圈闭等条件的匹配关系。

（2）优势运移通道：一是断层活动时间与油气大规模运聚时间的关系，胡－庆地区长垣和邢庄断层活动时间较长，与油气主要运聚期匹配较好，是本区油气由洼陷向斜坡、由深层向浅层运移的主要通道；二是砂体顶面构造脊，通过胡－庆地区沙三中9－10砂组和沙三下1－2砂组的顶面构造特征分析，沙三中9－10砂组顶面共发育3条较为明显的构造脊，是油气运移的优势通道。庆63块、庆88块、胡19块沙三中、下亚段油气藏以及胡96块沙三中亚段油气藏均位于构造脊上，有利于油气富集；石家集附近的胡23块、胡90块等沙三中亚段油藏以及胡状集附近的胡5块、胡18块等沙三中亚段油气藏既位于构造脊的指向区，又处在砂体顶面的高部位，而且所在部位的砂体厚度也较大，3个有利因素的同时出现，使得这些油气藏成为沙三中亚段油气最为富集的地方。

2）油气成藏期次及成藏时间

通过包裹体分析，胡－庆地区不同构造带的成藏期存在一定的差别。胡－庆地区油气主要来自西部洼陷带，油气沿断层向上运移，从高部位到低部位依次聚集成藏，因此从一台阶到三台阶成藏时间依次变早。在新近纪末期至第四纪西部洼陷发生明显的二次生烃作用，在一台阶形成二次成藏，此时由于断层活动停止，油气无法向上运移，因此二、三台阶没有二次成藏。

3）油气藏成藏过程及成藏模式

胡－庆地区的油气主要来自海通集洼陷，只在胡－庆地区北部的沙三中、下亚段储层中混有少量来自柳屯洼陷的油气。烃源岩主要为古近系沙三中、下亚段的泥岩地层，其在成熟期以生油为主，在高成熟－过成熟期生成少量天然气（图2－3－7）。

东营组沉积末期，由于巨厚的东营组的沉积，沙三段烃源岩也普遍进入生油窗，开始生成大规模的油气。东营运动早期，虽然盆地开始整体抬升，但是由于沙三中、下亚段烃源岩仍处在生油窗内，故仍有大量油气生成。东营组剥蚀末期至现今，全区未发生大的构造运动，胡－庆地区稳定下沉并接收了巨厚的新近系砂泥岩沉积。

（三）圈闭综合评价及勘探方向

结合胡－庆构造带圈闭评价分析，不同台阶圈闭成藏条件不同，虽然都已经成藏，但不同控制因素下富集程度不同。下面对不同台阶勘探潜力及方向进行简单分析。

一台阶深层沙三中－沙三下岩性、构造岩性圈闭是寻找规模油气藏的主要区域。一台阶勘探已发现胡41、胡96等油气富集块，还有胡86井等许多探井均见油气显示，由于近洼油源条件优越，发育有斜坡扇体（湖底扇、扇三角洲）、浊积砂砾岩体等有利相带，是有利的勘探目标。

二台阶勘探程度高，是滚动勘探、开发的主要目标区。主体油气藏的扩边、不同层系

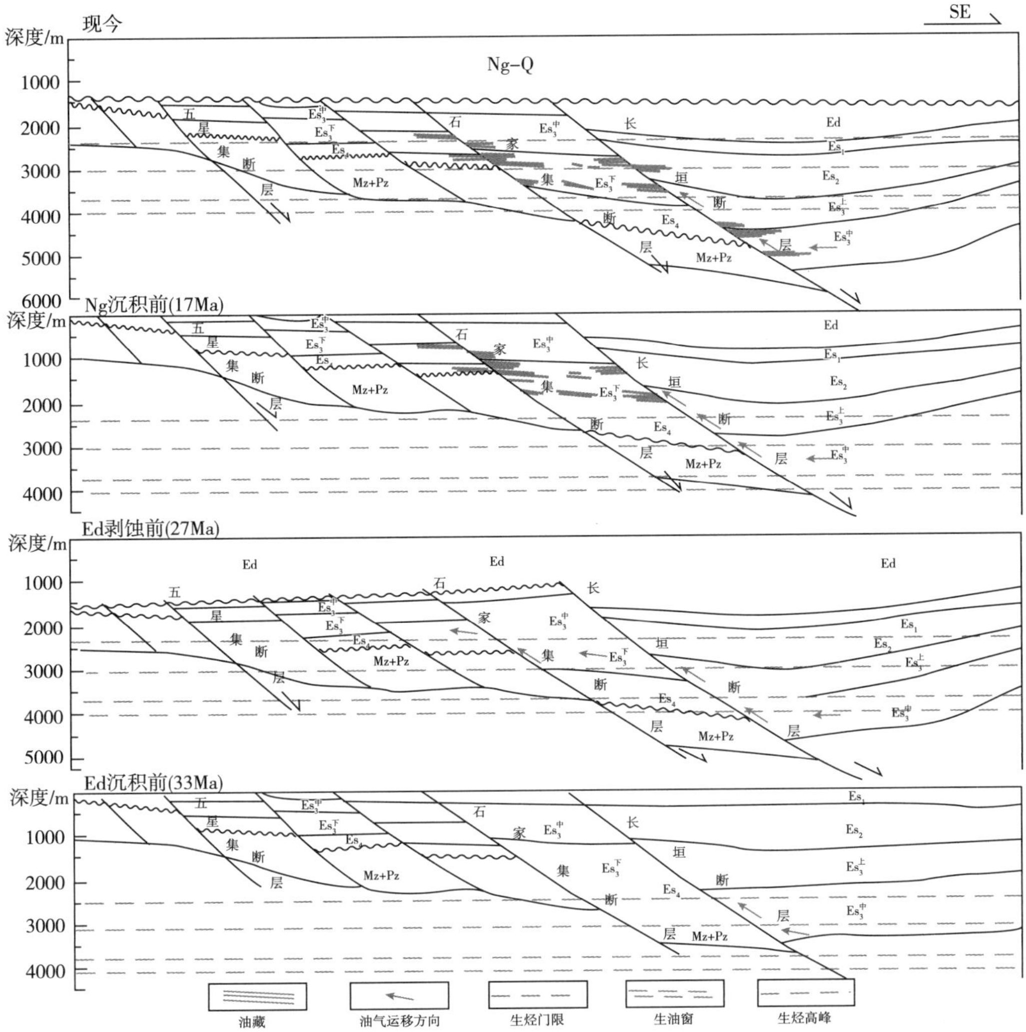

图 2－3－7　胡－庆地区油气动态成藏过程示意图

内部的单砂体岩性圈闭都是滚动的有利目标，油气藏规模虽小，但往往富集程度高。

三台阶目前发现主要是沿石家集断层分布的夹缝断块，三台阶高部位是否存在岩性圈闭、是否发育稠油油藏需要深入研究。

三、油气藏评价

油气藏评价阶段的界定是从圈闭预探获得工业油气流，直到探明(开发)油气藏的全过程。目的是从构造、圈闭、储层等多方面充分认识油气藏特征，查明油气藏工业价值，最终提交各类探明储量。本节以胡状集油田胡 10 块为例说明油气藏评价的思路和过程，主要包括地层的精细对比、构造精细研究、沉积储层精细描述、盖层描述等，在单要素研究描述基础上，进行油气藏圈闭精细描述，最终计算探明储量。

1. 油藏概况

胡 10 块位于胡状集油田南部，是石家集断层和其上升盘次级断层形成的北北东走向的顺向夹缝断鼻构造，内部被一系列小断层分割，形成多个小断块，高点均位于断块西侧的高部位，断块内地层倾向南东。由于石家集夹缝断块内部构造复杂，地震资料品质较差，多年来勘探开发进展较慢。

2. 地层精细对比

胡10块地层和胡状集油田地层特征一致，石家集断层上升盘沙河街组残留地层主要为沙三下和沙四段，其中沙三下地层厚度600～800m，是主要的含油气层系，以区域上稳定分布的高电阻尖子将其从上至下分为10个砂层组。通过砂组精细地层对比，厘清了钻遇胡10块内部钻井的地层分布，发现下降盘胡12块的胡12－侧141井、胡12－28井等多口井在沙三下6－8砂组钻穿石家集断层，钻遇胡10块低部位，并且获得了工业油流，证实胡10块仍有一定滚动勘探潜力。

3. 构造精细研究

在地层精细对比基础上，利用2011年新采集的胡－庆高精度三维对石家集断裂带开展精细构造研究及解释，发现该块的石家集断层、胡22断层两条边界断层控制的夹缝断块内部被胡10－10东断层、胡7－228断层、胡12－15断层分成多个小断块。在沙三下7砂组顶面构造上主要发育胡7－侧22、胡10－38、胡12－侧17、胡12－66等4个小型鼻状构造，圈闭面积从0.08～0.22km^2不等，圈闭高度30～80m，是油气聚集的有利圈闭。

4. 沉积储层精细描述

胡10块沙三下亚段主要发育辫状河三角洲前缘亚相，砂体类型为分流河道浅侧翼，纵向上砂岩韵律性较强，单层一般2～4m，最大厚度6.4m，岩性以粉砂岩为主，砂体分布主要受构造控制，小范围内变化不大。砂岩储层的物性较好，孔隙度在11.2%～28.4%，平均20.2%，渗透率在$(4.5\sim258.4)\times10^{-3}\mu m^2$，平均$60.4\times10^{-3}\mu m^2$，为中孔中渗储层。

5. 储盖组合特征

胡10块为典型的层状油藏，盖层为沙三下内部局部发育的厚度10～30m的泥岩，和三角洲前缘砂体配置形成良好的储盖组合。

6. 油气藏综合评价

胡10块是由多个断鼻组合形成的复杂断块，圈闭类型好。下倾方向的胡状集二台阶生成的油气通过石家集断层向上运移，在沙三下储盖组合配置的圈闭中聚集，块小但富集程度高，高部位沙三下4－8砂组连续含油井段达300m，储量丰度$121\times10^4t/km^2$。

胡10块沙三下7－8砂组地面原油密度平均为0.867g/cm^3，地面原油黏度7.65～239.17mPa·s，凝固点32℃，初馏点83.5℃，压力系数1.0～1.1，地温梯度3.4℃/100m，为常温常压系统。

7. 储量计算及评价

通过胡10块综合评价，到2013年10月31日，部署的胡12－侧17、胡7－侧22、胡10－37、胡10－38、胡10－39、胡10－15、胡12－28、胡12－侧141等8口井中有7口井获得工业油流，证实了每个小型断鼻构造均富油气。按照探明储量计算细则，胡10区块纵向上含油层位主要集中分布在沙三下7－8砂层组，对应划分为7个计算单元；平面上为4个断块，划分为4个储量计算单元。整体评价胡10区块属于小型、低丰度、低产、中深层、中孔中渗型油藏（图2－3－8）。

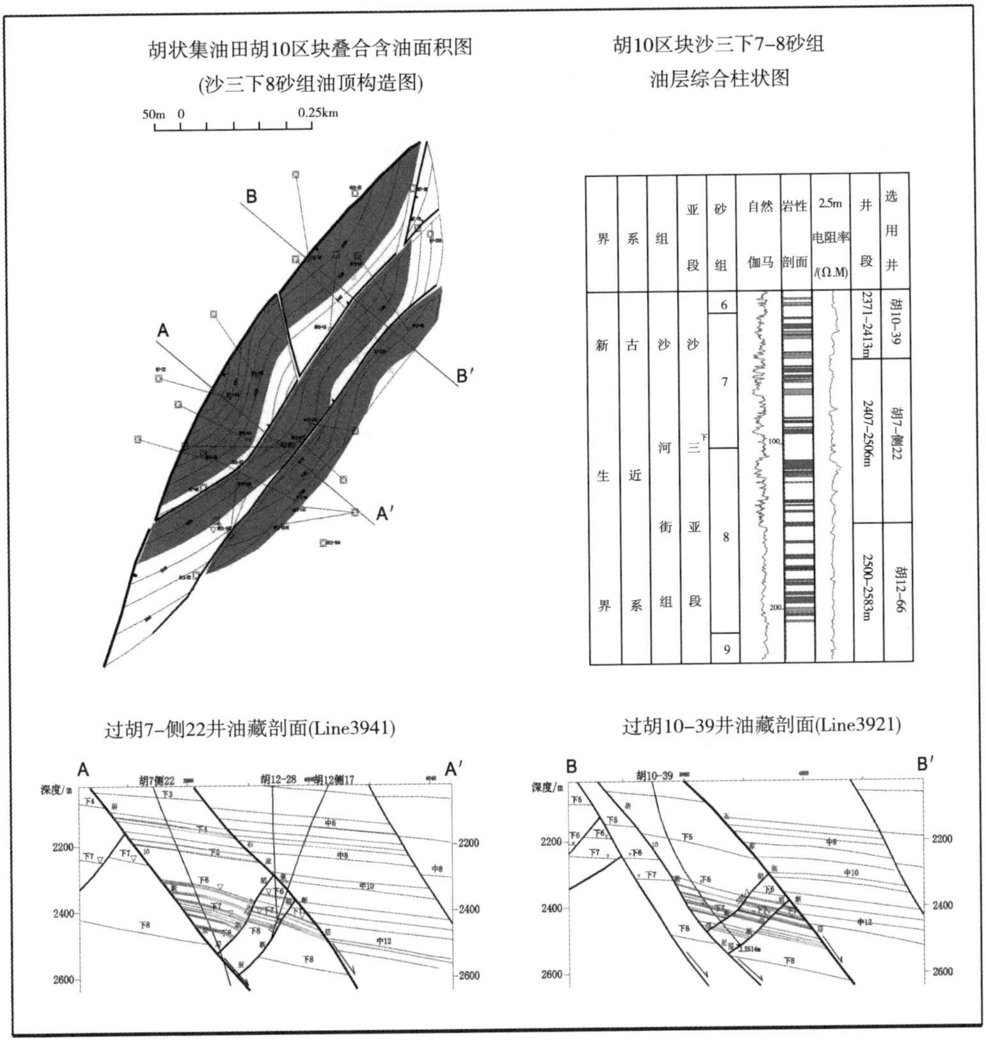

图2－3－8　胡状集油田胡10区块探明储量综合图

第四章　不同领域天然气地质勘探评价技术

东濮凹陷天然气富集也是一个特色，既有油型气也有煤成气，其中文23气田是中国东部典型的煤成气田。纵向上，从奥陶系至古近系不同层段中都发现有天然气层或气显示，但是目前发现的工业气流产自石炭－二叠系、沙四段、沙三段和沙二段中。已发现的工业气藏主要分布在中央构造带的卫城、濮城、文留、桥口构造以及兰聊断裂下降盘的白庙构造。东濮凹陷已发现的天然气有煤成气、油型气和二者混合形成的混合气藏三类。

1976年9月，东濮凹陷第1口气井－文2井喜喷工业气流，目前已发现煤成气藏、油型气藏和混合气藏等3大类气藏12个，其中储量大于$100 \times 10^8 m^3$的有3个，大于$50 \times 10^8 m^3$的有1个，大于$20 \times 10^8 m^3$的有4个，其余均较小。

从储量增长历程看，呈现出两个增储高峰，即1976—1986年和2000—2005年形成的两个天然气储量增长高峰。早期勘探程度低，由于文23、白庙等大气田的发现，储量快速增长，出现第一个增长高峰，在此之后只有零星的发现，储量增长很少。到2000年由于加强了天然气勘探，加大了投入，进一步落实了资源，并在深层气勘探中取得突破，形成又一储量增长的高峰。

第一节　不同成因气藏地球化学特征

一、各类气藏地球化学特征

东濮凹陷文留沙四段盐下气藏和马厂气藏已证实是煤成气藏，文东斜坡带的文203－58井、文203－59井被证实为油型气藏，主要为凝析气藏。混合气从地球化学特征及分布上介于煤成气与油成气之间，下面重点介绍油成气和煤成气。现将不同成因天然气地球化学特征简述如下。

(一)组分特征

东濮凹陷煤成气主要来自石炭－二叠系煤系地层，埋深达3200～5000m，大部分煤系源岩埋藏已接近高成熟阶段，对文留地区11口井气样组分进行分析、计算，甲烷平均含量为95.12%，湿气系数为3.84，是典型的干气气藏。

油型气藏主要分布在古近系隆起带高部位及斜坡近洼带，普遍具有甲烷含量低、重烃含量高的特征，甲烷平均含量为87.21%，湿气系数高，平均为9.58，是典型的湿气藏。

(二)甲烷碳同位素特征

研究资料证明，利用天然气中甲烷的稳定碳同位素比值 $\delta^{13}C_1$ 判断天然气成因是比较有效的。煤成气一般富 C^{13}、$\delta^{13}C_1$ 值高；油型气富 C^{12}、$\delta^{13}C_1$ 值低。东濮凹陷煤成气的 $\delta^{13}C_1$ 最小值比油型气的最大值还高 5.1‰，其平均值相差 9.77‰，明显地表现出富 $\delta^{13}C$ 同位素特征(表 2-4-1)。

表 2-4-1　东濮凹陷不同成因类型天然气碳同位素数据对比表

成因类型	$\delta^{13}C$ 全气/‰			$\delta^{13}C_1$/‰			$\delta^{13}C_2$/‰	$\delta^{13}C_3$/‰	$\delta^{13}C_4$/‰
	值范围	平均值	样品数	范围	平均值	样品数			
煤成气	-24.8 ~ -30.9	-27.52	11	-25.79 ~ -32.60	-30.83	10	-26.15 (1)	-25.72 (1)	-26.15 (1)
油型气	-37.58 ~ -48.57	-41.86	17	-37.7 ~ -45.4	-40.6	17	-27.36 (5)	-24.98 (5)	-26.12 (3)
混合气	-31.5 ~ -36.6	-34.48	8	-33.1 ~ -36.2	-34.7	23	-25.74 (3)	-25.07 (3)	-25.79 (1)

注：表内均为 PDB 标准，小括号内为样品数。

(三)氩同位素特征

Ar^{40}/Ar^{36} 比值的偏大，是由过量 Ar^{40} 从 K^{40} 放射性衰变形成，即来自地层或岩石中的含钾矿物。在其他因素一致时，地质年代越老，Ar^{40} 含量越高，Ar^{40}/Ar^{36} 比值越大。在中国科学院地球化学研究所和兰州地质研究所协助下，对各种类型天然气进行了 Ar^{40}/Ar^{36} 测定，其结果见表 2-4-2。本区古近系沙河街组形成天然气 Ar^{40}/Ar^{36} 丰度比值在 350 ~ 450，而石炭-二叠系煤系地层形成的天然气，比值可高达 800 ~ 1000，可用来区分煤成气和油型气。白庙构造紧邻兰聊断裂带的西侧，Ar^{40}/Ar^{36} 比值介于煤成气与油型气之间，分析其原因可能与深部气体加入有关。根据碳、氩同位素资料，白庙气藏定为混合气藏。

表 2-4-2　东濮凹陷不同成因类型天然气氩同位素数据表

成因类型	Ar^{40}/Ar^{36}		样品数/个
	范围	平均值	
煤成气(文 23、马厂)	1092.90 ~ 1754.49	1313.10	10
油型气(古近系溶解气)	343.00 ~ 681.50	471.02	67
混合气(白庙气田)	683.30 ~ 890.00	777.71	16

(四)δD 值

根据近年来同位素研究资料，陆相石油伴生气(油型气)中的甲烷，一般表现为贫氘，δD 集中分布在 -230‰左右；海相油型气中甲烷富氘，δD 集中分布在 -190‰左右。海陆交互相的煤成气甲烷 δD 值范围为 -133‰ ~ -155‰。东濮凹陷天然气 δD 分析结果综合列于表 2-4-3。由表可见，煤成气、油型气、混合气的平均值呈有规律分布，利用同一样品的 $\delta^{13}C_1$、δD 分析数据作图，可以看出不同成因类型天然气的差别。

表 2-4-3 东濮凹陷天然气氢同位素分析综合表

成因类型	δD					
	天然气			甲烷		
	范围/‰	平均值/个	样品数/个	范围/‰	平均值/‰	样品数/个
煤成气		-182	1(文23井)	-175.3 ~ -170.59	-172.86	3
油型气	-236 ~ -194	-217.7	10	-235.3 ~ -195.5	-211.80	15
混合气	-216 ~ -192	-207.8	4	-199.1 ~ -193.6	-196.17	5

(五)汞丰度

石油和煤中汞含量变化大，一般煤成气中汞含量高于油型气中的汞含量。天然气中汞的来源主要与母岩的特征有关，与油气源岩相关的黏土类岩石，特别是富含腐植质有机物的黏土岩，常具有最高的汞含量，因此汞含量作为地球化学指标可用以区别煤成气和油型气。国内外的研究结果表明煤成气汞含量一般在 1μg/m³ 以上，而油型气含汞量偏低，一般在 0.4μg/m³ 以下。东濮凹陷煤成气和油型气也有差别，实测数据显示，煤成气汞含量在 1.11 ~ 51.10μg/m³，油型气层气汞含量在 0.13 ~ 0.91μg/m³，油型溶解气汞含量在 1.4 ~ 2.0μg/m³，煤成气和油型气混合气汞含量在 0.17 ~ 4.16μg/m³。

二、各类气藏中凝析油的地球化学指标

研究凝析油地球化学特征不但可了解凝析油形成、演化，同时也为研究天然气地球化学特征提供了极为有意义的资料。对不同类型气藏中凝析油进行了一些地球化学指标的测定，发现有以下特征。

(一)稳定碳同位素

前人研究表明，陆相原油较海相原油 $\delta^{13}C$ 值偏低，但是，在陆相沼泽或海陆交互成煤环境下形成的高等植物，其碳同位素组成分为两组，$\delta^{13}C$ 平均值分别为 -24‰和 -14‰。因此，煤系地层偏向于富集 $\delta^{13}C$。东濮凹陷凝析油 $\delta^{13}C$ 测定结果说明，文留煤成气藏的凝析油 $\delta^{13}C$ 为 -26.10‰ ~ -24.50‰，马厂煤成气藏的凝析油 $\delta^{13}C$ 为 -26.22‰，比古近系原油 $\delta^{13}C$ 平均值 -27.36‰(-28.10‰ ~ -27.20‰)要高，而取自除文留、马厂以外地区的凝析油样的 $\delta^{13}C$ 与原油碳同位素相近或略高(白庙混合气藏中凝析油 $\delta^{13}C$ 为 -28.60‰ ~ -27.09‰)。

(二)芳香烃含量

表 2-4-4 中列出了东濮凹陷凝析油中某些单体烃分析结果，发现它们的苯与甲苯含量均高于我国其他地区 1 ~ 3 个数量级。M. A. 罗杰斯在其不同成油母质的成烃模式中指出，来自陆源木本植物的煤素质在成烃过程中以生成干气和芳香基凝析油为主。文23井芳香基凝析油解释为与石炭-二叠系有关，桥口芳香基凝析油与古近系生油岩有关。

表2-4-4　东濮凹陷凝析油石蜡指数及庚烷值数据表

气藏类型	地区	井号	层位	井深/m	沸程/℃	石蜡指数	庚烷值/%	苯/%	苯/环己烷	甲苯/%	甲苯/甲基环己烷
煤成气藏	文留	文23	Es_4	2813.2~3026.3	35~138	8.09	41.76	11.04	6.31	5.94	2.31
	马厂	开33	Es_4	3344.0~3346.0		13.00	64.20				
混合气藏	白庙	白8	Es_3	3372.8~3401.4	30~130	3.55	27.26	4.76	1.72	6.25	1.30
		白10	Es_3	3064.2~3077.6	25~134	3.86	28.74	4.32	1.49	3.86	0.83
油型气藏	桥口	桥14	Es_3	3759.2~3769.4	30~104	3.51	26.18	7.72	1.78	6.79	0.91
		桥14	Es_3	3698.8~3759.2	65~119	3.26	27.36	5.10	1.81	6.52	1.03

第二节　油型气藏特征及其分布

在含油气盆地中，油型气藏作为一种常见类型的气藏，其形成机理和成因类型复杂多样。按照气藏产状可以分为溶解气及气层气两大类，其中溶解气又可分为气顶气和随原油产出的伴生气，气层气又可分为凝析气藏及纯干气藏，溶解气主要分布在东濮凹陷中浅层区域，气层气主要分布在斜坡近洼带及深层区域。气顶气是溶解气的一种特殊类型，其下为油环；东濮凹陷这类气相当多，如濮城沙二上亚段、沙二下亚段、沙三段。伴生气在东濮凹陷普遍存在，主要为在地面条件下从原油中脱离的气体，其一般随着原油成熟度的增大，含量呈逐渐增大的趋势。

凝析气是东濮凹陷深层油型气的主要类型，其具有发育异常高压、多种气源、多期生烃等特点，通常分布在古近系洼陷带的翼部。纯干气层通常分布在洼陷深部，属于酪根晚期裂解气成因，如濮深21等井，通常呈大面积低丰度分布特征，由于埋藏深度大，在东濮凹陷只有零星的井钻遇。东濮凹陷凝析气藏气油比一般在700~20000m^3/m^3，天然气甲烷含量在70%~92%，原油密度一般小于0.81g/cm^3。

(一)凝析气藏成因类型

结合东濮凹陷凝析气藏识别、特征和成烃、成藏过程，主要从烃类相态成因上对其进行了分类。新近纪生烃阶段，斜坡部位烃源岩进入二次生烃阶段，生成的凝析油气以近距离运移在构造斜坡深部位聚集，具有晚期成藏、环洼分布的特点。

次生凝析气藏按其成因又可分为运移分异型、气侵富化型、原油裂解型和逆蒸发成因型。运移分异型是指油气运移过程中，由于地层温度、压力降低，气态烃从油相体系中分离出来形成的凝析气藏。烃源岩在生油高峰期生成的油气向浅部发生运移过程中，或深部早期形成的油气藏受到断层活动破坏向浅部运移过程中，主要形成运移分异型凝析气藏。晚期形成的凝析气、干气不断侵入早期形成的油藏，使油藏相态转变为凝析气相而形成气侵富化型凝析气藏。早期形成的油气藏由于后期埋藏深度的增大，油藏温度增高并达到原油裂解的条件，使原油发生二次裂解而形成原油裂解型凝析气藏。如果油气藏经进一步埋藏，随温度和压力的增大，油气藏中的油逐渐溶于天然气中，最后形成逆蒸发成因型凝析气藏。

（二）凝析气藏成因类型的判别

1. 原油裂解型凝析气藏判别

对于多期成藏的盆地，早期形成的油藏随埋深增大，温度增高，油藏中的原油发生裂解而形成天然气，以此方式形成的气藏，其天然气应以原油裂解气为主。在封闭热解系统中的模拟实验表明，干酪根在初次降解和原油二次裂解中形成的天然气，其 $w(C_1)/w(C_2)$ 和 $w(C_2)/w(C_3)$ 值差异很大，可以利用 $\ln[w(C_1)/w(C_2)]$ 和 $\ln[w(C_2)/w(C_3)]$ 图版区分原油裂解气和干酪根裂解气。

2. 其他成因类型凝析气藏判别

东濮凹陷白庙构造顶部浅层的凝析气藏主要为煤成干气形成的气侵富化型凝析气藏。该类凝析气藏多为纯凝析气藏，以气体为主。白庙构造中部沙三中亚段－沙三下亚段气藏原油成熟度参数 $w(C_{29}\alpha\alpha 20S)/w(S+R)$ 和 $w(C_{29}\beta\beta)/w(\alpha\alpha+\beta\beta)$ 都接近其平衡值，为成熟阶段晚期的产物，而天然气主要为高成熟早期阶段的产物，天然气成熟度一般大于凝析油成熟度。因此，该类气藏大部分为高成熟天然气侵入成熟原油形成的气侵富化型凝析气藏，由于凝析油含量高，多表现为带油环的凝析气藏。

（三）凝析气藏分布特征

对东濮凹陷凝析气藏成因类型划分和判别表明，烃源岩的多期生烃和多期运聚成藏及煤成气的混入使得凝析气藏的成因十分复杂，在有基底断裂沟通深部石炭－二叠系烃源岩的地区，都有可能形成煤成气气侵凝析气藏，如白庙地区靠近兰聊断裂构造高部位凝析气藏、卫城－濮城沙三中亚段－沙四上亚段凝析气藏。

由于东濮凹陷盆地狭窄，各种成因类型的凝析气藏混杂在一起，凝析气藏以复合成因为主。古近纪成烃阶段晚期、新近纪成烃阶段形成的凝析气藏和原油裂解成因的凝析气藏常混杂或复合分布在环洼斜坡带深层，以岩性、构造－岩性凝析气藏为主；气侵富化型和运移分异型凝析气藏主要分布在构造浅层，以构造凝析气藏为主；逆蒸发成因型凝析气藏常分布在上述两者之间的中间部位，为早期油气藏在后期埋深高温高压条件下形成的凝析气藏。在有基底断裂沟通深部石炭－二叠系烃源岩的部位易形成混合气凝析气藏。相对而言，以环洼斜坡带中深层的凝析气藏储量规模为最大，具有较大的勘探潜力，而浅层次生凝析气藏规模较小。

第三节　煤成气藏特征及其分布

东濮凹陷煤成气藏发育，现已确认存在源外型及源内型两种类型煤成气藏。其中源外型文 23、户部寨气田位于北部中央构造带，储层属于古近系沙四段砂岩；源内型胡古 2 气藏位于东濮凹陷西部斜坡带胡状集二台阶低位潜山，储层属于石炭－二叠系砂岩。

一、文 23 气藏解剖（源外）

文 23 气田处于东濮凹陷中央隆起带北部文留构造高部位，其东、西两侧分别为前梨园洼陷和海通集洼陷，其构造形态为在基岩隆起背景上继承性发育并被断层复杂化的背斜，其中文西、文东等边界断层对背斜构造的形成及天然气的运移、聚集具有重要作用。该气田的天然气主要源于东侧前梨园洼陷的石炭－二叠系煤系地层，主要含气层位为沙四段，其上覆的沙三下亚段－沙四上亚段巨厚的盐层是封闭性良好的盖层(图 2－4－1)。

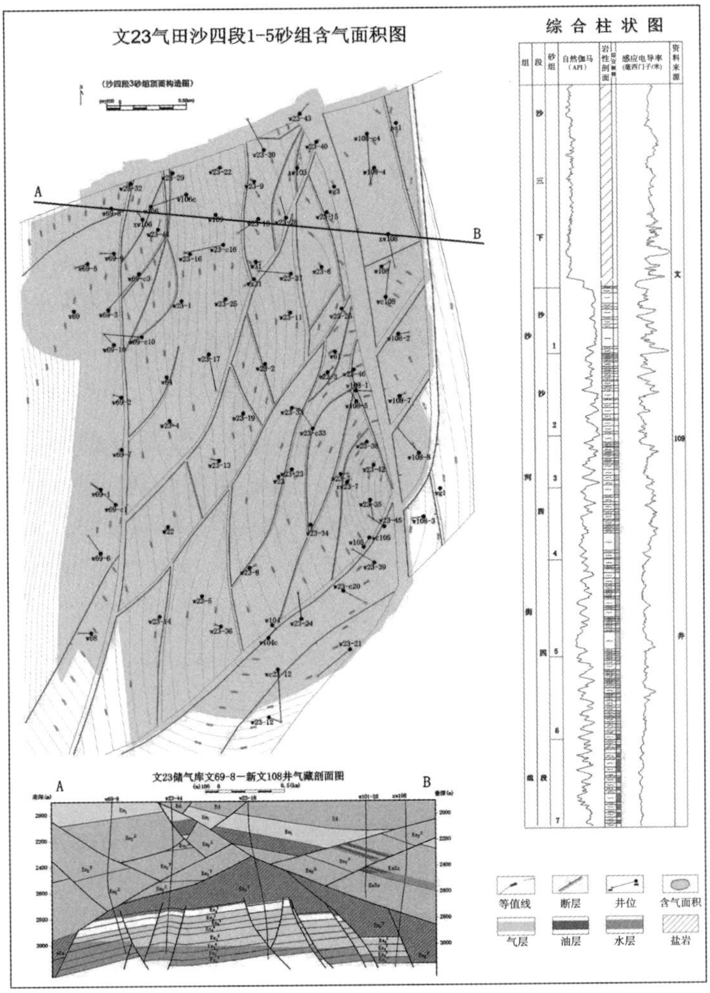

图 2－4－1　文 23 气田探明天然气储量综合图

(一)气源岩生烃史

从不同构造部位石炭－二叠系烃源岩的埋藏受热演化史可看出，前梨园洼陷在印支期开始一次生烃，之后抬升作用使生烃终止。在与文 23 气田有关的前梨园洼陷、斜坡区及背斜带，石炭－二叠系煤系烃源岩的生烃高峰期、生烃过程具有明显的分段性和时空差异性。因此，在古近纪东营运动前，以洼陷带煤系烃源岩生气为主，主要生排烃期为沙一段沉积期至东营组沉积末期，排出大量高成熟的干气。新近纪以来，随着埋深的增大，热演化程度增高，斜坡带及背斜带的煤系烃源岩又发生了生气作用，生成了一定量的高成熟干气。

(二)天然气运移与输导体系

1. 天然气运移

从天然气成藏地质背景和气源对比来看，沙四段气藏中的天然气来自前梨园洼陷石炭－二叠系煤系烃源岩，对天然气甲烷含量和单体烃碳同位素的分析结果表明，甲烷含量多数高于95%，为干气；$\delta^{13}C_1$值约为－28.0‰，$\delta^{13}C_2$值约为－24.5‰，均为典型的煤成气。

根据煤成气甲烷碳同位素$\delta^{13}C_1$与Ro的关系式，可估算出文23井沙四段气藏2881.9～3165.1m井段储层中的天然气来源于热演化程度Ro约为2.4%～2.8%的煤系源岩。再根据东濮凹陷北部地区上古生界地层成熟度与深度的关系，推算出源岩埋深约为6000～7000m。因而，文23沙四段气藏中的天然气沿断层的垂向运移距离约为3000～4000m。

2. 输导体系

文23气田东、西部边界断层分别为东倾的文东断层和西倾的文西断层，气田内部断层在主块、南块和东块主要为东倾，在西块主要为西倾，断层的活动期与天然气的生排期匹配良好，活动性断层是洼陷区生成的天然气大量向背斜带运移的有效通道。文23气田的煤成气在纵向上通过断层、侧向上通过发育程度较好的砂体以砂体－断层－砂体为主的输导体系结构，呈阶梯式运移至沙四段和中生界的砂岩储层中。

（三）成藏时间及期次

利用储层流体包裹体均一温度及沉积与构造演化史、生排烃史确定油气藏形成时间。文23气田流体包裹体均一温度呈单峰分布，均一温度分布区间主要为110～160℃，推测文23气田沙四段气藏为一期连续充注成藏，天然气充注没有明显的分期。

天然气主要来源区前梨园洼陷石炭－二叠系烃源岩的生气高峰时期为古近纪晚期，断裂活动时期也以古近纪晚期为主。因此，对包裹体均一温度和气源岩主要生排烃时间、断层活动时间综合分析表明，文23气田沙四段气藏煤成气充注成藏时间主要在沙一段沉积时期至东营组沉积末期，为一期连续充注成藏。

（四）气藏充注过程及保存演化

文23气藏天然气充注经历了如下过程：①沙一段至东营组沉积时期，洼陷带煤系烃源岩大量排气，文东断层作为气源断层，不断输导天然气注入圈闭成藏。②东营末剥蚀作用早中期，天然气继续充注，同时由于东营运动，断层强烈活动，气藏中的天然气不断散失，此时天然气处于动态成藏过程，充注量大于散失量，气柱达到最大值。③东营末剥蚀作用晚期，气藏中的气体散失量大于充注量，气水界面上升。④新近纪以来，以斜坡带和深部地垒带煤系烃源岩成烃为主，但由于气源断层逐渐停止活动，煤成气无法继续沿断层充注沙四段储层，因此天然气在流体异常高压的驱动下，沿裂缝及不整合面侧向运移，在石炭－二叠系储层中就近成藏。

二、胡古2气藏（源内）

胡古2气藏位于东濮凹陷西部斜坡带胡状集二台阶低位潜山，胡古2井于二叠系石千峰组4572.6～4605.6m井段、上石盒子组4748.4～4767.1m井段压裂作业后分别试获工业气流。

（一）组分特征

胡古2井二叠系天然气组分测试结果表明，天然气以烃类气体为主，其中甲烷含量占绝对优势，为90.88%～91.74%，而重烃气含量为1.36%～2.16%，天然气干燥系数

(C_1/C_{1-5})为 0.977～0.985，这与文留构造上的文古 2 井二叠系石千峰组(3813.5～3834.3m)天然气干燥系数(0.968)较为接近，均表现为干气特征。非烃类气体以 CO_2 和 N_2 为主，两者含量分别为 5.32%～6.18% 和 0.64%～1.57%。

(二)碳同位素特征

胡古 2 井二叠系天然气的烷烃气碳同位素总体偏重，尤其是乙烷碳同位素。甲烷碳同位素 $\delta^{13}C_1$ 值为 –28.70‰～–28.40‰，乙烷碳同位素 $\delta^{13}C_2$ 值为 –16.00‰～–14.50‰，丙烷碳同位素 $\delta^{13}C_3$ 值为 –19.00‰～–15.90‰，对比该地区前期已发现天然气的碳同位素特征认为，与文古 2 井、文 23 井天然气较为接近，而与濮城地区濮 35 井天然气相差较大，反映出两者在原始生烃母质方面存在差异。

(三)氢同位素特征

天然气氢同位素的研究对象主要包括游离氢和烷烃气，且目前国内外有机成因烷烃气的研究程度相对较高。有机热成因烷烃气的氢同位素组成主要受烃源岩沉积环境和成熟度的影响，而且最主要受沉积环境的影响，如发育于海陆交互相半咸水环境的烃源岩所生成的甲烷氢同位素大于 –190‰。胡古 2 井二叠系石千峰组和上石盒子组天然气甲烷氢同位素分别为 –149‰和 –163‰，据此判断其气源岩应发育于海陆交互相的半咸水环境。

(四)氩同位素特征

许化政等对东濮凹陷文留构造不同成因天然气的 Ar^{40}/Ar^{36} 比值进行了统计，结果显示产于盐下沙四段、源于石炭–二叠系的天然气 Ar^{40}/Ar^{36} 比值为 1175～1286，而产于盐上油型气的 Ar^{40}/Ar^{36} 比值为 343～612，即说明气源不同的天然气 Ar^{40}/Ar^{36} 比值分布范围差异较大。胡古 2 井二叠系天然气具有较大的 Ar^{40}/Ar^{36} 比值，样品测试结果为 747～3270，反映其可能源于石炭–二叠系煤系烃源岩。

(五)天然气成因分析

在天然气成因类型判别的各类指标中，烷烃气碳同位素是最为有效的，因此应用也更为广泛。研究表明，烷烃气碳同位素的影响因素主要包括原始母质类型和成熟度。据此，根据不同成因类型天然气甲烷、乙烷、丙烷碳同位素的判别标准，认为胡古 2 井二叠系天然气属于典型的煤成气。

三、煤成气成藏特征及富集规律

(一)煤成气藏特征

综合文 23 气藏、胡古 2 气藏的典型解剖，认为东濮凹陷煤成气有“源内”和“源外”两种成藏类型。一种是上古生界生成的煤成气经断层垂向输导至古近系储层中而聚集成藏，即下生上储“源外”成藏模式，具有早期充注的特点，如文 23 气田、户部寨以及马厂等沙四段气藏，成藏期大致在沙一–东营时期，源外煤成气藏均依靠大断裂输导，气藏一般分布在大断裂及周边伴生断层所形成的圈闭内；另一种是上古生界煤成气顺层侧向运移至本层系的储层中聚集成藏，即自生自储“源内”成藏模式，其一般分布在热演化程度高的煤系源岩内，其成藏期较晚，如胡古 2 煤成气藏。

（二）煤成气藏富集规律

东濮凹陷及邻区早古生代以来的古地热场演化受构造运动史的控制，石炭－二叠系烃源岩主要经历了2个明显的热演化阶段和生烃过程：

海西－印支期深成变质作用阶段（一次生烃期）：至印支期末Ro分布在0.61%～0.85%，属成熟早期印支期生烃作用，由于生烃早（220～240Ma），生烃后经历了印支、喜山等构造运动改造，保存条件差，形成原生油藏可能性较小，因此对目前的油气勘探没有现实意义。

喜山期深成变质作用阶段（二次生烃期）：古近纪以来，东濮凹陷进入了断陷－裂陷发展时期，煤系烃源岩再次被深埋，超过了印支期末的一次埋藏深度，全区范围内广泛生烃。通过烃源岩实验模拟分析，可知当煤系烃源岩热演化程度Ro＞2.0%的时候具有快速生气的特征，可见煤系烃源岩因热演化程度高才具有大量生烃的特征，这和湖相烃源岩存在较大差异，与煤系源岩主要为Ⅲ型干酪根、活化能较高有关。

通过对煤成气井的成功和失利井分析，平面上煤成气藏主要位于热演化程度大于2.0%、生气强度大于$20 \times 10^8 m^3/km^2$地区及周边。源外成藏分布层位广，在沙四段盐下构造圈闭内最为富集，例如文23、户部寨气藏。在盐岩不发育的地区，一般气藏分布在构造的高部位，主要分布在沙二下亚段，例如白庙气藏及西南洼的方3井等见煤成气。源内煤成气藏主要分布在石千峰组及上下石盒子组的厚砂体内，具有近源成藏的特征，例如胡古2气藏等。

第三部分　川东北探区油气地质勘探与评价

第一章　勘探概况

四川盆地是我国南方最主要的含油气盆地，目前已发现200多个天然气田。早期以川西坳陷为主要油气勘探区域，自从在宣汉－达县地区海相层系发现普光、毛坝场和双庙场等含气构造带以来，主战场开始向川东北地区转移。中原油田在川东北地区拥有普光和通南巴两个探区(图3－1－1)。

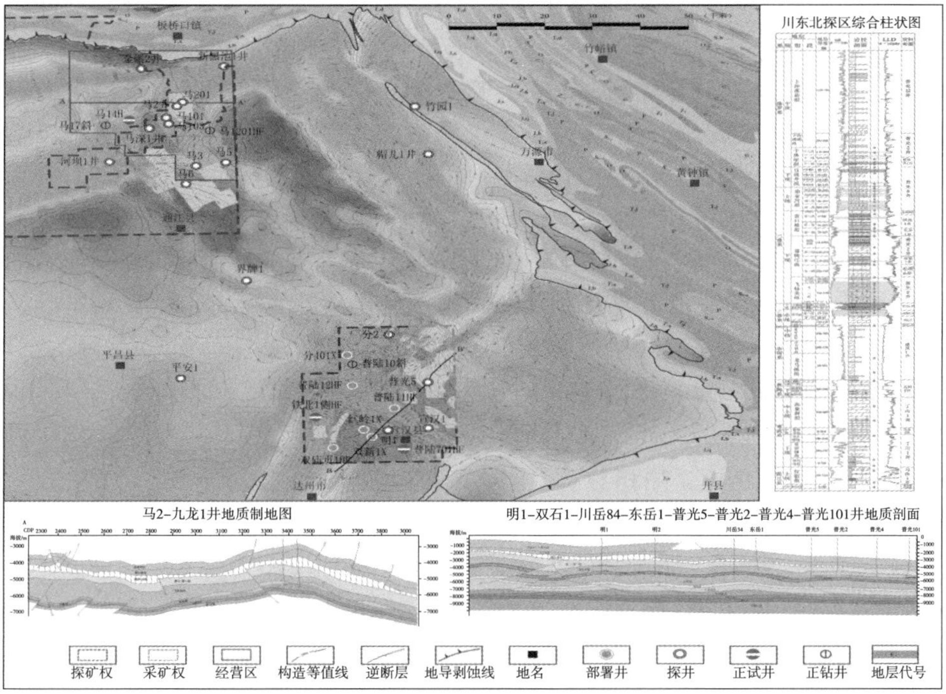

图3－1－1　普光－通南巴探区构造位置及勘探形势图

普光探区位于四川省达州市宣汉县、达县境内，构造上处于川东断褶带东北段的黄金口构造带，总体呈“隆洼相间”格局，细分为毛坝、雷音铺－双石庙、铁山、七里峡、东岳寨等5个正向构造单元和普光东向斜、普光西向斜、宣汉向斜3个负向构造单元。普光探区目的层包括二叠系茅口组、吴家坪组、长兴组，三叠系飞仙关组、嘉陵江组、雷口坡组、须家河组、侏罗系自流井组和千佛崖组9套多类型含气层系。目前普光探区秉持“海陆并重、常非并举”的勘探思路，逐步实现资源有序接替，形成规模增储阵地。

通南巴探区位于四川省巴中市通江县境内，构造上横跨米仓山隆起推覆带、池溪向斜、通南巴背斜带及通江向斜4个二级构造单元，总体变形较强烈，在北东向断层控制下形成了"两凹一隆一推覆带"构造格局。通南巴探区现今主要勘探目的层为陆相三叠系须家河组和千佛崖组2套含气层系，目前处于增储上产阶段，是天然气产能接续的重要阵地。

一、普光探区油气勘探重要进展及认识

（一）聚焦海相碳酸盐岩不整合面，礁滩体天然气勘探获重大突破

普光探区早期油气地质调查和区域构造概查，按照构造高点浅井预探仅发现部分圈闭具有弱油气显示，没有实现商业发现。2000—2010年，在前期大量勘探工作的基础上，开展了多学科综合研究，厘定了川东北地区海相沉积类型，聚焦海相碳酸盐岩不整合面礁滩相气藏勘探，制定了以"长兴－飞仙关组礁、滩孔隙型白云岩储层为主的构造－岩性复合圈闭"天然气勘探思路。部署普光1、毛坝1井，分别于飞仙关组、长兴组获得天然气勘探重大突破，发现了普光和毛坝场两大含气构造，普光气田被正式发现。

（二）海陆并重，多层系天然气勘探屡获新发现

2010年10月中原油田接收普光矿权以来，按照"主攻陆相、准备海相"勘探思路，加大陆相须家河组勘探力度，部署实施了普陆1、普陆2、普陆1－2H等陆相评价井，压裂改造后获得$2.9\times10^4\sim4.38\times10^4m^3/d$工业气流，证实了陆相须家河组资源潜力较大。针对海相层系，在双石庙构造部署明1井，在飞仙关组、长兴组、吴家坪组、茅口组见良好天然气显示，试获低产气流，认为二叠系茅口组、长兴组为有利勘探层系，二叠系吴家坪组既是生烃层系也是含气层系，可按非常规油气勘探进一步评价，拓展了海相勘探空间。

2016年以来，在普光探区分期实施二次高精度三维地震，新地震资料品质较老资料大幅度改善，为礁滩体精细刻画、储层预测及圈闭评价优选等研究奠定了良好基础，在分水岭构造部署分3井，于长兴组生物礁储层试获$83.50\times10^4m^3/d$高产气流；在老君构造部署老君4井，飞仙关组礁滩储层获$141.0\times10^4m^3/d$高产气流；在东岳寨－双石庙、宣汉洼陷、清溪场构造部署杨柳1井、宣汉1井和清溪2平1井，均获工业气流。

（三）常非一体，海相－陆相致密/页岩气勘探获重大进展。

近年来，在陆相致密/页岩气勘探研究中，发现侏罗系千佛崖组一段半深湖相优质页岩与砂体叠置发育的"箱体"式成藏组合，成为常非一体勘探的新层系。相继实施了水平井普陆3、普陆4井、普陆301H井，在千佛崖组分别获得日产气$13.0\times10^4m^3$、$31.34\times10^4m^3$、$11.1\times10^4m^3$高产气流，致密砂岩气勘探取得良好效果。同时开展陆相页岩气评价，认为千一段黑色页岩显示好，2020年部署首口页岩气风险井普陆页1HF井，获得日产气$10.40\times10^4m^3$工业气流，陆相页岩油气取得重大突破。随后，按照"展开东向斜、突破西向斜"的思路，甩开部署普陆5井、普陆页2井等重点探井，获得新发现，证实了普光东、西向斜均具备页岩气勘探潜力。

同时，根据区域中下侏罗统多层、多点突破的勘探思路，加大了对陆相其他层系的研究与评价。首先，借鉴通南巴须家河组勘探经验，系统开展须家河组评价，认为宣汉气田须家河组发育"砂泥互层型、源储一体型"致密气藏，部署普陆201H井，并开展宣汉1、分4、老君2、铁北102等老井试气，均获工业气流。其次，开展自流井组大安寨段20口老井复查，均见良好显示，展示出平面上规模连片特征。优选普陆7、普陆8、普陆9H等

井进行大安寨段试气均获得工业气流，证实自流井组大安寨段具备高产富集条件，可支撑中下侏罗统多层系立体勘探开发。

继普光探区陆相页岩气勘探取得突破之后，结合四川盆地其他区域页岩气勘探“多点开花”形势，对普光探区海相页岩气进行评价，研究认为，海相二叠系页岩气具有较大的勘探潜力。2020 年，在雷音铺构造部署了四川盆地首口大隆组页岩气风险探井雷页 1HF 井，首钻试获 $42.66\times10^4m^3/d$ 的高产气流，取得二叠系大隆组海相深层页岩气勘探重大突破。

二、通南巴探区油气勘探重要进展及认识

2018 年底，中原油田获得通南巴区块经营权以来，在通江向斜兴隆断褶带部署实施马 4、马 5、马 6 井，向南甩开部署马 8 井，均获工业气流。为跟踪评价马 4 井须二段产气层及马 5 井须四段产气层，在通江向斜兴隆断褶带部署实施马 10、马 301、马 501 井，马 10 井须二段下亚段加砂压裂测试获日产天然气 $2.01\times10^4m^3$，须二上亚段射孔测试获日产天然气 $3.55\times10^4m^3$。马 301 井须五段、须四上亚段及须四下亚段合试，加砂压裂试获日产天然气 $6.22\times10^4m^3$，证实通江向斜须家河组大面积含气。

为了拓展陆相勘探场面，对上部侏罗系开展评价，通过类比研究、老井复查以及野外踏勘，认为千佛崖组千一段致密砂岩储层发育。优选马路背背斜东北部部署实施侏罗系专探井马 12H，千一段压裂测试获日产气 $1.26\times10^4m^3$，证实千佛崖组为新的勘探有利层系。

2023 年以来，重新评价须家河组，按照“相带控储、源岩控藏、裂缝控产”富集模式，确立了通南巴地区北部为须三段有利生烃中心、南部通江向斜为须五段有利生烃中心，内部及周缘砂体具有近源富集的优势。为拓展源内气藏勘探场面，在马路背背斜及池溪向斜相继部署实施了马 13H、马 109H、马 14H 井，其中马 13H 井须三段加砂压裂测试日产气 $3.19\times10^4m^3$，实现了源内气藏勘探新发现。

扫一扫
获取更多资源

第二章 油气地质基本特征

普光和通南巴两大探区均位于四川盆地川东北地区，为了厘清两大探区基本石油地质特征、基本油气藏类型，重点针对地层、构造、沉积储层、烃源岩等区域油气地质特征进行了分析。

第一节 地层特征

根据川东北地区地表露头资料和钻井、地震资料揭示，基底为前震旦系，其上的沉积盖层发育较为齐全，缺失下古生界晚志留统、上古生界泥盆系全部和石炭系大部，仅残留中石炭统黄龙组，二叠系齐全；中生界三叠系、侏罗系保留较全，下白垩统地层保留较好，上白垩统缺失；新生界沉积基本没有保留(表3－2－1)。受构造运动的影响，地层间发育较多的不整合面。志留系与石炭系，石炭系与二叠系，上、下二叠统之间均为平行不整合接触关系。下面重点介绍上古生界－侏罗系地层基本特征。

一、古生界

受加里东运动、云南运动的影响，川东北地区古生界普遍缺失下古生界上志留统，上古生界泥盆系全部及石炭系大部。钻井揭示古生界地层自下而上为下古生界志留系韩家店组，上古生界石炭系黄龙组，二叠系梁山组、栖霞组、茅口组、龙潭组/吴家坪组和长兴组。地层自下而上分述如下。

(一)志留系

川东北地区志留系钻揭地层仅余韩家店组，岩性为灰绿、棕灰色砂质、粉砂质泥岩，泥岩，黑色、深灰色页岩。

(二)石炭系

晚石炭世的云南运动使本区隆升为陆，遭受风化剥蚀作用，形成了区内黄龙组(C_2h)顶部高低不平的古地貌特征。黄龙组沉积于加里东运动形成的风化剥蚀面上，平行不整合于志留系韩家店组之上；石炭系沉积之后，受古隆起抬升地层遭受强烈剥蚀，以假整合与上覆下二叠统梁山组接触。区域上由南向北，黄龙组地层厚度呈现逐渐减薄趋势。黄一段未沉积，黄三段地层抬升剥蚀，工区内局部发育，岩性自下而上由粉－细晶次生灰岩为主，逐渐过渡为以微－粉晶白云岩、颗粒和晶粒白云岩为主，至以泥－微晶灰岩为主。

表3-2-1 川东北地区地层层序简表

系	组	段	厚度/m	岩性描述	岩相特征
白垩系	剑门关组		680~1100	棕红色泥岩与灰白色岩屑长石石英砂岩	浅湖与河流相
侏罗系	蓬莱镇组		600~1000	棕灰、棕红色泥岩与棕灰、紫色长石岩屑砂岩	浅湖与河流相
	遂宁组		300~400	棕红色泥岩夹细粒岩屑砂岩	浅湖与滨湖
	上沙溪庙组		0~2300	棕紫色泥岩与灰绿色岩屑长石砂岩互层，含钙质团块	浅湖与河流相
	下沙溪庙组		300~530	棕紫色泥岩与细粒长石岩屑砂岩不等厚互层，顶有黑色页岩，底部发育厚层砂岩	湖泊与河流相
	千佛崖组		274~504	中下部以棕色、灰色泥岩与浅灰、灰绿色细-中粒岩屑砂岩不等厚互层，中部夹深灰、黑色页岩	浅湖与滨湖相
	自流井组		253~464	顶有灰褐色介壳灰岩，中下部灰绿色、灰色泥岩，与灰色岩屑砂岩互层	湖相与河流相
三叠系	须家河组		468~1000	中上部黑色页岩、泥岩夹岩屑砂岩、煤线，中下部灰白色块状细粒岩屑砂岩、深灰色灰色泥岩互层，夹煤线，底部黑色页岩	辫状河三角洲
	雷口坡组	三段	12~333	以深灰色灰岩、云岩为主夹硬石膏灰岩	浅滩、潮间
		二段	55~590	深灰色云岩、灰岩夹或与硬石膏互层	潮间
		一段	32.5~243	硬石膏夹云岩及砂屑灰岩，底为“绿豆岩”	潮间
	嘉陵江组	五-四段	88~673	硬石膏、盐岩互层，夹云岩、膏质灰岩、云质灰岩、灰质云岩，局部表现以上部膏盐岩为主，下部夹云岩夹鲕或粒屑云岩	潮间
		三段	100~230	灰色云岩夹硬石膏及砂屑灰岩	浅海台地
		二段	99~211	云岩、砂屑云岩，间夹硬石膏	潮间
		一段	263~382	深灰色、紫灰色灰岩、泥灰岩互层	浅海台地
	飞仙关组	四段	25~74	灰紫色泥岩与硬石膏，灰白色云岩	蒸发台地
		飞三段	200~300	灰色含泥灰岩、鲕粒灰岩、溶孔状白云岩	浅滩
		飞一-二段	200~340	白云岩、深灰色灰岩、含泥灰岩	陆棚-台地边缘-台地
二叠系	长兴组/大隆组		92~240	灰色生物灰岩和/或溶孔云岩，含燧石层	陆棚-浅海台地
	龙潭组/吴家坪组		91~210	灰色燧石灰岩含燧石层，底为黑色页岩	浅海台地
	茅口组		181~270	深灰色灰岩，顶有硅质，下部夹泥质灰岩	浅海台地
	栖霞组		100~130	深灰色灰岩，含燧石结核	浅海台地
	梁山组		5.5~7.5	黑色页岩夹砂岩	滨岸
石炭系	黄龙组		5~70	云岩夹灰岩	浅海台地兼潮间
志留系	韩家店组		600~900	灰绿、棕灰色砂质、粉砂质泥岩，泥岩，黑色、深灰色页岩	陆棚

（三）二叠系

1. 梁山组（P_1l）

在四川盆地整体下降背景下，川东北地区早二叠世梁山期接受了广泛的海侵沉积，发育的一套以海陆过渡相砂页岩沉积，厚度5.5～7.5m。主要岩性为灰色、黑色碳质页岩夹黏土岩及煤线，局部夹薄层粉砂岩或泥质粉砂岩、粉砂质泥岩。

2. 栖霞组（P_2q）

栖霞组在盆地的中部及东部分布广泛而稳定，与上覆茅口组互为消长，由西向东逐渐增厚，厚度100～130m。岩性主要为深灰色、灰色泥晶灰岩、生屑灰岩、泥质灰岩和含泥灰岩夹薄层硅质灰岩，白云质灰岩和含泥灰岩，含少量燧石结核，由下向上泥质含量减少。

3. 茅口组（P_2m）

茅口组分布于四川盆地的中部及东部，岩性较稳定，受东吴运动影响，遭受不同程度的剥蚀，厚度181～270m，总体呈南厚北薄特征，与下伏栖霞组整合接触。岩性主要为深灰色、灰色泥晶灰岩、生屑－砂屑灰岩、含泥灰岩和含云灰岩夹薄层页岩，少量细晶白云岩。

茅口组内部茅二段与茅三段之间呈平行不整合的接触关系，普光地区不整合界面处岩性及电性特征明显，识别清晰（图3－2－1）。岩性上由茅二段灰岩沉积突变为茅三段黑色碳质泥岩沉积。测井响应特征表现为伽马曲线由低值箱形转变为高值指状特征；电阻率曲线由高值转变为低值；声波、中子曲线由低值转变为高值，密度曲线由高值转变为低值。受东吴运动地层抬升影响，川东北地区茅二段发生大面积剥蚀现象，自西向东茅二段地层厚度具有明显的减薄趋势。

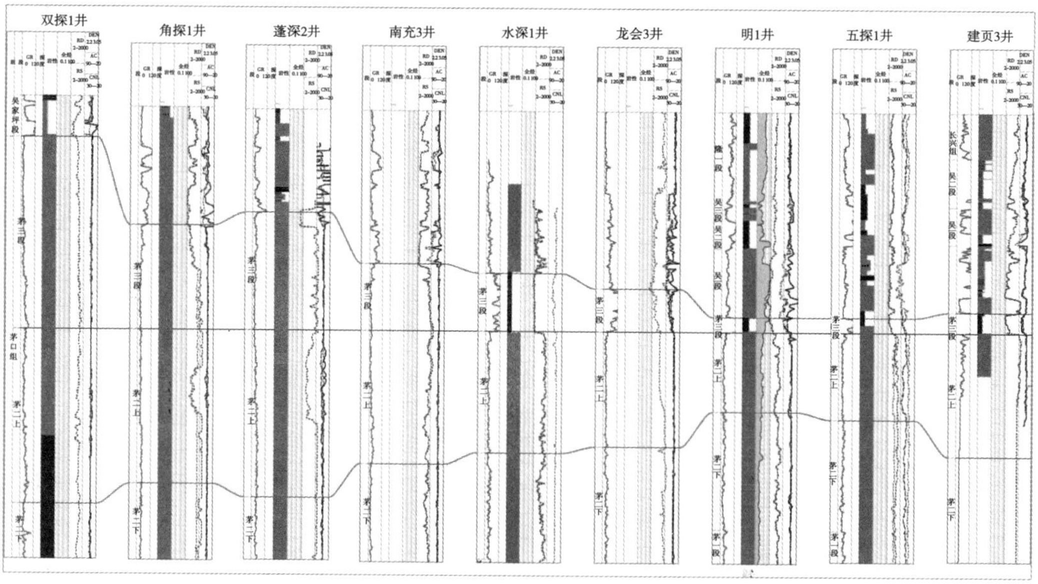

图3－2－1　川东北地区二叠系茅口组地层展布及岩电关系

4. 龙潭组（P_3l）/吴家坪组（P_3w）

二叠系上统下部，在川东北地区的东南部称为龙潭组，以煤碎屑岩为主，含植物化石碎片，在西北部，称为吴家坪组，以石灰岩为主。龙潭组/吴家坪组钻厚91～210m，东岳寨构造最厚，向四周减薄，厚度变化较大。岩性组合灰岩与页岩的规律性互层。本组底部与茅口组呈平行不整合/假整合接触，与上覆长兴组整合接触。

5. 长兴组(P_3ch)/大隆组(P_3d)

受板块差异升降作用影响，川东北地区二叠系上统上部地层沉积环境分带明显。区域上，在东南部称为长兴组，以石灰岩或白云岩为主，在西北部称为大隆组，以硅质岩、细碎屑岩、泥岩为主。与上覆飞仙关组整合接触。长兴组地层厚度大，是川东北地区礁滩相气藏的目的层之一，在本区厚92～290m，整体表现为西薄东厚。在普光探区南段为陆棚相沉积，主要岩性为灰色、深灰色灰岩、含泥灰岩及泥灰岩；往北发育生物礁相沉积，主要岩性为浅灰色海绵骨架礁灰岩、深灰色海绵障积礁白云岩、灰白色砾屑细－中晶白云岩、深灰色砾屑灰岩、灰色含生屑砾屑灰质白云岩、深灰色灰岩等；最北端为开阔台地相沉积，主要为灰色、深灰色结晶白云岩、溶孔状白云岩夹鲕状白云岩。

二、中生界

川东北地区经历了早三叠世的拉张，中三叠世－晚三叠世、早侏罗世至中侏罗世、晚侏罗世晚期至早白垩世、晚白垩世至现今的多期次、多方向挤压和改造，沉积演化主要经历了三个阶段，即早－中三叠世的海相碳酸盐岩沉积、晚三叠世的海陆过渡相煤系沉积以及侏罗纪以来的陆相碎屑岩沉积。自下而上依次为下三叠统飞仙关组、嘉陵江组，中三叠统雷口坡组；上三叠统须家河组；下侏罗统自流井组；中侏罗统千佛崖组、沙溪庙组、遂宁组及上侏罗统蓬莱镇组。地层分述如下。

(一)三叠系

1. 飞仙关组(T_1f)

飞仙关组是礁滩相气藏的主要含气层系之一，与上覆嘉陵江组为整合接触。飞仙关组继承了长兴组沉积末期古地理格局，在区域上具有明显的两分性，西南部为陆棚相灰岩沉积，东北部主要为台地边缘－台地相鲕粒灰岩沉积，沉积厚度由陆棚区近1000m向台地区逐渐减薄至400m左右。飞仙关组大体可划分为四段。其中，飞一－二段在东北部主要为台地边缘暴露浅滩相沉积，岩性为灰色、深灰色结晶白云岩、溶孔状白云岩、鲕状白云岩、残余藻屑白云岩；西南部主要为斜坡及陆棚，主要岩性为灰色、深灰色灰岩、含泥灰岩及泥灰岩。飞三段为台地浅滩相沉积，岩性为灰色、深灰色中至厚层状含泥灰岩、微晶灰岩、白云岩夹鲕粒灰岩、砂屑灰岩、溶孔状白云岩。飞四段岩性为紫色、灰色白云岩、灰岩、石膏质白云岩与灰白色石膏不等厚互层，以石膏层发育为特征。

2. 嘉陵江组(T_1j)

嘉陵江组主要形成于潮间－潮上膏云坪相环境，岩性以泥质灰岩、灰色中－厚层层状白云岩、白云质灰岩为主，夹微晶灰岩及巨厚盐岩、石膏岩。按岩性分为五段，嘉五、四、二段膏盐岩发育，嘉三、一段碳酸盐岩发育。地层厚度一般为800～1100m，由西南往东北变薄。

3. 雷口坡组(T_2l)

雷口坡组继承了嘉陵江组格局，主要岩性为白云岩、灰岩与膏盐岩互层。岩性区域上可四分，雷四段普遍遭受剥蚀，主要残余雷三段及以下地层，与下伏嘉陵江组呈整合接触，局部呈不整合接触。地层厚度一般为40～1000m，差异较大，总体厚度由南东向西北方向呈增大趋势。

4. 须家河组(T_3x)

须家河组主要形成于辫状河三角洲相环境，自下而上分为六个岩性段，以安县运动的一套粗碎屑、砾岩沉积为界，须四－六段为上组合，须一段至须三段为下组合。其中须二、四、六段总体以砂岩为主，夹薄－厚层灰黑、黑灰色泥、页岩，厚度较大；须一、三、五段总体以黑、黑灰色泥、页岩夹煤层为主，夹厚层灰、灰白色细－粗粒岩屑砂岩、长石岩屑砂岩、长石岩屑石英砂岩、粉砂岩，厚度较小。本组以灰黑色碳质泥岩、砂质泥岩页岩或底砾岩与下伏雷口坡组海相碳酸盐岩呈不整合接触，地层厚度一般为468～1000m。

（二）侏罗系

侏罗系主要为红色碎屑岩，在整个盆地内广泛出露，四川红色盆地因此而得名。

1. 自流井组(J_1z)

自流井组主要形成于浅湖－半深湖相环境，自下而上划分为珍珠冲段、东岳庙段、马鞍山段和大安寨段4个岩性段。上部岩性以灰褐色介壳灰岩、泥质灰岩、石灰岩、灰－深灰－灰黑色泥岩、碳质泥岩为主，夹薄层灰、深灰色砂岩、粉砂岩；中下部灰绿－灰－深灰色泥岩、碳质泥岩、粉砂质泥岩与岩屑砂岩、粉砂岩不等厚互层。厚度253～464m，自南西向北东略有增厚。

2. 千佛崖组(J_2q)

千佛崖组主要形成于河流－滨浅湖相环境，平面上继承了自流井组沉积期沉积格局，纵向上具有明显三分性，上部岩性为厚－巨厚层灰、深灰色砂岩，粉砂岩夹中－厚层褐、灰、深灰色泥岩，粉砂质泥岩；中部为棕色、灰色泥岩、粉砂质泥岩与浅灰、灰绿色细－中粒岩屑砂岩，粉砂岩呈不等厚互层，下部为深灰、黑色碳质泥岩页岩。厚度273～504m，自南西向北东有增厚趋势。

3. 沙溪庙组(J_2s 和 J_2x)

沙溪庙组厚度过大，常将其划分为“下沙溪庙组(J_2x)”“上沙溪庙组(J_2s)”。总体岩性为棕紫色泥岩与细粒长石岩屑砂岩不等厚互层，含钙质团块，顶有黑色页岩，底部发育厚层砂岩(关口砂岩)。下沙溪庙组厚300～530m，自南西向北东逐渐减薄；上沙溪庙组厚0～2300m，构造带高部位地层遭受剥蚀，厚度自北东向南西略有减薄。

4. 遂宁组(J_3sn)

遂宁组岩性为鲜紫红色泥岩、粉砂质泥岩夹粉砂岩、长石砂岩，底部见砖红色含钙质长石石英砂岩。除部分构造高部位遭受不同程度剥蚀外，斜坡、向斜区均保存完好，厚300～400m，底部以灰色块状砂岩与上沙溪庙顶部棕色泥岩呈整合接触。

5. 蓬莱镇组(J_3p)

蓬莱镇组岩性为以棕灰、棕红色泥岩与棕灰、紫色长石岩屑砂岩为主的碎屑岩。受燕山中幕构造运动影响，蓬莱镇组地层多遭受剥蚀，仅残存于普光东西向斜，厚度600～1000m。

第二节　构造特征

川东北地区东邻川东断褶带，北侧为大巴山弧形褶皱带－米仓山隆起推覆带，南邻川中平缓构造带。地史上经历了加里东期、海西期、印支期、燕山期和喜山期等多期复杂的构造运动，深大断裂和褶皱构造十分发育。尤其是在燕山晚期和喜山中、晚期三期强烈构造挤压作用下，形成的大量逆冲断层及相关褶皱，不仅控制着盆地内部地层抬升剥蚀或沉降接受沉积，还影响沉积相带和油气勘探有利区带的分布。

一、构造层特征

垂向上川东北地区呈现出以软弱滑脱层为标志层分隔开的3个构造层，滑脱层包括雷口坡组下部至嘉陵江组四－五段的膏盐岩滑脱层，志留系龙马溪组页岩滑脱层和寒武系陡坡寺组膏岩、筇竹寺组页岩滑脱层。以上、下主滑脱层为界，可分为上、中、下3个不同的构造层（图3－2－2），各构造层厚度以及岩石物理性质等方面具有差异性，表现出不同的形变特征。

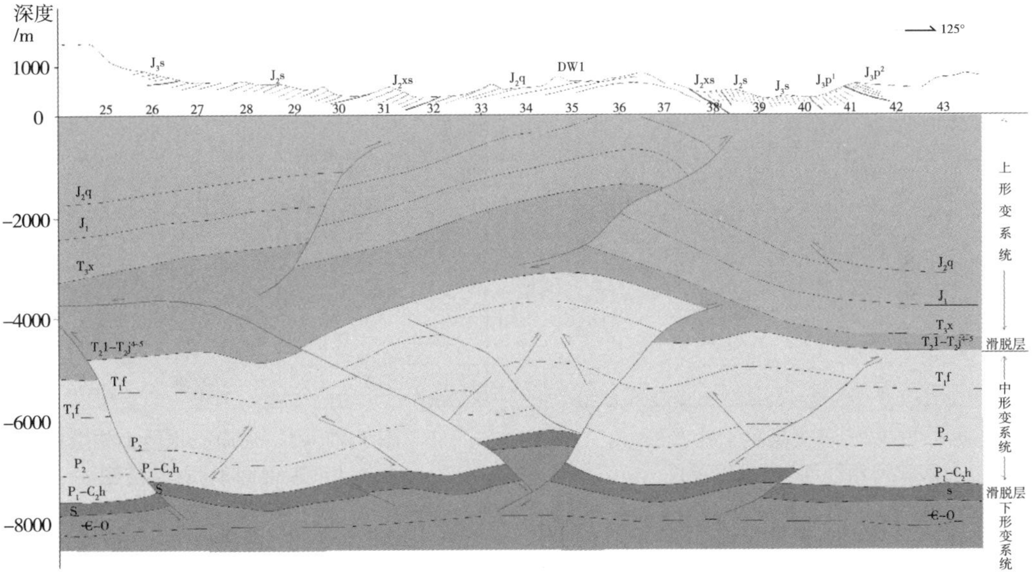

图3－2－2　川东北普光探区构造形变层剖面示意图

上构造层：中三叠统雷口坡组以上到地表、主要由陆相地层（T_3x－J_3p－K_1）组成的形变层。该层主要受燕山、喜山运动控制，总体变形较强烈且与底部雷口坡组下部至嘉陵江组四－五段的膏盐岩层密切相关，形成众多褶皱及相关断裂，其数量较多，断裂进入滑脱层消失。

中构造层：由三叠系嘉陵江组四段到寒武系中部组成，该层脆性强，上覆层负荷大及滑脱层的塑性作用，存在大量的褶皱和断裂。该构造层以同心褶皱为主，但其翼部断裂非常发育，并组合呈阶梯状、“Y”字形断裂组合，以“Y”字形断垒“对冲”和“背冲”出现时，

“对冲”型一般发育向斜，“背冲”型以发育背斜为主。

下构造层：从寒武系底部到基底面。该构造层构造起伏较小，且向下逐渐变缓，褶皱及断裂均不发育。

二、断裂特征

川东北地区受龙门山、米仓山和大巴山3个方向的构造应力叠加，形成了极其复杂的断裂及褶皱构造。两套塑性变形层作为滑脱层起到应力释放的作用，纵向上使得上、中、下三层脆性构造层具有不同的构造形变特征，其中上、中构造层断裂最发育。

上构造层：主要是燕山、喜山运动作用的结果，总体变形较强烈，发育对冲、背冲构造。在普光探区，上构造层的断裂按走向可以分为北东向和北西向两组(图3－2－3)，东岳寨及双石庙构造北西向断裂规模相对较大，向上断层多数断至近地表或地表，为晚期北西向构造的叠加作用所致，是本区控带断层。在通南巴探区，上构造层的断裂主要呈北西向成排成带展布，纵向上从上到下呈多字形展布，断层展布呈现明显的分区特征，断裂主要为Ⅲ级、Ⅳ级逆断层，北西向、北北西走向，平面延伸距离一般在20km以内，最大垂直断距350m左右，呈条带状、叠瓦状展布(图3－2－4)。

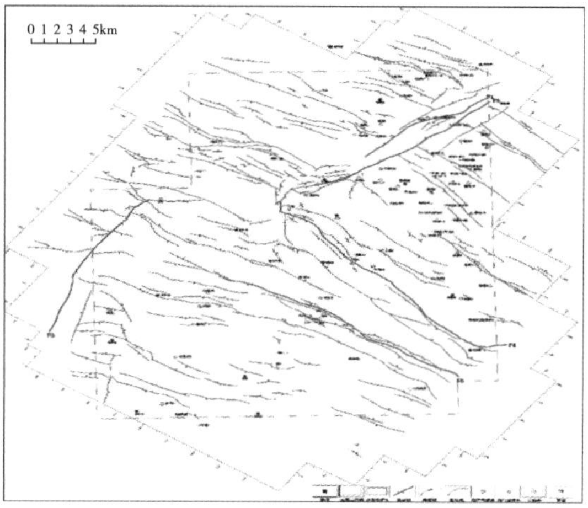

图3－2－3　普光地区上构造层(须家河组顶面)断裂纲要图

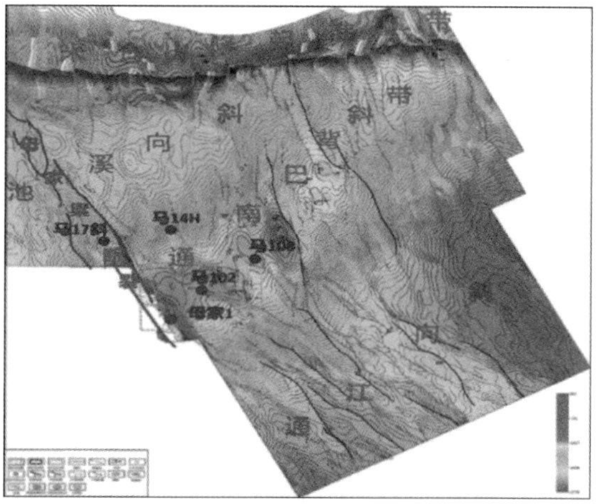

图3－2－4　通南巴地区上构造层(须家河组顶面)构造图

中构造层：主要受龙门山、米仓山和大巴山构造运动影响，发育叠瓦冲断断层和逆冲推覆构造。在普光探区，中构造层的断裂以北东向为主，局部发育北西向断裂(图3－2－5)，早燕山期雪峰山构造活动控制形成北东向断裂，延伸较长(15～50km)、断距较大(600～1200m)，控制了本区构造的形成和演化。在通南巴探区，中构造层的断裂走向以北西向为主，局部地区发育近东西向和北东向断裂，发育两个雁列式展布的北东向背斜，即马路背背斜和黑池梁背斜；矿权内深、浅层背斜形态一致，背斜两翼发育北东向断层，为控制构造带发育展布的二级断层，断距和规模均较大，向上在嘉陵江组膏盐岩中发生滑脱、消失，断层少，构造简单(图3－2－6)。

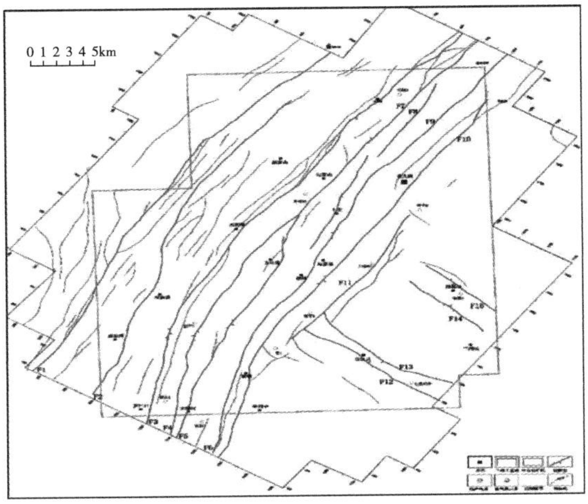

图 3－2－5　普光地区中构造层（茅口组顶面）断裂纲要图

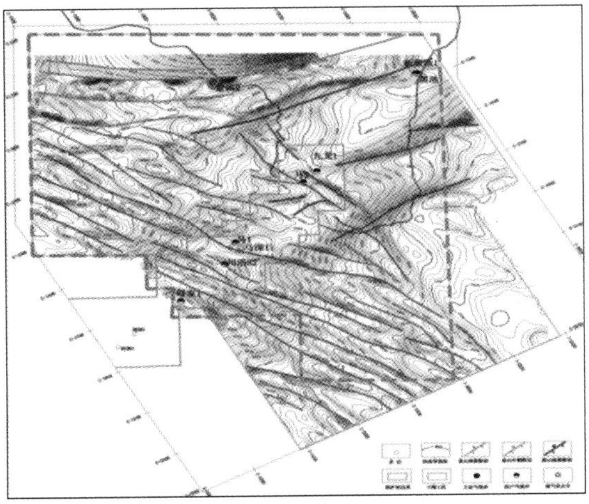

图 3－2－6　通南巴地区中构造层（飞一～二段顶面）构造图

三、构造演化特征

四川盆地是发育于上扬子克拉通基础上的、经历多期、复杂构造旋回的叠合盆地，挤压、拉张和剪切作用并存，构造演化过程十分复杂。从基底算起，追溯其发展过程可以划分出 6 个主要构造旋回，分别为扬子旋回、加里东旋回、海西旋回、印支旋回、燕山旋回和喜山旋回。

扬子旋回包括晋宁运动和澄江运动，晋宁运动最为重要。晋宁运动（震旦纪前）使前震旦纪变质岩和地层褶皱回返，扬子板块最终固结成为统一基底；同时形成了安宁河、龙门山、城口等深大断裂，控制了扬子板块的西部和北部边界。加里东旋回可划分为三期，第一期（如桐湾运动）发生在震旦纪末，表现为大规模抬升，灯影组上部遭受剥蚀；第二期发生在中－晚奥陶世，在四川盆地表现不明显；第三期发生在志留纪末，是一次涉及范围广而且影响深远的造山运动，江南古陆东南侧的华南褶皱系即为该时期的产物。海西旋回影响四川盆地范围的运动主要有泥盆纪末的柳江运动、石炭纪末的云南运动和中－晚二叠世之间的东吴运动。其性质皆属升降运动，造成地层缺失和上下地层间呈假整合接触。印支旋回主要分为两期，早印支运动发生在中三叠世末，川东北地区普遍抬升，大规模海侵基本结束，进入前陆盆地沉积时期；晚印支运动发生在晚三叠世末，在北西－南东方向的挤压作用下，川东北地区持续抬升，上三叠统遭受剥蚀，形成了“隆凹相间”的构造格局。燕山旋回主要有三期，在四川盆地以中燕山运动表现最为明显。晚侏罗世末的中燕山运动使盆地再次上隆，东南侧的古陆向盆地进一步推进，致使盆地东南侧的边界已压缩到七曜山和黔中隆起北坡一带，在川东北地区形成了一组力学性质相近的北东向断裂。喜山旋回至少有两次重要的构造运动。新近纪以前的早喜山运动，是四川构造盆地和局部构造形成的主要时期；新近纪以后、第四纪以前的晚喜山运动，使早喜山期形成的构造进一步得到加强和改造，最终形成现今四川盆地的构造面貌。

第三节　沉积储层特征

四川盆地古生界－新生界沉积储层整体可划分为碳酸盐岩、碎屑岩两种类型，川东北地区二叠系到中三叠统发育海相地层，以碳酸盐岩沉积为主，可进一步划分为台地、斜坡和陆棚三大沉积相区，其中台地相发育的白云岩、颗粒岩往往是有利的储集相带；上三叠统为一套海陆过渡沉积，侏罗系至白垩系为陆相碎屑岩沉积，可进一步划分为河流、湖泊、三角洲沉积相区，其中三角洲前缘砂、湖相席状砂、沙坝等亦为碎屑岩有利储集相带。

一、碳酸盐岩沉积相与储层特征

(一)沉积相特征

川东北普光地区二叠系到中三叠统主要发育局限－蒸发台地、开阔台地、台地边缘、陆棚等多种沉积相类型，各种相带(微相)交错分布(图3－2－7，表3－2－2)。

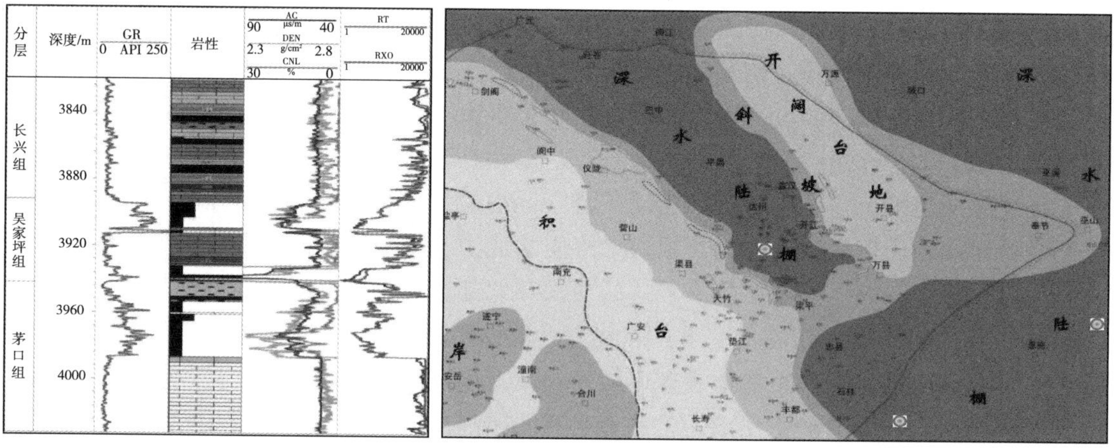

图3－2－7　四川盆地二叠系典型井单井柱状图(左)及沉积相图(右)

表3－2－2　川东北地区长兴组－飞仙关组沉积相类型划分简表

相	亚相		微相	岩相
局限－蒸发台地	潮坪	潮上(蒸发)坪	云坪、云泥坪、膏云坪	泥岩、泥晶白云岩，泥质白云岩
		潮间	藻坪、灰坪、潮沟	藻纹白云岩，云质灰岩，灰质云岩，角砾状白云岩
	潟湖	局限潟湖	灰质潟湖、云质潟湖、风暴岩	泥晶灰岩、砂屑泥晶灰岩、泥灰岩
		蒸发潟湖	膏质潟湖、风暴岩、云膏质潟湖	泥－粉晶白云岩、砂屑白云岩、膏质白云岩
开阔台地	台内滩、台内礁、滩后砾屑滩		砂屑滩、鲕粒滩、生屑滩、礁核、礁盖、礁翼、礁坪	砂屑灰(白云)岩 鲕粒(白云)岩，生屑灰(白云)岩、海绵障积礁灰(白云)岩、骨架灰岩，礁前角砾状灰(白云)岩
	开阔海			泥晶灰岩、砂屑泥晶灰岩、泥灰岩

续表

相	亚相		微相	岩相
台地边缘	台缘礁、滩	台缘滩	鲕粒滩(滩核)	鲕粒白云岩
			鲕粒滩(滩缘)	泥晶鲕粒白云岩
			砂屑滩	砂屑白云岩
		台缘礁	礁核、礁盖、礁翼、礁坪	海绵障积礁灰(白云)岩、骨架灰岩，礁前角砾状灰(白云)岩
	台缘斜坡	斜坡砾屑滩	砾屑滩	角砾(白云)岩、角砾灰岩、泥质条带灰岩
		下斜坡		泥质条带灰岩、泥晶灰岩
	滩间海			泥晶灰岩、泥晶白云岩、灰质白云岩
陆棚				泥晶灰岩

1. 局限－蒸发台地相

位于浅水台地内部的低能环境中，多形成于海平面下降的晚期，可分为潮坪、潟湖等亚相。潮坪亚相岩性为灰白色的泥岩、泥晶灰(白云)岩、泥质白云岩、云质灰岩等，多发育潮汐层理、藻纹层、鸟眼、窗孔和帐篷等构造；潟湖亚相分为局限潟湖亚相和蒸发潟湖亚相，其中局限潟湖亚相岩性以泥灰岩、泥晶灰岩为主，蒸发潟湖亚相岩性以泥晶白云岩、砂屑白云岩、膏质白云岩等为主。

2. 开阔台地相

由开阔海、台内礁－滩亚相等组成，其中，开阔海亚相位于开阔台地内的地形相对低洼的平坦处，沉积水体开阔，岩石类型以泥晶灰岩和泥灰岩为主，发育少量水平层理、生物钻孔等；台内礁－滩亚相形成于开阔台地内地形相对较高的正地形带，岩石类型为生屑灰(白云)岩、砂屑灰(白云)岩和鲕粒灰(白云)岩等。

3. 台地边缘相

主要分为台缘礁、滩和台缘斜坡亚相，其中台缘礁亚相岩性主要为海绵障积灰(白云)岩、骨架灰岩、礁前角砾状灰(白云)岩等，台缘滩亚相岩性主要为(泥晶)鲕粒白云岩、砂屑白云岩等。台缘斜坡亚相位于台地边缘向海一侧与深水的过渡区，具有一定坡度，沉积能量低，沉积物以原地沉积的细粒沉积物为主，包括泥质条带灰岩、泥晶灰岩等，水平层理发育；受风暴、地震等因素影响，偶尔发生滑塌作用，形成角砾灰(白云)岩等，偶见碳酸盐岩碎屑岩及钙屑浊积岩等，变形层理发育。

4. 陆棚相

陆棚相位于碳酸盐台地斜坡向海一侧的深水区，沉积于风暴浪底之下的深水环境，以沉积泥晶灰岩为主，陆棚相环境中形成的产物一般色暗、粒细、水平层理发育和含远洋浮游和漂浮生物化石组合，缺乏原地的浅海生物组合。

(二)储层特征

川东北地区主要发育石炭系黄龙组，二叠系栖霞组、茅口组及长兴组，三叠系飞仙关组、嘉陵江组及雷口坡组多套碳酸盐岩储层。结合储层成因和储层特征不同，川东北地区碳酸盐岩储层可分为生物礁滩相孔隙型储层和鲕粒滩相孔隙型储层两类，这两类储层的岩石类型、物性特征、储集空间等均有明显差异。

1. 生物礁滩相孔隙型储层

生物礁滩孔隙型储层主要发育于长兴组和飞仙关组的台地边缘生物礁和浅滩。其中，长兴组储层岩石类型主要为结晶白云岩、砾屑白云岩和海绵礁白云岩等。飞仙关组储集岩类型主要为颗粒白云岩（鲕粒白云岩、砂屑白云岩）和晶粒白云岩，其中鲕粒白云岩孔隙度、渗透率均较大，储渗性极好；砂、砾屑白云岩粒间和粒内溶孔较为发育，储渗性能较好。储集空间包括孔隙和裂缝两种类型，以孔隙为主，裂缝发育较少。其中，孔隙以溶蚀孔（洞）占绝对优势，是最主要的储集空间，晶间孔次之。裂缝主要发育在白云岩或者灰质白云岩中，但大部分裂缝被沥青、白云石、方解石和泥质填充，储集性较弱。

2. 鲕粒滩相孔隙型储层

鲕粒滩相主要分布于飞三、飞四段，嘉二段及雷一、二段，岩石类型包括粉－细晶砂屑白云岩、粉－细晶鲕粒白云岩、粉晶残余藻屑白云岩及亮晶砂屑灰岩、亮晶鲕粒灰岩等。鲕粒粒径一般在0.3～0.6mm，核心多为砂屑、生物碎屑及少量石英等，粒间溶孔、粒内溶孔、铸模孔等发育。此外，在颗粒白云岩孔隙层中裂缝虽然不很发育，宽度也较小（一般0.1～1mm），但充填程度低，有效性较好，改善了储层的储集性能。总体为低孔低渗储层，局部发育高孔渗储层。

二、碎屑岩沉积相与储层特征

中三叠世末的印支运动结束了本区海相沉积史。晚三叠世至侏罗纪，本区为一套陆相含煤及砂泥岩沉积，工区广泛分布的最新地层为上侏罗统蓬莱镇组。探区内主要发育了三叠系须家河组、侏罗系自流井组和千佛崖组多套碎屑岩储层，各层段储层的沉积特征、储层岩性、物性、储集空间及孔隙结构均存在一定差异。

（一）沉积相特征

普光探区陆相碎屑岩主要发育河流、三角洲、湖泊三大沉积体系。须家河组沉积主要发育三角洲平原、三角洲前缘等亚相，千佛崖、自流井组主要为湖泊沉积环境，可分为滨湖、浅湖、半深湖等亚相（图3－2－8）。

1. 三角洲平原亚相

沉积微相以分流河道微相及分流间湾微相为主。其中，分流河道微相岩性为岩屑砂岩、泥质砂岩、长石石英砂岩，叠置砂体厚度大，一般厚10～100m，具冲刷充填构造，主要发育平行层理、板状层理、槽状层理；分流间湾微相岩性以深灰－灰色泥页岩为主，常见水平、波状层理和砂纹层。

2. 三角洲前缘亚相

沉积微相以水下分流河道、河口坝和分流间湾微相为主。其中，水下分流河道岩性以细砂岩、石英砂岩、长石石英砂岩、灰质砂岩、泥质砂岩、泥质粉砂岩为主，常见平行层理和板状层理；河口坝和分流间湾主要为深灰色泥岩、粉砂质泥岩不等厚互层，间夹黑色煤线，沉积构造上常见板状层理、双向交错层理、变形层理，亦可见砂纹层理、波状层理、斜波状层理、炭屑纹层理。

(a)须二段沉积相

(b)须三段沉积相

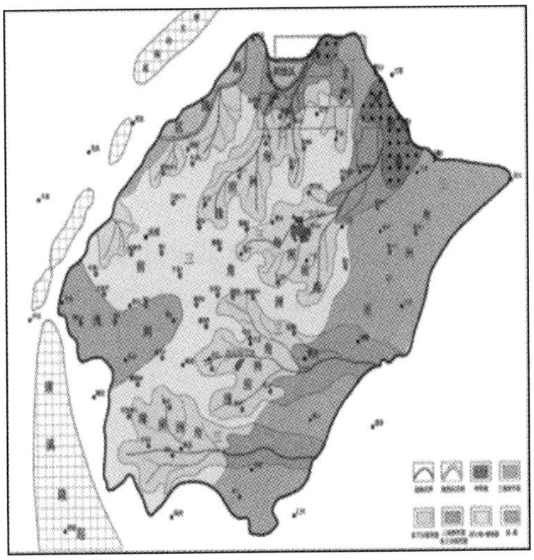

(c)须四段沉积相

图 3－2－8　四川盆地上三叠统须家河组须二～四段沉积相图

3. 滨湖亚相

发育滨湖沙坝、滨湖砂滩、滨湖沼泽、滨湖泥等沉积微相。岩性为中厚层状粉砂岩、泥质粉砂岩、细砂岩与粉砂质泥岩互层，紫红色泥岩中发育钙质结核，发育沙纹层理、水平层理、波状层理，层面上偶见波痕。

4. 浅湖亚相

发育浅湖沙坝、浅湖砂滩、高能介壳滩、低能介壳滩、浅湖泥等沉积微相。岩性为泥岩、页岩夹薄层岩屑石英粉砂岩等，发育平行层理、浪成沙纹层理和交错层理，见浪成波痕、虫孔、收缩缝等沉积构造。

5. 半深湖亚相

分为远沙坝、半深湖泥两种微相。岩性以泥岩、碳质泥岩为主夹薄层粉砂岩，发育水平层理、细波状层理。

(二)储层特征

川东北地区主要发育三叠系须家河组、侏罗系自流井组和千佛崖组碎屑岩储层。由于沉积条件、埋藏成岩作用、物源的差异，川东北不同地区碎屑岩储层的岩石类型、物性特征、储集空间等均有明显差异。

川东北地区普光探区须家河组储层岩性以长石岩屑砂岩和岩屑砂岩为主；自流井组主要为岩屑砂岩和长石岩屑砂岩；千佛崖组主要为长石岩屑砂岩和岩屑长石砂岩。碎屑岩储层物性整体上较差，表现出低孔低渗致密、非均质性极强的特征。纵向上，须家河组最好，岩心分析储层孔隙度最大可达7.84%，渗透率最大可达$15.85\times10^{-3}\mu m^2$；其次为千佛崖组；自流井组储层物性最差，岩心分析孔隙度都在2%以下，因此裂缝发育程度是高产的关键。储集空间以各类次生孔隙为主，包括粒间溶孔、粒内溶孔、残余粒间及少量基质内微孔(晶间孔)和裂缝，其中须家河组主要为残余粒间孔、粒内溶孔及晶间孔；千佛崖－自流井组储集空间类型则以粒间溶孔和粒内溶孔为主。

第四节　烃源岩特征

川东北地区发育多套烃源岩，包括上震旦统陡山沱组、下寒武统筇竹寺组、下志留统龙马溪组的泥质烃源岩，中二叠统栖霞组、茅口组的泥灰岩烃源岩，上二叠统龙潭组/吴家坪组的泥质岩和碳酸盐岩烃源岩，大隆组的硅质页岩烃源岩，上三叠统须家河组、下侏罗统自流井组、中侏罗统千佛崖组的泥质烃源岩。

一、栖霞组－茅口组烃源岩

普光探区栖霞组－茅口组烃源岩岩性主要为泥灰岩，干酪根类型以$Ⅱ_1$型(75%)为主，其次为$Ⅱ_2$型(25%)，干酪根碳同位素$\delta^{13}C$主要分布在－28.00‰～－26.00‰，烃源岩有机碳含量在0.20%～4.26%，为中等烃源岩，镜质体反射率Ro大于3%，有机质成熟度均很高，已达过成熟阶段。

二、龙潭组/吴家坪组烃源岩

受峨眉山大火成岩省和康滇古隆起抬升的影响，四川盆地龙潭组/吴家坪组沉积总体呈西高东低的特征，自南西至北东依次发育河流－沼泽－潮坪－台坪－浅水陆棚－深水陆棚相沉积(图3－2－9)。在普光探区，龙潭组/吴家坪组烃源岩岩性主要为碳质泥岩、泥岩和泥灰岩，其中，碳质泥岩和泥岩干酪根组分以壳质组和镜质组为主，干酪根类型以$Ⅱ_2$型和Ⅲ型为主，90%的泥岩和碳质泥岩总体有机碳含量值高于1.5%，达到好－很好烃源岩标准；泥灰岩干酪根组分以腐泥组为主，干酪根类型以$Ⅱ_1$型为主，57%的泥灰岩总体有机碳含量值分布于0.40%～1.20%，属中等烃源岩，7%的泥灰岩有机碳含量值分布于1.20%～2.50%，达到好烃源岩的标准。镜质体反射率Ro分布在2.74%～4.35%，已达到过成熟阶段。

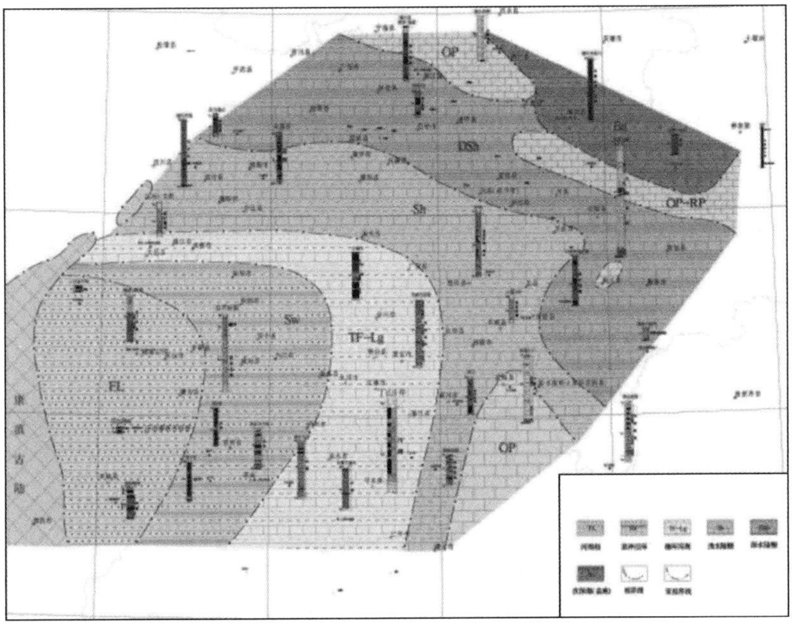

图 3－2－9　四川盆地龙潭组/吴家坪组沉积相图

三、须家河组烃源岩

四川盆地须家河组沉积整体表现为西厚东薄特征(图 3－2－10)，烃源岩岩性主要为黑色、灰黑色泥岩、碳质泥岩及煤岩，主要分布在须三段和须五段(图 3－2－11)，干酪根组分以镜质组为主，干酪根类型以 II_2－Ⅲ型为主，有机碳含量 0.34%～11.4%，总体为中等－最好烃源岩。热演化程度高，其中普光地区镜质体反射率 Ro 分布在 1.20%～2.70%，通南巴地区的镜质体反射率 Ro 相对更高，为 1.8%～2.91%，达到成熟－过成熟阶段。

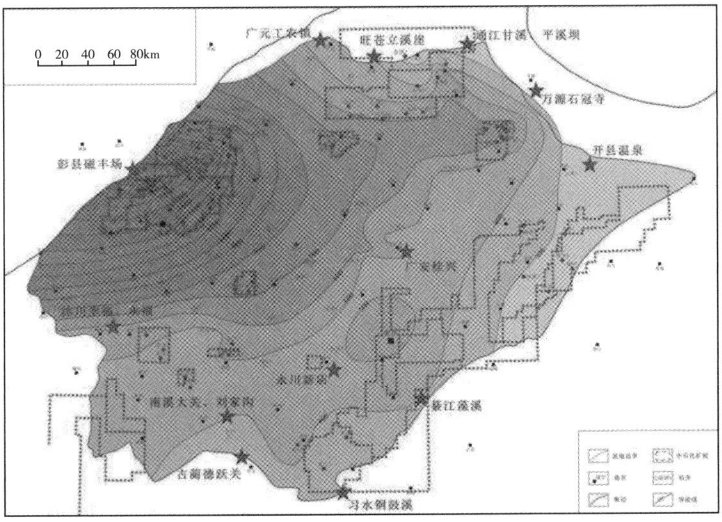

图 3－2－10　四川盆地须家河组厚度等值线图

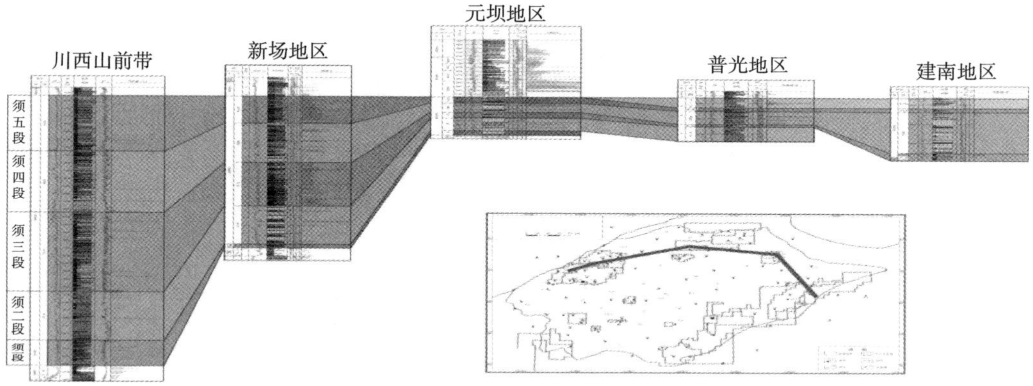

图 3-2-11　四川盆地须家河组岩性连井剖面图

四、自流井组烃源岩

普光探区自流井组烃源岩岩性主要为互层的深灰色泥岩、粉砂质泥岩和灰黑色泥岩，干酪根组分以镜质组为主，干酪根类型为Ⅲ型，镜质体反射率 Ro 分布在 1.0% ~2.2%，烃源岩有机碳含量在 0.4% ~2.51%，为中等－好烃源岩。

五、千佛崖组烃源岩

千佛崖组烃源岩主要分布在千一段，岩性主要为灰黑色泥岩、碳质泥岩和页岩。干酪根组分以镜质组和壳质组为主，干酪根类型为 $Ⅱ_2$ ~ Ⅲ型，镜质体反射率 Ro 分布在 1.0% ~2.0%，烃源岩有机碳含量为 0.40% ~2.89%，以中等－好烃源岩为主。

综上所述，川东北地区海相层系的烃源岩主要为泥质岩和泥灰岩，而陆相层系的烃源岩主要为泥质岩，总体来看，泥质烃源岩的品质要优于泥灰质烃源岩，且海相泥质烃源岩的品质也优于陆相泥质烃源岩。

第三章　礁滩体气藏地质勘探与评价

礁滩体气藏是全球重要的油气藏类型之一，普光、元坝、涪陵、龙岗等气田的发现，进一步确定了四川盆地上二叠统长兴组－下三叠统飞仙关组礁滩体气藏具有的巨大勘探开发潜力。

第一节　礁滩体气藏地质特征

川东北普光探区的礁滩体气藏分布在开江－梁平海槽的北东侧，油气储层多分布在台缘礁滩相带。本节以普光地区为例，对川东北地区礁滩体气藏的气源条件、沉积相展布、储层特征、天然气成藏主控因素与富集规律等内容进行分析与讨论。

一、气源条件

（一）烃源岩特征

川东北地区长兴组－飞仙关组礁滩体气藏主要分布在普光和元坝地区，发育5套潜在烃源岩，自下而上分别是龙马溪组、茅口组、龙潭组/吴家坪组和大隆组（图3－3－1）。其中，吴家坪组烃源岩厚度大、有机碳含量高，生气强度高，是长兴组－飞仙关组礁滩体气藏的主力烃源岩（图3－3－2）。

（二）天然气成因及来源

川东北普光和元坝探区的长兴组－飞仙关组礁滩体气藏的天然气均以甲烷为主，$C_1/(C_1 \sim C_5)$（干燥系数）均很高，在0.98～1.00，同属高演化干气，其中普光气田天然气中H_2S含量相对较高，在5.10%～60.53%，平均达13.21%［图3－3－3（a）］。两个地区飞仙关组和长兴组天然气碳同位素组成具有相对的一致性，普光地区$\delta^{13}C_1$值在－34.0‰～－26.3‰，平均值－30.8‰，$\delta^{13}C_2$变化范围相对较大，在－33.8‰～－20.9‰，平均值－28.9‰；元坝地区$\delta^{13}C_1$值在－34.1‰～－27.5‰，平均值－29.9‰，$\delta^{13}C_2$值在－31.6‰～－22.3‰，平均值－26.4‰［图3－3－3（b）］。研究表明，元坝地区的$\delta^{13}C_1$和$\delta^{13}C_2$平均值均明显高于普光探区；分析认为，两个地区天然气碳同位素组成上的差别，可能与热演化程度和气烃源岩母质类型的变化有关。

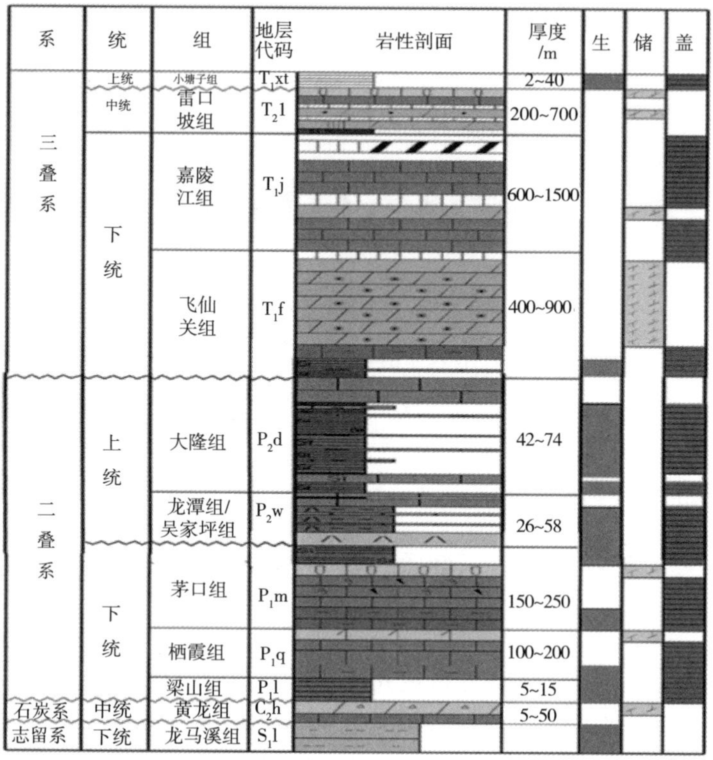

图 3-3-1　川东北地区二叠-三叠系地层综合柱状图

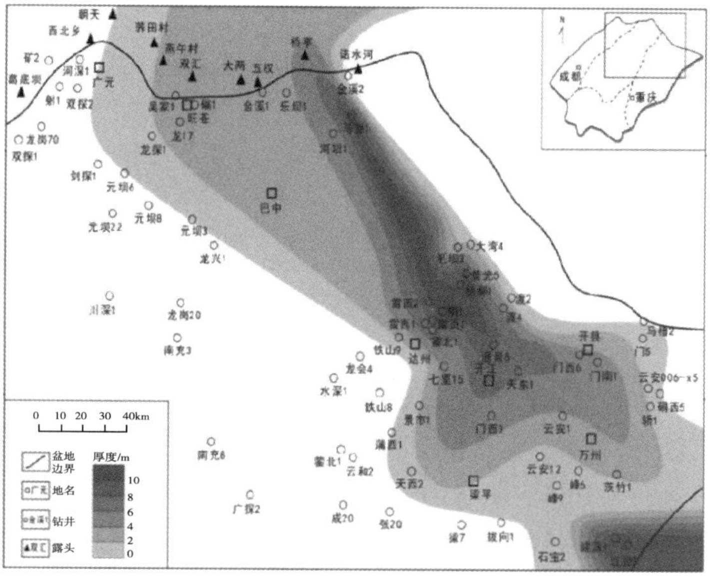

图 3-3-2　川东北地区吴家坪组烃源岩等厚图

二、储层条件

(一) 沉积特征

长兴组沉积期，普光地区整体表现为南西深、北东浅的古地理格局，自南西向北东依次发育陆棚、台地前缘斜坡、台地边缘生物礁及开阔台地等沉积相单元(图 3－3－4)。飞一～二段沉积期，普光地区主体进入台地边缘浅滩相带(图 3－3－5)，东北部位于水体相对较浅的古地貌高地，由台地内部向台缘方向依次发育局限台地－台内潮下颗粒滩－台地边缘颗粒滩相沉积；南西部地势低，水体较深，为台缘斜坡－陆棚分布区。飞三段沉积期，普光地区古地理格局发生了重大变化，随着填平补齐作用，西部陆棚逐渐变浅，演变为开阔台地，普光主体演变为局限台地，在飞一～二段台地边缘浅滩相带的基础上，局部地区继承发育了台内点滩沉积亚相；至飞四段沉积期，碳酸盐台地已基本上被填平补齐，沉积环境趋于均一，以台地蒸发岩沉积环境为主(图 3－3－6)。

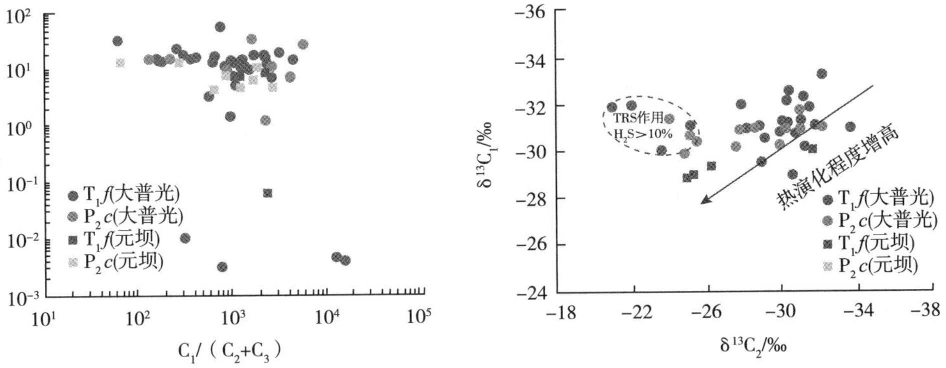

(a)飞仙关组　　(b)长兴组

图 3－3－3　普光、元坝地区长兴组－飞仙关组天然气化学成分和碳同位素组成分布图

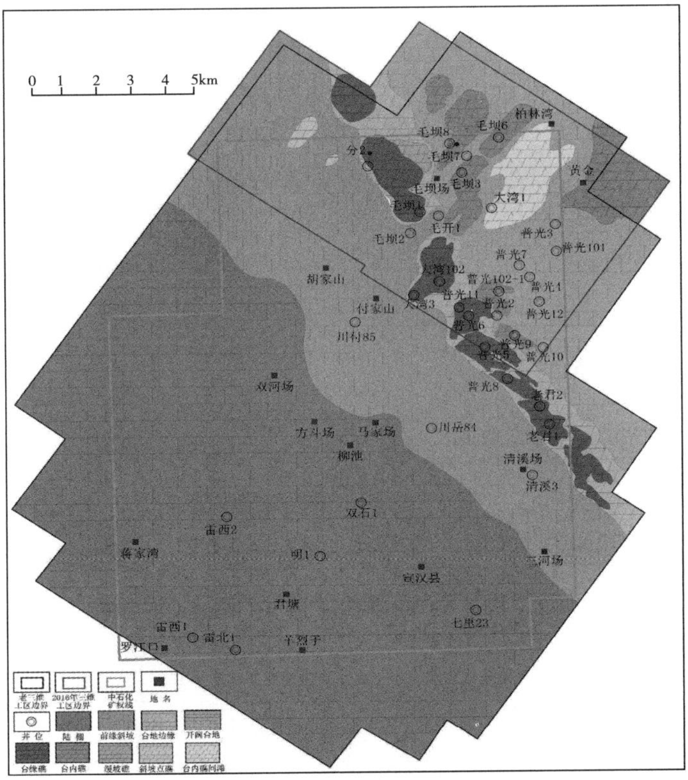

图 3－3－4　长兴组沉积相图

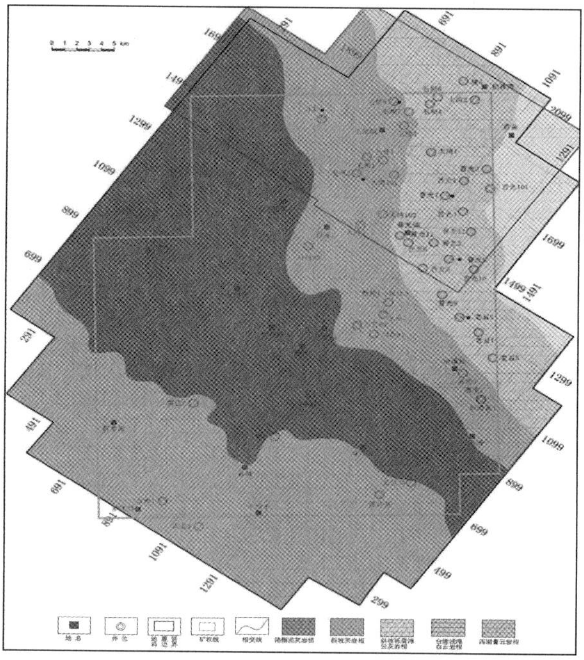

图 3－3－5　飞一～二段沉积相图

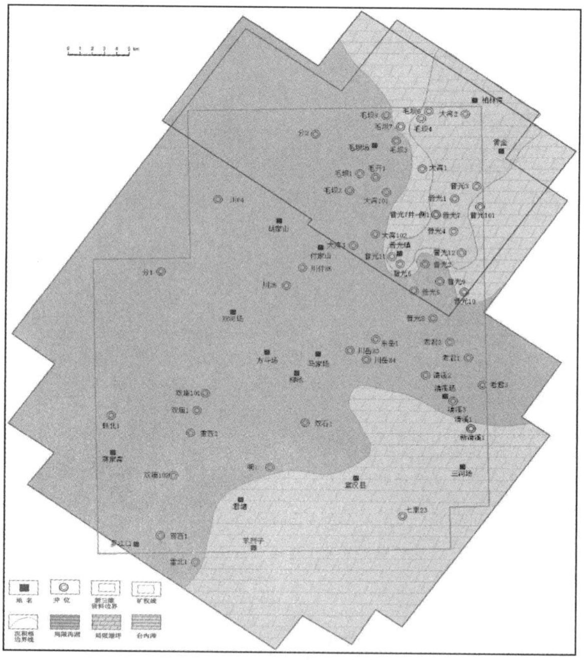

图 3－3－6　飞三段沉积相图

（二）储层特征

1. 储层岩石学特征

川东北地区长兴组－飞仙关组岩石类型除碳酸盐岩为主，含有一定数量的膏岩及少量碎屑岩（表 3－3－1）。岩石类型不同，所形成的沉积环境和经历的成岩作用改造也有较大的差异，从而导致储集性能有着明显的区别。主要储集岩类为白云岩，包括颗粒白云岩、晶粒白云岩和生物礁白云岩三大类(图 3-3-7)。

表 3-3-1 川东北地区长兴组-飞仙关组主要岩石类型及与储层关系简表

主要岩石类型					主要分布层位	储集性
碳酸盐岩	石灰岩	颗粒-泥晶灰岩	※颗粒灰岩	鲕粒灰岩	长兴组中下部、飞三段	中等-差
				砂屑灰岩		
				生屑灰岩		
			颗粒质灰岩			
			含颗粒灰岩			
			泥晶灰岩		长兴组中下部、飞一~二段下部、飞三~四段局部	
		※生物礁灰岩			长兴组中上部	
		※重力流灰岩			普光西缘飞一~二段	
	白云岩	★颗粒白云岩	★(残余)鲕粒白云岩		长兴组上部、飞一~二段局部	良好
			★砂砾屑白云岩			
			※(残余)生屑白云岩		长兴组上部	
		★晶粒白云岩	泥晶白云岩		飞四段局部	较差
			※粉-细晶白云岩		长兴-飞仙关组局部	良好
			★中晶-不等晶白云岩		飞仙关组局部	良好
		★生物礁白云岩	骨架岩		长兴组中上部	极好
			障积岩			
			礁角砾岩			
蒸发岩	膏岩				飞四段、普光东部的飞一~二段	极差
过渡岩	泥质条带状灰岩				飞四段	
	膏质灰岩				飞三段	
碎屑岩	浅色泥岩				飞四段	
	暗色泥岩				飞仙关组底部	

注：★为主要储集岩类；※为次要储集岩类。

颗粒白云岩是川东北地区台地边缘相带中最主要的储集岩类型，具体包括(残余)鲕粒白云岩、砂砾屑白云岩和(残余)生屑白云岩等，其他颗粒白云岩偶见。其中，鲕粒白云岩中鲕粒含量一般为60%~80%，大小一般0.5~2cm，分选、磨圆好[图 3-3-7(a)]；残余鲕粒白云岩是强烈的云化作用使其颗粒结构基本消失，形成具或不具残余颗粒结构的粉晶白云石[图 3-3-7(b)]；砂砾屑白云岩中砂砾屑含量一般为50%~70%，多由它形泥晶-细粉晶白云石构成，分选、磨圆中等[图 3-3-7(c)，图 3-3-7(d)]；生屑(残余)白云岩常发育在生物礁白云岩的上部，主要由粉-细晶白云石构成，生屑多具残余结构[图 3-3-7(e)，图 3-3-7(f)]，含量一般大于50%，主要由棘屑、海百合茎、腹足、腕足等生物碎屑组成。

晶粒白云岩可分为泥晶白云岩、粉－细晶白云岩和中晶－不等晶白云岩等，主要位于礁坪或滩顶部位，其中，中晶－不等晶白云岩是飞仙关组最发育的储集岩之一。泥晶白云岩晶粒直径一般小于0.003mm，以褐灰、浅灰和黄灰色为主，中－薄层状，晶型以半自形－自形为主[图3－3－7(g)]；粉晶白云岩由灰泥质经准同生云化改造而成，伴少量生石膏或黄铁矿晶粒的形成[图3－3－7(h)]；细晶白云岩晶粒直径主要在0.003～0.8mm，以褐灰、浅灰和黄灰色为主，中－厚层透镜状、斑块状[图3－3－7(i)]；中晶白云岩晶粒大小一般为0.1～2mm，局部含有细－粉晶白云石则称为不等晶白云岩，颜色主要为浅灰、褐灰色，中－厚层块状，晶型多呈半自形镶嵌状、局部它形[图3－3－7(j)]。

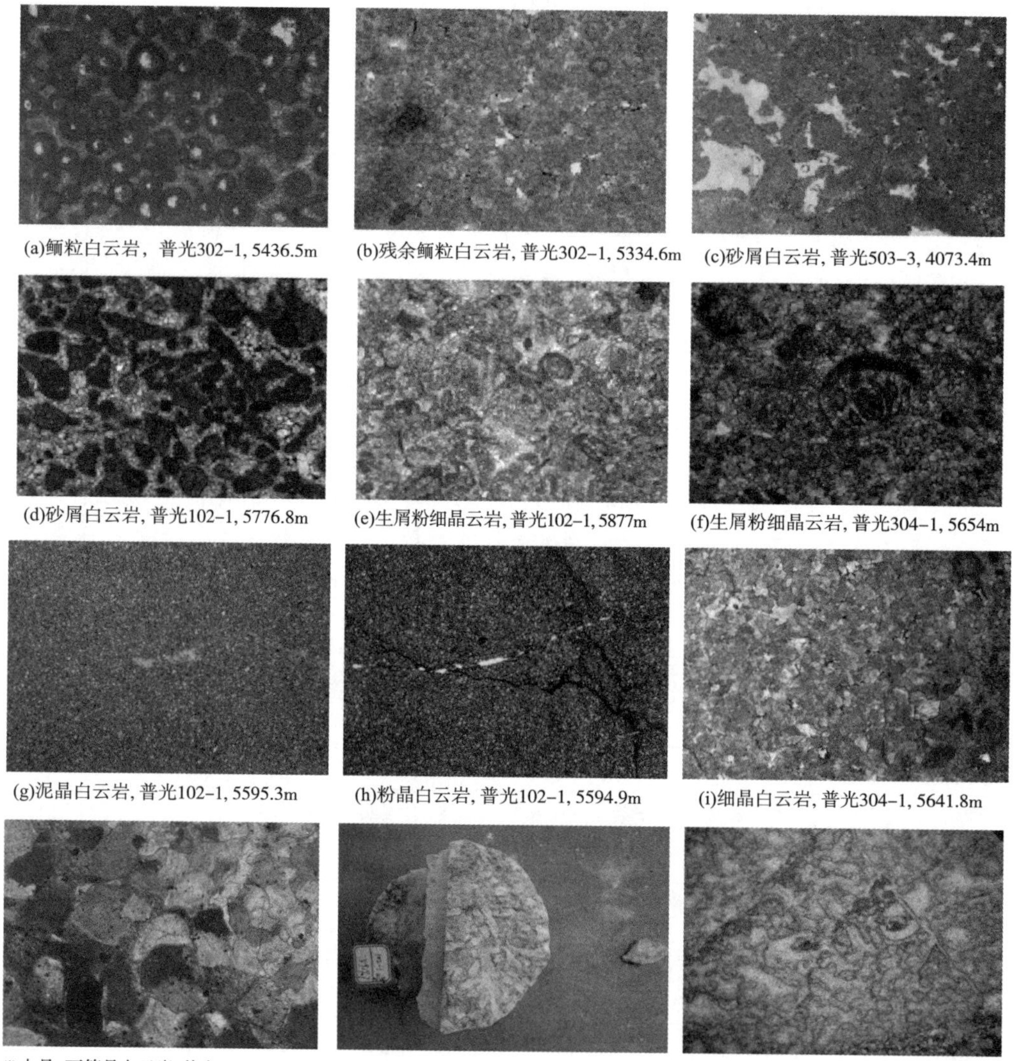

(a)鲕粒白云岩，普光302－1，5436.5m　(b)残余鲕粒白云岩，普光302－1，5334.6m　(c)砂屑白云岩，普光503－3，4073.4m

(d)砂屑白云岩，普光102－1，5776.8m　(e)生屑粉细晶云岩，普光102－1，5877m　(f)生屑粉细晶云岩，普光304－1，5654m

(g)泥晶白云岩，普光102－1，5595.3m　(h)粉晶白云岩，普光102－1，5594.9m　(i)细晶白云岩，普光304－1，5641.8m

(j)中晶－不等晶白云岩，普光503－3，4155m　(k)海绵骨架礁云岩，普光102－1，5919.7m　(l)残余海绵礁灰质云岩，普光102－1，5936.4m

图3－3－7　川东北地区主要储集岩类型微观照片[(a)～(f)：颗粒白云岩，(g)～(j)：晶粒白云岩，(k)～(l)：生物礁白云岩]

生物礁白云岩主要发育海绵骨架岩、障积岩及礁角砾岩三大类，以海绵骨架岩和障积岩为主，礁角砾岩较少。其中，障积白云岩是长兴组最发育的储集层之一，礁角砾岩亦有一定的储集性。生物礁白云岩的白云石含量96%左右，具细－微晶结构及礁残余结构，主要造礁生物有海绵、苔藓虫及少量珊瑚，被藻纹层包卷黏结，形成障积结构和骨架结构[图3－3－7(k)、图3－3－7(l)]。礁角砾岩为礁体遭受波浪冲击的破碎产物，主要堆积在礁前斜坡上形成沉积角砾楔状体。

此外，川东北地区还可见(砾)碎屑碳酸盐岩、泥－微晶灰岩等。(砾)碎屑碳酸盐岩主要包括滩前砾屑滩的角砾灰(云)岩、砾屑灰(云)岩和上斜坡的重力流砾屑灰(云)岩，为斜坡滩沉积产物；泥－微晶灰岩多属于开阔台地或局限台地沉积，方解石含量在89%以上，以泥－微晶结构为主。

2. 储层物性特征

对川东北地区长兴组－飞仙关组各类岩石物性特征进行了统计，其中飞仙关组的鲕粒白云岩、中粗晶白云岩物性最好，平均孔隙度分别达到9.7%、8.37%，平均渗透率为1.85mD、112mD(图3－3－8)；其次为生屑白云岩、泥晶白云岩、细粉晶白云岩、砂屑白云岩、砾屑白云岩。

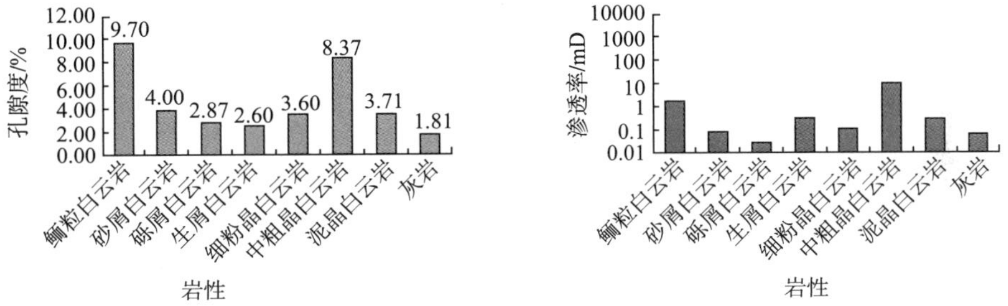

图3－3－8　飞仙关组岩性－物性关系图

长兴组的海绵礁白云岩、砾屑白云岩物性较好，平均孔隙度分别达到9.5%、9.55%，平均渗透率分别达到4.63mD、6.39mD。其次为中粗晶白云岩、生屑白云岩、泥晶白云岩，平均孔隙度5.45%～7.1%，平均渗透率2.38～3.05mD；鲕粒白云岩、细粉晶白云岩尽管孔隙度较高，分别达到15.8%、9.74%，但渗透率却较低，反映储层孔隙之间连通性差(图3－3－9)。

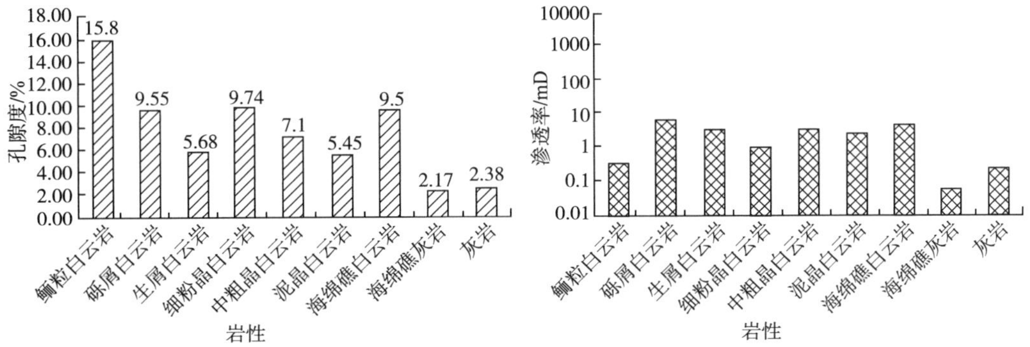

图3－3－9　长兴组岩性－物性关系图

3. 储集空间特征

川东北地区长兴组－飞仙关组储层的主要储集空间为孔隙和裂缝两种类型，以孔隙为主，裂缝发育较少(表3－3－2)。储层孔隙以次生孔隙为主，主要分为两种类型，一种与溶蚀有关，如溶孔(洞)、溶缝等，占80%以上；另一种与溶蚀无关，如晶间孔，占10%～

15%；原生孔隙几乎全部被胶结充填，只有极少量被保留下来。储层裂缝中成岩缝出现频率相对较高，构造缝和微裂缝较少，但大部分裂缝均被沥青、白云石、方解石和泥质等填充，储集性较差。

表3-3-2　普光气田长兴组-飞仙关组储渗空间类型划分简表

类型		成因	特征	层位	频率
孔隙（<2mm）	※生长骨架孔	原生	礁相生物骨架生长形成的孔隙	长兴组	低
	※生物体腔孔		蜓、海绵、腕足和介形虫等生物的生物软体腐烂留下的硬体外壳孔隙		低
	※晶间孔	次生	白云石、方解石和石膏等晶体之间的孔隙	长兴组、飞仙关组	中-低
	晶内溶孔		沿粗大方解石、白云石解理方向溶解后形成的孔隙		低
	★晶间溶孔		在晶间孔基础上溶解扩大后形成的孔隙		高
	★粒间溶孔		颗粒间胶结物被溶蚀形成的孔隙		高
	★粒内溶孔		碳酸盐颗粒内部被选择性溶蚀形成		高
	★铸模孔		颗粒或晶体全部溶解，保留颗粒或晶体外形的孔隙		高
	★鲕粒内圈孔隙		沿鲕粒同心圈层溶蚀形成的孔隙	飞一~二段	高
	★鲕粒外圈孔隙		沿鲕粒与第一期白云石胶结物之间溶蚀形成的环形孔隙		高
洞（>2mm）	※孔隙型溶洞		粒间孔溶蚀扩大溶蚀形成	长兴组、飞仙关组	中-低
	※裂缝型溶洞		在裂缝基础上进一步溶解扩大的洞		中-低
	膏盐溶洞		石膏、盐岩的结核、斑块被溶蚀		低
缝	微裂缝		早期构造作用或干化失水收缩而成		中
	构造缝		受局部构造张性力形成		中
	成岩缝		由压溶而成，常呈锯齿状		中-高

注：★为主要储集空间类；※为次要储集空间类。

1)孔隙

次生孔隙中的溶蚀孔隙是礁滩体气藏的主要储集空间，其中晶间溶孔由早期晶间孔溶蚀扩大而成，孔隙形态不规则，多呈港湾状，孔径介于0.05~0.2mm，常有沥青充填[图3-3-10(a)]；颗粒白云岩中颗粒间胶结物被选择性溶蚀后形成粒间溶孔，孔径介于0.2~0.5mm，最大可达1mm，孔隙形态多为边部不平直的多边形或不规则港湾状，普遍见沥青充填物[图3-3-10(b)]；颗粒内部被部分溶蚀的孔隙称为粒内溶孔，全部溶蚀后的孔隙称为铸模孔，孔径介于0.05~0.2mm[图3-3-10(c)]；沿鲕粒生长圈层之间薄弱面(岩性或结构差异面)溶蚀形成的环形孔隙称为鲕粒内圈溶孔，孔径一般<0.1mm，沿第一期叶片状白云石胶结物之间溶蚀形成的环形孔隙称为鲕粒外圈溶孔，孔径大小不等，介于0.05~0.2mm[图3-3-10(d)]。

原生孔隙是礁滩体气藏的次要储集空间，其中，生长骨架孔是原地生长的生物群骨架生长所形成的孔隙[图3-3-10(e)]，生物体腔孔是生物硬壳之内的软体腐烂后留下的封闭或者接近于封闭的原生孔隙[图 3 – 3 – 10(f)]，在成岩阶段多被胶结充填。

(a)晶间溶孔，普光102–1，5590m

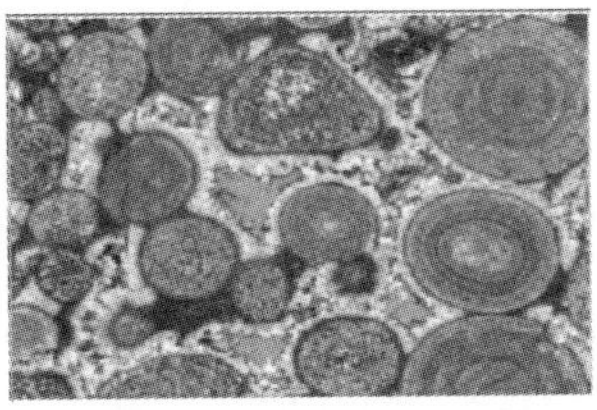
(b)粒间溶孔，普光102–1，5603.6m

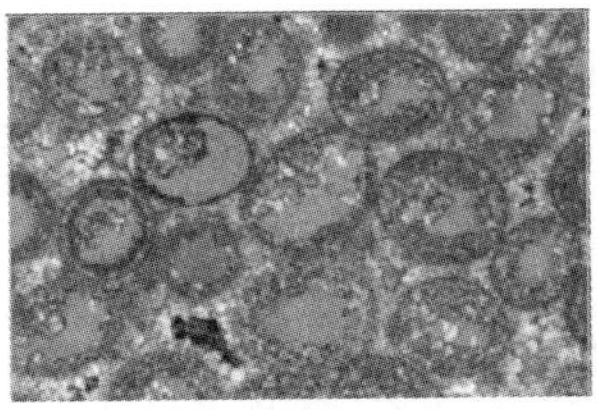
(c)粒内溶孔与铸模孔，普光102–1，5602.34m

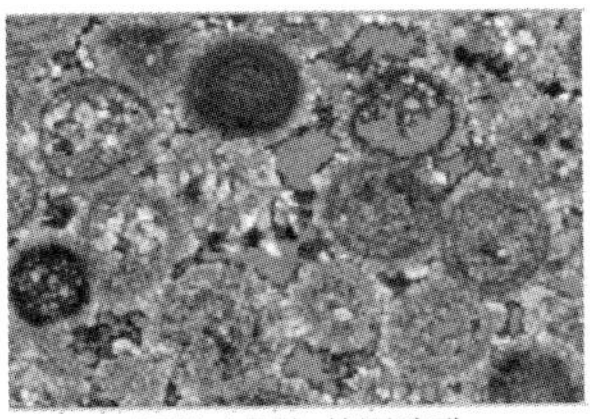
(d)鲕粒内圈与外圈溶孔，普光102–1，5601.48m

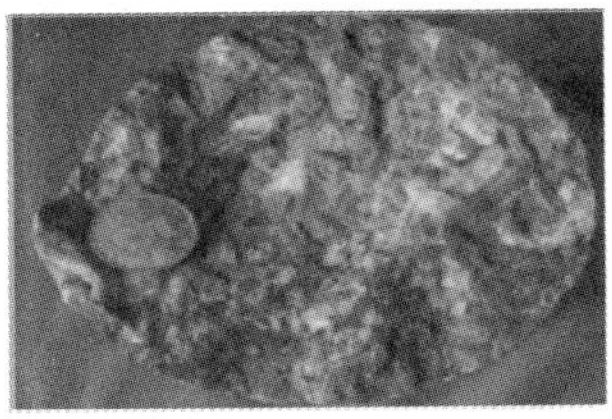
(e)被充填的骨架孔，普光5，5287.1m

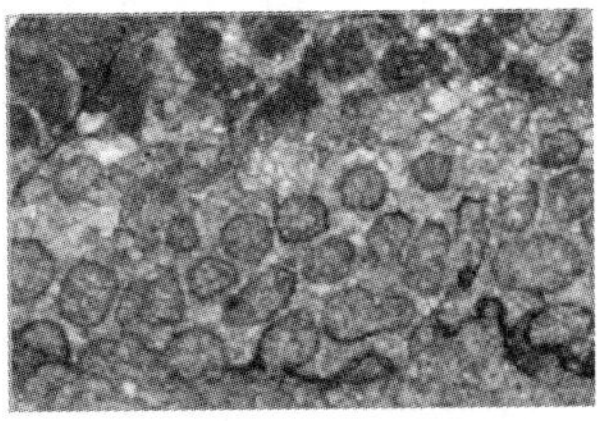
(f)被充填的体腔孔，普光5，5385.54m

图 3 – 3 – 10　川东北地区不同孔隙类型宏观与微观照片[(a)～(d)：次生溶蚀孔隙，(e)～(f)：原生孔隙]

2)溶洞

根据溶洞形成机制，可将川东北地区溶洞分为孔隙型溶洞、裂缝型溶洞和膏盐溶洞。孔隙型溶洞是原来孔隙经过溶蚀扩大形成，直径一般为 2～5mm，形状不规则或略呈长条形，广泛分布于鲕粒白云岩中，常与孔隙相伴生；裂缝型溶洞是裂缝遭受局部溶蚀扩大形成，直径一般在 1cm 以上，形状不规则或略呈圆形。膏盐溶洞为石膏、盐岩的结核或斑块被大气淡水溶蚀而成，在本地区欠发育。

3)裂缝

川东北地区可识别出微裂缝、构造缝和成岩缝 3 种主要裂缝类型。微裂缝由早期构造作用或干化失水收缩而成，缝宽小于 0.5mm；构造缝主要发育在泥晶灰岩、鲕粒灰岩和泥晶白云岩等较致密岩石中，宽度一般在 1mm 以上，延伸较远；成岩缝主要指成岩作用过程中形成的缝合线，大多被泥质、沥青或其他不溶残余物充填，仅少数缝合线无充填，沿缝合线有溶蚀孔、洞的分布。

三、天然气成藏主控因素与富集规律

(一)多期构造运动控制气藏的主力烃源岩分布、油气聚集、气藏调整和最终定型

1. 东吴运动控制了晚二叠世主力烃源岩的分布

东吴运动是峨眉山地幔柱上升对岩石圈底部的冲击所造成的地壳抬升运动，在川东北探区，以发育开江 – 梁平海槽为特征，海槽内部沉积了深水低能环境下的陆棚相暗色泥岩，富含有机质，是区内长兴组 – 飞仙关组礁滩相气藏的主力烃源岩(图 3 – 3 – 11)。

2. 印支运动形成的古隆起控制了油气的早期聚集

四川盆地印支期形成的泸州、开江古隆起，与印支期 – 燕山早期各含油气系统液态烃的主要成熟期相匹配，成为液态烃运移与聚集的主要指向区，因此围绕泸州、开江古隆起形成了大规模的油气聚集，川东北地区普光气田就位于开江古隆起之上。古隆起不仅在沉积期控制了沉积相带的展布和有利储集体的发育，在成岩期也一定程度上控制了白云化作

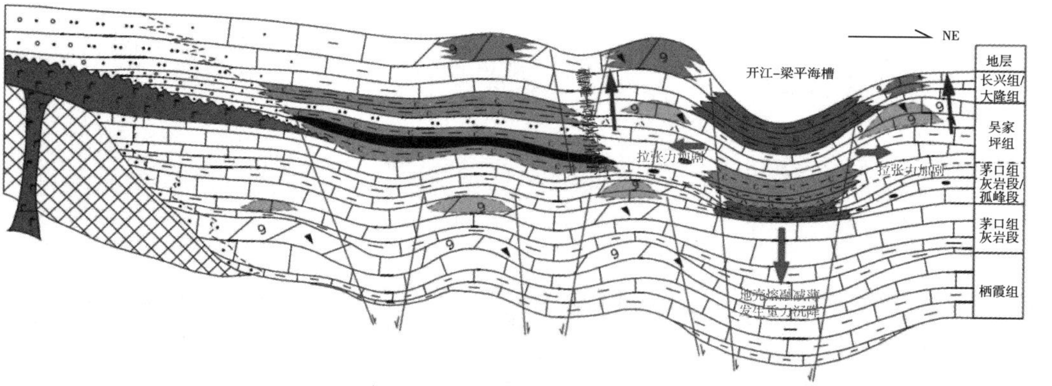

图 3－3－11　晚二叠世开江－梁平海槽构造－沉积剖面示意图

用和古岩溶作用的发育程度，在成藏期则直接控制着油气的运移与聚集。

3. *燕山晚期－喜山期运动控制着气藏调整和最终定型*

燕山晚期－喜山期运动，一方面使印支期－燕山早期陆续形成的古油藏遭到破坏，液态烃裂解成气；另一方面也使气藏重新分配，形成受现今构造格局控制的构造圈闭或岩性－构造复合圈闭气藏。

（二）有利沉积相带、岩性差异和成岩作用控制了储层的发育

1. *沉积相是储层发育的物质基础*

对亚相、微相与孔隙度关系进行统计发现，储层的发育与沉积微相密切相关，属于受颗粒滩控制的相控储层。最好的储集岩段发育在颗粒滩亚相，且往往发育于向上变浅滩体的上部和顶部，其他微相储集条件较差。

2. *岩性差异和成岩作用决定了储层的储渗能力*

白云岩的储集性能明显好于灰岩及其他岩类，鲕粒白云岩和砂屑白云岩的储集性能明显好于其他白云岩。成岩过程中的白云石化与溶蚀对孔隙起建设性作用，胶结充填与压实起破坏性作用：①白云石体积比方解石体积小，方解石向白云石转化过程中岩石体积要变小，即白云石化作用形成了大量的晶间隙，有利于溶蚀改造的进行；②构造破裂和溶蚀作用能够优化储层的储、渗条件；③压实作用是造成孔隙度随埋藏深度增加而不断降低的主要原因；④胶结充填作用也是破坏和降低孔隙度的主要因素之一。

（三）良好的保存条件对成藏富集与油气赋存具有决定性作用

滩核鲕粒岩加积形成的巨厚沉积有利于储层中原生粒间孔和次生溶孔的大量保存，而滩缘储层较薄，受成岩流体影响很大，不利于早期储集空间保存（图 3－3－12）；雷口坡－嘉陵江组膏盐岩的岩性致密、可塑性强，对油气具有极强的封盖能力，厚层膏盐岩的展布对下伏气藏的保存起决定性作用，此外在强构造挤压作用下，膏盐岩层形成一系列顺层滑脱断褶带，在断皱带底部因形变产生可容纳空间，使得下伏飞仙关组形成相对负压环境，阻碍了胶结充填作用，加速了天然气运聚过程。

通过对上述川东北地区长兴组－飞仙关组成藏系统天然气成藏主控因素的分析，总结出川东北普光地区长兴组－飞仙关组气藏的成藏主控因素类型为构造＋礁滩型，今构造叠合相对高部位是油气富集最有利区域。

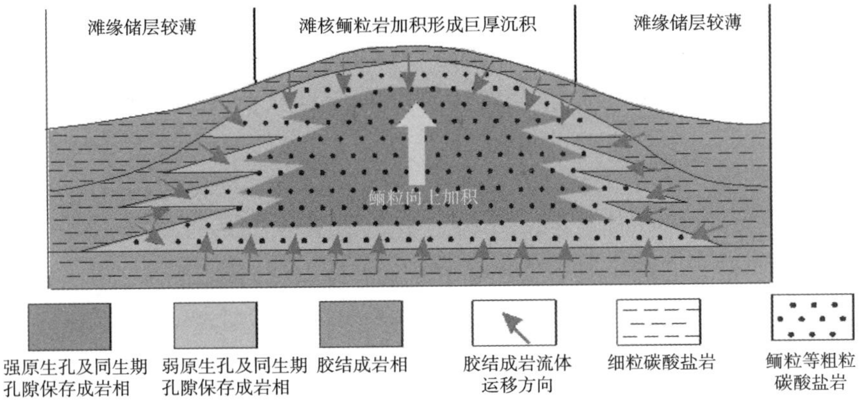

图3－3－12　普光地区鲕粒加积与早期空隙保存成因示意图

第二节　礁滩体气藏勘探评价技术

一、地质综合评价技术

(一)烃源岩评价技术

控制优质烃源岩分布的因素包括岩相古地理环境、古海水性质、海水古生产力和保存条件等，研究方法包括沉积学、地球化学方法，其中地球化学方法包括总有机碳(TOC)分析、干酪根元素分析、干酪根碳同位素分析、干酪根显微组分分析等方法。总有机碳分析是烃源岩评价的基础，碳酸盐岩烃源岩的分级评价标准认为，TOC＞2.0%为极好，1.0%～2.0%为很好，0.5%～1.0%为好，0.2%～0.5%为一般，小于0.2%为差。干酪根元素分析主要是对碳(C)、氢(H)、氧(O)、硫(S)和氮(N)等元素的分析，根据H/C、O/C判定干酪根类型。其中，Ⅰ型干酪根富含脂肪族结构，富氢贫氧，H/C高(1.25～1.75)、O/C低(0.026～0.12)，主要源于藻类、细菌等低等生物，生油潜能大；Ⅱ型干酪根富含脂肪链及饱和环烷烃，也含多环芳香烃及杂原子官能团，H/C较高(1.3～1.5)、O/C较低(0.1～0.2)，主要源于浮游植物和微生物，生油潜能中等；Ⅲ型干酪根富含多环芳烃及含氧基团，H/C低(通常小于1.0)、O/C高(可达0.2～0.3)，主要来源于陆地高等植物，生油潜能较小，利于生气。干酪根碳同位素分析是研究干酪根中碳同位素组成的一种方法，主要用于了解干酪根的来源、成熟度和演化过程。海相碳酸盐岩中的干酪根富含^{12}C，而陆相有机质的相对输入也会影响干酪根的碳同位素组成。

(二)储层评价技术

对储层的研究主要包括岩心描述与相关的实验室分析测试，通过对岩心的观察描述，对于认识储层“四性”(岩性、物性、电性、含气性)关系、确定地层年代、进行地层对比、判断沉积环境、了解地质构造等都有很重要的意义。通过化验取得各项物性数据，包括渗透率、孔隙度分布等特征，结合储层测井分析，对孔隙度、渗透率、原始含油饱和度、原始含气饱和度、原始含水饱和度做定量解释，对产油层、产气层、产水层进行定性识别。

(三)岩心尺度裂缝识别与评价技术

通过取心资料观察分析裂缝是裂缝特征表征的一个重要手段，从岩心上可以得到的裂缝信息主要有裂缝类型、裂缝产状、发育裂缝的岩性类型、裂缝的充填特征、裂缝的长度、缝宽以及裂缝的线密度(垂直于每米的距离内裂缝的发育密度)。裂缝按倾角可以分为垂直缝(裂缝倾角与岩心水平面夹角为85°~90°)、高角度斜交缝(倾角为45°~85°)、低角度斜交缝(倾角为5°~45°)、水平缝(倾角为0°~5°)和网状(不规则)裂缝;按成因可分为成岩缝(包括层理缝、压溶缝等)和构造缝(顺层剪切缝、穿层剪切缝和张裂缝);裂缝的充填特征包括裂缝的充填程度(如全充填、半充填和未充填)、充填物(如泥质、钙质、硅质和铁质等)和充填物的晶型、结晶程度等。

二、测井评价技术

通过测井资料自然伽马、电阻率、中子测井、声波时差、双侧向声波测井、地层倾角成果图等进行礁滩体识别,并进一步进行礁滩体储层裂缝识别。

(一)礁滩体测井识别技术

由于生物礁常生长在高能、清洁、透光性好的浅海环境,因此,生物礁发育地的陆源物质少,泥质含量极低,在自然伽马曲线上表现为低值,一般小于15API,个别生物礁小到5API(图3-3-13)。在成岩等作用影响下,礁核体的有机质增加时,礁核体自然伽马

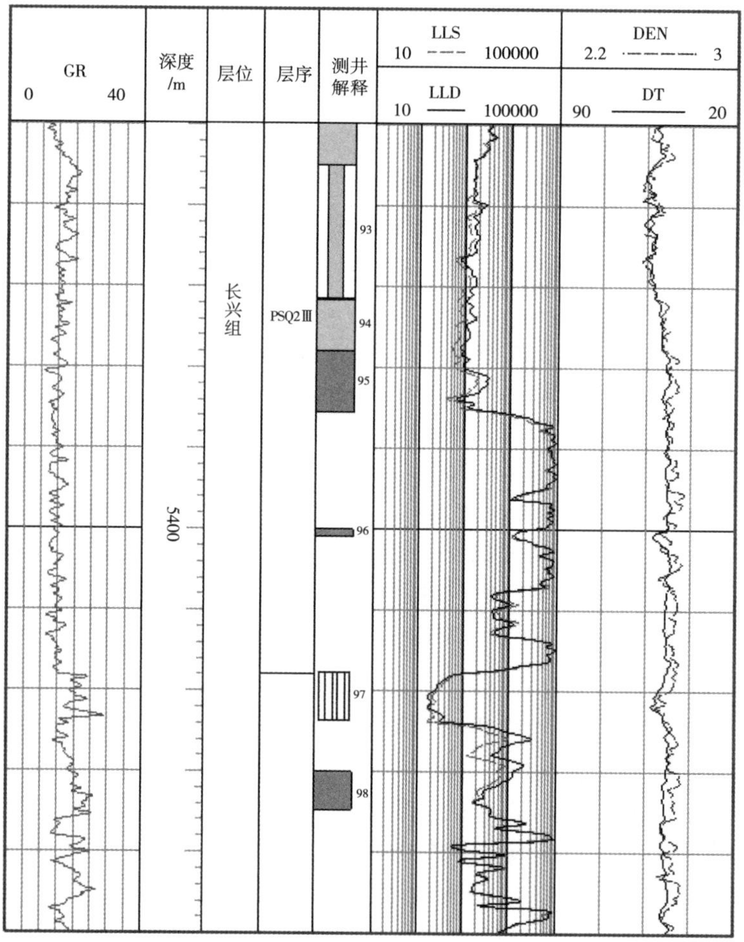

图3-3-13　普光6井生物礁测井响应特征

值会相应增高，但其对应的双侧向值不会降低，中子、声波也不会增大，这就是有机质含量增加造成的自然伽马增高的假象。

图3－3－14为普光105－2井和普光5井的倾角矢量图对比，可明显看出普光5井长兴组顶部存在一个礁体。由于礁的存在，在礁体倾角资料上显示为杂乱模式，并表现出明显高于上、下地层和相邻构造所测的地层倾角，而普光105－2井其倾角测井表现为随着深度增加倾角增大、倾向不变的红色模式，也就是所谓的披覆现象。

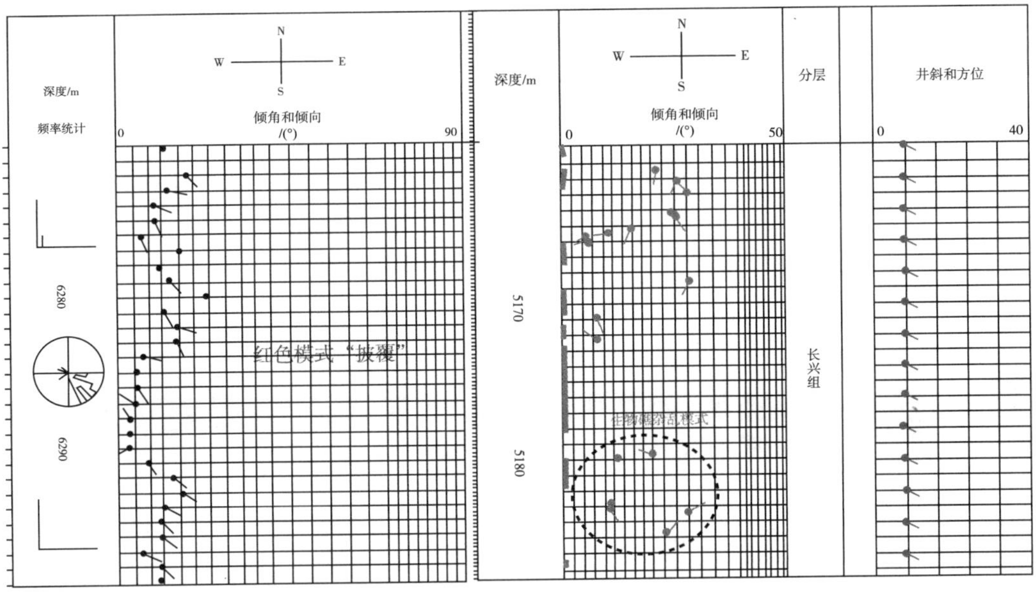

图3－3－14　普光105－2井非礁体和普光5井礁体地层倾角对比图

(二)礁滩体储层裂缝测井识别技术

研究区内长兴组－飞仙关组裂缝倾角较小，以低角度斜交缝为主。根据常规测井时裂缝产生的附加导电模型和声波滞后速度衰减模型，理论上，在同样或比较接近的岩性和物性条件下，电阻率的降低一般表示有裂缝发育；相近岩性的储层，声波时差增大明显，说明低角度裂缝或水平缝发育。在取心井数有限的情况下，配合成像测井资料可读出裂缝的倾角、倾向和裂缝孔隙度特征。裂缝在成像测井解释图版上显示为暗褐色条带；由于多被完全充填，缝合线多显示为外缘红色、内部偏浅褐色的条带(图3－3－15)。

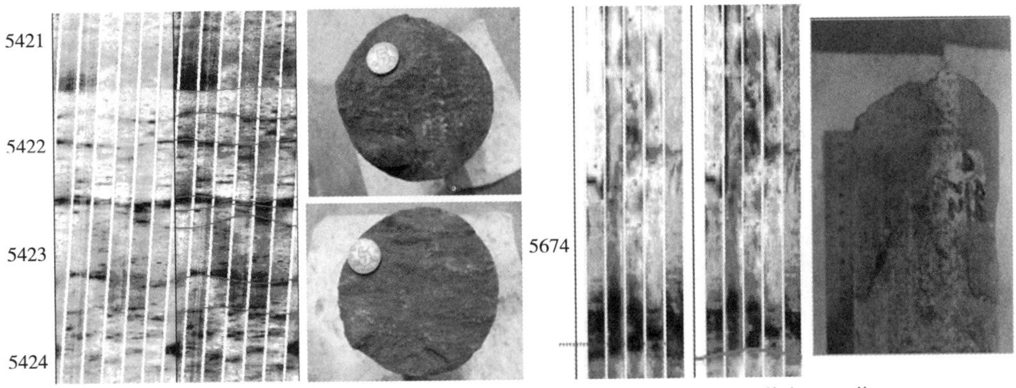

(a)普光302-1井　　(b)普光104-1井

图3－3－15　成像测井－岩心裂缝特征对比图

三、地球物理综合评价技术

生物礁在外形上，一般具有隆起特征；其内部的地震波传播速度与围岩相比有一定差异；沉积相、地震相特征相对明显，这些特征往往能在常规地震时间剖面或偏移剖面上反映出来，构成生物礁地震识别的物理、地质基础。

（一）礁滩体古地貌分析

古地貌分析能够揭示地层沉积前的地貌特征，这些特征直接影响沉积物的分布和储层的形成，对于预测和定位潜在的储层位置有着重要作用。图 3－3－16 为普光探区不同构造单元礁滩复合体在地震剖面上的反映。普光主体构造带的礁呈丘状，顶、底有弱反射，内部斜反射[图 3－3－16(a)]；大湾构造带的多层礁滩体叠置，上层丘状礁体两翼不对称，内部存在强反射，两翼有披覆，下层礁体两翼较对称，顶部杂乱、下部成层[图 3－3－16(b)]；毛坝构造带存在同层多个礁滩体不连续展布，内部反射以斜反射为主[图 3－3－16(c)]。礁滩体地震剖面解释存在多解性，实际上生物礁具有上述不同类型的组合(复合)特征，因此要结合地质、测井和钻井等资料进行综合分析。

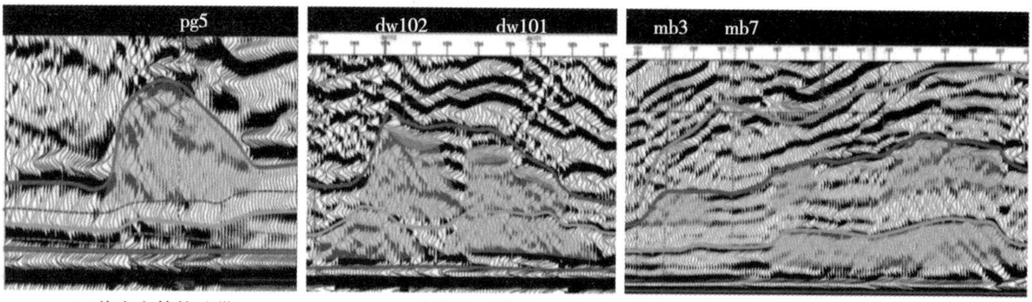

(a)普光主体构造带　　(b)大湾构造带　　(c)毛坝构造带

图 3－3－16　礁滩古地貌特征地震识别模式图

（二）礁滩体地震相分析

地震相分析与地震地层学密切相关，地震地层学是利用地震资料确定沉积岩性质、沉积历史与沉积环境的方法。地震相分析则利用地震波组的振幅、频率、丰度、连续性和反射结构等特征预测沉积环境。图 3－3－17 总结了礁滩沉积相和对应的地震相的一般特征。

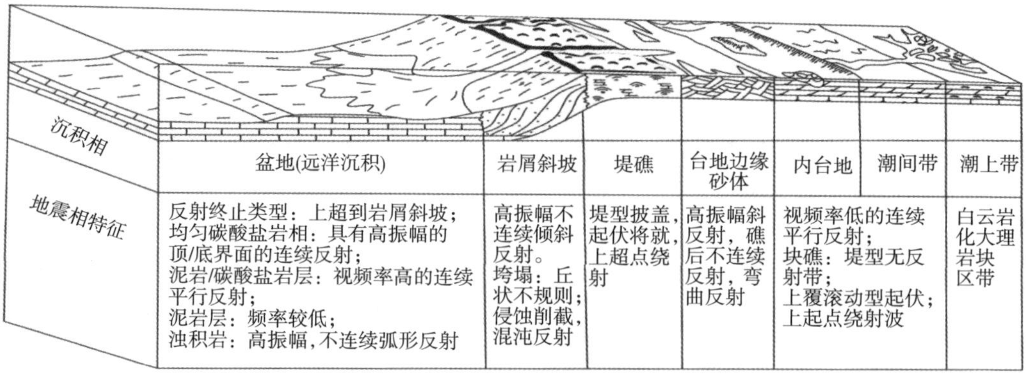

图 3－3－17　礁滩沉积相及其地震相特征

(三)礁滩体地震储层预测

通过岩石物理分析，普光地区礁滩体储层与非储层的纵波阻抗差异明显，因此可以采用波阻抗反演定量描述储层。

(四)礁滩体含油气检测

储层含有不同的流体时，具有不一样的物理性质，并且在地震属性上有一定的差异反映。通常来说，流体可有 3 种不同的类型(油、气和水)，一般来说这 3 种类型在储层中呈相互共存的状态。这 3 种流体在物理性质上具有一定的区别，可以利用叠前道集和叠后地震数据进行流体检测，基本上利用地震的振幅、频率、相位等属性及其随方位角、偏移距的变化信息来实施检测。

第三节　礁滩体气藏勘探实例

以普光 2 井飞仙关组礁滩体气藏为例，根据川东地区飞仙关组储层的分类研究，结合岩心物性分析资料、岩心薄片鉴定资料、测井资料等，对普光 2 井飞仙关组储层及控储因素进行分析(表 3－3－3)。

表 3－3－3　普光 2 井飞仙关组储层分类表

储集岩级别	岩心物性参数			主要储集空间	代表岩类
	孔隙度/%	渗透率/$10^{-3}\mu m^2$	原始含气饱和度/%		
Ⅰ类	一般 5～19，平均 12.7	一般 14～500，平均 367.15	一般 92～98，平均 95	鲕粒溶模孔、粒间溶孔、晶间溶蚀扩大孔、溶洞和溶缝	溶孔砂糖状砂屑白云岩、溶孔砂糖状白云岩、溶孔砂糖状鲕粒白云岩、溶孔白云岩、溶孔砂屑白云岩、溶孔鲕粒白云岩、溶孔鲕粒砂屑白云岩
Ⅱ类	一般 3～12，平均 8.3	一般 1～300，平均 53.75	一般 85～93，平均 88	鲕粒溶模孔、粒间溶孔、晶间溶蚀扩大孔、溶洞和溶缝	溶孔白云岩、溶孔砂屑白云岩、溶孔砾屑白云岩、溶孔鲕粒白云岩、溶孔鲕粒砂屑白云岩
Ⅲ类	一般 2～9，平均 5.2	一般 0.2～30，平均 9.32	一般 75～85，平均 82	鲕粒溶模孔、粒间孔、晶间孔和溶孔	溶孔白云岩、溶孔砂屑白云岩、溶孔砾屑白云岩、溶孔鲕粒白云岩、溶孔鲕粒砂屑白云岩、白云岩
Ⅳ类	一般 1～3，平均 1.2	一般 0.01～1，平均 0.35	一般 65～80，平均 72	晶间孔、粒间孔	泥晶灰岩、白云岩、砂屑白云岩、砾屑白云岩、鲕粒白云岩

依据本井地球化学分析结果，分析普光 2 井飞仙关组油气藏烃源岩主要为龙潭组、长兴组及飞仙关组泥晶灰岩、泥灰岩等一套烃源岩，烃源岩干酪根类型为腐植型和腐泥腐植型，有机质丰度好～极好，已成熟。中侏罗世是其成烃高峰期，生气高峰为晚侏罗世到白垩纪之后，而构造圈闭形成为印支期－喜山期，主要在燕山期，其生烃期与构造圈闭形成期的配置较好。

第四章　致密砂岩气藏地质勘探与评价

四川盆地陆相须家河组致密气藏潜力巨大，已发现多个大中型气田，近年来，相继在元坝、巴中、通江－马路背、普光等探区实现突破，是实现增储上产的现实领域。川东北地区须家河组主要分为四段，须二段、须四段为致密砂岩储层发育集中段，须五段、须三段为烃源岩主要发育段。须家河组气藏纵向上发育“三明治”式成藏组合，以岩性气藏、构造－岩性复合气藏为主要存在形式，具有成藏组合多，气藏类型多样，受烃源、储层、古今构造等多元叠合控制的特点。

第一节　致密砂岩气藏地质特征

一、气源条件

（一）烃源岩特征

川东北地区须家河组须三段和须五段以湖相沉积为主，须五段岩性主要为深灰色泥岩、灰黑色碳质泥页岩、煤层夹岩屑砂岩，厚度为16.0～36.0m；须三段岩性主要为砂岩、粉砂岩与暗色泥岩不等厚互层，厚度为56.0～86.0m，是烃源岩有利发育层段（图3－4－1～

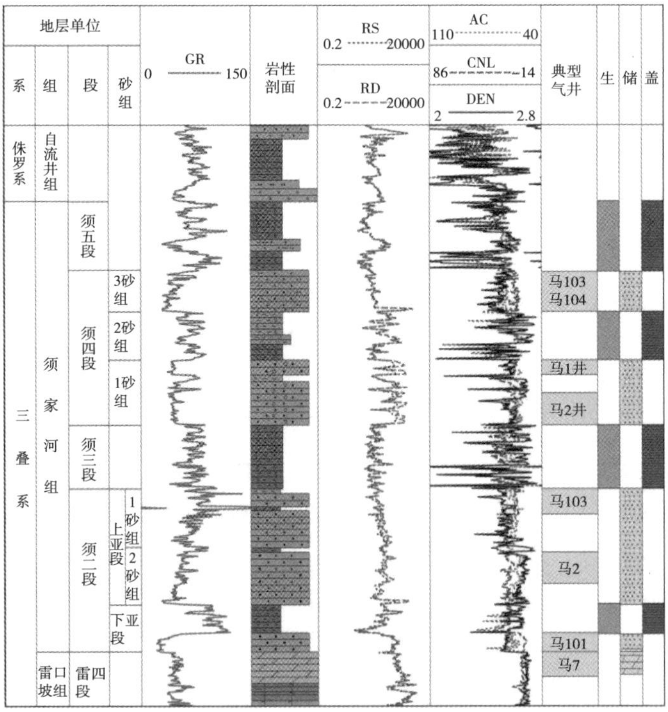

图3－4－1　通南巴地区中－上三叠统地层综合柱状图

图3－4－3）。烃源岩TOC整体较高，其中须五段TOC值在0.34%～11.4%，平均值2.72%；须三段TOC值在0.43%～9.8%，平均值3.14%。有机质热演化程度较高，Ro达到1.8%～2.47%，整体处于过成熟阶段。有机质类型以Ⅲ型为主，发育少量的$Ⅱ_2$。其中，通南巴地区须家河组烃源岩有机质类型以$Ⅱ_2$型为主，同时发育$Ⅱ_1$型和Ⅲ型；普光地区以$Ⅱ_2$～Ⅲ型有机质为主，发育少量$Ⅱ_1$型。

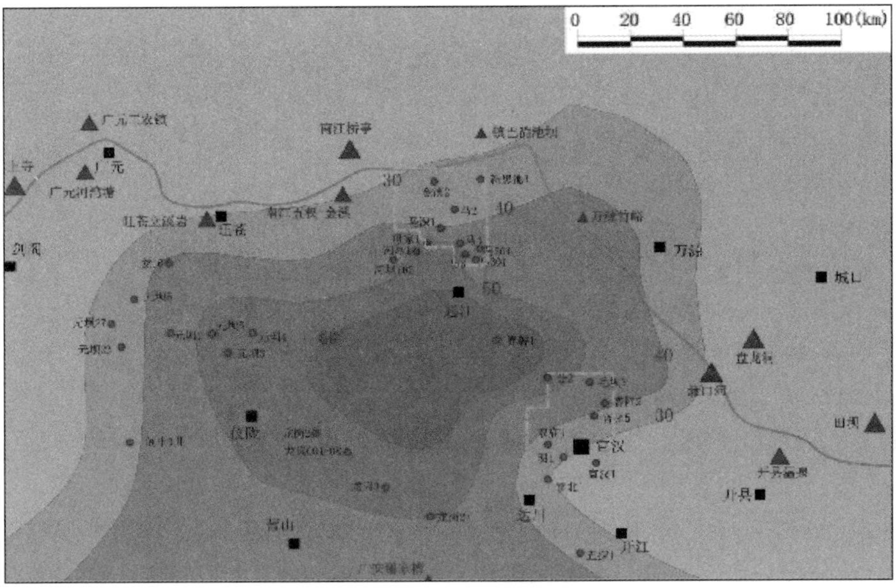

图3－4－2　川东北地区须三段泥岩厚度

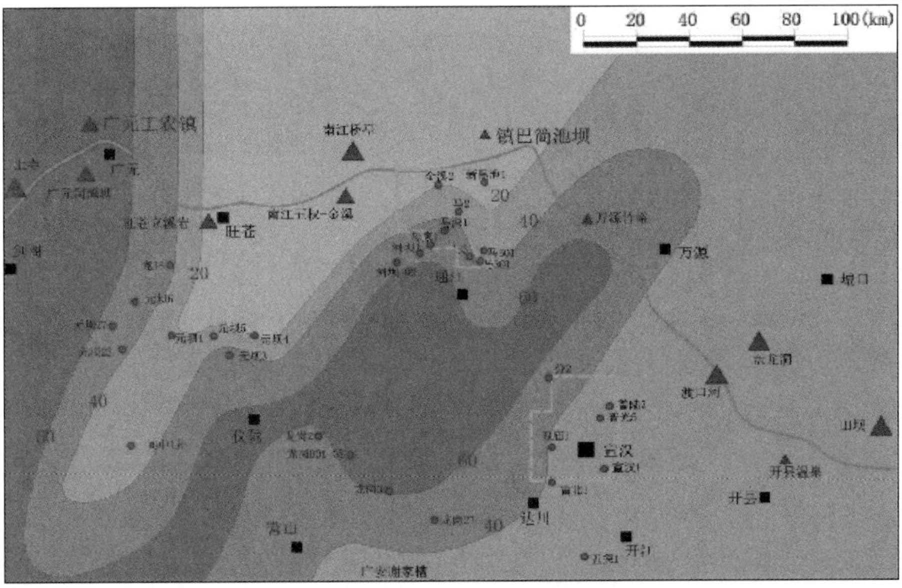

图3－4－3　川东北地区须五段泥岩厚度

（二）天然气成因及来源

川东北地区须家河组天然气以甲烷为主，非烃气体以氮气和二氧化碳为主，不含硫化氢。通过乙烷和丙烷 $\delta^{13}C$ 值分析，普光地区油型气和煤成气混合共存，通南巴地区以过成熟油型气为主(图 3 -4 -4)。油型气主要源于干酪根热裂解和原油热裂解两类地质作用，剖析油型气($\delta^{13}C_2-\delta^{13}C_3$)与 C_2/C_3 相关关系表明通南巴和普光地区的油型气均具有二次裂解气的特点，表明油型气主要源于烃类的二次裂解过程(图 3 -4 -5)。

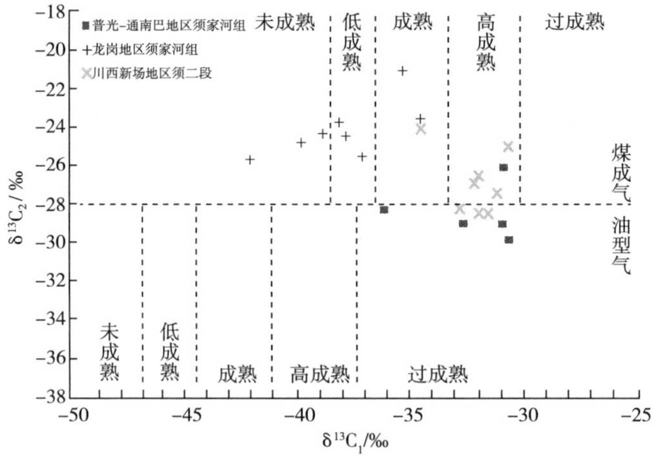

图 3 -4 -4　须家河组天然气 $\delta^{13}C_2$ 与 $\delta^{13}C_1$ 关系

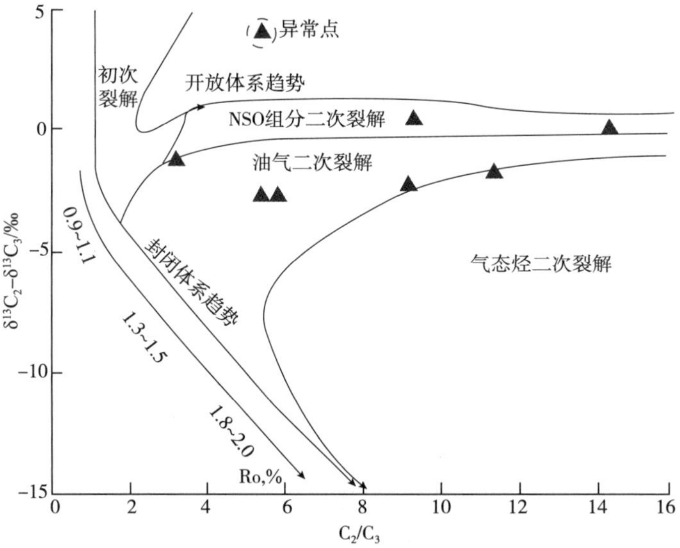

图3 -4 -5　通南巴地区须家河组油型气($\delta^{13}C_2-\delta^{13}C_3$)与 C_2/C_3 关系

普光和通南巴地区须家河组碳质泥岩和砂岩中均见固体沥青，是油型气的伴生产物。通过对比须家河组干酪根、固体沥青、乙烷的 $\delta^{13}C$ 值，发现乙烷 $\delta^{13}C$ 值较须家河组干酪根偏轻 2‰左右，固体沥青 $\delta^{13}C$ 值与干酪根相似，三者的 $\delta^{13}C$ 特征符合烃源岩生排烃过程的碳同位素分馏效应，表明须家河组为典型的自生自储型气藏(图 3 -4 -6)。

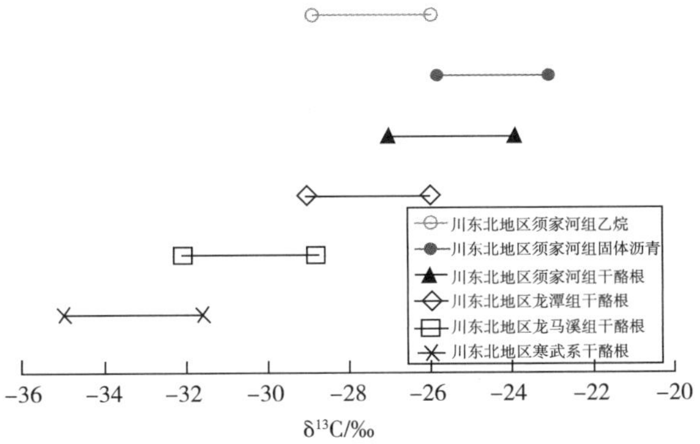

图3－4－6 川东北地区各层系干酪根与须家河组乙烷、固体沥青 $\delta^{13}C$ 组成

二、储层条件

(一)沉积特征

川东北地区上三叠统须家河组主要为地貌平缓开阔的浅、漫湖背景下浅水辫状河三角洲－三角洲前缘沉积体系(图3－4－7)。

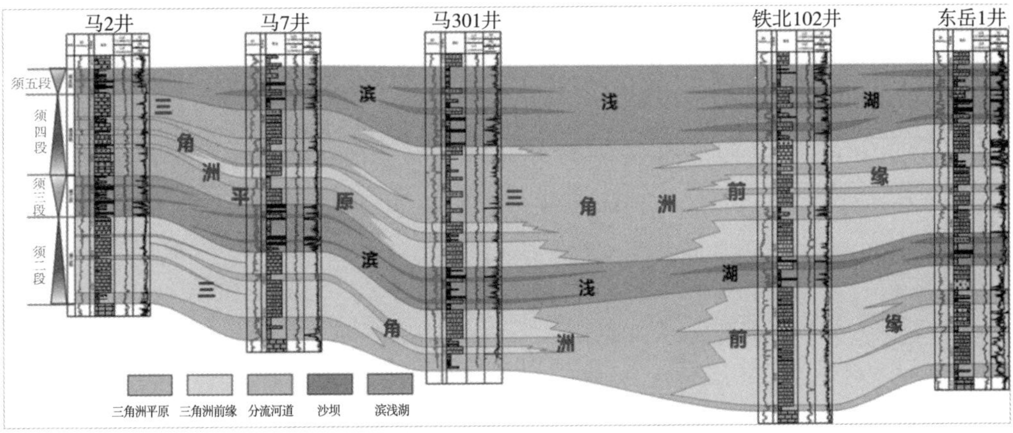

图3－4－7 川东北须家河组连井相图

须二段下亚段沉积时期，龙门山北段开始逆冲推覆，米仓山、大巴山均处于隆升期，由于受到雷口坡组古地貌和湖平面的控制，须二段下亚段发育一套较纯的石英砂岩，为辫状河三角洲前缘外侧的滨浅湖滩坝微相，沿岸线呈环形分布(图3－4－8)。须二段上亚段时期，通南巴及普光地区发育辫状河三角洲前缘沉积，通江南部局部发育滨浅湖相，从东北向西南岩性粒度由中粗砂岩过渡为中－细砂岩再到细－粉砂岩。须三段沉积期发育湖泊相，主要发育大面积滨浅湖相，以暗色泥岩为主。

须四段时期，龙门山、米仓山、大巴山强烈隆升，在通南巴－普光地区形成辫状河三角洲体系，以三角洲平原－前缘相沉积为主，岩性为砂砾岩、砾岩和砂岩。须五段沉积期水体变深，发育滨浅湖亚相，规模自西北向东南逐渐扩大，整体以滨湖泥、滨湖沼泽为主，在通南巴地区东南部发育滨浅湖滩坝(图3－4－9)。

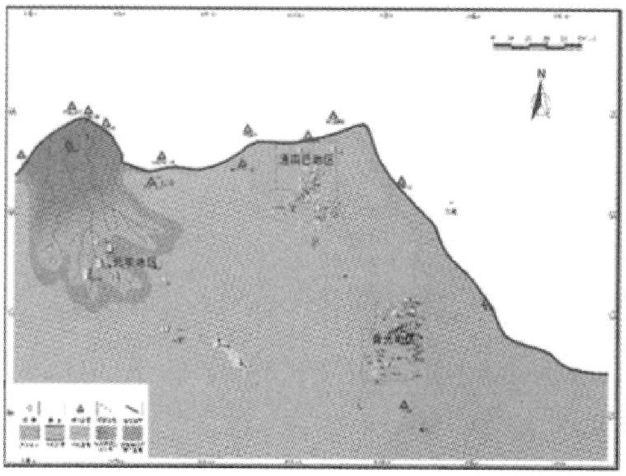

(a)川东北地区须二下亚段沉积相图

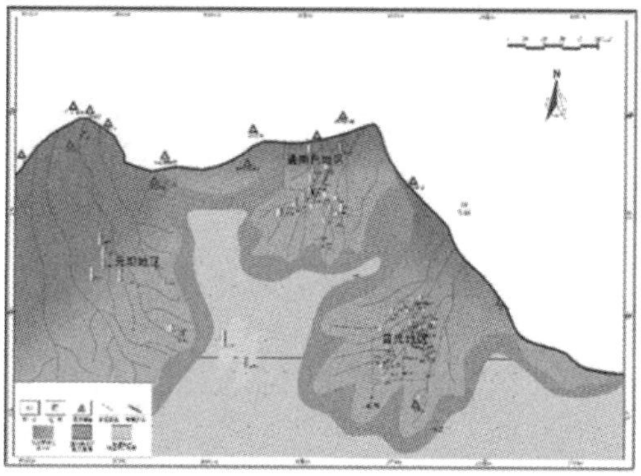

(b)川东北地区须二上亚段沉积相图

图 3－4－8　川东北地区须二段沉积相图

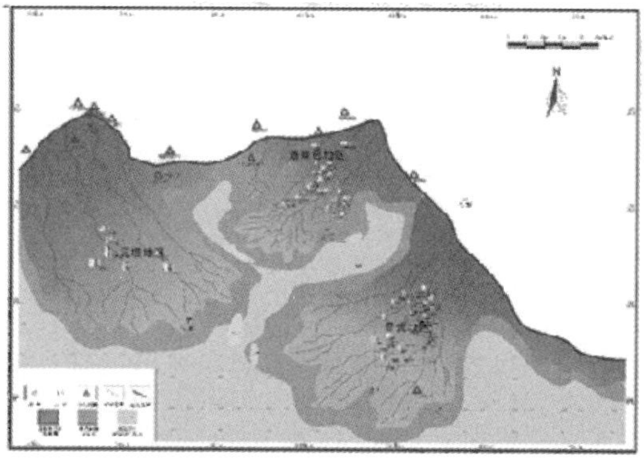

(a)川东北地区须四1亚段沉积相图

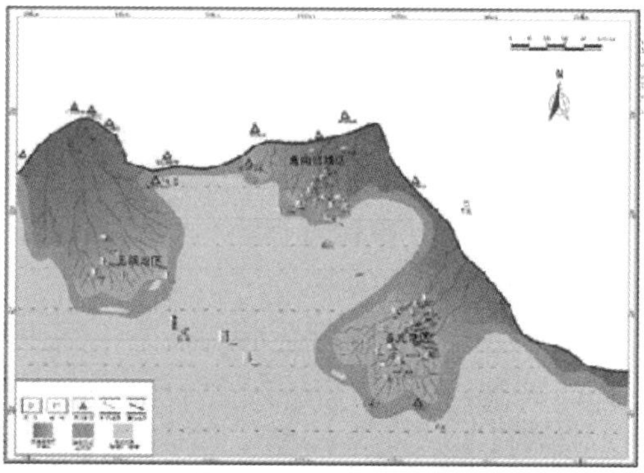

(b)川东北地区须四2亚段沉积相图

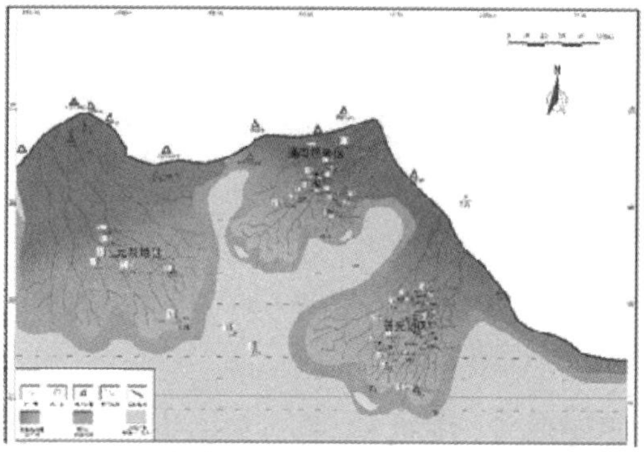

(c)川东北地区须四3亚段沉积相图

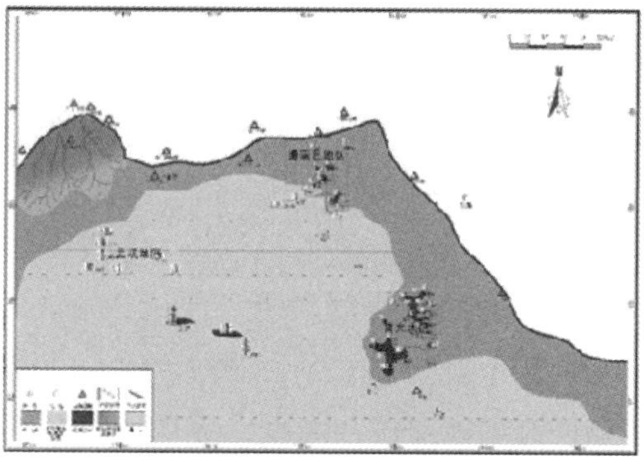

(d)川东北地区须五段沉积相图

图 3－4－9　川东北地区须四段、须五段沉积相图

(二)储层特征

1. *储层岩石学特征*

川东北须家河组储层主要分布在须二段下亚段、须二段上亚段、须四段 1 砂组、须四段 3 砂组。其中，须二段下亚段储层主要发育滨浅湖滩坝微相，岩性以石英砂岩为主，须二段上亚段和须四段储层主要发育辫状河三角洲前缘水下分流河道微相，储层岩性以岩屑砂岩为主，其次为长石岩屑砂岩(图 3－4－10)。

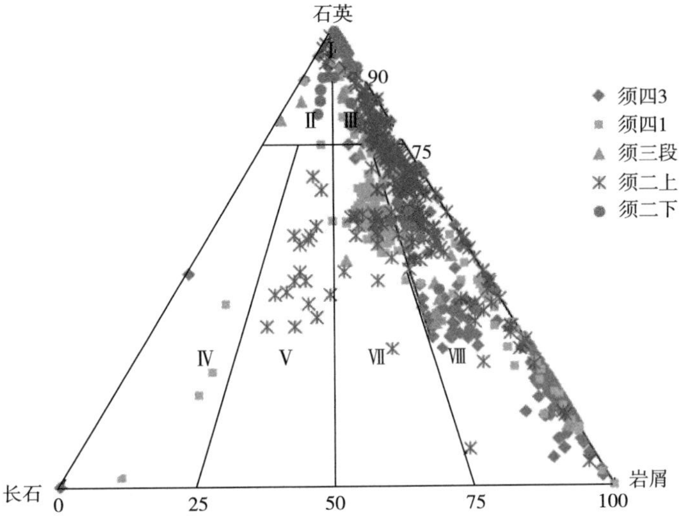

Ⅰ—石英砂岩；Ⅱ—长石石英砂岩；Ⅲ—岩屑石英砂岩；
Ⅳ—长石砂岩；Ⅴ—岩屑长石砂岩；Ⅵ—长石岩屑砂岩；Ⅶ—岩屑砂岩

图3－4－10 川东北须家河组砂岩岩性三角图

2. 储层物性特征

川东北地区须家河组储层主要为岩屑砂岩，岩心物性样品统计分析，孔隙度介于3.00%～6.30%，中值3.79%，平均值4.02%，主要集中在3.0%～5.0%，岩心实测孔隙度以特低孔为主，岩心分析渗透率在0.05～2.87mD，中值0.172mD，主要集中在0.05～1.0mD，以特低渗为主。须家河组砂岩储层段岩心孔渗关系分析表明，孔隙度与渗透率具有正相关性，随着孔隙度增大渗透率呈上升趋势，揭示储层储集空间以孔隙为主，储层类型为裂缝－孔隙型(图3－4－11)。

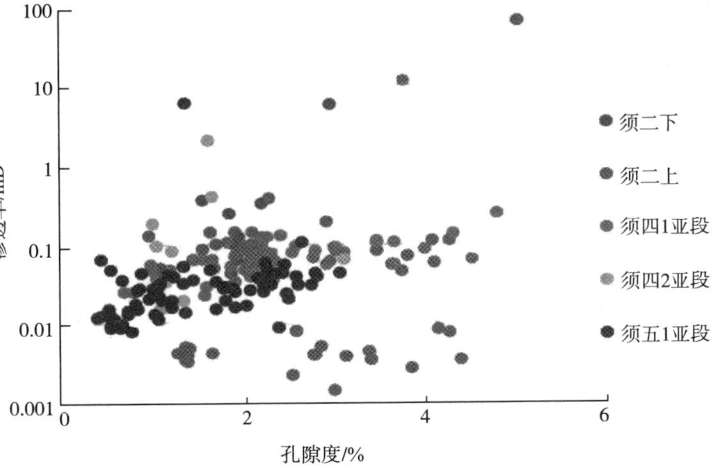

图3－4－11 通江－马路背地区须家河组储层孔隙度、渗透率分布图

3. 储集空间特征

须家河组主要发育粒间孔、粒间溶孔、晶间微孔、构造缝和成岩缝等储集空间。其中，粒间孔主要有3种类型：第一种是黏土衬边形成颗粒绿泥石膜，有效地阻止石英加大使粒间孔得以保存；第二种是石英颗粒加大边发育，但并未充填满粒间孔，只是使原有的

粒间孔大幅度缩小，多呈三角形、四边形或多边形，多发育于须二段的石英砂岩储层；第三种是在原有粒间孔隙的基础上，碎屑颗粒边缘遭部分溶蚀形成，在原生粒间孔隙的基础上稍有溶蚀扩大，孔隙边缘常呈锯齿状、港湾状，一般多发育于须四段岩屑砂岩中。

粒内溶孔在须家河组储层发育程度不高，在须四段砂岩中的粒内溶孔发育较好，铸体薄片下的面孔率在2%～5%，主要由长石、碳酸盐胶结物和岩屑不同程度溶蚀形成。其成因主要为成藏期有机质成熟时产生的大量有机酸性流体，沿长石解理缝发育的微小溶孔或溶缝使岩石中的不稳定组分如长石、岩屑、杂基等发生溶蚀，产生次生溶孔。

晶间微孔主要为自生绿泥石叶片状晶间微孔、伊利石不规则片状或丝缕状晶间网状微孔，以及伊蒙混层矿物晶体间的微孔隙。黏土矿物晶间微孔是川东北须家河组广泛存在的孔隙类型，在普光探区须二上亚段多见伊利石晶间微孔，须四3亚段主要为绿泥石晶间孔，而在通南巴探区的须二下亚段和上亚段可见自生高岭石黏土矿物晶间孔。

须家河组主要发育构造缝和成岩缝两类裂缝，其中，构造缝在通南巴探区比较常见，多为中小型裂缝，以斜缝为主，其次为少量垂直缝。该类裂缝主要沿沉积层面裂开成组出现，与米仓山－大巴山多期推覆构造有关，裂缝多被方解石、石英等充填，部分裂缝为半充填，对致密砂岩的天然气成储、运移、聚集起到关键作用。成岩缝主要为破裂缝与溶蚀缝。破裂缝是强烈压实成岩作用导致岩石脆性碎屑破裂形成，其缝内可见沥青质、泥质及碳酸盐胶结充填，此类缝多伴随构造缝存在。溶蚀缝主要为长石、岩屑等组分在成岩过程中溶蚀形成，裂缝边缘呈锯齿状或栉状排列的颗粒，是在原微裂缝的基础上溶蚀扩大形成的。从岩心观察来看，须家河组裂缝发育程度高，类型多样，充填程度有差异，且以高角度缝为主(图3－4－12)。

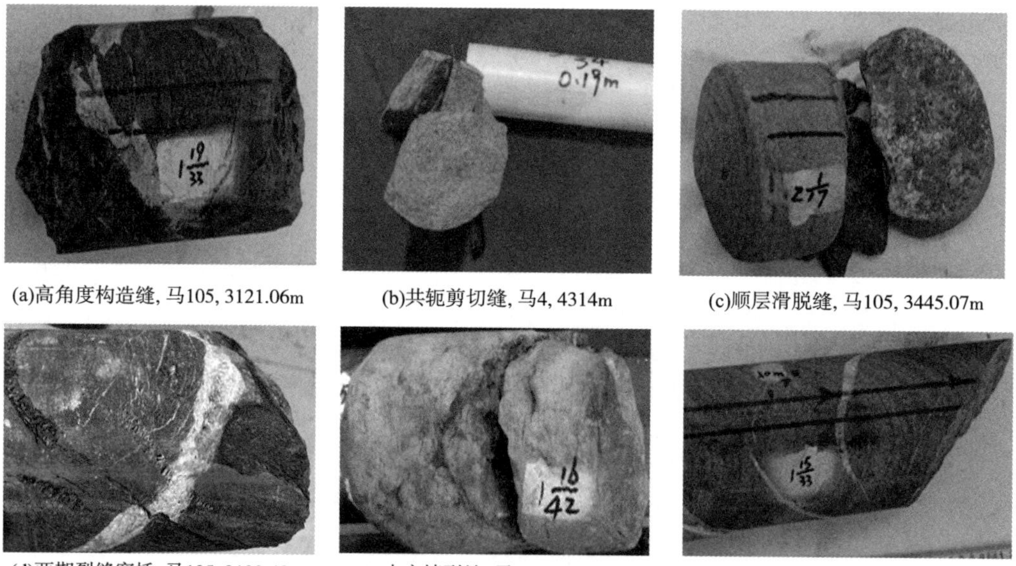

(a)高角度构造缝，马105，3121.06m　(b)共轭剪切缝，马4，4314m　(c)顺层滑脱缝，马105，3445.07m

(d)两期裂缝穿插，马105，3123.48m　(e)未充填裂缝，马10，3919.57m　(f)全充填剪切缝，马105，3120.3m

图3－4－12　须家河组岩心裂缝发育特征

成像测井资料显示，裂缝以高角度缝－直立缝、斜交缝为主，走向呈北东－南西、北西－南东、近东西向(图3－4－13、图3－4－14)。

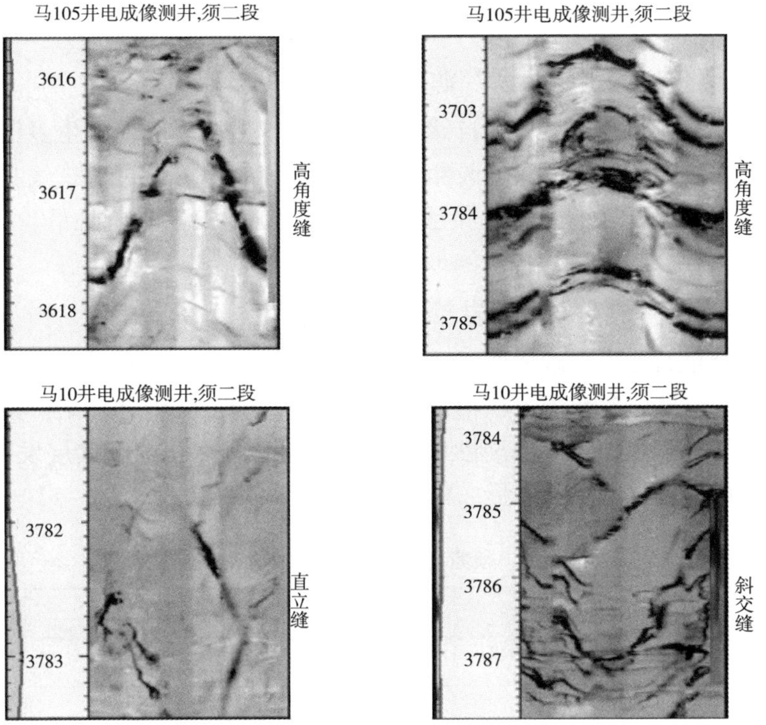

图 3－4－13　须家河组裂缝倾角及走向统计分析

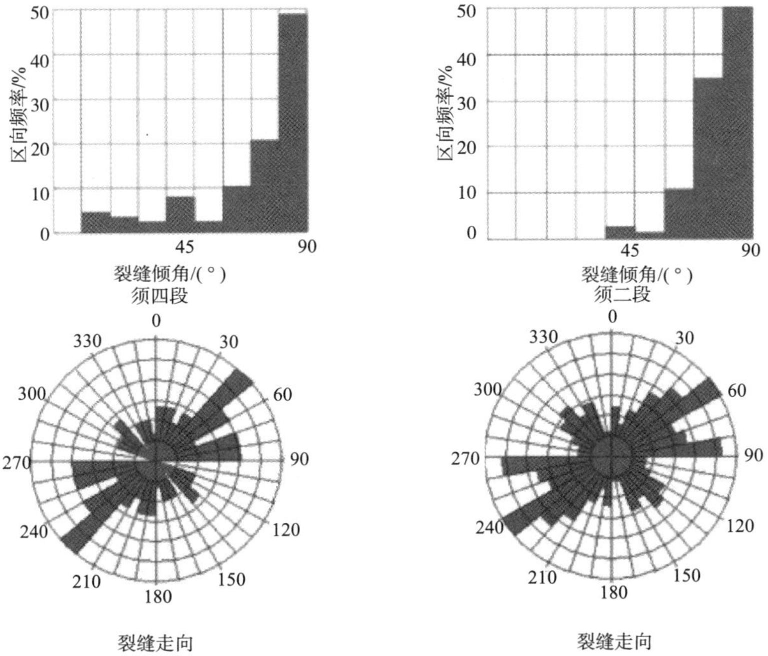

图 3－4－14　须家河组裂缝电成像特征

三、天然气成藏主控因素与富集规律

（一）生烃控藏作用的高阶煤系烃源岩

川东北地区须家河组为典型自生自储型气藏，在地质历史时期发生多期近源充注调整成藏，烃源岩的品质和分布特征影响天然气成藏与富集规律。通过对试气井进行对比分析发现，高产、稳产层均靠近须家河组煤系烃源岩，近源岩储层含气性好、试气效果也好，表明须家河组烃源岩控制了高产井的分布。

（二）叠置连片发育的孔隙型砂岩储层

多期大面积分布的孔隙型砂岩储层叠置连片发育，为天然气提供充足的赋存空间，是天然气富集的基础。储层发育受沉积相、成岩作用和裂缝三大因素控制，其中三角洲前缘水下分流河道、河口坝坝顶、滨浅湖砂坝、辫状河道心滩为孔隙型储层发育的优势相带。烃源岩热演化形成的有机酸有利于形成粒间溶孔和晶间溶孔（表3－4－1）。

表3－4－1　须家河组沉积（微）相与孔隙度关系　%

亚相	微相	最大孔隙	最小孔隙	平均孔隙
辫状河道	心滩	6.66	0.49	2.86
浅湖	砂坝	4.81	1.3	2.57
辫状河三角洲前缘	水下分流河道	4.51	0.35	2.44
辫状河三角洲平原	水上分流河道	4.63	0.14	1.72
辫状河三角洲前缘	河口坝	3.79	0.4	1.59
滨浅湖	砂坪	2.09	0.52	1.43
辫状河三角洲平原	河床滞留	2.58	0.47	1.21
辫状河三角洲平原	河道间	0.86	0.2	0.54

（三）规模发育的网状裂缝

规模网状裂缝有效沟通各类储集空间，极大提高储层渗透性能，有利于天然气高产。通南巴区块位于米仓山冲断构造带和大巴山弧形冲断构造带的构造叠合区，受到米仓－大巴联合挤压改造，构造变形强烈，规模网状裂缝的发育有效沟通次生溶蚀孔隙及原生粒间孔隙，极大改善储层渗透性。

第二节　致密砂岩气勘探评价技术

在明确致密砂岩储层受“岩相＋裂缝”双重控制的基础上，进行储层、裂缝井震识别能力分析，开展致密砂岩相控储层预测技术、多尺度裂缝融合预测技术研究，对致密砂岩储层、裂缝进行精细刻画，落实勘探有利目标区，为井位部署提供重要依据。

一、储层预测技术

致密砂岩储层预测技术主要针对须二段上亚段、须四段储层。在储层精细标定及储层特征统计分析的基础上，整体按照“相带划区、去泥找砂，去砾找砂、砂中寻储”的思路开展砂体及储层综合预测，落实有效储层发育区，主要内容包括相带划区、储层精细标定、岩性地震反演、孔隙度反演以及储层厚度预测等内容。

1. 相带划区

以通南巴区块须四段为例，须四段北部发育辫状河三角洲平原亚相，地震剖面对应“两峰两谷”地震波组特征，建立了“地层厚度定范围、中弱振幅反射轴定展布、波形聚类属性定边界”的多手段联合确定储层有利相带的方法。须四段南部发育辫状河三角洲前缘亚相，发育“三峰三谷、三峰四谷、四峰四谷”等多种地震波组特征，建立了“振幅属性定展布、波形聚类属性定边界”的储层有利相带刻画方法。

2. 储层精细标定

储层精细标定是在地震地质层位标定的基础上，对储层的准确位置进行精确标定和对储层的地震响应特征进行分析，是储层地震横向预测的基础。

须四段储层地震响应特征为储层顶界对应强波峰，储层底界对应波谷，地震剖面上表现为一套低频强波峰反射同相轴，储层段具有低伽马特征。

3. 岩性地震反演

伽马能够较好地区分泥岩与砂岩、砾岩。自然伽马反演通过寻找地震多属性与目标层段 GR 曲线的关系，采用多元拟合法确定最佳属性与 GR 的相关性，使用相关度最大的属性组合的数据体即为 GR 反演数据体，达到预测砂岩、砂砾岩数据体的目的。

4. 孔隙度反演

利用敏感参数进行叠后、叠前反演可得到孔隙度数据体。首先统计砂岩储层孔隙度与波阻抗、声波时差、密度、纵波及横波等各类数据的关系，优选反映孔隙度的敏感参数；再利用地震反演技术得到敏感参数反演数据体，最后通过孔隙度与敏感参数关系拟合公式计算得到孔隙度数据体。

5. 储层厚度预测

通过区域地质、钻井、测井、试气等成果数据分析，确定储层孔隙度的下限及储层孔隙度的分布范围，然后通过须二段上亚段、须四段岩性数据体、孔隙度数据体叠合计算得到储层数据体，最后落实须二段上亚段、须四段储层厚度及平面展布。

二、裂缝地震识别及检测技术

断缝、褶缝、断裂破碎带裂缝地震波组特征的差异致使裂缝预测技术及预测效果存在显著差异，一般情况下相干、最大似然、蚂蚁体对于线状展布的断层缝检测效果较好，构造熵属性对于断层破碎带的裂缝检测效果较好，曲率、形状指数、结构张量等对于褶皱构造背斜区的裂缝检测效果较好。

1. 断层缝检测技术

断层缝通常沿断层或顺着某一方向呈线状展布，利用相干属性(图 3 – 4 – 15)刻画中大尺度裂缝发育展布，蚂蚁体、最大似然属性(图3－4－16)刻画中小尺度裂缝发育展布。其中相干体算法利用本征值算法(Eigen)，即用两个不同比列的向量分别表示主轴和最小方向轴，一般情况下，长向量沿主轴方向，短向量沿最小方向轴方向，与前两代算法相比，能更好地区分断层细节特征变化。

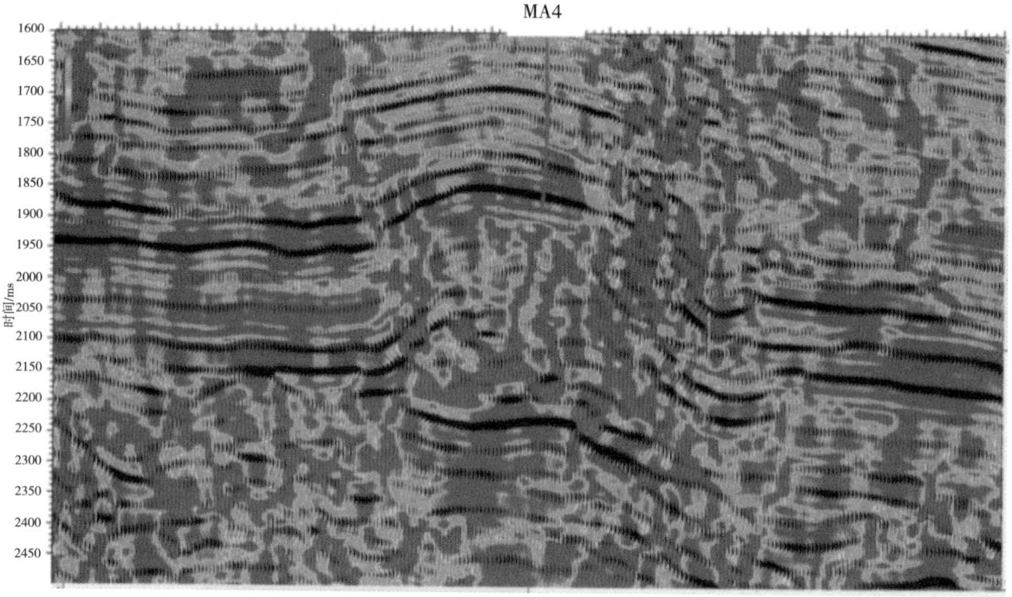

图3－4－15　第三代相干体法断缝检测剖面

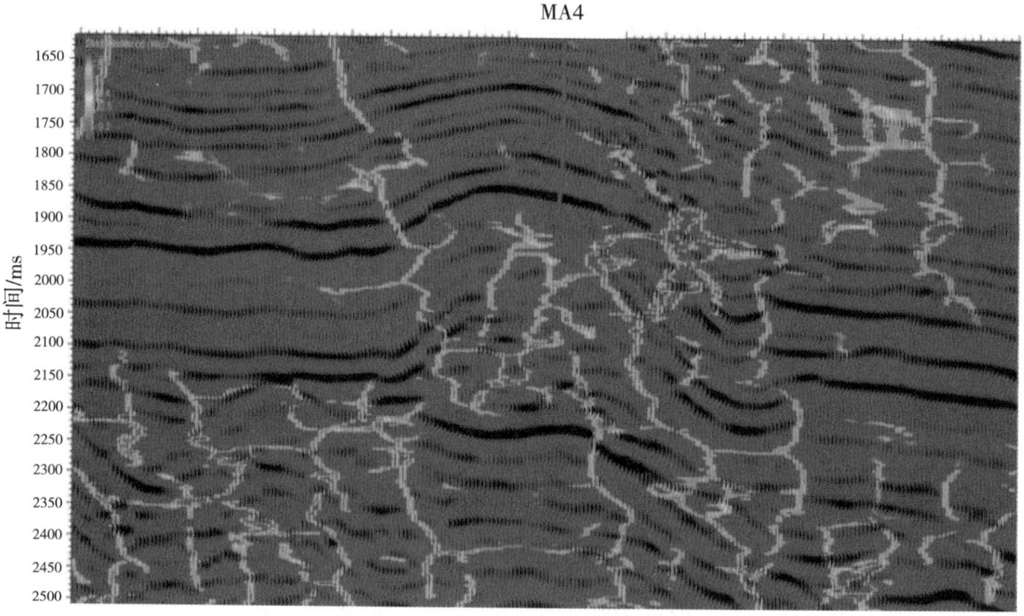

图3－4－16　最大似然法裂缝检测剖面

2. 断裂破碎带裂缝检测技术

熵被视为系统可能微观状态数的对数函数，反映了系统的混乱程度。构造熵属性是基于地震资料的振幅在三维空间变化梯度的差异，构建反映地震信号杂乱程度的熵属性(混沱)，实现裂缝发育带刻画。

3. 褶缝预测技术

褶缝通常随褶皱构造伴生，褶缝主要发育在褶皱背斜的部分地区，现阶段常用曲率法、形状指数法(图3-4-17)检测其发育展布。形状指数是定量分析景观空间格局与景观异质性特征的一个重要指标，形状指数越大，表示形状越复杂。形状指数是一种实用的地震属性，通过分析地震数据体地层界面的变形程度，实现对裂缝的精准检测。

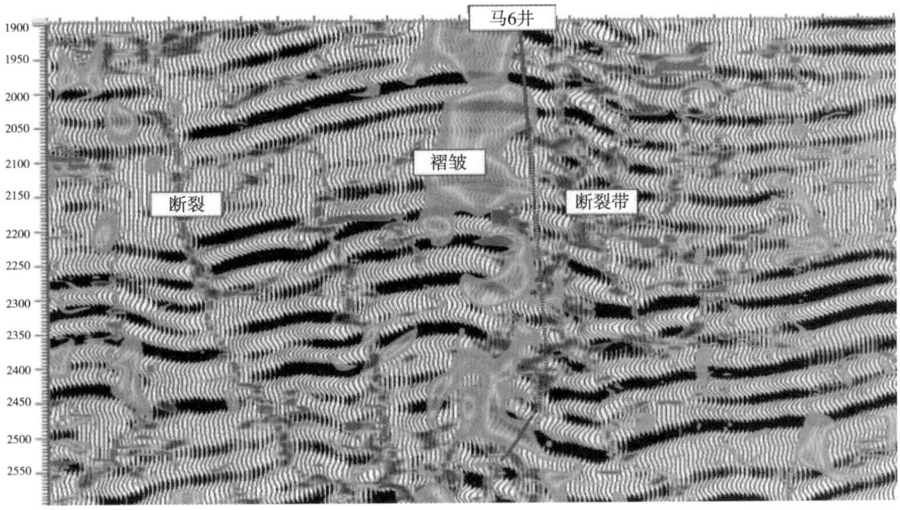

图3-4-17 形状指数法裂缝检测剖面

4. 多尺度裂缝融合检测技术

针对不同成因类型的裂缝有针对性地采用相应的预测技术方法。以通南巴区块须家河组裂缝检测为例，基于断层强度和褶皱强度的裂缝分析量化模版，开展相干、最大似然检测断层缝，构造熵属性检测断层破碎带裂缝，曲率、形状指数、结构张量检测褶缝的裂缝检测效果对比分析，优选最大似然检测断层缝，构造熵属性检测断层破碎带裂缝，结构张量检测褶缝，并进行多尺度裂缝融合检测(图3-4-18)技术研究，裂缝识别能力及精度明显提高。

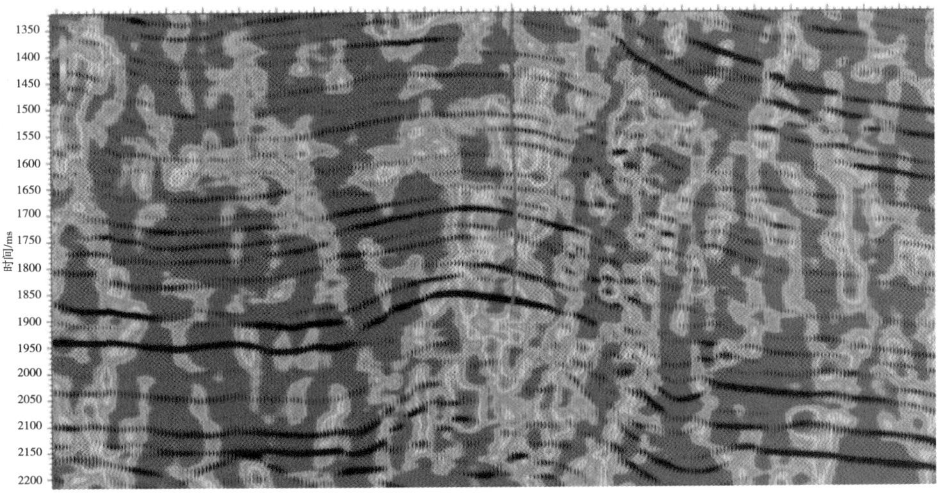

图3-4-18 多尺度裂缝融合检测剖面

第三节　致密砂岩气藏勘探实例

有利相带、优质源岩及断裂发育区是须家河组致密气藏评价的关键因素，按照该思路，在通江向斜部署了马4、马5、马301等井，试气获得了高产工业气流。本节以通南巴地区通江向斜马301井为例(图3-4-19)。

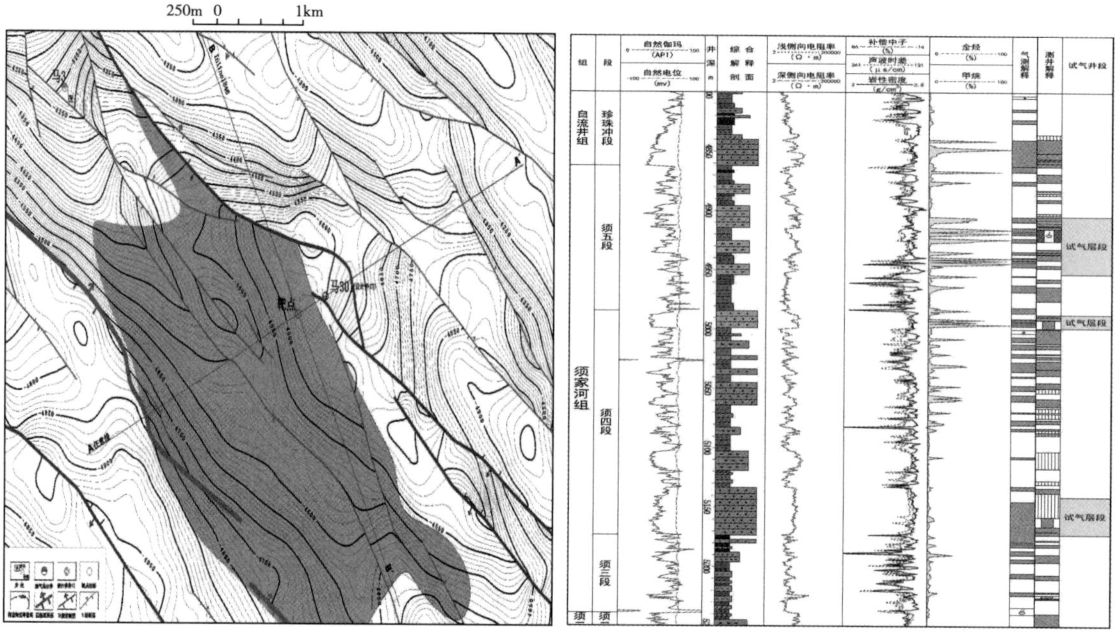

图3-4-19　通江向斜兴隆断褶带马301井部署图(须四1砂组顶面构造图)

马301井于2021年9月29日开钻，2022年1月23日完钻，井口地面海拔556.2m，补心高10.5m，完钻井深5330m(斜深)，完钻层位为上三叠统须家河组。马301井须家河组录井解释含气层53.0m/19层；测井共解释248.2m/52层。目的层须四3砂组气测显示全烃最高98.334%，成像测井显示高阻缝发育及半充填缝，其中高阻缝5条，角度在5°~20°。须四1砂组气测显示全烃最高10.273%，油气显示含气层34.0m/1层，成像测井显示发育半充填缝7条。对须五段~须四段(4905.00~5173.00m井段)进行加砂压裂测试，施工排量7~9.5m^3/min，总液量3636.16m^3，总砂量215.48m^3，破裂压力78.19~84.86MPa，采用6mm油嘴、24mm孔板求产，油压18.6MPa，日产气6.22×10^4m^3，证实了须家河组"相带控储、源岩控藏、裂缝控产"的气藏富集模式是行之有效的。

第四部分　内蒙古探区油气地质勘探与评价

第一章　勘探概况

内蒙古探区位于内蒙古自治区中东部，东西横亘 2000km，分布在二连盆地与银额盆地，包括二连盆地白音查干和乌里雅斯太凹陷、银额盆地查干及拐子湖凹陷等多个白垩系小断陷。探区总资源量大、探明率较低，剩余资源潜力大，是中原油田增储上产的重要阵地。

内蒙古探区自 1993 年获得白音查干凹陷探矿权以来，历经三十余载的勘探，实现了二连盆地白音查干、银额盆地查干和拐子湖凹陷的勘探突破，明确了构造油藏、岩性油藏、潜山油藏、稠油油藏等是主要的勘探类型。

一、白音查干凹陷油气勘探重要进展及认识

白音查干凹陷的油气勘探是在二连盆地区域地质调查基础上展开的。1993 年获得白音查干凹陷探矿权以后，相继进行了二维、三维地震勘探，并部署实施了 217 口探井与评价井，发现了达尔其、桑合和锡林好来 3 个油田(图 4－1－1)，为中原油田的稳定发展作出了积极贡献。获得矿权后油气勘探历经 4 个重要阶段，即区域勘探、展开评价、精细评价和下洼探索岩性隐蔽油气藏。

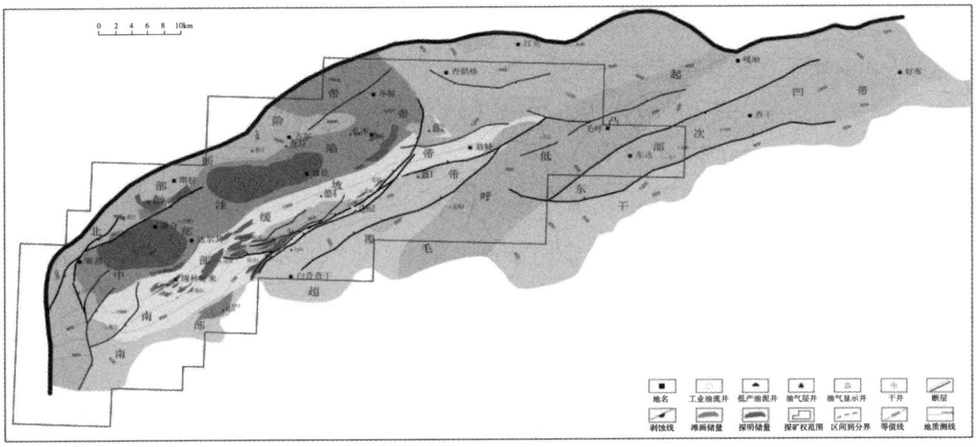

图 4－1－1　白音查干凹陷勘探形势图

(一) 区域勘探，突破油气勘探工业油流关

中原油田按照“节奏可以加快，程序不能逾越”的原则，先后完成了二维地震测线 66

条1747km，重力测量80km^2，大地电场探测80个物理点，复电阻率测量64.7km。明确了凹陷结构和主要构造特征、圈闭类型与分布特征等，优选勘探方向，1994年部署实施达2井，见到良好油气显示，测试获得日产油4.69m^3，实现了工业油流的突破，极大地鼓舞了士气，坚定了勘探的信心。

（二）展开评价，油气勘探发现主要油田

1996年，按照“评价桑合，探索南北两带高部位”的勘探思路，在北部陡坡带桑合构造实施查3井，对1146～1151m井段进行地层测试，获得日产10.5m^{3}的工业油流。同时，对该构造上的查2井进行老井压裂试油，获得日产6.9m^{3}的稳定工业油流。同年申报了查2、查3、达2块探明储量，诞生了桑合、达尔其2个油田。1997—2000年，勘探主要目的层由深层阿尔善组转向浅层腾格尔组，主攻达尔其，发现了稠油油藏。限于当时的技术、经济条件，最终放弃了稠油的开发，将勘探的目标集中到稀油油藏。至2000年共完成二维地震1747km、三维地震473.8km^{2}和探井41口。

（三）精细评价，油气勘探实现新突破

2001—2002年，采用“以油养油、精细评价”的运行模式，实施探井2口，滚评井6口。钻探构造油藏规模小但开发效果好，评价、滚动评价具有较大潜力。2003—2005年又完成三维地震采集317.55km^2，2006年完成连片处理。按照“主洼控油、斜坡找油”的指导思想，主攻构造油藏，至2008年整体评价了桑合、达尔其、锡林好来三大成藏区带，查9、查12、锡3、达39等25口井获得了高产工业油流，实现油气勘探新发现，储量规模迅速扩大。

（四）下洼探索岩性隐蔽油气藏，油气勘探获得新发现

2009年以后，借鉴二连盆地断陷湖盆的勘探实践经验，在精细评价构造油藏的同时，加大勘探力度探索岩性油藏和地层油藏。2009年，在桑合次洼锡26井腾中段发现白云岩缝洞型油藏，实现了腾中段岩性油藏的突破。2011年开始探索地层油藏，首先主攻超覆带腾上段，实施锡14井，发现超稠油油藏。2012—2023年聚焦烃源岩层系，围绕洼陷带开展深入评价，同时运用地震沉积学理论，攻关岩性圈闭刻画方法，寻找“甜点”，相继发现了达65、达67、翁6、翁8等含油富集区块。

2024年，于洼陷带部署查46斜井，在腾格尔组砂砾岩中见到厚层良好油气显示，展现了砂砾岩扇体岩性油藏的勘探潜力，开拓了洼陷带岩性油藏的场面。白音查干凹陷油气勘探一直在曲折中前行，高潮与低谷交替，但只要坚定信心，勇于探索，仍将迎来一轮又一轮储量增长。

二、查干凹陷油气勘探重要进展及认识

1998年中原油田获得探矿权，开展了新一轮的石油地质特征研究。评价优选出乌力吉构造带、巴润构造带、图拉格断层下降盘、巴润断层下降盘、额很和虎勒洼陷的环洼带为有利的勘探区带，毛1井、力1井两个老井试油获得工业油流，实现了勘探突破（图4－1－2）。勘探历程可以分为区域勘探、区带展开和精细评价3个勘探阶段。

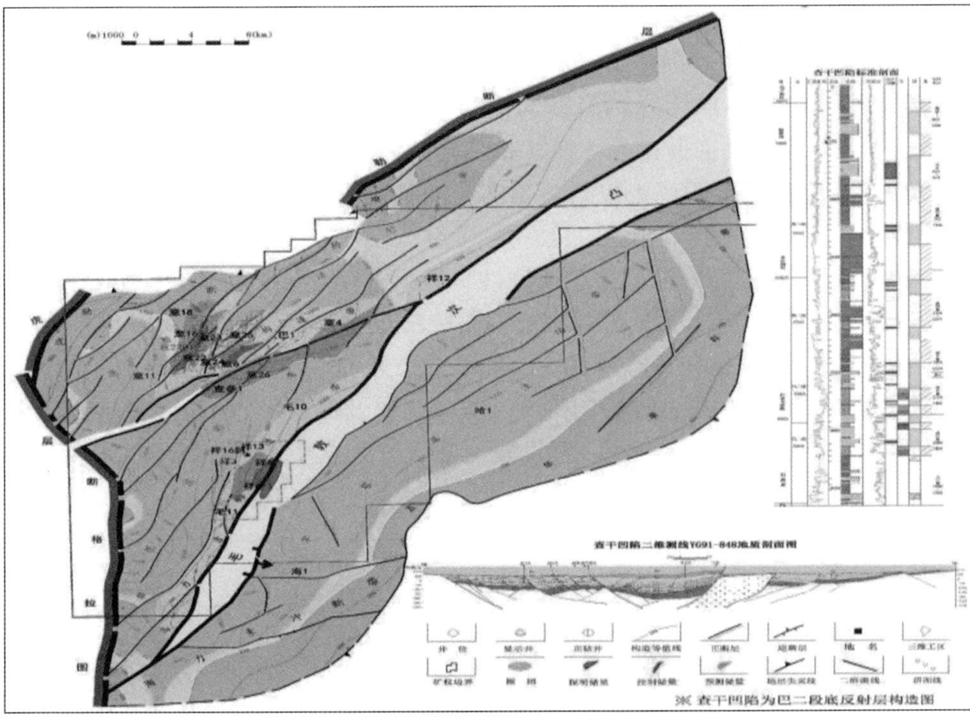

图 4－1－2　查干凹陷勘探形势图

(一) 区域勘探，查干凹陷具备基本石油地质条件

1999—2005 年，在毛 1 井东北方向乌力吉构造高部位部署毛 3 井、毛 4 井，由于相带变粗、油品稠等原因未能成功。为追踪毛 1 井扇体，在构造低部位部署了毛 5 井，继续寻找有利相带，但受岩相变化影响，岩性较细，缺乏好的储层，裸眼完井。

(二) 区带展开，加大勘探力度获新认识

2007—2008 年 6 月，为进一步落实凹陷内地层层序以及毛敦次凸对沉积体系的控制作用，实施了力 1 井。该井钻遇巴一段、巴二段、苏一段 3 套含油层系，发现各类油气显示 29 层 43. 29m，测井解释气层 3 层 10. 5m，油层 4 层 5. 6m，差油层 1 层 1. 4m，干层 7 层 16. 2m，水层 3 层 8. 4m。当年未试油。

(三) 精细评价，实现勘探突破和储量增长

2008 年，中原油田再次获得查干凹陷的探矿权。2009 年，对乌力吉构造带上的毛 1 井和力 1 井进行老井试油，分别在苏二段上部和巴一段试油获得日产 2. 22m^3 和 18. 8m^3 的工业油流，实现了勘探突破，坚定了在额很洼陷及周边勘探的信心。之后持续在乌力吉构造带开展勘探评价，发现了毛 8、力 1 等富集区块。2009 年是查干凹陷的突破年，发现了苏二段、巴一段、巴二段 3 套含油层系，实施三维地震 388km^2，坚定了建设内蒙古油气生产基地的信心。

2010—2022 年，勘探从乌力吉构造带转为全凹勘探，勘探节奏加快，完成三维地震 700. 4km^2，钻井 91 口。发现了祥 6、意 10、意 16 等富集区块，探明了最主要的 2 个油气聚集区带——乌力吉构造带和中央构造带，发现了吉祥油田、如意油田。

三、拐子湖凹陷油气勘探重要进展及认识

（一）加快预探，首口预探井获重大突破

2013 年 12 月，中原油田通过油气探矿权竞标，获得务桃亥区块探矿权，通过二维地震勘探，结合邻区及区域地质调查成果，落实了凹陷具有斜列拉张的单断箕状结构特征，凹陷面积约 2100km^2。

2015 年为探索拐子湖凹陷地层层序、岩性、烃源岩发育情况和生储盖组合关系，在反向屋脊带部署了参数井拐参 1 井，该井在下白垩统巴音戈壁组见到良好油气显示，测井解释油层 24.2m/8 层，压裂试获日产原油 21.74m^3、天然气 2369m^3 的工业油气流，发现拐子湖油田。通过三维地震勘探，探索凹陷含油气场面以及储层发育情况，在陡岸带部署拐 3 井，在反向屋脊带北部部署拐 4 井，两口井均钻遇巴音戈壁组油层，证实拐子湖凹陷是富油气凹陷（图 4－1－3）。

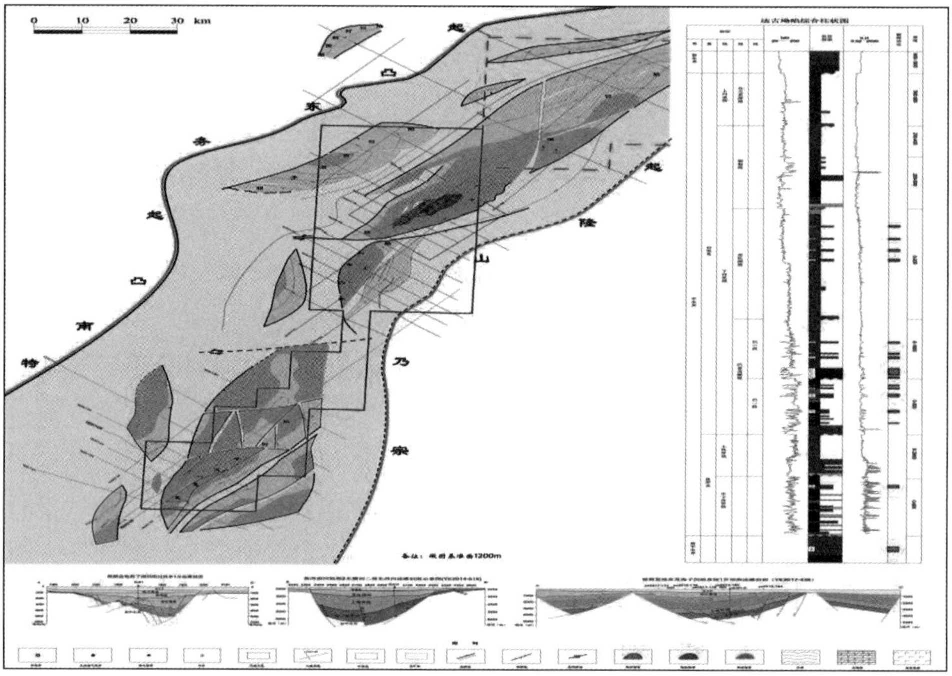

图 4－1－3　拐子湖凹陷勘探形势图

（二）预探与评价勘探结合，快速探明油气富集区

2018 年，拐 4 井巴音戈壁组试油获得工业油流，证实反向屋脊带是拐子湖凹陷油气富集区带，至此进入评价阶段。为精细落实油藏规模和类型，进一步评价巴音戈壁组储层展布和油藏规模，部署实施探井拐 5、拐 6、拐平 1 等 11 口井，除拐 9 井未钻遇巴音戈壁组烃源岩地层外，其余井在巴音戈壁组均钻遇良好油气显示。拐 6 井在基岩潜山钻遇大理岩缝洞型油藏，采用 6mm 油嘴试油获日产油 211m^3、天然气 10.7×10^4m^3 的高产油气流。2024 年部署实施的拐 18HF 井在基岩钻遇 264m 厚的大理岩，取心显示大理岩缝洞发育程度高，录井气测显示活跃，证实了基岩潜山缝洞型油藏的潜力。

第二章　白音查干凹陷油气地质勘探与评价

白音查干凹陷上位于二连盆地西缘川井坳陷，为前中生界褶皱基底上发育的中－新生代陆相断陷湖盆，已发现构造油藏、岩性油藏、地层等多类型油藏，剩余资源潜力大。本章首先介绍白音查干凹陷地质特征，再分别对勘探程度较高的构造油藏、岩性油藏和地层油藏的勘探技术方法进行介绍，最后列举三种油藏的勘探实例。

第一节　油气地质基本特征

下面主要从地层、构造、沉积储层、烃源岩以及油藏特征等方面介绍白音查干凹陷油气地质基本特征。

一、地层特征

白音查干凹陷主要发育下白垩统地层，下伏前中生界基底，上覆厚度200～270m的上白垩统二连达布苏组－新生界地层。地层特征简述如下。

(一)前中生界

白音查干凹陷32口井钻达基底，岩性主要有灰色大理岩、灰色石英岩、石英片岩、花岗岩、花岗片麻岩、辉长岩、灰绿色混合岩等。测井响应为高电阻率，低自然伽马，自然电位曲线负异常特征。

(二)中生界

1. 阿尔善组(K_1ba)

具有下粗上细沉积特征，据此划分为阿一段、阿二段。

(1)阿一段(K_1ba_1)：本段主要为灰白色、浅灰色砾状砂岩、砂砾岩，夹有薄层浅灰色泥岩、粉砂岩和紫红色泥岩等。在厚层、块状砂砾岩、砾岩发育的背景下，视电阻率曲线表现为块状特高阻，自然电位曲线平直或小起伏，整体呈大幅度负异常，与电阻曲线组合形态呈“箱状”。地震反射多为空白反射或蠕虫状反射。阿一段与下伏基底不整合接触。

(2)阿二段(K_1ba_2)：本段为相对较细的沉积，是凹陷主要烃源岩发育层位之一。缓坡岩性以深灰色、浅灰色泥岩为主，夹薄层粉砂岩、砂岩等；陡坡带砂砾岩发育，局部砂砾岩可延伸至洼陷中心；视电阻率曲线一般为锯齿状－刺刀状高阻，自然电位曲线平缓，局部见中－低幅的指状、箱状负异常。地震反射为空白反射或弱连续反射。本段与下伏阿一段为连续沉积。

2. 腾格尔组(K_1bt)

本组基本沉积特征为下粗上细、下灰上红。据此划分为3个段，腾下段、腾中段、腾上段(腾上段为原都红木一段)。

(1)腾下段(K_1btx)：主要岩性包括灰色、深灰色泥岩、粉砂质泥岩、白云质泥岩，浅灰色砾状砂岩、细砂岩、粉砂岩等。腾下段的暗色泥岩烃源岩指标好，是凹陷的主力烃源岩之一。视电阻率曲线表现为掌状-指状或深锯齿状高阻，自然电位曲线箱状负异常或不规则，起伏频率较低，振荡幅度较大。地震反射为连续反射特征。本段与下伏阿尔善组不整合接触。

(2)腾中段(K_1btz)：主要岩性包括灰色、深灰色泥岩、白云质泥岩，浅灰色砾状砂岩、含砾不等粒砂岩、细砂岩、粉砂岩等。白云质泥岩主要发育在桑合次洼、敖伦次洼。视电阻率曲线为齿化的块状中高阻，自然伽马为低幅度的齿状曲线，自然电位曲线平直。地震反射多为空白反射特征，洼陷带表现为低频较连续弱反射。本段与腾下段整合接触。

(3)腾上段(K_1bts)：岩性以灰色泥岩为主，夹灰色砂岩、粉砂岩、白云质泥岩。下部砂泥岩互层段视电阻率曲线表现为锯齿状低电阻特征，自然电位曲线呈密集的指状、锯齿状或齿化的钟形、漏斗形；上部含白云质泥岩段视电阻率曲线呈梳状，峰值尖锐、密集，基值低，俗称“梳状电阻”，分析认为是岩石中富含云母和黄铁矿所致。自然伽马曲线呈密集的浅或深锯齿状。地震反射整体呈现低频连续弱反射特征，中上部两个强波之下出现一段空白反射。本段与下伏腾中段不整合接触。

3. 都红木组(K_1bd)

本组沉积特征分2个岩性段。下部主要为深、浅灰色页岩与白云质泥岩的互层，偶夹浅灰色粉砂岩、泥质粉砂岩。视电阻率曲线低平或呈小锯齿状；自然电位曲线平直或呈小锯齿状。上部主要为深灰色厚层软泥岩，泥岩的成岩性差。本段为凹陷的区域盖层。视电阻率曲线呈小锯齿低阻，自然电位曲线平直，偶夹钟形、指状或锯齿状负异常。地震反射为连续强反射。本组与下伏腾格尔组整合接触。

4. 赛罕塔拉组(K_1bs)

本组是凹陷整体抬升期形成的一套河流相沉积，以厚层块状灰白色砾状砂岩、含砾不等粒砂岩、粗砂岩为主；视电阻率曲线呈箱形块状高阻，显著高出下伏地层一个台阶；自然电位曲线为低幅的箱形，或呈小锯齿箱状。地震反射为连续性较差的强反射。本组与下伏都红木组地层不整合接触。

上白垩统发育的二连达布苏组主要分布于西部的洼陷带和锡林好来地区。岩性以棕红色含砾泥岩、泥岩为主。红色含砾泥岩是本组的岩性特征。由于地层埋藏浅，本组地层未得到地震反射。上白垩统与下伏地层不整合接触。

(三)新生界

新生界地层在凹陷内不太发育，厚度小于200m，分布比较局限。

二、构造特征

白音查干凹陷可以分为西部次凹、毛呼低凸起、东部次凹3个一级构造单元。东部次凹和毛呼低凸起油气成藏条件较差，西部次凹是油气勘探的重点。

西部次凹纵向具有“下断上坳”的二元结构，阿尔善－腾格尔期为断陷期，都红木期及晚白垩世二连达布苏期为坳陷期。整体呈单断箕状结构，根据结构特征将其分为北部断阶带、中部洼陷带、南部缓坡带、南部超覆带。

三、烃源岩特征

发育阿二段、腾下－中段和腾上段3套烃源岩。阿二段烃源岩岩性为灰黑色、深灰色泥岩、页岩，厚度约600m，TOC为0.66%～1.02%、平均0.826%，有机质类型以$Ⅱ_2$、Ⅲ型为主，评价为中－好烃源岩，Ro为1.05%～1.55%，处于生油高峰阶段。腾下－中段烃源岩岩性为灰黑色泥岩、页岩、白云质泥岩，厚度100～800m，TOC为1.06%～1.85%、平均0.963%，有机质类型以$Ⅱ_1$型为主，评价为中－好烃源岩，Ro为0.77%～1.25%，处于生油高峰阶段。腾上段烃源岩岩性为灰黑色页岩、泥岩、白云质泥岩，厚度50～150m，TOC为1.06%～5.85%、平均3.016%，有机质类型以Ⅰ、$Ⅱ_1$型为主，评价为好烃源岩，Ro为0.50%～0.75%，处于低熟－成熟阶段。

四、沉积储层特征

阿尔善组－都红木组沉积序列以碎屑岩沉积为主，形成了大量的碎屑岩储层；在腾格尔组沉积时期桑合次洼发育大量碳酸盐岩沉积，形成了碳酸盐岩缝洞储层。

（一）碎屑岩沉积储层特征

断陷期沉积物整体具有多期次、阵发性、近源、短距搬运和快速堆积特征。主要发育两种沉积体系，北部陡坡带发育扇三角洲体系和南部缓坡带发育辫状河三角洲沉积体系，具有陡扇缓辫特征。陡坡带储层岩性为砂砾岩、砾状砂岩、细砂岩，缓坡带储层岩性为细砂岩、粉砂岩。

不同层位储层微观特征及物性差异明显。腾上段主要为原生孔隙，其次为次生孔隙，孔隙度为12.9%～29.8%，平均为23.2%，渗透率为68.13～2901.05mD，平均为250.19mD，为中孔－中渗储层。腾中段－腾下段储层孔隙类型主要为原生孔隙，其次为次生孔隙，储层孔隙度为10.6%～24.9%，平均为16.7%、渗透率为2.63～381.00mD、平均为28.10mD，为中孔低渗储层。阿尔善组储层孔隙类型主要为次生孔隙，孔隙度为7.2%～9.8%，平均为7.8%，渗透率为0.005～2.54mD、平均为0.8mD，为特低孔致密储层。

（二）碳酸盐岩沉积储层特征

在桑合次洼，腾格尔组时期沉积了大量的碳酸盐岩。这套碳酸盐岩是化学沉积与陆源碎屑沉积混杂而成，既有陆源碎屑沉积的结构特征，亦有化学沉积的结构特征。泥云岩与正常沉积的暗色页岩呈不等厚互层，与盆缘的扇三角洲、辫状河三角洲呈相变关系。碳酸盐岩缝洞储层储集空间包括孔洞和裂缝。孔隙主要是次生孔隙，洞为溶洞，缝包括缝合缝和构造缝。根据锡3－69井全直径岩心分析结果，孔隙度为0.7%～19.4%，平均为8.8%；渗透率为0.55～144.00mD，主要为1.05～1.20mD，平均为37.47mD，为特低孔低渗储层。

五、油气藏类型及特征

发育新生古储、自生自储和下生上储上盖3种生储盖组合。后期经历多期构造活动调整，形成了油气分布广、油藏类型多样、油气性质复杂的特点。凹陷内主要发育构造、岩性、地层、复合等油藏类型(图4－2－1)。

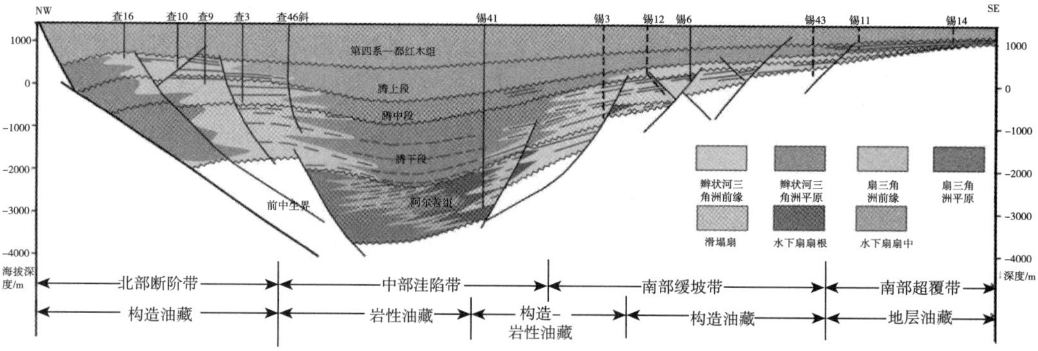

图4－2－1　白音查干凹陷油藏类型分布图

(一)构造油藏及分布规律

目前发现的构造油藏主要为断背斜油藏、断鼻油藏和断块油藏，主要分布在北部断阶带和南部缓坡带。

断背斜油藏是由基底的继承性隆升产生背斜，或边界大断层继承性发育产生逆牵引背斜所形成。前者如达6断背斜油藏，后者如桑合查2断背斜油藏。由于构造运动和断层发育，造成对背斜的破坏，所以背斜圈闭常以断背斜形式出现而形成断背斜油藏。目前发现的断背斜油藏有桑合油田的查2断背斜油藏和达尔其油田的达3、达6断背斜油藏。类似的圈闭还有古尔东背斜等。

较大型的断鼻油藏位于边界大断层或控洼二级断层的下降盘，因断层活动强度和规模在走向上的不均衡性及岩性、岩相空间变化大，地层差异压实作用而形成，且常分布在物源发育区。在白音翁特断裂构造带，由于白音、翁特二级断层的活动，在下降盘伴生了一系列与之配套的反向断层，形成了以反向断层控制的断鼻圈闭油藏。如目前发现的较大断鼻油藏达9断鼻油藏和翁6断鼻油藏均为此类型。

断块油藏主要分布于白音翁特断裂构造带，一般受2条以上断层控制。凹陷内小断层比较发育，形成了众多的断块圈闭，当这些圈闭与油气的运移、储盖组合、后期保存条件相匹配时，就形成断块油藏。目前已发现的断块油藏超过50个，如达24断块区的众多油藏，均为反向或顺向断块油藏。

(二)地层油藏及分布规律

目前钻探地层油藏均分布在南部超覆带。在南部斜坡带，阿尔善组和腾格尔组地层依次向南超覆或断超于基底老地层之上，其基底岩性为变质岩、花岗岩、石英岩等，均为致密非渗透层，对油气的运移聚集起到良好的遮挡作用；阿尔善组和腾格尔组为砂岩、泥岩互层沉积，能形成局部储盖组合，加上都红木组厚层泥岩封盖构成完整的储盖组合，形成了地层超覆圈闭。这些圈闭均处在油气主要运移指向上，从洼陷部位运移而来的油气，易在此聚集成藏。这种地层超覆圈闭类型在南部斜坡带非常普遍，目前发现的地层超覆油藏有锡 14 稠油油藏。

(三)岩性油藏及分布规律

凹陷具有多物源、近物源的沉积特征，水下扇、扇三角洲、浊流沉积非常发育。地层岩性、岩相变化大，形成砂岩上倾尖灭、砂岩透镜体、白云岩缝洞体等众多岩性圈闭。这些圈闭大多位于中部洼陷带，近油源或就在生油岩包围之中，就近捕获油气，有利于油气的聚集，容易形成岩性油藏。目前已发现的岩性油藏有锡 21、锡 26 等岩性油藏。

(四)复合油藏及分布规律

复合油藏指油藏由多种因素共同控制形成。目前发现的复合油藏主要为构造－岩性复合油藏。这种油藏受构造和岩性双重因素控制而形成，主要分布在斜坡带低部位，且多受同生断层及与同生断层有关的砂体共同控制。锡林好来地区、扎木次洼南斜坡的油藏多为此类，其构造上倾方向受断层遮挡，其他边界为砂体尖灭或物性变化形成遮挡。如锡 3 油藏、达 43 油藏、翁 7 油藏均为此类油藏。

第二节　断块构造油藏勘探评价技术

构造类油藏在白音查干凹陷广泛分布，该类油藏的勘探评价重点是运用断层的封堵性技术和油藏精细解剖技术，明确断层遮挡条件和油藏分布规律，找准油气富集区块。

一、缓坡带断块构造油藏地质评价技术

(一)断层封堵性评价技术

断层封堵性是构造类油藏油气富集的主控因素。常见的断层封堵能力评价方法有岩性对接法、断层涂抹因子法和模糊综合评判法等。其中断层涂抹因子法即常用的 SGR 法，主要用来预测断裂机械运动引起的进入断层带的泥质含量。

$$SGR = \sum 泥页岩厚度/垂直断距$$

以达尔其主体构造为例，SGR 计算结果与达尔其主体构造油藏高度具有正相关关系(图 4－2－2)。根据中国海油东海探区勘探成果，断层两侧压力差的经验公式和断层的封烃高度分别为：

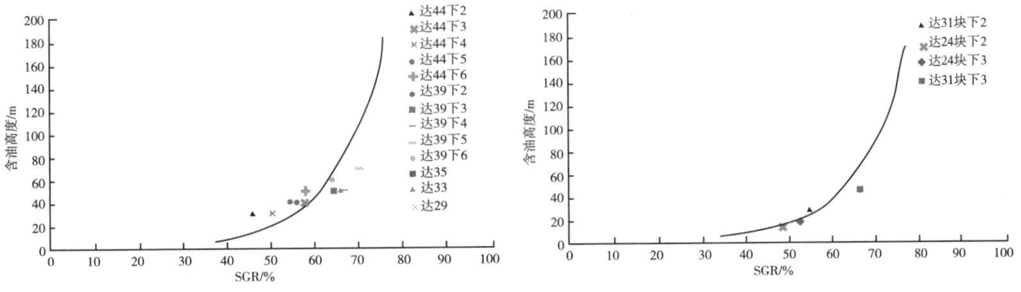

图 4－2－2　反向(左)、顺向(右)断层 SGR 与含油高度关系图

$$AFPD = 10^{(SGR/27 - C)}$$

$$H = AFPD/g(\rho_w - \rho_h)$$

式中，AFPD 为断层两侧压力差；C 为一常数变量；H 为烃柱高度，m；ρ_w 为孔隙水密度，kg/m^3；ρ_h 为烃密度，kg/m^3；g 为重力加速度，取 $9.81m/s^2$。

白音查干凹陷烃密度按照混源特征取 $0.85kg/m^3$，将断层 SGR 值分类代入拟合得到反向遮挡的常数变量 $C_{反向遮挡}$ 为 0.45，顺向遮挡的常数变量 $C_{顺向遮挡}$ 为 0.5。达尔其断层控藏（封烃高度）定量计算公式为：

反向遮挡：$H = 10^{(SGR/27 - 0.45)}/g(\rho_w - \rho_h)$

顺向遮挡：$H = 10^{(SGR/27 - 0.5)}/g(\rho_w - \rho_h)$

根据拟合公式计算控藏断层封烃高度，预测达尔其地区圈闭最大含油高度。

（二）油藏精细解剖技术

油藏分布在含油气构造的不同部位，不同圈闭，没有统一的油水界面。须对每个油藏精细解剖，寻找富集规律，才能有效指导下步部署。

以达尔其油田为例。达 44 块高部位断层封堵效果明显，东侧被断层遮挡，为断块油藏。达 44 块共有钻井 4 口，圈闭高部位到低部位依次为达 44、达 44 －1、达 44 －3、达 44 －2。腾下 2 砂组达 44 为油层，达 44 －1 为油层、油水同层，由油水同层确定油水界面为 －187.8m，低部位达 44 －3、达 44 －2 腾下 2 砂组均为水层。由此确定达 44 块腾下 2 砂组油藏高度为 25m。由此依次展开平面及纵向油藏解剖，可确定油气富集规律。

达尔其油田油气富集受构造脊控制，各断块区油层分布主要受断层控制，油层呈层状分布，沿各个小块的控油断层聚集在构造高部位。油藏高度从高部位（20 ~ 30m）向低部位变大（40 ~ 50m）。油藏类型均属断块层状油藏，具多套油水系统。达尔其油田高部位达 33 块、达 14 块含油层位为腾中段、腾上段，通过油源对比为腾下段油源供烃，证实横断层具有沟通油源作用，腾下段油气沿断层向上运移，在腾中段、腾上段聚集成藏。从达尔其油田油藏分布规律来看，靠近斜坡低部位更靠近洼陷中心，构造圈闭更易于油气聚集成藏，且油藏高度变大，横断层发育的区域腾中段、腾上段构造圈闭易于成藏。

二、圈闭刻画技术

这里重点介绍三维立体解释技术和构造圈闭评价技术。

（一）三维立体解释技术

三维立体解释技术对构造复杂的区块断层的识别解释更加精细。充分利用白音查干 2015 年连片处理三维地震资料，水平切片与方差体、混沌体、蚂蚁体、融合体等地震信息，开展空间断层解释和空间层位自动追踪。首先开展空间断层解释，在三维可视化实时监控的状态下，利用蚂蚁体断层识别结果开展断层的三维空间自动解释，实现空间闭合。其次运用空间层位自动追踪，基于种子点控制，根据目标区的地震波形、振幅等特征，进行 1km × 1km 网格的逐道自动层位解释。最后结合地层对比结果和油水井的动态资料进行构造精细解释，对工区中的断点进行精细调整、重新组合，对断层的位置、延伸方向进行精细刻画，完善主要目的层构造图，进行构造圈闭的评价与优选。

(二) 构造圈闭评价技术

通过对地震剖面的解释，识别断层、褶皱等构造形态，确定构造圈闭的边界和形态；针对主要的断层描述断层的走向、倾向、延伸距离及断距等参数，分析断层对油气藏的影响。根据构造解释和储层预测结果，描述圈闭的形态、大小、产状等特征。再根据圈闭的形成机制和特征对圈闭进行分类评价。

根据地震测网控制程度、地震剖面质量和钻井资料的情况及井－震匹配关系，将圈闭分为可靠圈闭、较可靠圈闭、不可靠圈闭三个等级。

根据圈闭识别结果，对可靠、较可靠圈闭从油气成藏过程出发，进行圈闭条件、烃源与充注条件、储层条件、保存条件等 4 个方面的分析。根据本地区的特点，抓住成藏关键因素，进行地质风险分析，研究圈闭钻探发现油气的地质可能性和资源规模，最后为井位部署提供依据。

三、勘探实例

白音查干凹陷断块构造类油藏以达 39 断块区为例，下面从区带评价、圈闭描述、目标优选和井位设计 4 个方面阐述构造类油藏的勘探。

(一) 区带评价

达尔其油田位于白音－翁特断裂带。达 39 断块区位于达尔其西构造的中部，它是由达 39 边界断层与倾向相反的地层组成的反向屋脊式断块，整个区块呈长条状，沿北东东方向展布，同时还存在一系列的顺向正断层，这些顺向正断层为油气的垂向运移提供了良好的通道，使洼陷生成的油气沿顺向断层向构造的高部位运移，遇到顺向及反向断层的封堵得以形成油藏。

(二) 圈闭描述

达 39 断块区处于白音查干凹陷三维地震工区，面元 25m × 25m，资料质量较好，通过人机联作精细构造解释落实了构造。根据三维地震解释结果，该圈闭是受构造控制的圈闭。从达尔其腾格尔组下段顶面构造图上看，达 39 断块区圈闭总面积 3.0km^2，最大圈闭幅度 160m，高点埋深 1324m。

(三) 目标优选

达 39 断块区圈闭特点是断层多、断块破碎，虽然有大的鼻状构造背景，但被断层切割成 4 个断块圈闭，每一断块都是一个独立的聚油单元。根据高点埋深、闭合高度和圈闭面积，结合断块内的小断层是否发育、断块破碎情况和断层封堵能力评价，优选达 39 块先行滚动勘探、评价和井位部署。

(四) 井位设计

为探索达尔其西构造达 31－1 东北块腾格尔组含油气情况，解剖达尔其西构造东翼腾格尔组油藏特征，同时为沉积储层研究提供依据，在达 39 块优先设计部署一口评价井达

39 井(定向井)，具体位置及油藏剖面如图 4－2－3 所示。

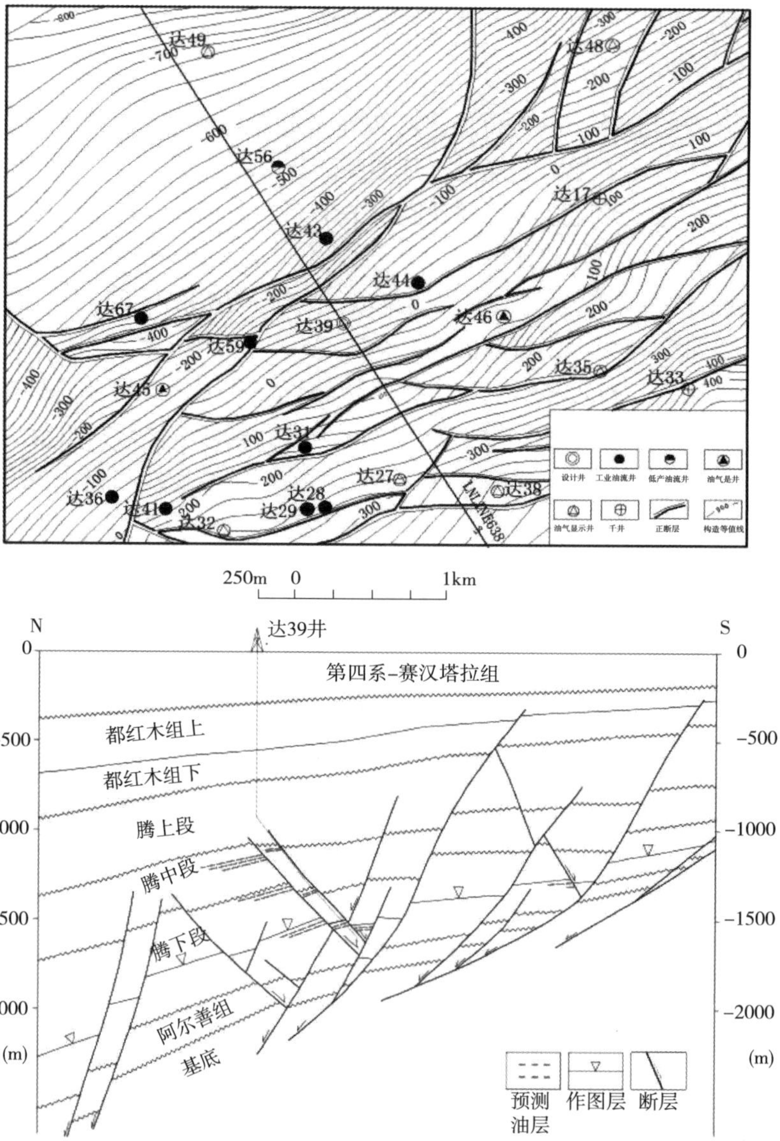

图 4－2－3　达尔其西工区腾格尔组油层顶构造图(上)及过达 39 井油藏剖面图(下)

第三节　地层岩性油藏勘探评价技术

白音查干凹陷除发育构造油藏外，地层岩性类油藏也广泛发育，主要有缝洞型岩性油藏和地层超覆油藏两种。

一、缝洞型岩性油藏勘探评价技术

(一) 缝洞型储层微观岩石学特征分析技术

缝洞型储层主要发育于白音查干凹陷桑合次洼半深湖－深湖环境，层位上主要位于腾中段－腾上段，该套岩性总体上为一套细粒沉积物，岩心上可分为基质成分和颗粒两部分，通过大量的岩心、薄片观察，结合扫描电镜能谱分析、X 衍射分析测试结果，其中基质部分的矿物组分主要为黏土矿物、铁白云石、钠沸石，根据以上主要矿物含量的多少可将本次研究的岩石定名为泥岩基质、白云岩基质、混合岩基质、沸石岩基质；颗粒部分按产状及大小可分为砂屑、砾屑、撕裂屑、纹层及条带，颗粒按矿物组合常见的可分为铁白云石－沸石－黄铁矿矿物组合、铁白云石－沸石组合、沸石－黄铁矿组合、沸石单矿物组合、白云石单矿物组合，还可见较特殊但相对较少的矿物组合：沸石－重晶石组合、沸石－水镁铁石组合、铁白云石－水镁铁石组合。分析结果显示半深湖－深湖环境受热液影响的沉积岩，即热水沉积岩，或为喷流岩，为非正常沉积成因的沉积岩。

(二)缝洞型储层分布规律分析技术

缝洞型储层井上可以分出 4 个旋回，每个旋回下部为高伽马，对应细粒沸石质白云岩；上部为低伽马，对应细晶－粗晶沸石质泥岩。每个旋回对应一个喷流岩沉积模式(图 4－2－4)，底部为正常的较纯的泥岩沉积环境，下部为溢流环境下的含沸石泥质白云岩沉积，形成沸石、白云石纹层及条带或白云岩储层，随溢流增强，出现喷流作用发生变形与破碎形成变形构造、白云石沸石角砾、内碎屑。随能量减弱热液又变为溢流，中上部沉积含沸石泥质白云岩，白云石沸石纹层、内碎屑小而少，呈不规则形态，黏土、白云石、沸石混积。

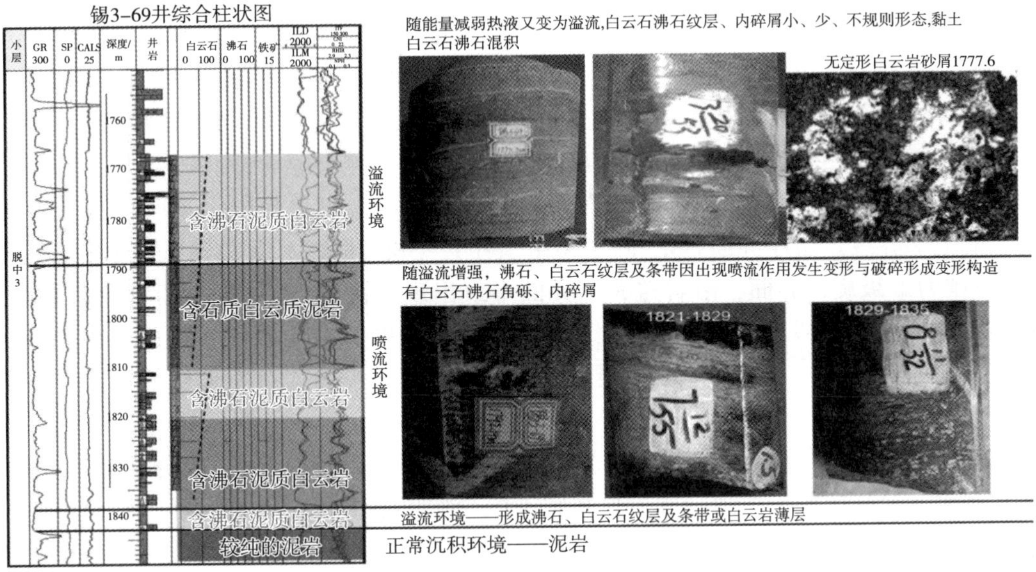

图 4－2－4　喷流岩沉积模式图

溶蚀既可发生在喷流段也可以出现在溢流段，其共同点都是在白云岩中。喷流段形成的溶洞大，且规则、轮廓清楚。溢流段溶蚀弱，形成的溶洞小且不规则，溶洞连通性好于前者。

(三)白云岩缝洞型储层多属性联合预测技术

第一步开展地震相特征分析。利用层位标定模块将已知油气井的缝洞型储层段标定在地震剖面上，发现储层段具有中强振幅、中低频、较连续、波峰反射的地震相特征。

第二步开展波阻抗特征分析。将白云质泥岩、泥岩以及缝洞型白云质泥岩的波阻抗值进行交汇分析得知白云质泥岩与泥岩的阻抗值差距很小，几乎不能分开，含缝洞的白云质泥岩的波阻值相对较低。由稀疏脉冲波阻抗反演结果也可以发现，典型缝洞型储层在波阻抗剖面上表现为中值的红色较连续的特征。由此可见，本区缝洞型储层具有中低波阻抗，地震剖面上中低频、较为连续的特征。

第三步开展属性优选。对缝洞型储层的地震属性特征进行分析，由腾格尔组上段均方根振幅(RMS)和弧线长度(Arc－Length)属性可知，颜色从深蓝－绿－黄－红表示属性值由大到小，代表典型缝洞型储层的粉色虚线圈的部分为黄色和红色的中高属性异常，说明在振幅类地震属性中缝洞型储层表现为高属性异常。缝洞型储层预测的流程是，在白云岩分布范围内，先识别出均方根振幅、弧线长度、波阻抗－弧长3种属性各自有利区，然后将3种属性图有利区叠合，3种属性叠合的地方即为Ⅱ类有利区，然后以属性分析中权重最大的弧线长度属性为参考，在Ⅱ类有利区中进一步将属性值较大的区域定为Ⅰ类有利区。

二、地层超覆油藏勘探评价技术

白音查干凹陷地层类油藏是由于沉积中断，在以地层不整合面作遮挡条件所形成的圈闭中形成的，首先运用高分辨率层序地层分析技术，建立等时层序地层格架，明确地层圈闭的勘探层系，再运用“三相”联合分析技术，确定有利勘探位置。

(一)高分辨率层序地层分析技术

建立高分辨率层序地层格架是进行地层类、地层－岩性类油气藏勘探的基础和关键。

在钻井旋回层序分析和地震层序界面识别分析基础上，通过对钻井岩心、测录井和地震资料的地层－沉积综合分析，特别是充分识别各种沉积旋回界面(尤其不整合面)的测井和地震反射特征，白音查干凹陷共识别出6期不整合。如果将整个下白垩统作为一个一级旋回，则凹陷基岩顶面为Tg一级旋回界面，直至赛汉塔拉组顶界限定了凹陷由发育至萎缩消亡的上下界线。层序界面SB2(阿尔善组顶界)、SB5(都红木组底界)、SB6(赛汉塔拉组底界)则为二级旋回界面，沿着这3个界面不仅出现了沉积环境的改变和地层叠加形式的转换，也存在着局部地层剥蚀的现象。界面(SB3和SB4)主要表现为沉积环境的改变和地层叠加样式的变化，是更次一级的层序界面。每个层序界面均存在地层的剥蚀，是地层圈闭发育的地方。

腾上段顶部(都红木组底)为二级层序界面，地层圈闭发育，油气主要靠断层、储层、不整合面向上运移成藏。主力烃源岩层系腾下段与阿尔善组顶底界也是层序界面，地层圈闭较发育。从乌里雅斯太、阿尔等凹陷的勘探实践证实腾格尔－阿尔善组界面是重要的成藏界面，上下发育地层－岩性油藏。

(二)“三相”联合分析技术

采用测井相、地震相、沉积相“三相”联合分析技术进行白音查干凹陷平面有利勘探区带优选。运用测井相与岩心观察结合确定勘探目的层井点处的沉积微相类型。用地震相分析确定目的层平面地震相变化特征，用单井等建立的纵向沉积微相组合模式和平面沉积微相变化规律来全面确定目的层沉积微相变化特征，直接指导地层油气藏有利勘探层系和平面位置的选择。

白音查干凹陷超覆带腾上段整体为辫状河三角洲沉积体系，锡14井储层段GR曲线呈箱状，取心岩性为褐色砂砾岩，锡11井储层段GR曲线呈指状，取心为灰色粉砂岩，揭示两口井均位于前缘亚相，沿物源方向储层岩性由砂砾岩变为粉砂岩。超覆带上倾方向受地层超覆线遮挡，侧向上沉积相带向前三角洲相过渡，岩性变细形成岩性遮挡，形成地层－岩性复合油藏。

(三)地层超覆圈闭刻画技术

地层超覆圈闭刻画主要是“五线 + 五面”研究。首先落实“五线”，即岩性尖灭线、地层超覆线、地层剥蚀线、砂体顶面构造线、砂体厚度等值线，确定地层圈闭类型。再就是“五面”研究，分析砂体顶面、底面，最大湖泛面、地层不整合面和断层面的发育和展布状况，研究圈闭与最大湖泛面、地层不整合面和断层面的依存关系，再结合砂体顶面和底面特征，进行圈闭分析评价，优选有利钻探目标。在“五线 + 五面”研究基础上，要进一步落实尖灭点的准确位置。再根据实钻井速度和地震资料，通过不同频率和坡度的地震资料来建立正演模型，从而确定地层实际超覆点的准确位置。

根据正演模型的实际超覆点的外推位置在地震剖面上刻画地层的超覆位置，主测线和联络线逐层闭合，平面上完成超覆边界的刻画。在此基础上，针对砂体进行构造解释，落实砂体顶面构造形态，对砂体的厚度变化进行定量分析。最后综合岩性尖灭线、地层超覆线、地层剥蚀线、砂体顶面构造线和砂体厚度等值线的分析，确定砂体的空间展布，落实圈闭。

三、勘探实例

(一)缝洞型岩性油藏勘探实例

1. 区带评价

锡林好来构造位于白音查干凹陷南坡的西南端，为一简单斜坡，被一系列小规模断层分割为若干个条形断块，与其相邻的南部斜坡带的达尔其构造已获突破，北坡的桑合构造也形成了油气富集区，已获工业油流。从盆地模拟来看，锡林好来构造所在的南坡同样是油气运移的主要指向区。锡 26 块位于锡林好来构造环洼带，紧邻凹陷主力生烃中心桑合次洼，是油气运移的主要指向。

2. 圈闭刻画

锡 26 块腾中段 3 砂组岩性圈闭位于斜坡向深洼转换的坡折部位，阿尔善至腾格尔沉积期地层向洼陷带明显加厚，因斜坡和洼陷的重力差异产生的拖曳作用，形成了一系列延伸短、规模小、断距小、环洼展布的顺向正断层，由南向北，分别为锡 2、锡 33 南、锡 31 南和锡 31 北断层等系列断层，这组断层发育带位于下洼沉积坡折带，沉积了一套湖相白云岩，由于构造应力和热液、酸性流体溶蚀等地质作用，形成了裂缝和溶蚀孔洞发育区，与湖相泥岩在空间展布上匹配形成了岩性圈闭。储集体在地震反射特征上表现为顶平底凹的强反射，明显异常于周边地层，剖面结构为顺向断阶与地震反射异常体(湖相白云岩缝洞发育区)组合。

3. 目标优选

锡 26 块腾格尔组地震上表现为一异常体，受一组顺向断层切割，位于辫状河三角洲前端，正常浪基面附近，推测可能发育岩性透镜体，区内锡 2 井及邻区锡 21 井见到油气显示，推测锡 26 异常体为一富油有利目标，优选该区进行井位部署。

4. 井位设计

2009 年 5 月，为探索近洼带阿尔善组、腾格尔组构造岩性圈闭含油气情况及储层发育情况，落实腾格尔组地震异常体的地质属性，在锡 2 北断鼻构造部署一口评价井锡 26 井，具体位置及油藏剖面如图 4－2－5 所示。

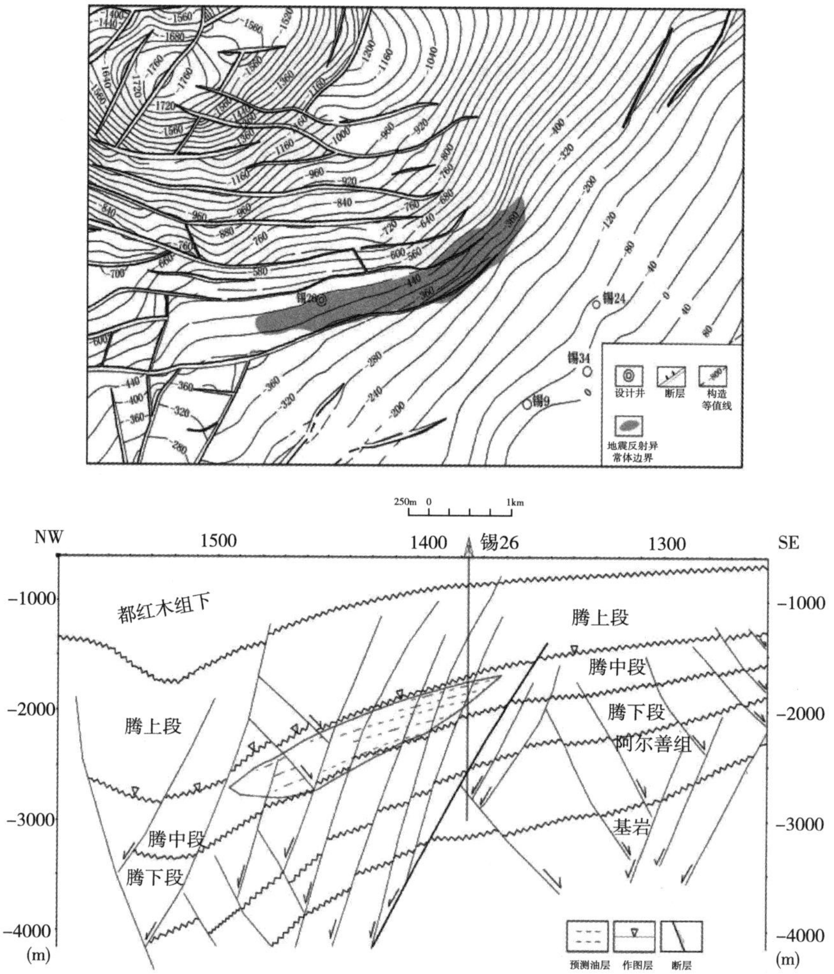

图 4－2－5　锡 26 油层顶面构造图（上）及过锡 26 井油藏剖面图（下）

（二）地层超覆油藏勘探实例

白音查干凹陷地层类油藏以锡林好来地层超覆油藏为例。

1. 区带评价

下白垩统地层以超覆形式与基岩接触，从阿尔善组至都红木组在南部斜坡带均形成了地层超覆，砂泥岩互层的沉积特征为地层超覆圈闭的形成奠定了基础，该部位是油气运移的主要指向区，超覆带的地层圈闭是油气运移的终止区，有利于油气聚集成藏。

2. 圈闭刻画

锡 14 断块区位于锡林好来构造南部超覆带，地层向南抬升减薄形成大型地层超覆带。从锡林好来锡 14 断块区腾上段顶面构造图上看，锡 14 断块区目的层腾上段地层北倾，锡 11 南断层、锡 14 南断层、锡 16 东和锡 14－9 南断层将锡 14 断块区分为 2 个断块圈闭。

完钻井证实这 2 个圈闭油水界面各异，说明以上断层对圈闭起控制作用。锡 11 圈闭和锡 14 圈闭为高部位受锡 11 南断层、锡 14 南断层和锡 14－9 南断层控制的构造圈闭。圈闭高点埋深 380～450m，闭合高度 60～100m，圈闭面积 1.8～10.0km^2。

3. 目标优选

锡林好来构造带在腾上段沉积时期发育来自南西、南东长轴物源方向的较大辫状河三角洲沉积体系，锡 14 断块区物源来自南东方向，为一较小的独立的辫状河三角洲沉积体系，其沉积过程中，形成了三角洲相的砂泥岩互层沉积，处于辫状河三角洲前缘亚相，水下分流河道砂体发育，砂岩向南部逐渐减薄、变粗并发生上倾超覆尖灭，锡 10 井在腾上段钻遇油气显示 59.7m/47 层，测井解释油层 28.2m/20 层。为了进一步落实高部位地层超覆油藏规模和油品性质，优选达－锡结合部地层超覆圈闭进行井位部署。

4. 井位设计

2007 年 11 月，为了落实锡林好来地层超覆油藏规模，认识锡林好来地层超覆油藏的油品性质，部署了一口评价井锡 11 井，具体位置及油藏剖面如图 4－2－6 所示。

扫一扫
获取更多资源

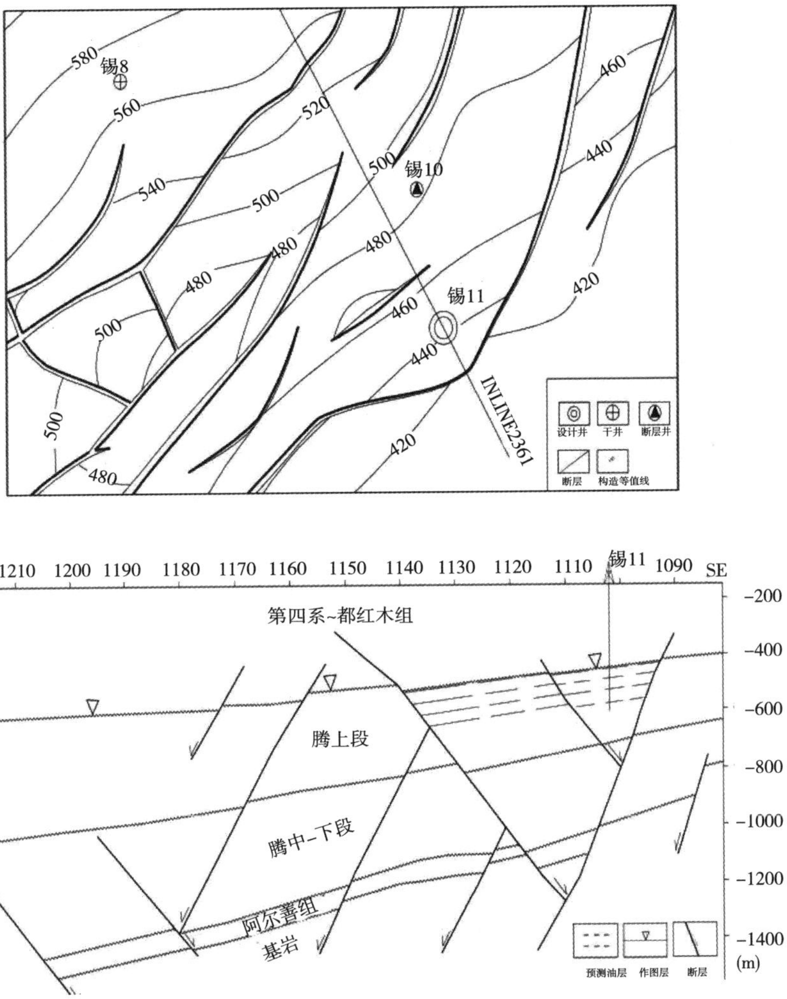

图 4－2－6　锡 11 井构造平面位置图(上)及过锡 11 井油藏剖面图(下)

第三章　查干凹陷油气地质勘探与评价

查干凹陷位于银额盆地东北部的查干德勒苏坳陷，以狼山为界与二连盆地的白音查干凹陷相邻。目前已发现构造油藏、岩性油藏、页岩油藏、稠油油藏，类型丰富。本章介绍查干凹陷基本石油地质特征、基本油藏类型和构造－岩性油藏基本勘探技术方法，并进行两种类型油藏的勘探实例的介绍。

第一节　油气地质基本特征

下面主要从地层、构造、烃源岩、储层以及油藏特征5个方面介绍。

一、地层特征

查干凹陷为中－新生界沉积凹陷，自下而上发育中生界下白垩统巴音戈壁组、苏红图组、银根组，上白垩统乌兰苏海组和新生界地层。

1. 巴音戈壁组(K_1b)

自下而上可细分为巴二段(K_1b_2)和巴一段(K_1b_1)。

巴一段(K_1b_1)：地层厚度为300～900m，细分为1、2两个砂组，1砂组岩性为深灰色、灰黑色泥岩、页岩与深灰色灰质泥岩不等厚互层，夹薄层灰色灰质粉砂岩；2砂组岩性为灰色砾岩、灰色砂砾岩、砂岩、泥质粉砂岩夹棕色、深灰色泥岩。

巴二段(K_1b_2)：地层厚度为200～1900m，上部为深灰色、灰色、棕褐色泥岩与灰色砂岩、粉砂岩、泥质粉砂岩不等厚互层，中部为大套深灰色、灰黑色泥岩、页岩、白云质泥(页)岩，下部为灰色泥岩与灰色砂砾岩、浅灰色含砾细砂岩、浅灰色细砂岩、粉砂岩互层。

2. 苏红图组(K_1s)

自下而上可细分为苏一段(K_1s_1)和苏二段(K_1s_2)。

苏一段(K_1s_1)：地层厚度为200～800m，底部发育玄武岩，上部发育灰色泥岩、粉砂质泥岩与浅灰色泥质粉砂岩、砂岩的不等厚互层，夹多套不同厚度的灰绿、灰黑色安山岩、玄武岩、凝灰岩及火山角砾岩。

苏二段(K_1s_2)：地层厚度为400～1070m，上部岩性为灰色泥岩、棕红色(粉砂质)泥岩与灰色、杂色砂(砾)岩互层；下部岩性为厚层灰黑色玄武岩夹薄层灰色(玄武质)泥岩(毛1井)、紫红色泥岩、灰色泥质粉砂岩。

3. 银根组(K_1y)

地层厚度为200~700m，顶部岩性为灰色泥质粉砂岩，上部岩性为棕红色泥岩与灰白色砂砾岩不等厚互层；中下部岩性为灰色泥岩与灰白色、灰色砂砾岩互层，见少量棕红色泥岩。

4. 乌兰苏海组(K_2w)

地层厚度为100~900m，上部岩性为棕红色泥岩与灰白色砂砾岩互层；下部岩性为棕红色泥岩与灰色泥质粉砂岩不等厚互层。

5. 新生界(Cz)

地层厚度为200~300m。岩性主要为弱固结的棕红色泥岩、粉砂质泥岩、含砂砾泥岩及砂岩、砂砾岩、砾岩，与下伏地层呈不整合接触。

二、构造特征

查干凹陷经历了晚古生代海西褶皱变形、中生代燕山断裂变动和新生代喜山挤压3期重要构造运动，整体呈北东走向，向西南、北东方向收敛，平面上具有“中间宽两头窄”近似菱形的特点。

根据构造演化分析，剖面上表现为基底变形、断陷期、断-坳转换期、坳陷期4个阶段。平面上，查干凹陷被毛敦次凸分为东西两个次凹，西次凹勘探已取得突破。西次凹细分为虎勒断阶带、虎勒洼陷带、中央构造带、额很洼陷带和乌力吉构造带5个构造单元(图4-3-1)。

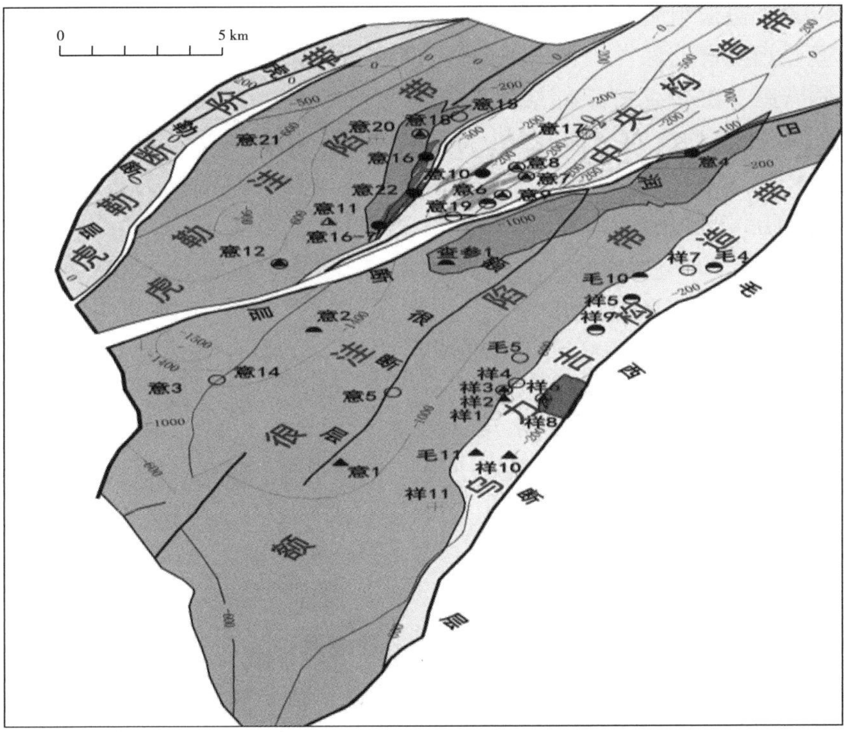

图4-3-1　查干凹陷西次凹构造单元划分图

三、烃源岩特征

查干凹陷主力烃源岩层系为巴音戈壁组。从层序及充填特征上看巴二段中部、巴一段1砂组属于湖侵体系域，发育两套稳定暗色泥岩，其中巴二段以云质泥岩、泥质云岩为主，具有高GR特征；巴一段以灰黑色泥、页岩为主，具有低中子、低声波时差特征，厚度大而稳定。两套源岩在地震上具有强振幅、强连续特征。

巴二段烃源岩厚度300～400m，烃源岩TOC为0.5%～2.5%，有机质类型以$Ⅱ_1$、$Ⅱ_2$型为主，评价为好，埋深2750～3250m，Ro为1.0%～1.23%，处于生油高峰阶段。巴一段烃源岩厚度100～300m，烃源岩TOC为0.57%～1.83%，有机质类型以Ⅰ、$Ⅱ_1$型为主，评价为好，埋深3000～3400m，Ro为1.1%～1.5%，处于生油高峰－生凝析油阶段，烃源岩条件优越。

四、储层特征

查干凹陷具有成盆时间晚、沉积岩地层厚度大(最厚达6000m)、火山岩地层异常发育等显著特点，不同层位沉积相类型有所变化。

巴音戈壁组和苏红图组主要发育近岸水下扇、扇三角洲和辫状河三角洲，其中近岸水下扇主要在巴一段发育，是图拉格断层和毛西断层强烈活动共同作用的产物。岩性为厚层块状灰质砾岩夹在灰黑色湖相泥页岩中，砾石成分主要为白云石大理岩。扇三角洲沿湖盆边缘裙边状分布，扇三角洲平原及内前缘亚相岩性较粗，主要为砾岩、砂砾岩、含砾砂岩、灰质砾岩和砂岩；辫状河三角洲主要发育在中央构造带，岩性主要为含砾砂岩、砂岩和粉砂岩等。银根组主要发育河流相，可进一步划分为泛滥平原和辫状河道两个亚相。辫状河道亚相发育砂砾岩、含砾细砂岩，砂砾岩成熟度低，砾石成分为石英岩砾、火成岩砾和变质岩砾。巴音戈壁组储层实测孔隙度7.10%～15.00%，均值11.20%；渗透率0.03～312.00mD，均值11.55mD，为特低－低孔、特低－中渗储层；储集空间类型以粒间溶蚀孔、粒内溶蚀孔和裂缝为主，其中巴二段以粒间溶蚀孔为主，巴一段以裂缝为主。苏红图组储层实测孔隙度为11.20%～25.90%，均值17.17%，渗透率为0.86～427.00mD，均值34.50mD，为低－高孔、特低－中渗储层；储集空间类型以粒间溶蚀孔、粒内溶蚀孔、贴粒缝、残余粒间孔为主。银根组储层孔隙度为10.00%～30.00%，均值20.8%，渗透率为5.00～500.00mD，均值52.71mD，为低－特高孔、低－高渗储层，储集空间类型以残余粒间孔为主。

除碎屑岩储层外，苏红图组还发育有大套火山岩储层，以中基性的玄武岩为主。发育原生孔隙、次生孔隙和裂缝3种储集空间类型，原生孔隙以残余气孔为主，次生孔隙为粒间、粒内溶孔。

五、油藏特征

查干凹陷油藏类型丰富，目前已经发现常规的稠油油藏、稀油油藏和非常规混积岩油藏。常规的稠油油藏主要分布在中央构造带苏二段、乌力吉构造带银根组和苏红图组二段，主要来自巴二段源岩，通过巴润断裂和毛西断层运移到浅层，受生物降解作用形成。稀油油藏主要分布于中央构造带的苏一段、巴二段和乌力吉构造的巴二段、巴一段，中央构造带被巴润断裂系主干断层及其派生断层分割成一系列断块，油气充注在苏一段形成构造油藏，在巴二段形成近源的构造岩性油藏。乌力吉构造带受毛西断层控制形成一个简单单斜构造，油气主要在巴音戈壁组内部的岩性－构造复合油气藏、岩性油气藏，此类油藏为自生自储油藏，苏红图组厚层火山岩为其提供了良好的盖层条件，目前钻探表明乌力吉构造带油气最为富集。非常规混积岩油藏是近两年来查干凹陷的新发现，主要分布在额很洼陷带巴音戈壁组，2023 年完钻的祥 13 井在巴一段钻遇 252m 厚层页岩层，油气显示活跃，表明洼陷带具备混积岩油藏勘探潜力(图 4－3－2)。

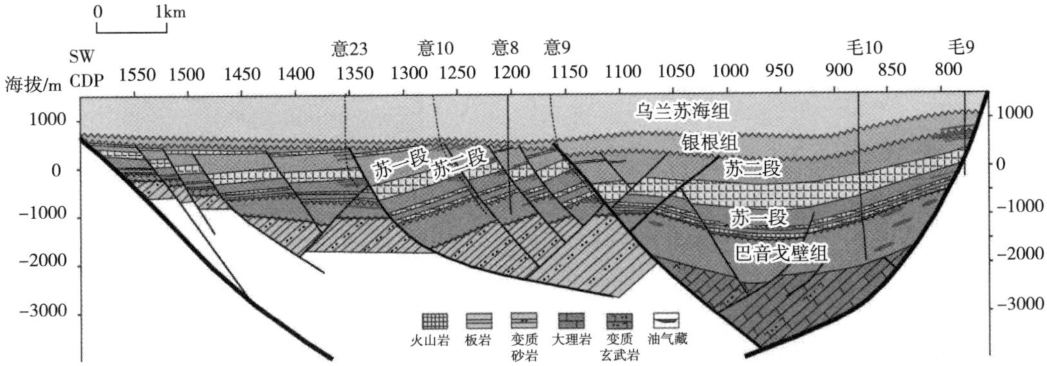

图 4－3－2　查干凹陷油气成藏模式图

第二节　断块构造油藏勘探评价技术

一、中央构造带断块油藏地质评价技术

中央构造带位于巴润断层上升盘，总体呈北东－南西向延伸的鼻状，北东向上倾，南西向倾没于洼陷带。整体呈断阶状展布，受巴润断裂系及其伴生的三、四级断裂影响，在该区带形成复杂的断裂体系，主要发育构造油藏，该类油藏的勘探评价重点是找准圈闭高点，其中最重要的工作是地层精细对比、构造精细解析、明确遮挡条件和输导断层。

(一)地层精细对比技术

中央构造带构造复杂，地层破碎，加上有些井的井型为定向井，地层对比难度大，目前主要利用以下 3 种对比方法。

1. 钻遇模式指导

地层对比中采用的地层厚度为视垂直厚度。在地层对比过程中充分考虑钻井轨迹，根据实钻垂厚与地层真厚度之间的关系，建立水平地层模式、倾斜地层模式、剥蚀模式、断层模式等，指导地层划分与对比(图 4－3－3)。

(1)水平地层－垂深等厚对比模式：适用于地层相对平缓的构造位置。

(2)倾斜地层－加厚－减薄对比模式：适用于地层倾角较大的构造位置，是研究区主要钻遇类型，主要分为顺地层倾斜、逆地层倾斜、直井三类，其中顺地层倾斜钻遇地层厚度大于地层真厚度，逆地层倾斜钻遇地层厚度小于直井的地层视厚度。研究区钻井主要为

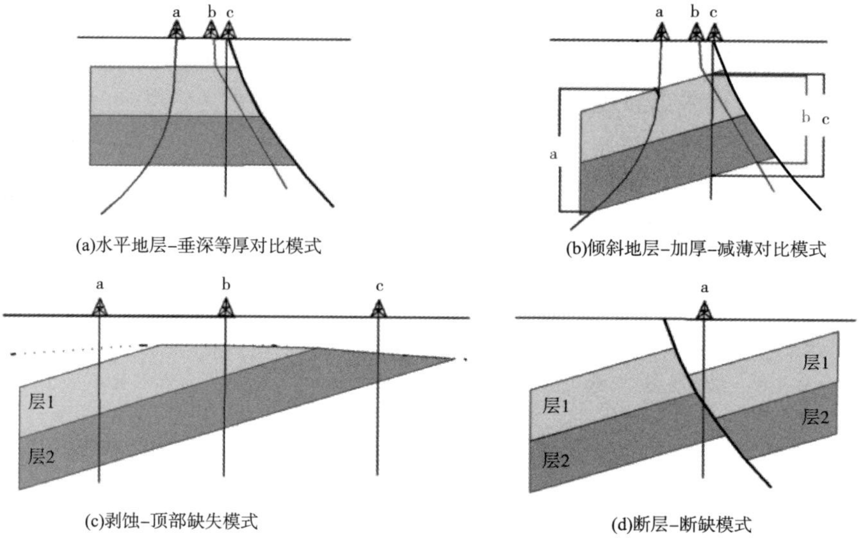

图 4-3-3　地层对比指导模式图

该类对比模式中的逆地层倾斜和直井。

(3)剥蚀-顶部缺失模式：银根组、苏二段顶部存在剥蚀现象。

(4)断层-断缺模式：中央构造带多发育正断层，钻井由下降盘钻至上升盘时，井上钻遇地层缺失。中央构造带多为这种钻遇模式。

2. 标志层对比法

采用测井曲线进行地层对比，选定对比标志层是实现等时对比的重要手段。中央构造带区域标志层主要有6个，其中苏一段3个(图4-3-4)，巴二段3个(图4-3-5)。

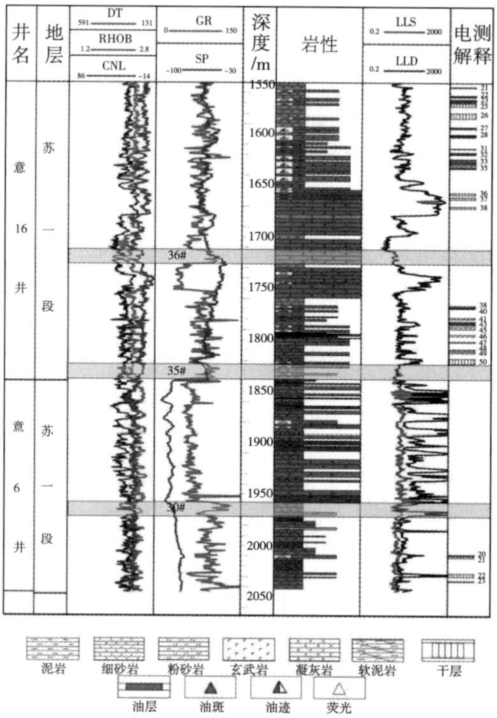

图 4-3-4　苏一段地层标志层

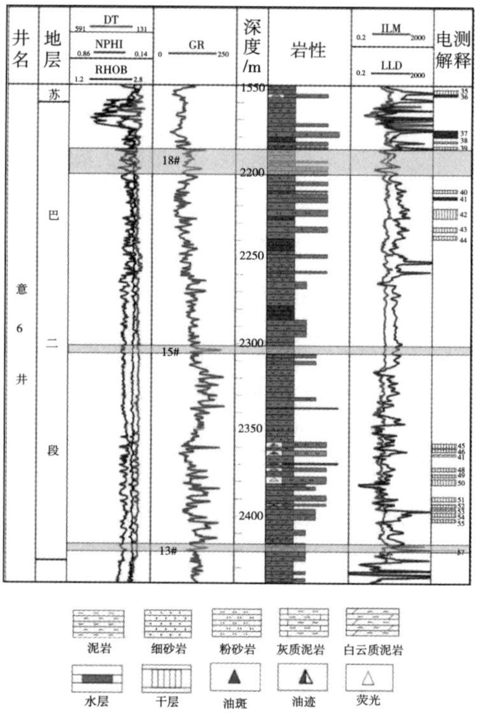

图 4-3-5　巴二段地层标志层

3. 井震相互验证

充分发挥测井纵向分辨率高和地震横向可追踪的优势，尤其在标志层不可对比的地区，要加强井震结合，以提高地层对比的准确性。将测井分层数据标定在地震剖面上，利用地震资料进行追踪，若追踪的地震同相轴能闭合，说明地层对比的层位是一致的；若追踪的地震同相轴不能闭合，说明地层对比的层位不一致，再修改地层对比方案。将调整后的地层对比结果再标定在地震剖面上，看追踪的地震同相轴能否闭合，如此反复，直到追踪的地震同相轴能闭合。

(二)油气成藏评价技术

油气成藏评价技术包括油气成藏条件的评价，配置关系的评价，典型油藏解剖对油藏特征、成藏模式和油气成藏主控因素、油气富集规律的评价。构造油藏平面分布受油源情况、断裂发育等因素控制。中央构造带目前发现的油气藏均沿断裂分布，断裂控藏作用十分明显。断裂控藏与断裂的性质、活动性、静止期的封堵性等密切相关。已经发现油藏均为断层封堵形成的断块油藏和断鼻油藏，断层作用是形成油藏的必要条件。同时距离烃源岩远近也是油气成藏的关键，中央构造带北部距离烃源灶较远，砂体发育，在北部意 18 等井苏一段和苏二段见到了丰富的油气显示但未富集。因此断裂的展布和活动决定了油气藏平面分布范围和垂向分布层位。

二、圈闭刻画技术

中央构造带构造圈闭刻画是在充分消化吸收前人地质认识、深入分析现有勘探成果的基础上开展构造精细解释。

(一)精确层位标定技术

在查干凹陷制作合成记录过程中主要注重以下几方面：合成记录的基准面应与地震剖面一致，有井斜的一定要利用井斜数据；合成记录的极性与地震记录一致；合成记录子波要从井旁地震道提取，其振幅谱和相位谱要尽可能与记录上的子波相似；对声波测井数据进行环境校正和归一化处理；采用循环标定法，先利用初始子波标定大套层位，进行粗标定，确保大套地层不会出错，再利用粗标定获得的时深关系从井旁地震道提取更准确的子波，然后利用新的子波进行二次标定，如此循环；先标定地质分层准确和波组特征明显的波组，然后精细标定单砂层的顶界反射波组；利用过井地震剖面上的断点与地质分层断点的对应关系，交互验证标定的结果；利用多井标定结果，相互佐证，以进一步提高标定精度。

(二)复杂断块精细解释技术

在精细标定乌兰苏海组、银根组、苏二段、苏一段、巴二段、巴一段等 6 个标准层位地震响应后，运用三维立体解释技术进行解释。在对凹陷的结构和特征整体认识以及建立的骨干地震剖面的基础上，充分利用 GeoFrame 解释工作站中各种灵活的功能，在骨干解释网络和全区粗框架解释结果的控制下，展开各个层位的整体展布解释，由粗到细、由整体到局部，由立体到平面、由平面到立体，分带分区进行加密与精细解释，直到所需要的解释精度为止，完成全区断层解释和层位追踪。

查干凹陷断层十分发育，而断层又是形成断块圈闭、断鼻圈闭、断层 + 岩性圈闭的必要条件。因此，精确识别断层是该区勘探要解决的首要问题。具体解释步骤：首先浏览工区的三维数据体、等时切片、方差体时间切片、相干体等；对全区各断裂的发育规模和分布特征有一个概括性的认识，建立全区构造格架及断层分布的立体概念；其次对主测线和联络测线方向的剖面开展断裂性质、断开层位及产状的精细刻画，要达到断点相互闭合才能确保断层解释合理；最后对解释的断裂进行合理的组合，包括剖面上断开若干层位的大断裂的描述和断层的平面组合。断裂系统解释方案是否合理，主要运用平衡剖面构造恢复法进行检验和确认。

（三）相干体地层切片技术

在查干凹陷的应用表明，相干体地层切片明显突出了断层的展布规律，发现了大量漏解释的小断层，纠正了一些解释中的局部错误，发现了一批火山口。更重要的是客观地揭示了反射层断层平面展布规律，相互之间的切割、排列和组合关系，避免了人为断层组合的多解性。

（四）高精度速度场与变速成图技术

首先，由于查干凹陷属于小型凹陷，地表呈南高北低的趋势，相差逾300m，6套地层均为不整合接触关系，沉积相带窄、岩性变化快。其次，本区火成岩极其发育，北部苏红图组火成岩厚度超过1000m，南部较薄，分布不均，导致本区地震速度在横向上变化大，产生速度陷阱。利用合成记录标定获得的速度曲线，在同一埋藏深度（2500m左右）速度变化在500m/s以上，表明该区地层的特殊性导致速度平面上变化大。利用常速进行时深转换，误差较大，有时钻井深度误差达到200～300m，严重影响勘探效果，因此，必须建立精确的速度场，进行变速成图，提高时深转换精度。

由于该区的地震资料是采用叠前时间偏移方法处理，其偏移速度经过了偏移归位校正，不受地层倾角影响，可以直接用于建立速度场。因此，首先加载三维偏移速度，利用解释层位网格作为模型，采用IN－Depth模块提供的层速度算法建立三维速度场，并利用合成记录产生准确的时深关系校正速度场，进一步提高速度场精度。其次利用该速度场将时间域数据转换为深度域数据，直接在深度域编制成图。实钻结果表明，通过建立速度场和变速成图，构造图精度大大提高，深度相对误差控制在1%以内。

三、勘探实例

意10断块区苏一上段油藏为典型的构造油藏，位于中央构造带鼻状构造核部。2013年运用复杂断块刻画技术，精细落实断块高点，按照“打高点”的思路，在意8西块反向断层上升盘部署定向井意10井，该井首次在中央构造带苏二段见到油迹24m/7层，荧光34m/9层，并在苏一上亚段钻遇74.0m的厚层砂岩，录井见油迹15m/3层、荧光29m/8层。对苏一上亚段1512.4～1527.9m井段抽汲排液求产，获日产3.04m^3的工业油流，发现中央构造带苏二段和苏一上亚段油藏。

苏一上亚段发育辫状河三角洲相的砂岩储层，钻井揭示其砂岩厚41～76m，岩性以细砂岩及粉砂岩为主，钻井见到油浸、油斑和油迹等油气显示。储层岩石类型以长石岩屑砂岩和岩屑砂岩为主，有效储层孔隙度15.0%～25.0%，平均孔隙度20.4%，渗透率1.95～427mD，均值73mD，为中孔、特低－中渗储层。

意10断块区苏红图组油藏为下生上储的成藏组合。意10断块区苏一上亚段油层分布主要受构造控制，油气在构造高部位富集，油层发育、连通性较好，构造高部位油层厚度增大，油藏高度 30～80m，具有断块油藏高点富集的特征(图 4－3－6)。

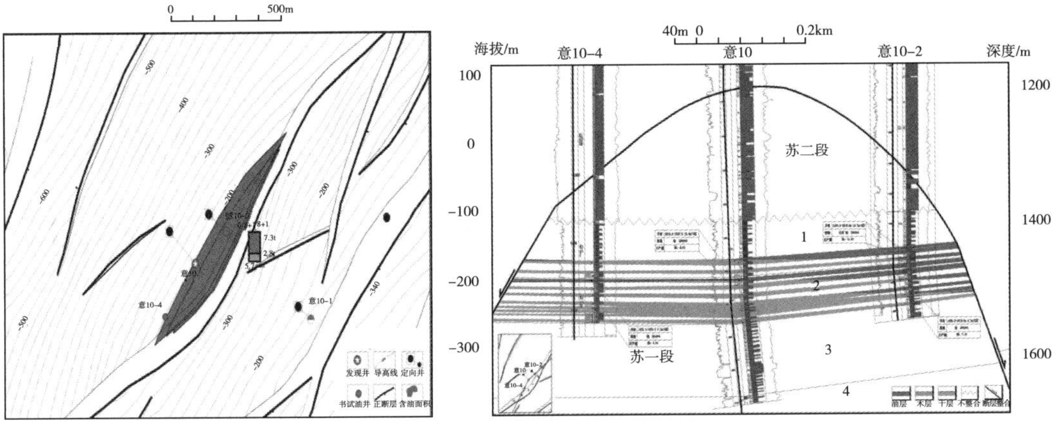

图 4－3－6　意 10 断块区含油面积图(左)及油藏剖面图(右)

第三节　砂砾岩扇体岩性油藏勘探评价技术

一、砂砾岩岩性油藏地质评价技术

砂砾岩岩性油藏的评价的重点是砂砾岩沉积储层特征的精细评价，主要从地层层序划分入手，建立层序格架，在格架内对沉积体系、储层特征进行精细剖析，最终对砂砾岩油藏的特征进行分析，确定有利岩性油藏的展布。

(一)沉积背景

分析研究区目的层段的沉积背景，主要包括构造、气候和物源分析。查干凹陷构造上是在晚古生代褶皱基底之上发育起来的陆内拉分凹陷，具有强断陷慢充填的特征。乌力吉构造带自北向南发育祥 7、祥 9 南、祥 6 和祥 10 等 4 个大的物源。

(二)层序划分

巴音戈壁组发育巴一段、巴二段两个三级层序。三级层序可细分为低位体系域(LST)、湖侵体系域(TST)和高位体系域(HST)(图 4－3－7)。巴二段为一个完整的三级层序。巴二段4－5砂组对应低位体系域，在乌力吉构造带南部、额很洼陷以及图拉格陡坡带发育；巴二段 3 砂组大致对应湖侵体系域，反映快速湖侵的过程，沉积范围逐渐变大。在 TST 沉积末期，巴二段沉积范围达到最大；巴二段1－2砂组对应高位体系域，整体呈不断进积的特征。巴一段 2 砂组对应低位体系域，巴一段 1 砂组大致对应湖侵体系域。

(三)层序界面追踪闭合

层序界面追踪闭合的方法与通常的地震构造层位解释没有根本区别，解释地震层位的技术都可以用。不同的是层序地层学研究强调识别不整合面、最大湖泛面，因为它们与岩性、地层圈闭关系最密切。不整合面控制了不整合遮挡圈闭，最大洪泛面则与各类孤立砂体岩性圈闭相伴生。

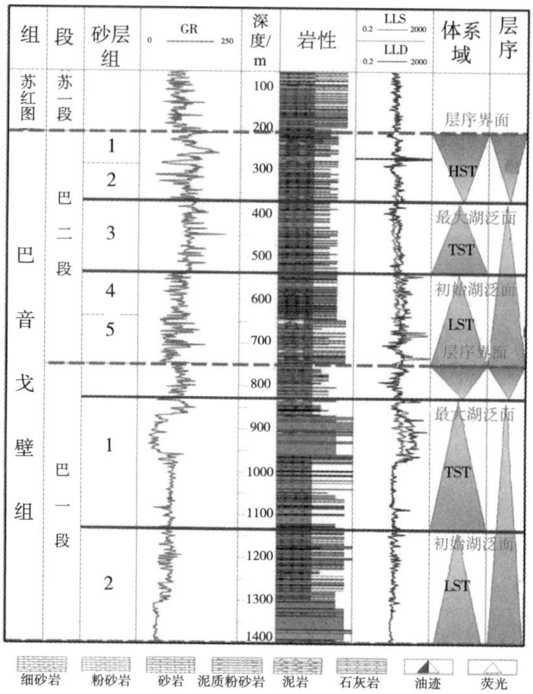

图 4－3－7　查干凹陷巴音戈壁组综合柱状图

（四）沉积相综合分析

综合考虑查干凹陷的构造背景、物源供给、地层层序以及沉积古地貌等多种地质背景，根据地震相、岩心观察和测井相分析，查干凹陷巴音戈壁组主要发育近岸水下扇、扇三角洲、辫状河三角洲、湖泊和滑塌体等 5 种沉积相类型。

（五）层序界面约束下的储层预测

多年研究实践表明，在高分辨率层序格架约束下地质建模，采用各种储层预测技术，可以提高储层预测精度，有利于识别砂层尖灭线、孤立砂岩体的分布。在层序界面内追踪闭合基础上，将各种储层反演、等时切片、地震波形分类、三维可视化解释等技术应用于储层预测，可以编制出不同层序的砂岩厚度、砂岩百分含量等值线图，从而提高层序分析的定量化。

（六）砂砾岩扇体油藏综合评价

1. 油藏特征分析

巴音戈壁组毛西断层下降盘发育多期叠置的水下扇和扇三角洲砂体，与巴音戈壁组烃源岩直接对接，易于形成源内砂砾岩扇体油藏。其中巴一段力 1 井和力 1－1 井试油获得工业油流，低部位未见水层，综合分析后认为，这两口井之所以获得较高的产量，除了有裂缝的贡献，还有基质孔隙的贡献，油层分布主要受砂体分布、裂缝及孔隙发育程度控制，为构造背景下的孔隙－裂缝型构造－岩性复合油藏；巴二段祥 6 块试油获得工业油流，下部未见水层，表现为非油即干的特征，上部 1－3 砂组低部位见水层，为油水体系，表现为近源的构造－岩性复合油藏。

2. 成藏主控因素及有利区带分析

查干凹陷发育下白垩统巴一段、巴二段 2 套主力烃源岩，有机质丰度高，热演化程度高，分布范围广，生烃能力大，是查干凹陷油气富集的前提条件；烃源岩有机质类型以腐泥、腐植混合型为主，决定了本区原油性质为轻质油。

烃源岩成熟过程中产生的有机酸，对生油凹陷周边碳酸盐胶结储层进行溶蚀，形成砂砾岩次生孔隙储层，次生孔隙储层是凹陷内的烃源岩成熟过程中产生的有机酸溶蚀，实践表明，砂砾岩油气藏大致以生油洼陷为中心呈环状分布，生油洼陷及其周围有利圈闭类型及有利构造岩相带直接控制了油气富集程度及油气藏的分布。有效烃源岩的分布状况在很大程度上决定了含油气系统的展布特征，额很洼陷是凹陷最主要的生烃中心，环额很洼陷带是最有利的砂砾岩岩性油藏发育区带。

二、岩性圈闭刻画技术

乌力吉构造带毛西断层下降盘巴一段自南到北沿着毛西断层都发育陡岸砂砾岩扇体，整体上具有扇根致密、扇中物性较好的地质特征，扇中为储层发育的优势相带，但是扇中有利砂体的地球物理响应特征不清楚，扇中相带边界的刻画难度大，缺乏有效的扇中砂体储层预测刻画技术。

通过多井合成记录明确不同相带地震响应特征，建立扇中有利砂体的地震识别模式，地震属性分析与波形聚类研究相结合，描述扇中的分布范围，最后开展相控波阻抗反演定量刻画扇中储层的厚度分布。

查干凹陷砂砾岩扇体岩性圈闭刻画技术可分为两方面内容，包括地质模型分析、圈闭识别与描述。

（一）地质模型分析

开展多口井的地震时频分析，重新划分乌力吉构造带已钻井巴音戈壁组地层层序，巴一段、巴二段之间为不整合接触关系。建立巴一段、巴二段之间地层格架，具有顶削（巴一段顶）底超（巴二段底）的特征。在地层层序划分成果的指导下，开展构造和岩性精细解释，完成乌力吉构造带巴音戈壁组巴一段顶、底以及内部小层的构造和岩性解释。

详细解剖乌力吉构造带南部的祥 6 块的沉积相及物性特征，扇根部位的毛 1 井巴一段为厚层砂砾岩，物性差，具备封堵性。扇中的祥 6 块为含砾细砂岩，孔隙度最高达 12.2%，扇缘的祥 13 井为大套泥页岩夹薄层砂岩。从扇根→扇中→扇缘，岩性为粗砾→含砾细砂岩→泥岩，其中扇中物性最好，为储层发育的优势相带，也是查干凹陷岩性圈闭储层预测的目标相带。

（二）圈闭识别与描述

开展不同相带钻井合成记录精细标定，发现扇根部位毛 1 井巴一段钻遇大套砂砾岩呈现为多个杂乱的地震反射；而扇中部位的祥 6－3 井钻遇的多套含砾细砂岩，与背景泥岩形成连续的中强振幅地震反射；扇缘部位的祥 13 井主要为泥页岩，地震上呈现为弱振幅反射。通过精细标定祥 6 块钻井，建立了砂砾岩扇体的地震识别模式，从扇根→扇中→扇缘，地震上呈现为杂乱反射→连续强振幅反射→弱振幅反射。

分析不同相带钻井钻遇不同岩性的岩石物理特性，扇根毛 1 井钻遇大套砂砾岩，是中高速度、中高纵波阻抗特征；扇中祥 6－3 井钻遇厚层含砾细砂岩夹薄层泥岩，是高速度、高纵波阻抗特征；扇缘祥 13 井钻遇大套泥岩夹薄层砂岩，是低速、低纵波阻抗特征。扇根、扇中与扇缘参数差异大，能够区分；扇根与扇中参数叠置严重，不能有效区分。

开展地震正演模拟，证实了砂砾岩扇体地震识别模式。提取振幅、频率、相位等地震属性，利用建立的地震识别模式由南边祥 6 块向北识别相似的地震反射特征。毛 10 北次洼与祥 6 块地震相类似，紧邻毛西断层下降盘为杂乱反射，前端为强振幅连续反射，推测发育扇中有利砂体。

地震波形聚类分析技术是基于地震波形的振幅、频率和相位等属性，通过聚类算法将具有相似属性的地震数据聚在同一类别下，从而揭示地下结构的特征。利用巴一段的地层厚度、振幅和相干属性进行波形聚类分析，刻画了乌力吉构造带扇中连续强振幅地震反射的展布。

针对扇中有利相带开展相控叠后波阻抗反演，采用纵波阻抗门槛值 13500g/(cm^2·s)，定量预测扇中岩性圈闭储层的厚度分布，砂体厚度 14 ~ 26m。刻画毛 10 北岩性圈闭面积 8.73km^2，圈闭资源量 422.3 × 10^4t。

三、勘探实例

2007 年按照岩性油藏勘探思路在乌力吉构造带南部部署预探井力 1 井，该井在巴一段 1 砂组 3261 ~ 3358m 井段钻遇砂砾岩，岩心薄片鉴定表明，砾石颗粒以大理岩为主，胶结物以灰质为主，见少量岩石孔隙和微裂缝。针对力 1 块巴一段 1 砂组灰质砾岩段，在巴一段不整合面追踪的基础上，应用储层地震预测，编制储层预测厚度图。为落实力 1 块巴一段 1 砂组油层，2009 年在力 1 块部署油藏评价井力平 1 井和力 1 – 1 井，两口井均钻遇油层。巴一段油层分布主要受砂体分布、裂缝及孔隙发育程度控制，为源内岩性油藏(图 4 – 3 – 8)。

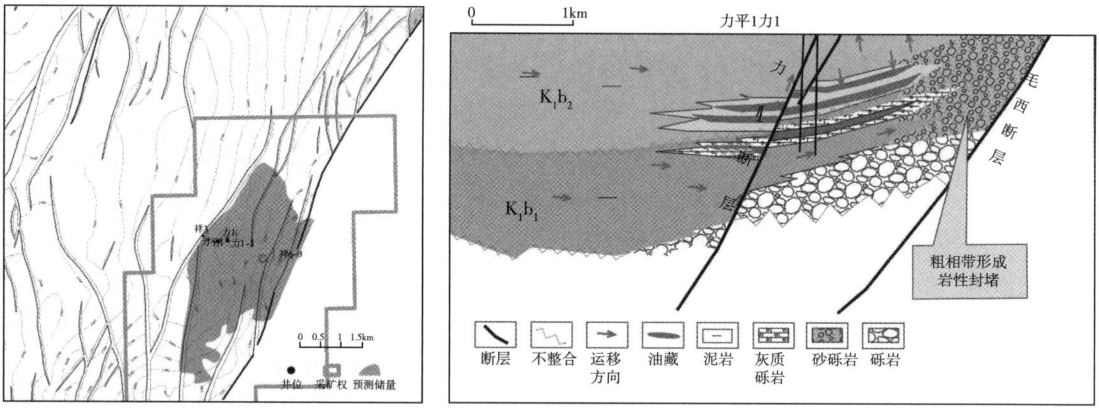

图 4 – 3 – 8　乌力吉构造带力 1 块含油面积图(左)与油藏模式剖面(右)

第四章　拐子湖凹陷油气地质勘探与评价

银额盆地拐子湖凹陷位于盆地中部巴丹吉林沙漠腹地，勘探发现了巴音戈壁组岩性油藏和前中生界基岩潜山油藏，剩余资源潜力较大。本章主要对拐子湖凹陷油气地质特征、基岩潜山油气藏勘探评价技术以及岩性油气藏勘探评价技术进行重点介绍。

第一节　油气地质基本特征

拐子湖凹陷构造上处于达古坳陷的中北部，南侧与敖西南凹陷相接，整体呈现南东断、北西超的单断箕状断陷特征。以下主要从地层、构造、烃源岩、储层以及油藏特征5个方面介绍拐子湖凹陷石油地质基本特征。

一、地层特征

拐子湖凹陷为在前中生界褶皱变质基底之上发育起来的中－新生代沉积凹陷，自下而上依次为上古生界石炭系阿木山组(C_3a)、中生界侏罗系(J)、下白垩统巴音戈壁组(K_1b)、苏红图组(K_1s)、银根组(K_1y)、上白垩统乌兰苏海组(K_2w)和新生界(Cz)。

上古生界石炭系阿木山组构成了拐子湖凹陷的基底。根据野外露头揭示阿木山组厚度约为3000m，岩性复杂，主要为浅变质岩。钻井揭示岩性有浅灰色、灰绿色长石变砂岩、白云石大理岩、灰绿色千枚岩、片岩等。在电性特征上主要表现为高密度、低声波时差、低中子、高电阻率，电阻率大于1000Ω·m，大理岩、变玄武岩在自然伽马曲线上表现为低值(10～30API)。

本区侏罗系主要残余上统，岩性主要为紫红色、杂色砂砾岩、紫红色泥岩夹灰色粉砂岩。仅分布在斜坡带北部和反向屋脊拐4～拐7井以北地区。本段地层自然电位平直；自然伽马曲线呈锯齿状分布，泥质粉砂岩、粉砂岩的自然伽马数值多在60～120API之间变化；电阻率值一般在3～30Ω·m，略高于巴音戈壁组地层，低于前中生界地层。

巴音戈壁组残余地层厚度200～1800m，发育两个大的沉积旋回，可划分为巴一、巴二两个亚段，巴一段内部自上而下分为3个砂组，巴二段内部细分为4个砂组。因此巴音戈壁组纵向上发育七个砂组。巴一段1、2砂组发育稳定分布的暗色泥岩、页岩，为拐子湖凹陷主力烃源岩层系。与下伏侏罗系地层、前中生界地层呈角度不整合接触。

苏红图组残余厚度0～1400m，与下伏巴音戈壁组呈不整合接触关系。上部岩性主要为紫红色泥岩、灰色细砂岩、灰色粉砂岩，局部发育杂色含砾砂岩，中下部岩性主要为紫红色泥岩与灰色泥质粉砂岩互层，属滨湖－浅湖相沉积。本段自然电位砂岩指状低幅负异常变化；自然伽马曲线呈锯齿状分布，砂岩段呈漏斗状－箱状低值分布，泥质粉砂岩、粉砂岩的自然伽马数值多在35~65API之间。

银根组残余厚度200~950m，与下伏苏红图组呈角度不整合接触关系。分为上、下两段，银二段上部以紫红色泥岩为主，夹灰色泥质粉砂岩薄层；下部灰褐色、灰色泥岩与灰色泥质粉砂岩、粉砂岩、灰褐色细砂岩呈不等厚互层。银一段分为上部、中部、下部，为棕红色泥岩、灰色灰质泥岩与灰白色灰岩、泥质白云岩呈略等厚互层。

乌兰苏海组残余厚度400~500m，与下伏银根组呈平行不整合接触关系，岩性主要为棕红色泥岩。本组自然电位近乎直线，无明显异常；该组自然伽马、电阻率与下伏地层差异性较小；但“三孔”测井(声波时差、中子、密度)曲线基值整体抬升，反映上、下地层间存在差异压实。

新生界厚度约900m，凹陷内分布较为稳定。第四系浮沙厚约185m，岩性主要为灰黄色细砂层，之下岩性主要为棕黄色砂泥岩。该段地层自然电位平直，异常幅度小于5mV；与下伏白垩系上统乌兰苏海组呈平行不整合接触。

二、构造特征

拐子湖凹陷呈北东向展布，受拐子湖断层所控，呈南东断、北西超断陷结构。巴音戈壁组断裂体系走向主要为北东－北东东向，按发育期次、活动强度分为拐子湖断层、拐参1东断裂系、拐参1断裂和拐参1西断裂系、拐西断裂系，其中拐子湖断裂系、拐参1断层、拐参1西断层为一系列西倾断层，拐参1东断层、拐西断层为东倾断层，拐子湖凹陷受拐子湖断层(Ⅰ级)和拐参1东断层、拐参1断层、拐参1西断层、拐西断层(Ⅱ级)等控制，具有东西分带、南北分区的特点，可分为斜坡带、反向屋脊带、洼陷带、陡坡带等4个亚带。

三、烃源岩特征

巴音戈壁组沉积了厚度超过1000m稳定分布的暗色泥岩、页岩，为拐子湖凹陷主力烃源岩层系。巴音戈壁组烃源岩岩性以深灰色和黑色泥岩、页岩为主，TOC为0.5%~2.5%，生烃潜量S_1+S_2为0.224.08mg/g，烃源岩干酪根类型以Ⅰ、$Ⅱ_1$型为主，有机质热演化程度Ro为1.02%~1.28%，综合评价为一套中－好的成熟烃源岩。

四、储层特征

拐子湖地区发育前中生界变质岩缝洞型和中生界碎屑岩孔隙型两种类型储层。目前有4口井(G6、G18、G6－1、G6－2)揭示前中生界白云石大理岩缝洞型储层。野外调查资料表明，前中生界具有良好的缝洞储层发育的条件，其中碳酸盐岩沿裂缝带大理岩化并经过流体的溶蚀，形成了裂缝－溶蚀孔洞储集体，该类型储集体孔洞发育，面孔率可达到9.9%~14.5%。

碎屑岩储层主要发育于巴音戈壁组。巴音戈壁组主要发育辫状河三角洲、扇三角洲、湖底扇沉积，储层岩性以灰－浅灰色粉砂岩、细砂岩－粗砂岩、含砾细砂岩为主，储集空间以残余原生粒间孔为主，其次为粒间溶孔，岩心实测有效孔隙度8.8%~22.9%，中值12.3%，渗透率0.117~298mD，中值1.84mD，属于低孔、特低渗储层。

五、油气藏类型及特征

主要发育巴音戈壁组和基岩潜山油气藏(图4－4－1)，均位于反向屋脊带，油源均来自巴一段，形成下生上储、自生自储和新生古储3种储盖组合。巴音戈壁组油藏为下生上储、自生自储的岩性油气藏，分布主要受储层展布控制，目前未钻遇油水界面，油气充满度高，具有近源大面积含油特征。实测巴音戈壁组岩性油藏为常温常压系统，原油密度0.7979～0.8459g/cm^3，黏度3.054～9.121mPa·s，为轻质油藏。基岩潜山油藏为大理岩缝洞型油藏，分布范围受岩性和供烃条件双重控制，已发现潜山油藏为常温、弱超压油气藏，原油密度0.7914g/cm^3，气油比615m^3/m^3，为挥发性油藏。

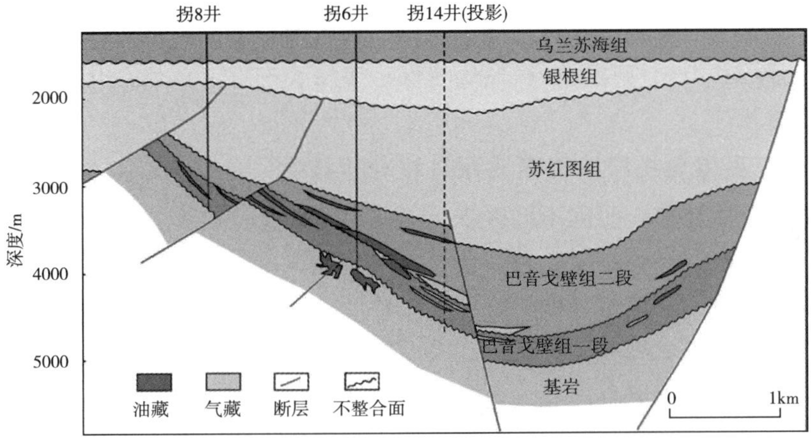

图4－4－1　银额盆地拐子湖凹陷油藏剖面图

第二节　岩性油气藏勘探评价技术

一、反向屋脊带岩性油藏地质评价技术

岩性油藏评价中主要运用的关键技术有以下几种。

(一)烃源岩综合评价及资源评价技术

烃源岩生烃属性评价：开展巴音戈壁组烃源岩原始有机质丰度、类型的分析，明确有效烃源岩的评价标准。

烃源岩空间展布刻画：建立烃源岩丰度的测井评价模型，明确有效烃源岩纵向分布规律，结合地震、沉积相等研究成果，明确有效烃源岩的空间展布特征。

油气资源量评价：综合有效烃源岩评价标准、空间展布特征、生烃属性的研究成果，对拐子湖地区油气资源量进行评价。

(二)高频测井层序定量解释和地震层序定量解释相结合的层序地层识别技术

层序界面的识别：以野外露头、古生物世代特征、湖平面升降变化、地球化学与测井响应、钻井岩性突变界面、地震反射特征为基础，进行层序界面的识别与判定。

高分辨率层序地层格架建立：井－震结合，将钻井高频层序与地震资料相结合，在层序界面识别的基础上对巴音戈壁组内部储层发育段建立起高分辨率层序地层格架。

层序地层模式：根据断裂形态、地层接触关系及剖面样式，研究层序格架内的充填特征，确定拐子湖地区不同洼陷、不同区带的层序地层模式。

(三)基于储层岩石学特征及成岩作用分析基础上的储层评价技术

沉积相类型和展布：在层序地层、单井相、剖面相、地震相研究基础上，确定巴音戈壁组砂岩发育段沉积相类型和展布。

储层孔隙结构及有效储层发育规律：利用扫描电镜、能谱、电子探针等技术手段确定岩石学特征，描述孔隙结构特征；在储层岩性、厚度、物性、成岩演化分析的基础上，明确有效储层发育规律。

(四)流体包裹体分析和油气藏成藏过程分析技术

油气藏静态地质特征：明确不同区带、不同层系油气藏类型，分析原油性质及温压系统差异性。

油气来源、成藏期及成藏过程研究：利用地球化学指标精细对比明确油气来源，基于流体包裹体均一温度结合埋藏史确定油气充注时间，恢复油气成藏过程。

油气成藏主控因素及成藏模式：主要从油源、沉积及储层物性、地层压力等条件对成功和失利井进行分析，进一步明确油气成藏和主控因素，建立油气成藏模式。

二、圈闭刻画技术

拐子湖凹陷巴音戈壁组主要发育岩性类圈闭，圈闭的刻画关键技术主要有精准岩石物理量版建立技术和叠前地震反演的储层预测技术。首先根据层位标定确定工区内已钻井的岩石物理特征，基于钻井、测井、岩心、分析测试等资料，建立储层与声波、SP、GR、DEN、电阻率等测井曲线的岩石地球物理特征统计关系，明确不同岩性的地震弹性参数特征，选择敏感弹性参数，建立精准的岩石物理量版。以此为基础，明确不同沉积相与岩性组合的地震响应特征，建立地震相识别模式，攻关叠前地震储层预测的方法，预测砂体展布，刻画与描述岩性圈闭。

(一)精准岩石物理量版的建立

1. 测井环境校正

采用多元线形拟合的方法，在相同岩相和岩性、流体类型层段建立多元线性方程，经过对质量较好的测井曲线进行多元线性拟合，建立基准曲线和计算曲线直接的函数响应关系，尔后在井眼垮塌层段对密度测井响应进行校正，拐参1井密度曲线校正后质量得到很好的提升，对比校正前后的中子－密度交汇图，密度曲线数据的分布规律更为合理。开展多井一致性检查和标准化处理工作，以便获得纵向质量可靠、横向具有一致性的测井资料，为测井地层评价和储层预测打下良好的资料基础。

2. 精准岩石物理量版的建立

对于拐子湖凹陷，首先输入拐参 1、拐 7 等井的纵波、横波曲线以及测井地层评价成果，选取微分有效模量理论模型，测试之后优化砂岩的骨架参数点，尽可能确保正演的密度、纵波、横波曲线与实测的曲线有较高的吻合度，有效保证岩石物理模型的质控效果，从而建立拐子湖凹陷巴音戈壁组精准的岩石物理模型。应用该模型，正演出拐 5、拐 6、拐 10、拐 14 等井的横波曲线，校正部分大段井眼垮塌的密度曲线。

计算多口井的纵横波速度比，结合岩石物理分析成果，明确纵横波速度比和纵波阻抗双参数能够较好地区分泥岩、干砂和油砂。泥岩：$V_p/V_s>1.75$，纵波阻抗在 9000 ~ 13000g/(cm^2 · s)；砂岩：$V_p/V_s<1.75$，纵波阻抗在 10000 ~ 14000g/(cm^2 · s)；油砂：$V_p/V_s<1.75$，纵波阻抗 <12000g/(cm^2 · s)。油层段具有低纵横波速度比、中低波阻抗的弹性参数特征。

通过储层物性岩石物理参数置换实验可以得到，油层的孔隙度变大，密度曲线值变小，纵波阻抗值变小，纵横波速度比变小；反之，油层的孔隙度变小，密度曲线值变大，纵波阻抗值变大，纵横波速度比变大。

（二）叠前地震反演与储层预测技术

1. 储层预测方法的优选

通过井震标定及岩石物理弹性参数研究，测井频带下纵横波速度比与纵波阻抗双参数能有效地识别油砂，所以优选出纵横波速度比和纵波阻抗为储层预测的敏感弹性参数。在地震分辨率尺度上，地震纵向预测单元为 20 ~ 30m 以上的砂岩集中段，巴音戈壁组油层段的砂岩顶位于波峰，砂岩底位于波谷，结合岩石物理分析的成果，砂体具有高纵波阻抗、低纵横波速度比的弹性参数特征，分析认为砂岩纵横波速度比小于 1.75，纵波阻抗小于 12000g/(cm^2 · s)。纵横波速度比可以有效识别砂泥岩，在此基础上，刻画纵波阻抗小于 12000g/(cm^2 · s)的分布情况，应用纵横波速度比和纵波阻抗双参数以实现油层段储层分布的刻画，针对巴音戈壁组油层段地震储层预测优选叠前地震反演预测储层的发育情况。

2. 叠前地震反演与储层预测

叠前地震反演技术是以利用不同部分偏移距叠加数据体为资料基础，描述振幅随偏移距(AVO)或者入射角(AVA)的变化效应，同时考虑了不同部分叠加数据子波的差异性，因此获得 AVO 界面上下的岩石弹性参数数据。

利用部分叠加地震数据提取各个部分叠加地震对应的子波，建立低频趋势模型，进行了叠前同步反演，获得纵波阻抗、横波阻抗、V_p/V_s 等弹性参数数据体。依据砂体的岩石物理解释标准($V_p/V_s<1.75$)，以巴音戈壁组小层段顶底界面为时间窗口，在纵横波速度比弹性参数数据体上开展砂体分布解释，在刻画的砂体分布范围内，雕刻低纵波阻抗分布区，描述储层的发育情况，得到小层段的砂体厚度预测图。

三、勘探实例

（一）区带评价

拐子湖凹陷受一级断裂拐子湖断层和二级断裂拐参 1 东、拐参 1、拐参 1 西、拐西断层等控制，具有东西分带的特点，可分为陡坡带、洼陷带、反向屋脊带、斜坡带等4个亚带，反向屋脊带勘探潜力最大。

巴音戈壁组油藏具有“近源供烃、近距离输导、甜点控富”的特点：巴一段烃源岩展布范围控制油气分布；稳定的有效砂体包裹于优质烃源内，配置形成油气富集；湖底扇砂体厚度大、物性好，油气富集程度高。

（二）圈闭刻画

以地震沉积学理论为指导，采用地震资料精细解释和有效储层预测技术，圈闭刻画从层序地层格架建立、控沉积断层与沉积相入手，明确有利储层的沉积相带和砂体地质－地球物理响应关系，以中弱振幅、低频、连续－断续地震响应特征为主刻画砂体分布。根据已钻井揭示结合地震属性分析，进一步将圈闭内划分为薄互层（断续）、甜点层（中弱振幅）、干砂与甜点共生区（中振幅、连续）。地震属性分析、叠后反演、叠前反演预测表明拐16～拐5井区巴二段4砂组均发育厚储层，通过叠前反演预测南部拐16南巴二段4砂组4.3km^2，储层厚度在20～50m。

（三）井位部署

按照“拓场面、增储量、提产能”的部署思路，为探索基岩潜山和巴音戈壁组储层展布及含油情况，在拐子湖凹陷反向屋脊带南部部署拐18HF井（图4－4－2、图4－4－3）。

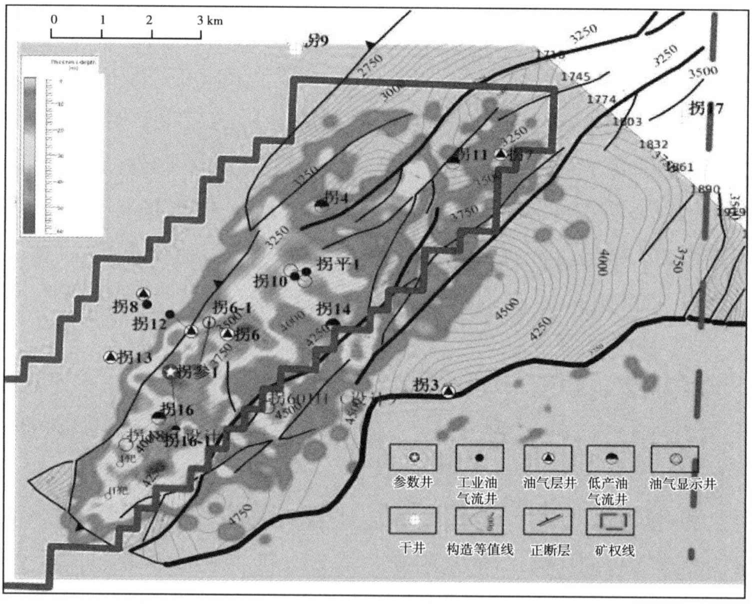

图4－4－2　巴二段4砂组构造与有效砂岩厚度叠合图

拐18HF井位于拐子湖凹陷反向屋脊带南部，井口距离拐16井地面228°方位约900m。拐18HF井在巴音戈壁组二段钻遇油层17.5m/4层，低产油层18.1m/6层，见到良好油气显示。钻探揭示巴二段4砂组厚油层具有叠置连片特征，南部为厚砂岩有利发育区，地层－岩性圈闭发育。钻探成功证实了针对巴音戈壁组岩性油藏的勘探方法有效。

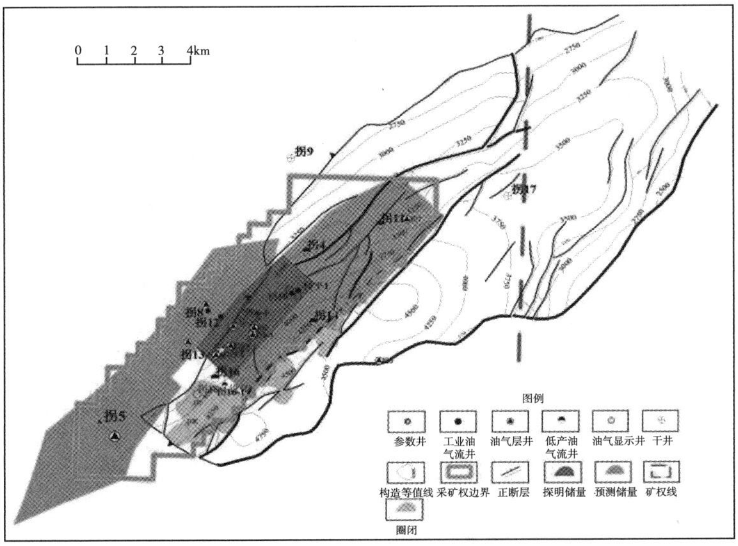

图4－4－3　巴二段4砂组圈闭综合平价图

第三节　基岩潜山油气藏勘探评价技术

一、基岩潜山油气藏地质评价技术

(一)沉积构造背景研究

银额盆地的基底主要由前中生代增生－碰撞混杂岩和岛弧地质体组成。北侧是西伯利亚活动大陆边缘体系，南侧是华北活动大陆边缘构造体系，南北两大构造体系对冲碰撞于二叠纪末至三叠纪，最终形成银额盆地褶皱基底。

(二)岩性特征分析

目前钻井钻遇的基底主要为上古生界石炭系阿木山组。野外地质调查表明前中生界岩性复杂多变。根据乌力吉陶来剖面重新认识阿木山组地层序列，从南到北为两套砂砾岩→砂岩→泥岩→灰岩序列，底部为断裂发育段，岩体与其他岩性混杂。钻井揭示7类岩性：绿灰色变质安山岩、变质玄武岩、绿泥石片岩、变质砂岩、千枚岩、片岩与白云质大理岩。

(三)储层特征分析

1. 野外前中生界缝洞储层的类型与特点

根据野外剖面的观察取样及钻井资料分析，前中生界缝洞储层空间可分为岩溶洞穴、溶蚀孔洞、溶蚀孔隙、溶蚀(风化)裂隙、构造裂隙5种。储集空间主要为岩溶洞穴、溶蚀裂隙及构造裂隙。不论是碳酸盐岩地层还是非碳酸盐岩地层，构造裂缝都非常发育。宏观面孔率最高可达到16%(图4－4－4)。

图 4-4-4　露头区前中生界典型大理岩缝洞储集体特征图

2. 凹陷基岩潜山储层特征、形成机制与分布规律

根据钻井和岩心观察分析，基岩潜山具备发育缝洞储层的良好条件。拐 6 井钻揭前中生界白云石大理岩厚度为 20.81m（未穿），根据薄片资料分析，白云石晶体呈粒状变晶结构，镶嵌状接触。根据全岩资料分析，白云石含量为 95.4% ~95.7%，石英含量为 4.3% ~4.6%。拐 6 井薄片分析裂缝发育呈网状分布，缝宽小于 1mm，裂缝发育方向发育直径 1 ~2mm 孔洞，实测孔隙度 8.1%。拐参 1 井变玄武岩岩心和拐 4 井的板岩、变砂岩岩性裂缝发育。

大理岩缝洞的形成主要与海西末期南北向挤压应力有关，形成高角度压扭断裂以及北东向左旋剪切断裂，裂缝都以高角度为特点。溶蚀孔洞的形成，与地表风化、大气渗流和沿裂缝渗流相关，其分布与强断裂带分布一致，具有近东西向展布、后期左旋错动的分布规律。

（四）油藏特征及富集规律研究

拐 6 井钻探揭示基岩潜山是富集高产层系。原油密度为 $0.7914g/cm^3$（地面 20℃），地面原油黏度 3.29mPa · s，凝固点 22℃；甲烷含量 71.357%，无硫化氢；试油无水。PVT 取样分析，饱和压力 34.266MPa，溶解气油比 $514.30m^3/m^3$，通过静压梯度数据分析，得到井筒静压梯度为 0.54MPa/100m，静温梯度为 2.83℃/100m。折算至油藏中深地层压力为 48.08MPa，地层温度为 123.58℃。地层压力系数为 1.208，属挥发性常温高压油藏。

基岩潜山上覆巴一段厚层灰黑色泥、页岩的质量色谱特征与拐 6 井的原油具有一致性，均具有高 C_{30}重排藿烷与伽马蜡烷含量的特征，证实基岩潜山原油来自巴一段优质烃源岩，为新生古储的油藏。从油气成藏规律来看，巴一段烃源岩披覆式、侧向对接式与潜山直接接触供烃是成藏的关键因素。综合大理岩展布规律及其主控因素，建立了前中生界基岩潜山“挤压成山、风化成储、披覆成藏、缝洞控富”的成藏模式，基底断裂、正向构造、大理岩储层、源岩披覆是成藏的关键因素。

二、圈闭刻画技术

经过多轮次地球物理处理，在叠后属性、叠前宽方位储层预测攻关的基础上，初步形成了“相干描断裂、线描圈潜山、振幅定岩性”的刻画技术。

(一)断裂展布特征

通过地震资料精细解释，提取能够反映地震不连续性的属性，分类型、分级别描述基岩潜山裂缝发育情况。通过钻遇断层和裂缝钻井标定，提取能够表征地震同相轴连续性的属性，优选出相干属性刻画大尺度的断层分布，最大似然属性刻画小尺度的裂缝发育情况。

最终落实基岩整体上发育两组不同方向的断裂：①北东走向，以拐参 1 断层、拐参 1 东断层为代表，在相干属性上可以识别出来的大断层，这类断层延伸距离长，属于晚期断层；②近东西走向，最大似然能够刻画的小尺度裂缝，局部发育，延伸距离短，拐 6 井钻在东西走向断层一端。

(二)微古地貌特征分析

利用叠前深度偏移地震资料，“网状”加密追踪，落实基岩顶面隆起区范围，正向构造主要分布在反向屋脊带。运用欠平衡滤波方法，开展古地貌分析，明确了潜山正向构造受晚期北东向断层错断，发育低位、中位、高位三排潜山。

(三)大理岩展布范围

开展前中生界钻井不同岩性精细井震标定，区分敏感属性，运用测井区分岩性。依据现在钻井基岩岩性组合建立基岩潜山顶面正演模型。

基岩顶面之上为巴一段泥、页岩，地层速度为 4000m/s 左右，之下为基岩高速层(5500 ~6000m/s)，所以在基岩顶面形成一个连续的波峰反射。拐 10 井基岩上段钻遇 40m 砾岩，与之上的泥岩形成一个波峰；拐 4 井岩性组合为巴一段泥岩 - 侏罗系砾岩 - 前中生界变砂岩，巴一段低速泥岩与侏罗系高速砾岩形成一个波峰，砾岩与更高速的变砂岩形成下面的弱波峰。钻井统计千枚岩、变玄武岩、变砂岩地震纵波速度差异小，地震上呈现为中强振幅、中低频率。白云石大理岩地震速度 5900 ~6000m/s，地震上呈现为强振幅、低频率特征。从正演模型来看，振幅属性能够区分大理岩与其他岩性。运用振幅属性刻画大理岩的分布范围。

三、勘探实践

拐子湖凹陷已发现前中生界基岩缝洞油气藏，15 口井钻揭了基岩，其中 11 口井见到油气显示，2 口井试油，其中对拐 6 井潜山井段 3957. 74 ~3978. 55m、20. 81m/1 层进行裸眼试油，6mm 油嘴油压稳定在 25. 9MPa、套压稳定在 26. 1MPa，折算日产油 211m^3、天然气 $10.7\times10^4m^3$，获得高产工业油气流，证实基岩潜山油藏是拐子湖凹陷重要的增储建产领域。

在综合评价基础上，2024 年在反向屋脊带南部部署完钻拐 18HF 井。该井钻探的目的之一是探前中生界储层特征及含油气性特征。设计井深 4507. 5m。

拐 18HF 导眼井于 2024 年 8 月 10 日开钻，完钻井深 4595m。该井基岩岩性为灰白色、浅灰色大理岩，灰色千枚岩。基岩见荧光 10. 38m/5 层，气测异常 18. 0m/4 层，气测显示：井段 4214. 00 ~4215. 00m，ΣC：0. 420% ↑99. 99%，C_1：0. 198% ↑80. 807%，槽面见 20% 米粒状气泡(钻井液相对密度 1. 38)，后效 2 次/1 层。

拐 18HF 井基岩钻遇两段大理岩缝洞型储层。第一段 4133 ~4305m，厚度 172m，4201. 5 ~4405m 发生井漏(漏失 108m^3)。油气显示活跃，荧光显示 5m/3 层、全烃最高 99. 99%，气测异常 14m/3 层，4203～4210.05m 取心 2 次，收获率 23.3%，裂缝见荧光显示。从成像测井上看，第一段裂缝比较发育，高导缝 103 条。声波远探测识别周边溶蚀孔洞、裂缝都发育。第二段大理岩 4417～4541m，厚度 124m。该段见荧光 5.38m/2 层，气测异常 4m/1 层。取心 1 筒，大理岩破裂严重。

从叠前深度偏移地震资料标定上，第一段大理岩顶(与上覆泥岩接触)为强振幅低频反射特征，底部与千枚岩接触面为强振幅高频反射特征(图 4－4－5)；第二段大理岩(与上部千枚岩接触)为中振幅低频反射特征。拐 18HF 基岩潜山获得成功，进一步证实基岩缝洞型油藏的勘探潜力。

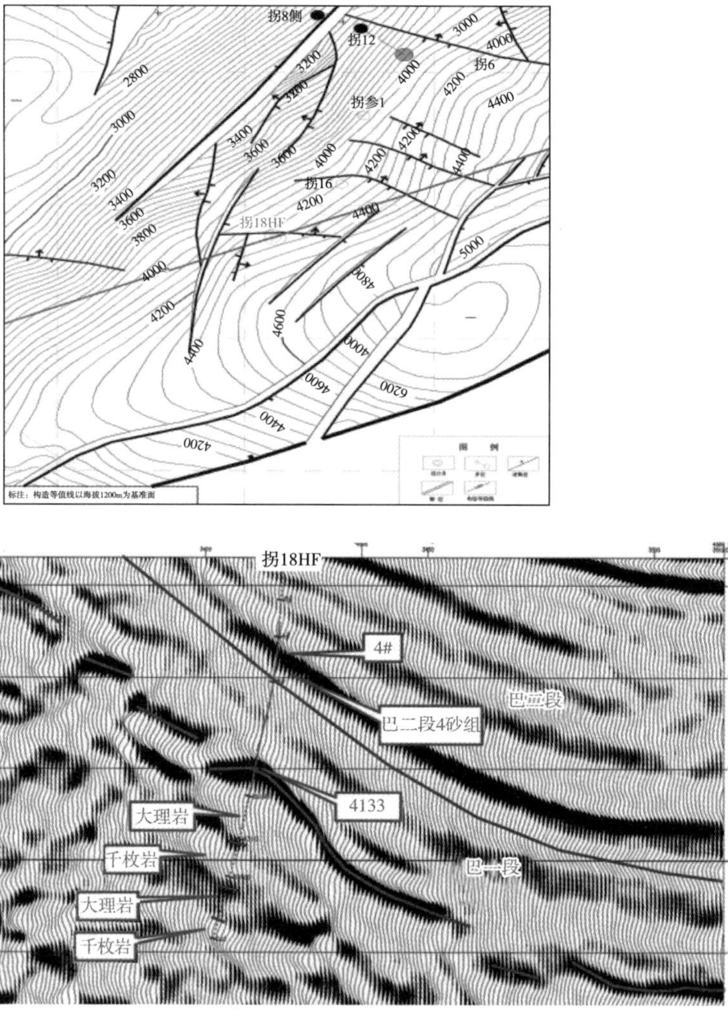

图 4－4－5　拐 18HF 井区基岩顶面构造及地震解释剖面图(任意线)

扫一扫
获取更多资源

第五部分　非常规油气地质勘探与评价

第一章　非常规油气地质勘探概述

我国页岩油气资源储量丰富，页岩气技术可采资源量排名世界第一，页岩油储量排名全球前三。近年来，国内非常规油气勘探从理论认识到工程技术均取得了积极进展。一是页岩气实现多盆地、多领域、多层系突破。四川盆地志留系、二叠系、寒武系页岩气勘探取得重大突破，中扬子、鄂尔多斯盆地西缘、松辽盆地南部等新区获得新发现。二是页岩油成为未来重要的接替资源，上产速度加快。相继在鄂尔多斯、准噶尔、济阳、松辽、苏北等多个盆地取得战略性突破。三是深层煤层气取得战略突破，展现出良好的发展前景。鄂尔多斯盆地、四川盆地、准噶尔盆地、渤海湾盆地等深层煤层气勘探取得重大发现。

中原油田各探区也具有丰富的页岩油气、煤层气等非常规油气资源，借鉴国内外非常规油气地质勘探成功经验，开展了勘探评价和大胆探索，并取得了积极进展。特别是东濮凹陷页岩油勘探取得了重大突破，濮7601H井喜获页岩油稳定产能；内蒙古探区页岩油兼探井祥16HF钻遇良好的页岩油显示；川东北探区页岩气及致密砂岩气也取得新进展，普陆页1HF井试获高产页岩气流，目前正以井工厂模式实施平台井试采；东濮凹陷胡状集－庆祖集斜坡带煤层气评价也取得新认识。总之，页岩油气及煤层气等非常规油气资源勘探开发已成为中原油田打造千万吨级一流油气公司的重要资源接替领域。

一、非常规油气资源概念

非常规油气是相对以往勘探开发的常规油气而言的，在常规油气地质勘探开发实践中，陆续发现一些难以用传统的油气生成和聚集理论解释的、不能用常规油气地质勘探开发技术进行商业开采的油气资源，其特点是资源规模大、储层物性差，一般孔隙度小于10%，渗透率小于$1\times10^{-3}\mu m^2$，将这些油气资源统称为非常规油气资源。非常规油气资源就是在成藏机理、赋存方式、分布规律和勘探开发技术等方面有别于常规油气资源的烃类资源。截至目前，仍未形成公认的非常规油气资源的概念和分类体系。

二、非常规油气的主要类型

非常规油气资源丰富、种类多样，资源类型通常可以归纳为两大类：非常规天然气资源和非常规石油资源。非常规天然气资源包括页岩气、煤层气、致密砂岩气(深盆气)、水溶气、天然气水合物等；非常规石油资源包括页岩油、致密油、油页岩、油(沥青)砂、重(稠)油等。各种类型的非常规油气资源与常规油气资源在成因上密切联系、空间分布上相互伴生，在沉积盆地(凹陷)中的常规－非常规油气资源形成分布见图5－1－1。

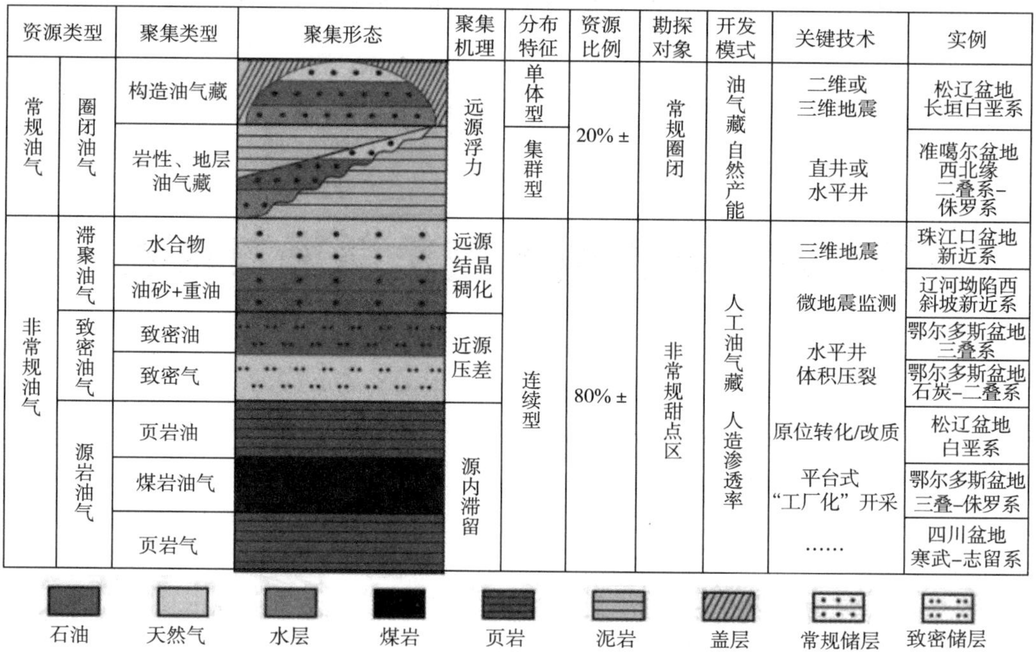

图5－1－1　常规－非常规油气资源形成分布与关键技术

三、非常规油气资源特征

与常规油气资源相比，非常规油气资源在资源规模、资源丰度、赋存方式、储集空间、分布规律、勘探开发、工程技术等方面具有明显差异。相对于常规油气资源，非常规油气资源主要具有以下特征：类型多、赋存方式多样；分布广泛，往往具有连续性，资源规模大；储层物性差，需要进行储层改造；品质较差、资源丰度较低；开发难度大；开发经济性一般较差；开发利用具有勘探开发一体化、地质工程一体化特点；对环境影响较大，环保要求比较高。

扫一扫
获取更多资源

实现非常规油气革命，需要依托“理论、技术和管理”三个创新的深度融合。从理论上突破圈闭型“油气藏”理论，建立连续型“甜点区”理论；从技术上突破直井自然渗流开采方法，建立水平井压裂平台式技术；从管理上突破科技管理市场分界围墙，建立一体化最优降成本模式。

第二章　页岩油地质勘探与评价

中原油田原油稳产形势严峻，迫切需要接替资源，东濮凹陷及内蒙古探区页岩油勘探潜力大，资源类型特殊，勘探开发难度大。自“十二五”以来，已开展过两轮页岩油勘探探索，各项技术取得一定进展。因此，需要对标国内外页岩油地质勘探技术体系，系统性梳理页岩油勘探开发技术体系中的“卡点”，攻克难点，实现页岩油勘探突破。

第一节　东濮凹陷页岩油地质勘探与评价

东濮凹陷早期阶段的钻录井过程中，在文 6、文 18、桥 16 等井沙三段泥页岩中均见油浸、油斑和少量油气显示，受当时理论知识和技术条件限制，并未引起重视。随着全球页岩油勘探开发的兴起，东濮凹陷页岩油勘探开发突破越来越重要，相继开展地质勘探评价工作，研究认为东濮凹陷页岩油资源具有较大潜力。

一、页岩油勘探现状

1979 年钻探的文 6 井在 3025.5 ~ 3054.0m 盐间井段灰质泥岩、页岩中见油浸显示 15m/8 层、油斑显示 2.5m/1 层；文 401 井在 3123 ~ 3124m 盐间井段，录井见 1m/1 层褐灰色油斑泥岩，随后槽面上涨 10cm，表面原油厚达 4cm。文 18、文 201、桥 16、桥 20、部 12、卫 79 等多口井泥页岩段均在录井过程中见到了油气显示，但早期对这些钻井在泥页岩中的显示并没有引起充分重视。

2000 年 11 月，文留潜山构造上部署的文古 2 井钻至 3114.49m 时，发生井涌、钻井液井口外溢现象，返出以原油为主的液体 $60m^3$。2009 年部署在柳屯洼陷的濮深 18 井，在 3268.5 ~ 3318m 井段盐间泥页岩油气显示活跃，录井见油迹 4m/3 层、荧光 23m/13 层，电测解释油层 6.8m/3 层，随后部署的濮深 18 - 1 井在对应层位用钻杆投产方式放喷，日产油约 $420.75m^3$，首次在泥页岩中获得高产油流。自 2011 年开始进行页岩油评价和勘探工作，至今已开展过两轮页岩油勘探评价。

第一轮：2011—2012 年中国石化页岩油大规模勘探阶段，针对局部区域集中显示普遍的云质泥岩缝洞型、基质型、盐间夹层型、互层型 4 种剖面类型，部署了濮 1 - 1HF、卫 383 - 1HF、卫 383 - 2HF、卫 68 - 1HF 等 4 口非常规水平井进行探索，均具有较好的显示，但由于工程工艺不成熟，压裂方法不适用，未能取得较大突破，但初步证实了东濮凹陷页岩油的资源潜力。

第二轮：2019—2021 年重新审视东濮页岩油条件，以取全取准页岩油资料为主，部署文 410 井、卫 456 井、卫 457HF 井，为这一阶段页岩油勘探创造条件，明确了基质型页岩油是下步攻关方向。

随着页岩油勘探技术不断进步，在东濮凹陷开展了新一轮的页岩油勘探研究，通过开展页岩层系细粒沉积岩岩性、含油性、可动性、可压性等“四性”特征研究，分析页岩油主要储集空间类型，确定优势岩相类型，预测页岩油有利勘探区带。自2022年以来，通过分层系页岩油气“选区选层”勘探评价，揭示东濮凹陷沙三段6套页岩层系具有页岩油勘探潜力，在前梨园洼陷部署濮7601H、文东页1等井获得了页岩油勘探的重大突破。

二、页岩油形成条件及评价技术

细粒沉积岩是指粒径小于0.0625mm的颗粒含量高于50%的沉积岩，既是页岩油气的物质基础又是储集载体，其成分主要包括黏土矿物、碳酸盐、粉砂、生物硅质、有机质等。由细粒沉积物组成的沉积岩称为细粒沉积岩，其中具有页理发育特征的称为页岩，不具有页理发育特征的称为泥质岩。东濮凹陷页岩油层系主要是指页理较为发育的细粒沉积岩层系。

按照页岩油评价技术规范，研究其形成条件主要是研究它特殊的沉积环境及成藏要素，目前页岩油评价主要包括两个方面的内容，一是研究页岩油形成的岩性及岩相特征；二是研究页岩油成藏的“四性”关系。东濮凹陷页岩油勘探刚起步，本章节主要论述上述两个方面的基本特征。

（一）细粒沉积岩岩石类型及岩相特征

1. 细粒沉积岩岩石类型

通过对东濮凹陷卫456、卫311、卫79－13、卫79－8等9口井沙三段、沙四段细粒沉积岩开展岩心厘米级描述、全岩、岩石薄片、扫描电镜、有机碳、热解、微量元素等测试技术，确定岩石成分及地化指标研究，采用碳酸盐矿物、黏土矿物、长英质矿物“三端元”分类方案进行细粒沉积岩岩石类型划分，共划分为12种岩石类型（图5－2－1、表5－2－1）。

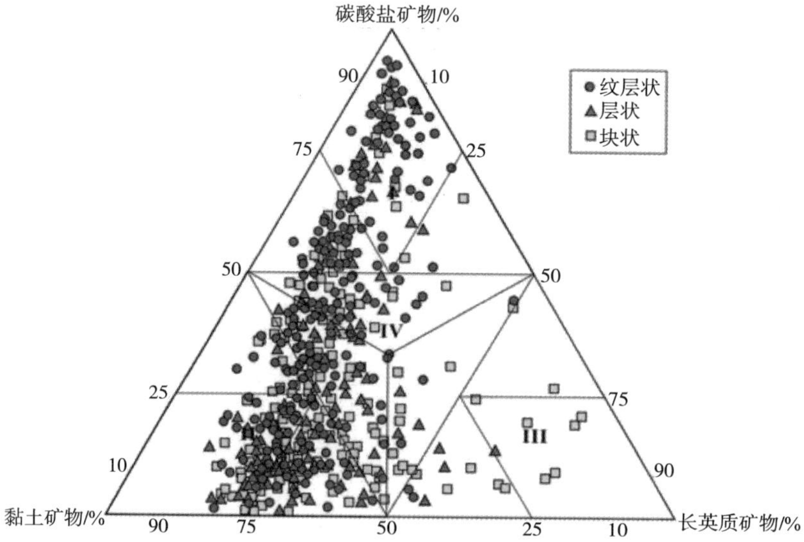

图5－2－1　东濮凹陷沙三－沙四段细粒岩岩相划分三角图

表5-2-1 东濮凹陷细粒沉积岩“三端元”岩石类型分类表

岩类名称	岩石名称(亚类)	“三端元”矿物归一化相对含量/%			X衍射测试 石膏、石盐含量
		长英质矿物	碳酸盐矿物	黏土矿物	
长英质岩类	长英质岩	≥50	<25	<25	≥10%，且<25%：含膏(盐)岩； ≥25%，且<50%：膏(盐)质岩； ≥50%：膏(盐)岩
	碳酸盐质长英质岩	≥50	≥25	<25	
	黏土质长英质岩	≥50	<25	≥25	
碳酸盐岩类	碳酸盐岩	<25	≥50	<25	
	长英质碳酸盐岩	≥25	≥50	<25	
	黏土质碳酸盐岩	<25	≥50	≥25	
黏土岩类	黏土岩	<25	<25	≥50	
	长英质黏土岩	≥25	<25	≥50	
	碳酸质黏土岩	<25	≥25	≥50	
混合岩类	长英质混合岩	<50	<50	<50	
	碳酸质混合岩	<50	<50	<50	
	黏土质混合岩	<50	<50	<50	

统计显示，东濮凹陷细粒沉积岩矿物类型多，优势矿物不明显，沙四上-沙三段细粒岩类型以灰色块状-页理状长英质黏土岩、暗色纹层状含灰云质-灰云质黏土岩、暗色黏土质灰云岩为主，其次为暗色页理状-块状黏土岩、暗色纹层状-块状含黏土灰云岩。其中纹层状含灰云质-灰云质黏土岩、纹层状灰云岩为有利烃源岩，长英质岩为有利储层。

2. 细粒沉积岩岩相特征

国内外对细粒岩岩相的划分主要根据岩石的颜色、沉积构造、矿物成分、有机碳含量、力学性质等因素。东濮凹陷细粒沉积岩主要依据沉积构造、矿物成分及有机碳含量进行细粒沉积岩岩相分类。依据矿物成分组合划分细粒沉积岩岩相的原则，东濮凹陷细粒岩类型主要有碳酸盐岩、黏土质碳酸盐岩、碳酸质混合岩、长英质混合岩、盐岩等类型。这些岩石类型与沉积构造有一定的相关性，其中层状构造主要发育于黏土岩、长英质黏土岩，纹层状构造主要发育于黏土质碳酸盐岩、碳酸质混合岩，块状构造主要发育于长英质混合岩、碳酸盐岩。综合沉积构造和矿物成分特征分析，东濮凹陷细粒沉积岩主要发育富有机质纹层状碳酸盐岩相、富有机质纹层状碳酸质混合岩相等9种岩相类型，以富有机质纹层状碳酸盐岩、碳酸质岩相为主(表5-2-2)。

表5-2-2 东濮凹陷细粒岩岩相类型划分

岩相类型	含油性	结构	岩性
富有机质纹层状碳酸质混合岩相	TOC>1.5%	纹层状	碳酸质混合岩

续表

岩相类型	含油性	结构	岩性
富有机质纹层状黏土质碳酸盐岩相	TOC > 1.5%	纹层状	碳酸盐岩
富有机质纹层状碳酸盐岩相	TOC > 1.5%	纹层状	碳酸盐岩
富有机质层状碳酸盐岩相	TOC > 1.5%	层状	碳酸盐岩
富有机质层状黏土岩	TOC：1.0% ~1.5%	层状	黏土岩
含有机质层状黏土质混合岩相	TOC：1.0% ~1.5%	层状	黏土质混合岩
含有机质块状黏土岩	TOC：1.0% ~1.5%	块状	黏土岩
贫有机质块状长英质黏土岩相	TOC < 1.0%	块状	长英质黏土岩
贫有机质块状碳酸盐岩相	TOC < 1.0%	块状	碳酸盐岩

(二)页岩油“四性”特征

页岩油“四性”主要包括含油性、储集性、可动性和可压性，“四性”的优劣及匹配关系决定了页岩油能否成藏及成藏的规模等，东濮凹陷由于页岩组合和砂泥岩组合频繁薄互层，缺乏连续厚度100m以上的厚层优质页岩(优质烃源岩)，所以对“四性”关系的匹配要求更高。

1. 含油性

主要采用地球化学参数法、含油饱和度法、测井解释法及录井油气显示资料对东濮凹陷沙三段页岩含油性进行了初步评价，并优选沙三下4砂组页岩组合完成了页岩含油性系统评价，在页岩含油性评价方面初步形成了三项技术成果：

一是利用两口新井的冷冻热解、常规热解和多温阶热解实验数据，建立了东濮凹陷轻烃热解 S_1 恢复模型，初步形成了地化参数法页岩含油性评价 S_1 恢复技术。

二是应用文410、卫456、卫457HF三口取心井含油性参数与测井数据，建立了页岩含油性测井解释模型，形成了适用于东濮凹陷的页岩含油性测井评价方法。

三是通过开展文410井、卫457HF井、文248井不同岩相含油性特征研究，明确了东濮凹陷以纹层状碳酸质混合岩岩相含油性最好，层状黏土质混合岩相次之，块状黏土岩相最差(图5-2-2)，并进一步明确了不同矿物含量与页岩含油性之间的关系，初步认为相对较高碳酸盐矿物含量的页岩具有较好的含油性，形成了适用于东濮凹陷的页岩含油性分岩相评价技术。

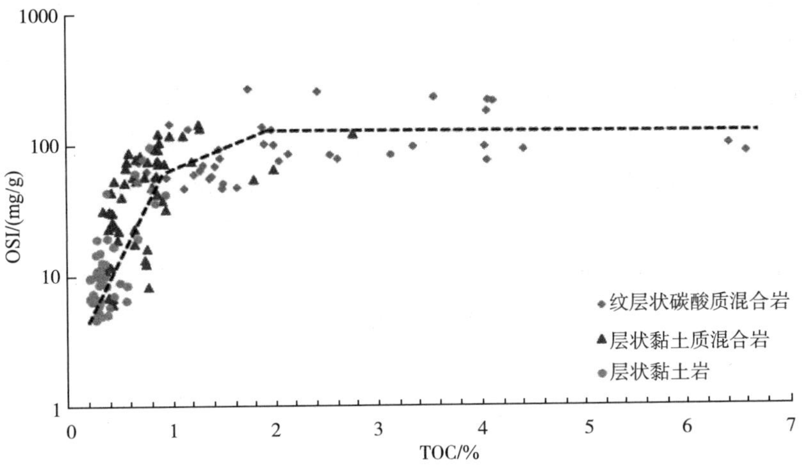

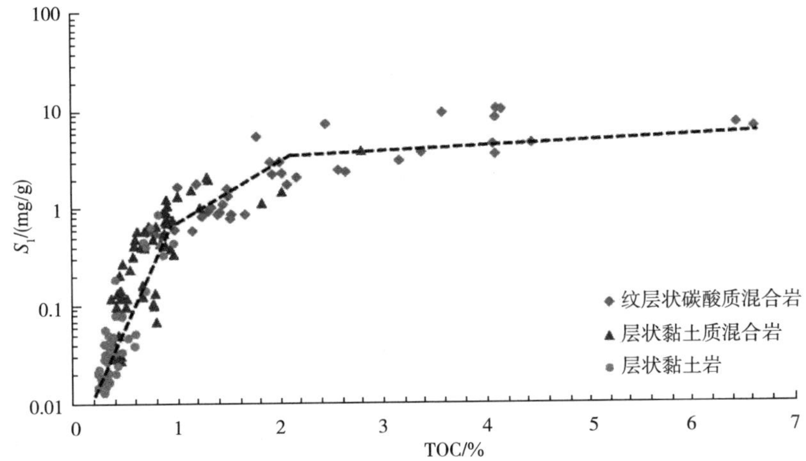

图 5-2-2　东濮凹陷盐间细粒沉积岩相含油性(OSI、S_1)与TOC关系

2. 储集性

对东濮凹陷古近系页岩储集空间表征技术和储集空间形成演化机理进行了探索研究。首先基于储集空间矿物基质、结构和成因的分类方案，初步对东濮凹陷页岩储集空间类型进行识别分类；根据排驱压力，对孔径类型进行了划分；根据不同岩相储集体孔渗测试，初步明确了储集体物性特征。

东濮凹陷页岩储层储集空间类型划分采用基于储集空间矿物基质、结构和成因的分类方案，分为岩石基质孔(无机孔和有机孔)和宏观、微观裂缝，主要以矿物晶间孔、有机质孔、层间缝和超压缝为主。

岩石基质孔隙包括微观无机孔隙和微观有机孔隙。微观无机孔隙主要发育碎屑粒间孔、黏土矿物晶间孔、黄铁矿晶间孔、石膏矿物晶间孔、白云石晶间孔、方解石粒内粒间溶孔。无机孔缝中黏土矿物晶间孔、白云石晶间孔、方解石粒内粒间溶孔占比相对较高。微观有机孔隙主要发育有机质孔(网状)、干酪根收缩缝、沥青收缩孔等，其具有连通性好、发育密集的优点。

储集空间孔径划分根据毛细管压力与饱和度关系拐点，将孔径划分为微孔(<10nm)、

介孔（10～50nm）、大孔（50～150nm）和宏孔（>150nm），东濮凹陷孔径特征从纹层状到层状、块状岩相表现为微孔增加、宏孔减少，纹层状岩相储集空间孔径更具有优势。

页岩油储集体物性特征受实际岩心资料和实验技术能力限制，目前页岩孔渗只针对新钻井页岩段取心进行了少量分析测试。孔隙度测试使用氦气法完成，渗透率分垂直和水平分别测试完成。不同岩相类型孔渗特征差异明显，其中纹层状泥质碳酸盐岩相共测试6块样品，孔隙度介于1.9%～4.5%，平均3.77%，垂直渗透率介于（0.0004～0.52）$\times10^{-3}\mu m^2$，平均0.01$\times10^{-3}\mu m^2$，水平渗透率介于（0.13～1.45）$\times10^{-3}\mu m^2$，平均0.79$\times10^{-3}\mu m^2$；块状泥质碳酸盐岩相共测试3块样品，孔隙度介于0.6%～2.8%，平均1.36%，垂直渗透率介于（0.003～0.145）$\times10^{-3}\mu m^2$，平均0.01$\times10^{-3}\mu m^2$，水平渗透率0.0289$\times10^{-3}\mu m^2$。纹层状泥质碳酸盐岩相物性条件更好，其中由于水平层理缝的发育，其水平渗透率整体比垂直渗透率高3～4个数量级，连通性更好。

3. 可动性

东濮凹陷页岩油可动性评价工作主要集中在第二轮的页岩油勘探阶段。通过对濮卫、文留地区18口井270个泥页岩样品进行多温阶热解分析，建立了可动系数评价方法（可动系数=轻质游离油量/滞留油量），结果表明在沙三中、沙三下亚段页岩油可动系数主要分布在5%～25%，均值为9.9%，该值分布范围较大，反映出东濮凹陷页岩油可动性影响因素复杂。通过多因素相关性分析认为，在东濮可动系数与成熟度、埋深、岩相正相关较明显，而与孔隙度和TOC相关性相对较差。

对影响可动性评价的原油黏度和气油比两方面因素进行了分层系预测。编制沙三中1－4砂组、沙三中5－9砂组和沙三下亚段3个目的层系目的层原油黏度平面图。分析认为，3个目的层地层条件下页岩油黏度一般小于50mPa·s，洼陷带一般小于20mPa·s，各洼陷带（如前梨园洼陷、柳屯洼陷等）以及濮卫洼陷北部的古云集地区原油流动性较好。气油比分布模拟结果表明，东濮凹陷各层系洼陷带气油比主要在100～300，根据气油比分布分析认为，各洼陷带（如前梨园洼陷、柳屯洼陷等）以及濮卫洼陷北部的古云集地区原油流动性较好。

对沙三下4砂组页岩组合已钻井原油密度数据进行分析和实测压力系数进行统计，结果表明，原油密度整体介于0.71～0.83g/cm³，其中柳屯－海通集洼陷0.71～0.81g/cm³、前梨园洼陷0.71～0.77g/cm³、濮卫洼陷0.77～0.83g/cm³。地层压力系数介于1.1～1.5，其中洼陷中心压力系数大于1.5，主要压力中心分布在前梨园、海通集等洼陷中心及斜坡带。综合岩石热解、原油密度、地层压力评价认为，在东濮沙三下4砂组页岩组合原油密度较低、普遍发育异常超压，页岩油可流动性较好。

4. 可压性

目前在东濮凹陷页岩油可压性评价中主要采用“基于矿物组分的可压性评价方法”和“基于岩石力学的可压性评价方法”。通过对17口取心井的180个X衍射全岩测试分析数据，分别按不同岩性和不同层系进行脆性矿物统计。统计脆性指数结果表明，沙三段脆性指数分布范围在29.5%～41.1%，石英含量分布范围在2.7%～42.0%，均值20.9%，黏土矿物含量分布范围8.5%～67.7%，均值37.2%，总体上沙三段泥页岩地层脆性一般。按照不同岩性统计结果分析，泥质粉砂岩和碳酸盐岩（包括白云岩、泥质云岩、泥质灰岩以及泥质云灰岩）脆性相对较好，脆性指数分别为41.1%和39.2%，其次为混合细粒沉积岩，脆性指数为35.6%；粉砂质泥岩脆性最差，脆性指数为29.5%。

在岩石力学方面，主要利用杨氏模量和泊松比两个参数来表征页岩油可压性，通过对卫79－1井和卫311井的4块典型泥岩岩心样品进行抗拉实验，结果表明，岩心抗拉强度比较低，说明岩石地层破裂压力与砂岩相当，延伸裂缝所需要的净压力在1.4～5.1MPa，有利于水力裂缝扩展延伸。应力－应变曲线反映，弹性模量、泊松比、抗压强度处于正常范围。在抗压实验中，岩心破坏方式均为脆性破坏，说明地层为硬脆性地层。证明沙三下6－8砂组页岩储层属于硬脆性地层，杨氏模量、泊松比、抗压强度处于正常范围，具备可压性。

三、页岩油选层选区评价及勘探实践

通过与国内外其他已突破页岩油类型的差异性进行对比研究，结合东濮凹陷薄互层页岩油基础理论研究认识及勘探实践，初步建立薄互层页岩油地质目标评价指标体系，后期通过进一步勘探实践再认识反复迭代。

根据东濮页岩组合深水－浅水沉积模型，重点评价深水沉积单层页岩组合厚度及其顶底板条件分类、分级评价标准：①具完整沉积韵律的页岩层系进行单层评价；②连续多个韵律处于深水沉积的页岩层系合并评价。在此过程中，对东濮凹陷前梨园洼陷、濮卫洼带、柳屯－海通集洼陷以及黄河南等地区的上百口探井、开发井进行精细统计分析，顶板、底板按砂岩、泥岩、盐岩等单独统计分析封盖条件，从而建立深水沉积单层页岩组合评价标准，认为单层厚度>30m的泥页岩段可以作为Ⅰ类进行评价，单层厚度30～20m作为Ⅱ类进行评价，单层厚度20～10m作为Ⅲ类进行评价（表5－2－3）。

表5－2－3　东濮凹陷薄互层页岩油地质目标评价指标体系

选层关键参数	Ⅰ类层			Ⅱ类层		
TOC/%、厚度 H/m	TOC≥1.2	H≥20	Ⅰ$_A$层	0.8≤TOC≤1.2	H≥20	Ⅱ$_A$层
	TOC≥1.2	15≤H≤20	Ⅰ$_B$层	0.8≤TOC≤1.2	15≤H≤20	Ⅱ$_B$层
	TOC≥1.2	10≤H≤15	Ⅰ$_C$层	0.8≤TOC≤1.2	10≤H≤15	Ⅱ$_C$层
选区关键参数	Ⅰ类区			Ⅱ类区		
区带划分标准	Ⅰ$_A$区	Ⅰ$_B$区	Ⅰ$_C$区	Ⅱ$_A$区	Ⅱ$_B$区	Ⅱ$_C$区
优势岩相体	碳酸质－碳酸盐岩相体	碳酸质－碳酸盐岩相体	碳酸质－碳酸盐岩相体	混合岩相体	混合岩相体	混合岩相体
	纹层状	纹层状	纹层状	纹层状－层状	纹层状－层状	纹层－层状
压力系数	P>1.5	1.2≤P≤1.5	P<1.2	P>1.5	1.2≤P≤1.5	P<1.2
热演化程度/%	0.65≤Ro≤1.25	Ro>1.25	Ro<0.65	0.65≤Ro≤1.25	Ro>1.25	Ro<0.65
稳定地质体面积/km^2	50～70	30～50	10～30	50～70	30～50	10～30

（一）页岩油有利层段优选

受沉积控制，东濮凹陷沙四段由于湖平面振荡频繁，岩性组合为页岩砂岩薄互层，埋深大，工程工艺挑战大；沙一段由于埋深浅，热演化成熟度较低。页岩组合以沙三段为主，其次是沙一段低熟。综合分析，优选沙三段进行页岩油勘探。

根据页岩油勘探历程和页岩组合“多”“薄”特点，确定选层原则：①页岩组合厚度大；②可靠性比较高；③页岩品质好；④分布范围稳定。综合厚度、可靠度、品质、分布条件，沙三中4砂组、沙三下1－2砂组、沙三下4砂组页岩组合是优先探索的页岩油层，其次是沙三下8砂组、沙三中8砂组页岩组合。

（二）页岩油有利区带优选

根据东濮凹陷页岩油综合特征，确定选区原则：有利相带（富有机质纹层状碳酸盐岩与顶底板岩相匹配）＋稳定块体大＋埋藏适中＋油气显示普遍＋较大的资源规模，同时与页岩油静态参数平面图多因素叠合，确定有利区。

通过多因素叠合，认为前梨园洼陷是页岩油勘探首选区带。前梨园洼陷沙三段六套页岩油层系普遍见到良好的油气显示，稳定块体相对较大，预测资源量2.52×10^{8}t，资源潜力大，下步应加快研究部署。

（三）页岩油勘探实践

东濮凹陷页岩油选层选区基础上，将前梨园洼陷带作为页岩油勘探的首选目标区，并针对沙三下页岩油目的层利用前梨园洼陷北端的评价井濮161井进行了系统取心，心长101.14m。通过岩心系统分析测试，结合录井、气测等资料，研究认为沙三下1砂组3804～3850m井段可以作为页岩油钻探的靶窗层，岩性组合为深灰色灰质泥页岩夹粉砂岩，见荧光以上显示。

濮161井页岩油靶窗层“四性”特征分析数据显示，该层实测有机质丰度0.16%～2.09%，均值0.73%，含油性相对较好。该层实测泥页岩孔隙度1.6%～8.0%，均值4.8%。砂岩夹层孔隙度2.6%～11.5%，均值6.0%。渗透率（0.068～0.4）$\times10^{-3}\mu m^{2}$，均值$0.2\times10^{-3}\mu m^{2}$，储集性较好。该层实测脆性矿物含量均值60%，主要为碳酸质，其次为长英质，部分小层夹砂质条带脆性矿物含量更高，总量70%～82%，具有较好的可压性。该层相同层位邻井原油密度0.8409～0.8492g/cm^{3}，为常规轻质原油。

基于濮161井页岩油靶窗层良好的“四性”特征，针对该靶窗层部署水平井濮7601H井，设计水平段长1500m，实钻水平段长1506m。对水平井分段压裂试油，运用“密切割长段多簇、穿层扩缝”理念，综合物模数模技术，优化分段分簇方案，选造斜段3925～3999m、水平段4046～5062m测试，总段长1090m，分17段79簇，平均段长64m，段间距14.4～17.3m，簇间距12.2m。根据东濮凹陷页岩油箱体储层特征，采用“前置酸降破＋CO_2增能＋密切割＋复合暂堵＋渗吸增油”穿层压裂技术，克服了地层破压高、压裂压力窗口窄、加砂困难等难题，完成了濮7601H井压裂。最终获日产油22.55m^{3}、日产气2719m^{3}，折合日产油当量21.21t工业油气流。濮7601H井的钻探证实了东濮凹陷互层型页岩油具有较大勘探潜力。

第二节　内蒙古探区页岩油地质勘探与评价

一、勘探现状

查干凹陷和拐子湖凹陷下白垩统巴音戈壁组和白音查干凹陷腾格尔组、阿尔善组发育多套优质泥岩、页岩，具有页岩油勘探潜力。查干凹陷近年来实施的意 26 井、祥 13 井在巴一段烃源岩层系见到页岩油苗头。通过巴一段、巴二段两套源岩各项指标的精细对比研究，选定巴一段为页岩油下步的主探层系，初步估算巴一段页岩油资源量 7697.6×10^4t。查干凹陷第 1 口页岩油探井祥 16 斜井完钻，钻井进尺 0.50×10^4m。

白音查干凹陷查 43 井针对腾上段白云质泥岩岩心 105℃条件下加热 8h，见到稠油析出，页岩油勘探也见苗头。依托查 43 井的钻探结果及分析化验资料，主要对腾上段烃源岩进行页岩油评价，估算腾上段页岩油资源量 4500×10^4t。腾上段页岩油主要问题是 Ro 仅达到 0.6% ~0.7%，油品以低熟稠油为主，而腾下段烃源岩从地球化学分析资料和埋深看，其品质和成熟度均优于腾上段，是白音查干凹陷页岩油勘探的有利层系。

二、地质特征

“十四五”期间主要对查干凹陷巴音戈壁组一段、白音查干凹陷腾上段的泥页岩发育段进行了综合评价。

(一)查干凹陷巴一段

通过祥 13 井系统取样分析，开展巴一段页岩油评价。祥 13 井第 5 筒心(巴一段 1 砂组)岩性主要为灰黑色纹层状泥页岩，局部为泥岩、粉砂质泥岩(图 5-2-3)。

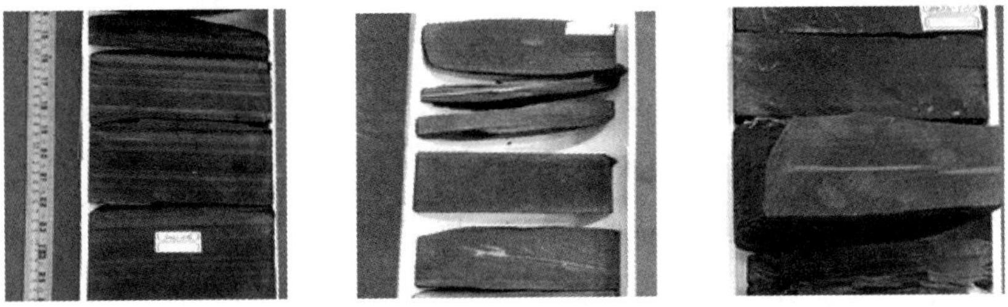

(a)纹层状泥页岩夹薄层砂条(3422.56m)　(b)纹层状泥页岩，纹层发育有方解石充填脉(3419.56m)　(c)纹层状泥页岩，纹层弱发育，有黄铁矿透镜体(3426.89m)

图 5-2-3　祥 13 井巴一段 1 砂组泥页岩岩心照片

(1)岩相特征。页岩岩相主要为块状黏土质混合岩、纹层状黏土质混合岩、纹层状长英质混合岩、局部可见碳酸盐质黏土岩相。

(2)储集空间特征。纹层状页岩的层理缝和块状泥岩的构造缝较发育，均部分充填；纹层状页岩单纹层厚度 0.1 ~0.2mm，岩石薄片见粉砂级碎屑颗粒条带与泥质互层，见灰质条带；扫描电镜下片丝状黏土矿物集合体呈鳞片状结构，可见微孔缝；氩离子抛光证实无机孔隙发育较好，主要为黏土间微缝隙，其次为粒间孔缝。块状泥岩实测孔隙度在1.5%～2.1%；纹层状页岩实测孔隙度在1.3%～4.2%。

(3)含油性特征。TOC在0.82%～1.81%，平均为1.22%；干酪根类型以Ⅰ、$Ⅱ_1$型为主；Ro在1.05%～1.12%。激光共聚焦表明长英质纹层内无机孔普遍含油，块状泥岩，分散状的有机质呈星点状排列，连续性差；纹层状泥页岩，富集的有机质多呈长条状聚集在泥页岩的纹层中。长英质纹层内含油体积比在2.0以上的多为纹层状泥页岩。

(4)可动性特征。泥页岩油饱和度指数OSI(S_1/TOC)为54～156mg/g，平均值为108mg/g；祥13井实测原油密度0.7895g/cm^3、黏度2.1mPa·s，可动性较好。

(5)可压性特征。泥页岩脆性矿物含量在42.9%～62.4%，其中石英含量在10.3%～25.8%，长石含量在10.5%～41.4%，碳酸盐矿物含量在2.7%～30.6%。黏土矿物含量在16.02%～49.88%，主要为伊利石，黏土含量在50%～57%；其次为伊蒙混层，黏土含量在19%～30%。岩心测试结果表明，杨氏模量37.31～44.7GPa，泊松比0.25～0.35。测试结果表现为正常页岩的脆性特征，由于泥质含量高，同时也表现出一定的塑性特征(图5-2-4)。

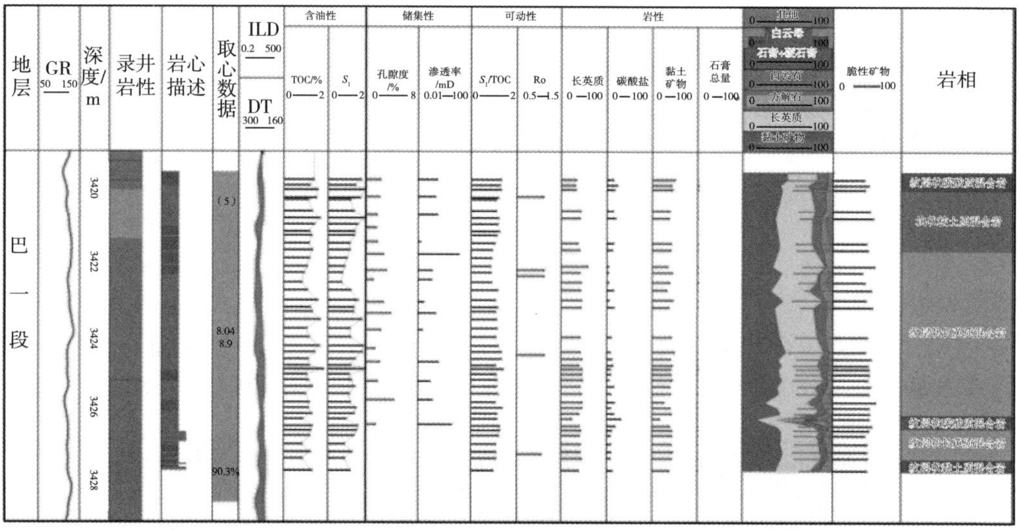

图5-2-4　祥13井巴一段1砂组页岩油综合评价图

(二)白音查干凹陷腾上段

应用查43井岩心实测数据系统开展腾上段页岩油评价。

(1)岩相特征。根据“成分-构造-结构-有机碳”等多因素进行岩相类型划分，纹层状碳酸盐相与纹层状长英质碳酸盐岩相为优势岩相(图5-2-5)。

(2)储集空间特征。纹层状碳酸盐相与纹层状长英质碳酸盐岩相储集空间为溶蚀孔、溶蚀缝、层理缝、晶间孔。平均孔隙度介于4.9%～8.56%，水平渗透率和垂直渗透率介于(0.01～0.1)×10^{-3}μm^2，达到了中国石化Ⅱ级储集性条件。纹层状岩相储集空间具有显著的储集与连通优势。

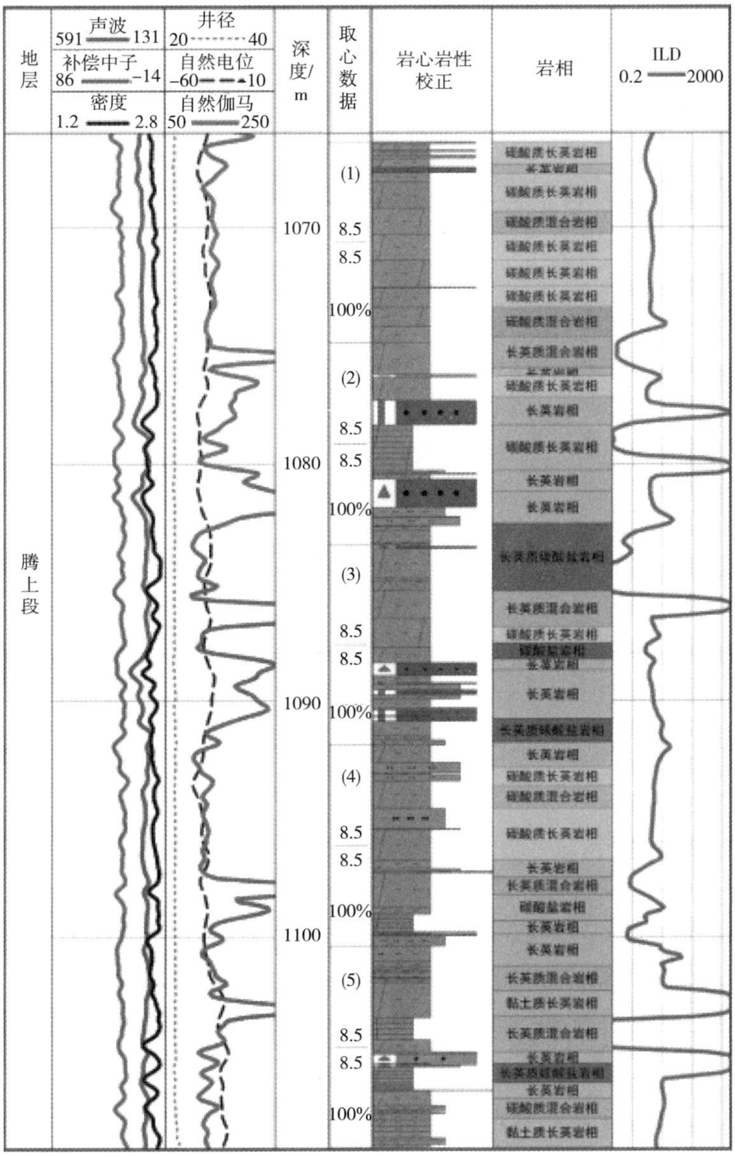

图 5－2－5　查 43 井腾上段岩心岩相图

(3)含油性特征。有机质类型以Ⅱ$_1$、Ⅱ$_2$ 型为主。TOC 介于 0.23%～5.76%，平均值 1.45%，主要为 1.0%～2.0% 的泥页岩。Ro 整体在 0.5%～0.7%，洼陷带略高，部分大于 0.7%。受低成熟度的影响，腾上段 S_1 < 1.0mg/g，氯仿沥青“A” < 0.4%，OSI < 100mg/g，泥页岩含油性较差，对照中国石化页岩油评价标准，属于Ⅱ、Ⅲ类。查 43 井取心井段见有多段砂岩和页岩含油，常温条件下砂岩表面见有不连续油气显示，但无法正常从岩石孔隙中渗出；在 105℃条件下加热 8h，可见有原油从岩石孔隙中连续析出，待冷却至常温条件后即凝固并覆盖于岩石表面，主要表现出稠油的特征。

(4)可动性特征。原油密度在 0.8862～0.9393g/cm^3，地层压力系数在 0.93～1.016，按中国石化页岩油评价标准可动性可划分为Ⅲ级。

(5)可压性特征。脆性矿物含量平均值为 80.37%，具有高脆性矿物含量的特点。岩石杨氏模量介于 15. 28 ~26. 87GPa，泊松比为 0. 18 ~0. 35，达到了中国石化页岩油评价标准中Ⅰ级页岩油条件。

三、勘探展望

通过前期页岩油选区评价，优选查干凹陷进行页岩油勘探。查干凹陷 2024 年针对巴一段 1 砂组部署实施的祥 16 斜井，在巴一段电测解释Ⅰ类页岩油层 56. 2m/16 层，Ⅱ类页岩油层 708. 5m/137 层。

扫一扫
获取更多资源

查干凹陷巴一段为微咸化湖盆，实钻证实具有与胜利济阳坳陷页岩油和苏北溱潼凹陷页岩油相类似的岩相组合特征。祥 16 斜井水平段 1242m，钻遇页岩层超过 1100m，证实巴一段页岩在洼陷带广泛分布。从气测响应看，祥 16 斜水平段气测值呈现高低间互的特征，长英质和碳酸质含量高的页岩段气测值高，黏土质含量高的气测值低，与胜利济阳凹陷页岩油勘探结果一致，洼陷中心为内源型碳酸质页岩发育的有利区，是查干凹陷巴音戈壁组页岩勘探的方向。

第三章　页岩气地质勘探评价

第一节　页岩气地质特征

页岩气的成藏机理和过程特殊，天然气的聚集不需要考虑运移、圈闭等复杂条件，因此以普光地区千佛崖组为例，重点从烃源岩、储层、保存条件对页岩气成藏条件和成藏富集因素进行介绍。

一、页岩气成藏条件分析

(一)烃源岩评价

1. 烃源岩评价内容

烃源岩地球化学特征主要包括有机质丰度、有机质类型、成熟度等，其中有机质丰度的高低直接关系到页岩是否具备形成工业性页岩油气聚集的潜力。有机质丰度不仅影响了生烃强度，同时也影响着有机质孔隙的发育及吸附气的含量。其表征参数主要包括有机碳含量、氯仿沥青"A"含量、总烃含量及生烃潜量等。有机质类型反映有机质生成烃类的性质和演化模式，其研究方法很多，如干酪根显微组分鉴定、元素分析、岩石热解分析、干酪根碳同位素等。有机质成熟度可反映烃源岩演化程度。判断有机质成熟度的指标包括镜质体反射率(Ro)、岩石热解最高峰温 T_{max}、孢粉颜色指数、H/C 原子比、烃产率指数、甾烷异构化参数等。页岩气藏烃源岩评价要素主要包括烃源岩厚度、面积、TOC 含量、有机质类型、成熟度等。

2. 普光地区侏罗系千佛崖组千一段烃源岩特征

普光地区侏罗系千佛崖组千一段富有机质泥页岩(TOC > 1.0%)厚度在 20m 以上，自北向南增厚。普光地区全区均发育厚 20 ~25m 的黑色页岩段(图 5 -3 -1)。

普光地区侏罗系千佛崖组千一段泥页岩 TOC 介于 0.20% ~2.30%，平均 0.93%，但不同岩性 TOC 差异较大。⑤~⑥小层深灰色(块状)泥岩、粉砂质泥岩 TOC 相对较低，主峰区间分别为 0.4% ~0.60% 以及 0.2% ~0.5%。④小层主要发育黑色纹层状硅质泥岩以及灰黑色块状泥岩，其中灰黑色块状泥岩 TOC 相对较高，主峰区间为 0.80% ~1.0%，纹层状硅质泥岩 TOC 最高，生烃条件最好，主峰区间为 1.4% ~1.60%，最高可达 2.30%。

普光地区侏罗系千佛崖组干酪根显微组成多以腐泥无定形体和结构镜质体为主，有机质类型为 II_2、Ⅲ型，且以 II_2 型干酪根为主；Ro 值主峰区间为 1.90% ~2.0%，处于高成熟演化阶段。

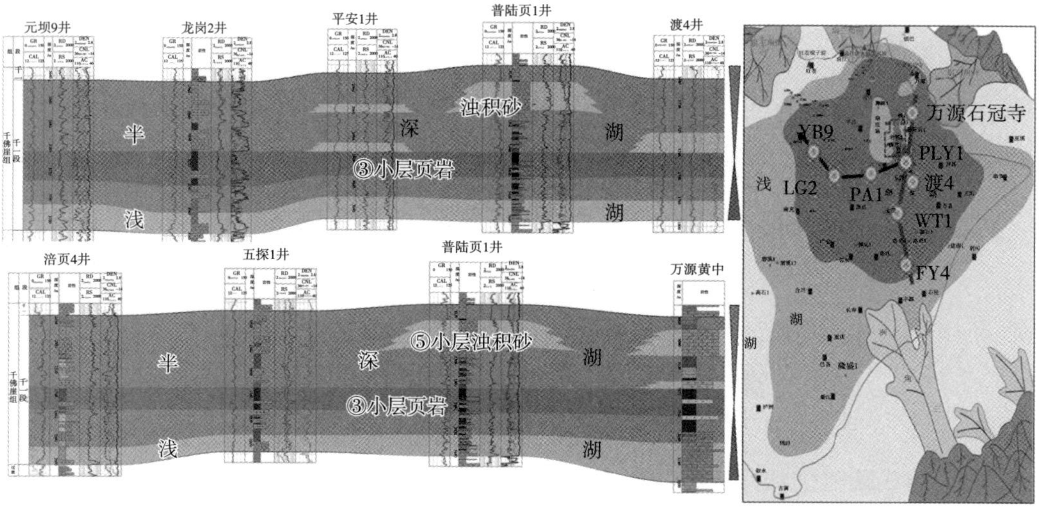

图 5－3－1　四川盆地千佛崖组千一段沉积相图

总体而言，普光地区侏罗系千佛崖组千一段暗色泥页岩具有页岩厚度较大（24.5～37.2m）、有机质丰度较高（TOC 主峰区间 1.4%～1.6%；其中③～④小层 TOC 介于 1.61%～2.0%）、热演化程度较适中（介于 1.9%～2.0%），有机质类型主要以Ⅱ$_2$、Ⅲ型为主。

二、储层评价

（一）页岩气储层评价内容

页岩组分包括石英、长石、方解石、白云石、黏土矿物、有机质等。由于盆地形成的大地构造背景、物源区性质、沉积作用条件等的不同，不同地区的含油气盆地所含页岩的矿物成分也具有一定的差异。

页岩沉积构造可分为纹层状、层状和块状三类。其中纹层状构造特指水平层理密集产出而使岩石呈纹层状构造，层厚多在 1mm 以下；层状构造可细分为显层状构造和隐层状构造两类，前者水平层理在岩心尚清晰可见，厚度多在 1mm 以上；块状构造指岩石成分均匀呈块状，组分和结构不显纹层构造。

页岩储集层以发育多类型微米甚至纳米级孔隙为特征，孔隙类型多样，孔隙大小一般小于 2μm，有机质孔喉半径一般为 100～200nm，一般页岩的基质孔隙度为 0.5%～6.0%，众数多为 2%～4%。页岩气裂缝包括地下原始裂缝和后期人造裂缝，可为页岩气提供充足的储集空间、运移通道，更能有效提高页岩气产量。

（二）普光千佛崖组千一段储层特征

1. *岩石学特征*

千佛崖组千一段岩石学特性主要为深灰色－灰黑色泥页岩夹粉砂质泥页岩，基于岩心观察及岩石薄片结果，千一段主要包括 4 个岩石类型：深灰色－灰黑色块状硅质泥岩、黑色纹层状硅质泥岩、灰色粉砂岩及泥质粉砂岩，偶夹介壳页岩。其中黑色纹层状页岩主要由泥质组成，见个别粉砂级碎屑颗粒，薄片下显微层理较发育，有机质、石英及黏土矿物呈明显的定向排列，粉砂质纹层发育，整体沿长轴连续或断续发育（图 5－3－2）。纹层状硅质泥岩的黏土矿物含量介于33.8%～46.2%，石英含量介于44.9%～54.5%，脆性较好且大量发育的粉砂质纹层有利于压裂时复杂缝网的形成。

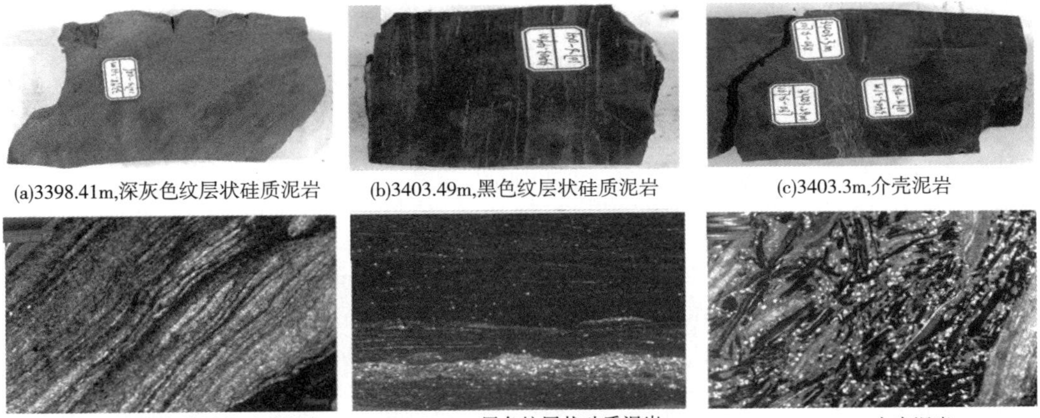

(a)3398.41m,深灰色纹层状硅质泥岩　(b)3403.49m,黑色纹层状硅质泥岩　(c)3403.3m,介壳泥岩

(d)3398.41m,深灰色纹层状硅质泥岩　(e)3402.5m，黑色纹层状硅质泥岩　(f)3403.3m,介壳泥岩

图5－3－2　普光107－1H井岩心照片及岩石薄片照片

通过对普光东向斜地区普光107－1H井千佛崖组千一段全岩X衍射分析可知，千一段中亚段、上亚段优质页岩脆性矿物(长英质)含量普遍较高，长英质含量普遍>60%，平均为36.15%～38.24%，碳酸盐含量<2%，黏土矿物含量普遍低于40%，中亚段碳酸盐含量稍高，平均为1.63%。

参考前人陆相页岩岩相划分方案，以硅质矿物(石英＋长石)、碳酸盐矿物(方解石＋白云石)及黏土矿物含量作“三端元”图，并增加TOC及层理构造(纹层、块状、透镜状及含介壳)作为参数进行岩相界定与划分。TOC<1.0%为低碳，1.0%≤TOC≤2.0%为中碳，TOC>2.0%为高碳。Ⅰ代表硅质泥(页)岩相或粉砂岩相，Ⅱ代表混合质泥(页)岩相，Ⅲ代表黏土质泥(页)岩相，Ⅳ代表钙质泥(页)岩相(图5－3－3)。按上述划分标准，千一段④小层岩相类型众多，优质岩相为中碳－高碳纹层黏土质页岩，具备高有机碳含量、低硅质矿物含量、高黏土矿物含量、纹层层理的典型特征，其次为低碳－含碳块状硅质泥岩，再次为含碳含介壳硅质泥岩与低碳粉砂岩相。

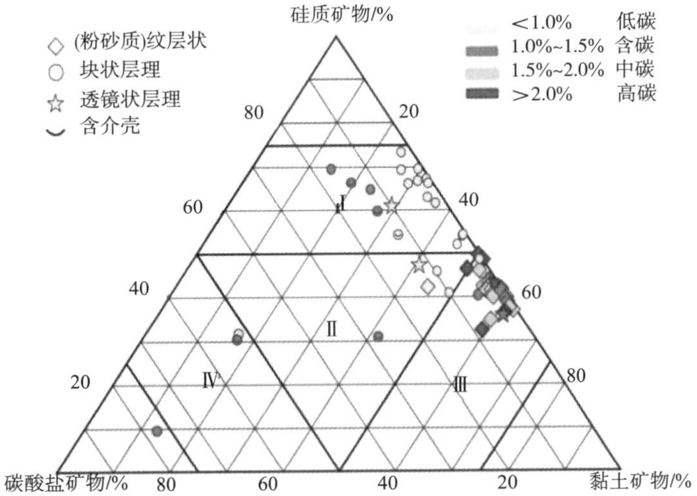

图5－3－3　普光地区千一段③小层岩相划分

2. 储集特征

普光千佛崖组千一段③小层泥页岩主要发育有机质纳米孔隙，孔径大小不等，呈新月状、椭圆状、串珠状、近球形，少数呈狭缝状，但在深灰色块状泥岩中有机质呈条带状、分散状充填在石英颗粒、黏土矿物之间，有机质孔欠发育；其次发育粒缘缝和黏土矿物层间缝，其缝径主要分布在 38.16 ~ 63.16nm，以线条状、三角状纳米级孔隙为主，且黏土矿物常与有机质伴生形成有机质 - 黏土矿物复合体，偶尔夹有分散状石英颗粒。通过扫描电镜可以看到，黑色纹层状硅质泥岩中可见由于压实作用形成的微裂缝(图 5 - 3 - 4)。

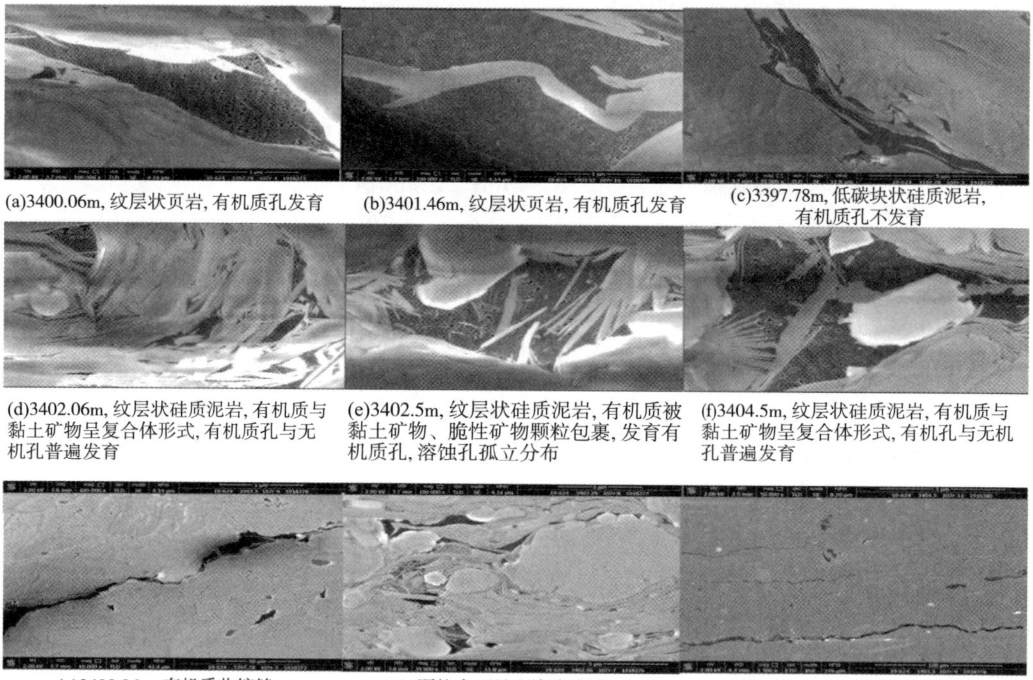

(a)3400.06m, 纹层状页岩, 有机质孔发育

(b)3401.46m, 纹层状页岩, 有机质孔发育

(c)3397.78m, 低碳块状硅质泥岩, 有机质孔不发育

(d)3402.06m, 纹层状硅质泥岩, 有机质与黏土矿物呈复合体形式, 有机质孔与无机孔普遍发育

(e)3402.5m, 纹层状硅质泥岩, 有机质被黏土矿物、脆性矿物颗粒包裹, 发育有机质孔, 溶蚀孔孤立分布

(f)3404.5m, 纹层状硅质泥岩, 有机质与黏土矿物呈复合体形式, 有机孔与无机孔普遍发育

(g)3400.06m, 有机质收缩缝

(h)颗粒表面见少许溶蚀孔

(i)3403.57m, 平行层理的微裂缝

图 5 - 3 - 4　普光地区普光 107 - 1H 井千一段③小层泥页岩氩离子抛光扫描电镜特征

氮气吸附 - 压汞联合测试表明，千一段③小层整体以介孔孔隙为主，微孔、大孔次之，并且不同岩性的孔径分布特征存在一定的差异。其中深灰色泥岩孔径主要分布在 10 ~ 20nm 及 30 ~ 50nm 区间内，孔径以介孔为主；黑色纹层状硅质泥岩孔径分布形态有所相似，但 2 ~ 10nm 的细介孔更为发育，孔径主要分布区间为 2 ~ 20nm。

通过对普光千佛崖组千一段③小层孔隙度特征的研究发现，黑色纹层状硅质泥岩(12 个样品)孔隙度主峰区间为 4.0% ~6.0%，平均 4.69%，渗透率平均值为 0.002mD，④小层属于中孔特低渗型页岩储层。

三、保存条件评价

(一)保存条件影响因素

影响页岩气保存条件的地质因素较多，包括页岩顶底板条件与自封闭性、构造作用下的改造时间与改造强度、大气水下渗作用、深埋热变质作用、岩浆侵入热变质作用等。其中顶底板条件是页岩气与常规气在保存条件上最大的差异。

1. 页岩的顶底板条件与自封闭性

页岩顶底板是指直接与含气页岩层段接触的上覆和下伏地层，一方面对页岩气的封存起重要作用；另一方面也影响着页岩压裂改造的效果。

泥页岩本来就是作为常规油气的盖层，由于页岩气特殊的赋存机理及其低孔低渗的特性，页岩气成藏所需的保存条件并不像常规油气藏要求的那么苛刻。泥页岩本身就具有封闭性，可以作为页岩气藏的盖层。

2. 构造作用

随着地层埋深不断增加，温度、压力持续上升，页岩黏土矿物发生脱水作用，与此同时有机质成熟度增高生成油气，导致地层超压。超压有利于有机质孔隙的保存，为页岩气富集提供储集空间，同时也对泥页岩本身、顶底板的封闭性带来挑战。

不同期次、不同强度构造运动造成地层褶皱变形，破裂程度、剥蚀程度不同，形成了不同的构造样式，不同的构造样式因横向渗流和扩散作用的差异造成保存条件的不同。构造改造弱的构造样式对页岩气保存最为有效，而构造改造强的构造样式对页岩气保存不利。

(二)普光千一段保存条件分析

以普光 107－1H 井千佛崖组为例进行分析。从纵向岩性组合来看，千一段③～④小层页岩段与上覆粉砂岩＋细砂岩＋砂泥互层(厚 30～50m)整合接触，顶板条件良好；底板岩性为致密粉砂岩与泥质粉砂岩岩相组合(厚 20～30m)。另外，上覆砂岩段孔隙度主要介于 1.0%～2.0%，属于致密砂岩储层，表明其封盖能力较好。

四、页岩气富集因素

普光地区千一段页岩气富集主要受控于沉积环境、热演化成熟度和裂缝，其中半深湖－深湖相泥页岩是页岩气富集的基础，热演化程度高是页岩气富集的关键，裂缝发育是页岩气高产的重要条件。

(一)半深湖－深湖相泥页岩是页岩气富集的基础

普陆页 1 井 J_2q_1 泥页岩 TOC 高于 1.0% 的样品主要为 3 号小层，其孔隙度总体高于 3.0%，总含气量高于其他小层，干酪根 $\delta^{13}C$ 小于 －25.5‰，指示其有机质类型好。同时，J_2q_1 孔隙度与总含气量也有很好的正相关性，孔隙度高于 4.0% 的样品，总含气量总体高于 1.5m^3/t。由此说明，普陆页 1 井不同相带泥页岩的有机质丰度、有机质类型、孔隙度和总含气量存在明显的差异，半深湖相带(③号小层)泥页岩的各项页岩气地质评价参数均优于浅湖相泥页岩(②号小层和④号小层)。这一现象的形成原因在于湖相沉积不同相带的水动力条件不同，机械和化学分异作用也不同，半深湖－深湖相的安静、较深的水体环境才能沉积品质好的泥页岩，构建页岩气富集的物质基础。

(二)热演化程度高是页岩气富集的关键

热演化程度既控制了页岩油气的生成，也控制着油气的性质，高成熟－过成熟演化阶段的烃源岩产率高，产物以页岩气为主，可流动性好。普陆页 1 井 J_2q_1 泥页岩 Ro 平均为

2.03%，烃源岩产气率已接近高峰；泥页岩中各类无机孔多被沥青充填，沥青已裂解成气留下大量微孔隙，说明早期生成的原油已充分裂解成气；J_2q_1泥页岩中气油比达12629.9m^3/m^3，远高于涪陵、仪陇－平昌、元坝等地区，地层中流体为油溶气相，页岩气产量也较高。由此可以认为，高成熟－过成熟演化作用在供烃和油气相态方面为普光地区J_2q_1页岩气的富集和高产提供了关键性地质条件。

（三）裂缝发育是页岩气高产的重要条件

泥页岩中裂缝的发育有利于形成多尺度孔－缝体系，对页岩油气的富集高产有重要的作用。普陆页1井J_2q_1泥页岩发育多种类型的裂缝，以高角度裂缝、顺层微裂缝和页理缝为主。岩心剖切面可见大量高角度裂缝交错形成的网状，多数裂缝已被方解石充填，局部呈开启状。页理缝和顺层微裂缝均密集发育，岩心剖切面可识别缝宽较大的页理缝，扫描电镜矿物定量扫描（QEMSCAN）结果进一步显示，黏土矿物成分主要为伊利石，页理缝中矿物主要为石英和少量钠长石，页理缝发育密度约2500条/m。普陆页1井3383.4～3393.3m井段泥页岩中各类裂缝最为发育，孔隙度平均为4.6%，远高于其他层段的平均值2.3%，含气量也明显较高，证实裂缝体系显著提升了泥页岩的储集空间。岩心出筒后浸水实验的观察结果显示，页岩气主要沿顺层微裂缝和页理缝溢出，进一步证实裂缝体系是页岩气的主要渗流通道。由此说明，各类裂缝的发育在增加储层储集空间和提高渗流能力方面对普陆页1井J_2q_1页岩气的富集高产具有重要意义。

第二节　页岩气勘探评价技术

一、地质综合评价技术

（一）页岩气地质评价内容

基于GB/T 31483《页岩气地质评价方法》，页岩气的地质评价主要包含生气潜力、储层、脆性、含气性、保存条件评价等几个方面。

页岩生气潜力评价是指依据TOC、成熟度、有机质类型和富有机质页岩厚度等指标，评价其生气能力，确定富有机质页岩层段及空间展布特征。页岩储层评价是指依据露头、岩心、地震、测录井及实验分析测试等资料，描述页岩岩性、矿物组成、岩相、孔隙类型与微观特征、裂缝发育特征等，分析物性、非均质性、有利储层形成条件与控制因素，制定储层评价参数与标准，评价储层质量，确定有效储层厚度与空间展布特征。页岩脆性评价是指利用矿物组成测试、岩石力学实验、测井解释、地震解释等资料，确定脆性矿物含量、泊松比与杨氏模量等岩石力学参数，评价页岩脆性条件。页岩含气性评价是指依据录井、含气量测试、等温吸附模拟与测井解释等成果，评价页岩储量含气潜力。页岩气保存条件评价是指在构造复杂地区，依据页岩层段上覆/下伏地层岩性与厚度、断裂、构造活动期次与强度、水动力条件等参数，开展页岩气保存条件评价。

（二）页岩气地质评价技术

实验测试分析是页岩气地质评价最重要的手段之一，页岩气实验测试分析可以获得页岩气生气能力、储集气能力及易开采性3大方面的参数值，测试大类主要可分为岩石学、地球化学、岩石物性、孔隙结构、岩石力学、含气性6个方面。下面对一些特殊的实验分析技术进行介绍。

1. 微观孔隙结构分析测试技术

目前常利用扫描电子显微镜分析技术、CT扫描及离子束－扫描电子显微镜（FIB－SEM）技术、高压压汞测定技术、氮气吸附测定技术以及压汞－比表面积联合分析技术等方法对泥页岩储层微观孔隙类型、大小和特征开展研究。由于高压压汞与常规储层测试方法基本相同，因此在此不做详细介绍。

氩离子束抛光扫描电子显微镜技术是利用氩离子抛光的方法对样品表面进行处理，可以使样品表面变得光滑平整，对页岩孔隙进行高分辨率观察，主要针对纳米级、微米级孔隙（直径<10um）进行研究，可直观观测孔隙的大小、形态、类型和连通性，并对孔隙大小和面孔率进行半定量测定。

CT扫描能在对检测物体无损伤的条件下，以二维断层图像或三维立体图像的形式，清晰、准确、直观地展示被检测样品内部的结构、组成、材质及缺损状况。微纳米CT扫描可实现岩石原始状态无损三维成像，以确定页岩等致密储层纳米孔喉的分布、大小和连通性等，并对任意断层虚拟成像展示。

聚焦（FIB－SEM）是聚焦离子束（FIB）技术和扫描电子显微镜（SEM）成像技术的结合。它同时具有聚焦离子束的微纳米加工与扫描电子束的观察分析能力。该技术可分析和模拟岩石微观孔隙的性质，并针对致密储层进行精细到纳米级的三维重构，以深入了解致密储层内部的微观孔隙结构。

氮气吸附法测试的孔径范围在1.5～400nm，能对微孔和介孔的发育情况进行详细的描述。压汞法主要测量岩石中较大的孔隙，因此采用压汞法和气体吸附法联合分析技术能得到储层岩样微孔隙结构的全部信息。

2. 岩石力学测试技术

页岩气勘探开发需要对储层进行压裂改造，除矿物成分反映岩石脆性指数外，岩石力学性质也是储层评价的重要内容之一。岩石力学性质一般通过三轴或单轴力学实验获取动态或静态下的弹性模量、泊松比、抗压强度等岩石力学参数。为避免岩石结构及力学性质发生较大变化，多采用冷冻法保存岩心和液氮钻取制样技术。

3. 含气性分析测试技术

页岩的含气性分析中除了常规的页岩气气体组分和同位素测试外，页岩现场含气量测定和等温吸附分析测试是区别于常规储层最特殊的测试技术，页岩气层含气量的多少，决定了其有无工业开采价值。

现场解吸法是将岩心装入密闭的解吸罐，使用计量装置直接测量解吸气量，通过对初期解吸气量的数据使用USBM法进行拟合计算损失气量，解吸测试结束后粉碎岩心测量残余气量。

等温吸附分析测试是在相同温度、不同压力条件下进行吸附实验，获得等温吸附曲线，并根据 Langmuir 单分子层吸附理论，计算出表征页岩对气体吸附特性的 Langmuir 体积和 Langmuir 压力。目前尚无页岩的实验标准，将页岩粉碎后参考煤的等温吸附实验方法进行测试。

二、地球物理综合评价技术

对于页岩气藏，寻找“甜点”区是页岩气勘探研究的核心，“甜点”预测包括有机碳含量、优质泥页岩分布、脆性、含气量、压力系数和微裂缝预测。具体见本部分第五章内容。

三、选区综合评价技术

(一)选区评价内容

基于 Q/SH 0506《页岩气勘探选区评价方法》，页岩气勘探选区评价是指以勘探区块地质条件为基础，以勘探区块内富含有机质泥页岩为目标，以泥页岩的分布特征(厚度、连续性、面积等)、有机地化特征、岩石矿物特征、储集性能、保存条件、页岩气显示及测试、经济技术条件(地表地貌、埋深等)、页岩气资源规模、资源丰度等资料为依据，进行页岩气勘探区块评价及优选，为页岩气勘探开发奠定了基础，也为页岩气整体勘探开发部署提供依据。

1. 页岩层系的区域地质特征评价

通过页岩层系发育区的区域调查工作，以及根据早期钻井、录井、测井等资料，开展区域地层、构造、沉积、烃源岩等方面的区域地质特征研究，以了解页岩层系的沉积环境、埋藏深度、烃源岩以及区域断层、构造分布等特征。

2. 页岩气藏地质评价

页岩气藏具有“生、储、盖”三位一体的连续型气藏特征，因此需要从页岩的烃源岩特征、储层特征以及保存特征等方面进行综合评价。

在页岩气选区地质评价阶段，应该通过野外地质调查或浅井取心钻探，系统地测定页岩层段的伽马值，并且针对页岩的岩石矿物学、地球化学、储集物性以及含气性等特征开展分析测试，建立评价区页岩层系的单井柱状剖面，划分、确定页岩气储层，编制页岩气储层的区域分布格架，这样才能准确地确定出页岩气储层段的总厚度、区域埋深等重要评价参数，为页岩气资源潜力的评价提供可靠依据。

3. 页岩气资源潜力评价

页岩气资源是含油气盆地中蕴藏量最丰富、分布最广泛的一类连续性聚集成藏的非常规油气资源。页岩气的地质资源量决定着页岩气藏的规模大小，是页岩气选区评价的一个重要评价内容。

4. 页岩气有利勘探区优选

页岩气有利勘探区优选是从页岩气地质条件最有利、资源丰度最高的核心区逐步向资源丰度较低的有利区扩展。通过页岩气选区评价工作，优选出核心区和有利区。

(二)选区评价关键参数

在页岩气选区评价的参数与标准上，不同的学者或油气公司尽管都不完全相同，但是所考虑的选区基本地质条件却是大体一致的，其中重点关注有效厚度、有机质含量、成熟度、矿物组成、储层物性条件、岩石力学性质、储层压力与含气性、盖层与保存条件等8个关键参数，这些选区评价参数的取值高低将直接影响到页岩气藏的规模和产能大小。

参考Q/SH 0506《页岩气勘探选区评价方法》，其采用“双因素法”实现页岩气勘探选区评价，以页岩气“富集概率”和“资源价值”为主要评价依据，分别作为纵坐标和横坐标，建立双因素评价模型。其中页岩气富集概率参数包括生烃条件、赋存条件、油气发现程度3个参数，其中生烃条件的评价要素包括TOC和成熟度(Ro)，赋存条件的评价要素包括裂隙发育程度、孔隙度和保存条件。油气发现程度依据地震、钻井、测试、显示等资料分析确定。资源价值包括可采条件、资源规模和层资源丰度3个参数，其中可采条件的评价要素包括埋深、压力系数、脆性矿物含量、泊松比和地面条件。资源规模由页岩气的资源量大小确定，层资源丰度由单一含气泥页岩层段内的页岩气资源量与其分布面积的比值确定。

第三节　页岩气藏勘探实例

一、普光千佛崖组页岩油气

(一)烃源岩评价

普光地区中下侏罗统泥页岩在东岳庙段、大安寨段、千一段发育，因此首先对各层系沉积特征及泥页岩展布进行研究，从而优选出页岩层系。

1. 各层系沉积特征

早侏罗世东岳庙期，普光－通南巴地区为湖泊沉积体系，沉积环境主要以滨湖－砂质碎屑浅湖－碳酸盐浅湖－半深湖相带为主，普光地区东岳庙段南部雷北1井为暗色页岩夹灰岩沉积，为碳酸盐浅湖沉积；东南部老君2井局部发育厚层黑色泥岩夹薄层灰岩沉积，为半深湖相。自普光地区东南部向通南巴工区西北部，岩石结构由砂泥互层向厚层粉砂岩－细砂岩夹薄层泥岩转变，沉积环境逐渐由砂质碎屑浅湖向滨湖转变。其中通南巴工区全区为滨湖相沉积，不发育优质页岩；普光工区自东北向西南由碳酸盐浅湖过渡为半深湖，有利于优质页岩发育的工区范围为普陆2井－杨柳1井－宣汉1井－七里23井一带。

普光地区大安寨段仅南部雷北1井为黑色泥页岩夹灰岩沉积，为半深湖沉积；普光地区以北至通南巴马深1井为砂质碎屑浅湖沉积，发育暗色泥页岩夹砂岩；马深1井以北为滨湖相沉积，发育大套粉－细砂岩夹薄层泥岩沉积。

川东北地区千一段属于湖泊沉积体系，以浅湖－半深湖相沉积为主。普光地区全区－通南巴工区中部马3井千一段中部均发育一套高伽马、高声波及高中子的黑色页岩夹薄砂层段，为半深湖沉积，向北则过渡为浅湖－滨湖相沉积，黑色页岩层不发育。普光地区全区处于半深湖相，通南巴工区北部为浅湖，南部为半深湖相带，有利于优质页岩发育的工区范围为普光全区以及通南巴马深1井－马3井以南。

2. 普光－通南巴中下侏罗统泥页岩展布特征及有利层系优选

从东岳庙段富有机质页岩等值线图来看，页岩发育厚值区位于普光地区老君－宣汉地区，富有机质泥页岩(TOC＞1.0%)厚度在20m以上，通南巴地区富有机质泥页岩厚度普遍小于5m。自东南向西北，自普光地区向通南巴地区，富有机质页岩厚度快速减薄，与相带变化趋势一致，表明普光地区东南部是东岳庙段优质页岩发育的有利区，有一定的页岩气勘探潜力(图5－3－5)。

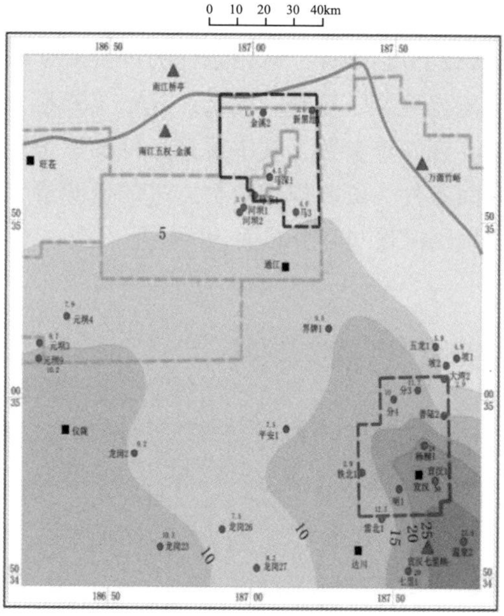

(a)东岳庙二亚段TOC>1.0%页岩厚度等值线图

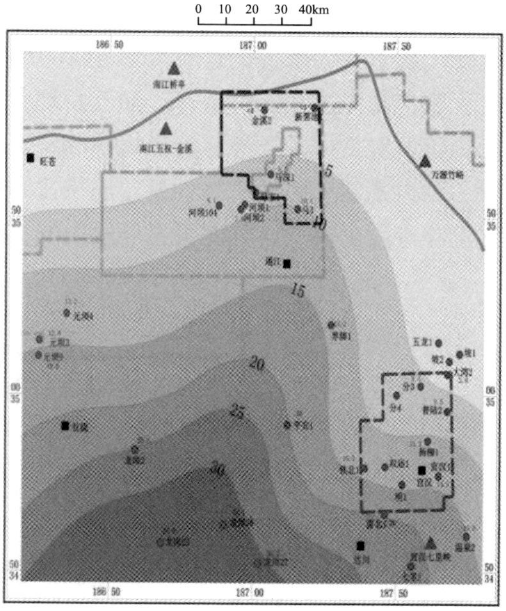

(b)大安寨二亚段TOC>1.0%页岩厚度等值线图

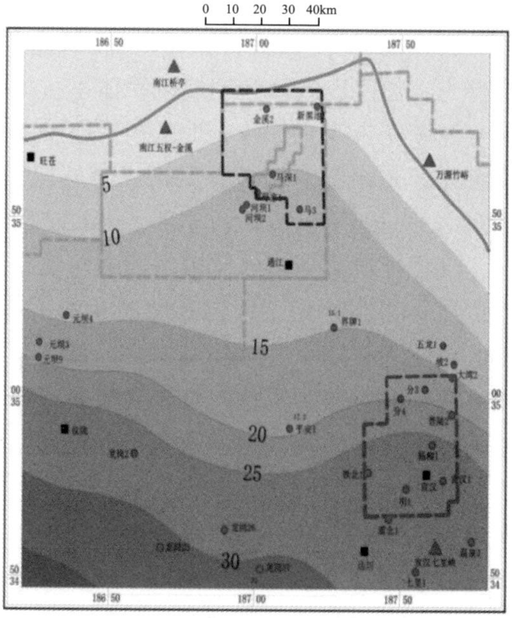

(c)千佛崖组千一段TOC>1.0%页岩厚度等值线图

图5－3－5 普光－通南巴地区不同泥页岩层段富有机质泥页岩厚度等值线

从大安寨二亚段富页岩厚度等值线图来看，页岩发育厚值区位于龙岗－阆中一带，而普光地区南部富有机质泥页岩(TOC＞1.0%)厚度在15m以上，并且自南向北减薄。通南巴地区富有机质泥页岩厚度普遍小于10m，说明普光及通南巴地区大安寨段沉积相区于区域上并不处于最有利相带，仅普光地区西南角部分地区存在半深湖相带，大安寨段页岩气勘探潜力有待进一步落实(图5－3－5)。

从千一段页岩厚度等值线图来看，页岩厚值区位于元坝南部－龙岗地区，而普光地区富有机质泥页岩(TOC＞1.0%)厚度在20m以上，自北向南增厚。通南巴地区富有机质泥页岩厚度介于10～15m，有一定的页岩气勘探潜力。相比通南巴工区，普光地区全区均发育厚20～25m左右的黑色页岩段，千一段页岩气勘探潜力、资源背景最佳(图5－3－5)。

从沉积、富有机质泥页岩、地球化学资料来看(表5－3－1)，普光工区是陆相页岩气的主攻地区，千一段是目前普光－通南巴地区的陆相页岩气主攻层段。

表5－3－1 普光地区中下侏罗统泥页岩层系页岩油气勘探重点参数对比表

对比指标	千一段	大安寨段	东岳庙段
相带	半深湖	半深湖－浅湖	半深湖－浅湖
泥页岩厚度(TOC＞0.6%)/m	24.5～37.2	19.3～26.5	10.5～25.5
砂(灰)地比/%	13～23	9～36	16～31
有机质丰度/%	0.5～2.41	0.5～1.53	0.5～1.81
有机质类型	$Ⅱ_1$～$Ⅱ_2$	$Ⅱ_2$～Ⅲ	$Ⅱ_2$～Ⅲ
埋藏深度/m	1600～3400	1700～3500	1850～3650
泥页岩资料程度	267m岩心	25m岩心	无取心
	3080件分析测试数据	200件分析测试数据	

(二)页岩气综合评价

1. 评价参数确定

在页岩层系优选的基础上，从烃源岩、储层、保存条件、富集条件等方面对千一段页岩进行评价。

在地质评价的基础上，参考两个规范：DB61/T 573《陆相页岩气选区规范》及GB/T 31483《页岩气地质评价方法》，建立目前勘探阶段的川东北探区陆相页岩气甜点层段优选“三九体系”(表5－3－2)。其中“三品质”为：源岩品质、储集品质、富集品质。“九参数”为：优质岩相/地层厚度比、TOC、生烃耦合系数；孔隙度、层理密度、有机质孔/无机质孔；游离气/吸附气比、压力系数、黏土含量。

2. 评价结果

基于上述研究认识与成果，综合页岩气主要地质特征，明确千一段发育厚20～40m的半深湖－深湖相纹层状泥岩，其中千一段③小层为陆相页岩气有利勘探小层，岩相以中－高碳(TOC＞1.5%)黏土质页岩为主，且具有两中两高特点，体现在中有机质(1.61%～2.02%)、中孔隙度(4.69%)、高脆性(62.32%)、高演化(2.0%)，测井曲线特征表现为高伽马、中低电阻、高声波、高中子及低密度的典型特征，具备较大的页岩气勘探潜力。

表5-3-2 普光地区高-过成熟(Ro>1.7%)陆相页岩气甜点评价参数体系及标准

参数体系		千一段③小层	参数界限(拟定)
源岩品质	优质岩相/地层厚度比/%	63	>63
	TOC/%	1.42	>1.0
	生烃耦合系数/%	-20.9	<-15.0
储集品质	基质孔隙度/%	5.37	≥3.5
	有机质孔/无机质孔比	2:5	≥2:5
	纹层发育程度/(条/cm)	4.2	≥3.0
富集条件	游离气/吸附气比	5.2:4.8	>5:5
	黏土含量/%	55.69	<58
	压力系数	1.396	≥1.2

(三)资源潜力评价及目标优选

1. 有利区预测

综合分析千一段不同小层的地质和工程条件，千一段纵向对比关系好，横向展布稳定，针对千一段开展地震预测。千一上亚段为河道砂岩沉积，地震上表现为高密度、高速度、高阻抗地震响应特征，千一下亚段为浅湖-半深湖相砂泥岩互层沉积，地震上表现为较低密度、中速度、较低阻抗的地震响应特征，千一中亚段为深湖相泥页岩沉积，地震上表现为低密度、低速度、低阻抗的地震响应特征，千一中亚段与上下围岩存在波阻抗差，中亚段顶界面标定于波谷，底界面标定于零相位，中亚段底部强振幅反射特征稳定，全工区内可以连续对比追踪，没有串层现象，全区层位解释合理。

TOC是评价页岩气储层优劣的参数之一。测井解释TOC千一段③小层为最优小层，选取典型井的测井解释TOC，交汇分析③小层泥岩地震波阻抗与TOC关系，相关性好，利用该线性关系将波阻抗体转化为TOC体数据，开展TOC地震预测。从TOC预测剖面可以看出，千一段③小层优质泥页岩发育，TOC整体较高，TOC>1.5%，与已钻井的纵向规律一致，而且在全工区稳定分布。在千一段③小层构造精细解释的基础上，提取了该层段平均TOC预测平面图。TOC含量平面分布稳定，向斜区TOC预测更大，普光东、西向斜及宣汉向斜TOC整体大于1.5%。

岩心分析孔隙度与声波时差-密度二元孔隙度模型呈线性关系，测井解释孔隙度千一段③小层孔隙度最发育，交汇分析④小层泥岩地震波阻抗与测井解释孔隙度的关系，相关性好，利用该线性关系，将波阻抗体转化为孔隙度体数据，开展孔隙度地球物理预测。

2. 有利区优选原则及结果

综合地质条件[优质页岩厚度≥20m(图5-3-6)，TOC平均≥1.0%，孔隙度≥5%]、工程条件，优选千一段③小层为最优质页岩段，结合地面现有管网开展综合评价，并按照井台与管网条件，分为三类有利区，分别是：Ⅰ类有利区(有陆相可用井台、现有管网)，面积为211.91km^2；Ⅱ类有利区(有地面管网、需新建井台)，面积为267.71km^2；

Ⅲ类有利区(需新建井台、新建管网)，面积为69.52km²。

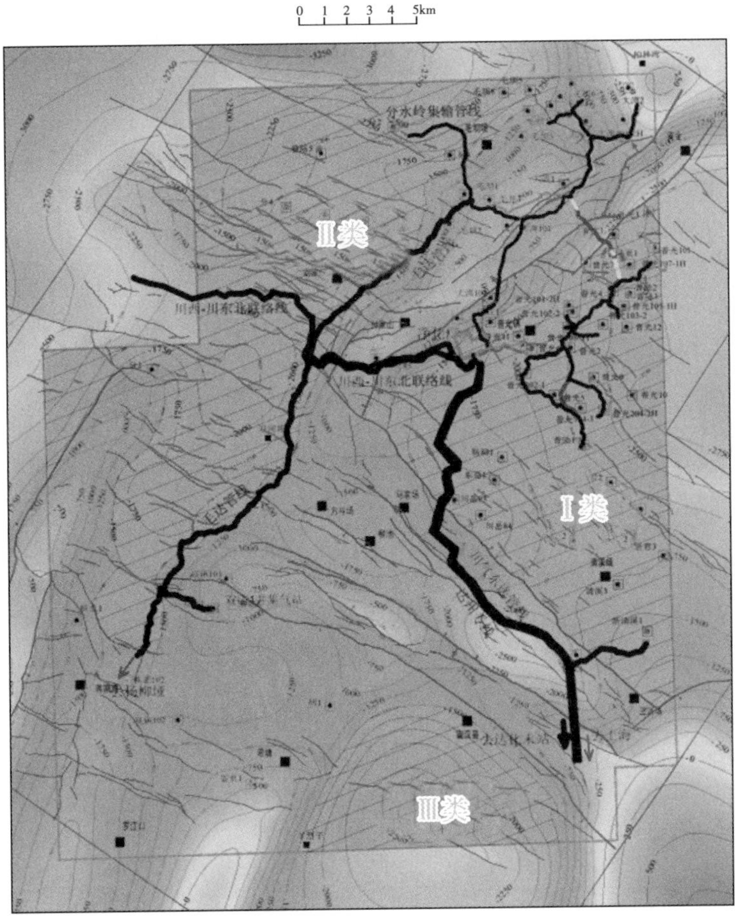

图5－3－6　普光地区千佛崖组千一段页岩气有利区预测

二、普光地区二叠系页岩气勘探实践

(一)普光地区二叠系地层及泥页岩发育特征

上二叠末期，四川盆地整体呈“西陆东海”沉积格局(图5－3－7)。受开江－梁平海槽控制，元坝－普光－涪陵地区发育深水陆棚相含灰/灰质页岩。普光地区中上二叠统自下而上可划分为中二叠统茅口组、上二叠统吴家坪组(龙潭组)和大隆组(长兴组)，其中吴家坪/组龙潭组为同期异相，大隆组/长兴组为同期异相。茅口组自下而上可分为茅一段、茅二段、茅三段，吴家坪组自下而上可分为吴一段、吴二段、吴三段，大隆组自下而上可分为隆一段、隆二段。

普光二叠系纵向上发育三套页岩，分别是茅三段、吴家坪组和隆一段。普光地区大隆组岩性以黑色含硅灰质页岩、含灰硅质页岩为主，局部见碳质泥岩，吴家坪组岩性为黑色碳质泥岩、泥岩夹少量凝灰岩及灰岩。

以普光二叠系大隆组为例，对海相页岩气勘探实践进行介绍。

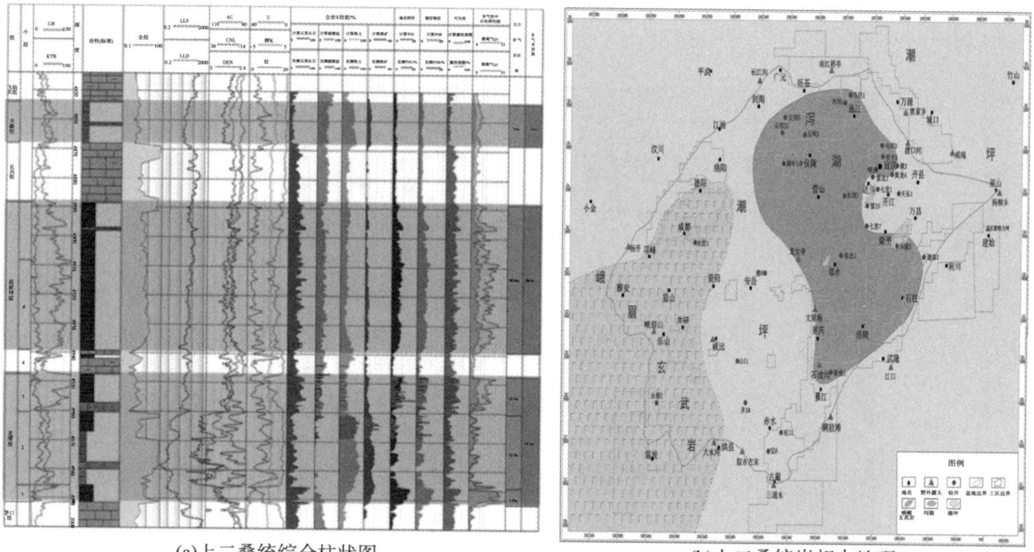

(a)上二叠统综合柱状图　　(b)上二叠统岩相古地理

图 5－3－7　川东北地区上二叠统综合柱状图及岩相古地理图

(二)普光地区二叠系大隆组泥页岩品质评价

1. 地层厚度及小层划分

大隆组自下而上可分为隆一段、隆二段，其中隆一段以黑色含硅灰质页岩、含灰硅质页岩为主，隆二段以灰岩为主，其中隆一段自下而上又可分为 5 个小层。

大隆组南部陆棚相区含灰硅质页岩厚度向北相变，页岩厚度变薄(35m↓0m)，灰岩厚度增加(图 5－3－8)。

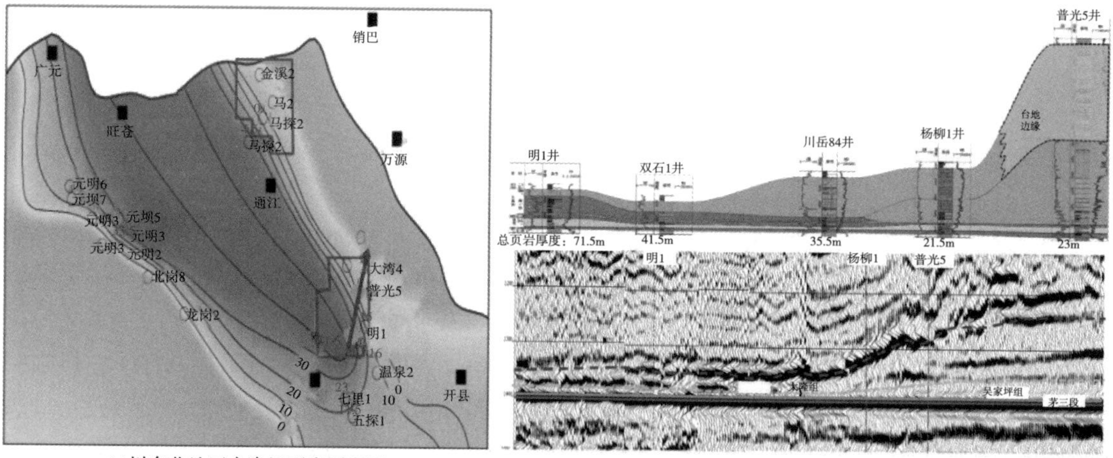

(a)川东北地区大隆组页岩厚度图　　(b)明1–双石1–川岳84–杨柳1–普光5井茅三段–大隆组地层剖面图

图 5－3－8　川东北地区大隆组页岩厚度及连井地层剖面图

2. 岩石学及岩相特征

雷页 1 井隆一段页岩平均石英含量为 44.5%，平均碳酸盐矿物含量为 40.0%，平均黏土矿物含量为 6.2%。采用“全岩矿物分区＋TOC 分级＋沉积构造校正”，大隆组识别岩相 12 种，岩相组合 6 种，这些岩相组合分别为富碳纹层状含灰硅质页岩相、富碳纹层状含硅灰质页岩相、富碳层状碳质泥岩相、高碳纹层状含灰硅质页岩相、低碳纹层状含硅灰质页岩相、低碳块状灰岩相。这些岩相组合有机碳特征和矿物组成存在差异。

3. 有机地化特征

雷页 1 井大隆组 TOC 介于 2.08% ~12.2%，均值为 4.86%。铁北 1 侧隆一段 TOC 均值为 7.95%，②小层 TOC 均值为 9.5%，③小层 TOC 均值为 7.33%，④小层 TOC 均值为 7.27%，⑤小层 TOC 均值为 5.92%，自②小层向上 TOC 逐渐减低。铁北 1 侧隆一段岩相划分表见表 5 -3 -3。

表 5 -3 -3　铁北 1 侧隆一段岩相划分表

岩相类型	岩心照片	TOC/%	长英质 碳酸盐 黏土
富碳纹层状含灰硅质页岩相		8.93	46.1 26.5 21
富碳纹层状含硅灰质页岩相	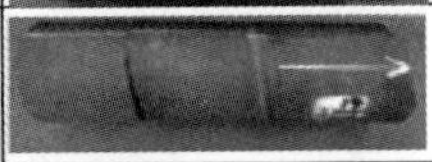	8.10	29.3 52.8 12.9
富碳层状碳质泥岩相		5.21	26.6 15.4 43.9
高碳纹层状含灰硅质页岩相		5.17	63.7 24 17.2
低碳纹层状含硅灰质页岩相		0.92	22.1 43.1 21.1
低碳块状灰岩相		0.46	19.6 64.1 13.3

地震资料预测大隆组 TOC 为 1.5% ~5.0%，由南向北指标变差。

雷页 1 井大隆组页岩有机质类型以 I 型干酪根为主。Ro 为 1.88% ~2.22%，平均为 2.13%，处于高 - 过成熟演化阶段。

4. 储集性能特征

在物性方面，雷页 1 井大隆组孔隙度介于 2% ~4.7%，均值为 3.48%。铁北 1 侧隆一段实测孔隙度均值为 3.67%，④小层物性最好，平均孔隙度为 4.17%，②、③小层物性相当，平均孔隙度分别为 3.84%、3.48%，⑤小层物性最低，平均孔隙度为 2.8%。

在孔隙结构特征方面，雷页 1 井大隆组页岩发育有机质孔、无机孔及微裂缝，相比③和④小层，大隆组②小层有机质孔相对更发育。基于雷页 1 井低温氮气吸附 - 高压压汞联测，孔径分布以微孔为主，占 50%，介孔次之，占 40%。

在裂缝特征方面，受燕山期和喜山期构造运动双向应力挤压，具备复杂裂缝网发育构造背景，岩心见四期裂缝发育，早期方解石充填，晚期高角度缝开启；雷页 1 井 FMI 成像识别高 - 低角度裂缝 230 条。雷页 1 井页岩/灰岩互层段、界面处，裂缝密度大。④小层裂缝最发育，其次为③、⑤小层，②小层裂缝相对弱发育。铁北 1 侧隆一段页岩岩心识别裂缝 202 条，以成岩缝(107 条)、构造缝(95 条)为主，纵向上⑤小层裂缝最为发育，②、④小层发育相当，③小层发育程度较低。

5. 含气性特征

对雷页 1 井和铁北 1 侧隆一段进行了现场含气性测试。雷页 1 井隆一段页岩岩心总含气量为 2.01 ~ 10.15m^3/t，平均 4.59m^3/t。铁北 1 侧隆一段含气量均值为 5.24m^3/t。

6. 力学性质

力学参数分析表明铁北 1 侧隆一段②～④小层应力差相当，⑤小层略高；⑤小层杨氏模量较高，③、④小层次之，②小层最低；②～⑤小层泊松比均相当。基于铁北 1 侧全岩矿物分析，计算了隆一段各小层的脆性矿物含量，其中③、④小层脆性矿物含量较高，平均含量分别为 74.18%、67.23%，②小层最低，平均含量为 59.95%。

（三）普光地区二叠系大隆组页岩气资源潜力评价及目标优选

1. 富集高产主控因素分析

雷页 1 井产剖资料揭示大隆组靠近破碎区附近裂缝发育段为主产层，表明天然裂缝发育是超深层页岩气富集高产的关键，裂缝发育区是高产富集的有利勘探目标。

2. 资源潜力评价及目标优选

1）目标评价及优选的总体思路

在对大隆组页岩气富集高产主控因素分析的基础上，首先对研究区构造特征进行研究，尤其是对构造样式进行总结，在此基础上，根据断层特征、裂缝属性和曲率属性等综合分析裂缝发育特征，确定变形区的类型和特征；然后分别依据地震熵属性与最大似然属性刻画破碎区，利用地震构造收缩率和曲率属性刻画变形区，计算不同类型破碎区及变形区的面积，从而获得不同构造带不同变形区的资源量。

2）目标分类及评价

对普光地区而言，研究区受燕山期和喜山期两期发育四个北东向展布的正向构造带，分别为铁山构造带、双庙场构造带、雷音铺构造带、双石庙构造带，均受北东向东倾主控断层控制。控带断层向上断至区域盖层嘉四五膏岩，向下滑脱至志留系。工区南部整体抬升较高，构造变形强度大，向北变形强度减弱。主要基于主控断层的个数及背斜核部形态，研究区二叠系的构造样式可分为四种：分别为双断圆弧型背斜、双断宽缓型背斜、单断圆弧型背斜和单断宽缓型背斜（图 5－3－9）。其中铁山构造主要为双断宽缓型背斜构造；双庙场构造南部为单断圆弧型背斜构造，向北转变为双断圆弧型背斜构造；雷音铺构造南部为双断圆弧型构造，北部为双断宽缓型背斜构造；双石庙构造南部为单断宽缓型，北部为单断圆弧型背斜。

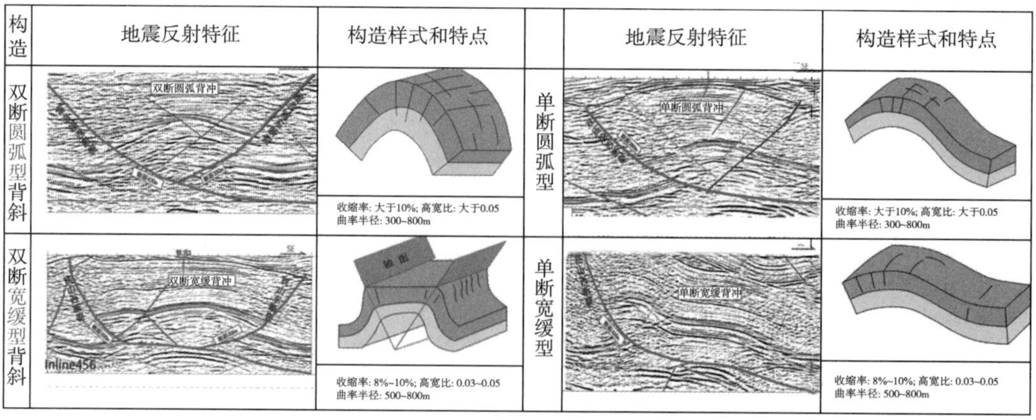

图 5－3－9　普光二叠系不同构造样式及特征

针对多期应力影响下形成的复杂构造，在构造样式分析的基础上，根据断层特征、裂缝属性和曲率属性等综合分析裂缝发育特征，划分四类变形区，分别为强破碎区（Ⅰ类）、弱破碎区（Ⅱ类）、强变形区（Ⅲ类）、弱变形区（Ⅳ类），其特征如图 5－3－10 所示。

剖面展示	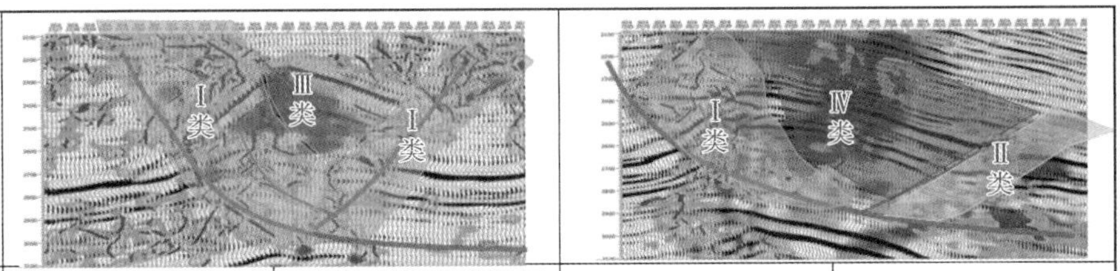			
主要变形区	强破碎区(Ⅰ类)	弱破碎区(Ⅱ类)	强变形区(Ⅲ类)	弱变形区(Ⅳ类)
地震特征	位于控带断层附近,受断裂破碎影响地震轴杂乱或空白反射	位于斜坡带转折断层附近,受断裂破碎影响地震轴错断	位于背斜构造轴部,地震同相轴连续,局部发育小断层,地层窄陡，倾角一般大于20°	位于背斜构造轴部或翼部,地震同相轴连续,地层宽缓,局部扭曲,倾角一般小于20°
识别标志	断层断距>80m;最大似然>0.35、熵>0	断层断距<80m;0.35>最大似然>0、0>熵>-0.6	收缩率>10%;曲率半径<500m	收缩率<10%;曲率半径>500m
发育位置	多发育于双断背斜断层两侧或单断背斜主控断层一侧	多发育于双断背斜或单断背斜断层断距较小区域和单断背斜斜坡阶梯状断裂发育区	多发育于双断圆弧型背斜核部	多发育于双断宽缓型背斜和单断宽缓型背斜核部和斜坡

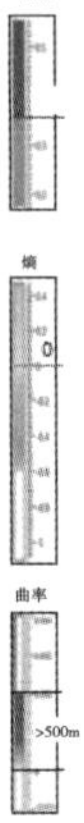

图 5－3－10　普光二叠系不同变形区划分和识别标志

3）目标预测及有利区优选

利用地震熵属性与最大似然属性刻画破碎区，利用地震构造收缩率和曲率属性刻画变形区，分别刻画弱破碎区面积为 26.62km^2（12%），强破碎区面积为 83.78km^2（38%），弱变形区面积为 67.79km^2（31%），强变形区面积为 42.09km^2（19%）。在雷音铺构造部署实施雷页 1HF 井试获 42.66×10^{4}m^3 工业气流（图 5－3－11），实现了普光二叠系页岩气勘探的重大突破，初步评价具有千亿立方米储量规模。

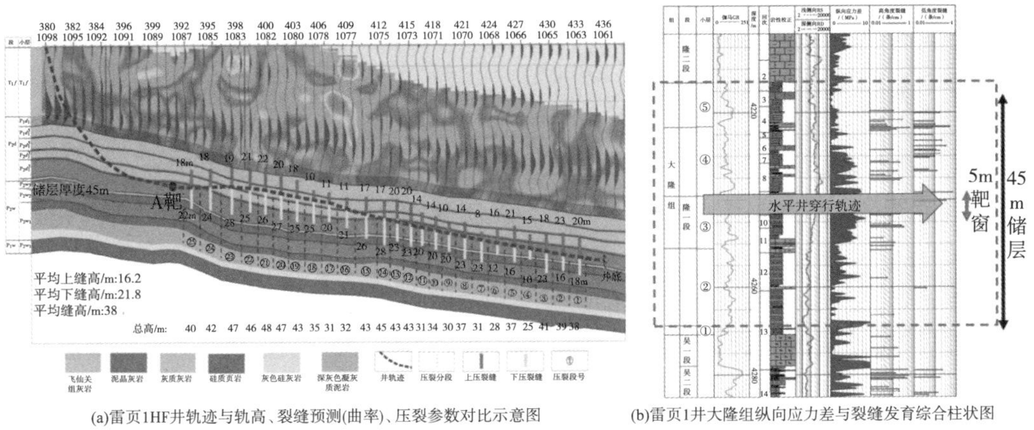

(a)雷页1HF井轨迹与轨高、裂缝预测(曲率)、压裂参数对比示意图　(b)雷页1井大隆组纵向应力差与裂缝发育综合柱状图

图 5－3－11　雷页 1HF 水平井选层及轨迹

扫一扫
获取更多资源

第四章　煤层气地质勘探评价

第一节　煤层气地质特征

一、煤层气概念

根据 GB/T 19559《煤层气含量测定方法》，煤层气是指在自然条件下，主要吸附在煤颗粒表面，并存在于煤层孔隙和裂隙中的甲烷气体。它是一种与煤矿床密切相关的非常规天然气资源。

二、煤层气地质特征

煤层气藏地质特征主要体现在以下 5 个方面。

(1)成因类型：包括低熟阶段的生物成因气、中－高熟阶段的热成因气及过成熟阶段的热裂解气，部分地区(如准噶尔盆地白家海凸起)还发育外源充注气。

(2)储层特征：储层以煤岩为主，属裂缝－孔隙型储层，渗透率极低，气体流动受限，开采难度大。

(3)赋存状态：煤层气主要以吸附状态赋存于煤基质表面。浅层煤层气主要以吸附气为主；深层煤层气除了吸附气，还存在一定比例的游离气，赋存状态更为复杂。

(4)气藏特征：通常呈大面积连续分布，无明显构造控制及清晰边界，使得资源评价和开发规划更具挑战性。

(5)采出特性：受储层低渗透率的影响，煤层气的开采必须依赖大型体积压裂改造技术。通过压裂形成人工裂缝网络，提高气体流动能力。浅层煤层气主要通过降压解吸方式采出，见气速度较慢；而深层煤层气由于压力较高，见气速度较快，但开采难度更大。

三、煤层气成藏条件分析

煤层气的成藏机理和过程有其特殊性，与常规天然气不同，其聚集不需要考虑复杂的运移和圈闭条件。重点从生烃条件、储集条件、保存条件和煤层气富因素对煤层气成藏条件进行评价。

(一)生烃条件评价

1. 煤岩厚度及展布特征

煤岩厚度及展布是生烃条件的重要参数之一。煤层的稳定性和连续性也会影响煤层气的生成和分布，煤岩厚度越大，煤层气生成的潜力就越大。

2. 煤岩品质

(1)煤的水分、灰分、挥发分和固定碳含量

水分是指煤样在规定条件下加热时所失去的重量。煤中的水分含量高会占据煤的孔隙空间，减少煤层气的吸附位置，从而降低煤层气的含气量。灰分是指煤样在规定条件下完全燃烧后所残留的无机物重量，主要由黏土、石英、碳酸盐等矿物质组成。灰分含量高会增加煤的密度，减少煤的孔隙度，从而影响煤层气的生成和储存。挥发分是指煤样在规定条件下隔绝空气加热时所释放的气体和蒸汽的重量。挥发分含量高表明煤中有机质含量高，有利于煤层气的生成。固定碳是指煤样在规定条件下隔绝空气加热时所剩余的固体物质重量，主要由碳、氢、氮、硫等元素组成。固定碳含量高表明煤的成熟度高，有利于煤层气的生成。

(2)有机质丰度

有机质丰度是指煤中有机质的含量，通常用 TOC 表示。TOC 越高，煤的生烃潜力越大。有机质在煤的热解过程中会生成大量的煤层气。

(3)煤的显微组成

煤的显微组成是指煤在显微镜下观察到的微观结构和成分，主要包括有机显微组分和无机显微组分。有机显微组分是煤的主要组成部分，根据其来源和结构特征，可分为镜质组、惰质组和壳质组。其中镜质组含量较高的煤，生烃潜力较大。

3. 热演化程度

煤在地质过程中受到的热作用程度，通常用镜质体反射率(Ro)来表示。随着 Ro 值的增加，煤的结构和化学组成会发生显著变化，如芳香族结构的增加、脂肪族结构的减少等，逐步生成煤层气。

(二)储集条件评价

1. 储集空间特性

煤储层空间由基质孔隙和裂隙孔隙构成双重孔隙系统。基质孔隙是煤层气吸附和储集的主要空间，煤基质中的微孔(<2 nm)虽体积占比不足 55%，但贡献了 97% 以上的孔隙表面积，是煤层气吸附能力的关键，其发育程度与煤变质程度呈正相关。裂隙(包括割理和构造裂隙)是煤层气储存的重要空间，也是其运移的主要通道，割理通常发育两组近垂直的天然裂隙，即面割理(主要裂隙组，延伸较远)和端割理(次要裂隙组，与面割理垂直)，二者形成网状结构控制流体运移方向。

2. 孔隙度

孔隙度是指煤岩中孔隙所占的体积百分数。它是衡量煤岩储集空间大小的重要参数，高孔隙度的煤岩有利于煤层气的吸附和游离气存储。

3. 渗透率

渗透率是衡量煤岩允许流体通过能力的参数，高渗透率的煤岩有利于煤层气的开采。

煤储层普遍具有低孔隙度（通常 <10%）和低渗透率（多数 <1mD），渗透性受煤化程度、矿物含量及裂隙发育程度共同控制。

4. 孔径分布

孔径分布反映了煤储层中孔隙的大小和分布情况。孔径分布越均匀，煤层气的储存和流动性能越好。孔隙按大小分为微孔（<2nm）、介孔（2～50nm）和大孔（>50nm），其中微孔提供大量吸附表面，介孔和大孔则承担气体扩散与渗流功能。煤储层的孔径分布通常呈现双峰型特征，即在微孔和介孔范围内存在两个孔径峰值。这种分布特征表明煤岩中微孔和介孔的发育程度较高，有利于煤层气的吸附和运移。

（三）保存条件评价

1. 构造改造强度

构造活动通过断裂、褶皱和抬升–沉降作用改造煤层结构，直接影响煤层气的封闭性和储集空间。弱构造改造区煤层原生结构保存完整，割理和孔隙系统未被破坏，渗透率低，有利于气体吸附保存。强构造改造区发育高角度裂缝和断层，形成气体逸散通道，导致解吸气散失；但局部可形成构造圈闭（如背斜顶部）保存游离气。

2. 顶底板条件

顶底板岩层的物性（渗透性、力学强度）和空间连续性决定其对煤层气的封盖能力。顶底板为致密泥岩、页岩或粉砂岩时，渗透率低（<1mD）、突破压力高（>5MPa），可有效阻隔垂向气体运移。

3. 大气水下渗作用

大气降水通过裂隙或渗透层下渗至煤层，改变储层压力、氧化环境和气体吸附状态。水动力活跃区（浅埋藏、高渗透率）地下水流动带走溶解气，降低储层压力，促使吸附气解吸逸散；水动力滞缓区（深部封闭含水系统）高压水层维持储层压力高于解吸压力，抑制气体解吸；同时溶解氧含量低，减少煤层氧化破坏。

4. 深埋热变质作用

深埋热演化过程（温度、压力、时间）控制煤阶演化及孔隙结构，间接影响气体生成与保存潜力。中低煤阶（Ro =0.5%～1.3%）微孔发育，吸附能力强，但热成熟度不足，生气量有限。高煤阶（Ro >1.3%）大孔比例增加，吸附能力下降。过成熟阶段（Ro >3%）石墨化导致孔隙坍塌，吸附能力急剧降低，气体以游离态赋存，保存依赖构造圈闭。

5. 其他条件

对于浅层煤层气，除了上述条件，还需要考虑地层压力、地层温度和地层水的矿化度等因素。地层压力和地层温度的变化会影响煤层气的吸附和解吸过程，地层水的矿化度会影响煤层气的保存条件。

（四）煤层气富集因素

1. 浅层煤层气富集主控因素研究进展

浅层煤层气的富集与煤储层物性、含气量、保存条件及地质构造和应力场有关。煤储层的物性参数是影响煤层气富集的关键因素。煤储层微裂隙发育、渗透率较高，有助于煤层气的储存和运移；煤储层中游离气的含量也对煤层气富集有重要影响，当煤层排烃条件良好时，煤储层能够保留较多的游离气，为煤层气的高产提供物质基础。煤层的保存条件对煤层气的富集起到至关重要的作用，致密的顶、底板可以减少煤层气的散失，而良好的水文地质条件也可以帮助维持煤层气的稳定性，强烈的构造运动会破坏煤层的封闭性，导致煤层气的散失。地质构造和应力场对煤层气的富集也有重要影响。构造体和煤体的分布控制着煤层气的富集带，而应力场则控制着煤层的渗透率。在地质构造复杂的地区，煤层的渗透率往往会受到严重影响，增加了煤层气的开采难度。

2. 深层煤层气富集主控因素研究进展

近年来对深层煤层气富集主控因素的分析更倾向于有利区和"甜点"优选，不同研究人员针对其研究对象建立起不同的模式。构造条件、沉积环境和水文地质条件共同影响着含煤盆地内煤层气的富集规律，并在地质演化历程中相互穿插地控制着煤层气的生成、逸散和保存。沉积环境决定了成煤原始有机质的类型和丰度、煤层空间展布；构造演化活动控制着煤岩的变质作用过程和煤层气的生成、逸散过程；构造形态、水文地质条件、顶底板岩性及厚度、夹矸分布等影响着煤层气含量的分布及煤层气的组分。不同含煤盆地，甚至同一盆地内不同区块之间煤层气富集规律及主控因素存在较大差别。

第二节　煤层气勘探评价技术

一、地质综合评价技术

(一)煤层气地质评价内容

分析评价区煤层气区域地质条件，包括区域地层格架、主要含煤地层沉积体系、区域构造特征、煤层分布与煤岩煤质、保存条件等。

1. 区域地层格架的建立

选取评价区内有代表性的钻井资料(或邻区钻井资料)，结合区域地质背景资料和前人的研究成果，建立评价区完整的地层综合柱状图和地层格架。

2. 主要含煤地层沉积体系分析

综合区域地质、煤田钻孔和地震资料解释成果，分析区域沉积和岩相的分布特征。

3. 区域构造特征分析

在区域地质背景资料分析基础上，研究评价区所在盆地的形成和演化特点。

4. 煤层分布与煤岩煤质分析

分析煤层埋深和厚度分布特征，评价煤层分布稳定程度；分析煤岩煤质特征、生气条件和含气量的分布特征。

5. 保存条件分析

分析煤层顶底板的岩性、厚度、物性、分布范围等主要特征，分析构造、断裂、岩浆活动、陷落柱及水文地质条件对煤层气成藏的影响，综合分析煤层气的保存条件。

不同煤阶类型含气区块选区评价参数一般按照Ⅰ类、Ⅱ类、Ⅲ类、Ⅳ类等四级区分，评价参数及分级参见表5-4-1。

表5-4-1　含煤区块选区评价参数及分级

类型	亚类		评价参数	分类评价级别							
				Ⅰ类		Ⅱ类		Ⅲ类		Ⅳ类	
				中高阶煤	低阶煤	中高阶煤	低阶煤	中高阶煤	低阶煤	中高阶煤	低阶煤
地质条件	区域地质	区域地质	煤层埋深变化(m)	风化带~1000		1000~1500		1500~2000		>2000	
			构造	构造简单，改造弱		构造中等，改造不强烈		构造中等，改造强烈		构造复杂，改造强烈	
			水文条件	简单滞留区，水质有利		复杂滞留区，水质较有利		弱径流区，水质较不利		径流区，水质不利	
	资源地质	含煤性	煤层分布面积(km^2)	≥500		100~500		10~100		<10	
			主力煤层净总厚度/m	≥6	≥30	4~6	10~30	2~4	5~10	<2	<5
			镜质组(原煤基)/%	≥75		60~75		45~60		<45	
			灰分/%	<15		15~25		25~40		≥40	
		含气性	含气量(原煤基)/%	≥15	≥6	8~15	3~6	4~8	1~3	<4	<1
			甲烷含量/%	≥90		85~90	80~90	80~85	70~80	<80	<70
开采条件	技术可采性	储层可采性	含气饱和度/%	≥80		60~80		40~60		<40	
			临储压力比	≥0.8		0.5~0.8		0.2~0.5		<0.2	
			渗透率/$10^{-3}\mu m^2$	≥1	≥3	0.1~1	0.3~3	0.01~0.1	0.03~0.3	<0.1	<0.3
		可改造性	煤体结构	原生-碎裂		碎裂		碎裂-碎粒		碎粒-糜棱	
			有效地应力/MPa	<10		10~15		15~20		≥20	
			煤层与围岩关系	关系简单，煤层间距小，施工难度中等		关系较简单，煤层间距较小，施工难度中等		关系较复杂，夹层较多，间距较大，施工较复杂		关系复杂，夹层多，间距大，施工复杂	
	经济可采性	经济可采性	直井半年稳定平均气产量/(m^3/d)	≥2000		1000~2000		500~1000		<500	
			经济地理环境	简单、便利		中等		较复杂、较不便利		复杂、不便利	

(二)煤层气开采条件评价内容

开采条件一般包括技术可采性和经济可采性两类评价内容，涉及含气饱和度、临储压力比(临界解吸压力/煤储层压力)、渗透率、煤体结构、有效地应力、煤层与围岩关系、勘探试验风险(直井半年稳定平均气产量)和经济地理环境等参数(表5-4-1)。

(三)煤层气地质评价技术

实验测试分析是煤层气地质评价的重要手段之一，能够获取煤岩生烃条件、储集条件及储层可改造性等关键参数。

1. 煤岩工业分析技术

煤岩工业分析技术是煤层气地质评价的基础，主要用于测定煤的组成和性质。其原理是通过物理和化学方法对煤样进行分析，以获取煤的工业组成参数，包括水分(M)、灰分(A)、挥发分(V)和固定碳(FC)等。

2. 煤储层多尺度孔隙特征分析技术

煤储层的孔隙结构复杂，具有多尺度特征，其研究对评价煤储层的储集能力和渗透性具有重要意义，是储层可改造性评价的关键。主要包括镜下显微观察和定量测试两大类的多尺度孔隙特征分析技术。镜下显微观察主要通过显微镜、SEM、矿物扫描(QEMSCAN)等手段，直接观察煤储层储集空间的类型、大小、分布情况。定量测试主要利用压汞法(MIP)和低温氮吸附法、二氧化碳吸附法等手段，定量表征煤储层的孔隙分布、连通性和比表面积。

3. 含气性分析测试技术

煤层气含气性是指煤层中赋存的气体总量，以吸附气为主，同时包括游离气和溶解气。其测试方法主要包括现场解析气和实验室甲烷等温吸附测试。现场解析气通过取心并快速解析测定煤样中的气体含量，直接反映煤层的实际含气量；甲烷等温吸附测试则在实验室模拟地层温压条件，测定煤样对甲烷的吸附能力，获得吸附等温线。其中，兰氏体积(V_L)是甲烷等温吸附测试的关键参数，表示煤样在无限压力下的最大吸附量，能直接反映煤层的最大吸附能力，较高的兰氏体积意味着煤层具有更强的气体吸附能力，预示着更高的资源潜力，对于评估煤层含气性具有重大意义。

二、选区综合评价技术

选区评价参数赋值通常可依据各参数对选区评价影响程度差异进行两两比较，建立两两判断矩阵，计算相应的权重赋值。选区评价一般使用的评价参数及参考权重赋值，参见表5-4-2。假定原始的参数类型赋值的总值为1。参数类型包括地质条件和开采条件两类，分别赋值为0.5，亚参数类型赋值之和等于参数类型赋值。

表5-4-2 煤层气选区评价参数及参考权重赋值

<table>
<tr><th>类型</th><th colspan="2">亚类</th><th>选区评价参数</th><th>权重赋值</th></tr>
<tr><td rowspan="9">地质条件</td><td rowspan="3">区域地质</td><td rowspan="3">区域地质</td><td>煤层埋深变化</td><td>0.04</td></tr>
<tr><td>构造</td><td>0.06</td></tr>
<tr><td>水文条件</td><td>0.06</td></tr>
<tr><td rowspan="6">资源地质</td><td rowspan="4">含煤性</td><td>煤层分布面积</td><td>0.04</td></tr>
<tr><td>主力煤层净总厚度</td><td>0.08</td></tr>
<tr><td>镜质组</td><td>0.04</td></tr>
<tr><td>灰分</td><td>0.04</td></tr>
<tr><td rowspan="2">含气性</td><td>含气量</td><td>0.10</td></tr>
<tr><td>气体组分</td><td>0.04</td></tr>
</table>

续表

类型	亚类		选区评价参数	权重赋值
开采条件	技术可采性	储层可采性	含气饱和度	0.06
			临储压力比	0.06
			渗透率	0.10
		可改造性	煤体结构	0.08
			有效地应力	0.06
			煤层与围岩关系	0.04
	经济可采性	经济可采性	勘探试验风险	0.04
			经济地理环境	0.06

对每个选区评价对象进行具体的参数赋值时，首先需要对具体的选区评价参数按照表5－4－1所示的Ⅰ类、Ⅱ类、Ⅲ类和Ⅳ类等分类评价级别的标准进行相应的细分权重赋值（隶属度）。权重最大不超过该参数所给定的权重，最小为零。其次将选区评价参数按照计算规则逐级汇总，形成参数类型组合权重。最后获得该评价对象的总值。任一评价对象的总值最大不超过1，最小不小于0。

第三节　煤层气藏勘探实例

中原油田深层煤层气勘探起步较晚，2023年11月始对东濮、内蒙古、川东北探区煤层气地质条件开展系统评价，明确东濮凹陷石炭－二叠系煤层厚度大、展布稳定，资源潜力大。2024年在东濮凹陷西部斜坡带部署了第一口深层煤层气风险探井－庆煤1HF井。

（一）煤层气地质条件

1. 生烃条件

东濮凹陷及周缘地区石炭－二叠系，与鄂尔多斯盆地、沁水盆地同属华北地台，煤层发育。山西组主要为潮坪－潟湖相沉积，泥炭坪发育，二1煤层展布稳定，东薄西厚，单层厚度主要为4～6m，累厚7～12m。石炭－二叠系煤岩TOC平均值为60.40%，特别是山西组煤岩TOC平均值大于70%，与鄂尔多斯盆地苏里格气田煤岩相近。石炭－二叠系煤岩氯仿沥青“A”含量平均1.052%，显著高于鄂尔多斯盆地0.161%的平均水平，具有更高的生油能力。山西组煤层整体处于中－高煤阶阶段，具备煤层气生成的热演化基础。煤岩镜质体反射率Ro在空间上变化幅度极不均一，总体呈南高北低、西高东低的格局，Ro值变化范围在0.7%～4.14%。其中，西部斜坡带Ro主要在1.0%～1.3%，洼陷带Ro大于1.5%。

2. 储集条件

东濮凹陷煤岩的割理－微裂缝－有机微孔体系发育，裂缝连通孔隙，储集及渗流性能好。煤体结构在凹陷斜坡带及周缘构造变形弱区域较好，多为原生结构煤，局部为构造煤，山西组二1煤以原生结构半亮煤－光亮煤为主，局部碎裂结构对含气性影响小，且煤体割理系统发育。庆古3井煤岩割理密集发育，密度4～20条/10cm，平均11条/10cm；实测孔隙度2.29%～6.37%，平均4.38%；渗透率(0.08～22.12)$\times10^{-3}\mu m^2$，平均$6.75\times10^{-3}\mu m^2$，呈低孔、低渗特征。庆古3井4336.25m层段CT扫描结果显示，煤岩割理及其他裂缝宽度主要在200～800μm，裂缝和孔隙连通性好，内生裂隙构建成良好的孔－缝网络，渗流性能好，且处于应力松弛状态，有利于煤层渗透性的发育和储集保存。

山西组二1煤充填缝孔隙度在0.11%～0.96%，未充填缝孔隙度在0.42%～0.49%。镜下观察可见，东濮凹陷煤岩割理和植物组织孔主要被沥青、黏土矿物、方解石等充填，充填物常见溶蚀现象；有机质层内发育大量微裂缝、有机孔和黏土矿物粒间孔，构成主要的储集空间。CO_2吸附－低温N_2吸附－高压压汞法联合表征表明，煤岩的孔径呈双峰分布，其中微孔占比67.5%，介孔占比5.1%，大孔占比27.4%，表明深部煤岩仍保持了较好的储集性。

3. 构造保存条件

东濮凹陷西部斜坡带和洼陷－隆起带中北区构造相对简单，煤层气保存条件较好，特别是西部斜坡带、濮城洼陷带、前梨园洼陷带、葛岗集洼陷、文留地垒带5个块体构造稳定。其中西部斜坡带受长垣系列断层活动控制，喜山期活动影响小，为继承性稳定单斜，主要在东缘近洼带发育断距大于100m的喜山期正断层，斜坡带内仅发育少量断距小于100m的印支－燕山断层。并且块体稳定面积大，达3083km^2，地层东倾，倾角3°～5°，构造简单，埋深最浅，主要在1600～5500m，有利于煤层气的保存。

在煤层顶板岩性上，东濮凹陷以河流三角洲－滨浅湖环境下形成的泥岩和粉砂质泥岩为主。山西组二1煤顶板以泥岩为主，厚度多在3～7m，局部地区可达8～12m。有5口井钻遇致密砂岩顶板，厚度4～10m，孔隙度低，为0.71%～5.99%，平均2.42%，整体顶板条件较好。顶板泥岩和泥质粉砂岩的渗透率变化范围在$1\times10^{-4}\sim1\times10^{-6}$mD，渗透性极差，属于Ⅰ～Ⅱ类优势－次优势顶板岩性，二1煤层顶板的渗透系数$-\lg K$为8.273～11.540，说明其渗透性较差、盖层致密、封盖条件好，有利于煤层气保存及工程改造。

(二)煤层气综合评价

1. 评价参数确定

基于东濮凹陷山西组煤层气和鄂尔多斯大牛地太原组煤层气地质特征对比(表5－4－3)，通过评价深层煤层气生烃、储集、保存、含气和可压性特征，结合现有煤储层改造工艺，优选煤层厚度、保存、埋深作为断陷盆地煤层气选区关键评价要素(表5－4－4)。

表5-4-3 东濮凹陷与大牛地深层煤层气地质特征参数对比表

类型	指标	东濮凹陷二1煤	大牛地气田8#煤
生烃性	演化程度Ro/%	1.05~4.0	1.2~2.0
	灰分含量/%	13.4	17.86
	镜质组含量/%	78.43	68.05
储集性	煤层厚度/m	4~8	(5~16)/9.4
	裂隙密度/(条/5cm)	5~6	3~5
	孔隙结构	大孔27.4%，微孔67.5%	微孔80%
	孔隙度/%	2.73~5.58/3.76	(0.97~8.97)/4.68
	渗透率/mD	—	(0.0001~0.76)/0.24
保存性	压力系数	—	1.03
	顶底岩性	泥岩/砂岩	灰岩
	构造复杂程度	较简单	简单
	水文特征/(mg/L)	21841~142464	70258~153239
含气性	总含气量/(m^3/t)	14.05~15.66	(16.5~26.0)/20.7
	游离气占比/%	37	20~50
可压性	埋深	1200~10000	2500~3000
	煤体结构	原生/碎裂	原生
	垂向应力差/MPa	5~10(庆古2)*	7~16
	水平应力差异系数	0.07(庆古2)*	0.15
典型井		庆古3井	阳煤1HF井

*应力模拟实验结果。

表5-4-4 东濮凹陷山西组煤层气选区关键评价要素

选区参数	Ⅰ类区	Ⅱ类区	Ⅲ类区
煤层厚度/m	单层≥6	单层4~6	单层<4
保存条件	构造稳定区且离剥蚀带距离大于5km	断裂复杂区且离剥蚀带距离大于5km	持续改造区或离剥蚀带距离小于5km
埋深/m	<3500	3500~4500	>4500

2. 评价结果

东濮凹陷山西组二1煤煤层气有利区分布于西部斜坡带，具有“煤层厚度稳定(6~10m)、热演化程度高(Ro为1.0%~1.3%)、含气量高(14.76m^3/t)”的特征。有利区面积3083.3km^2，其中煤层厚度大于6m、构造稳定且离剥蚀带距离大于5km、埋深小于3500m的有利区面积1703km^2，是有利勘探区(图5-4-1)。

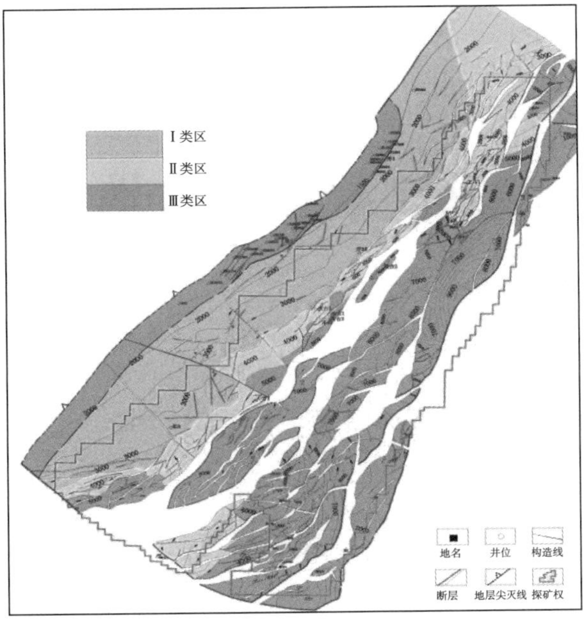

图 5－4－1　东濮凹陷山西组二 1 煤煤层气有利区综合评价图

(三) 目标优选

基于上述认识，为了落实断陷盆地斜坡区深层煤层气资源潜力，力争实现新区新层系新领域勘探突破，在西部斜坡带中段的石家集断层上升盘论证部署了庆煤 1HF 井。

1. 部署原则

地震资料品质好，煤层厚度大于 6m 且展布稳定、远离断层和剥蚀带、构造简单、地层倾角小、保存条件好、埋深小于 3500m，保证工程可实施性等。

2. 部署依据

①远离断层、构造简单、保存条件好，地层平缓有利于工程实施(图 5－4－2)。

②波阻抗反演预测山西组二 1 煤厚度大于 8m，展布稳定。

③含气性预测显示山西组二 1 煤含气性好，分布连续。

④主应力方向为北西西－南东东向，有利于使用联络线钻探水平井。

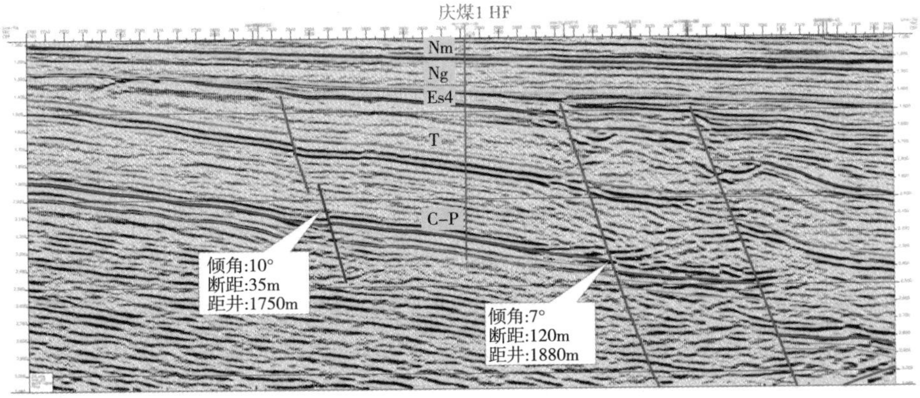

扫一扫
获取更多资源

图 5－4－2　过庆煤 1 井(设计井)地震剖面

第五章　地质工程“甜点”地震预测技术

页岩油气勘探开发研究及实践表明，有效储层厚度、天然裂缝发育程度、古构造特征、断裂特征等要素是控制页岩油气储层含气赋存状态的重要因素，这些因素共同决定了页岩油气储层是否具有商业开发价值和能否具有规模开发效益。

第一节　页岩油气富集高产“甜点”要素

页岩油气与常规天然气藏具有非常明显的差异性，这也是页岩油气富集规律复杂，主控因素难以明确的主要原因。

一、页岩油气富集高产“甜点”内涵

“甜点”是指页岩烃源层系内，在整体含油气背景下，相对更富含油气、物性更好、更易改造、在现有经济技术条件下具有商业开发价值的有利储集层分布区(段)。“甜点区”是指在成熟优质烃源岩平面分布范围内，具有工业价值的非常规油气高产富集区；“甜点段”是指源、储共生的黑色页岩层系内，经人工改造可形成工业价值的非常规油气高产层段。中国南方海相页岩气在构造相对稳定区形成大面积连续分布的“甜点区”，在构造相对复杂区局部形成“甜点”。

二、页岩油气富集高产“地质甜点”主控因素

“地质甜点”要素包括储集层岩相、TOC、构造、厚度、孔隙度、渗透率、裂缝等。沉积环境控制优势岩相及富有机质页岩区带，高孔隙度、层理(页理)与裂缝发育控制页岩油气富集高产。如 TOC >3.0%、孔隙度 >4.0%、微裂缝密集发育是页岩“甜点”的重要特征参数指标。页岩储层孔隙压力越大，孔隙内流体饱和度越高，游离烃含量增加，因此孔隙压力与游离烃含量呈明显的正相关，并直接影响勘探开发的效果。页岩储层天然裂缝的存在增加了储集空间、渗透率、游离烃的赋存体积等，有利于吸附态油气的解析。裂缝也是力学上的薄弱区域，提高了压裂的可能性。

高有机质丰度 TOC 值是页岩油气“甜点”形成的关键物质基础。北美已发现的页岩气田“甜点段”TOC 值一般都大于4%，集中分布在5% ~10%，最大产气页岩—Marcellus 页岩下段 TOC 值为10% ~20%；中国四川盆地五峰组 – 龙马溪组产气页岩段 TOC 值一般大

于2%，优质页岩层段TOC值为3.5%以上、含气量为4～8m^3/t。中高成熟度阶段页岩油流动性变好，与常规油气藏相比，是目前页岩油气勘探开发的主要领域。

三、页岩油气富集高产“工程甜点”主控因素

页岩“工程甜点”选择的主要原则是油气产量较高，能够通过压裂等增产措施保证较长时间的高产，或达到EUR(估算最终可采储量)要求。页岩油气开发大多采用水平井压裂技术，水平地应力的分布、分布方向和强度是页岩油气必须考虑的因素。

地层压力：是影响页岩油气产量的主要因素之一。地层压力越大，气体分子与岩层接触面积越大，页岩吸附油气的能力加强，吸附油气含量越高。因此，地层压力与吸附、游离的油气含量有着正相关性，地层压力越大，页岩的吸附能力就越大，吸附气的含量也越高。游离油气含量也会随着压力的增加而增加。

脆性：直接影响进行水力压裂的可能性和水力压裂实施的效果。页岩的脆性越高，越容易产生裂缝。杨氏模量和泊松比是最常用来表征岩石脆性的参数。杨氏模量代表着材料的刚性，泊松比表示材料的横向变形系数。不同的杨氏模量和泊松比表示岩石具有不同的脆性，通常情况下，杨氏模量越大，泊松比越低，则页岩的脆性越高。

四、页岩油气综合评价“四性”参数体系

一般用“四性”评价重要参数，包括岩性(矿物组成、有机质丰度、有机质类型、纹层结构等)、物性(孔隙度、渗透率、孔隙结构等)、含油气性(含油气饱和度、游离烃/吸附烃，含气量等)、可压性(脆性矿物含量、压力系数、天然裂缝、水平应力差等)等，其中游离烃、天然裂缝、压力系数等是影响勘探开发的关键指标。

第二节　页岩油气“甜点”地震预测技术

在页岩油气勘探开发中，“甜点”预测是最重要的环节之一。地球物理“甜点”预测技术是推动北美地区页岩油气突破的关键技术因素之一，“甜点”纵向分布预测主要依赖于测井技术，平面分布预测则主要依赖于地震技术，“甜点”预测技术可准确预测页岩油气“甜点”的空间分布，为水平井井位部署和井轨迹设计、调整提供依据，提高页岩气开发效益，降低开发成本。

一、页岩油气“甜点”地震预测技术思路

按照基本地质特征研究、页岩油气储层“甜点”特征及纵向分布规律研究、响应机理研究、储层关键地质及工程参数空间分布预测方法研究、储层“甜点”综合定量预测技术研究、技术应用这一主线进行。技术路线图如图5－5－1所示。

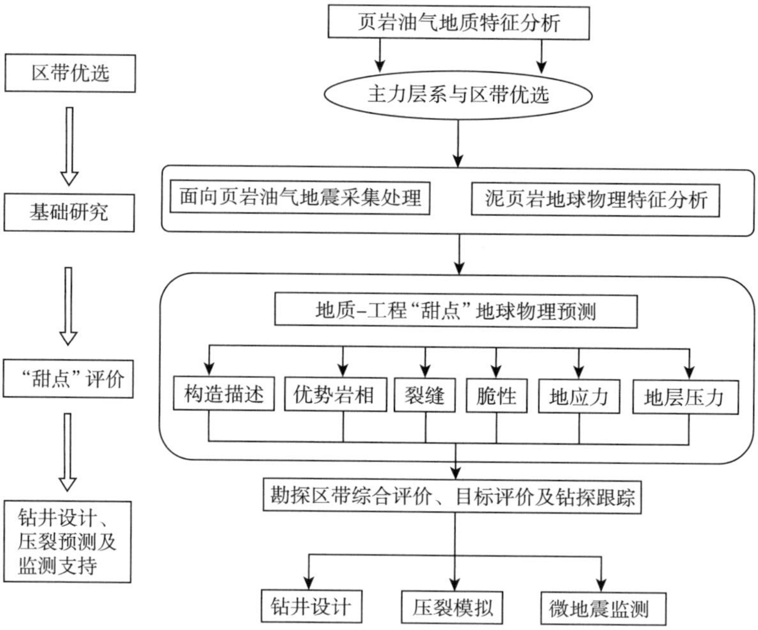

图5-5-1　页岩油气“甜点”地震预测技术路线图

二、页岩油气“甜点”地震预测关键技术

(一)地质“甜点”地震预测技术

1. 优质页岩厚度地震预测

目标是刻画储层垂向连续性与横向展布范围。主要技术方法是高分辨率地震反演，利用叠前/叠后反演(如地质统计学反演、弹性阻抗反演)获取波阻抗、纵横波速度比(V_p/V_s)，结合测井标定储层顶底界面。关键参数是低波阻抗异常(硅质页岩)或高波阻抗(致密砂岩)，区分页岩储层与围岩；另外，频谱分解与瞬时属性分析技术，通过短时傅里叶变换(STFT)或连续小波变换(CWT)提取高频信号，结合瞬时振幅、频率属性识别薄层边界。关键参数是高频能量衰减(储层顶底反射干涉)，瞬时振幅包络连续性(储层内部均质性)，识别薄层页岩厚度。

2. 页岩TOC预测

目标是评价烃源岩品质与有机质富集区。主要技术方法是叠前弹性参数反演，通过AVO(振幅随偏移距变化)反演获取密度、拉梅常数(λ_e)、剪切模量(μ_e)，结合TOC-弹性参数经验关系预测TOC。低密度与低纵横波速比指示高TOC。另外，多属性融合与机器学习，融合地震属性(频率衰减、相干体)、测井TOC曲线及地质模型，训练支持向量机(SVM)或深度神经网络(DNN)预测TOC空间分布。

(二)工程“甜点”地震预测技术

1. 页岩脆性叠前地震参数反演

对于页岩的脆性，目前采用较多的是杨氏模量和泊松比参数来描述，主要是通过杨氏模量和泊松比的组合关系式进行计算和描述；另外，随着技术的发展，目前也推出利用杨氏模量和拉梅常数的组合参数进行页岩脆性的预测。针对孔隙度较高的脆性含气区进行研究，提出了新的脆性指数，该指数只与泊松比相关，不仅避免了岩石孔隙度、流体、有机质等因素对杨氏模量的影响，对有利脆性区也有较好的指示效果，同时，在脆性含气区判别上存在明显优势，具有描述地质和工程双“甜点”的意义。

2. *基于岩石物理建模的页岩储层孔隙压力预测*

Eaton方程和等效深度法是页岩地层异常压力预测的经典方法，但是该方法在构建正常压实趋势线时具有较强的主观性和随意性，对于缺少实际压力资料的新探区尤其不适用。为了降低压实趋势线建立的不确定性，目前已经引入利用改进的CPS(Clay Plussilt)模型来计算页岩气储层的正常压实趋势线，再结合基于波阻抗的RT地震地层压力预测思路对页岩储层孔隙压力进行预测。

3. *基于AVAZ方位数据地震反演的地应力预测*

常规的地应力预测技术较多的是基于弹性参数反演方法开展的，这些方法在将弹性参数转换成脆性参数时不可避免地会带来误差，而且没有考虑应力各向异性带来的影响。为了提高地应力预测精度，更好地指导压裂工程，目前已经发展出基于叠前AVAZ反演为核心的地应力预测技术流程，创新性地加入构造应力校正项，以进一步提高地应力的预测精度。该方法在获得裂缝发育方位及裂缝各向异性参数基础上，通过各向异性参数进一步计算可以获得高精度的最大主应力方向及水平应力差指示因子(DHSR)，以指导压裂工程施工。

三、普光陆相页岩气地质工程“甜点”地震预测

千佛崖组是普光地区一个重要的以页岩气为主要勘探对象的非常规勘探开发层系，也是已经取得良好商业发现的一个层系。本实例从千佛崖组陆相页岩地质特征出发，运用多种技术手段开展页岩气厚度、孔隙度、TOC、含气量及脆性等“甜点”参数地震预测，为后续类似地质地震条件研究提供借鉴。

(一)陆相页岩储层岩石物理分析

1. *页岩储层各向异性岩石物理建模*

岩石物理模型是连接储层参数与地震属性的桥梁，将直接影响地震资料与测井资料的解释精度。地震勘探在页岩气勘探开发中的作用包括查明页岩层的厚度、埋藏深度、分布范围和产状形态等，以及寻找有机质丰度高、储集空间大、脆性高、裂缝发育的部位，即页岩气“甜点”区。

2. *页岩储层岩石物理建模流程*

与其他沉积岩不同，页岩的各向异性成因多样，针对极化固有各向异性－VTI(Transverse Isotropy with Vertical Axis of Symmety)性质，一般认为成因主要包括3个方面：黏土颗粒中不同的黏土矿物组成会导致黏土颗粒本身产生各向异性特征，进而影响页岩各向异性；孔隙的类型、尺寸结构，干酪根的低模量、成层性和成熟度等都会对页岩各向异性产生显著影响；黏土颗粒的成层性分布也会导致页岩各向异性显著增强。

首先使用页岩储层测井数据进行交会分析，明确工区各向异性特征的主控因素，其次对井内引起页岩各向异性的成因等进行理论岩石物理分析，为后续理论流程的建立提供有

效的检验，建立适用的页岩储层 VTI 性质岩石物理建模流程及相应参数预测方法。

该建模方法注重模拟由于黏土、孔隙流体、干酪根和择优取向(黏土成层性)等引起的强 VTI 各向异性。正交各向异性页岩也可以通过向 VTI 背景中加入垂直排列的裂缝进行模拟，具体步骤如下：

第一步，利用 Backus 平均构建包含不同黏土矿物的黏土块的初始模型，模拟得到的黏土块体现 VTI 性质。

第二步，利用 SCA + DEM 方法将饱和束缚水孔隙加入黏土块中，以确保包含物和黏土背景的连通性。

第三步，通过将第二步得到的黏土块旋转、叠加来模拟页岩的成层性。

第四步，利用 Hashin - Shtrikman - Walpole 上下限平均方法将脆性矿物(石英、长石、黄铁矿、方解石和白云石等)构建成一个各向同性的混合物，过成熟页岩情况下干酪根在此步中考虑。

第五步，利用各向异性 SCA 模型，将第四步得到的各向同性混合物加入各向异性的背景介质中。选择各向异性 SCA 模型的原因是脆性矿物与黏土背景是相互独立的。过成熟页岩可在此步后通过各向异性 SCA + DEM 或 DEM 模型将含游离气/水孔隙加入模拟过程保证连通性。

3. 横波曲线预测

利用前述得到的页岩各向异性岩石物理模型进行横波预测，如图 5 - 5 - 2 所示，为普陆页 1 井预测结果，其中纵横波速度曲线中蓝色为实测曲线，红色为预测曲线(彩图见二维码)，可以看到模型预测精度较高，适用于普光陆相页岩。

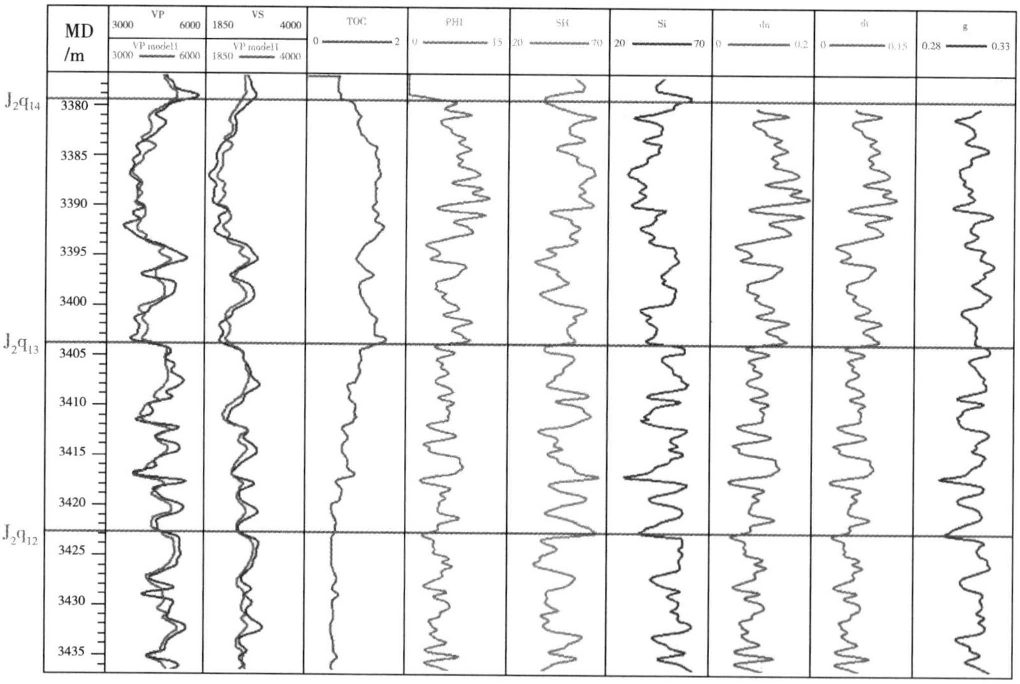

图 5 - 5 - 2　普陆页 1 井建模横波预测效果

4. 敏感参数分析

敏感属性主要是通过对多种测井属性进行交会，进而分析得出。具体做法是将需要分析的测井属性分别作为 *X* 轴和 *Y* 轴，将岩性数据作为第三分量，将 3 种参数绘制在同一坐标内计算其相关系数，优选出与储层属性相关度较高的测井属性。各种地震属性信息反映储层的灵敏性具有很大的不确定性。使用测井资料分析研究区储层段各参数的敏感性，由此确定敏感参数。实际研究中测井交会分析工作不再局限于叠后数据，引入部分叠前弹性参数进行多元交会，获得的"甜点"参数敏感性更强。

图 5－5－3 是普陆页 1 井储层段 TOC 与叠前参数泊松比、纵横波速度、纵横波阻抗、密度等参数之间的交会图，从图中可以看到相比海相页岩，陆相页岩的 TOC 与密度的线性关系较差，而孔隙度与弹性参数相关性也较差，需要开展针对性研究。

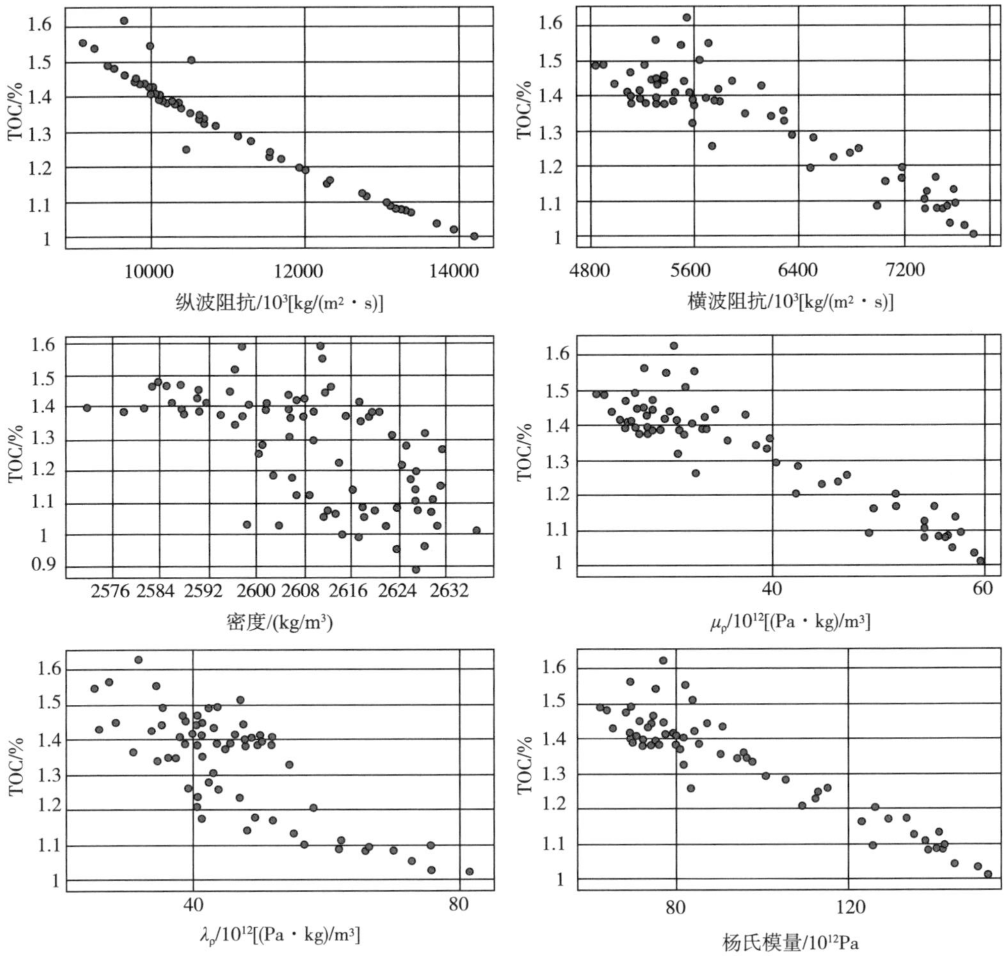

图 5－5－3 普陆页 1 井 TOC 与叠前各参数交会图

(二)陆相页岩储层地质"甜点"预测

1. 叠前叠后弹性参数反演

1)地震资料分析

工区三维地震面积约 400km²，地震资料主频为 30Hz 左右，有效频带为 8～60Hz。经过钻井统计，千佛崖组地层速度为4800m/s 左右，而地震纵向极限分辨率为λ/8，约20m，即理论上地震数据能识别出20m 以上的储层。

2)测井响应特征分析

从单井分析图来看(图5－5－4)，千佛崖组千一段页岩是在千一段下部的黑色油页岩。电性特征表现为高电阻、高伽马(＞135/API)、低速度(＜4000m/s)、低密度(＜2640kg/m^3)、低纵波阻抗[＜10560000kg/(m^2·s)]。品质特征参数具有中有机质(1.42%，0.67%～2.39%)、中孔隙度(5.37%，4.5%～6.3%)、中脆性(41.1%，38.7%～44.29%)、中含气量(1.36～3.38m^3/t)、高演化(2.13%～2.34%)的特点。

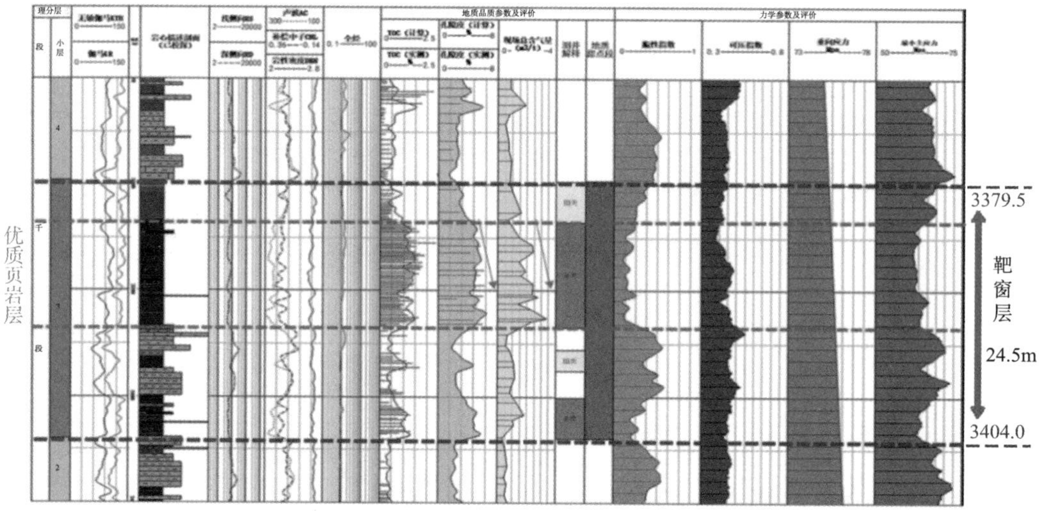

图5－5－4　毛坝地区千佛崖组测井标志层特征

3)储层地震响应特征

普光千一段优质页岩表现为“低阻抗”的特征，因而优质页岩段与下伏地层形成了一个强反射界面。图5－5－5 工区普陆页1 井合成地震记录标定结果可以看到，优质页岩段底界具有典型的“强波谷、低阻抗”地震反射特征。优质页岩段地震反射组合为波谷－强波峰反射组合，易于识别，地震反射波组稳定。

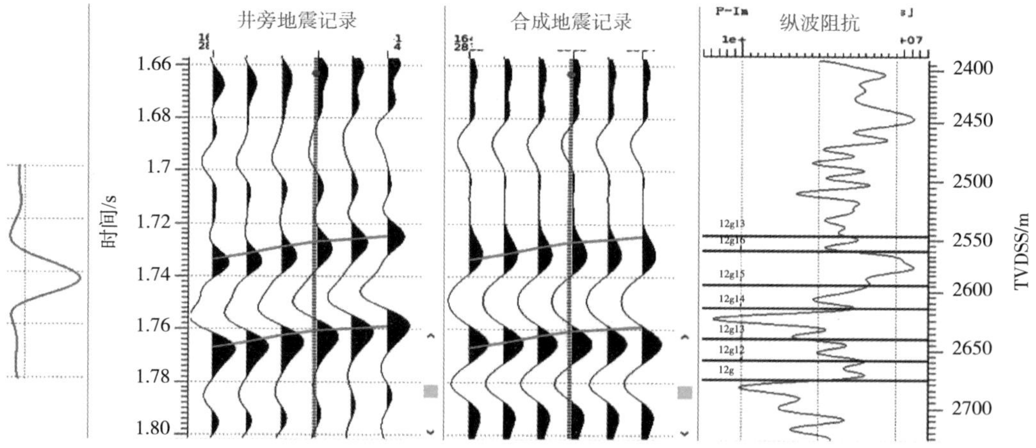

图5－5－5　普陆页1 井时深标定

4)叠后阻抗反演

采用宽带波阻抗反演技术，与其他反演技术相比，该技术在充分吸取宽带约束反演与模型法反演优点的同时，通过与测井、地质模型等信息的结合将反演的波阻抗频率范围在地震频带的基础上分别向低频段和高频段进行了拓展，相较合成声波测井等常规方法在理论上有许多优点：①宽带阻抗反演求取的是宽频带波阻抗模型(或绝对速度)，可直接用来求岩性等参数；②求取的宽频带波阻抗模型是一个优化的波阻抗模型，它显示出垂向分辨率高于由有限带宽地震数据提供的分辨率，经过多次迭代后，可获得最终的高分辨率模型。

5)叠前弹性参数反演

本次叠前弹性参数反演采用了时频域联合 AVA 反演方法，该方法在反演目标函数构建中融合了时间域和频率域信息的影响，假设待反演参数先验信息和似然函数分别服从柯西和高斯分布，考虑了待反演参数间的相关性，并采用低频模型约束。该方法在提高反演分辨能力的同时，又具有较高的抗噪性，可作为储层预测和油气检测的有力技术手段。图5－5－6～图5－5－8是叠前P波、S波阻抗反演和密度反演的连井剖面和井旁道反演结果对比图，从图中可以看到，基于时频域联合 AVA 反演方法得到的反演结果纵向分辨率较高，横向展布自然。

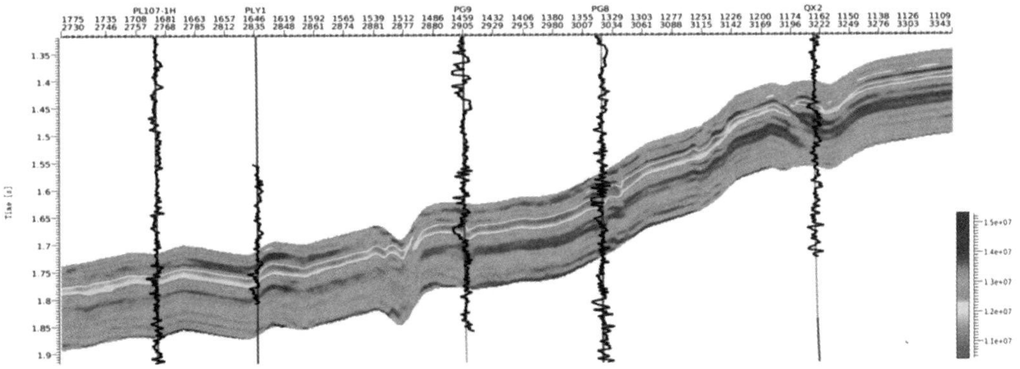

图5－5－6　叠前P波阻抗剖面

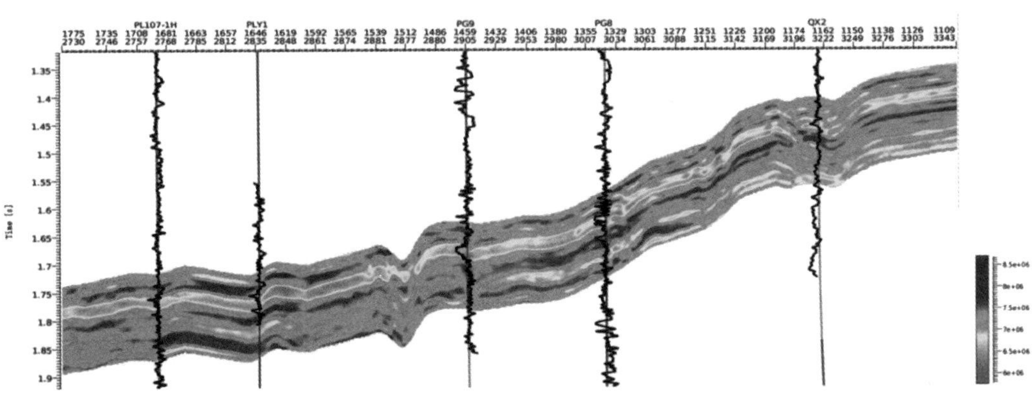

图5－5－7　叠前S波阻抗剖面

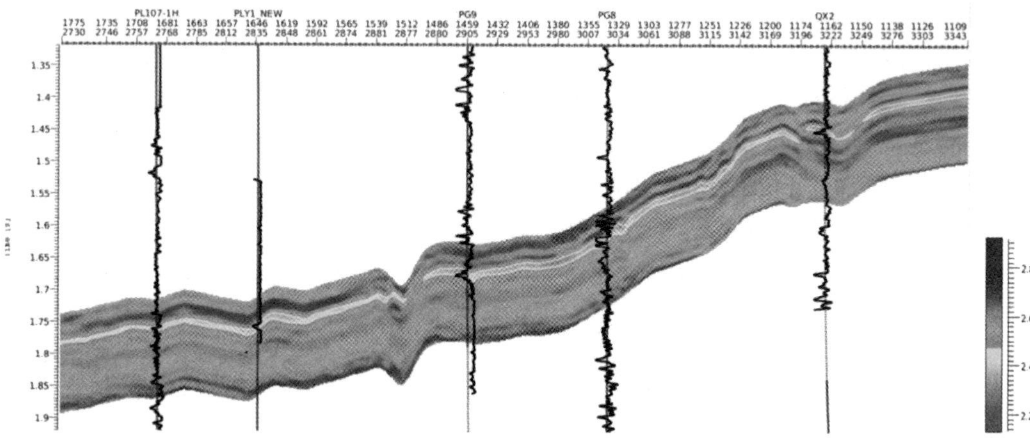

图 5－5－8　密度反演剖面

2. 页岩储层地质"甜点"要素预测

1）厚度预测

根据普陆页 1 井导眼资料首次建立的普光探区千一段页岩气成果数据，该套页岩层段累计发育 5 套暗色页岩，总厚度 44.25m，千一段优选页岩"甜点"层 24.5m。

依据工区测井数据及三维地震数据，对千一段优质页岩进行波阻抗反演，确定优质页岩的波阻抗数值范围，如图 5－5－9 所示，其中优质页岩波阻抗 $I_{mp} \leqslant 11800 \times 10^3 kg/(cm^2 \cdot s)$。基于此，开展优质页岩储层厚度预测，图 5－5－10 是千佛崖组页岩厚度平面图，在东向斜有利区千一段页岩横向变化比较稳定，页岩层厚度大多在 20～28m 之间，最小厚度为 14m。优质页岩段预测厚度井震统计误差小于 2m。

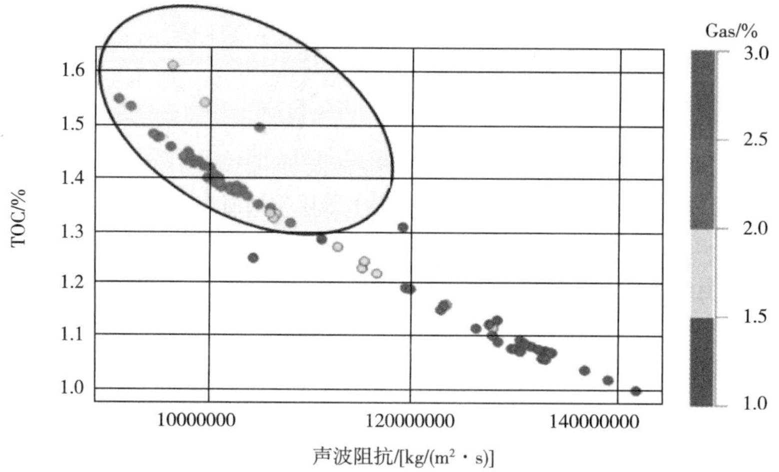

图 5－5－9　千佛崖组页岩段阻抗交会图

2）TOC 和孔隙度参数预测

基于贝叶斯的岩石物理参数反演方法是岩石物理模型驱动的，通过岩石物理正演模拟弹性波场特征，再结合叠前反演开展岩石物理参数反演，其优点是模型精度更好、针对性更强，多参数输入、多参数同时反演输出，多参数协约束解耦提高精度。

TOC 反演剖面如图 5－5－11 所示。TOC 平均含量为 1.42%，范围在 0.67%～2.39%

之间，千一段页岩 TOC 反演平面展布如图 5 - 5 - 12 所示，由图中可以看到，优质页岩平均 TOC 从东北部到西南部逐渐降低，位于东北部的区域性的沉积中心有机碳最高，向边缘降低，到浅湖更低。

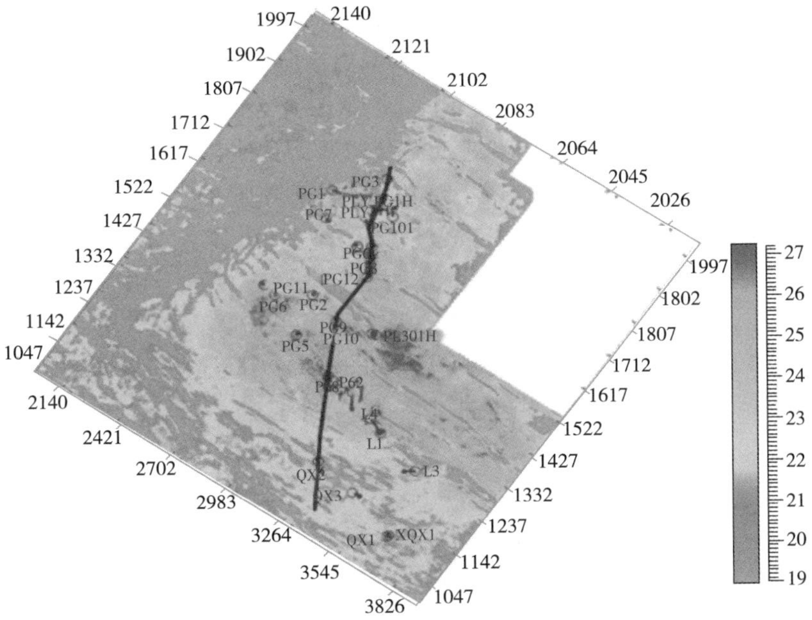

图 5 - 5 - 10　千佛崖组反演页岩厚度平面图

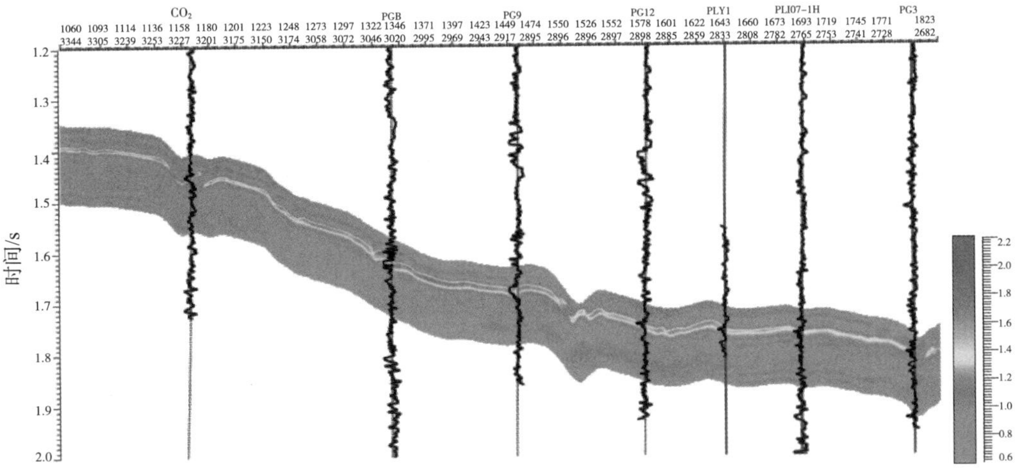

图 5 - 5 - 11　千佛崖组 TOC 反演剖面

过井孔隙度反演剖面如图 5 - 5 - 13 所示。工区平均孔隙度为 5.37%，范围在 4.5% ~6.3%，千一段页岩孔隙度反演平面展布如图 5 - 5 - 14 所示，由图中可以看出，页岩储层平均孔隙度与构造保存关系较为密切，后期的构造作用对保存条件破坏会影响孔隙的保存，在断裂带等保存条件稍差的地方，压力系数会降低，不利于孔隙的保存，孔隙度会随之降低。经过孔隙度预测结果误差统计，地震预测与测井统计结果相近，吻合率达 87.9%。

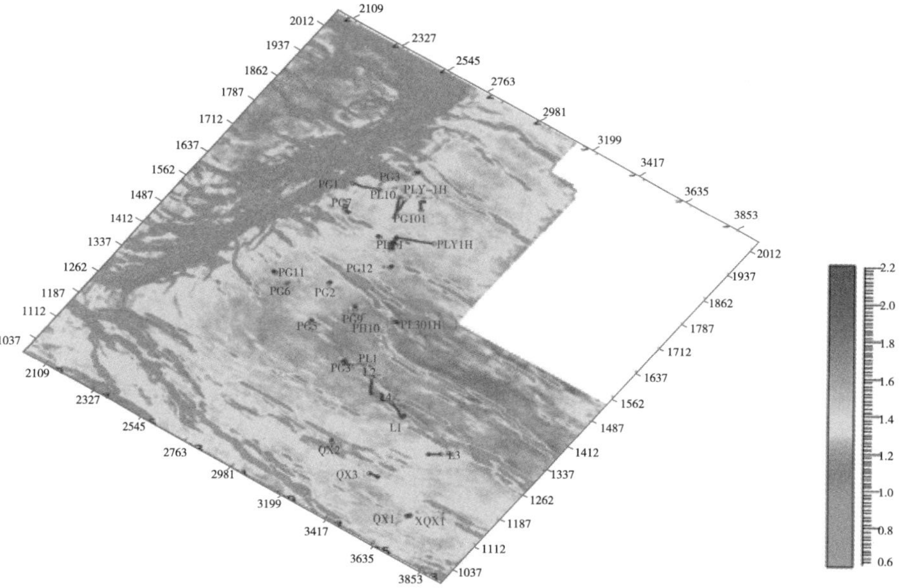

图 5-5-12　千佛崖组 TOC 反演平面图

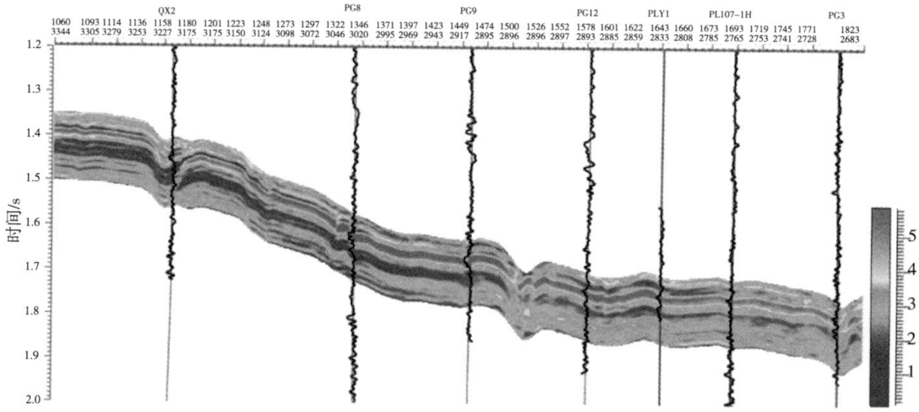

图 5-5-13　千佛崖组孔隙度反演剖面

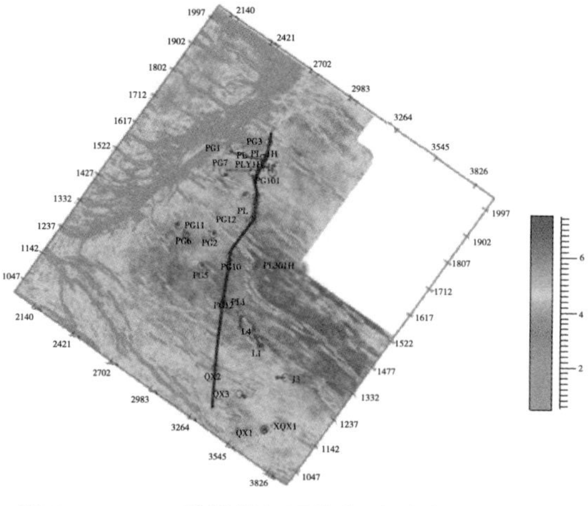

图 5-5-14　千佛崖组页岩段孔隙度反演平面图

3)含气量预测

含气量反演主要利用基于概率神经网络(Probabilistic Neural Net - work，PNN)的预测技术，通过综合考虑多因素影响实现含气量定量预测。

根据已有的地质认识分析，优选4种含气量敏感参数(阻抗、TOC、孔隙度、地层压力系数)作为输入属性，基于PNN概率神经网络预测工区含气量。如图5-5-15所示为含气量预测结果连井剖面，图5-5-16为工区基于PNN预测结果形成的优质页岩段含气量平面分布图，工区含气量范围在1.36～3.38m^3/t，含气量预测结果与实钻井吻合。

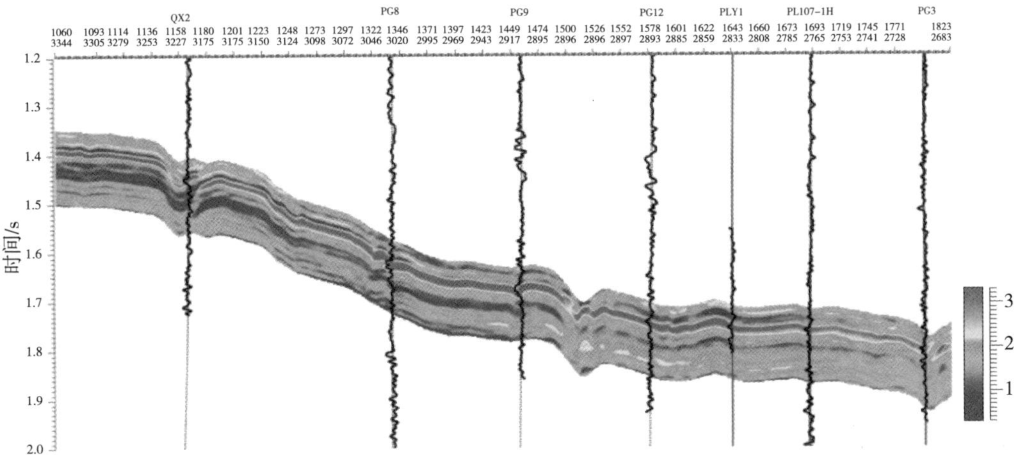

图5-5-15　千佛崖组含气量反演剖面

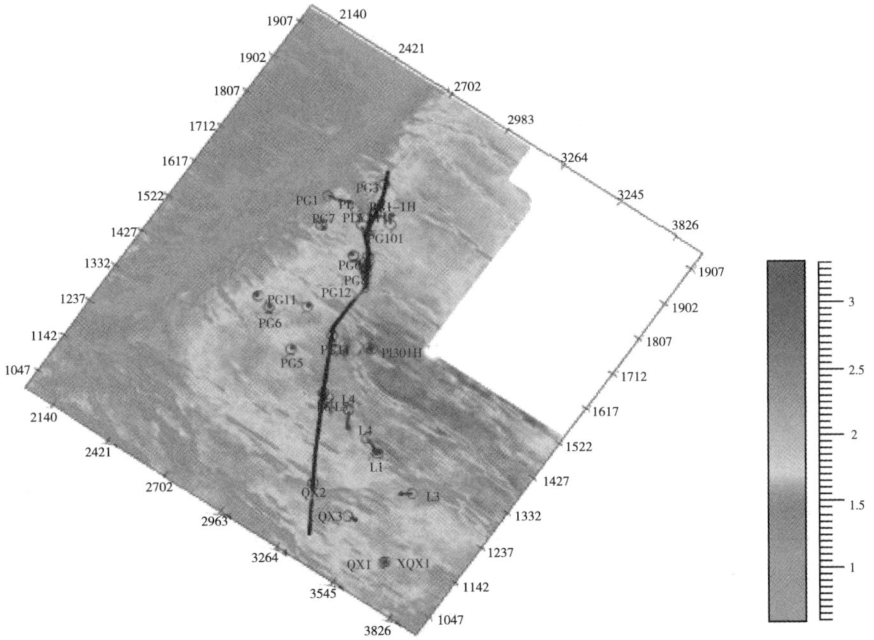

图5-5-16　千佛崖组页岩含气量反演平面图

（三）陆相页岩储层工程"甜点"预测

1. 地震地层压力预测

基于阻抗信息直接进行压力预测的方法同时兼具了地震资料分辨率高的特点，同时还可以忽略基于叠前反演获得密度参数通常不太准确的问题，能够获得稳定可靠的地层压力预测结果。Rasolofosaon(2009)提出的基于波阻抗的地层压力预测方法(RT 法)是解决页岩储层地层压力钻前预测的有效手段。为了更好地适应页岩气储层的应用，更好地与单井地层压力预测模型结合，将上述流程进行一定程度的优化，基于 CPS 模型构建的正常压实趋势下的声波时差、拟声阻抗反演或者克里金插值的方法，构建常压条件下的背景趋势阻抗信息，然后结合改进的 Eaton 公式计算目标层地层压力及压力系数。

在该工区中，实测压力数据缺乏，通过传统方法建立压实趋势线具有不确定性，也无法回归经验系数。因此，采用基于改进 CPS 模型的单井地层压力预测流程进行压力预测，可降低对实测压力数据的依赖，同时保证压力预测的精度。普陆页 1 井的压力预测结果如图 5－5－17 所示。由图中可以看出，随着埋深的增加，千一段受沉积环境、底板保存、生烃增压等多方面的影响，压力系数逐渐增加。

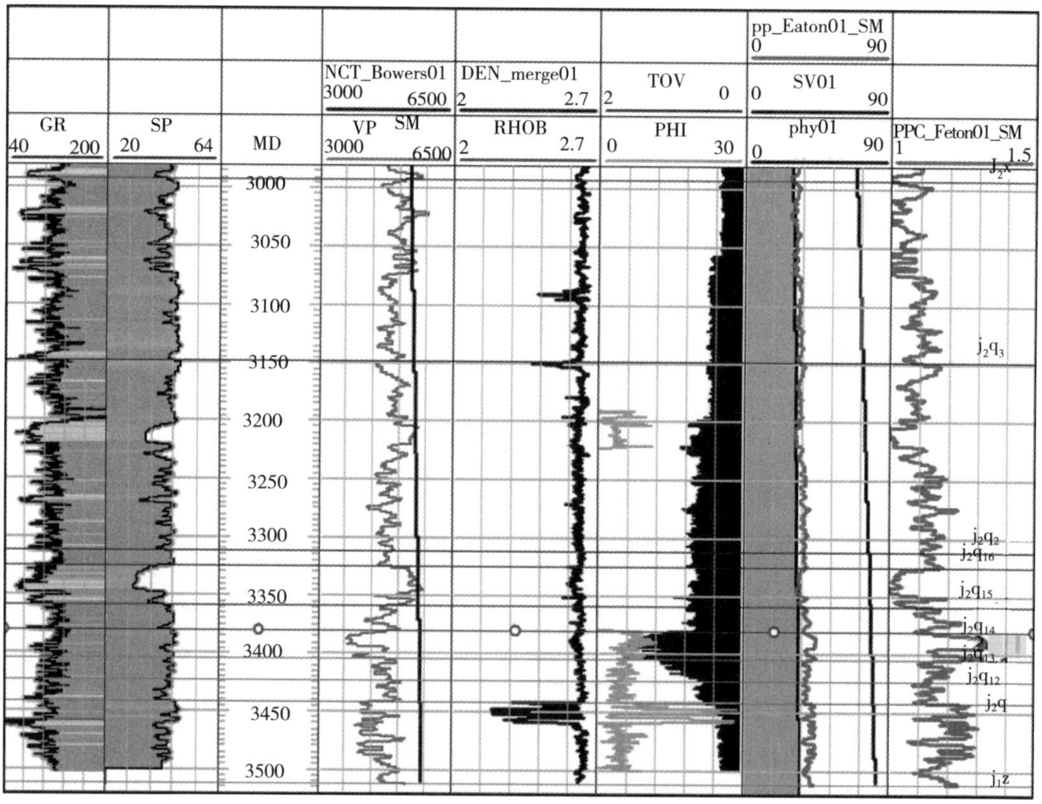

图 5－5－17　普陆页 1 井的压力预测结果

由于考虑生烃作用的影响，其背景速度会高于不含有机质的页岩层段。在获得静水压力、上覆地层压力、常压背景速度场的情况下，基于叠前反演获得的速度场，利用单井压力预测时构建的压力预测模型(Eaton 模型)进行地层压力预测。图 5－5－18 为普陆页 1 井过井地层压力系数剖面(InLine 和 XLine 方向)，由图中可以看到，基于地震数据的三维地层压力预测结果较准确描述了千佛崖组千一段黑色纹层状泥页岩的超压特征。

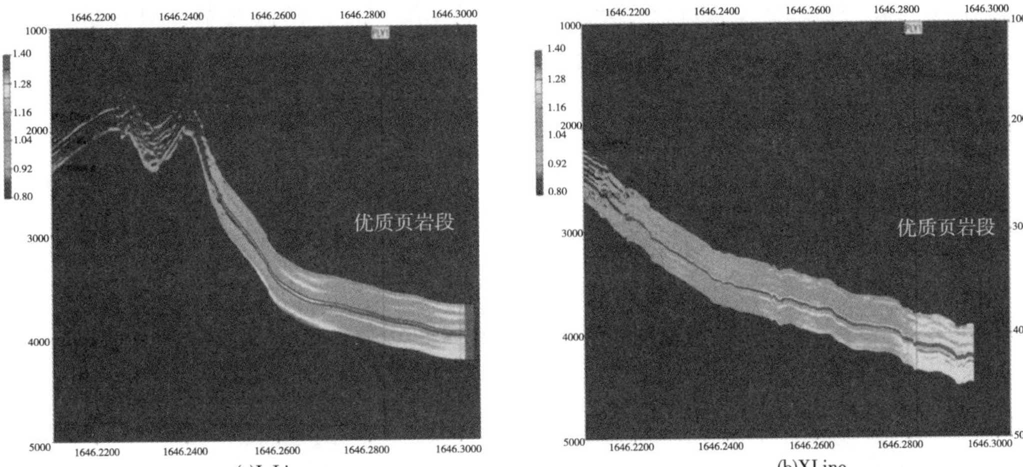

(a)InLine　(b)XLine

图 5－5－18　千一段预测地层压力系数剖面

图 5－5－19 为千一段地层压力系数平面展布规律，由图中可以看到，随着埋深的增加，地层压力系数逐渐升高，局部压力系数变化大，受断裂－裂缝及地层剥蚀的影响明显。

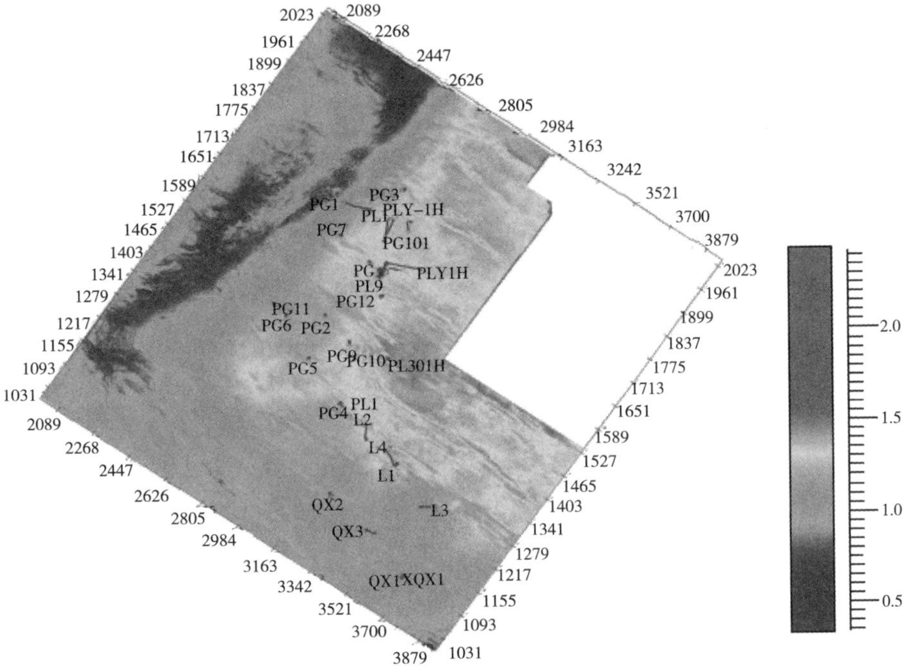

图 5－5－19　地层压力系数平面预测

2. 裂缝预测

结合构造应变分析，通过叠前/叠后等裂缝预测技术，研究目标层裂缝发育特征，对断裂及裂缝进行分类、分级，研究与优质储层的空间配置关系，实现不同尺度裂缝的综合预测。

1）叠后裂缝预测

针对本区大、中、小尺度断裂，分别采用了高精度相干、构造曲率、AFE 断层加强等技术对其分布范围和展布方向进行预测。相干技术可以对大尺度断层进行有效识别，可识别主干断裂及周围小部分次级断裂；AFE 断层增强通过对相干体在平面上压制噪声，纵向上噪声压制滤波，达到对断层进行增强的目的，可以识别出相干体无法准确识别的中尺度断裂。构造曲率属性根据曲率大小评价裂缝发育情况，一般情况下，曲率越大，裂缝越发育。如图 5－5－20 所示，为工区大、中、小尺度不同属性刻画结果，可以看到该工区存在西南－东北方向的构造带，在普光东向斜西北－东南方向发育小断裂。

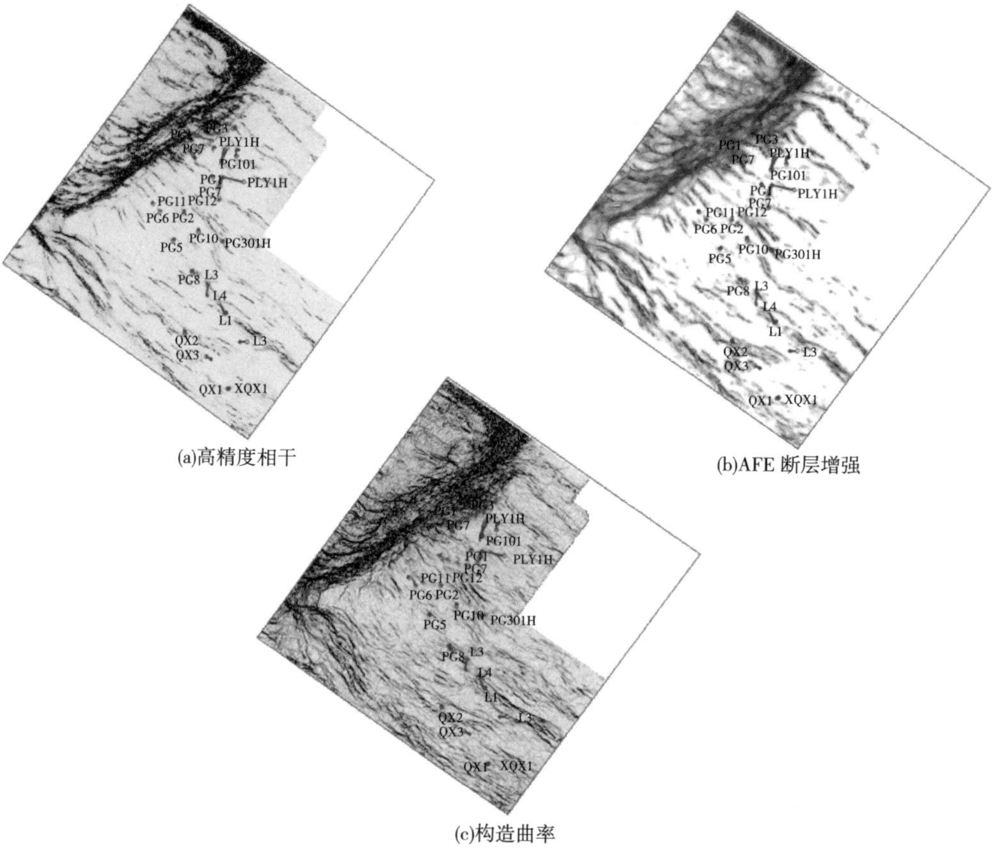

(a)高精度相干

(b)AFE 断层增强

(c)构造曲率

图 5－5－20　千一段叠后裂缝属性

2）叠前裂缝预测

基于叠前方位各向异性的裂缝预测是利用 P 波的各向异性，在裂缝型储层中，纵波在大量裂缝地层中发生反射时，从各个方位入射的纵波会产生不同的反射。基于叠前宽方位地震道集数据，将宽方位数据划分为若干个方位，然后便可以利用多个方位的信息，反演出裂缝发育方向以及裂缝发育带的相对强度。通过叠前各向异性反演获得的裂缝方位与发育强度，可以看到断层附近裂缝发育程度较高。

3. 页岩脆性指数地震预测

岩石的脆性是当岩石受力达到某个极限值时突然破裂（在破裂前发生很小的塑性变

形），破裂时全部以弹性能量的形式释放出来的一种性质。一般采用脆性系数（或脆性指数）来描述岩石脆性的强弱。相较于海相页岩，陆相页岩硅质矿物为非生物成因，陆相页岩的脆性影响因素更多，基于叠前弹性参数统计分析的脆性指数评价方法效果较好，杨氏模量、纵波阻抗、TOC 与脆性矿物之间关系较好（图 5－5－21）。对此开展针对陆相页岩气的基于机器学习的硅质矿物含量直接预测。

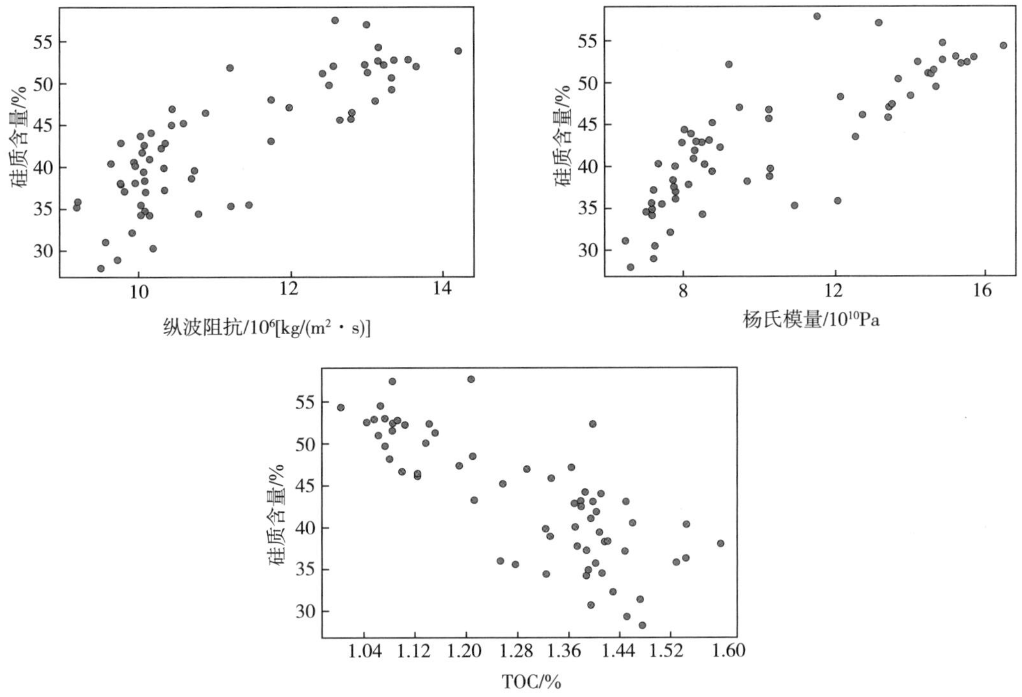

图 5－5－21　矿物含量与各参数交会

根据该方法得到的脆性矿物预测结果，地震预测脆性矿物含量在 20%～50%，其中向斜核部脆性较低。对工区内已有井的页岩段的脆性矿物预测结果进行误差统计，预测吻合率达 88.6%。

4. 地应力地震预测

地应力的精确预测是页岩地层进行水平井钻井轨迹设计和压裂的基础。为提高预测精度，更好地指导压裂工程，建立了以叠前 AVAZ 反演为核心的地应力预测技术流程，创新性地加入构造应力校正项和孔隙压力项，进一步提高了地应力的预测精度。

地应力预测的具体技术流程：首先，构建合理的页岩等效岩石物理模型，进行各向异性参数建模；其次，结合叠前方位地震数据，开展叠前 AVAZ 属性及各向异性参数的反演工作，以获得裂缝发育方位及裂缝各向异性参数；最后，进一步获得高精度的最大主应力方向及水平应力差指示因子（DHSR），以指导压裂工程施工。

基于黄荣樽地应力预测模型，结合地层压力预测方法，实现页岩储层的地应力地震预测。图 5－5－22 为反演得到的最大水平主应力平面图，随着埋深的增加，三向应力值大幅度增大；垂向主应力 40～111MPa，最大主应力 40～117MPa，最小主应力 35～111MPa。

5. 页岩气层综合评价

综合考虑埋深、厚度、TOC、孔隙度、断层及工程条件，结合地面现有管网进行页岩气综合评价。普光东向斜地质条件好，有陆相可用井台，配套有管网设施，评价为Ⅰ类有利区，面积 $185km^2$，资源量 $100.91\times10^8m^3$（图 5－5－23）。

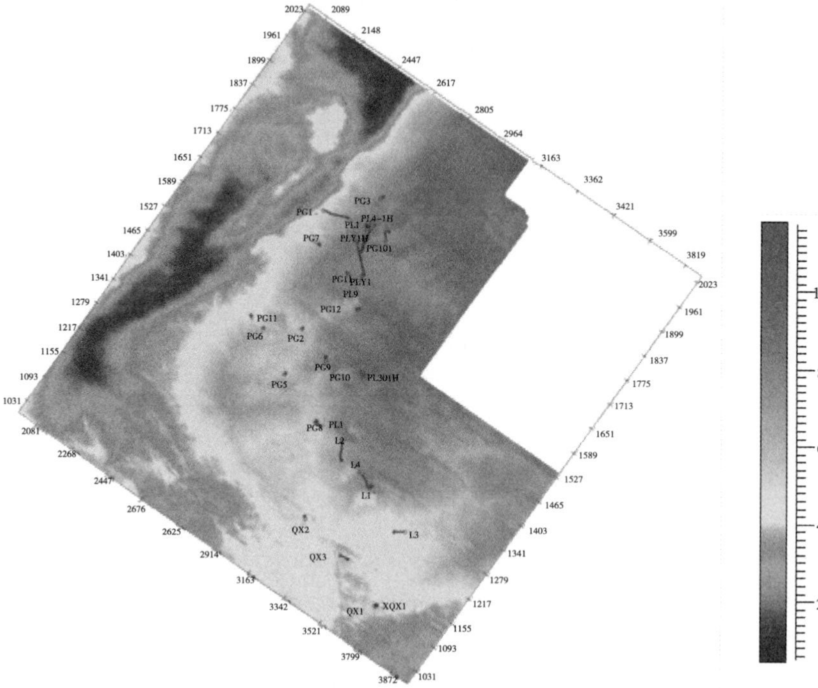

图 5－5－22　千佛崖组页岩段最大主应力

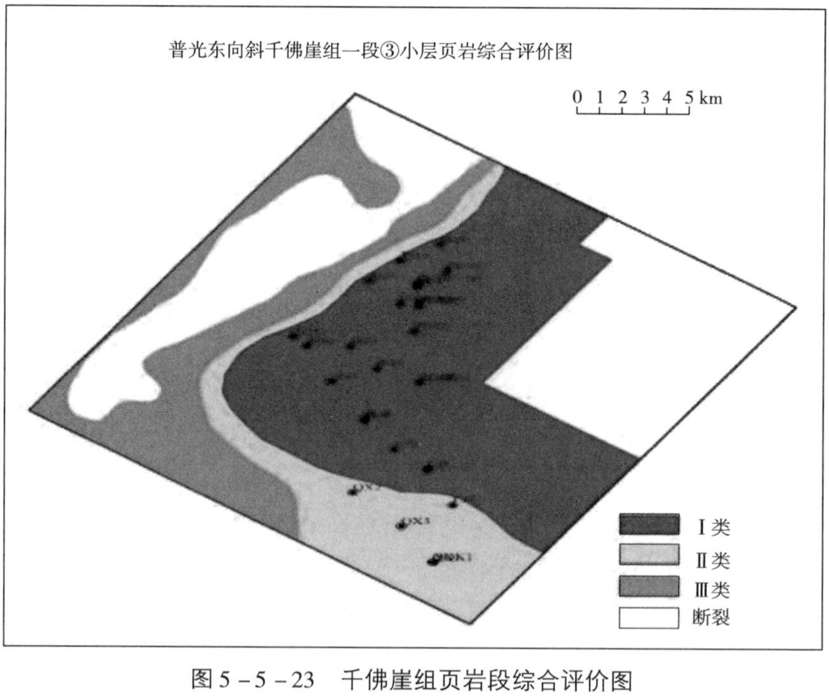

图 5－5－23　千佛崖组页岩段综合评价图

第六部分　地震勘探技术

第一章　地震勘探概况

地震勘探是石油和天然气勘探开发的关键核心技术之一。与国内外其他油气田一样，中原油田坚持地震勘探先行，地震勘探工作在油气田勘探开发中发挥了重要作用。本章重点介绍中原油田地震勘探技术现状、发展历程及发展方向。

随着各探区油气勘探开发不断深入，中原油田积极发挥地震勘探的优势，从二维模拟地震到二维数字地震、常规三维地震发展到高精度三维地震、高密度三维地震，攻关形成了东濮凹陷、川东北和内蒙古等探区关键技术，满足了不同时期勘探开发技术需求，取得了显著的勘探开发成效。历经 50 年发展，形成了中原特色地震勘探技术体系，具备针对复杂地震地质条件的地震采集处理解释、储层预测以及软件研发等综合技术能力。其发展历程可分为 5 个重要阶段。

（一）二维地震普查，发现富油气凹陷

1960 年，采用“51”型地震仪完成二维地震剖面 329. 64km，落实了开封坳陷是中、新生界盆地，中心位于东明凹陷，沉积厚度达 5000m，是新生界古近系最为有利地区。1973—1975 年，采用多次覆盖和大线距接收方式，完成多次覆盖二维地震剖面 1324. 2km，所得资料比“51”型地震仪资料有明显提高，发现了文留、卫城等 18 个局部构造圈闭，部署濮参 1 井钻探突破出油关。

（二）二维/三维地震详查，探明主要油气富集区

二维模拟/数字地震勘探阶段（1976—1981 年）：在东濮凹陷及周边完成二维地震测线 7356km，其中数字地震测线 2205km，厘清了东濮凹陷“两洼一隆一斜坡”构造格局，陆续发现和探明 6 个油田、1 个气田，建成初具产能规模的文留油田。

三维地震勘探阶段（1982—1988 年）：1982 年与美国 GSI 公司合作完成国内陆上第一块三维地震采集——文南三维 100km^2；通过引进消化三维地震技术，完成东濮凹陷主要构造带的三维地震勘探，累计满覆盖面积 2077. 47km^2，改善了不合理的断裂系统解释，落实了构造细节，探明 7 个油田、1 个气田。

（三）主要探区三维地震形成连片，支撑滚动勘探开发屡获新发现

一是东濮凹陷填空补边进洼三维地震连片勘探阶段（1989—2005 年）：主要以“三新”勘探为重点，补充实施三维地震 862km^2；分三期连片处理三维地震 2100km^2；采用千道数字地震仪、高能炸药等技术，开展二次三维地震 675km^2，覆盖次数由 20 次提高到 64 次、

炮道密度由 1.6 万道/km^2 提高到 10.2 万道/km^2，为构造细节精细刻画奠定了基础，推进了“三新”领域和滚动勘探取得新发现。

二是白音查干凹陷主体实现三维地震连片。白音查干凹陷累计完成三维地震 975km^2，实现了凹陷及主体构造带三维地震全覆盖，将腾格尔组有效频带由 8～60Hz 拓宽到 5～70Hz，提高了小断块、薄储层成像精度，支撑了查 2、达 2、查 9 等断块油藏、锡 26 岩性油藏的发现及探明。

（四）大力推进高精度三维地震勘探，支撑多探区精细勘探和效益开发

一是东濮凹陷复杂断块高精度三维地震勘探。2006 年以马厂复杂断块油藏勘探为突破口，采用细分面元、小线距、高覆盖三维观测系统，炮道密度由 10.2 万道/km^2提高到 64 万道/km^2，复杂小断块成像显著改善(图 6－1－1)，由此拉开了东濮老区高精度三维地震勘探的序幕，至 2013 年累计实施 9 块高精度三维地震 1653.57km^2，发现并落实一批优质含油断块，新建产能 113.96×10^4t。

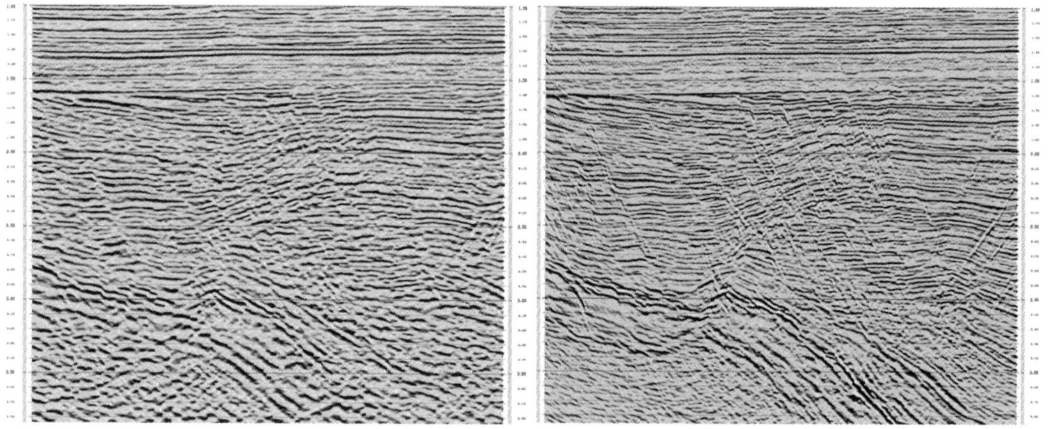

图 6－1－1　马厂常规(左)与高精度(右)三维地震剖面对比

二是普光复杂山地高精度三维地震勘探。2016 年，中原油田率先在四川盆地普光探区实施复杂山地高精度三维地震技术攻关，盐下高陡构造、负向区、礁滩体等成像明显改善(图 6－1－2)。2016—2021 年，共完成三期高精度三维地震 677.51km^2，拓展了浅层陆相和深层海相新层系勘探发现。

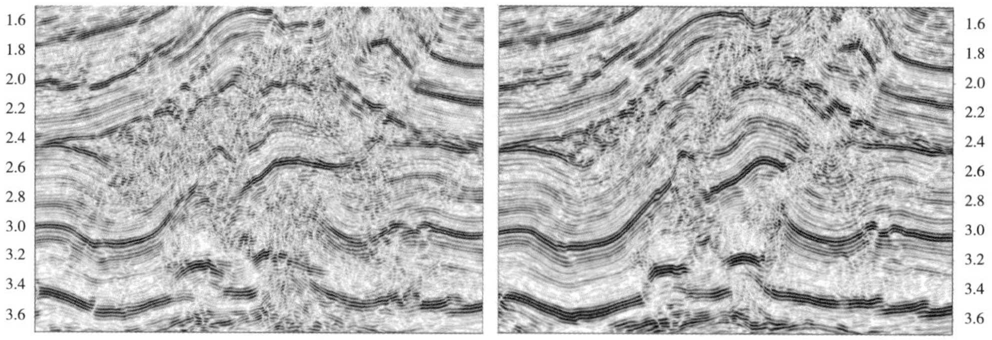

图 6－1－2　一次常规三维(左)与二次高精度三维(右)地震剖面对比

三是拐子湖凹陷高大沙山“两宽一高”三维地震勘探。2016—2018 年，攻克低频大吨位可控震源“两宽一高”三维地震勘探技术，实施了两期三维地震 371.06km^2，地震资料品质显著提高(图 6－1－3)，有力支撑了拐子湖油田高效勘探发现。

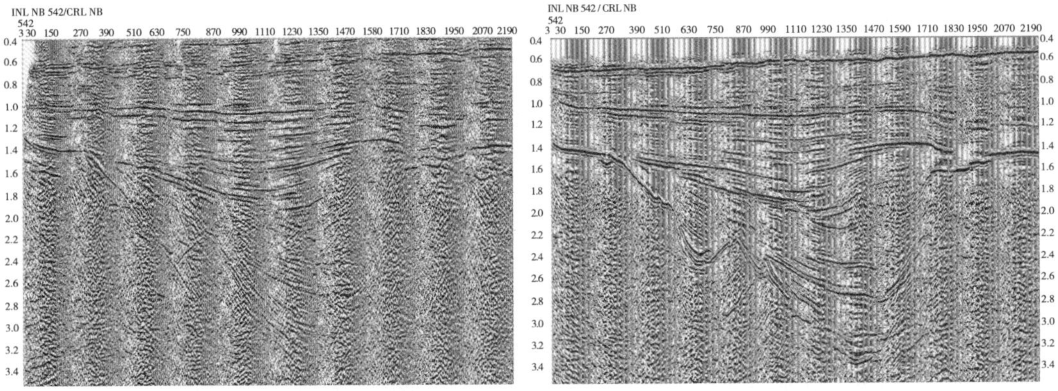

图 6－1－3　拐子湖凹陷二维(左)与高精度三维(右)地震剖面对比

(五)实施高密度三维地震勘探，支撑深洼区复杂断块高质量勘探开发

东濮凹陷西南洼陷带主要目的层古近系沙二下至沙三段地层埋藏深，地震老资料品质差、成像精度低、井震误差大，多年来勘探一直停滞不前。2022 年，实施西南洼高密度三维地震攻关，满覆盖面积 178.52km^2，目的层信噪比从 2 提高到 6 以上，资料品质得到大幅提高(图 6－1－4)，发现落实南何家构造、林寨构造、方里集构造等圈闭，形成千万吨级规模增储建产阵地。

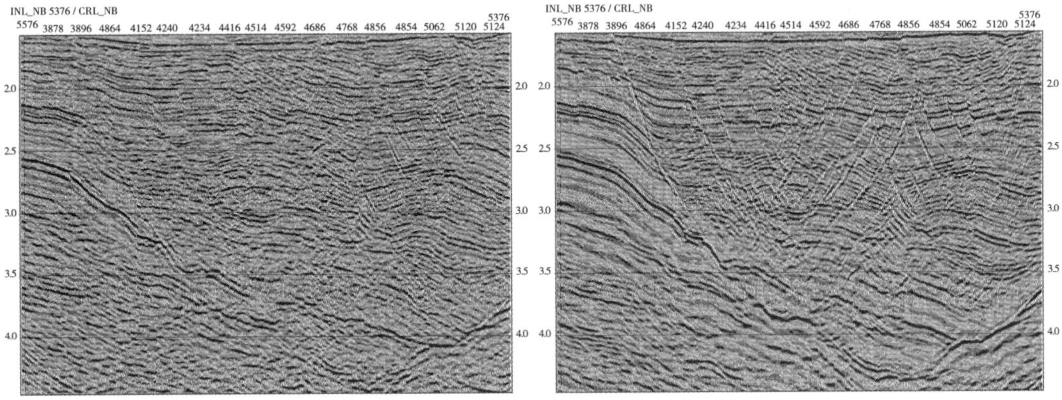

图 6－1－4　西南洼常规(左)与高密度(右)三维地震剖面对比

未来地震勘探技术主要表现为高精度高分辨率、数字化智能化、多学科跨专业融合以及低成本绿色可持续等技术的创新发展。地震采集向着全方位、真三维、宽频带、高密度、全节点、大吨位震源等方向发展。地震资料处理向着叠前保真数据处理、多信息联合约束速度建模、全波场波动方程偏移成像、宽频全波形反演等方面发展，宽方位(OVT 域)地震数据处理、宽频带地震数据处理、海量数据处理、深度域精细速度建模、FWI 及 Q－RTM 逆时偏移、五维解释等处理解释技术将日臻完善。

扫一扫
获取更多资源

第二章 地震资料采集设计

地震资料采集是地震勘探的第一道工序，也是地震勘探的基础。地震资料采集设计就是根据地质任务、地震部署、技术要求、地理位置、勘探面积、工作量等要求，设计地震采集的整体技术方案，包括观测系统参数、激发接收因素、试验方案、表层调查与干扰波调查方法等，重点是观测系统设计。近年来，中原油田自主创新地震勘探采集设计技术，发展了基于地质目标的观测系统设计、基于叠前地震成像的观测系统设计、复杂障碍区物理点变观设计和高密度三维地震采集设计等具有中原特色的关键技术，适应油田不同复杂地震地质条件下地震勘探需求，取得了良好的勘探效果。

第一节 基于地质目标的观测系统设计

随着地震勘探技术的不断发展，勘探精度要求进一步提高，在面对复杂地质目标时，要求建立更符合实际的地质模型开展研究。

一、地球物理模型建立

地球物理模型作为重要工具，在观测系统设计中扮演着不可或缺的角色。地球物理模型主要数据类型有点数据、线数据、面数据、模型数据、体数据等。建模包括数据准备、断层构建、地层构建、块体构建几个阶段。数据准备阶段包括建立剖面、编辑层位线、编辑剖面；断层构建阶段包括构建初始面、编辑边界、编辑网格、处理断层交切；地层构建阶段包括构建初始面、处理和断层的交切关系、处理和地层的交切关系、编辑网格；块体构建阶段包括构建块体、定义介质属性及块体离散化，设定块体地层的速度、密度等地震地球物理属性。

二、地震正演与地震照明分析

地震正演是指用已知地质模型模拟地震波在地下传播的过程；地震照明分析是利用地质模型研究采集系统对地下结构探测能力的方法。二者均可用于分析不同采集方案的效果，有助于优化地震采集设计。

开展地震正演和地震照明分析比较常见的数值求解方法主要有有限差分法、有限元法和伪谱法等。有限差分法相较其他方法具有实现简单、内存需求小、计算快且易于并行等诸多优势。图 6－2－1 为采用 32L4S416T1R 正交观测系统加载普光探区地质模型进行地震正演和地震照明分析的结果。

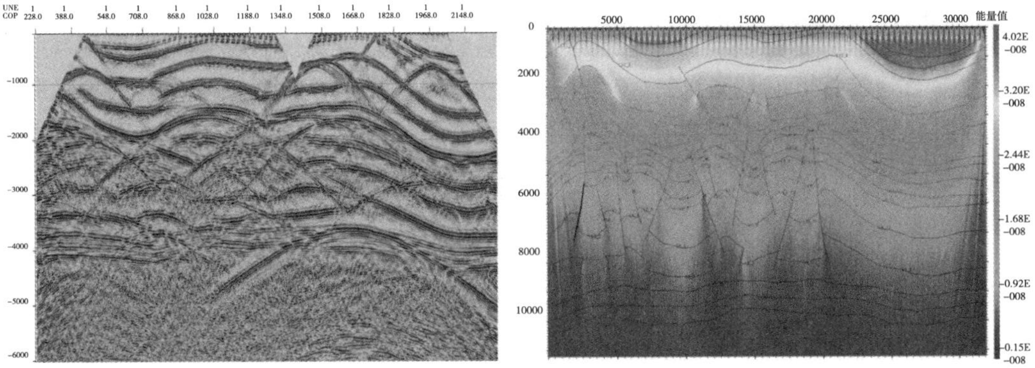

图 6－2－1　普光探区地质模型地震正演模拟叠加剖面(左)和地震照明图(右)

三、三维观测系统参数面论证

以往观测系统设计采用参数“点论证”方法，即在目标井区提取地球物理参数，包括目的层双程时、叠加速度、层速度、主频率、最大频率和埋深等参数，论证观测系统的分辨率、面元尺寸、最大炮检距(动校拉伸、速度精度、切除分析、视波长)、接收线距、最大非纵距等关键参数(表 6－2－1)。

表 6－2－1　普光探区明 1 井区地球物理参数模型

地质层位			双程时/s	叠加速度/(m/s)	埋深/m	地层倾角/(°)	最高频率/Hz
1	J_2x	沙溪庙组底	0.6～1.6	3920～5040	0～2203	1～54	95
2	J_2q	千佛崖组底	0.7～1.8	3965～5000	208～2020	0～54	85
3	J_1z	自流井组底	0.75～1.9	4165～5019	794～2050	0～31	85
4	T_3x	须家河组底	0.9～2.2	4230～5235	588～3828	1～65	80
5	T_2l	雷口坡组底	1.2～2.3	4241～5299	939～3851	1～61	75
6	T_1j_1	嘉陵江组底	1.4～2.7	4346～5561	2154～5292	1～80	70
7	T_1f_{12}	飞仙关组底	1.7～3.0	4396～5713	3009～6261	1～83	65
8	P_2l	龙潭组底	1.8～3.2	4395～5731	3055～6335	2～83	60

观测系统参数面论证方法将“点论证”的地球物理参数以属性文件方式加入三维地质模型中，进行模型中每个网格的观测系统参数论证，统计目的层面的论证结果，此方法增强了观测系统参数论证的充分性。“面论证”相对于常规的“点论证”方式，其精度更高，结果更合理。

第二节　基于叠前地震成像的观测系统设计

常规观测系统设计主要基于水平叠加理论，通过面元、最大炮检距、覆盖次数等参数设计获得良好的叠加响应，已不能适应叠前偏移成像的要求。

一、叠前成像对观测系统的要求

1. 对道距的要求

对于给定的地震道间距和频率成分来说，沿着偏移求和轨迹的算子倾角太陡时，就易于产生算子假频。要求接收点采样不产生空间假频，则道距需满足：

$$\Delta x \leqslant \frac{v}{2f_{\max}\sin\theta} \tag{6-2-1}$$

式中，Δx 为道间距，m；v 为介质速度，m/s；θ 为地层倾角，(°)；$f_{\max}$ 为最高有效频率，Hz。

2. 对炮检距和横纵比的要求

多个炮检距数据的叠加对提高叠前成像精度非常必要，炮检距个数越多偏移噪声越小。在保持覆盖次数不变的情况下，炮检距采样越密越有利于减少叠前偏移噪声；同时，叠前偏移需要用一定观测排列范围，以实现更好的成像聚焦，减少偏移“尾巴”。

三维地震采集的炮检距为矢量，既有大小也有方向。这种方向性主要与炮检－方位的分布有关，哪一个方向的方位角缺乏将降低该方向的偏移成像精度。

3. 对空间采样密度的要求

随着空间采样密度的增加，可显著压制噪声，使偏移成像更好聚焦，横向和垂向分辨率得到改善。影响叠前偏移效果的是偏移孔径内参与偏移成像的总道数及其分布，在叠前偏移中常规覆盖次数的概念已失去以往的意义，更常见的参数是炮道密度(每平方公里地震道的数量，也称为道密度、覆盖密度等)。

二、基于叠前成像的观测系统评价方法

为了评价观测系统对叠前成像效果的影响，发展了聚焦束分析、叠前偏移响应分析和地震照明分析等三维地震观测系统评价技术，从不同角度分析观测系统对叠前成像的影响。

(1)聚焦束分析：比较全面地分析观测系统的聚焦特性、振幅精度，可以评价横向速度分析和角度有关振幅分析的能力，可为炮点和接收点布设方案指出可行的方向。

(2)叠前偏移响应分析：得到散射点的叠前偏移结果，分析观测系统间叠前偏移的细小差异，可直观和量化分析偏移噪声，评价观测系统的基本叠前成像性能。

(3)地震照明分析：建立起采集观测系统和成像处理之间的联系，为优化观测系统提供指导和依据。

三、基于叠前成像的观测系统设计方法

为适应叠前偏移要求，从成像信噪比、分辨率、保真度需求开展观测系统设计论证。以下结合普光高精度三维地震采集实例，阐述方法步骤。

(一)根据反空间假频要求设计基本空间采样

根据工区地球物理参数模型，按照动校拉伸限额计算最大炮检距，并由最大炮检距计

算各目标反射最小视波长(表6－2－2)。考虑主要目标反射在共炮点道集不产生空间假频，接收道距不宜大于30m，对应的面元尺寸不宜大于15m。

表6－2－2　叠前数据不产生假频的条件

地质层位	双程时/s	地层倾角/(°)	最大频率/Hz	最小视波长/m	道距/m
J_2q	0.7	30	80	57	28
J_1z	1.2	30	75	62	31
T_2l	1.6	25	70	70	35
T_1f	2.2	45	65	61	30
P_2ch	2.6	45	60	69	34
S_1l	3.1	25	55	102	51
O	3.7	15	50	142	71

(二)根据信噪比要求确定空间采样密度

叠前偏移比NMO叠加压制噪声提高信噪比的能力更强，约是后者的1.5倍(图6－2－2)。图中的等效覆盖次数是指按照统一面元尺寸(25m×25m)计算的覆盖次数。

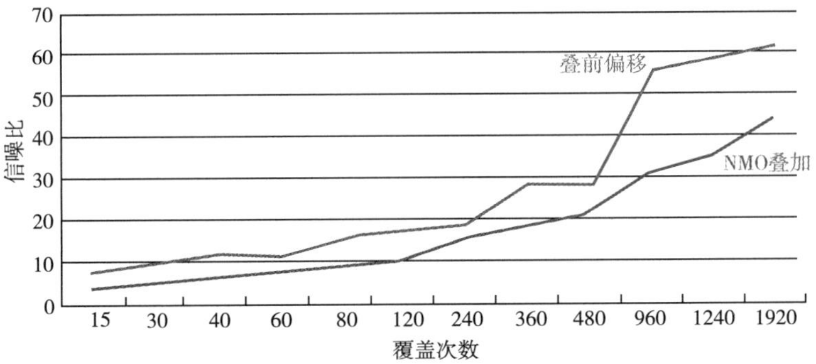

图6－2－2　不同成像方法的信噪比提高与等效覆盖次数关系

由于原始单炮目的层段信噪比为0.2～1.0，为改善复杂构造成像，成果资料期望信噪比需在2以上，这就要求增加空间采样密度，覆盖次数在120次左右。

(三)根据空间分辨率要求确定排列片范围

排列片对地下目标的照明角度大于30°方能满足高精度成像的需要。在三维地震勘探中，排列片长度一般能够满足这个要求，但以往的观测系统横向通常较窄。对于6000m深度的目的层，达到30°孔径角接收；纵横向最大炮检距应不小于3500m。

(四)根据振幅保真度要求设计炮检布局

为了对比不同空间采样方式的成像差异，设计了两个观测系统方案：一是20线8炮的观测系统，采用25m道距、400m线距、20线接收；二是40线8炮的观测系统，采用50m道距、200m线距、40线接收。两个方案炮点采样完全一致，总道密度同为41.6万道/km^2。表6－2－3列出了聚焦束方法计算的两个观测系统方案振幅误差数据。

表 6-2-3　两种观测系统方案振幅误差表

深度/m	20 线 8 炮	40 线 8 炮
2000	±6.6%	±4.8%
5000	±0.53%	±0.43%

由表中可见，对于埋深为5000m的目的层，两个观测系统方案采集脚印均比较微弱，振幅精度都在99%以上，40线8炮稍优于20线8炮。综合考虑成像效果和山地施工的特点，优选20线8炮的观测系统方案。新采集资料中深层(2.5～3.5s)信噪比提高1倍以上，复杂构造带成像显著改善，断层清晰、构造特征清楚。

第三节　复杂障碍区物理点变观设计

地震采集过程中，地表障碍物的存在给炮检点正常布设造成较大影响，会导致地震采集空炮段增大，从而造成资料缺口，需要根据地形地貌和地质条件，优化炮检点布设，尽量避开或减少障碍物对炮检点布设的影响，以减小地震资料缺口，提高采集质量。

一、地震勘探中的障碍物

地震勘探中的障碍物是指阻碍地震采集放炮、布点的物体，如矿井区、村庄、公路、铁路、管线等。按照形状可分为点状障碍物、线状障碍物和面状障碍物，如井位、河流、保护区等障碍物。

二、基于高清影像障碍物识别

在障碍区内有可能禁止或限制地震勘探的炮检点布设范围，需要在炮检点布设前识别和圈定障碍物边界。例如在普光探区二次三维采集中，利用航测高清影像，采用基于灰度二值的图像识别方法，提高河流等障碍物的标定效率(图 6-2-3)。首先将 DOM 图像 RGB 去色处理，进行频谱图分析并只保留 RGB 中一种颜色，如只保留蓝色(B 值)；其次选取不同的阈值将蓝色灰度二值化，再将二值化的图像自动识别得到障碍物边界；最后将障碍物边界导入克浪软件进行自动避障设计。

(a)高清影像　(b)河流影像二值化　(c)提取的边界

图 6-2-3　中原油田普光探区障碍物提取

三、观测系统变观避障方法

当地震采集观测系统中的炮点位于障碍区域内无法施工时，需要进行障碍区变观设计，变观是以“就近 + 互补”为原则，根据地形地貌和地质条件，合理设计测线布局，将障碍区内设计的理论炮点移到障碍区之外的合适位置，尽量避开或减少障碍物对地震波传播的影响。

采用的避障方法包括以下步骤：①根据理论观测系统坐标数据，建立表征炮检点分布的理论炮点分布模型；根据理论炮点分布模型中的理论炮线距和理论炮点距构建网格控制参数。②根据障碍区边界形成表征障碍区边界的多边形模型，确定多边形模型中覆盖的理论炮点数量 n。③按照均匀和移动距离最短的规则，将多边形模型中覆盖的 n 个炮点移动到根据网格控制参数在多边形模型周围形成的 m 个空位网格中，$m \geqslant n$。④按照横向网格间距为理论炮线距的 1/2、1/4 或 1/8，纵向网格间距为理论炮点距的 1/2、1/4 或 1/8 移动迭代地生成实际炮点分布模型，直到生成的实际炮点分布模型符合理论检波点分布模型的要求为止(图 6 – 2 – 4)。

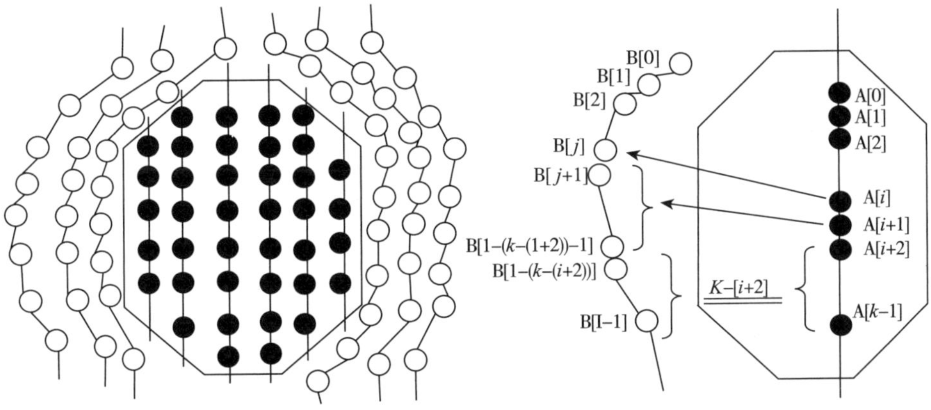

(a)观测系统变观后的结果　　(b)观测系统变观模拟过程

图 6 – 2 – 4　障碍区观测系统炮点的变观方法示意图

第四节　高密度三维地震采集设计实例

高密度地震通常是指炮道密度在每平方公里百万道甚至千万道以上的地震技术。目前，业内有代表性的高密度地震技术主要有美国斯伦贝谢公司的 UniQ 技术、PGS 公司的 HD3D 技术、CGG 公司的 Eye – D 技术、中国石油东方地球物理公司的“两宽一高”地震勘探技术以及中国石化胜利油田的单点高密度地震勘探技术。为支撑东濮凹陷西南洼精细勘探和开发部署，2022 年部署实施了东濮凹陷第一块高密度三维地震。

西南洼高密度三维地震工区内原有的地震资料包括南何家(1990)、方里集(1998)、方里集南(1998)等 3 块三维地震资料，观测系统覆盖次数低(20 次)，面元网格大(25m × 50m)，最大偏移距小(2253 ~ 3218m)、横纵比小(0.31 ~ 0.35)。在接收方面，原南何家三维采用面积组合方式，组合基距较大(50m×40m)；方里集和方里集南三维采用线性组合。在激发方面，以往采集均采用固定井深激发。

以往采集单炮主要目的层主频23Hz，有效频宽4~45Hz，频带较窄。区内老资料剖面均为Ⅲ类品质，中深层分辨率较低，断裂带深部结构不清，地层连续性较差，储层识别能力弱，井震不符问题突出，制约了勘探展开。

一、高密度采集参数论证

(一)面向地质需求的炮道密度设计

在已有覆盖次数与信噪比公式的基础上，进一步发展了地震炮道密度计算公式：

$$TD = \left(\frac{1}{c} \times \frac{Section_{s/n}}{Shot_{s/n}}\right)^2 \times \gamma \times \frac{10^6}{b_x \times b_y} \tag{6-2-2}$$

式中，TD 为炮道密度，道/km^2；c 为处理(包括偏移)对信噪比的贡献值，一般取1.5；$Section_{s/n}$为期望剖面信噪比；$Shot_{s/n}$为原始单炮信噪比；γ 为常数，考虑优势频带，组合接收为1，单点接收为3；b_x 为纵向面元边长，m；b_y 为横向面元边长，m。

通过分析西南洼以往资料，经过精确的信噪比估算，得到主要目的层沙二下的原始信噪比为0.204。考虑储层岩性识别和分辨率要求，计算得到满足地质需求的炮道密度范围为大于246万道/km^2。

(二)三维观测系统参数论证

根据地质任务需求，主要针对面元网格、最大炮检距、接收线距、方位角等观测系统参数进行参数论证。

1. 面元网格

面元大小要有利于提高资料的纵、横向分辨率，落实构造及断裂细节和构造特征，面元大小应满足以下两个方面要求。

一是满足最高无混叠频率，防止偏移假频，面元边长取值为：

$$b_x \leqslant \frac{v_{int}}{4f_{max} \times \sin\theta_x} \tag{6-2-3}$$

$$b_y \leqslant \frac{v_{int}}{4f_{max} \times \sin b\theta_y} \tag{6-2-4}$$

在式(6-2-3)和式(6-2-4)中 b_x、b_y 为面元边长，m；θ_x、θ_y 为地层倾角，(°)；v_{int}为反射界面上一层层速度，m/s；f_{max}为反射波的最高无混叠频率，Hz。

二是满足横向分辨率需求，面元边长取值为：

$$b \leqslant v_{int}/(2xf_{dom}) \tag{6-2-5}$$

式中，b 为面元边长，m；v_{int} 为反射界面上一层层速度，m/s；f_{dom} 为目的层反射波主频，Hz。

根据上述公式，可计算得到不同目的层面元网格参数论证结果。当采用较大的面元(40m、20m)进行叠前时间偏移时，PSTM响应产生了较大的偏移噪声(图6-2-5)。综上所述，综合面元参数论证和正演模拟结果，采集面元网格采用10m×10m。

2. 最大炮检距

满足目的层埋深要求：最大炮检距应近似等于主要目的层深度。

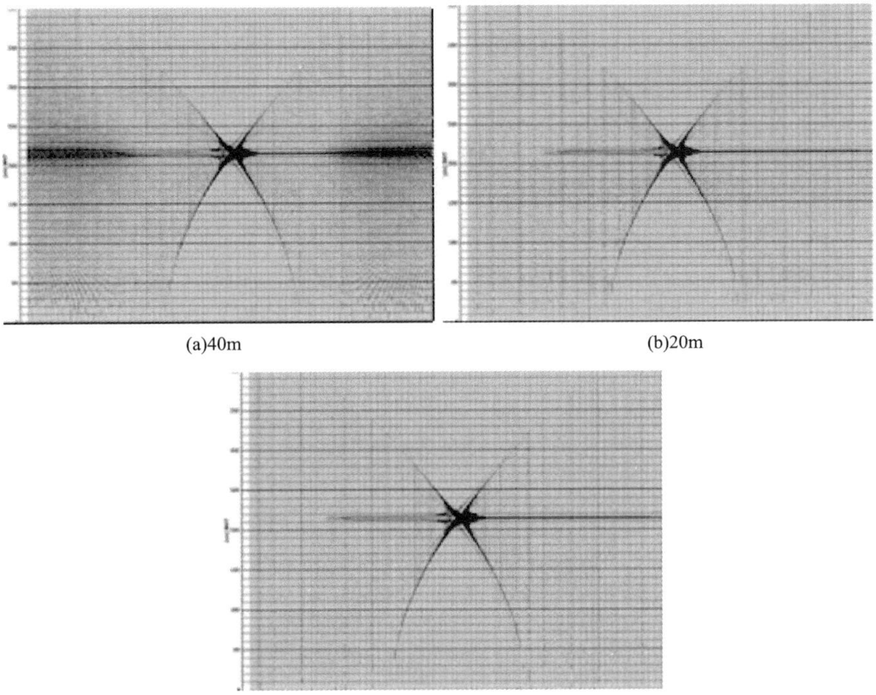

(a)40m　　(b)20m

(c)10m

图 6－2－5　不同面元观测系统 PSTM 响应

满足动校正拉伸率要求(12.5%)：满足动校正拉伸要求的最大炮检距计算公式如下：

$$X \leqslant v_{\mathrm{rms}} t_0 \sqrt{(sf+1)^2-1} \qquad (6-2-6)$$

式中，t_0 为双程垂直旅行时，s；sf 为动校拉伸因子；v_{rms}为均方根速度，m/s。

满足速度分析精度的要求(速度精度误差 4%)：为了满足速度分析精度的要求，最大炮检距计算公式如下：

$$X \geqslant v_{\mathrm{rms}} \sqrt{\frac{t_0(1-k)^2}{f_{\mathrm{dom}}[1-(1-k)^2]}} \qquad (6-2-7)$$

式中，t_0 为双程垂直旅行时，s；k 为速度分析误差；v_{rms}为均方根速度，m/s；f_{dom}为目的层反射波地震主频，Hz。

综合最大目的层埋深、满足动校拉伸需求以及速度分析精度要求，最大炮检距选择范围为 4900～5200m 较为合适。

3. 接收线距

为了精确的速度分析、AVO 分析及 DMO 分析，接收线距一般不大于垂直入射时的菲涅尔带半径：

$$R \leqslant \left[\frac{v_{\mathrm{rms}}^2 t_0}{4f_{\mathrm{dom}}} + (v_{\mathrm{rms}}/4f_{\mathrm{dom}})^2\right]^{1/2} \cdot \cos\theta \qquad (6-2-8)$$

式中，f_{dom}为目的层地震反射波主频，Hz；v_{rms}为均方根速度，m/s；t_0为双程反射时间，s；θ 为地层倾角，(°)。

根据工区提取的地球物理参数表，计算出不同目的层对应的菲涅尔带半径与接收线距的关系。根据理论计算结果，对于主要目的层接收线距＜160m。

4. 横纵比

东濮西南洼断裂发育，在长垣断裂带，南北向断裂与联络线有35°左右夹角，当采用较窄方位的观测系统进行采集时，转折带剖面成像效果明显较低。根据主要断层展布方位范围，高密度地震采集横纵比为0.7左右。

根据参数论证分析结果，拟定了两种观测系统方案，具体见表6－2－4。

表6－2－4　2023年度西南洼陷带三维推荐观测系统主要参数表

观测系统参数	方案一	方案二
	72L4S210T	40L7S450T
接收道距/检波线距/m	40/80	20/140
激发点距/激发线距/m	60/100	40/180
接收道数	72×210＝15120	40×450＝18000
最大炮检距/m	5121	5318
横纵比	0.70	0.63
面元尺寸	10×10	10×10
覆盖次数	12×21＝252	10×25＝250
炮道密度/(万道/km^2)	252	250

(三)基于OVT属性的三维观测系统评价

为了使采集资料更有利于OVT域处理，采用了基于OVT属性的三维观测系统评价方法。首先根据三维观测系统抽取对应十字排列，然后在十字排列上划分OVT，并抽取各个OVT的炮检距和方位角属性，最后采用如下公式对OVT属性进行定量评价：

$$\sigma = \sqrt{\frac{1}{N}\sum_{i=1}^{N}(X_i - \bar{X})^2} \tag{6-2-9}$$

$$u = \sqrt{\frac{1}{M}\sum_{i=1}^{N}(\sigma_i - \bar{\sigma})^2} \tag{6-2-10}$$

式中，σ为单个OVT属性评价值；$\bar{\sigma}$为所有OVT属性平均评价值；u为所有OVT属性评价值的均方差结果；N为OVT内CMP点数；M为正交观测系统的覆盖次数(OVT个数)；X_i为OVT内任意一个CMP点炮检距(方位角)；$\bar{X}$为OVT内平均炮检距(方位角)。

采用上述方法对观测系统方案一和方案二进行OVT属性评价，评价结果见表6－2－5。由表中可以看出，方案一各OVT属性要优于方案二，有利于后续的OVT域处理，从而优选方案一作为西南洼高密度采集的观测系统方案。

表6－2－5　三维观测系统OVT属性评价结果表

项目	方案一	方案二
全部OVT炮检距属性评价平均值	120.2	123
OVT炮检距属性评价结果均方差值	17.1	23.5
全部OVT方位角属性评价平均值	3.5	3.7
OVT方位角属性评价结果均方差值	3.1	3.2

二、应用效果

通过上述高密度地震采集参数论证，采用72L4S210T252F的小面元、宽方位、高覆盖的均匀高密度观测系统方案，通过现场应用，断层成像清晰，主要目的层信噪比提高，深陡断裂成像归位准确。依托西南洼陷带高密度三维地震资料，勘探开发一体化部署何302、何303斜、何304斜、方5等探井和开发井，实现了新层系、新突破，形成了千万吨级油气资源规模增储阵地(图6－2－6)。

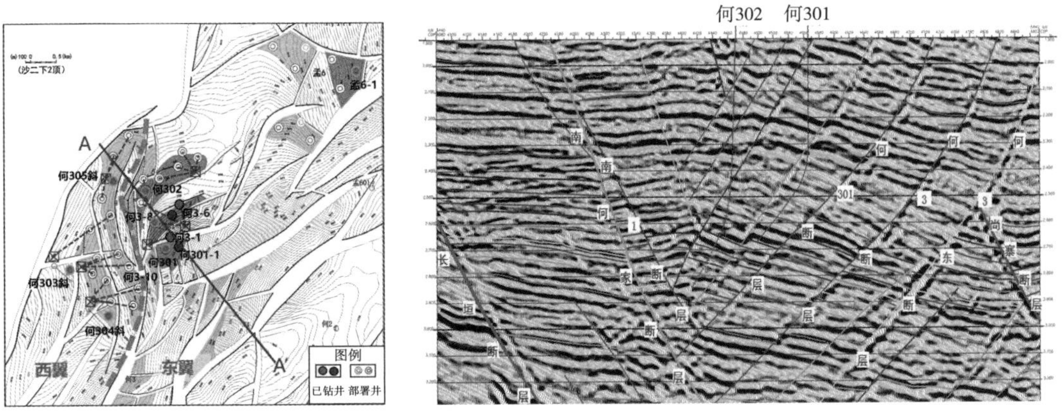

图6－2－6　西南洼南何家勘探开发一体化部署

扫一扫
获取更多资源

第三章　地震资料处理

地震资料处理是地震勘探技术三个环节(数据采集、处理与解释)中承上启下的一个重要环节，特别是技术飞速发展的今天，地震资料处理在机遇和挑战中所起的作用越来越重要，涉及面越来越广。

地震资料处理基本流程如图6－3－1所示。本章主要介绍近年来油田三大探区形成的关键处理技术。

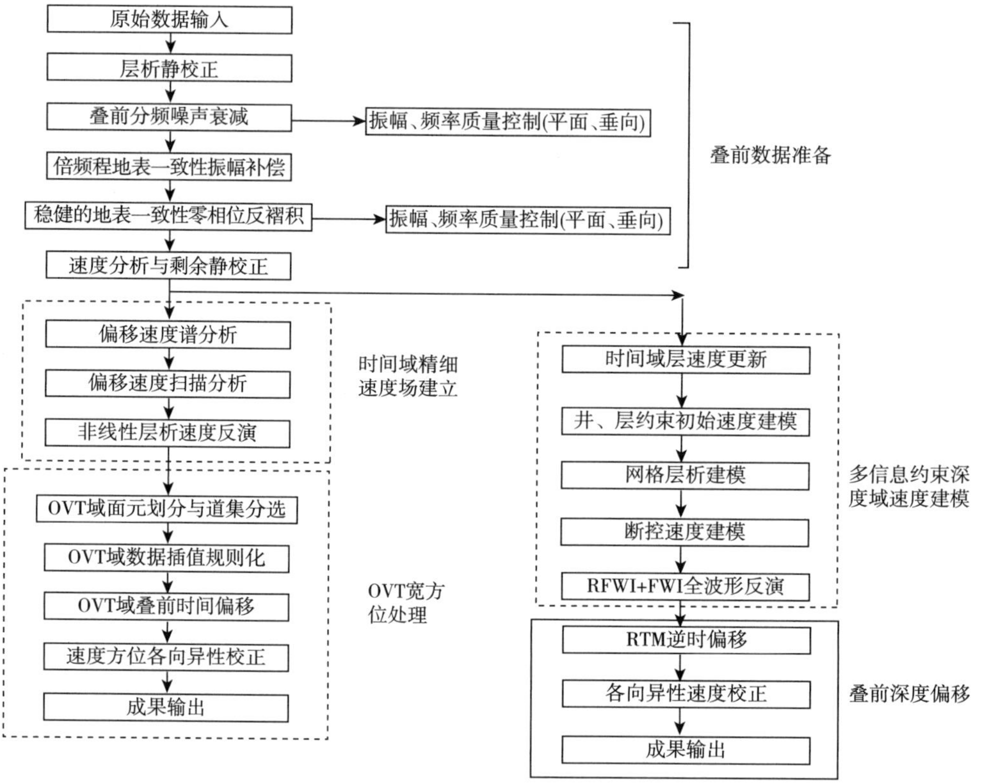

图6－3－1　地震资料处理基本流程

第一节　复杂山地高精度三维地震资料处理关键技术

复杂山地地震勘探最突出的两个难题就是信噪比低和静校正问题严重。近年来，通过在普光探区复杂山地持续攻关，创新形成了复杂山地高精度三维地震资料处理技术系列。

一、近似真地表速度建模技术

近似真地表速度建模技术实现了地震数据从 CMP 大平滑到近似真地表小平滑的跨越，保持了地形起伏的相对关系，波场更加准确，避免了对地下构造的扭曲。并由常速替换成近地表建模嵌入，弥补了常规初始速度模型表层精度不足的缺陷，提高了叠前深度偏移速度模型建模精度。

用地震记录的初至波旅行时进行层析反演近地表速度结构的主要工作可分为四步：①拾取各炮记录上不同偏移距点的初至波旅行时 T_{m}；②初始速度模型建立；③层析反演得到速度模型；④正演、反演迭代，直到满足设定的走时误差，最终输出速度模型。

二、地质信息“四控”速度建模

1. 井控速度建模

地震数据驱动建模方法强调低频背景场的建模，缺乏细节刻画；井资料可以较好地弥补高频速度信息的缺失，约束速度迭代更新朝着正确的方向收敛。其主要包括井曲线去异常、方波化、平滑滤波，沿层外推插值获得全局速度场；速度反演更新过程中，加入地震速度与井速度的相关度作为约束条件，获得井约束速度场。融合井速度后，相对于井约束前速度，成像效果明显改善。

2. 层控速度建模

在层控速度建模时，采取先垂向拾取，再沿层抽取的方式，优化沿层拾取质量，进而提高速度模型精度。经过多轮速度模型更新后，绕射波收敛，目的层成像更清晰(图 6－3－2)。

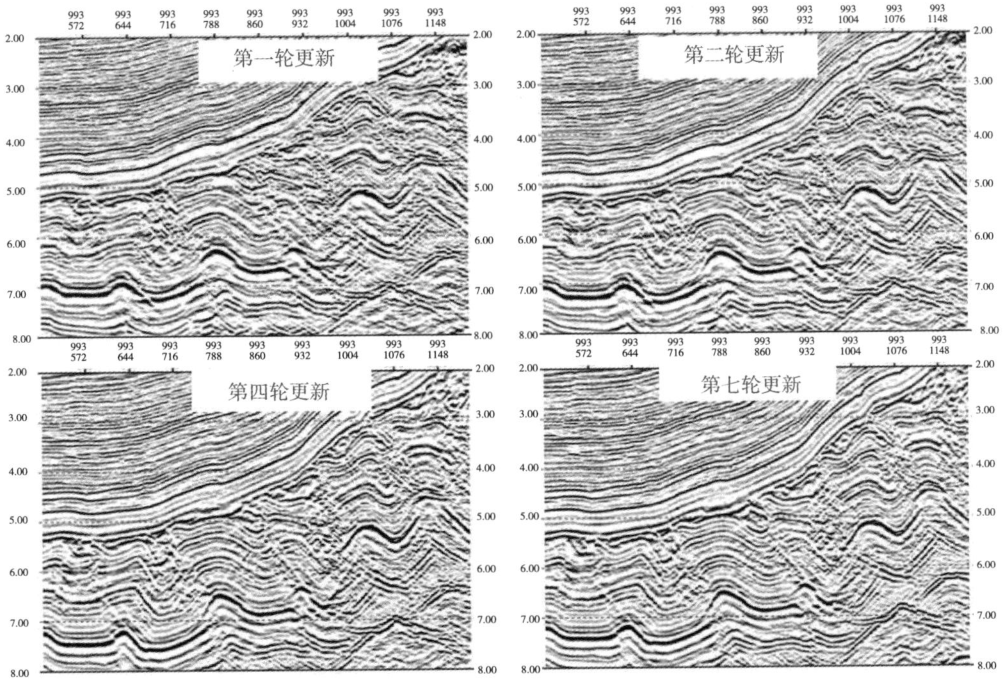

图 6－3－2　网格层析更新的偏移剖面

3. 膏岩精细刻画

嘉陵江组发育硬石膏岩，膏岩层厚度的剧烈变化导致地震速度横向变化剧烈。采用基于地震层位约束的网格层析速度建模技术，由浅至深逐层进行速度反演，对膏岩先进行刻画和速度扫描，确定膏岩大体速度范围，拾取岩底，填充后进行速度更新。有效克服了膏岩层和复杂形变层对速度反演的影响。膏岩速度填充前后成像对比，浅层不受影响，岩下成像质量有改善。

4. 断控速度建模

断控层析反演以层位和断层的约束建立断层两盘相对准确的速度模型，消除了常规速度建模在断层两侧连续插值带来的速度误差，所建立的速度模型与地下实际情况更为匹配，通过断控层析建模与叠前深度偏移技术相结合在一定程度上改善了断层成像的问题。

三、角度域网格层析反演

角度域网络层析反演利用倾角道集的丰富构造属性优势，通过镜像成像改善信噪比、提高属性提取精度。利用反射角道集包含的丰富速度信息，与常规偏移距道集浅深互补，解决浅层剩余曲率拾取畸变和有效信息不足的问题。

角度域网络层析反演主要进行褶皱附近速度更新，其更新量主要围绕膏盐和褶皱边界。更新后，速度场的局部极大值得到收敛，模型与构造更加匹配。速度更新量如图6－3－3所示。

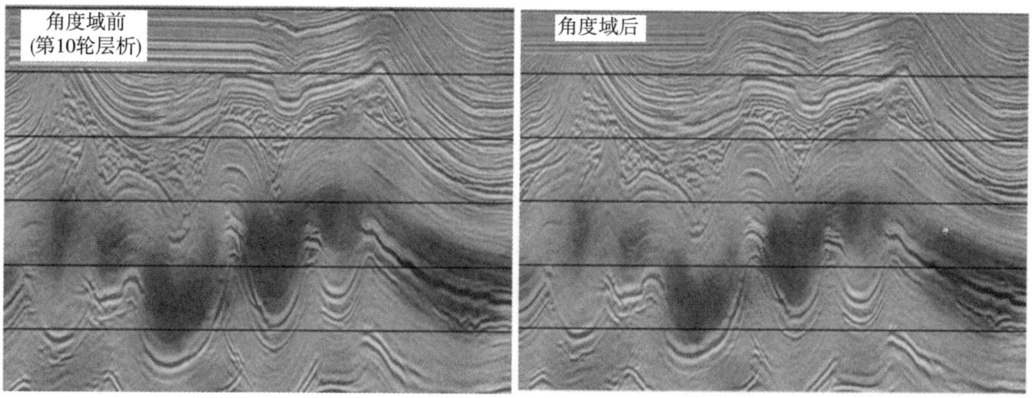

图6－3－3　角度域网格层析反演效果对比

四、全波形反演(FWI)

油田创新研发了基于地质信息构造约束的层析和FWI速度建模方法；攻关形成了复杂山地背景速度场构建技术，通过地质信息约束反演，解决FWI面临的背景场低频信息缺失问题；并在此基础上，构建层析与FWI的目标泛函，将层析反演的背景速度刻画优势和全波形反演的细节速度刻画优势互补，充分挖掘道集拉平和波场匹配的潜力，并使FWI发挥出精细速度刻画能力。

五、技术成果

新处理叠前深度偏移剖面在近地表成像质量、陆相成像、海相成像、膏岩底包络面及储层成像、构造的正负向转换、飞仙关组、志留系及以下弱反射等方面都有明显改善（图6－3－4）。

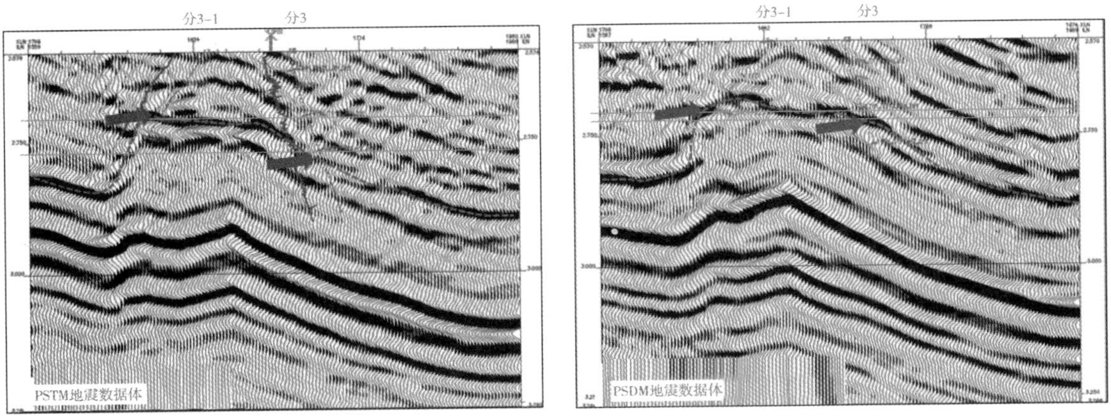

图6－3－4　PSTM（左）和PSDM（右）过井线对比图

第二节　复杂断块高精度三维成像处理关键技术

东濮凹陷西部斜坡长垣断裂带不同尺度断层发育，断层位置错综复杂，严重影响勘探开发部署，需采用精细速度建模和叠前深度偏移等技术手段，提高长垣断层、石家集断层等复杂断裂带偏移归位成像精度，为复杂断块油气圈闭识别和刻画提供支撑。

一、叠前提高信噪比技术

采用保真倍频程面波衰减技术、倍频程地表一致性振幅补偿技术、稳健地表一致性零相位反褶积处理技术、提高信噪比处理技术等多项高精度处理技术，依据“先强后弱、多域联合”原则对多种噪声进行了有效压制，同时保护了有效信号，均衡了地震资料整体能量，并使地震资料主频和频宽得到了明显提高。

围绕目的层段开展保真倍频程面波衰减技术，对各个工区内面波进行频率扫描，确定工区面波分布特征，开展分倍频程处理，将面波干扰集中到倍频程频段，对面波存在的倍频程频段进行针对性面波压制，可避免采用全频段面波压制中引起的高频有效信号的损失，实现噪声压制，提高资料的信噪比（图6－3－5）。

二、多尺度精细速度模型建立技术

1. 时间域层速度模型建立更新技术

为保证后续叠前深度偏移的成像精度，对叠前层速度进行多轮次速度更新，通过多轮

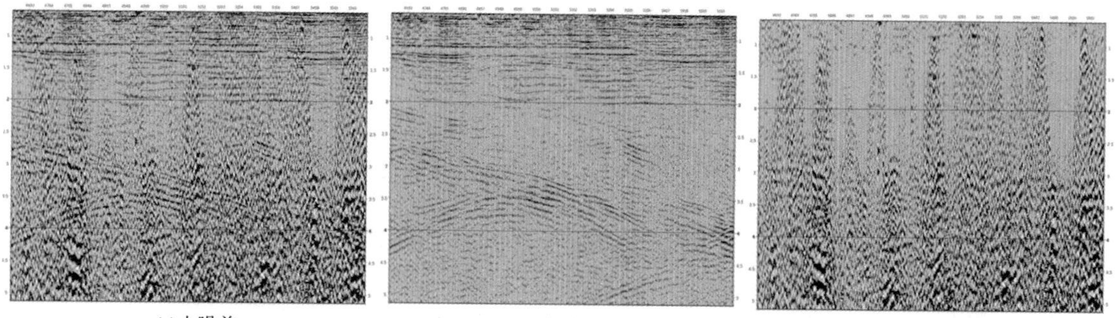

(a)去噪前　(b)去噪后　(c)去除的噪声

图 6-3-5　倍频程反变换去噪前后叠加剖面对比

次速度更新，道集能够得到基本的校平，同时均方根速度转换成层速度造成的速度模型突变问题也能够得到有效解决。

2. 深度域层速度模型建立更新技术

首先充分参考前期构造解释研究成果和地震剖面的实际情况，在时间域处理成果基础上，开展层位拾取工作，目标处理从浅层第四系到下古生界，共建立地质层位 12 层，构建时间域地质构造骨架，用于后续开展全区的基于沿层的剩余速度拾取及沿层的网格层析反演更新工作，并融入井资料，提高速度模型与地下构造的吻合度。

3. 基于共成像点道集的层析速度反演技术

该技术在成像域利用反射聚焦是否最佳或在数据域看正演数据与观测数据是否逼近来判断速度模型的正确性，生成更可靠的模型。此外，在速度模型建立时引入构造模式的约束、地质认识的约束、井约束等，并尽可能全自动或半自动地由计算机完成。根据靶区实际资料品质及成像要求采取针对性的策略，在深度域初始速度模型的基础之上，通过数据驱动进行精细的修正；并利用构造层位约束和井资料约束进行质量控制，建立可靠深度域速度模型，从而建立可信度较高的用于目标区的深度域速度模型。

三、叠前深度偏移成像技术

采用 Kirchhoff 积分法叠前深度偏移，具有高偏移角度、无频散、占用资源少、实现效率高的特点，并且积分法能够适应变化的观测系统和起伏的地表，优化的射线追踪法和改进的有限差分法能够在速度场变换的情况下快速准确地计算绕射波和反射波旅行时，从而使积分法能够适应复杂的构造成像。开展面向中深层成像的叠前深度域偏移成像处理，通过不断更新迭代获得精准的速度模型，进而通过 Kirchhoff 积分法叠前深度偏移技术改善成像效果。

四、技术成果

叠前深度偏移成果较叠前时间偏移成果有很大改善，过胡古 2 井剖面低序级小断块刻画较叠前时间偏移有明显改善，古生界内幕成像较前期资料有较大提高(图 6-3-6)。通过与工区多口井进行匹配校正，井震误差控制在 1% 之内，层位解释与井分层吻合度较高。

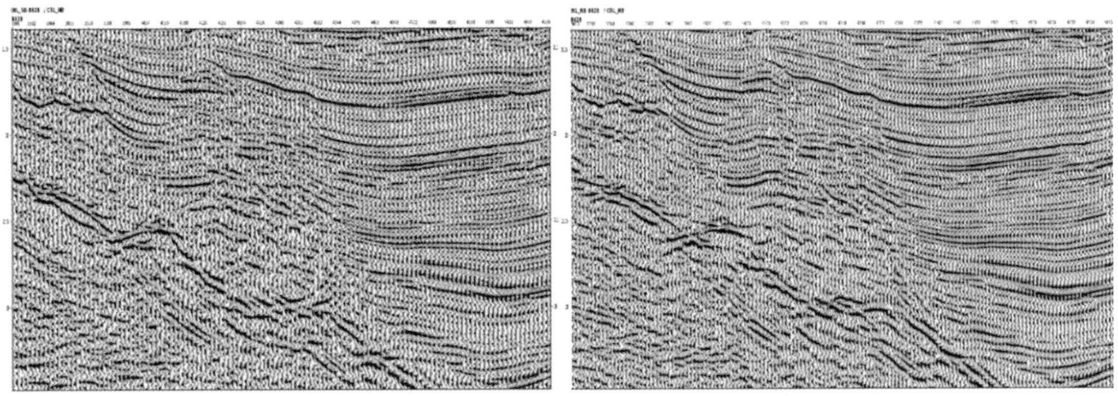

图6－3－6　叠前时间偏移(左)与叠前时间偏移(右)剖面对比

第三节　高大沙山可控震源地震资料处理关键技术

内蒙古探区拐子湖凹陷位于沙漠地带，具备高大沙山的地震地质条件，造成了静校正问题突出、目的层资料信噪比低等问题，可控震源高精度三维地震处理技术的研发攻关取得了丰富的技术成果。

一、宽方位地震资料精细叠前预处理技术

1. 微测井约束层析静校正技术

层析反演静校正技术是目前解决复杂地表静校正问题的有效手段，层析反演静校正是通过初至波的到达时间反演表层速度模型进而求取静校正量的方法。层析反演不受地形起伏、横向速度变化和地下界面倾斜等的影响，更加充分地挖掘初至时间所包含的地球物理信息，能够精细地反映横向变化，纵向上分层更加精细。

2. 地表一致性剩余静校正

地表一致性剩余静校正的作用主要是消除中、短波长的剩余时差，增强地震反射同相轴的连续性，同时使叠加速度谱的品质得到改善，而叠加速度的改善又会提高剩余静校正的精度，从而进一步改善叠加剖面的质量，提高资料信噪比。

3. 叠前多域宽频保真去噪技术

本区块干扰波类型主要有面波、谐波、环境噪声、多次折射干扰、次生干扰等。采用“六分法”噪声衰减处理技术，在炮域、十字交叉域等不同域内“先强后弱”逐步对“黑三角”内的噪声及多次折射干扰进行衰减(图6－3－7)。

二、偏移距矢量片宽方位处理技术

宽方位观测具有诸多优势，但同时也给地震资料处理带来了新的问题。随着观测方位角的变化，宽方位地震资料速度、旅行时差随方位角和倾角的变化等方位各向异性问题更加突出。近年来发展了在偏移距矢量片(Offset Vector Tile，OVT)道集上进行资料处理的方

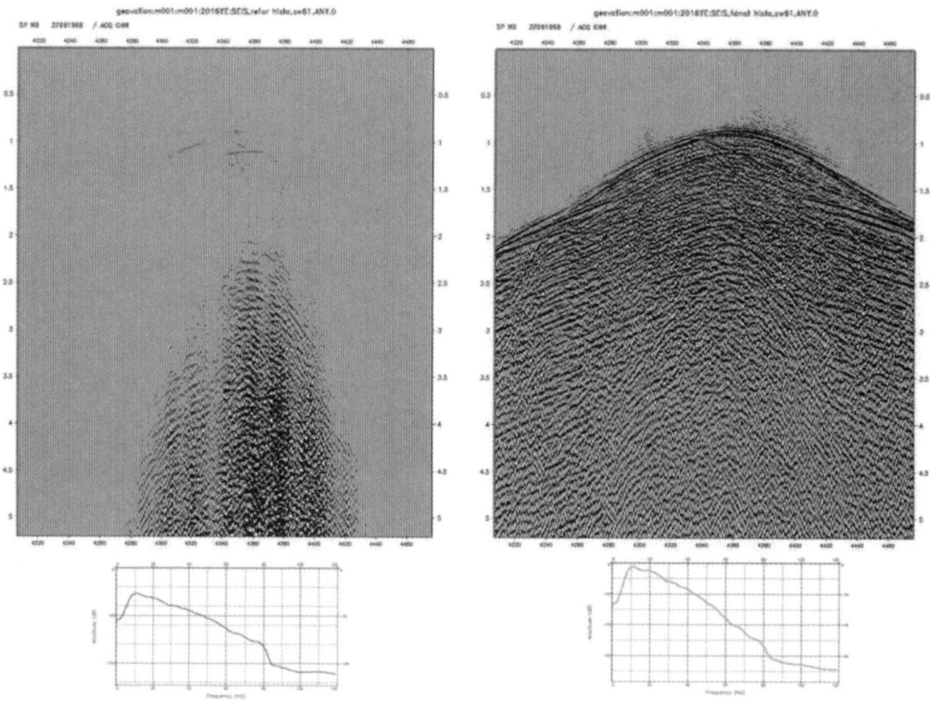

图 6 - 3 - 7　可控震源“黑三角”噪声衰减前(左)、后(右)单炮、频谱对比

法，为宽方位地震资料处理开辟了一条新的途径。其主要包括对地震资料首先进行 OVT 划分；然后进行共 COV 数据规则化，利用宽方位地震分方位速度分析技术进行高精度的分方位速度分析；最后进行速度方位各向异性校正，获取各个方位的最佳速度。

三、偏移距矢量片叠前时间偏移技术

偏移距矢量片叠前时间偏移技术，直接对每个 OVT 进行归位，不经过中间叠加等处理环节，在横向速度变化不剧烈的情况下，叠前时间偏移把存在于每一记录道中的反射波能量偏移到它的真实地下位置，实现地震反射波的正确归位(图 6 - 3 - 8)。

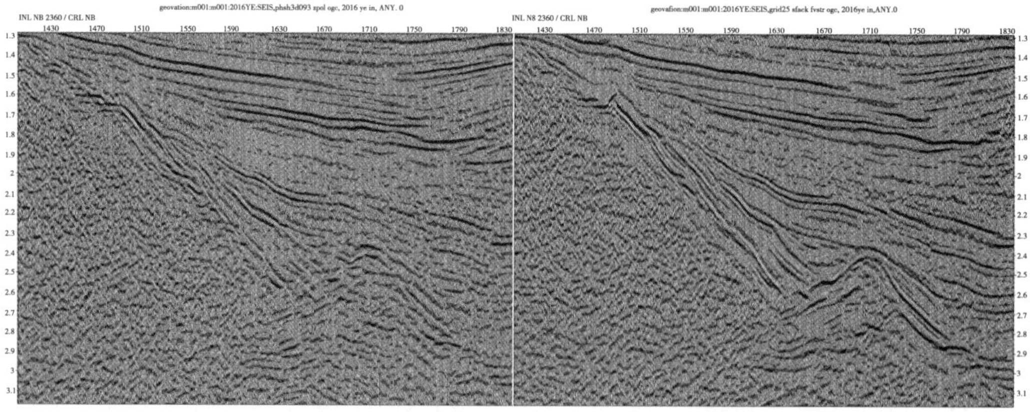

(a)常规偏移剖面　　(b)OVT域偏移剖面

图 6 - 3 - 8　OVT 域叠前时间偏移与常规叠前时间偏移剖面对比

四、基于五维插值的提高信噪比技术

五维数据插值考虑三维不同面元偏移前数据本身所包含的五维信息：主测线(Inline)、联络测线(Crossline)、偏移距(Offset)、方位角(Azimuth)、时间，其插值过程与二维、三维数据插值类似。五维插值技术与常规技术的区别：一是综合考虑了“纵向、横向、时间、偏移距、方位角”五个维度；二是定义输出观测系统，重新构建道集；三是实现了不同面元内炮检距和方位角规则分布。

通过插值前后频谱、信噪比、叠加剖面的综合对比，五维插值－插道、插炮技术在提高地震资料信噪比方面优势明显。

五、技术成果

银额盆地拐子湖三维采用大吨位低频可控震源激发，宽方位、高密度对称采样观测系统观测，通过采用微测井约束下的层析反演静校正、多种组合衰减可控震源“谐波”干扰、井约束下的吸收补偿、宽方位叠前时间偏移处理等技术，成果剖面较以往二维井炮采集地震资料在信噪比、分辨率方面提升明显。针对宽方位观测系统采集的资料，充分挖掘宽方位采集的信息，采用宽方位处理技术，通过分方位速度分析、各向异性校正，较好地消除了方位各向异性对速度的影响，取得了较好的成像效果，构造轮廓清楚，断层、断点清晰可靠，各种地质现象较二维地震更清晰(图6－3－9)。

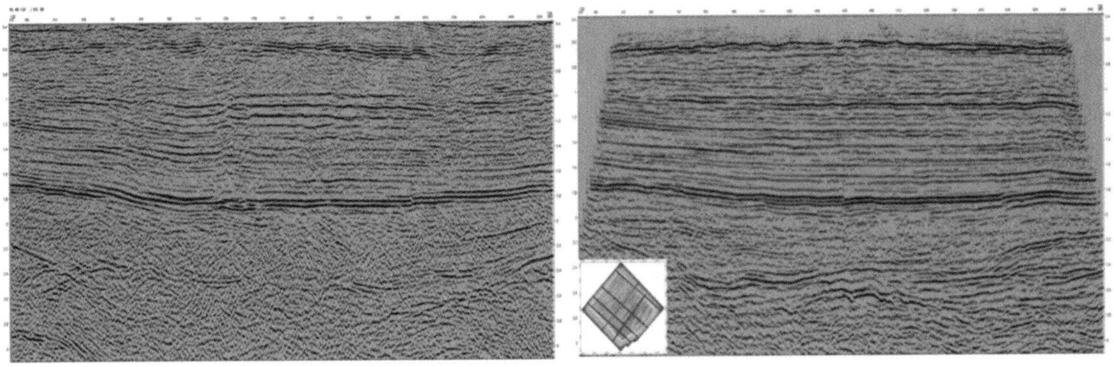

图6－3－9　二维井炮采集资料(左)、可控震源三维采集资料(右)剖面对比

第四章　地震资料解释

地震资料解释是地震勘探的中心环节和落脚点，它是把经过地震采集处理的地震信息变成地质成果的过程，包括运用波动理论和地质知识，综合地质、钻井、测井等各项资料，做出构造解释、地层解释、岩性和烃类检测解释及综合解释，并绘出相关成果图件，提供圈闭评价、目标评价和含油气评价方案，提出勘探开发钻探目标。

地震解释原则上属于反问题，即通过构造、储层、古地貌等描述和刻画，得到地下地质体的观测结果，从而推断地质方面的各种情况。地震解释工作者要了解工区区域地质背景，仔细研究与解释有关的地质和地球物理资料，要做到对工区的地质背景、盆地类型和主要构造特点有一个基本的认识。地震资料解释包括构造解释、岩性解释、层序解释和储层预测等。综合解释是在剖面解释和空间解释的基础上，结合地质、其他地球物理资料(反演或属性)进行综合分析对比，对含油气盆地的性质、沉积特征、构造展布规律、油气富集规律做出综合评价和有利区块的预测。

第一节　地震资料构造解释

地震资料构造解释主要依据地震波的运动学信息来研究地层的空间特征和几何形态，即利用地震波反射时间、同相性和速度等划分构造层，确定反射层的地质层位，了解地层岩性和厚度变化、储集特征及油气富集规律，对目的层层位、断层做出解释，绘制时间和深度构造图等相关分析图件，在此基础上开展构造发育史和区域沉积环境的研究，预测有利油气聚集区，寻找和评价构造圈闭。

一、地震资料构造解释主要步骤

主要步骤包括：了解目标工区及附近区域地质背景；熟悉目标工区整体构造形态；采用合成地震记录开展地震地质层位标定；目标工区层位追踪与断层解释；地震剖面的地质解释；成图速度分析；时深转换编制构造图；构造分析。由于地震构造解释的主要目的是运用地球物理等技术手段来解决石油地质勘探中的构造问题，在实际应用环节中要求解释人员能够系统了解构造地质的基础知识和相关概念，熟练掌握地震构造解释相关技术规范。

二、地震资料构造解释流程

(一)基础资料收集、整理及检查

主要包括：地质资料(区域地质背景资料、研究区前期地质研究成果等)；物探资料

(地震采集报告、处理报告及地震处理成果、地震速度资料等)；前期研究成果(前人解释成果、标定成果、VSP资料等)；钻、测、录井以及试油、试采、地质分层等资料；井位坐标及井轨迹数据、三维工区测线坐标数据、二维地震测线位置图及测线坐标等。

(二)构造解释基本工作程序

1. 地震资料品质分析

地震资料是解释工作的基础，资料是否能满足解释的需求，是解释工作之初就必须明了的事情。根据研究目的层圈闭评价需求，按照三级评价标准对地震反射层位品质进行分层评价。评价属性包括：信噪比、地震振幅、频率、相位属性、波形聚类、相干属性等。

一级：信噪比高、地质现象清楚、能够进行可靠对比追踪。

二级：信噪比较高、主要地质现象可识别对比。

三级：信噪比低、主要地质现象不清、难以追踪对比。

2. 地震标准层选择

标准层是指岩性、电性特征明显，分布广泛、易区别于上下邻层的稳定沉积岩层，一般为泥岩、页岩、灰岩、泥灰岩以及这些稳定沉积岩层的组合。在地震剖面上具有明显的、易于辨识对比的特征反射(层)，并在一个探区内大面积存在，能反映地质构造(浅、中、深层)的主要特征。

参考标准层选层条件：在研究区或某一沉积区具有连续的反射同相轴；为不整合或与之相对应的整合界面；靠近勘探目标层。

3. 地震反射层地质层位标定

层位标定方法包括声波合成地震记录、区域时深转换、零井源距VSP资料(垂直地震剖面)标定和区域引层、解释外推等，声波合成地震记录标定是最常用的方法，其基本流程和质量控制要素如下：

(1)测井曲线环境校正。充分了解工区各地层岩性情况、层速度情况，结合井径曲线、钻时曲线，仔细查对各测井曲线有无异常，对各测井曲线进行环境校正。

(2)标准层标定。利用合成地震记录首先对地震剖面上全区有代表性的标准反射层进行标定(图6－4－1)，然后对其他反射层依次标定。

质量控制要素：区内所有探井、评价井及关键开发井合成记录质量评价，合成地震记录的极性应与地震剖面的极性一致；横向、纵向多井连井标定尽可能满足标准层追踪；标准层地质层位标定与地震标准反射层的位置一致；声波、VSP提供的时深关系一致，单井时深关系与区带综合速度一致，区域标准层、特殊地质体反射层一致。

(3)砂层组标定(综合标定)。在标准层标定的基础上，利用VSP测井、合成地震记录、电性曲线、岩性剖面与地震剖面进行对比标定，建立地质层位和地震层位的对应关系，建立地质体的地震反射特征、剖面位置，获得研究区各区带准确速度参数及时深转换关系。

4. 地震剖面解释

主要包括层位解释、断层解释和特殊地质体解释(图6－4－2)。

1)基干剖面网建立与解释

通过对数据体的浏览、层位标定，根据构造特征变化合理选择连井剖面及控制性典型剖面，建立基干剖面网并开展标准层和参考标准层解释。

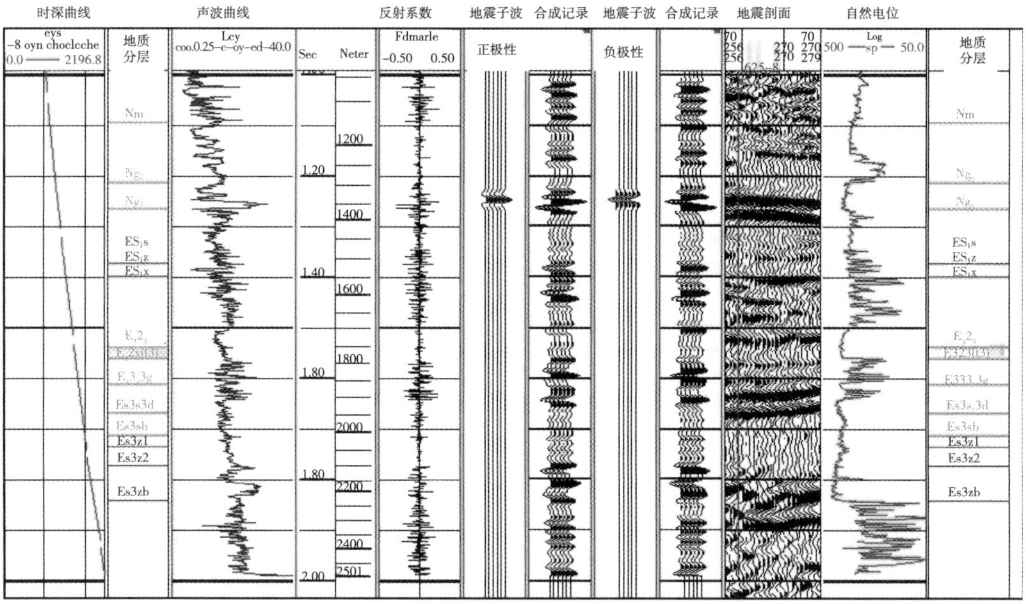

图6-4-1　合成地震记录与井旁地震道的标定对比

通过基干剖面确定目的层及主要岩性段，结合相干体、时间切片等属性切片进行对比和解释，了解各目的层和各岩性段的反射特征、主断层落差变化、分布及延伸方向，了解各目的层构造形态、高点位置、断块特征、构造复杂程度、构造带的初步特征及控制因素。确定解释方案、编制目的层构造纲要图和断裂系统图。

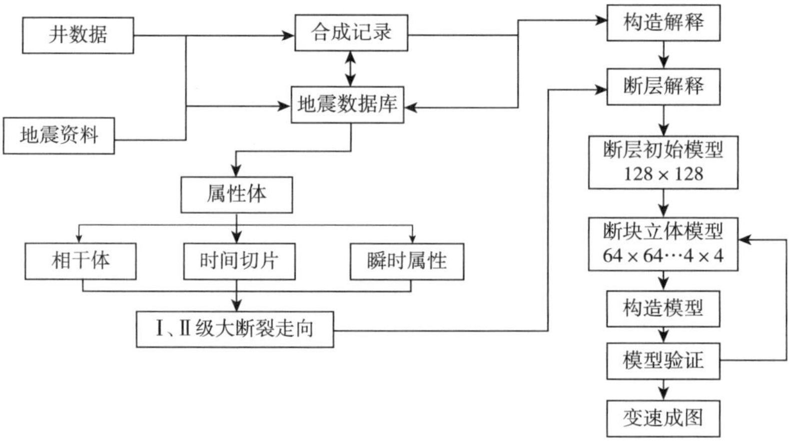

图6-4-2　构造解释流程图

2）纵、横剖面解释

在基干剖面网解释的基础上，针对复杂构造和特殊地质现象解释精度要求，充分利用纵剖面、横剖面、任意线剖面、连井剖面、时间切片、相干数据体和可视化工具进行数据体解释。层位追踪时，要考虑地层厚度变化、波组特征变化、上下反射层接触关系，同一作图层位相位（或极性）一致。主要岩性段对比中，应掌握各岩性段反射特征在横向上的变化。主要构造部位，纵剖面使用率不少于1/4，横剖面使用率不少于1/8。

3)断层解释

断层解释包括两个方面的工作，一是确定剖面上的断层性质，即断点解释(断点的剖面解释和断层识别)；二是对断点进行平面组合，即对断层的平面解释。

(1)断层在地质剖面上的响应特征包括：反射波同相轴错断、标准层反射波同相轴发生分叉扭曲等局部变化、反射波同相轴突然增减或消失、产状突变以及出现特殊波等(图6-4-3)。

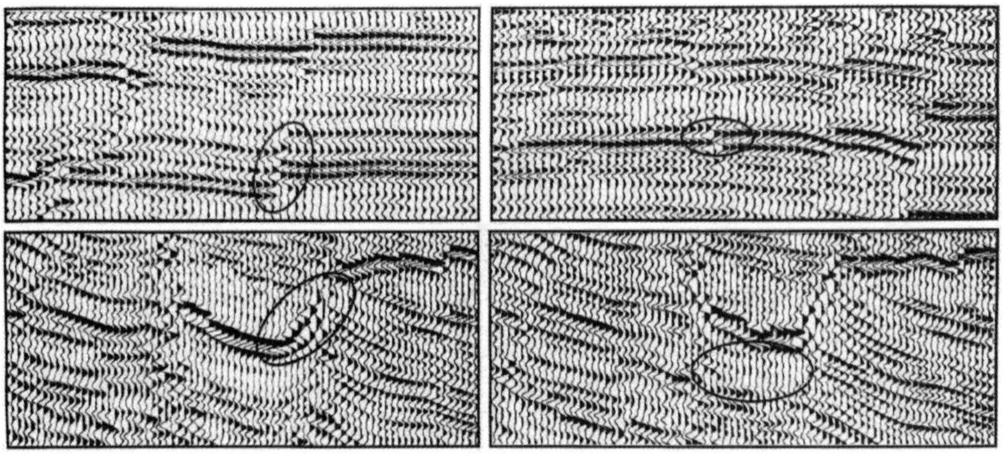

图6-4-3　地震剖面上典型的断层标志

(2)断层解释需要确定断层性质、断层走向、倾向、倾角和断距等基本要素。

(3)断点组合应符合地质规律，如在挤压应力条件下以发育逆断层为主，组合时应先主后次、先简单后复杂。断点组合是一个认识-修改-再认识的过程。

4)切片解释及三维地震体解释

切片解释包括相干体切片和水平时间切片等解释，用于识别断层、地层、背斜、断块高点及岩性变化等各种地质现象在时间切片上的显示特征，并与纵横剖面解释结合，对层位及断层解释的合理性进行检查。

5)地震解释质量控制关键节点

(1)层位解释质量控制：包括标准层、参考标准层和砂层组、特殊地质体追踪。层位闭合解释检查(同相性，振幅强弱、稳定性，波形特征相似性，界面反射时差规律渐变性)；高点位置、面积、幅度检查(细化色标、沿层属性检查与剖面解释一致性)；不整合面解释、地质异常体界面解释合理性检查；所有探井的层位对比解释精度检查。

(2)断层解释质量控制：剖面断层解释一致性、渐变性、继承性、闭合性，断层性质解释及对构造控制作用解释合理，在不同方向的剖面上同一断层面应闭合；断层平面解释与组合规律性，平面上展布特征合理；平、剖解释一致性，断层断开的层位、落差解释合理，断层的相交、切割关系合理；断层属性解释检验(相干体、水平时间切片、蚂蚁体等)，不漏掉落差大于半个相位以上的断层。

5. 构造图编制

1)时间构造图编制

不应漏掉面积大于0.2km^{2}以及幅度大于10ms的构造圈闭；不漏掉延伸长度大于10

个 CDP 的断层；时间构造图上所显示的地质现象、构造形态应与等时切片一致；构造变化趋势与剖面一致，符合地质规律；对于工作站编制的时间构造图，构造等值线修改幅度应小于等值线间距的1/3。

2)速度场建立 – 时深转换

空变速度场建立及时深转换的具体做法及质量控制：由均方根速度，采用 Dix 公式得到层速度；在获得层速度基础上，获得各目的层初始平均速度模型；利用井点速度数据对速度体的速度校正，得到与井点吻合程度更高的速度体；时间网格与速度网格相乘获得初始深度网格；再根据井点深度数据对初始深度网格进行空间趋势校正得到准确的深度构造网格(图 6 – 4 – 4)。

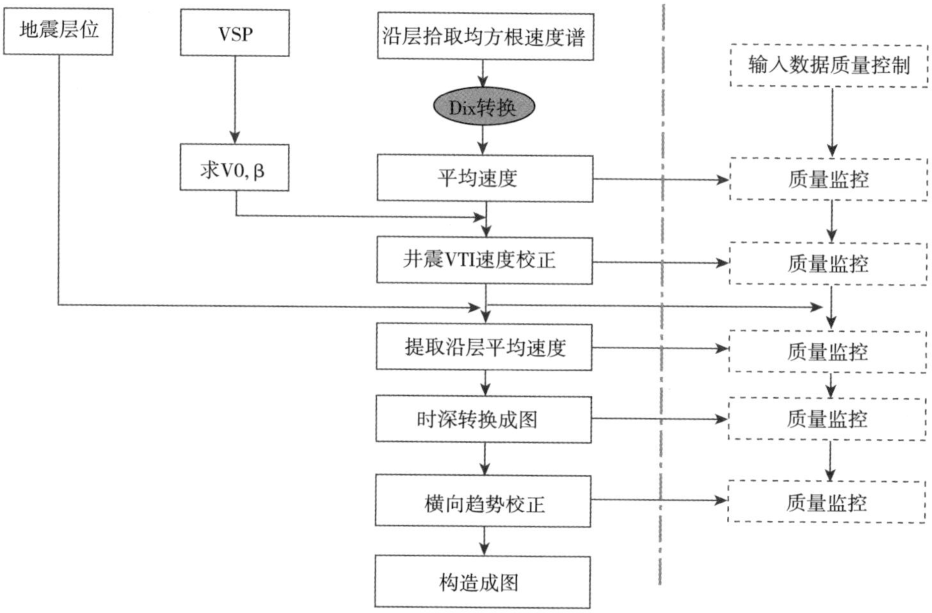

图 6 – 4 – 4　地震解释构造成图流程与监控流程

3)深度构造图编制

在速度横向变化大的地区，应利用空变速度场对时间构造图进行时深转换，作出构造图(或深度图)。不漏掉幅度大于 15m、面积大于 0.2km^2 的构造圈闭；断层级别、断层延伸长度、断层组合、掉向与时间构造图一致；等值线、断层及各种地质现象的勾绘和表示方法与时间构造图相同，等值线勾绘合理、符合地质规律。

6. 地震地质综合解释

(1)地震综合解释：构造特征分析，盆地(坳陷)的性质、区域构造特征、二级构造特征、局部圈闭特征；断层对沉积和构造的控制作用；构造演化特征及其影响；地层的分布、厚度、接触关系，地层的岩性、岩相特征；预测圈闭部位的储层、盖层、底板层及其空间配置关系；分析圈闭形成条件、圈闭类型及其分布规律。

(2)综合地质解释：在地震解释工作完成后，结合地质、钻井及其他地球物理资料进行综合地质解释。构造演化史、沉积演化史及热演化史研究；生、储、盖层分布研究；圈闭及成藏条件分析。

(3)圈闭评价及勘探部署建议：包括井位建议和下步地球物理勘探部署、资料重处理建议及进一步解释研究工作重点。其中，圈闭评价是在优选出含油气有利区带的基础上，依据油气成藏理论，以石油、天然气勘探数据库为依托，充分利用地面物化探资料、井筒资料和综合研究资料，进行圈闭识别和可靠性评价，采用综合评价方法，对识别出的圈闭进行含油气性分析、资源量计算、经济评价、圈闭综合排队优选和可钻圈闭的精细描述，进而提出预探井部署设计意见，并对已钻探圈闭进行圈闭钻探效果分析和反馈评价(图6－4－5)。

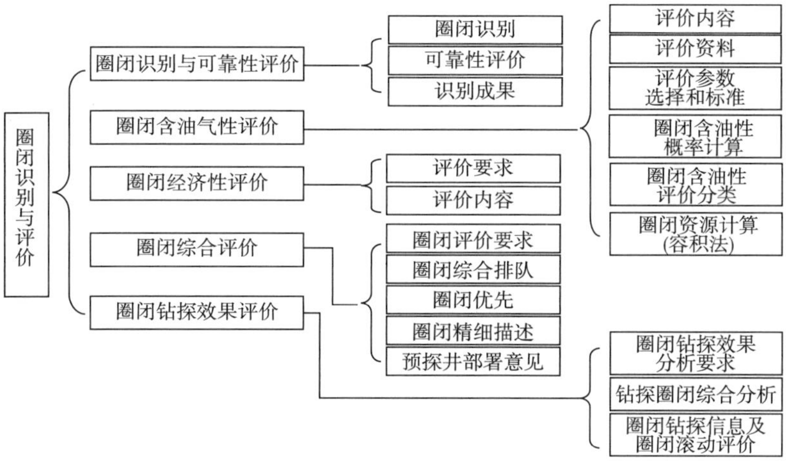

图6－4－5　圈闭识别与评价流程图

油气预探阶段的圈闭评价按圈闭识别及其可靠性评价、圈闭含油气性评价、圈闭经济性评价、圈闭综合评价、圈闭钻探效果评价的程序循序渐进地进行。

(三)构造解释成果图件

构造解释成果图件应包括：时间构造图(等 t_0 图)；等厚度图；深度构造图；综合评价图；断层要素统计表；构造圈闭要素表；主要圈闭的控制剖面和设计井位的十字剖面；目标地质任务所需其他图件。

(四)地震资料构造解释注意事项

地震资料构造解释现阶段主要是由解释员手动解释，层位及断层自动解释现在的机器智能还没达到要求，随着今后人工智能的高速发展，推测解释员的工作会被人工智能取代。通常手工解释工作往往费时费力，也需要有经验的解释员。因此，在地震资料构造解释时应该注意以下几个事项：

(1)解释拒绝粗糙，要向精细解释方面发展；

(2)在解释中要有地质的概念，在解释前要了解研究区的地质概况；

(3)在构造复杂的地区进行地震资料构造解释要判断主要构造及波组特征的关系。

首先，在解释中要理解反射波的产生过程，确定其是否为地层的真实反射，拒绝对虚假同相轴进行解释。有的波是由断层绕射或侧面等其他因素产生的，在解释过程中要加以注意。其次，要理解构造应力的方向及期次。

第二节 地震资料沉积解释

地震解释工作除了开展地下地质构造形态的解释，还需要充分发挥三维地震资料的优势开展地层、岩相和沉积体系等方面的解释，并对整个盆地的沉积特征、古地理及地质发展史做出解释，为寻找岩性地层圈闭油气藏服务。

一、地震地层学解析

(一)地震地层学概念

地震地层学是以反射地震资料为基础，进行地层划分对比、判断沉积环境、预测岩相岩性的地层学分支学科。它根据地震剖面中的地震特征来划分沉积层序，分析沉积相和沉积环境，并进一步预测沉积盆地中的有利油气聚集带。

地震地层学旨在建立地震反射特征与地层、沉积相、沉积体系之间的联系，利用地震资料(地震剖面及切片)研究沉积相和沉积环境。其主要任务包括划分地震层序并建立区域地层轮廓、地震层序的地震相分析、地震相的沉积相解释和沉积盆地的含油气性分析。

(二)地震层序分析

1. *地震层序分析概念*

地震层序分折指在地震剖面上划分地震层序、确定层序形成地质年代及进行相应作图的过程。通过地震层序分析可以得到沉积层序的分布规律，成为地震地层学解释和地震层序地层学解释工作的重要组成部分。

2. *地震反射的地层学意义*

1)地震反射界面与层面、不整合面和岩性界面的关系

地震反射界面实质上是地层的波阻抗界面，而地层界面与岩性界面有时相符有时不相符。当同一地层内的岩性横向变化形成岩性界面时，需要确认连续地震反射是沿着地层层面还是沿着岩性界面。实践表明，连续地震反射同相轴通常沿着地层层面和不整合面，地层内部的岩性界面一般不产生连续反射，但通常会改变层面和不整合面反射的地震波波形。来自层面和不整合面的连续地震反射使地震反射具有地层学的含义，为利用地震剖面开展层序分析提供了必要的条件。

2)地震界面的时间分析

所谓时间界线就是把较老的地层与较新的地层分开的一个地质时间界面。不整合面就是一条时间界线，多个年代的地层界面可以汇合成一个界面，表明在时间上有很大的间断。因此，不整合面形成时间可以通过在连续沉积或沉积缺失较少的地点测得，这些时间界线之间的层序就成了年代地层的时间区段。

3)地层剖面与地震剖面的关系

研究地层剖面时既要观察已记录下来的沉积物，还需要注意不同级别的沉积间断及其延续时间。根据地质剖面与地震剖面之间的关系可得出以下四点认识：

(1)沉积间断面是引起地震反射的基本波阻抗界面，沉积间断面可大可小，只有当小

层之间的沉积间断面具有下列条件时才有可能形成地震反射：受地震分辨率的限制，上下两套岩性地层之间应具有一定的厚度；上下两个相似岩性段之间由于形成时间的差异产生了足够大的密度和速度差；区域性构造运动引起的时间跨度可大可小的不整合面；若干薄互层之间反射系数较大的沉积间断面。

(2)明显穿时的岩性界面形成地震反射界面的可能性很小，但生物礁、侵入岩体和塑性体除外。

(3)深水、半深水相砂泥岩剖面中，能形成地震反射同相轴的薄层砂岩体顶界面相当于等时面，分布范围较广泛，可能表现为单轴反射。

(4)盆地沉积越复杂、地震分辨率越高、研究精度越高则越不能把实际地震剖面段设为连续、均匀或层状介质模型来开展资料处理和解释，特别是对于陆相内陆盆地更是如此。

3. 地震层序划分的典型标志

地震层序是一个时间地层单元，是沉积层序在地震剖面上的反映，划分地震层序首先就是要识别限定地震层序的界面。按照层序定义，层序之间的接触关系有三大类：整合或整一；侵蚀不整合或构造不整合；沉积间断与不协调。划分地震层序的关键就是确定代表层序边界的不整合面和与之对应的整合面，在地震剖面上则主要依据反射终端特征来确定不整合面的位置，并进一步追踪与之对应的整合面。其中：

不整合是地层序列中两套地层之间一种不协调的接触关系，通常指地层形成过程中的突发性地壳上升和已沉积的地层遭受褶皱或剥蚀事件，导致地层剖面中出现层位缺失和陆上剥蚀面(不整合面)等。

整合则是指不同地层单位之间在沉积盆地轮廓、沉积环境变化和生物群演替方面没有发生重大变革，也不存在较长时间的、明显的地层缺失和不整合面，表明该地区地壳运动相对稳定，一直处于持续下降或持续上升状态，导致沉积物能够连续沉积而形成整合接触。

Vail根据层序边界在地震剖面上的反射终止现象建立了地层层序的基本识别标志，划分了上超、下超、顶超和削蚀四种接触关系，其中上超和下超又统称为底超。它们的特点及地质意义：

(1)上超是一套水平(或微倾斜)地层逆着原始倾斜界面或不整合面向上超覆尖灭。通常是水域不断扩大时的逐步超覆沉积现象。

(2)下超则是一套水平地层(或微倾斜)沿原始沉积界面或沉积间断面向下超覆，又称远端下超。通常表示顺着水流方向的前积现象，意味着较年轻地层依次超覆在较老的沉积界面上，该现象常出现在三角洲前缘沉积中。

(3)顶超是一个沉积层序中上界面处的超覆尖灭现象，它与削蚀可共存，有时两者无截然界限，地震剖面上往往不易区分。它是局部基准面太低情况下沉积物过路作用的结果，表明无沉积作用或水流冲刷作用的沉积间断。

(4)削蚀指沉积层序界面上出现的反射同相轴终止现象，是侵蚀作用造成的地层侧向中断，是构造运动(区域抬升或褶皱作用)造成的剥蚀间断。

地震层序界面的地质属性通常要通过钻(测)井资料来确定，采用合成地震记录及垂直地震剖面(VSP)等资料对地震反射层所对应的地质层位进行标定，建立起地震反射与地质分层之间的对应关系，并结合古生物、古地磁及放射性年龄测定等资料来确定其年代地层格架。

4. 地震层序的划分

沉积层序的厚度一般为几十米到几百米不等，由地震反射层与地层界面和岩性界面的关系可知地震反射资料总是受到分辨率的限制，普通的地震剖面一般只能划分几十米以上的地震层序，而高分辨率地震剖面视其分辨能力的大小可以把层序划分得相对细一些。在实际划分层序过程中，一般先在地震剖面上通过不整合面来确定较高级次的层序边界，然后结合钻井和测井资料划分出次级的沉积层序。

层序划分旨在建立正确的地震层序并确立有代表性的地层沉积格架，进而恢复区域构造运动史以及盆地的沉积发育史。因此，在地震层序划分的过程中通常选择品质较好的地震剖面，并以平行沉积走向的剖面为主，辅以垂直沉积走向的剖面，同时选择通过具有特殊地震反射结构的主要沉积体的地震剖面开展分析工作。井旁地震道的时频分析结果和测井资料中的认识能够合理地划分不同层级的地震层序。

(三)地震相分析

1. 地震相分析基础

地震相是沉积相的反映，因此可以通过解释将地震相转换为沉积相。地震相分析的关键就是根据地震相特征，结合钻井、测井等资料将地震相转为相应的沉积相。但地震相只是一个地震层序中具有相似地震反射特征的地震单元，地震相与沉积相之间并不存在绝对的对应关系，即一个层序内可以有若干个地震相单元，每个单元可以自成体系代表不同的沉积相，有时一个地震相单元中可能包括两种或两种以上沉积相；反过来，一个沉积相也可能表现出不同的地震反射特征。

2. 地震相参数

地震相参数是指地震相内部那些对地震剖面的面貌有重要影响并且具有沉积相意义的地震反射参数。地震相参数是识别地震相的标志，在地震相分析中最常用的识别标志包括地震反射基本属性(同相轴连续性、地震振幅、频率和相位等)和内部反射结构、外部几何形态、边界关系(包括反射终止型和横向变化型)、层速度等。这些地震相参数具有典型的特征和地质意义，在分析这些地震相参数时常用的地震属性及相应的一般性地质解释见表6－4－1。

表6－4－1　常用地震相参数与地质解释

地震相参数	地震属性	地质解释
内部反射结构	瞬时频率、倾角	物源方向、沉积过程、沉积模式、沉积过程侵蚀和古地形、流体界面
外部几何形态和平面分布关系	倾角、倾角带宽	总的沉积环境、物源方向、沉积背景
反射连续性	瞬时频率和相位的变化、倾角带宽	地层连续性、沉积过程的稳定性
反射振幅	振幅	速度－密度差、地层岩性、地层厚度、地层结构、流体成分
反射频率	瞬时频率、瞬时带宽	地层厚度、流体成分、岩性结构
层速度	—	岩性、孔隙度、流体成分

1）内部反射结构

内部反射结构是指地震剖面上层序内部反射同相轴的延伸情况及其相互关系。它是鉴别沉积环境的主要地震标志，也是揭示总体地震相模式或沉积体系最可靠的地震相参数。Mitchum 等将内部反射结构的形态划分为平行与亚平行反射结构、发散反射结构、前积反射结构、波状反射结构、乱岗状反射结构、杂乱反射结构和无反射结构等几类。常见的内部反射结构有平行、亚平行、不平行三种，其中不平行主要有前积结构和杂乱反射两种情况。

2）外部几何形态

外部几何形态指地震剖面上由某种地震反射结构组成的几何体在三维空间内的分布状况。外形提供了有关沉积体的几何形态、水动力、物源及古地理背景等方面的信息，可以分为席状、楔形、帚状、透镜状、丘状、充填状等（图 6－4－6），并且与内部反射结构往往具有一定的关联性。

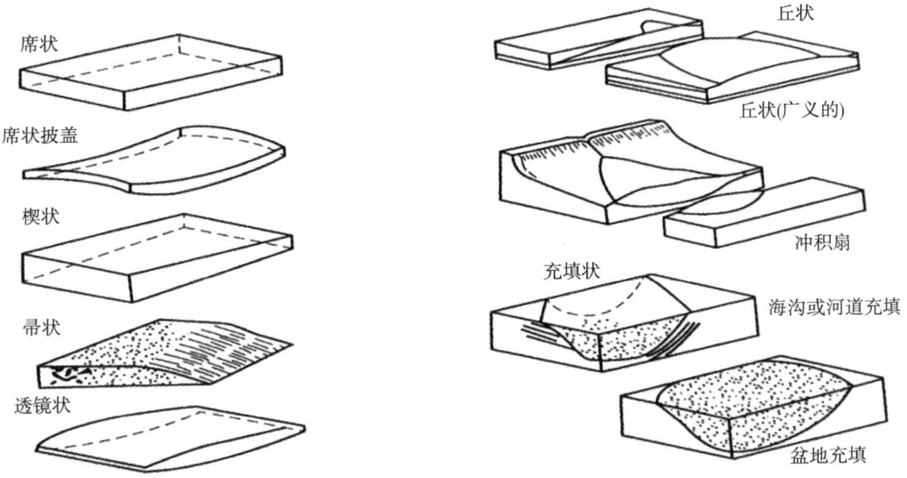

图 6－4－6　几种典型的地震相外形示意图

3）连续性

连续性是指地震同相轴连续的范围大小，同相轴连续性与地层本身的连续性有关，主要反映不同沉积条件下地层的连续程度及沉积环境的变化情况。通常，反射连续性好代表地层连续性好，反映了沉积条件稳定的较低能环境；反之，连续性差代表地层横向变化快，反映了较高能的不稳定沉积环境。衡量连续性的标准包括长度标准和丰度标准。可大致分为：连续性好，即同相轴连续性长度大于 600m，且在地震相单元中占 70% 以上；连续中等，即同相轴连续性长度介于 200～600m；连续性差，即同相轴长度小于 200m，连续性差的同相轴在地震相单元中占 70% 以上（图 6－4－7）。

4）振幅

振幅与反射界面的反射系数大小直接相关，同时地震振幅中包含反射界面上下地层岩性、岩层厚度、孔隙度及所含流体性质等方面信息，可用来预测岩性横向变化并直接开展烃类检测。在利用振幅强弱变化判断岩性与岩性组合时，标准主要包括强度标准与丰度标准（图 6－4－7）。

强度标准分为强振幅、中振幅和弱振幅三种。而丰度标准则指在一个地震相中，强振幅同相轴占 70% 以上时称为强振幅地震相；弱振幅占 70% 以上时称弱振幅地震相；介于两者之间则称为中振幅地震相。

5）频率

在地震时间剖面上用肉眼所观察到的是视频率，反映了反射同相轴排列的稀疏程度。地震波频率信息与地层结构、反射层厚度、层速度变化等地质因素密切相关。因此，在地震相分析中可以采用频率特性作为辅助参数。频率可按波形和排列疏密程度分为高、中、低三级（图6－4－7）。

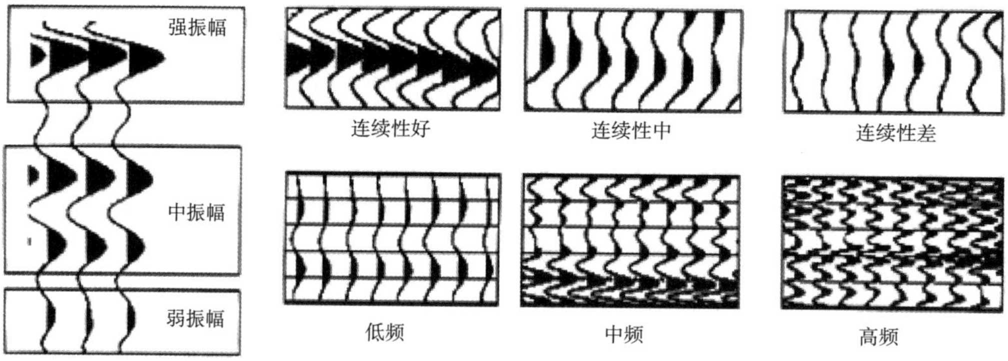

图6－4－7　反射波连续性、振幅和频率等级划分示意图

3. 典型地震相模式

大陆边缘盆地单元可以划分为陆棚、陆棚边缘与前积斜坡、盆地斜坡与盆地底部三个部分，将沉积体系概念全面引入地震相解释中，强调古地理背景对沉积体系类型及相应地震反射特征的控制作用。通常，河流将泥砂携带到河口形成三角洲，三角洲中砂质被波浪和沿岸流进一步搬运到两侧浅水或陆棚区形成沿岸砂坝；三角洲沉积物的不断堆积和推进，可引起滑塌并形成浊流，沿大陆斜坡或海底峡谷向下倾方向搬运到深海区形成海底扇。其中，典型的地震相包括前积相、充填相、丘形相等。

4. 基于地震数据的地震相划分与地质解释

传统地震相划分方法通过肉眼观测来描述，即观察和描述地震剖面上的反射特征，类似于岩心和露头的沉积相分析，俗称“相面法”。目前，模式识别、神经网络等人工智能技术在地震相分析中得到广泛应用。因此，通常在地震相参数特征分析的基础上采用多种地震属性或者地震道波形特征开展聚类分析，通过实际地震道特征与已知地震相的地震资料反射特征的对比分析，结合地震相干体等来确定地震资料中的连续性及边界特征。

5. 地震资料的沉积特征解释

地震资料的沉积特征解释旨在通过地震资料来解释地层沉积特征，主要包括层序分析、沉积体系分析和岩性分析三部分内容。其中：

层序分析指通过划分地震层序，标定地震反射层与地质层位的关系进而划分和对比沉积层序，在弄清地层横向分布规律的基础上，建立盆地内层序地层格架。

沉积体系分析则主要利用地震剖面反射结构、外形等信息，确定地震相类型与分布特征，结合已有的钻井和测井资料，将地震相转换为相应的沉积相和沉积体系。

岩性分析则主要是通过研究振幅、频率、速度和波形等地震信息与岩性和储层的关系，来预测储层的厚度和横向变化等。

地震沉积学是利用地震信息研究沉积岩形成过程的一门学科。地震沉积学研究中最关键的三项技术是90°相位转换、地层切片和分频解释。其中，90°相位转换使地震同相轴具有了地层意义，可以用于高频层序地层的地震解释；地层切片是沿两个等时界面间等比例内插出一系列层面并提取属性切片来研究沉积体系和沉积相平面展布的技术；基于不同频率地震资料反映地质信息的不同，采用分频解释的方法，使地震解释结果的地质意义更加明确。切片在地震解释中发挥着非常重要的作用，但在不同的应用场合存在一定的联系和区别，图6－4－8展示了几种地震数据体切片方法。

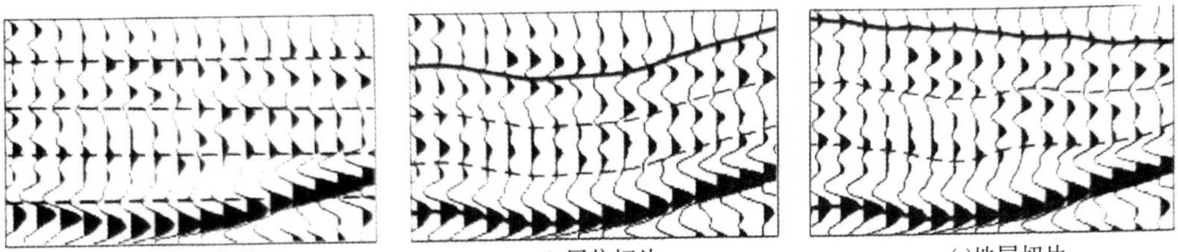

(a)时间切片　(b)层位切片　(c)地层切片

图6－4－8　不同类型的地震数据切片示意图

第三节　复杂断块构造精细解释实例

东濮凹陷文明寨油田是被多向正断层切割的极复杂断块油田，含油层系多。次级断层发育，构造极其复杂，小断层识别、低幅度复杂构造解释是该区研究的难点。

一、研究区概况

文明寨油田位于东濮凹陷中央隆起带北端，被两期断裂活动所形成的多向断层切割，形成上下重叠、左右相嵌的极复杂断块油田。明一块位于文明寨油田中部，是主要开发区块之一。断块内不同的次级断层发育，将明一块内部进一步分割，使其构造极其复杂化。在明一块3.9km^2的含油面积内有含油断块77个，断块密度约为19.7个/km^2，其中小于0.1km^2的断块占77.4%，平均单井钻遇断点为4.8个。

二、地震资料构造精细描述技术

地震资料构造精细描述技术主要包括断裂体系和构造幅度的描述。在复杂断块区，断裂体系的描述主要是对不同级别断层的识别与解释，在开发中后期四级以上小断层的描述尤为重要。小断层的具体描述方法主要有水平切片、相干数据体分析、多方向切线、开发“动、静态”资料联合分析。应用水平切片、相干数据体分析技术对断层及其断裂系统进行平面宏观认识，利用放大的时间剖面、多方向切线、开发“动、静态”资料联合分析技术对隐伏小断层进行识别与精细刻画。构造幅度描述主要是通过优化成图参数来减小对微幅构造的平滑作用，使微幅构造的幅度和特征更加突出与真实。通过对东濮凹陷开展高精度地震勘探技术攻关，地震资料信噪比和分辨率显著提高，断裂结构清楚，断点清晰可靠，为文明寨复杂断块油藏的精细描述提供了良好的资料基础。

（一）反射层位精细标定

层位标定工作是地震资料解释的基础，即通过地震、地质标定，把地震反射同相轴同测井和地层岩性联系起来。通过精细的地震地质层位标定，建立井筒位置储层与地震资料之间准确的对应关系，可以提高构造解释与储层预测的精度。

在复杂断块构造区，断层多、断块破碎，导致稳定的地震标志层特征不明显，横向识别困难。为了实现精细的地震地质层位标定、建立良好的井震对应关系，在明一块构造精细解释和储层预测中探索了一套符合实际的技术方法：

（1）先简单，后复杂。即先选择构造相对简单、地震波组相对稳定、标志层特征相对清楚的部位进行标定，后在构造相对复杂部位选择相对完整的断块按组、段等进行分段标定。

（2）先单井，后多井标定。先选择钻遇层位相对齐全、地质标志层特征明显、地质分层可靠的钻井作为标定的种子点进行单井标定，后进行多井联井剖面标定，把同一个地质层位标定在地震反射特征一致的位置上。

（3）利用“特征控制点”进行漂移校正。利用井上可靠的地质分层断点和地震剖面上特征明显的断点对应关系，以及不同组段内稳定的反射层或特殊岩性反射作为单井标定的“特征控制点”，对由单井拟合的时间－深度曲线进行分段漂移校正。

（4）实现多种信息相关一致。多种信息与地震剖面相关对比，使声波、VSP提供的时深关系一致，单井时深关系与区带综合速度一致，区域标准层、特殊地质体反射层一致，最终达到精细层位标定的目的，赋予地震信息地质含义。

（二）井间小断层识别与解释

明一块断裂系统因构造多期活动形成的次级小断层极为发育，断层落差一般只有10～30m，倾角大、延伸短。由于断块分割性强、断点众多，仅靠钻井信息来识别往往存在未钻遇的小断层无法识别、个别井钻遇的小断层平面无法控制、小断层空间形态不能确定等问题。利用高精度地震资料，结合丰富的地质资料和开发动态资料，采用时间剖面放大、多方向切线控制、开发“动、静态”资料联合分析等技术，对井间小断层的展布开展了识别和解释研究。

1. 时间剖面放大解释

在常规比例显示的地震剖面上，一些垂向断距较小的断层通常没有明显反射波组突变、同相轴错断和断面波特征，有时仅表现为同相轴的扭曲，难以识别。但是，通过将剖面放大和振幅值放大，可以明显突出断层两侧地震同相轴的变化及错断特征，有效地解释小断层。例如，通过对剖面纵向近3倍的放大，解释发现了m218井与m83井之间一条倾角83°、最大断距18m、延伸长度170m的小断层。

2. 多方向切线控制解释

通常情况下地震主测线的部署与工区内主断裂和局部构造单元的走向垂直，因而利用地震主剖面可直接解释主断层。而次级断层，尤其是小断层延伸短，平面走向与主断裂及构造单元展布方向往往具有一定的夹角，按照正常的主测线和联络测线网格解释时很难发现，特别是一些与主测线或联络测线近于平行分布的小断层。通过多方向测线的控制解释，发现并落实了m155井和m1－14井间小断层，最大断距11m、最大倾角79°～62°、延伸长度400m（图6－4－9）。

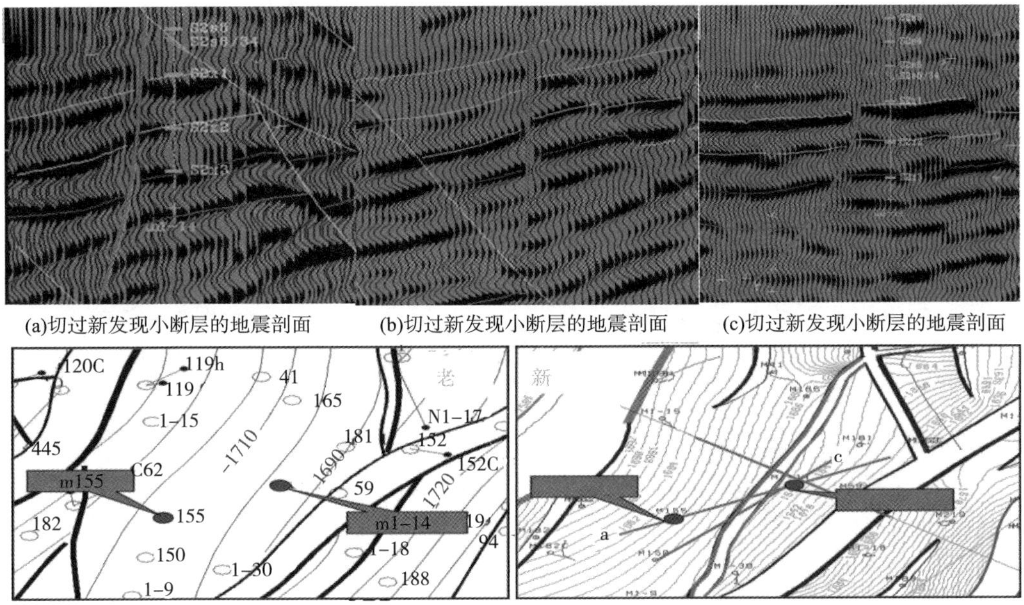

(a)切过新发现小断层的地震剖面　(b)切过新发现小断层的地震剖面　(c)切过新发现小断层的地震剖面

(d)原解释构造图　(e)重新解释的构造图

图6-4-9　多方向切线的控制解释

3. 相干体分析

相干体解释技术是较有效的断层解释技术，尤其是它突出了小断层的特征，为小断层位置的准确界定提供了便利。通过相干体切片解释及与地震剖面约束解释，可有效确定小断层的延伸方向及组合模式，避免剖面解释结果的随意性，提高小断层解释的精度。首先，通过相干体浏览，认识不相干条带的平面分布及纵向延续情况，分析判别哪些是断层引起的，哪些是地层、岩性变化引起的；其次，在不同时间的相干体切片上，对具有继承性发育、平面上具有一定延伸长度的不相干条带进行定义、解释，并根据解释结果在地震剖面上的投影，确定断层在剖面上的位置；最后，通过相干体切片和地震剖面的相互约束确定断层的空间分布。应用这种技术方法有效落实了明一块陡直小断层。通过该方法发现落实了 m325 井与 m156 井之间的陡直断层，最大断距 12m、倾角 83°、延伸长度 580m（图6-4-10）。

4. 开发“动、静态”资料约束解释

受地震分辨率的限制，利用地震精细解释、相干分析等技术不能很好地识别井间断距小于 10m 的隐伏断层，而这些断层在开发过程中，尤其是注水开发时，会使油水关系复杂，给注水开发带来极大的不便。这样的断层可以利用开发动、静态资料进行判别。

方法如下：首先，是利用动态资料分析井间注采效果及与构造-断块间的矛盾；其次，利用静态资料判别可能存在注采矛盾的因素，根据同断块内注采矛盾情况，排除砂体变化的影响，考虑注采两井之间隐伏断层的存在，利用动静态资料约束地震解释确定结果；最后，根据动静态结果和地震数据的多方位解释，在地震剖面上寻找断层迹象，确定断层的位置并完善构造图。如 m215 井区，2004 年 7 月转注，累计注水 $4.6\times10^4m^3$，油井 C1-2 见效明显，m1-35 没有见效，对比 m215 井与 m1-35 井地层及砂层变化不大，分析认为注水不见效的原因可能是隐伏小断层，在此认识的指导下，通过精细解释，在两井间发现并落实了井间断层，最大断距 10m，较好地解决了注采矛盾(图 6 - 4 - 11)。

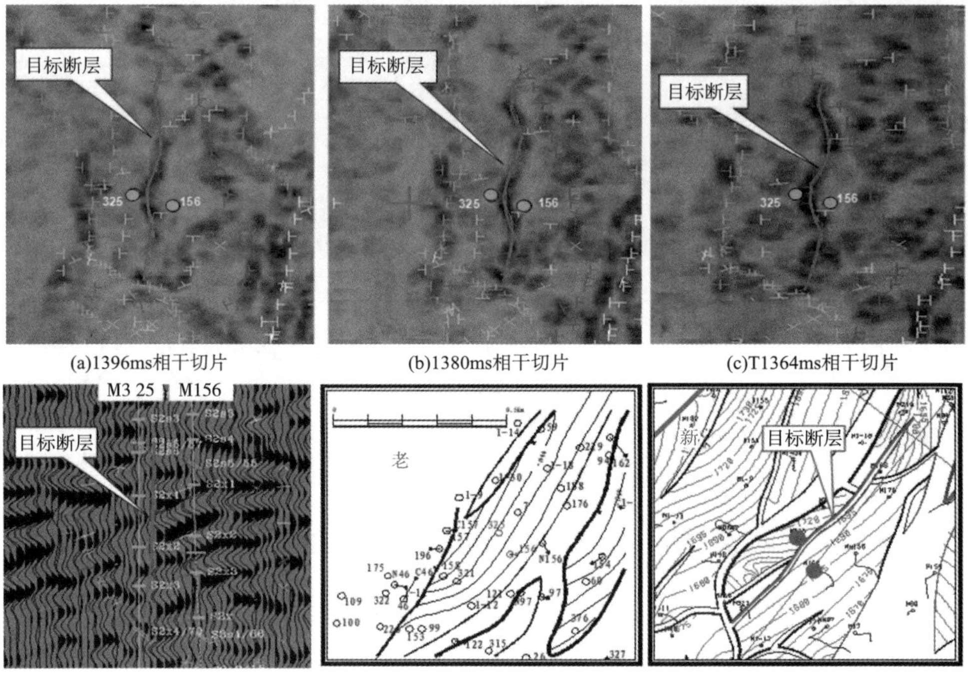

(a)1396ms相干切片　(b)1380ms相干切片　(c)T1364ms相干切片

(d)地震剖面　(e)老构造图　(f)新构造图

图 6 - 4 - 10　利用多体约束识别与解释井间陡直断层

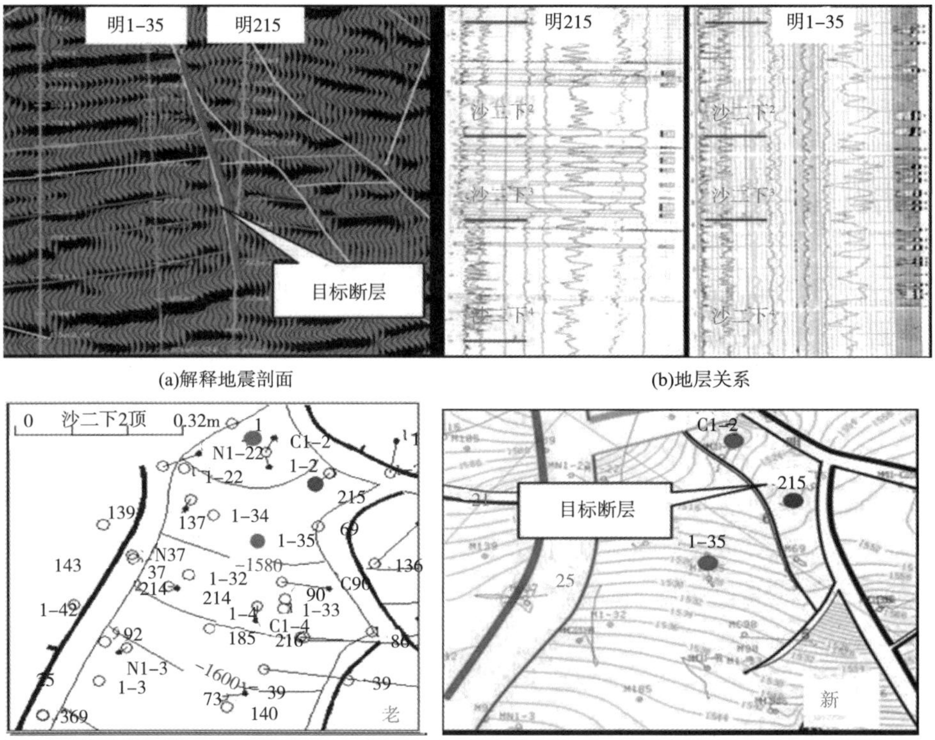

(a)解释地震剖面　(b)地层关系

(c)老构造图　(d)新构造图

图 6 - 4 - 11　利用动、静态约束法解释落实的井间断层

(三) 低幅度构造解释

低幅度构造对剩余油分布起着重要的控制作用。断层活动、断距大小和走向的突变以及断层的交汇形成了一系列的微断鼻、“墙角”式微断块构造，沉积体厚度变化造成的差异压实作用也能形成微鼻状构造。在开发实践中，钻井证实明一块内存在局部微高点，同时分析认为，由于小断层的发育，明一块“墙角”式微断块构造也应该存在，为此，在精细识别和解释小断层的基础上，对明一块低幅度构造进行精细解释研究。一是严格遵循同相轴产状变化，开展精细的层位解释追踪；二是通过精细的钻井控制，明确井间地层起伏变化；三是逐线精细解释追踪控制低幅度圈闭形态；四是精细刻画断裂结构及小断层空间展布，精确落实断块边界；五是利用水平切片放大效应精确识别地震剖面上起伏不明显的微幅构造；六是确定合理的层速度及小间隔等值线成图来满足油藏最小幅度变化。

应用上述技术方法，进行井间断层的识别和解释，进一步落实了明一块沙二下亚段4个砂层组5m以上低幅度圈闭及主体构造边角构造高点，为小断块内注采方案调整和挖潜剩余油奠定了基础。

三、应用效果

明一块沙二下油藏构造复杂，小断层、微构造和储层非均质性控制它的剩余油分布。利用复杂断块构造和储层精细描述技术方法，明确了小断层的组合特征，在约10km^{2}油田范围内新发现落实断距10m以上井间断层60条(图6－4－12)，断距一般小于30m，最小的只有6m；延伸长度一般小于300m，最短的小于100m；最大倾角一般大于60°，最大约

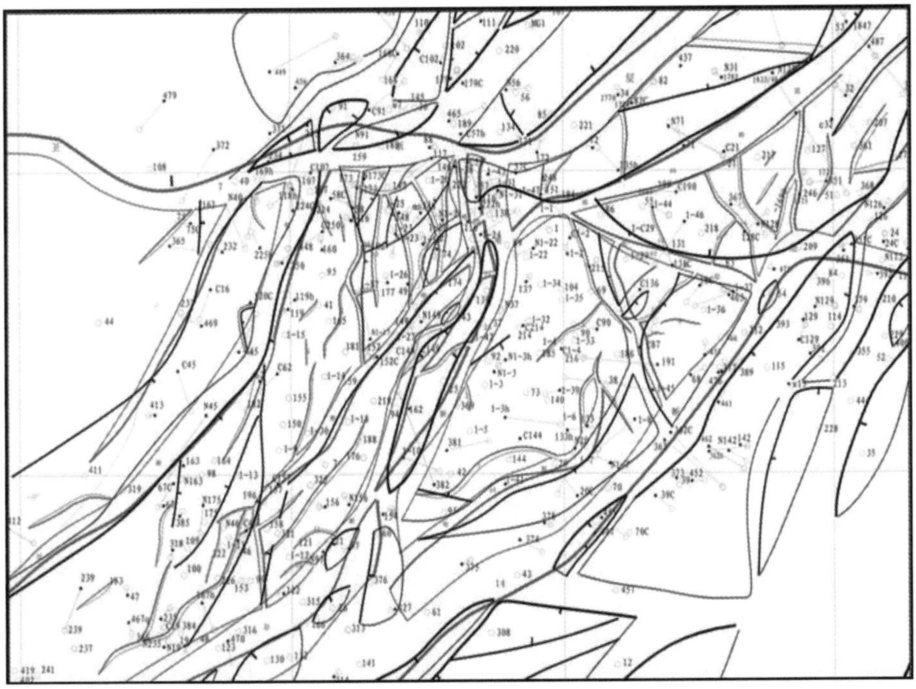

图6－4－12　明一块沙二下2新老断层叠合图

80°。准确落实了断层位置，发现和落实幅度5m以上微幅度构造50余个(图6－4－13)，最小断块面积0.01km^2。描述了7个厚度大于5m以上单砂层井间分布特征，弥补了单纯利用钻井数据勾绘砂体分布时无法判定井间砂体变化的不足。

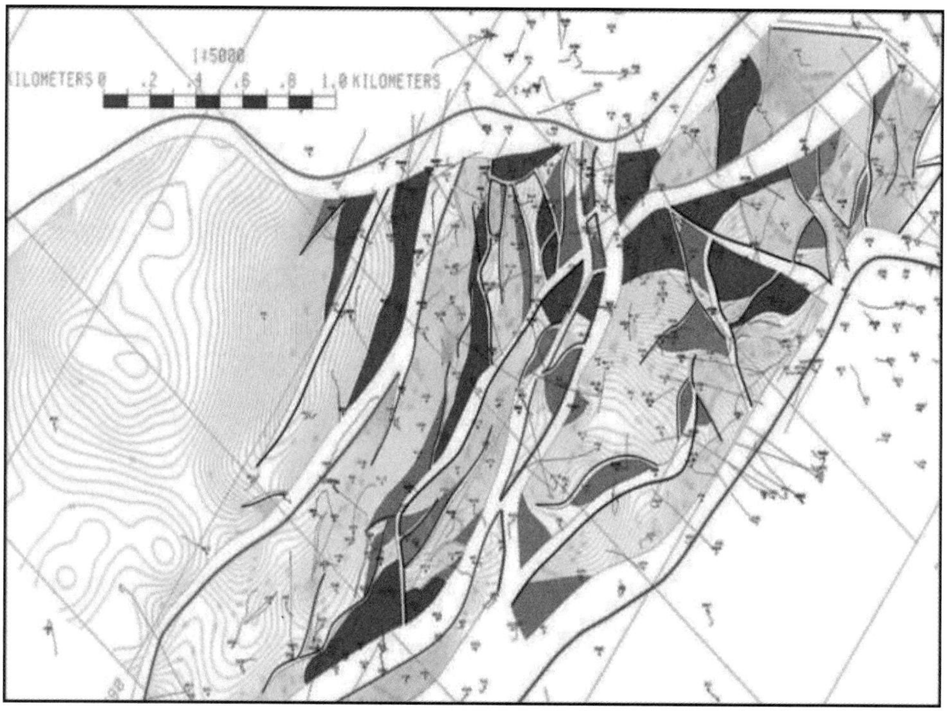

图6－4－13　明一块沙二下2低幅度圈闭分布图

根据研究成果，在明一块部署并实施新钻井6口，单砂体注水调整井3口。其中，新钻井投产后单井平均钻遇油层9.3m/6层、平均单井日产油8.1t；调整井实施后，解决了注采矛盾较为突出的m147井区等区块的注采关系问题，取得了较好开发调整效果。同时，新钻井证实，单砂体厚度地震预测精度达到78%以上，实钻砂体厚度与预测砂体分布吻合程度较高。

第五章　地震储层预测

地震储层预测技术就是以地震信息为主要依据，综合利用地质、测井、油藏等信息作为约束，对油气储层的品质参数，如几何特征、地质特性、油藏物理特性等，进行预测的一门专项技术。主要分为4个方面：一是岩相预测，即控制储层发育的相带；二是岩性预测，包括储层的岩性、厚度和顶面构造形态；三是物性预测，如孔隙度、渗透率等；四是含油气性综合分析，即研究储层内所含流体性质及其分布、饱和度等。地震储层预测技术是油气勘探开发的主导技术，可根据不同研究目标和勘探开发阶段，提供不同类型、不同精度的储层预测成果。

第一节　关键技术及流程

地震储层预测的主要过程包括“找规律、提信息、作解释”3个过程。“找规律”是基础，以地质模式为指导，发现储层和非储层可识别的地球物理差异，关键在于岩石物理分析。“提信息”是关键，就是把储层和非储层可识别的差异信息从地球物理资料中提取出来，是地震储层预测方法技术的研究内容，主要包括地震属性分析和地震反演、地震裂缝预测、地震含油气性检测等关键技术。“作解释”是目的，就是根据从地球物理资料中提取出的储层和非储层差异信息解释其空间展布形态、储层非均质性、储层物性和含油气性等。

(一)岩石物理建模

岩石物理建模是研究岩石与物理学性质之间关系，建立地球物理勘测所获得的物理量与地下储层及流体性质等油藏参数之间的对应关系，为正确解释地球物理资料(地震及测井)提供依据；研究参数包括岩性、矿物成分、胶结性质、孔隙度及形状、流体性质及饱和度、黏滞性，对应的物理参数包括密度、纵波速度、横波速度、其他弹性参数(泊松比、杨氏模量等)、测井响应特征、地震反射特征等。

1. 横波估算

横波估算即在理论模型基础上进行岩石物理参数的正演计算，实质上就是岩石有效弹性模量的预测，是在已知岩石骨架性质、孔隙性质和流体性质的条件下，计算岩石有效弹性模量，进而预测纵、横波参数以及泊松比等参数的过程。可进一步利用估算的横波进行叠前弹性参数反演。常用的模型包括 Gassmann 模型和 Xu – white 模型。

2. 流体替换分析

利用岩石基质、骨架和孔隙流体的已知体积模量来计算孔隙流体改变后介质的体积模量，分析在含不同饱和度油气水状态下对应的纵横波速度测井响应及地震反射特征差异(包括叠前和叠后)，以此挑选敏感参数及明确特征参数。

3. 岩性及流体敏感属性参数优选

对于不同岩性的流体饱和岩石，弹性参数及其组合在不同流体饱和后的特征是有差异的。基于岩石物理模型弹性参数正演可以从这些属性参数或者参数的组合中寻求对储层或者含流体性敏感的参数。

(二)地震反演技术

对于地球物理勘探来说，其目的在于了解地球内部的结构、物性参数。地震反演是基于地震资料的地球物理反问题，其主要原理是对地下介质建立合理的参数化模型，利用观测得到的地震数据中的振幅、相位、频率等信息求取地质参数是地震岩性解释技术的核心，其目的是根据地震数据反演地下岩石的物理参数，如波阻抗、速度、密度等，从而推断地下岩性和储层分布。常用的地震反演方法包括递推反演、模型反演、稀疏脉冲反演、弹性波反演等。

递推反演是基于地震反射系数与波阻抗之间的关系，从已知的井资料出发，逐层递推计算波阻抗，该方法计算简单、速度快，但对地震资料的分辨率和信噪比要求较高，且反演结果受初始模型影响较大。

模型反演是根据地质先验信息建立初始模型，通过不断调整模型参数使模型正演的地震数据与实际地震数据匹配，从而得到反演结果，该方法能够充分利用地质信息，反演结果较为稳定，但计算量大，对初始模型的依赖性强。

稀疏脉冲反演是在模型反演的基础上，引入稀疏约束条件，使反演得到的波阻抗剖面中反射系数具有稀疏性，突出主要的地质界面，该方法能够在一定程度上提高反演的分辨率，同时保持反演结果的稳定性。

弹性波反演是利用纵波和横波的地震数据，反演地下岩石的弹性参数，如纵横波速度比、泊松比等，这些参数对岩性和流体性质更为敏感，能够提供更多关于储层的信息，但弹性波反演理论复杂，计算成本高，对地震数据的质量和采集方式要求也更高。

在实际应用中，通常需要根据勘探区域的地质特点和地震资料的品质，选择合适的反演方法，并结合多种反演方法的优势，进行综合反演，以提高反演结果的精度和可靠性。例如，先利用递推反演或稀疏脉冲反演得到初步的波阻抗结果，再以此为初始模型，进行弹性波反演，获取更丰富的储层信息。

(三)地震属性分析技术

地震属性是指从地震数据中提取的能够反映地下地质体特征的各种参数，如振幅、频率、相位、波形、能量等。地震属性分析技术是通过对这些属性的提取和分析，来识别和描述地下岩性、储层和油气藏的分布特征。常用的地震属性分析方法包括单属性分析、多属性分析和属性融合等。

单属性分析是对单个地震属性进行分析，如利用振幅属性识别河道砂体、利用频率属性预测储层厚度等。然而，单一属性往往只能反映地下地质体的某一方面特征，存在一定的局限性。多属性分析是综合多个地震属性进行分析，通过建立属性与地质体之间的关系模型，提高对地下地质体的识别和预测能力。常用的多属性分析方法有主成分分析、判别分析、聚类分析等。属性融合是将不同类型的地震属性或地球物理数据进行融合，以获取更全面、准确的地下地质信息。例如，将地震属性与测井数据融合，能够充分利用测井数据的高分辨率和地震数据的横向连续性，提高储层预测的精度。

随着计算机技术和数学理论的发展，地震属性分析技术也在不断创新和完善。近年来，基于机器学习和人工智能的地震属性分析方法逐渐兴起，如神经网络、支持向量机、随机森林等。这些方法能够自动从海量的地震数据中提取隐含的地质信息，建立复杂的非线性关系模型，提高地震属性分析的效率和准确性，为隐蔽岩性油气藏的勘探提供了新的技术手段。地震属性分析主流软件有 VVA、GeoMagic 等。

第二节　关键环节及质量控制

(一) 地震资料品质控制

地震资料品质是地震岩性解释的关键因素之一，直接影响到后续的反演和属性分析结果的准确性。在地震数据采集和预处理过程中，需要采取一系列措施来保证地震资料的品质，如信噪比、分辨率、保真度等。信噪比是指有效信号与噪声的能量比，信噪比越高，地震资料的质量越好；分辨率是指地震资料能够分辨的最小地质体尺寸，分辨率越高，能够识别的地质细节越丰富；保真度是指处理后的地震资料与原始资料在振幅、相位等方面的相似程度，保真度越高，地震资料越能够真实反映地下地质体的特征。对这些质量控制指标的监测和评估，可以及时发现地震资料存在的问题，并采取相应的措施进行改进。

(二) 反演参数选取与模型验证

在地震反演过程中，反演参数的选取对反演结果的影响至关重要。不同的反演方法有不同的参数设置，如递推反演中的子波长度、模型反演中的初始模型参数、稀疏脉冲反演中的稀疏度约束等。这些参数的选取需要根据地震资料的品质、地质条件和勘探目标等因素进行综合考虑。

通常情况下，可以通过正演模拟和实际数据试验来确定合理的反演参数。正演模拟是根据已知的地质模型，利用波动方程计算合成地震记录，通过改变模型参数和反演参数，观察合成地震记录与实际地震数据的差异，从而确定最佳的反演参数。实际数据试验是在实际地震资料上，采用不同的反演参数进行反演，对比反演结果与已知的地质信息(如井资料)，选择反演结果与地质信息吻合度最高的参数作为最终的反演参数。

同时，为了保证反演结果的可靠性，还需要对反演模型进行验证。常用的验证方法有井约束验证和交叉验证等。井约束验证是将反演结果与井资料进行对比，检查反演得到的波阻抗或其他物理参数在井点处是否与测井数据一致。如果不一致，需要分析原因，调整反演参数或模型，直到反演结果与井资料相符。交叉验证是将地震数据分成若干子集，利用其中一部分子集进行反演，然后用另一部分子集对反演结果进行验证。通过多次交叉验证，可以评估反演结果的稳定性和可靠性。

(三)地震属性优选与有效性验证

地震属性种类繁多，不同的属性对不同的地质体和储层特征具有不同的敏感性。在进行地震属性分析时，需要从大量的属性中选择对目标地质体和储层最敏感、最有效的属性进行分析，这一过程称为地震属性优选。

地震属性优选的方法有很多，常见的有相关性分析、敏感性分析、主成分分析等。相关性分析是计算地震属性与已知地质信息(如储层厚度、孔隙度等)之间的相关系数，选择相关系数较高的属性；敏感性分析是通过改变地质模型中的参数，观察地震属性的变化情况，选择对地质参数变化敏感的属性；主成分分析是将多个地震属性进行线性组合，得到一组新的互不相关的主成分，选择贡献率较高的主成分作为优选属性。

优选出的地震属性还需要进行有效性验证，以确保其能够真实反映地下地质体和储层的特征。有效性验证可以通过与已知的地质信息对比、实际钻探结果验证等方式进行。例如，利用优选的地震属性预测储层分布，然后与实际钻井揭示的储层情况进行对比，如果预测结果与实际情况相符，则说明该属性是有效的；反之，则需要重新进行属性优选和验证。

(四)综合解释的多学科融合与验证

隐蔽岩性油气藏勘探是一个多学科交叉的过程，需要综合运用地质、地球物理、地球化学等多学科的理论和方法。在综合解释环节，要充分融合多学科的信息，进行全面、深入的分析和研究。

在综合解释过程中，要充分发挥多学科的优势，进行有机的融合与互补。同时，还需要通过多种方式对解释结果进行验证，如利用新的钻井资料、动态监测数据等。如果解释结果与新的资料不符，需要及时调整解释思路和方法，对地质模型进行修正和完善。

第三节　不同类型储层预测实例

一、普光探区二叠系长兴组礁滩相碳酸盐岩储层预测

地质背景上，普光地区上二叠统自下而上发育 4 个岩性旋回，纵向划分为龙潭组、吴家坪组、长兴组、大隆组。其中长兴组底部发育一套区域深水沉积薄层高 GR 硅质灰岩，与下伏吴家坪组分界明显。上二叠统沉积演化表现为：龙潭期为潮坪－潟湖沉积，分布稳定；吴家坪期为缓坡台地，沉积开始分异；长兴－大隆期沉积分异加大，演变为镶边台地。

在预测技术上，通过定相带圈区域，确定沉积相带有利储层发育范围；建模型作正演，建立储层地质模型进行正演模拟；查属性再反演，在属性分析的基础上进行反演预测。逐步形成了以相控反演为核心的“三步法”礁滩相储层预测技术。

1. 普光地区长兴组地震微相识别模式

上二叠统长兴组发育多期、多排、多类型生物礁及颗粒滩。礁滩体纵向分期，平面分

带。台缘礁在地震剖面上具有礁前同相轴错断、礁后同相轴上超、形态为丘状、内部杂乱或空白等反射特征。台内礁位于开阔台地，规模不大，相互叠置，以生屑灰岩为主在地震剖面上具有微幅度丘状、近平行、中－强振幅、顶面断续的地震反射特征。礁后滩形成于台地上的海底高地，沉积水体能量较高，受潮汐和波浪作用的控制，形成颗粒岩，在地震剖面上具有低频、中强变振幅、微幅蚯蚓状复波等反射特征。滩间海是开阔台地低洼处，在地震剖面上具有中低频、中强振幅平行反射结构(图6－5－1)。

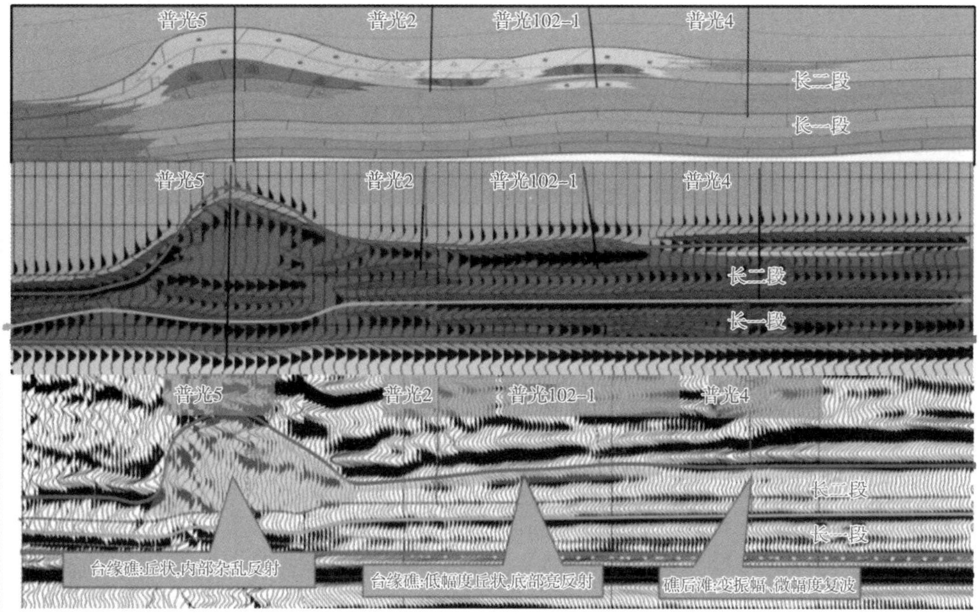

图6－5－1 普光探区生物礁地震相识别模式图

2. 基于“等时约束、微相建模”地震微相和沉积微相精细刻画技术

通过细分层序、细化类型，在等时层序格架约束下，利用古地貌刻画、地震剖面地震相解释和地震属性分析技术精细刻画礁滩体的时空展布。结合普光地区礁滩体沉积特征，通过优选地震属性，瞬时频率能较好地表征分水岭构造生物礁储层。瞬时频率是相位的时间变化率，它能够反映组成地层的岩性变化，有助于识别地层。当地震波通过不同介质界面时，频率将会发生明显变化，这种变化在瞬时频率图像剖面中就能显示出来。

通过古地貌分析＋地震属性分析＋地震剖面沉积相解释三位一体刻画出的礁滩体与已钻遇井沉积相解释结果吻合程度较高。可以看出，长兴组发育台缘礁、台内礁、礁后滩，具有多期、分带发育特点，勘探开发潜力大(图6－5－2)。

3. 基于块状模型的相控储层反演技术

通过分类型建立相控块状预测模型，分区带建立储层解释标准，利用约束稀疏脉冲波阻抗反演技术，逐级提高储层定量描述精度。

一是相控块状属性模型的建立。常规属性建模的方法是在构造模型的地层框架内利用测井数据(通常是波阻抗数据)在每个地层内根据一定的插值方式内插和外推，从而产生一个闭合、平滑的属性模型，这种方法一直适用于层状介质模型。而由于礁滩储层的边界在空间分布上是不规则的，常规的属性建模方法不能真实反映礁滩相储层的纵横向变化特征。因此采用地震相约束插值的方法进行相控建模，即利用地震属性与地震相做完趋势约

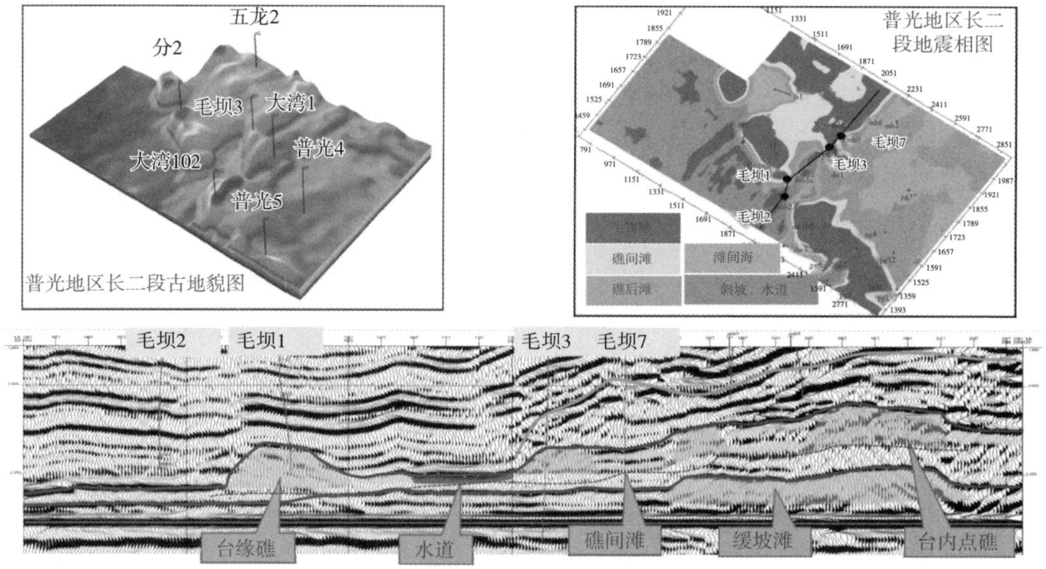

图6-5-2　普光地区长兴组上段地震相图

束，控制井属性的内插外推，建立相控属性模型，为储层精细反演打下基础。

二是基于分区岩石物理分析+分区解释标准的波阻抗反演储层预测取得较好效果。普光地区礁滩体储层与非储层的纵波阻抗差异明显，但是，区带之间解释标准存在差异，因此，分区带建立储层解释标准，逐级提高储层定量描述精度。

三是针对不同构造带储层的特征差异，分构造带进行储层的岩石物理分析：普光主体长兴组Ⅰ、Ⅱ类储层连续厚度大，储层波阻抗识别标准为17200g/cm²·s；大湾地区储层集中发育，储层与围岩差异大，波阻抗识别标准为16500g/cm²·s；分水岭地区台缘礁储层集中发育，与围岩差异大，波阻抗识别标准为16850g/cm²·s。

通过基于分区岩石物理分析+分区解释标准的相控波阻抗反演储层预测技术，得到了长兴组两期礁滩体储层厚度图。从厚度图可以看出长兴组早期礁体厚度20~40m，晚期礁滩体厚度20~280m。勘探实践，分3井钻遇生物礁储层312m、大湾4井钻遇礁后滩储层50.2m，综合评价储层预测符合率82%(图6-5-3)。

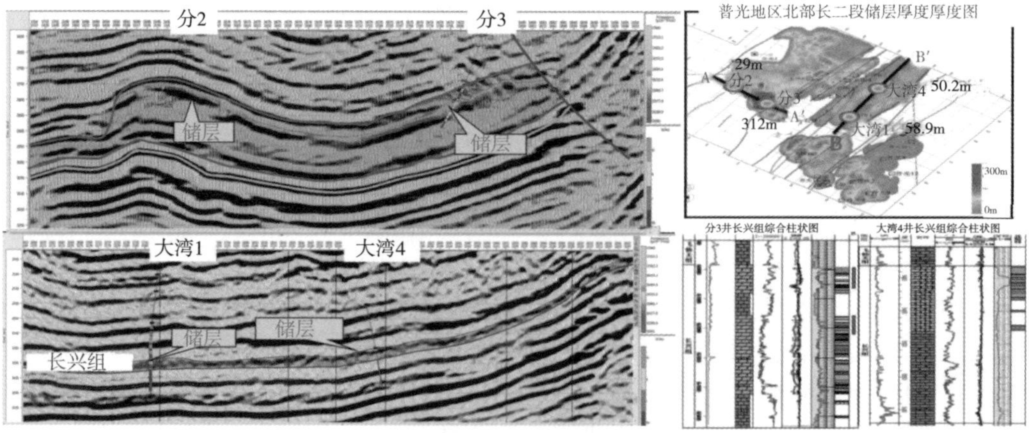

图6-5-3　基于块状模型、分区解释标准的相控储层预测图

二、通南巴探区三叠系须家河组致密砂岩储层预测

1. 基本地质特征

通南巴区块须家河组须二上－须五为浅水辫状河三角洲－湖相碎屑滨岸沉积，具有相带宽阔、纵向变化显著、砂体分布广的特点。马路背地区须四段表现为砂包泥岩性组合，岩性以中－粗砂岩及含砾砂岩为主，GR 曲线呈箱状、齿化箱状特征，发育块状层理，厚层状，为辫状河三角洲平原辨状河道沉积。通江地区须四段表现为两砂夹一泥岩性组合，岩性以细砂岩为主，GR 曲线呈钟状、齿化钟状特征，发育块状层理、平行层理，道底部泥砾，为辫状河三角洲前缘水下分流河道沉积。

通南巴区块主力建产层系为须二上亚段、须四 1 砂组、须四 3 砂组三套层。根据样品分析统计，通南巴区块须家河组碎屑岩孔隙度范围在 0.06% ~8.14%，平均为 3.9%；渗透率范围在 0.02 ~8.85mD，平均为 0.094mD，为特低孔致密储层。

2. 基于双参数的叠前地震反演致密砂岩储层预测技术

从测井响应及岩石物理特征分析来看，砂体发育段具有低伽马、高阻抗、低纵横波速度比特征。通过岩石物理交会分析可知，单一测井参数难以区分不同岩相及储层。针对该问题，按照“去泥找砂、砂中找优”的思路，形成了纵横波速度比识别砂岩，在砂岩分辨的基础上，利用纵波阻抗识别孔隙型储层的研究思路。

1）储层响应特征分析

储层响应特征分析是在地震地质层位标定的基础上，对储层的准确位置进行精确标定和对储层的地震响应特征进行分析，是储层地震横向预测的基础。马 5 井井震标定显示：须四段 3 砂组砂体物性变好后与上下泥岩波阻抗差异小，形成弱反射，储层位于波谷－零相位。须四段 1 砂组砂体储层位于零相位－波谷，呈中高频强振幅反射。

2）岩石物理建模及敏感参数分析

从测井响应及岩石物理特征分析来看，砂体发育段具有低伽马、高阻抗、低纵横波速度比特征（图 6－5－4）。通过岩石物理交会分析可知，单一测井参数难以区分不同岩相及储层。针对该问题，利用先验横波建模技术优化 Xu－White 模型，获得预测横波及弹性参数信息，并基于弹性参数开展岩石物理交会分析。

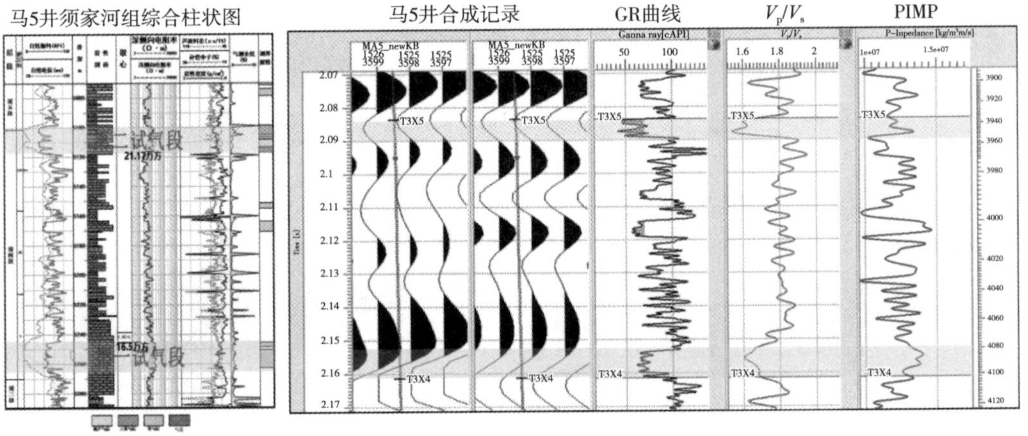

图 6－5－4　马 5 井井震标定剖面

按照平面分块、纵向分砂体的原则，细化有效储层岩石物理特征差异，分区、分层系明确储层弹性参数门槛值。交汇结果显示：储层呈低 V_p/V_s、中等阻抗特征，V_p/V_s 对砂泥岩具有良好的区分效果，V_p/V_s 与纵波阻抗双参数能区分有效储层。

马 1 块、马 2 块、马 3 块须四段 3 砂组、1 砂组交汇分析结果显示：有效储层 V_p/V_s 及 PIMP 门槛值分别为：马 1 块 $V_p/V_s < 1.7$、$1.067 \times 10^7 < \text{PIMP} < 1.372 \times 10^7$；马 2 块 $V_p/V_s < 1.72$、$1.219 \times 10^7 < \text{PIMP} < 1.311 \times 10^7$；马 3 块 $V_p/V_s < 1.72$、$1.158 \times 10^7 < \text{PIMP} < 1.341 \times 10^7$（图 6－5－5）。

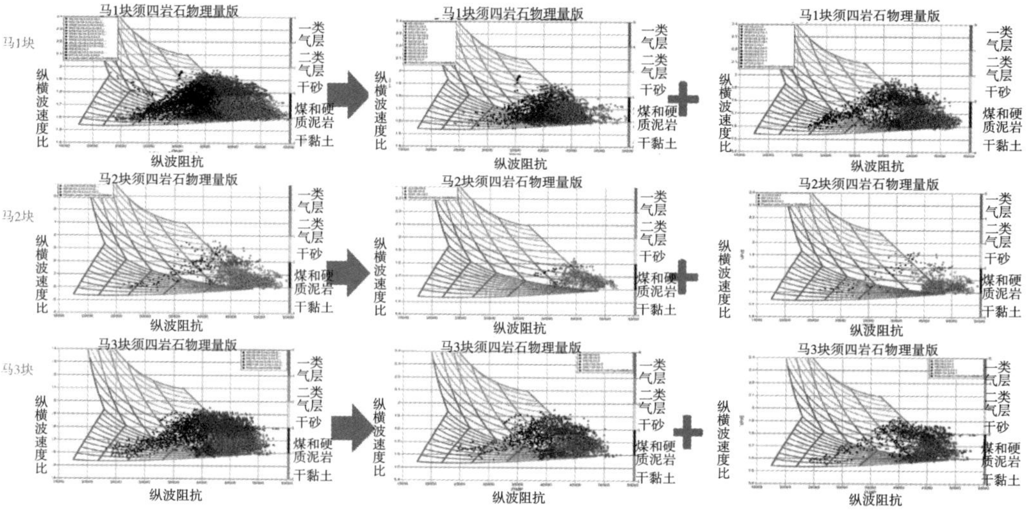

图 6－5－5　马 1 块、马 2 块、马 3 块须四段岩石物理量版

3）致密砂岩储层预测

在单井储层发育特征研究和岩石物理分析基础上，开展叠前同步反演，采用 PIMP－V_p/V_s 双参数预测有效储层展布，反演结果显示：须四段砂体呈低 V_p/V_s、中等阻抗特征，马 3、马 4 等盲井检验预测结果与测井、试气结果吻合（图 6－5－6）。

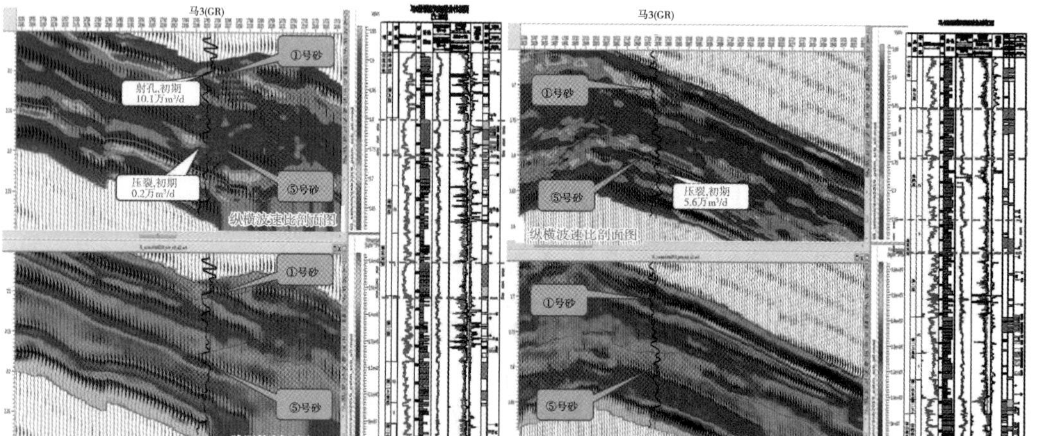

图 6－5－6　过马 3、马 4 井叠前反演剖面

根据分区、分层系明确的有效储层弹性参数门槛值，基于叠前反演得到的 PIMP、V_p/V_s成果数据体，分别提取须四 3 砂组砂体、须四 1 砂组砂体有效储层平面厚度分布图(图 6 -5 -7)。从预测的结果来看，须四段 3 砂组砂体储层厚值区主要分布在马 2 块东北部、马 101 ~108 井区、马 102 井区以及马 3 块马 5、马 3、马 3 西井区，厚度 10 ~25m；须四段 1 砂组砂体储层厚值区在马路背背斜，马 3 块主要集中在东南部及马 6 西部，预测厚度 10 ~25m。从图 6 -5 -7 上可以看出，储层发育非均质性强，厚度变化大，完钻井统计预测符合率 82%。

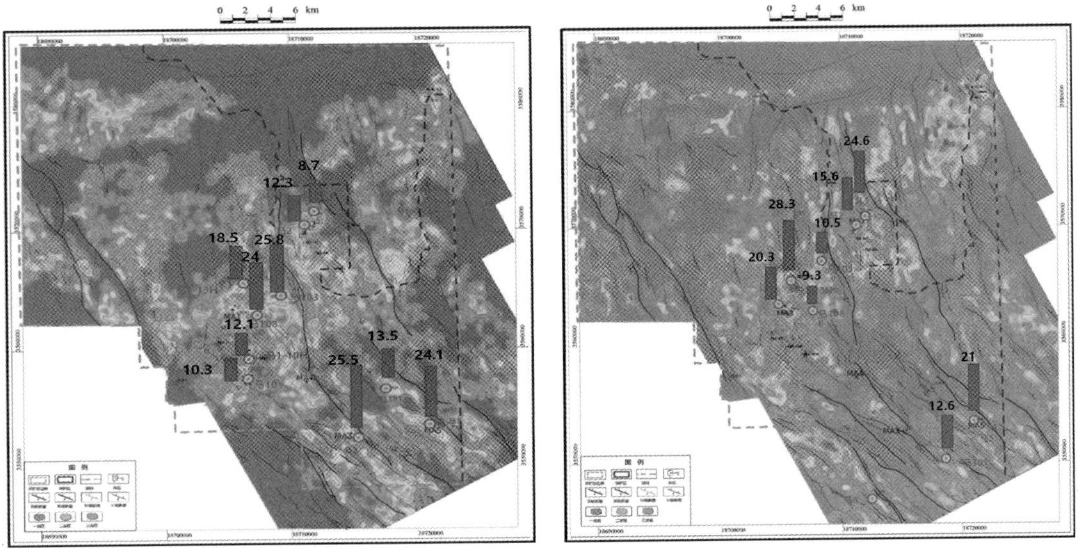

图 6 -5 -7　须四段 3 砂组(左)、1 砂组(右)储层厚度预测平面图

第七部分　地球物理测井评价技术

第一章　不同类型油气藏测井系列优选

地球物理测井评价技术是油气勘探开发的核心技术之一，为准确解释与评价各类油气藏的地质特征及储层性质，首先需要在新钻井中优选常规测井和特殊测井系列组合，以获取针对目标油气藏地质特征的测井资料。常规测井一般采用电法测井、声波测井、核测井等测井方法组合，通常优选自然电位、深－中－浅电阻率、声波时差、自然伽马、岩性密度、补偿中子、井径等9条测井曲线作为常规油气藏评价的测井系列组合，在东濮凹陷和内蒙古探区根据需要还采用4m或2.5m底部梯度电阻率、微电极系电阻率等测井项目辅助地层对比和储层划分研究。为实现对储层孔隙结构、沉积相、流体性质、矿物组分、弹性参数等的精确评价，针对不同类型油气藏的特殊地质特征优选地层倾角、微电阻率扫描成像、核磁共振、阵列声波、声波远探测、元素扫描等特殊测井系列，辅助储层测井地质精细评价。

随着油气勘探开发所面临的地质体越来越复杂多样和测井新技术的飞速发展，针对不同类型储层选用哪些测井资料、怎样充分发挥测井资料在油气勘探开发中的作用，测井系列的优选组合十分重要。

一、测井项目优选原则

测井的目的首先是发现油气藏，其次是识别和定量评价储层，同时为油气藏评价、储量计算、工程监测等提供关键数据支撑。测井是地层评价的主体，已成为油气资源评价和油气藏管理的关键技术手段，测井系列优选通常遵循以下原则：

(1)满足地质、油气藏和工程评价的需求；

(2)取全取准资料与兼顾降本增效；

(3)增强不同区块、不同油气藏取资料的针对性及满足特殊地质需求；

(4)综合考虑井别、井身结构、井眼环境(温度、压力、钻井液性能等)；

(5)推广先进测井技术，淘汰落后的测井技术。

依据上述原则，结合油气藏的地质综合特征，对测井项目进行筛选、分析及优化，确定出技术经济适用的测井系列。

二、不同类型油气藏测井系列优选方案

中原油田主要有常规碎屑岩、致密碎屑岩、礁滩相碳酸盐岩、致密碳酸盐岩、火成岩

或变质岩、页岩等6种油气藏地层类型。对于非目的层段或潜力目标层段通常采用标准测井系列(1:500)，包括自然伽马、井径、自然电位、双感应或双侧向、声波时差、井斜方位和井温等测井项目，主要用于地层对比等基础研究。下面主要针对上述6种类型目的层，介绍对应的裸眼井组合测井系列优选方案。

(一)常规碎屑岩地层

常规碎屑岩地层岩性往往相对单一，其测井评价主要目的是实现对砂岩储层的孔隙度、渗透率、含油气饱和度的准确评价，针对地层中砂泥岩薄互层、中低孔－中低渗地层、低阻油气层等特殊类型，需要一些特殊测井项目的支撑，如东濮凹陷、内蒙古探区的大部分油气藏都属于常规碎屑岩的范畴。

1. 必测项目

自然伽马、双井径、井斜方位、自然电位、双感应－八侧向或双侧向－微球、声波时差、补偿中子、岩性密度、井温、地层倾角或微电阻率扫描成像。

对于存在高铀等放射性异常的地层，通常采用自然伽马能谱代替自然伽马；双侧向－微球或双感应－八侧向的选择主要由钻井液性质和地层电阻率大小决定：电阻率为相对低阻地层应测量双感应－八侧向(通常电阻率整体小于200Ω·m)；对于气藏、盐水钻井液或电阻率为相对高阻地层应测量双侧向－微球；油基泥浆钻井液测量双感应－八侧向；高、低电阻率储层同时存在时，在钻井液条件允许时应同时测量双感应－八侧向和双侧向－微球系列。针对电阻率测井系列优选都按该原则执行。

2. 选测项目

微梯度－微电位、4m和2.5m底部梯度电阻率、阵列感应、阵列侧向、多极子阵列声波、核磁共振、电缆地层测试等项目。

对于砂泥岩薄互层，微梯度－微电位能够辅助划分薄互层，此时微梯度－微电位应为必测项目；另外4m和2.5m底部梯度电阻率在老油田的地层对比中有一定的优势。

阵列感应、阵列侧向测井可评价储层的侵入特征和识别流体类型等；核磁共振在准确评价储层孔隙度和孔隙结构、识别低阻油气层等流体性质判别方面有较强的优势；电缆地层测试可快速准确识别流体类型、分析流体性质、确定流体界面、获取地层压力、评价油气藏特征、预测储层产能。

(二)致密碎屑岩地层

致密碎屑岩矿物组分复杂，孔隙度低，孔隙结构复杂，非均质性强，导致测井流体识别、孔隙结构分析与产能评价困难，此外由于自然产能低，需要测井为压裂改造提供岩石力学参数。如东濮凹陷的埋藏较深的沙河街组和中生界油气藏、川东北的千佛崖组和须家河组的致密砂岩气藏等都属于致密碎屑岩的范畴。

1. 必测项目

自然伽马能谱、双井径、井斜方位、自然电位、双感应－八侧向或双侧向－微球、声波时差、补偿中子、岩性密度、井温、微电阻率扫描成像、多极子阵列声波等项目。

2. 选测项目

阵列感应、阵列侧向、核磁共振、声波远探测、元素扫描、电缆地层测试等项目。

(三)礁滩相碳酸盐岩地层

礁滩相碳酸盐岩地层岩性、岩相多变，储集空间类型复杂，且多以中、高孔储层为主，非均质性强，孔渗关系也复杂多样，孔、洞、缝识别与定量评价困难，川东北普光和通南巴地区的飞仙关－长兴组主要发育礁滩相气藏。

1. 必测项目

自然伽马能谱、双井径、井斜方位、自然电位、双侧向、声波时差、补偿中子、岩性密度、井温、微电阻率扫描成像等项目。

2. 选测项目

阵列感应、阵列侧向、多极子阵列声波、核磁共振、声波远探测、元素扫描、电缆地层测试等项目。

(四) 致密碳酸盐岩地层

致密碳酸盐岩地层通常以低孔、致密的储层为主，孔隙结构相对复杂，非均质性强，裂缝和溶蚀孔等识别与定量评价困难，川东北普光和通南巴的二叠系局部发育致密碳酸盐岩气藏。

1. 必测项目

自然伽马能谱、双井径、井斜方位、自然电位、双侧向、声波时差、补偿中子、岩性密度、井温、微电阻率扫描成像、二维核磁共振、多极子阵列声波等项目。

2. 选测项目

阵列感应、阵列侧向、声波远探测、元素扫描、电缆地层测试等项目。

(五) 火成岩或变质岩地层

火成岩或变质岩矿物成分和岩性复杂，孔洞缝多重孔隙介质发育，非均质性强，孔隙连通性评价、流体性质识别难。内蒙古探区的查干凹陷苏红图组发育火成岩地层，拐子湖凹陷的前中生界发育变质岩地层。

1. 必测项目

自然伽马能谱、双井径、井斜方位、自然电位、双侧向、声波时差、补偿中子、岩性密度、井温、微电阻率扫描成像、二维核磁共振、多极子阵列声波、元素扫描等项目。

2. 选测项目

阵列感应、阵列侧向、声波远探测、电缆地层测试等项目。

(六) 页岩油气地层

页岩油气藏为自生自储油气藏，需要通过人工改造才能获得油气流，因此需要对烃源岩参数、储层参数和工程参数进行“三品质”综合评价。普光地区的千佛崖组、大安寨段、大隆组－茅三段发育页岩气地层，东濮凹陷的局部发育盐湖相页岩油地层，内蒙古查干凹陷和拐子湖凹陷的巴音戈壁组局部发育页岩油地层，这些都是中原油田重点勘探层系。

1. 必测项目

自然伽马能谱、双井径、井斜方位、自然电位、双侧向/双感应、声波时差、补偿中子、岩性密度、井温、微电阻率扫描成像、二维核磁共振、多极子阵列声波、带 TOC 的元素扫描等项目。

2. 选测项目

阵列感应、阵列侧向、声波远探测等项目。

需要注意的是，任何测井方法及相关的测量项目，由于受到测量机理和物理条件的限制，以及测量环境的影响，其测量物理量的精度或数据的质量会受到不同程度的影响。针对测井工程中的数据采集项目，在充分考虑每个测量项目的针对性、必要性的同时，对每个测量项目的技术指标、相关的测量环境也要给予高度的重视，只有在满足每种测井仪器的技术指标和一定的测量环境条件下，才能取全、取准井筒地球物理信息，为资料的处理、解释与评价，高质量地完成勘探开发目标提供技术的保障，所以针对不同的探井、评价目标和测量环境，要做好测井数据采集的工程设计。

第二章　测井资料处理及综合解释

测井资料处理及综合解释的核心任务包括测井曲线一致性校正处理、测井岩性识别及储层定性划分、储层“四性”关系及测井参数解释模型建立、储层下限确定及流体性质判别等，通过对油气藏基本地质特征和各项测井资料综合分析，可以准确评价出油气层的位置、厚度、岩性、物性、含油气性等关键参数，为油气藏勘探开发提供决策依据。

第一节　测井曲线一致性校正处理

测井曲线一致性校正处理就是要消除钻井液、井眼等测井环境对测井曲线的非地层因素的影响，以提高测井资料的品质，是保证测井解释结果精度的重要前提，通常包含测井曲线的校正处理和标准化处理两部分。

一、测井曲线的校正处理

测井曲线响应主要来自井眼及其周围地层的贡献，这就必定会受到以钻井液和井眼为主体产生的各种环境因素的影响，可造成获取的地层信息失真。此外，仪器居中与偏心、仪器与井壁间的间隙、仪器贴井壁装置与井壁接触情况对某些仪器的测井响应也有重要影响。因此，任何一种测井方法都存在着环境影响，只不过由于探测机制与传感器的不同，所受影响在性质和程度上有所不同，这些非地层因素的影响往往是随机且复杂的，其直接结果可使原始测井曲线畸变与失真。

(一)预处理

在单井获取原始测井曲线后对该井的测井曲线进行回放，首先对测井曲线进行深度、幅度检查，对有深度不匹配的曲线进行深度校正，然后利用各井采用的测井仪器对应生产厂家提供的图版或公式进行自然伽马、电阻率曲线环境校正。

以自然伽马曲线井眼环境校正为例，裸眼井中测量的自然伽马曲线主要受井眼、泥浆密度和仪器偏心等因素的影响，井径的变化相当于井内泥浆厚度的变化，井内泥浆的放射性通常比地层的低，同时泥浆又能吸收来自地层的自然伽马射线，因此，井内泥浆的影响一般是自然伽马测井值降低，且泥浆密度、井径越大，自然伽马测井值降低越多。依据自然伽马仪器厂家提供的校正图版(图7－2－1)，对X井井眼垮塌造成的自然伽马曲线失真段进行井眼环境校正(图7－2－2)，由于受井眼垮塌的影响，实测自然伽马曲线幅度变化平缓，不能有效地反映砂泥岩层的变化，通过自然伽马的井眼校正，3230～3252m层段的泥岩自然伽马数值得到增大，砂岩和泥岩层的变化幅度得到明显改善，并能有效地识别砂泥岩层，因此，通过井眼环境校正提高了自然伽马曲线识别岩性的能力。

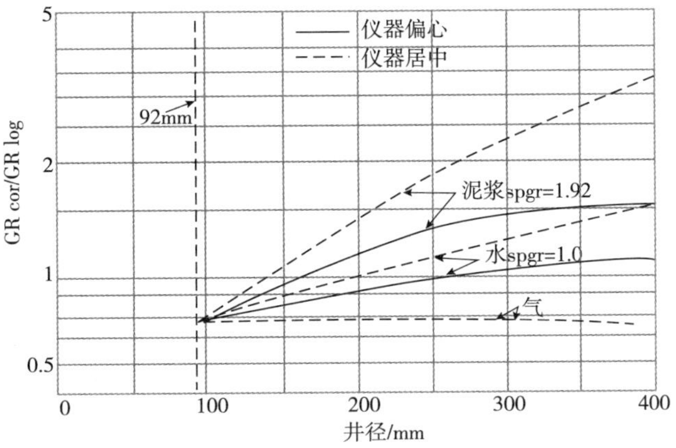

图 7－2－1 GR 井眼环境校正图

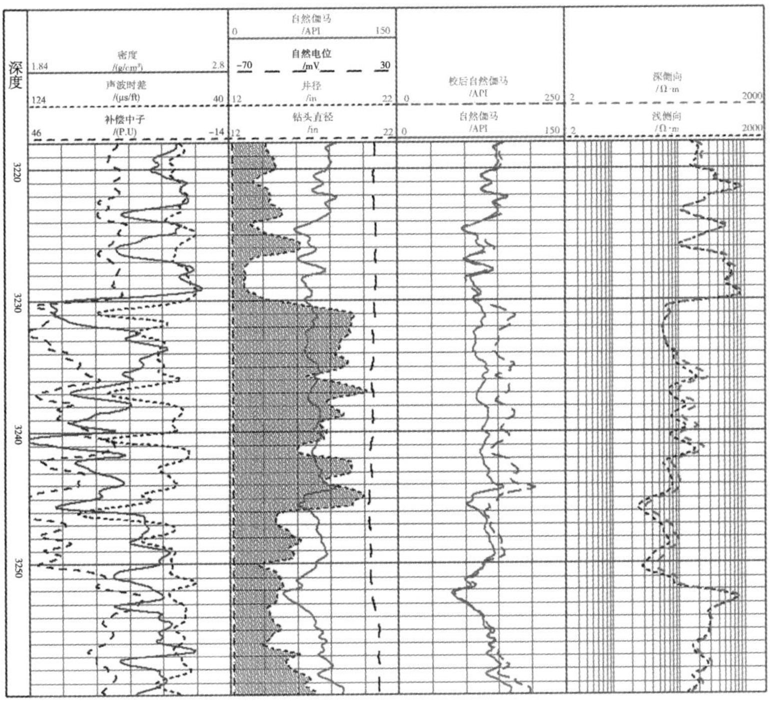

图 7－2－2 X 井 GR 井眼环境校正前后对比图

(二)局部曲线失真校正

由于声波时差、密度、补偿中子作为三孔隙度曲线系列，其对储层孔隙度求取、地震标定等研究至关重要，在采用测井仪器厂家提供的图版曲线环境校正的基础上，往往还存在井眼垮塌、钻井液气侵等造成部分井段对应测井曲线异常，此时通常在地层中沉积相带、岩性和流体性质类似且相距较近的井段中，优选出各条测井曲线质量都较好井段，采用一元或多元线性拟合的方法确定失真曲线(密度、声波时差或补偿中子曲线)的函数响应关系，应用到本井或邻近对应的曲线失真井段内，实现对局部失真曲线的校正。

以内蒙古探区 X 井为例，通过对测井曲线的回放发现目标层段的密度曲线局部失真相对严重(图 7－2－3)，因此优选多元线性拟合的方法对密度曲线进行局部失真校正处理，首先按照一定的原则选取样本层段：样本层段一般要求井眼条件良好，与待校正层段处于同一地质层段范围内，且岩性相同或相似、具有相同或相似的流体类型等，然后在样本层段通过对质量较好的测井曲线进行多元线性拟合，建立基准曲线和计算曲线直接的函数响应关系，本井利用补偿中子、声波时差和自然伽马建立了密度多元线性拟合表达式：

$$\rho_b = a \cdot \phi_N + b \cdot \Delta t + c \cdot GR \qquad (7-2-1)$$

式中，ρ_b 为密度，g/cm^3；ϕ_N 为补偿中子，P. U；Δt 为声波时差，μs/m；GR 为自然伽马，API；a、b、c 分别为拟合确定的相关系数，无量纲。

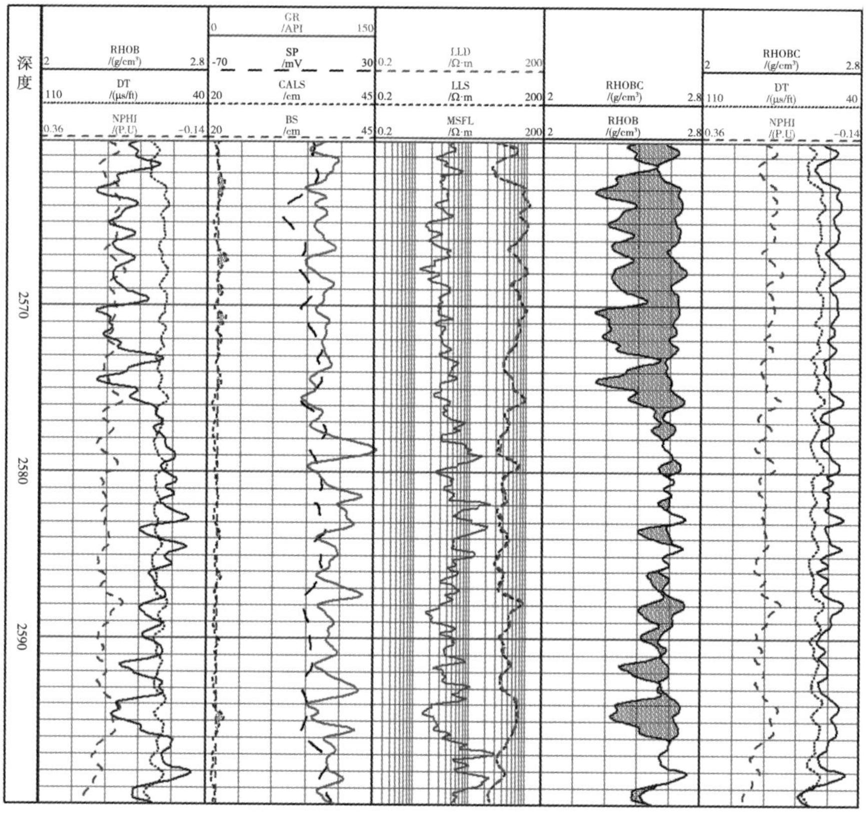

图 7－2－3　内蒙古探区 X 井密度曲线环境校正示例图

图 7－2－3 中第五道为校正前密度曲线(RHOB)和校正后密度曲线(RHOBC)对比，密度曲线通过校正处理后品质明显提升，图中第六道三孔隙度曲线的匹配性更强，为储层测井解释和地震标定等研究提供了相对可靠的测井曲线基础资料。

二、测井资料标准化处理

测井资料标准化处理实质是利用同一油气藏的同一层段具有相似的地质地球物理特性这一自身相似分布规律，对油田各井的测井数据进行整体分析及处理，消除井间的系统误差，达到各井测井资料的标准化，且使测井资料更真实地反映地层的实际情况，为储层测井精细解释评价、井震标定等研究打牢基础。在进行测井曲线标准化的过程中，首先要选取合理的标准层和标准井，然后根据目标油气藏的地质特征优选标准化处理方法对测井曲线做标准化校正处理，通常主要对自然伽马、声波时差、密度、补偿中子进行标准化处理。

(一)标准层和标准井的优选

标准层和标准井选取是多井测井资料标准化的关键。标准层的选取通常要满足如下条件：在同一个目标区块内各井都钻遇该套地层，厚度适中，一般厚度在 10～200m 为宜；所选标准层的岩性、物性基本稳定，多选择具有相同沉积时期和环境的泥岩、膏岩、致密灰岩等稳定岩性层段，对应的测井曲线特征也符合理论规律；所选标准层一般要求井眼条件好，对应各项测井曲线都真实可靠，无明显曲线失真特征。标准井是标准化处理时各井的参照井，以标准井的测井曲线为标尺对其余井对应测井曲线进行标准化处理，一般至少选择 1 口井作为标准井，标准井要满足如下条件：最好有系统的录井、取心、测试资料，通过与测井曲线对比，可以印证该井测井曲线的可靠性；所选标准井一般应位于构造的有利部位，钻井较深，所钻遇地层覆盖目标区块纵向相对较全的地质层系，且多以直井为宜；测井系列应相对齐全，测井条件也相对较好，获取了较高品质的测井曲线。

(二)测井曲线标准化方法

1. 统计标准化法

在目标区块中各井相同测井曲线分别计算标准层段对应的平均值和标准偏差，通过各井同时增加或者减小相同测井曲线的标准化数值，各井相同测井曲线的标准层段有相同的平均值和标准偏差，该方法通常适用的目标地层地质条件为：标准层的沉积相对单一，对应的岩性、物性稳定，标准层的砂地比一般要求是不变的，且标准层的埋深相当。

2. 频率直方图法

在各井的标准层段中，根据数理统计与概率分布理论，采用频率直方图法开展同一测井曲线的标准化处理，将各井相同测井曲线全部数据组合在一个频率直方图中，根据统计的正态分布分析该频率直方图，以频率直方图的峰值作为各井标准层对应测井曲线的特征值，通过对比各井标准层测井曲线特征值与标准井测井曲线特征值的差异，确定出各井对应测井曲线标准化校正值。

以通南巴须家河组为例，首先优选标准井 X1 井须五段典型泥岩为标准层，X2 井为目标标准化处理井，分别做这 2 口井标准层的密度频率直方图，确定 X1 的标准层密度特征值为 2.69g/cm^3，X2 井标准层的密度特征值为 2.68g/cm^3，由此确定出 X2 井密度曲线标准化校正量为 +0.01g/cm^3，对 X2 井进行标准化处理，两井间一致性明显改善(图 7－2－4)，标准层的密度曲线分布规律更加合理，更能反映地层的实际情况。

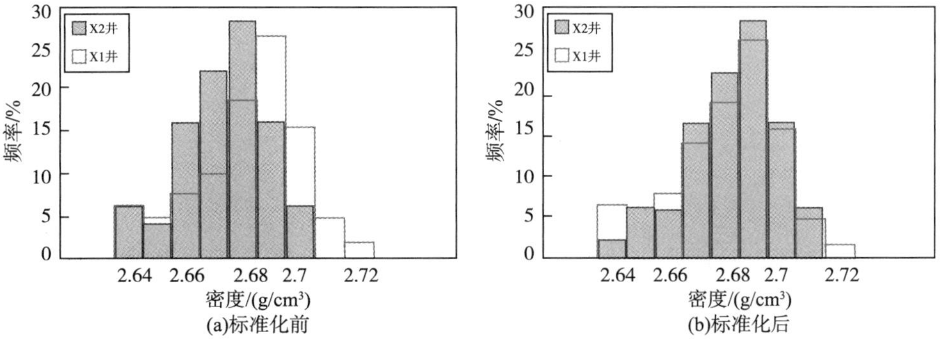

图 7－2－4　X2 井密度曲线标准化前后对比图

频率直方图法通常适用的目标地层地质条件为：标准层的沉积相变化不大，对应的岩性、物性相对稳定，允许标准层的砂地比存在一定的变化，但标准层的埋深要相当。

3. 趋势面分析法

在一个地质体内的不同井同一条测井曲线空间分布通常遵循一定的自然规律，表现为一种内在的自然趋势，将其拟合为一种数学曲面，称为趋势面，这种趋势面是对某一测井曲线实测面的最佳逼近，求解趋势面的过程称为趋势面分析。首先利用频率直方图法获取各井在标准层的测井曲线特征值，然后再通过插值算法建立目标区块中各井标准层测井曲线特征值的趋势面，通过比较各井测井曲线实测值和趋势面拟合值之间的差异，获取需要校正井的校正量，实现对校正井的标准化处理，使各井的测井响应标准值与趋势面相符合。通常声波时差、密度、补偿中子可能因各井标准层埋深的差异造成测井曲线有一定的压实趋势，一般选择趋势面分析方法消除该压实趋势的影响，而自然伽马等曲线往往因不受地层埋深的影响而不采用趋势面分析方法。

以东濮凹陷某区块为例，选取目标区块沙二上底部稳定的厚泥岩层作标准层，由于该标准层的各井埋深分布在1400～2000m，深度范围较广，各井在标准层对应的声波时差曲线存在一定的压实趋势，采用频率直方图首先获取了各井标准层的声波时差曲线特征值，然后在各井井位坐标下采用多项式回归法拟合确定出标准层声波时差特征值的趋势面（图7－2－5），进而根据泥岩标准层的声波时差理论测井值和实测声波时差响应特征值的差值确定各井声波时差曲线的残差值，该残差值即为校正量，最后利用式(7－2－2)实现对各井声波时差曲线的校正处理：

$$\Delta t_n = \Delta t_o + \Delta t_z \tag{7-2-2}$$

式中，Δt_n 为标准化后的测井声波时差值，μs/m；Δt_o 为测井原始声波时差值，μs/m；Δt_z 为该井趋势面分析残差值，μs/m。

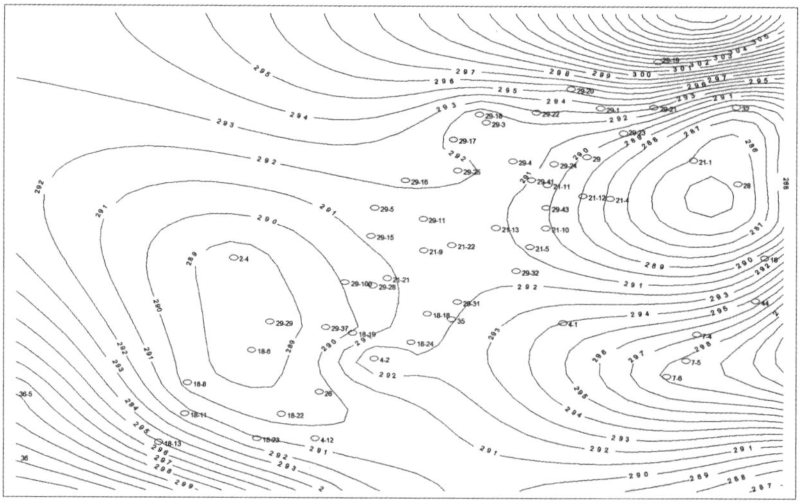

图7－2－5　东濮凹陷某区块声波时差趋势面分析图

通过标准化处理，目标区块各井间一致性明显改善，分布规律更加合理，更能反映地层的实际情况。趋势面分析法通常适用目标地层的地质条件为：标准层的沉积相可能按照一定的趋势发生变化，对应的岩性、物性的变化也有一定的趋势特点，另外标准层可具有一定的压实趋势或埋深跨度较大。趋势面分析法相比上述两种方法虽然操作相对复杂，但适用性最强。

4. 交会图版法

在碳酸盐岩地层中，膏岩或致密灰岩的声波时差、密度、补偿中子的理论值都是固定的，因此可选取相对质纯的膏岩或致密灰岩作为标准层，通过比较标准层各测井值在补偿中子－密度、补偿中子－声波时差、声波时差－密度交会图中与理论值的位置关系确定三孔隙度曲线的标准化校正值，实现对三孔隙度曲线的标准化处理。

以普光探区 X 井为例，首选该井飞仙关组下部稳定的致密灰岩层为标准层，在标准层段采用三孔隙度曲线两两交会的方法实现对碳酸盐岩测井资料的标准化处理，以灰岩骨架值(声波时差 47.5μs/ft、密度 2.71g/cm^3、补偿中子 0.0P.U)在交会图中的位置为基点，对 X 井声波时差、密度、补偿中子在交会图中的位置进行移动处理，使交会点归位到灰岩基点位置，声波时差、密度、补偿中子的移动量值即为各曲线的标准化校正量(图 7－2－6)。

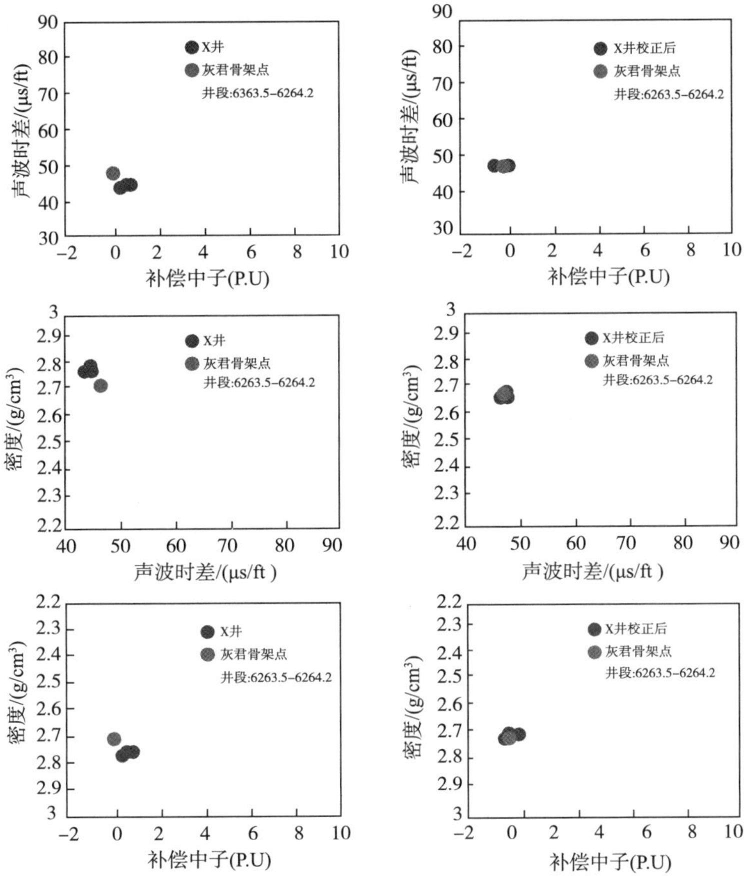

图 7－2－6　普光探区 X 井三孔隙度曲线标准化前后交会对比图

交会图版法通常适用目标地层的地质条件为：碳酸盐岩沉积地层，且各井都有一定稳定厚度膏岩或者致密灰岩层段，且标准层无欠压实特征。

上述 4 种标准化处理方法在不同类型地层中各有优势，在实际操作过程中应根据目标区块地质特点优选对应的方法灵活运用。

第二节　测井岩性识别及储层定性划分

为实现储层的定量、准确评价，首先应在对储层所在地层岩性识别基础上开展储层的定性划分。

一、测井岩性识别

岩性识别是测井储层评价的基础，在测井解释过程中，骨架参数的选取、解释方法和解释模型的优选、油水层解释标准确定等研究都需要明确地层的岩性。测井解释研究人员根据生产实践中积累的经验，从测井曲线形态特征和测井曲线值等信息中要实现定性识别岩性，首先，要掌握区域地质特点，如井剖面岩性特征、基本岩性特征、特殊岩性特征、层系和岩性组合特征及标准层特征等；其次，要通过取心、岩屑录井与测井资料做对比分析，研究本地区地层岩性与测井曲线响应特征之间的关系，总结出利用测井资料识别岩性的地区规律，并随钻井数量的增加使认识不断完善、深化。

通常按沉积成因和岩性把各类油气藏的储层划分为3类：碎屑岩储层、碳酸盐岩储层和其他岩类储层，不同岩性储层具有不同的地质特征。

不同岩性的地层测井相应特征是不同的，表7－2－1是一些常见沉积岩岩石的测井响应特征值。根据这些特征一般可以划分出岩性比较单一的井剖面中的岩性，在实际地层中岩性往往是复杂的，故表中所列特征仅供参考，在应用表中总结的特征时不能等量齐观，而应针对某一具体岩性找出有别于其他岩性的一种或多种主要特征。

1. 基于测井曲线特征的岩性识别

在淡水泥浆砂泥岩剖面，目前的测井方法中密度、补偿中子、自然伽马曲线是划分岩性的主要方法，同时微电极、自然电位也是非常有用的；在碳酸盐岩和盐水泥浆砂泥岩剖面中，自然伽马最为常用，电阻率和井径也可作为一般参考。

2. 基于交会图的岩性识别

由于碳酸盐岩地层岩性相对复杂，通常采用交会图法识别，根据不同井测井使用的仪器，采用补偿中子－密度、补偿中子－声波时差、声波时差－密度交会图识别岩性，其原理是利用碳酸盐岩地层常见的灰岩、白云岩、石膏、盐岩、泥质具有的不同岩石物理骨架值，在交会图版上作不同岩性和物性的骨架线，通过数据点所处的位置就可以判断岩性，并能够计算出不同岩性的百分含量。

3. 基于机器学习的岩性识别

近年来随着人工智能的发展，人工智能的机器学习方法在岩性识别中的优势也逐渐凸显出来，常见的机器学习方法有基于图形的多分辨率聚类(MRGC)、自组织映射(SOM)、动态聚类(DYN)、优先层次聚类(AHC)等，各种方法都需要首先通过岩心分析对测井曲线标定，通过各测井曲线的交会分析，优选目标地层能够区分出各种岩性的核心测井曲线，然后通过上述机器学习方法建立各种岩性的机器学习模型，实现对其余各井的岩性准确识别。

除上述岩性识别方法，在实际工作中还常见高铀地层、气层导致曲线失真等情况，这时要根据地层的自身地质特点建立针对性的测井岩性识别方法。

表 7－2－1　常见沉积岩岩石的测井响应特征值统计表

岩性	声波时差/(μs/m)	体积密度/(g/cm^3)	中子孔隙度/%	自然伽马/API	自然电位/mV	微电极/(Ω·m)	电阻率/(Ω·m)	井径/cm
泥岩	>300	2.2～2.65	高值	高值	基值	低，平直	低，平直	大于钻头直径
煤	350～450	1.3～2.65	45～60	低值	异常不明显或很大正异常（无烟煤）		高值，无烟煤最低	接近钻头直径
砂岩	250～380	2.1～2.5	中等	低值	明显异常	中等，明显正差异	低到中等	略小于钻头直径
生物灰岩	200～300	比砂岩略高	较低	比砂岩还低	明显异常	较高，明显正差异	较高	略小于钻头直径
石灰岩	165～250	2.4～2.7	低值	比砂岩还低	无异常	高值，锯齿状正、负差异	高值	小于或等于钻头直径
白云岩	155～250	2.5～2.85	低值	比砂岩还低	大片异常	高值，锯齿状正、负差异	高值	小于或等于钻头直径
硬石膏	约164	约3.0	约0	最低	基值		高值	接近钻头直径
石膏	约171	约2.3	约50	最低	基值		高值	接近钻头直径
岩盐	约220	约2.1	约0	最低（钾岩很高）	基值	极低	高值	大于钻头直径

二、储层定性划分

储层是应用测井资料进行地层评价和油气分析的基本对象，储层定性划分也是储层测井参数定量评价的基础。储层定性划分是利用测井资料结合目标区地质特征，把单井中那些可能含油气的储层划分出来，并确定其顶、底界面的深度及厚度，以便进一步对储层做出定量评价。

(一)砂泥岩剖面中储层的划分

砂泥岩剖面中储层的岩性主要是砂岩、粉砂岩以及少数砾岩，个别地区可能还有薄层碳酸盐岩储集层(如生物灰岩等)，在储层的上下围岩通常都是厚度较大而稳定的泥岩隔层，一般采用常规测井系列便可准确地将渗透性地层划分出来，常用的测井方法是自然电位 SP(或自然伽马 GR)、微电极系测井、井径曲线等。

首先将单井的取心、岩屑录井、油气显示、气测等第一性资料标注在综合测井图上，并与邻井对比，找出本井钻井的目的层位，把测井资料分为若干解释井段，每段的地层水应有基本相同矿化度；对每个解释井段，大致按以下方法划分出各储层段。

1. SP 或 GR 法

砂岩储层的 SP 曲线的明显特征是相对于泥岩基线来说的，对淡水泥浆钻井剖面来说，当泥浆滤液电阻率 R_{mf}大于地层水电阻率 R_w时，SP 曲线上往往显示负异常，反之，当 R_{mf}小于 R_w时，SP 多表现为微正异常。对同一地层水系的地层，SP 异常幅度取决于 R_{mf}和 R_w的比值和地层泥质含量，R_{mf}与 R_w差别越大，异常也越大，反之亦然，地层泥质含量越多，SP 异常越小；在盐水泥浆中，由于 R_{mf}与 R_w接近，SP 曲线平直，不能划分储集层，此时，可用 GR 曲线，并参考孔隙度曲线划分水层，一般来说，泥质含量低的砂岩的 GR 值低，并有相对高的孔隙度显示。

2. 微电极系测井曲线法

微电极系测井曲线主要反映泥饼的影响，一般泥岩层的微电极系测井视电阻率为低值，没有或只有很小的正或负幅度差；渗透性地层处的微电极系视电阻率值为中等值，且有明显的正幅度差(微电位视电阻率值大于微梯度视电阻率值)，地层渗透性越好，正幅度差也越大；砂岩中的灰质致密夹层，其微电极系测井曲线呈明显的高尖峰锯齿，而幅度差可大可小、可正可负；当渗透层的岩性渐变时，微电极系测井曲线值与幅度差也常呈渐变形式显示。

3. 井径曲线法

在砂泥岩剖面中，渗透性层处存在着泥饼，实测井径值一般小于钻头直径，且井径曲线较平直，因此可参考井径曲线来划分渗透性层。

一般来说，先用 SP(或 GR)曲线、微电极系曲线及井径曲线确定渗透层位置后，再用微电极系曲线精准确定渗透层上、下界面，此外，三孔隙度测井曲线可反映地层孔隙度大小，根据三孔隙度测井曲线的组合关系对划分渗透性层也有参考价值。同时，按划分储层的要求，用水平分层线逐一标出所细分的储层界面。此时应注意几点：要兼顾所有曲线的合理性来画分层线；当油层、气层和油水同层中有 0.5m 以上的非渗透夹层时，应把夹层上下分为两个层解释；遇到岩性渐变层的顶界(顶部渐变层)或底界(底部渐变层)，就分到岩性渐变结束、纯泥岩或非储集层开始为止；在一个较厚的储集层中，若有两种或两种以上的解释结论，则应分层解释。

(二)碳酸盐岩剖面中储层的划分

划分碳酸盐岩储层通常可概括为以下4个步骤。

1. 排除五种非渗透层

(1)致密层：电阻率一般很高，多高于2000Ω·m，各种测井视孔隙度均小于1%，裂缝识别测井也无裂缝显示，声波变密度测井条纹清晰，纵横波声幅无衰减(在井径不扩大时)，自然伽马多为低值。

(2)泥质层：高自然伽马，尤其以钍、钾含量高为主要特征，低电阻率，声波时差增高，补偿中子明显增大，密度略有降低，但经常因含有硬石膏或黄铁矿密度值不但不降低，反而大于石灰岩的密度值。

(3)碳质层：自然伽马不高，补偿中子高，密度小，声波时差高值，与储集层特征十分类似，所不同之处主要在于电阻率偏高。

(4)硬石膏层：电阻率很高，密度值高于石灰岩和白云岩，接近2.98g/cm^3，各种测井视孔隙度均接近于零，自然伽马值很低。

(5)盐岩层：电阻率较高，井径扩大严重，自然伽马值低，探测深度浅的测井曲线往往因受到井径扩大的严重干扰，使测井值接近泥浆响应值。

在去除上述5种非渗透层段后，剩下的就是可疑储层或储层。

2. 寻找相对低电阻率层段

在碳酸盐岩剖面中，储层总以相对低电阻率出现，因此首先应在剩下的可疑层段中划出相对低电阻率层段，然后再分析电阻率低的原因；除上述的泥质层外，有些碳酸盐岩中含有较多的黄铁矿，尤其是条带状的黄铁矿，将造成电阻率明显降低，需要利用密度测井等将其排除。

3. 寻找具有一定孔隙度的地层

在上述非泥质、非含黄铁矿的低电阻率层段中寻找具有一定孔隙度的地层，主要是寻找声波时差增高、密度降低的地层，补偿中子仅作为参考，因为气层的补偿中子因挖掘效应的影响多不会明显增高，至于选取孔隙度的下限值，应以不同地区、不同地层所确定的有效孔隙度下限值为准，然后再分别找到对应的各种测井曲线下限值。

4. 寻找有效裂缝发育段

首先根据电成像测井解释的裂缝成果识别出裂缝段，进一步分析裂缝的产状和组合情况，然后再对这些层段的裂缝进行有效性分析，裂缝的有效性主要决定于它的张开度和径向延伸情况。另外，在碳酸盐岩剖面中已广泛采用声波时差、补偿中子和密度等三孔隙度测井系列，此时裂缝性储集层通常具有“三低两高”的特征：低电阻率、低自然伽马、低密度、高声波时差、高补偿中子，且井径可能扩大，声波曲线可能出现跳跃，井温有低温异常，这些都可以作为利用常规测井划分裂缝性储层的依据。

第三节　储层“四性”关系及测井参数解释模型

为实现储层参数的定量评价，首先应开展储层“四性”关系研究，优选出与储层孔隙度、渗透率等参数相关的敏感测井曲线，进而开展各测井参数的解释模型研究，为目标区各井的储层参数定量解释奠定基础。

一、储层“四性”关系研究

储层“四性”关系研究是基于取心井岩性、物性、含油气性与电性(测井曲线)之间关系的分析，优选并总结出对储层敏感的测井曲线的响应特征的过程。

(一)关键井选取

选择的关键井在目标区块中应具有代表性、常规测井的项目齐全、测井质量可靠，目的层段地层有钻井取心和岩心实验分析资料，包含孔隙度、渗透率等分析数据，取心收获率应在90%以上，且有系统的测试、试采或生产资料，测试、试采或生产的油气水性质分析等资料，具体按照SY/T 6939《多井测井综合评价方法》的规定执行。

(二)关键井“四性”关系研究

首先应对关键井取心岩样分析的岩性、物性等数据与测井曲线进行对比分析，以测井深度为基准对关键井取心分析的岩性、物性等数据作深度归位，然后进一步研究关键井取心分析的岩性、物性、油气显示、测试成果与各测井曲线的对应关系，明确各储层段的“四性”关系特征，并制作关键井目的层段的“四性”关系图。通过对关键井测井资料及地层特征的分析，确定各种矿物骨架、泥质和地层流体的测井响应特征值，明确取心岩样实验分析中各种矿物含量等岩性资料、孔渗物性资料与测井曲线的对应关系，为岩性、物性参数解释模型建立奠定基础。图7-2-7为川东北X气井的“四性”关系图。

二、储层测井参数解释模型

(一)泥质含量计算模型

泥质对储层储集性有重要影响，岩石中泥质含量的计算是测井解释中的一项重要任务，是进行储层物性参数计算的基础，通过上述“四性”关系研究确定出与泥质含量相关性较好的测井曲线，进而计算泥质含量。通常采用相对值法确定泥质含量，一般来说可以用多种测井方法求泥质含量，但各方法都有其使用条件，以自然伽马为例，首先基于自然伽马求取自然伽马相对值：

$$\Delta SH=\frac{GR_{\log}-GR_{\min}}{GR_{\max}-GR_{\min}} \tag{7-2-3}$$

式中，$GR_{\log}$为解释井段内用于计算泥质含量的自然伽马值，API；$GR_{\min}$为自然伽马在纯砂岩处的测井值，API；$GR_{\max}$为自然伽马在纯泥岩处的测井值，API；ΔSH为自然伽马相对值。

为了与研究区目的层段的地质参数有更好的对应关系，引入一个经验系数$GCUR$，进而确定泥质含量的经验公式为：

$$V_{\mathrm{sh}}=\frac{2^{GCUR\cdot\Delta SH}-1}{2^{GCUR}-1} \tag{7-2-4}$$

式中，$GCUR$为地区经验系数，古近系地层取3.7，老地层取2；V_{sh}为泥质含量，小数。

用自然伽马求取地层的泥质含量往往是有条件的，即纯储层不含放射性物质，如果储

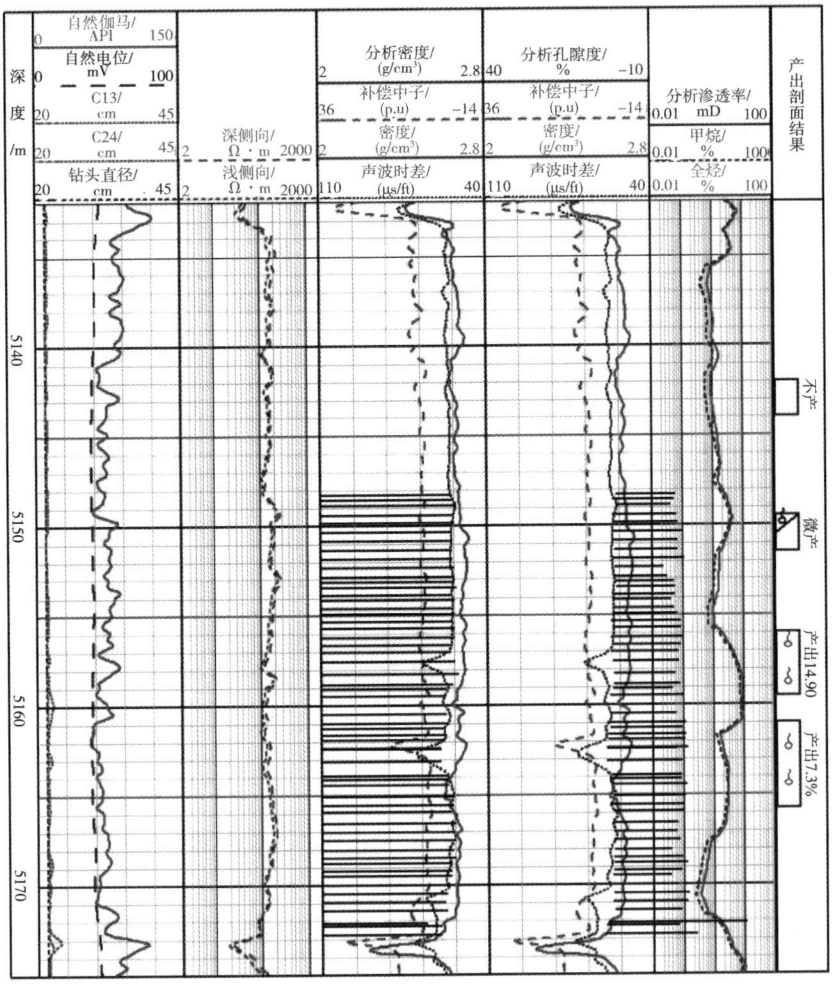

图7－2－7　川东北X气井“四性”关系图

层本身含有放射性物质，则需要采用其他测井曲线来求取泥质含量，在某些特定的层位或储层中，可采用自然电位、补偿中子、井径等曲线按照式(7－2－3)和式(7－2－4)的形式求取泥质含量。

(二)孔隙度计算模型

孔隙度是反映油气藏储层物性的重要参数，准确计算孔隙度也是准确计算含水饱和度、渗透率等其他储层参数的前提，通常孔隙度主要通过声波时差、密度和补偿中子测井资料来反映，同时孔隙度还受泥质的影响，因此在利用三孔隙度测井曲线求取孔隙度时，一般需要进行泥质校正，通常采用经验公式法、交会法、岩心刻度建模法等方法确定储层的孔隙度。

1. 经验公式法

根据测井仪器的理论图版，采用三孔隙度测井曲线分别计算孔隙度的理论公式为：

1)声波时差孔隙度

$$PORA=\frac{AC-T_{ma}}{T_f-T_{ma}}\cdot\frac{1}{G_p}-V_{sh}\frac{T_{sh}-T_{ma}}{T_f-T_{ma}} \tag{7－2－5}$$

式中，$PORA$ 为声波时差孔隙度，小数；AC 为声波时差测井值，μs/m；T_{ma} 为岩石声波时差骨架值，μs/m；G_p 为声波压实校正系数，无量纲；T_f 为流体声波时差值，μs/m；T_{sh} 为泥岩声波时差值，μs/m；V_{sh} 为泥质含量，%。

2）密度孔隙度

$$PORD = \frac{DEN - DG_{ma}}{D_f - DG_{ma}} - V_{sh}\frac{D_{sh} - DG_{ma}}{D_f - DG_{ma}} \tag{7-2-6}$$

式中，$PORD$ 为密度孔隙度，小数；DEN 为密度测井值，g/cm³；DG_{ma} 为岩石密度骨架值，g/cm³；D_f 为流体密度值，g/cm³；D_{sh} 为泥岩密度测井值，g/cm³。

3）补偿中子孔隙度

$$PORN = \frac{CNL - N_{ma}}{CN_f - N_{ma}} - V_{sh}\frac{N_{sh} - N_{ma}}{N_f - N_{ma}} \tag{7-2-7}$$

式中，$PORN$ 为中子孔隙度，小数；CNL 为补偿中子测井值，P. U；N_{ma} 为岩石中子骨架值，P. U；N_f 为流体中子值，P. U；N_{sh} 为及泥岩中子测井值，P. U。

通常先分别计算声波时差孔隙度、密度孔隙度、补偿中子孔隙度，再分析各孔隙度与取心分析孔隙度的关系，优选出其中相关性最好的孔隙度计算方法作为本研究区的储层孔隙度通用模型，当然也可以对其中 2 种或 3 种孔隙度通过权系数组合计算出一条孔隙度曲线，使计算孔隙度与取心分析孔隙度相关性得到进一步提升。

2. 交会法

对于碳酸盐岩、火成岩等复杂岩性地层，由于地层岩性相对复杂多样，组合岩性的岩石声波时差骨架值、岩石密度骨架值为未知量，利用上述经验公式计算储层孔隙度存在不确定性，根据测井仪器的理论图版，通常采用补偿中子–密度交会法或补偿中子–声波时差交会法通过解方程在确定储层矿物含量的同时，计算出地层的孔隙度，其计算方程分别为：

1）补偿中子–密度交会法

$$\begin{cases} CNL = V_{sh} \cdot N_{sh} + \sum_{i=0}^{n}(V_{mai} \cdot N_{mai}) + \phi \cdot N_f \\ DEN = V_{sh} \cdot D_{sh} + \sum_{i=0}^{n}(V_{mai} \cdot D_{mai}) + \phi \cdot D_f \\ \sum_{i=0}^{n} V_{mai} + V_{sh} + \phi = 1 \end{cases} \tag{7-2-8}$$

式中，V_{mai} 表示第 i 种矿物的骨架体积，小数；N_{mai} 表示第 i 种矿物的骨架中子值，P. U；D_{mai} 表示第 i 种矿物的骨架密度值，g/cm³；n 表示地层中测井解释的矿物的数量，个；ϕ 表示孔隙度，小数。

2）补偿中子–声波时差交会法

$$\begin{cases} CNL = V_{sh} \cdot N_{sh} + \sum_{i=0}^{n}(V_{mai} \cdot N_{mai}) + \phi \cdot N_f \\ AC = V_{sh} \cdot T_{sh} + \sum_{i=0}^{n}(V_{mai} \cdot T_{mai}) + \phi \cdot T_f \\ \sum_{i=0}^{n} V_{mai} + V_{sh} + \phi = 1 \end{cases} \tag{7-2-9}$$

式中，N_{mai} 表示第 i 种矿物的声波骨架时差值，μs/m。

3. 岩心刻度建模法

在研究区目的层段有相对丰富取心孔隙度分析的条件下，可利用岩心分析的孔隙度来刻度对应深度的各测井曲线，通过“四性”关系研究优选相关性较好的一条或多条测井曲线，通过回归拟合建立针对性的孔隙度计算模型。以某区块为例，该区块取心井“四性”关系分析表明，取心分析孔隙度和声波时差呈较好的正相关关系，取心分析孔隙度和泥质含量具有较好的负相关关系，因此优选声波时差和泥质含量采用二元回归拟合确定孔隙度计算模型(图7－2－8)，通过模型计算孔隙度和取心分析孔隙度对比关系证明了该孔隙度计算模型的可靠性。

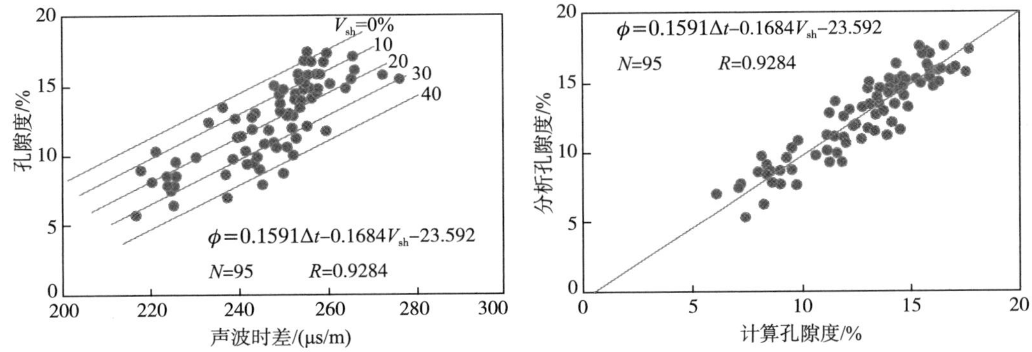

图7－2－8　某区块孔隙度二元解释模型图

(三)渗透率模型

储层渗透性的大小是决定储层能否形成油气层产能以及产能大小的重要因素，通常用渗透率来定量表示储层的渗透性，渗透率表示在一定的压差下岩石允许流体通过的能力，储层的渗透率受多种因素制约，如岩石的孔隙体积、孔隙结构、颗粒粒度、胶结物含量等，但大多数地层渗透率与孔隙度的大小有密切关系，通常采用经验公式法、岩心刻度建模法等方法确定储层的渗透率。

1. 经验公式法

对于常规砂岩地层，渗透率随束缚水饱和度增加而减小，随孔隙度增加而增加。故渗透率与束缚水饱和度、孔隙度经验关系的一般形式为：

$$K=\sqrt{C\frac{\phi^x}{S_{wi}^y}} \tag{7-2-10}$$

式中，C为变形系数，与油气类型有关，国外对中等比重的原油通常取值为250，对于干气通常取值为79；x、y为主要与岩性有关的指数，国外对砂岩常取$x=3$、$y=1$；ϕ表示孔隙度，小数；S_{wi}表示束缚水饱和度，小数。

各研究区可根据自己的岩心数据，优选适用于目标区块目的层段的经验系数，并利用实际岩心分析渗透率资料标定确定模型中的各相关参数。

2. 岩心刻度建模法

在研究区目的层有相对丰富取心渗透率分析的条件下，可利用岩心分析的渗透率来刻度对应深度的各测井曲线，通过“四性”关系研究优选相关性较好的一条或多条测井曲线、孔隙度曲线，通过回归拟合建立针对性的渗透率计算模型。图7－2－9为某区块利用孔隙度建立的渗透率二元模型。

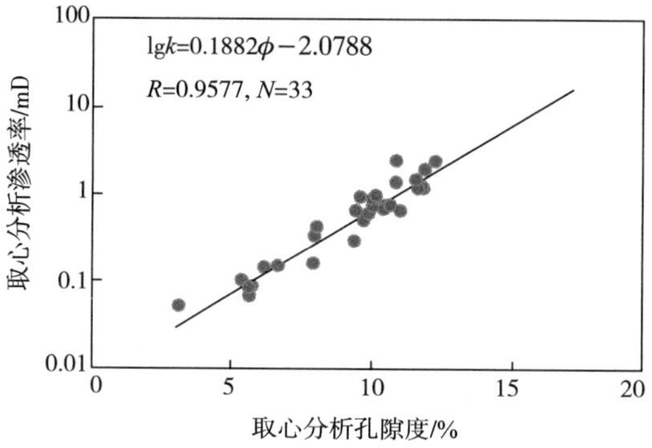

图7-2-9 某区块渗透率二元解释模型图

(四)含油气饱和度模型

含油气饱和度是评价储层流体及其含量的关键参数，阿尔奇公式是使用电法测井计算含水饱和度的经典公式，它将地层看作近似均匀、各向同性的介质，在地层泥质含量不高或泥质对电阻率影响不大时，计算含水饱和度准确性较高，计算储层的含水饱和度的阿尔奇公式为：

$$S_w = \sqrt[n]{\frac{ab\,R_w}{R_t\phi^m}} \tag{7-2-11}$$

式中，S_w为储层的含水饱和度，小数；a、b 为与岩性有关的系数；R_w为储层的地层水电阻率，Ω · m；R_t为储层电阻率，Ω · m；m 为储层胶结指数；n 为储层饱和度指数。

$$S_0 = 1 - S_w \tag{7-2-12}$$

式中，S_0为储层的含油饱和度，小数。岩电参数 a、b、m、n 通过目标区块目的层段岩心样品的岩电实验分析确定，图7-2-10为某区块岩电参数确定示意图。

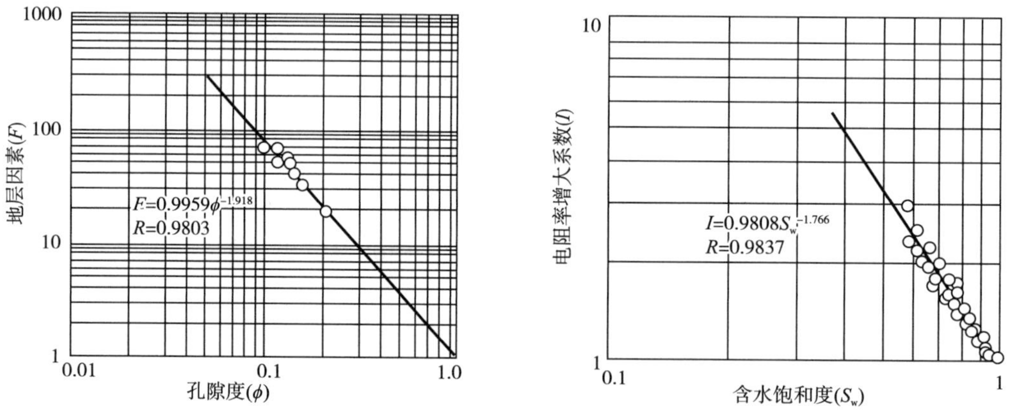

图7-2-10 X区块岩电参数确定示意图

阿尔奇公式中的地层水电阻率 R_w通过分析目标区块中目的层段测试、试采或生产得到的地层水矿化度和水型，查对应的图版确定；另外，当地层泥质含量较大时，可根据目标区块目的层段地层水矿化度等的地质特征参数，优选西门杜公式、印度尼西亚公式、尼日利亚公式、麦克斯曼-史密茨公式等模型计算储层的含水饱和度，这些公式都是在阿尔奇公式的基础上改造变形来的，有各自的适用条件。

第四节　储层下限确定及流体性质判别

在建立储层测井参数解释模型的基础上，需要进一步研究储层物性下限，并建立储层中流体性质的判别标准，为有效油、气层厚度的精确划分奠定基础。

一、储层物性下限确定

储层的物性下限是在目前经济和技术条件下达到储量起算标准的孔隙度、渗透率等物性参数的下限值，是确定储层和核定储层有效厚度计算储量的重要技术参数，也是生产测试过程中试油气层位选择的重要依据。现有物性下限的确定方法主要有岩心分析法、测试分析法两大类。

(一) 基于岩心分析的储层物性下限确定方法

基于岩心分析的储层物性下限确定方法主要是从储层的储油能力和渗流能力两方面考虑，以实验室测量的孔隙度、渗透率、平均喉道半径等实验结果作为标尺，通过统计分析研究孔隙度、渗透率、饱和度等参数之间的关系确定各种阈值作为储层的物性下限。

1. 甩尾法

甩尾法是以取心井储层段的储渗能力丢失率较合理时对应的物性值作为物性下限。美国岩心公司通常采用累计储渗能力丢失 5% 对应的孔隙度和渗透率作为储层物性下限；一般限定累计频率丢失不超过总累计的 15%，且累计储渗能力丢失不超过总累计的 10% 时，确定出储层的孔隙度和渗透率下限值。各区间的孔隙度储集能力、渗透率储集能力的公式为：

$$Q_{\phi_i} = \frac{\phi_i H_i}{\sum_{i=0}^{n} \phi_i H_i} \tag{7-2-13}$$

$$Q_{K_i} = \frac{K_i H_i}{\sum_{i=0}^{n} K_i H_i} \tag{7-2-14}$$

式中，Q_{ϕ_i}表示孔隙度储集能力，%；Q_{K_i}为渗透率储集能力，%；H_i为样品长度或储集层厚度，m。

图 7-2-11 为甩尾法确定的储层孔隙度下限的示意图，基于上述方法原理，当孔隙度为 2% 时，储层孔隙度累计频率丢失和累计储集能力丢失分别为 14.8%、3.0%；当渗透率为 0.03% 时，储层渗透率累计频率丢失和累计渗透率能力丢失分别为 14.6%、7.8%，由此确定出礁滩相储层的孔隙度下限为 2%、渗透率下限为 $0.03\times10^{-3}\mu m^2$。

2. 排驱压力法

排驱压力反映岩石储集性能的好坏，排驱压力越小，储层的储集性能越好，在最小的孔喉条件下，地层视为非储层，即没有储集能力；而只有大于最小喉道半径的地层为储层，即具有储集能力，而排驱压力和最大喉道半径又是一一对应的。基于此，可在目的层段分别建立取心分析的孔隙度、渗透率与排驱压力交会关系图(图 7-2-12)，把交会关系的突变处作为孔隙度和渗透率的物性下限。

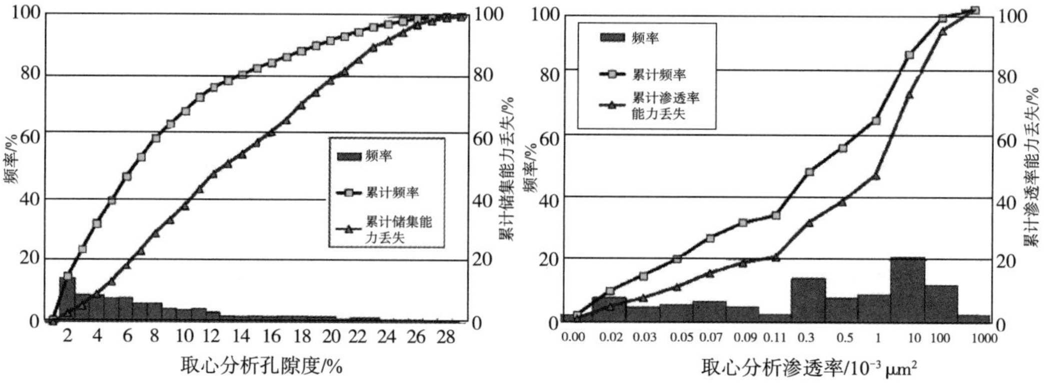

图 7－2－11　甩尾法确定的储层孔隙度下限的示意图

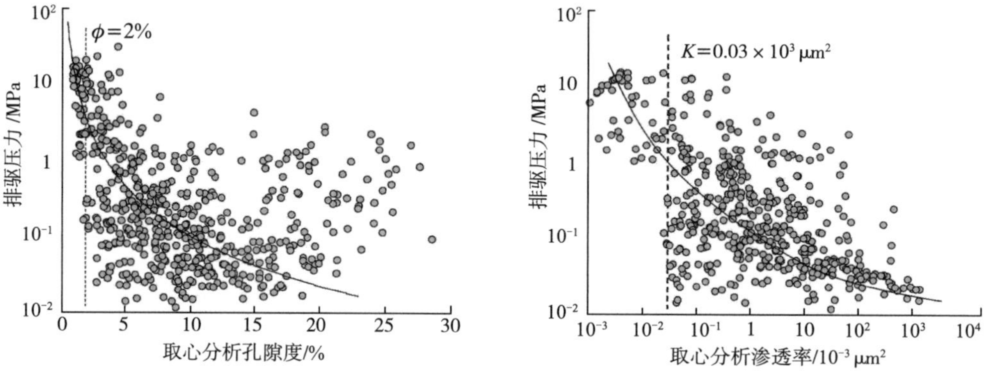

图 7－2－12　孔隙度、渗透率分别与排驱压力交会关系图

（二）基于测试分析的储层物性下限确定方法

测试分析方法是以试油气结论为刻度标准，主要从渗流能力考虑，通过统计分析产液能力与含油产状、孔隙度、渗透率等参数的关系给出物性下限，但由于试油气是以发现油气产层为目的，油气产层一般具有好的物性、含油性和电性显示，决定少量的试油气层很难广泛代表储层，这就需包含高、中、低产油气和干层且尽可能多的试油气结论；而对于多层合试的结果需做产能劈分，往往不利于该方法的使用。

以通南巴须家河组已有的 11 口达到工业产能试气井的单套砂体的测井解释储层平均孔隙度和试气无阻流量建立交会分析（图 7－2－13），确定储层的孔隙度下限为 3%，这与利用岩心排驱压力法确定的储层孔隙度下限是基本一致的。

在勘探和开发阶段岩心分析和测试资料的占有程度是有差异的，建议在勘探阶段以岩心分析方法为主确定物性下限，测试阶段将测试法和岩心分析方法组合使用确定物性下限。

二、储层流体性质判别

油、气、水层的准确识别是油气藏储层测井评价的关键环节，在储层物性下限确定的基础上，针对不同类型的油气藏现有的储层流体性质识别方法也日趋丰富，下面重点介绍几类油气勘探和开发中常见的储层流体性质判别手段。

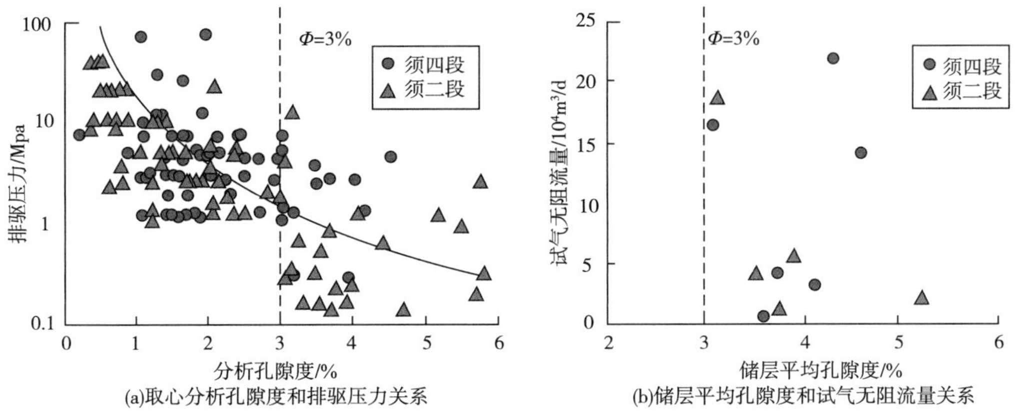

图 7-2-13　排驱压力法和测试法确定储层物性下限的成果图

(一)交会图法

交会图法是最常用、最基本的油、气、水层识别方法之一，常见的交会图版有电阻率－声波时差、电阻率－孔隙度、含油饱和度－孔隙度、视地层水电阻率－孔隙度差值等，这些图版大多是基于阿尔奇公式(或其他饱和度公式)的基本原理得到的，这些图版的有效应用为油气层的综合判别提供了可靠的保障。

(二)曲线重叠法

曲线重叠法是指采用统一量纲、统一横向比例和统一绘图基线绘制出的测井曲线或计算参数曲线，然后将这些曲线重叠，按曲线幅度差来进行地层评价的方法。曲线重叠法分为线性刻度和对数刻度两大类，常见的曲线重叠法主要是在线性刻度下完成的。

1. 双孔隙度重叠显示含油性

由沉积岩导电机理可知，岩石电阻率大小主要取决于连通孔隙中水的含量，因此对纯岩石由阿尔奇公式和深探测电阻率 R_t，反算出的地层孔隙度实际上是反映地层的含水孔隙度，利用含水孔隙度 ϕ_w 与测井计算得到的地层有效孔隙度 ϕ 重叠，在纯水层 $R_t = R_o$ 时，$\phi_w = \phi$，而在油气层，$\phi_w < \phi$，可通过双孔隙度曲线重叠，有效孔隙度和含水孔隙度曲线之间幅度差反映地层含油气孔隙度 ϕ_h，因此该方法可用来划分油气层和水层。

2. 三孔隙度重叠显示可动油气和残余油气

由深探测电阻率 R_t 和冲洗带电阻率 R_{xo} 曲线按阿尔奇公式或其他饱和度方程得出的 S_w 和 S_{xo}，可计算地层含水孔隙度和冲洗带含水孔隙度。

$$\phi_w = \phi \cdot S_w \tag{7-2-15}$$

$$\phi_{xo} = \phi \cdot S_{xo} \tag{7-2-16}$$

式中，ϕ_w 为含水孔隙度，%；ϕ 为孔隙度，%；ϕ_{xo} 为冲洗带含水孔隙度，%；S_w 为含水饱和度，%；S_{xo} 为冲洗带含水饱和度，%。

由 ϕ、ϕ_{xo}、ϕ_w 三孔隙度曲线重叠，可有效地显示地层的含油性、残余油气和可动油气，即有：

含油气孔隙度：
$$\phi_h = \phi - \phi_w \tag{7-2-17}$$

残余油气孔隙度：
$$\phi_{hr} = \phi - \phi_{xo} \tag{7-2-18}$$

可动油气孔隙度：
$$\phi_{ho} = \phi_{xo} - \phi_w \tag{7-2-19}$$

因此，ϕ 与 ϕ_{xo} 幅度差代表残余油气；ϕ_{xo} 与 ϕ_w 幅度差代表可动油气。

（三）气层的判别方法

1. 三孔隙度比值法

一般情况下，当地层饱和含气时，补偿中子的“挖掘效应”而使测量的补偿中子反映的孔隙度值明显偏小，而气层可导致密度测井值减小、声波时差测井值增大，因此可以利用补偿中子－密度或补偿中子－声波时差交会图识别气层，同时基于该原理，提出了三孔隙度比值法识别气层，定义三孔隙度比值为 K_ϕ：

$$K_\phi = \frac{\phi_s \cdot \phi_d}{\phi_n^2} \tag{7-2-20}$$

式中，ϕ_s 为声波孔隙度，%；ϕ_d 为密度孔隙度，%；ϕ_n 为中子孔隙度，%。大量实际储层研究表明，通常当 K_ϕ 大于 1.2 时多指示为气层；当 K_ϕ 小于或等于 1.2 时多指示为油层或水层。

2. 正态分布法

根据纯水层的阿尔奇公式，结合深探测电阻率曲线和孔隙度测井曲线，可以计算视地层水电阻率：

$$R_{wa} = \frac{R_t \cdot \phi^m}{a} \tag{7-2-21}$$

式中，R_{wa} 为视地层水电阻率，Ω·m；R_t 为深探测电阻率，Ω·m；ϕ 为孔隙度，%。

从理论上讲，可以用 R_{wa} 的大小判断储层所含流体的性质，当 $R_{wa} \approx R_w$ 时为水层，而油气层的 R_{wa} 通常在 R_w 的 3～5 倍以上，但由于通常是不知道地层水真实电阻率 R_w 的，m、a 值也难以求得很准，使计算的 R_{wa} 误差较大，故很难用作储层流体性质指标。为此研究一种特殊的数学方法——$P^{1/2}$ 概率分布法来解决流体性质判别的问题，即对同一性质的一段地层经计算得到的 R_{wa} 开平方，命名为 $P^{1/2}$：

$$P^{1/2} = \sqrt{\frac{R_t \cdot \phi^m}{a}} \tag{7-2-22}$$

基于统计学研究表明，在同一性质的地层中，$P^{1/2}$ 值是满足正态分布规律的，$P^{1/2}$ 是用 R_{wa} 变化规律来识别流体性质的，而不是用 R_{wa} 的绝对值，基于该理论将 $P^{1/2}$ 的累计频率点在正态概率分布图中，其纵坐标为 $P^{1/2}$ 值，横坐标为累计频率，并按正态分布函数进行刻度：

$$f(x) = \frac{1}{\sqrt{2\pi\sigma}} e^{-\frac{(x-\mu)2}{\sigma 2}} \tag{7-2-23}$$

式中，μ 为 $P^{1/2}$ 中值；x 为随机变量；σ 为正态分布曲线的标准差。

这样就将一条正态概率分布曲线变成一条近似的直线，通常气层斜率较大，而水层斜率小。图 7－2－14 为典型气层和典型水层 $P^{1/2}$ 曲线累积正态频率分布图，(a) 中斜率较高，判断为气层；(b) 中斜率极低，判断为含气水层，与实际的测试结果一致。

3. 孔隙度－含水饱和度交会法

储层的含水饱和度是由气藏的含气高度和孔隙度共同决定的，当含气高度大于某一定值时，含水饱和度基本由储层的孔隙度决定。在孔隙度与含水饱和度的交会关系图中，气层样点多呈单边双曲线关系的特征，而当储层为气水同层或水层时，储层样点将显著跳离这种单边双曲线关系，在交会图上向右上方移动或呈散乱分布特征，基于此，可以从孔隙度－含水饱和度交会图是否呈单边双曲线特征来判别储层的流体性质。图 7－2－15 为典型气层和电性水层孔隙度－含水饱和度交会图，(a)为典型气层呈现明显的双曲线特征，(b)为典型水层呈现明显的散点分布，根据孔隙度－含水饱和度交会图判断为含气水层，对应储层段实际测试结果与气水识别结果一致。

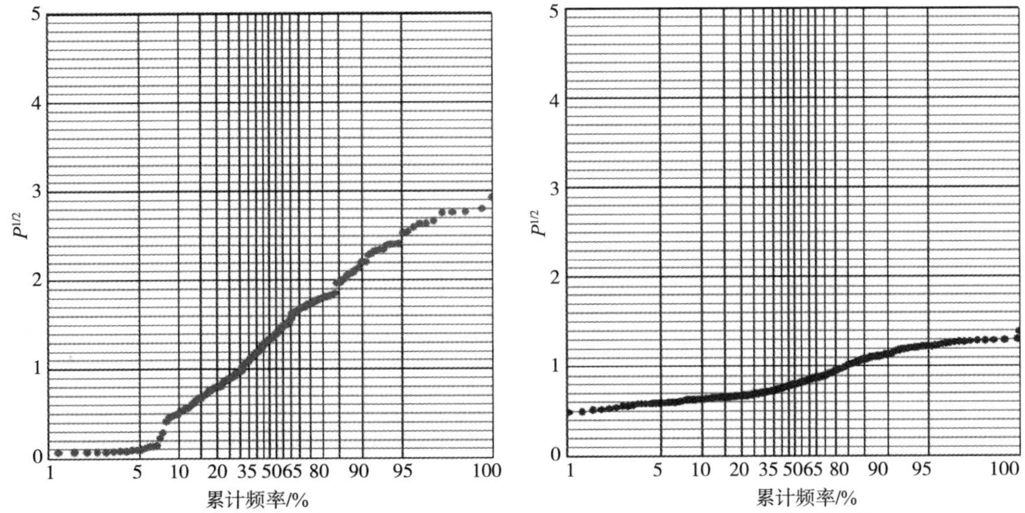

(a)典型气层样点　　(b)典型水层样点

图 7－2－14　某井概率分布法识别气水层示例图

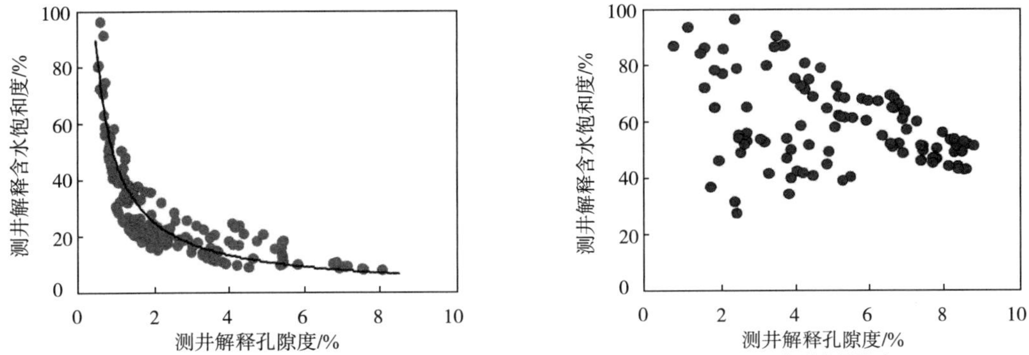

(a)典型气层样点　　(b)典型水层样点

图 7－2－15　典型气层和水层孔隙度－含水饱和度交会图

扫一扫
获取更多资源

第三章　典型油气藏测井评价实例

为了更好地说明针对不同类型油气藏储层测井资料综合解释的方法，下面以在东濮凹陷复杂碎屑岩油藏、查干凹陷砂砾岩体油藏、普光礁滩相气藏、通南巴致密砂岩气藏攻关研究中形成的测井评价技术作为实例对上述方法做进一步的阐述。

第一节　东濮凹陷复杂碎屑岩油藏测井评价

东濮凹陷储层多表现为薄层、薄互层、低孔低渗储层，岩性相对复杂，如泥质、灰质或白云质含量大等，复杂的地质条件显著增加了测井资料的评价难度，造成局部测井解释符合率偏低，影响对储层的准确认识和评价，通过持续攻关现已形成相对完善的复杂碎屑岩油藏“四性”关系及测井解释技术，本节以桥29断块区油藏为例简要介绍对应的储层测井综合解释方法。

一、储层基本特征

桥29断块区油层主要分布在沙二下亚段和沙三上亚段，两个亚段都以不等厚互层砂岩为主，且单层厚度变化大，平面上受构造和断层控制，油气在高部位聚集，呈条带状分布，平面叠加连片，构造低部位油层逐渐变薄，并过渡到油水边界，渐变为油水同层和水层；纵向上受上覆盖层和储层分布的影响，油层沿断层上升盘呈刷子状分布，油藏类型为断块层状油藏，岩心物性分析表明储层孔隙度分布在11.4%～21.8%，平均为16.5%；渗透率分布在$(0.7\sim98.3)\times10^{-3}\mu m^2$，平均为$12.1\times10^{-3}\mu m^2$，属于中孔低渗储层。

二、关键储层测井参数模型

（一）孔隙度模型

在桥29断块区中，大部分井三孔隙度测井曲线中只测有声波时差，因此，通过“四性”关系研究表明校正后的孔隙度和声波时差、泥质含量关系密切，利用标准化后的声波时差和泥质含量，在沙二下亚段和沙三上亚段分别建立二元孔隙度模型（图7－3－1）。

（二）渗透率模型

渗透率受岩石孔隙结构、孔隙大小、泥质含量等多方面因素的影响，在桥29断块通过“四性”关系研究优选孔隙度求取渗透率，在沙二下亚段和沙三上亚段分别建立二元渗透率模型（图7－3－2）。

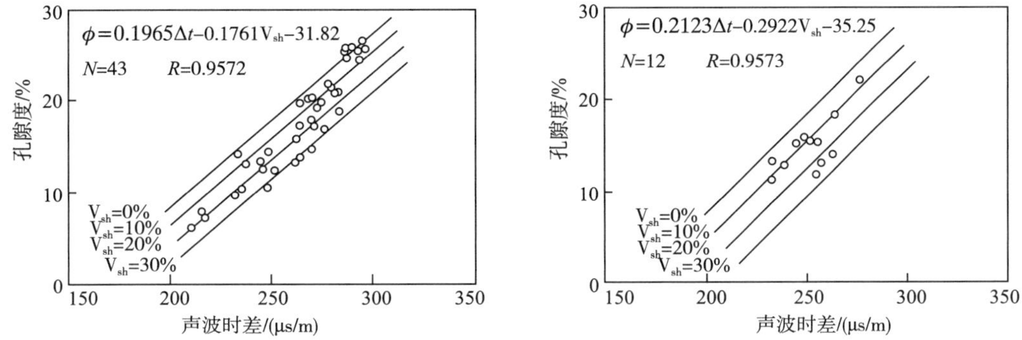

(a)沙二下亚段　(b)沙三上亚段

图 7－3－1　桥 29 断块区渗透率二元解释模型图

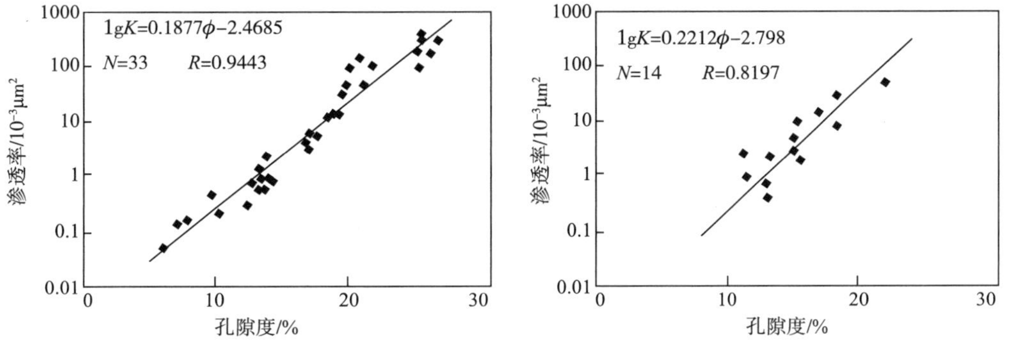

（a）沙二下亚段　（b）沙三上亚段

图 7－3－2　桥 29 断块渗透率二元解释模型图

(三)含油饱和度模型

根据桥 29 断块区沙二下亚段和沙三上亚段的岩电实验资料，确定对应的岩电参数 $a=1.1916$、$m=1.7648$、$b=1.0654$、$n=1.7721$，该区块现有测试的地层水总矿化度为 120000mg/L，通过查图版确定地层水电阻率 $R_w=0.026\Omega\cdot m$，地层水矿化度相对较高，因此优选阿尔奇公式求取地层的含水饱和度，进而计算出含油饱和度。

三、测井评价效果分析

基于在桥 29 断块区分层系建立各测井参数模型，通过 22 口井的测井精细处理解释，在目标层段的测井解释符合率得到显著提升，利用评价成果提出了 3 个补孔测试段通过实施获得工业油流，为该区块的油藏精细描述提供了技术支撑。

第二节　查干凹陷砂砾岩扇体油藏测井评价

查干凹陷祥 6 块巴二段发育砂砾岩扇体油藏，储层孔隙结构复杂导致储层的测井响应特征进一步复杂化，大大降低了储层参数计算精度和油气层的解释符合率，通过针对巴二段砂砾岩油藏开展砂砾岩储层识别、油水层识别方法研究，形成了一套针对砂砾岩扇体油藏测井评价技术。

一、储层基本特征及“四性”关系

(一)储层基本特征

查干凹陷祥6块构造位置位于乌力吉构造带南部毛西断层下降盘南部，巴二段是一套近物源、多物源沉积扇体，储层岩性相对复杂，以长石岩屑砂岩、岩屑长石砂岩为主，巴二段取心孔隙度主要分布在0.3%~10.2%，平均值为4.4%；渗透率主要分布在(0.01~11.2)$\times10^{-3}\mu m^2$，平均值为0.614$\times10^{-3}\mu m^2$，储层物性整体表现为低孔致密的特征；溶蚀作用显著改善了储层的物性和孔隙结构，巴二段平均溶蚀率达到68.24%，由于溶蚀作用发育，碳酸盐等溶蚀产生的次生孔隙对总孔隙的贡献大，并且显著提高了储层的渗流能力，这也是该区块巴二段油气取得突破的关键因素。

(二)储层“四性”关系特征

上述分析表明，次生溶蚀孔隙的存在改善了祥6块复杂岩性储层的孔隙结构，同时也改变了该类储层的宏观表现，因此利用测井资料识别并定量评价次生溶蚀孔隙是该类储层“四性”关系研究的重点。

录井和岩心资料分析表明次生溶蚀孔隙主要出现于砾状砂岩、含砾砂岩、砂砾岩等岩性中，基于声波在岩层孔隙中的传播机理，声波时差主要反映岩石的原生粒间孔隙，基本不反映次生孔隙，而补偿中子、密度孔隙度能够近似反映岩石的总孔隙度。因此，采用标准碎屑岩互融刻度的三孔隙度测井曲线中，在溶蚀孔隙发育段，三孔隙度组合形态与次生溶蚀孔隙不发育段的形态具有显著差异，声波孔隙度往往显著小于密度孔隙度(图7-3-3)，除此之外，次生溶蚀孔隙发育段的自然伽马多表现为更低值，同时由于次生孔隙大大改善了储层的渗透性，自然电位曲线多有明显幅度异常。

二、储层关键测井参数模型

(一)孔隙度解释模型

结合岩心物性分析和薄片等资料，分次生溶蚀孔隙及基质孔隙(原生粒间孔)两种类型建立了对应的孔隙度解释模型。

1. 储层总孔隙度

补偿中子和密度孔隙度反映岩石的总孔隙度，因此优选补偿中子和密度采用岩心刻度建立二元总孔隙度模型：

$$\phi_{ND}=124.93-44.6216\rho_b-0.07\phi_N \qquad (7-3-1)$$

式中，ϕ_{ND}为储层总孔隙度，%；ρ_b为密度，g/cm^3；ϕ_N为补偿中子，P.U。

2. 基质孔隙的孔隙度

声波时差测井主要反映岩石的基质孔隙，因此优选声波时差采用岩心刻度建立基质孔隙的孔隙度模型：

$$\phi_s=0.1999\Delta t-0.1622V_{sh}-35.12 \qquad (7-3-2)$$

式中，ϕ_s表示声波时差孔隙度，%；Δt为声波时差测井值；V_{sh}为泥质含量，%。

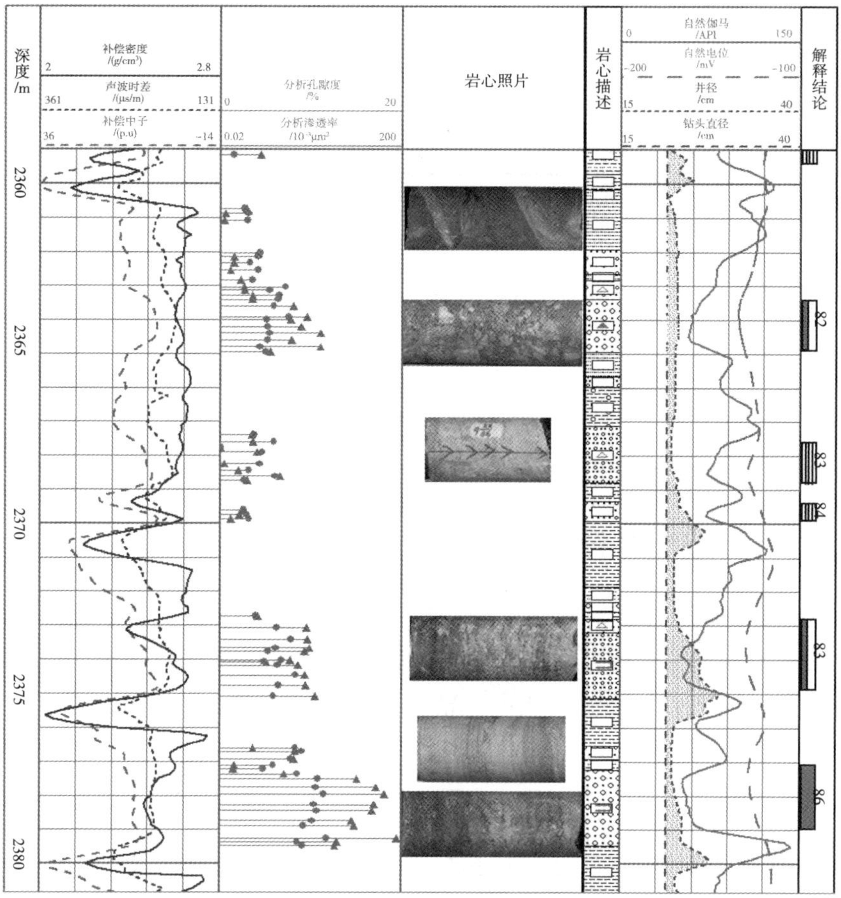

图 7－3－3　X 井常规测井识别次生孔隙示例图

3. 次生溶蚀孔隙的孔隙度

储层总孔隙度和基质孔隙度之间的差值，即为次生溶蚀孔隙的孔隙度：

$$\phi_{溶蚀}=\phi_{ND}-\phi_{s} \qquad (7-3-3)$$

式中，$\phi_{溶蚀}$为次生溶蚀孔隙度，%。

(二) 渗透率解释模型

利用岩心刻度法建立储层渗透率 K 的二元解释模型：

$$\lg K=0.2771\phi-0.0247V_{sh}-1.5858 \qquad (7-3-4)$$

(三) 含油饱和度解释模型

岩心观察及岩石薄片资料表明，祥 6 块巴二段砂砾岩体油藏虽然次生溶蚀孔隙发育，但整体还是孔隙型储层，因此阿尔奇公式仍然适用于饱和度参数的评价。根据祥 6 块巴二段的岩电实验资料，并利用该区块现有测试井产水矿化度通过查图版确定地层水电阻率，利用阿尔奇公式求取储层含水饱和度，进而计算出含油饱和度。

三、储层下限及流体性质判别标准

储层次生溶蚀孔隙发育，大幅提高了储层的渗透性，因而储层应具有更低的孔隙度下限，因此在储层定量解释评价的基础上，结合次生溶蚀孔隙识别方法及试油、试采等生产数据，建立了祥6块巴二段储层下限及油水层识别标准(表7－3－1)，为研究区单井测井综合解释提供参考依据。

表7－3－1　祥6块巴二段溶蚀孔储层电性判别标准

参数	油层	油水同层	水层	干层
$\Delta t/(\mu s/m)$	≥200	≥200	≥200	<200
$\rho_b/(g/cm^3)$	≤2.58	≤2.58	≤2.58	>2.58
$\phi/\%$	≥7.5	≥7.5	≥7.5	<7.5
$K/10^{-3}\mu m^2$	≥1	≥1	≥1	<1
$S_o/\%$	45	40～45	≤40	<1

四、测井评价效果分析

次生溶蚀孔隙识别与定量评价方法建立后，应用于祥6块及力1块巴二段老井二次解释及新钻井的解释评价中，对新建立的方法和解释标准进行验证及改进，提高了查干凹陷储层的解释精度，深化了对储层的认识，精确落实储量参数，为储量申报提供技术支撑，并对查干凹陷油藏评建一体化的滚动开发有重要的促进作用。

第三节　普光探区礁滩体气藏测井评价

普光气田为一个构造－岩性复合型气藏，主要含气储层为长兴组－飞仙关组的典型台地边缘礁滩相储层，储层厚度大，物性好，该碳酸盐岩气藏受沉积、成岩、构造作用的共同控制，导致储层的孔隙类型、溶蚀程度、裂缝发育程度复杂多样，储层的非均质性严重，开发时面临诸多困难。通过研究攻关形成了一套针对普光礁滩相储层的测井精细评价技术，为普光气田高效开发提供了有效支撑。

一、储层基本特征及“四性”关系

(一)岩性特征

普光气田长兴组－飞仙关组储层主要位于台地边缘滩、台地边缘云坪、台地边缘礁、礁间滩、台内滩等多种沉积相带中，取心资料研究表明，目的层段的岩性极其复杂，主要有残余鲕粒白云岩、砂砾屑白云岩、藻屑白云岩、生屑白云岩、晶粒白云岩(粗晶、中晶、细晶、粉晶)、生物礁白云岩、亮晶鲕粒灰岩、生物礁灰质白云岩、生屑灰岩、生物礁灰岩等，由于在成岩期目的层段发生了普遍白云石化作用，使大部分储层主要集中在各类白云岩中，且改善了储层的储、渗能力。

(二)储层物性及储集空间类型

研究区目的层段取心分析的孔隙度在0.4%～28.9%，平均孔隙度为8.8%，渗透率在(0.001～1986.8)×$10^{-3}\mu m^2$，平均渗透率为0.96×$10^{-3}\mu m^2$，孔隙度和渗透率分布范围较广，进一步印证了目的层段储层的非均质性较强。

受白云石化和溶解等成岩类型的多期叠加作用，普光气田的礁滩相储层孔隙空间类型复杂多样，但孔隙是目的层段最主要的储集空间类型，且孔隙以溶蚀孔洞等次生孔隙为主，包括粒间溶孔、粒内溶孔、晶间溶孔、铸模孔等，各类溶蚀孔的形状也往往极不规则，从而加剧了储层孔隙空间的复杂性和非均质性，利用岩心铸体薄片资料，将目的层段归纳总结为基质孔、粒间溶孔和粒内溶孔等3种主要储集空间类型。

(三)储层“四性”关系特征

1. 典型储层测井响应特征

普光礁滩相典型储层的密度曲线主要表现为低值下掉的特征，储层的含气对密度曲线的影响并不显著，取心分析的密度能够和密度测井曲线良好地对应，表明密度曲线能够较好地反映储层的真实情况，可应用于礁滩相储层孔隙度的求取；补偿中子因储层饱含气导致“挖掘效应”的影响，补偿中子在典型储层中表现为相对水层明显减小，因此在礁滩体气层中是不单独采用补偿中子计算孔隙度的；声波时差测井主要反映的是储层的基质孔隙，而礁滩相典型储层多存在溶蚀、裂缝等次生孔，因此声波时差反映的孔隙度一般也小于密度反映的孔隙度；礁滩相典型储层的深浅侧向电阻率多显示为双轨差异特征，这是储层物性相对较好导致泥浆侵入过程中形成的过渡带较厚，深侧向电阻率主要是原状地层的电阻率，而浅侧向电阻率则是过渡带的电阻率，整体上，典型储层深浅侧向电阻率表现为高背景值下的低阻特征。

2. 不同孔隙空间类型储层测井识别方法

通过对上述3种孔隙空间类型储层岩心在测井曲线上的标定，并开展储层的岩心－电性关系研究，不同孔隙空间类型储层在测井曲线上表现出具有显著差异的测井响应特征。

(1)基质孔为主储层表现为高密度、低补偿中子、低声波时差、高电阻率的特征；

(2)粒间溶孔为主储层相对基质孔为主储层，主要表现为低密度、高补偿中子、高声波时差、低电阻率，且在三孔隙度按灰岩基线刻度的前提下，密度孔隙度和补偿中子孔隙度非常接近的特征；

(3)粒内溶孔为主储层相对基质孔为主储层表现的特征与粒间溶孔为主储层类似，即低密度、高补偿中子、高声波时差、低电阻率，但在三孔隙度按灰岩基线刻度的前提下，密度孔隙度要明显大于补偿中子孔隙度和声波时差孔隙度。

二、储层测井参数解释模型

(一)孔隙度模型

基于上述“四性”关系分析优选密度曲线基于岩心刻度建立对应的储层总孔隙度模型(图7－3－4)。

图7－3－5为礁滩相地层骨架模式图，因长兴组－飞仙关组的储层主要为白云岩，钻井液侵入较深，密度受气的影响小，因此基于密度计算的总孔隙度，利用式(7－3－5)可求解

出对应的白云岩和灰岩的含量，从而达到准确计算气层的孔隙度和白云岩、灰岩含量的目的。

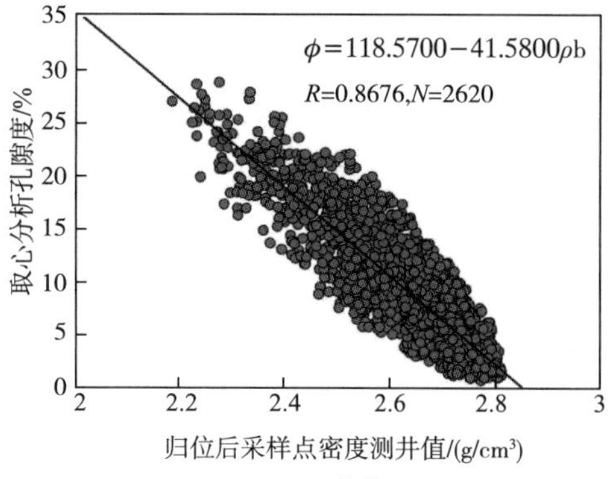

图 7－3－4　礁滩相储层测井孔隙度解释模型

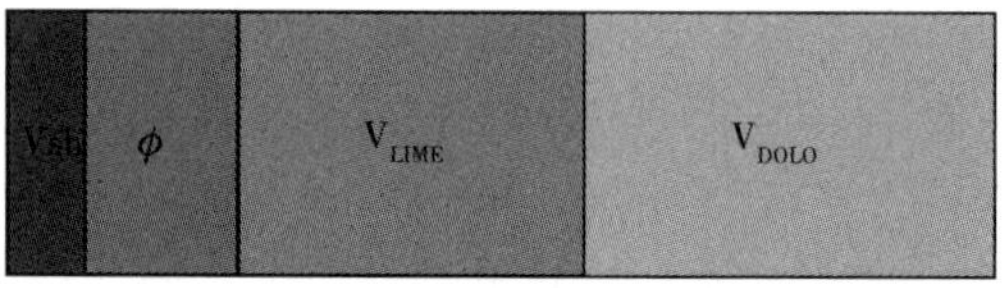

图 7－3－5　礁滩相地层骨架模式图

$$\begin{cases} V_{D1}\cdot\rho_{D1}+V_{D2}\cdot\rho_{D2}+V_{sh}\cdot\rho_{sh}=\rho_b \\ V_{D1}+V_{D2}+V_{sh}+\phi=1 \end{cases} \tag{7-3-5}$$

式中，ρ_{D1}为灰岩骨架密度，g/cm^3；ρ_{D2}为白云岩骨架密度，g/cm^3；ρ_{sh}为泥岩骨架密度，g/cm^3；ρ_b为测井密度，g/cm^3；V_{D1}为灰岩体积，%；V_{D2}为白云岩体积，%。

利用上述针对礁滩相储层的测井解释方法研究成果，实现对储层孔隙度、岩性成分的求取，并通过与取心分析值的对比分析验证了测井解释模型的可靠性。

(二) 渗透率模型

礁滩相储层渗透率的大小主要由储层孔隙空间类型、孔隙喉道半径和孔隙的连通性共同决定，不同孔隙结构储层对应的孔隙度与渗透率的交会关系是变化的，因此通过取心资料标定分别建立不同孔隙空间类型储层的渗透率模型。

三、测井评价效果分析

基于上述孔隙空间类型测井识别和参数模型，在普光气田长兴组－飞仙关组开展应用，图 7－3－6 为 E 井储层测井评价及分类成果图，因现储层分类和原储层分类采用分类标准有一定的差异，在 5080～5135m 段现储层分类结果划分出更多的Ⅰ类、Ⅱ类储层，通过与产出剖面解释的产出段对比分析，表明产层段主要分布在相对连续的Ⅰ类、Ⅱ类储层段中，储层分类结果与产层的关系更加密切，能够满足储层精细评价的需求，为气藏开发中后期的精细调整和剩余气的挖潜奠定了基础。

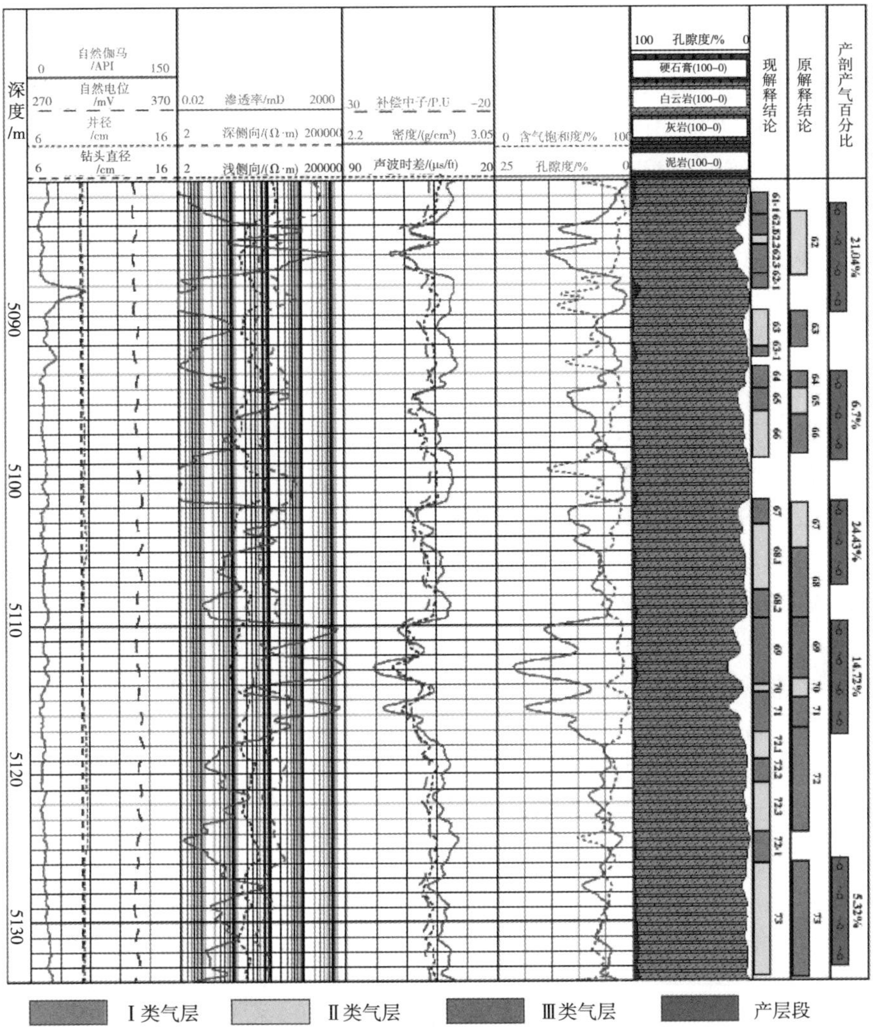

图7－3－6　E井储层测井评价及分类成果图

第四节　通南巴致密砂岩气藏测井评价

经过多年的勘探和开发，通南巴现已建成具有一定储量和产能规模的致密砂岩气田，通过研究攻关形成了一套针对通南巴致密砂岩储层的测井精细评价技术，为通南巴的储量申报和规模建产奠定了基础。

一、储层“四性”关系特征

通南巴地区须家河组主要为岩屑砂岩、岩屑石英砂岩及石英砂岩，储层段基质物性较发育，部分井段发育裂缝及微裂缝，储层在常规测井曲线上均表现为高声波时差、低补偿中子、低自然伽马、相对低密度及相对非储层较低的电阻率等“一高四低”特征。当裂缝发育时声波时差曲线有时具有“周波跳跃”现象。补偿中子值在致密砂岩储层中反映孔隙度大小的能力有限；深浅侧向电阻率多表现为小幅的正差异或无差异。

1. 孔隙型储层

孔隙型储层电成像整体呈颜色较亮的块状或团块状，随着储层砂岩颗粒增粗图像表现为粗糙度增强，砂砾岩地层的图像表现为对应的砾状特征，但无深色正弦线的裂缝，岩心也是相对完整的均质体；在常规测井上，砂岩地层可以通过自然伽马和补偿中子综合识别出来，具体表现为相对泥岩低自然伽马、低补偿中子的特征，致密砂岩的孔隙型储层与致密砂岩非储层段在常规测井曲线上表现为“三低两高”的特征，因补偿中子对低孔隙度反应敏感表现出微高的特征。

2. 裂缝－孔隙型储层

在致密砂岩孔隙型储层段中，裂缝能够很好地改善储层的渗流通道，研究区已钻井目的层段测试表明，相同沉积背景下且孔隙度相当的裂缝－孔隙型储层的产能远高于孔隙型储层。裂缝－孔隙型储层在电成像测井图上，张开缝主要表现为连续或间断的深色条带，其形态决定于裂缝的产状；在常规测井曲线上，裂缝－孔隙型储层相对孔隙型储层具有“两低一高一差异”的特征，即更低深侧向电阻率、更低密度、更高声波时差（低角度缝或斜交缝）、深浅侧向电阻率多表现为正差异或负差异的特征，而补偿中子基本不受储层裂缝影响。图7－3－7中X井在须二段裂缝－孔隙度储层的岩心和电成像测井都表明储层裂缝发育显著，在常规测井上也具有上述特征，针对该段加砂压裂测试日产气$4.38\times10^4m^3$的高产工业气流，证明了裂缝对致密砂岩储层高产起到关键的作用。

进一步通过“四性”关系研究表明，孔隙度与声波时差、密度相关性较好，孔隙度与补偿中子关系较差，表明在致密砂岩储层中，补偿中子反映储层孔隙度的能力偏差，孔隙度与自然伽马有一定的相关性，物性较好的储层自然伽马值往往更低。

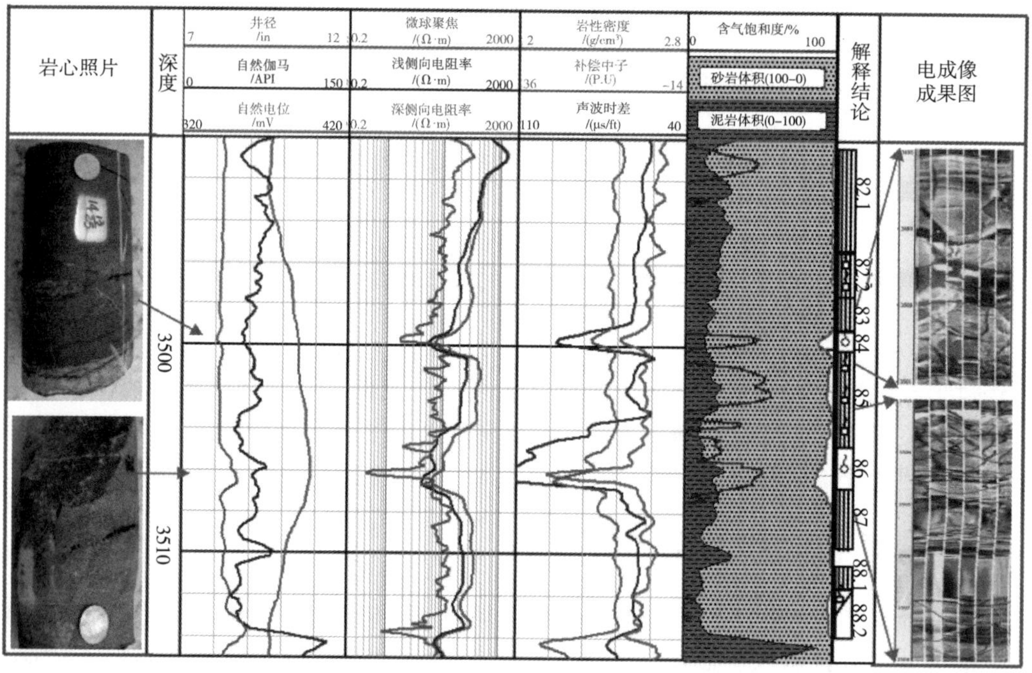

图7－3－7　X井须家河组裂缝－孔隙型储层测井综合图

二、储层关键测井参数模型

基于上述形成的储层“四性”关系的认识，采用岩心刻度测井的方法实现对储层测井参数的精细模型研究。

(一)孔隙度模型

在测井资料标准化的基础上，采用岩心刻度测井的方法建立了二元孔隙度模型：

$$\phi = 0.1494\Delta t - 0.1162V_{sh} - 24.1 \qquad (7-3-6)$$

(二)渗透率模型

通过分析数据的数理统计分层系建立了通南巴须家河组基质渗透率模型：

$$\lg K_b = 0.4804\phi - 2.8444 \qquad (7-3-7)$$

式中，K_b为储层基质渗透率，$10^{-3}\mu m^2$。

裂缝在通南巴气田须家河组致密砂岩储层中能够起到显著改善储层渗流的作用，研究区电成像测井可以实现对储层裂缝的定量评价，除此之外前人也研究了针对致密砂岩储层的常规测井裂缝识别评价方法，可以计算出裂缝孔隙度、裂缝张开度、裂缝渗透率等裂缝参数，进而确定出地层的总渗透率计算模型：

$$K_t = K_b + K_f \qquad (7-3-8)$$

式中，K_t为储层总渗透率，$10^{-3}\mu m^2$；K_f为裂缝渗透率，$10^{-3}\mu m^2$。

(三)含气饱和度模型

鉴于通南巴须家河组为裂缝－孔隙型致密砂岩储层，且其地层水的总矿化度在100000mg/L附近，阿尔奇公式对饱和度的求取同样适用，根据目的层段岩电实验资料可确定目的层段致密砂岩段参数 $a=1$、$m=1.71$、$b=1$、$n=2.74$，并通过查图版，确定地层水电阻率 $R_w=0.03\Omega\cdot m$，进而可利用阿尔奇公式求取储层的含气饱和度。

三、储层物理下限及流体性质判别标准

(一)储层物性下限的确定

由于目的层段致密砂岩储层的岩心物性、压汞分析、试气资料相对丰富，且储层具有非均质性较强的地质特征，采用排驱压力法和测试法确定储层孔隙度下限为3%，进而利用储层基质渗透率模型，确定储层的基质渗透率下限为 $0.025\times10^{-3}\mu m^2$。

(二)气水判别图版的建立

通南巴须家河组基于现有产水井的矿化度分析，取含气饱和度下限为50%，建立通南巴须家河组的气水层判别图版(图7－3－8)，确定气层的电阻率下限为45～70Ω·m(对应孔隙度5%～3%)。需要注意的是，在应用该图版时应去除裂缝－孔隙型储层可导致储层电阻率针刺状下掉的异常影响。

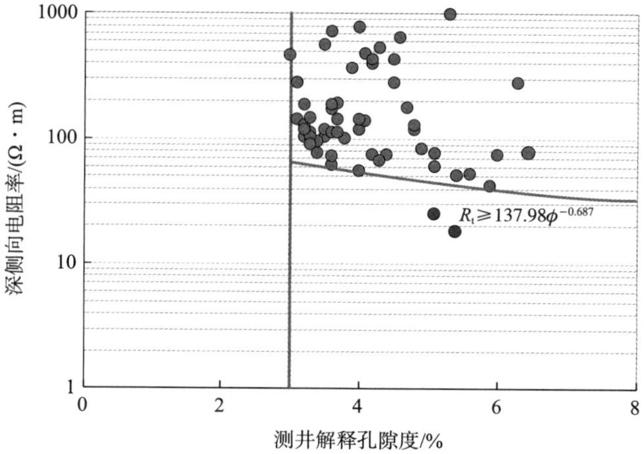

图 7-3-8　通南巴须家河组气水层判别图版

四、测井评价效果分析

研究建立了须家河组储层测井解释模型和气水层的判别标准，并深化研究了裂缝识别定量表征和储层精细分类方法，分层系开展了储层测井综合分类评价，进而支撑各气藏分类储量的精细刻画，为通南巴须家河气藏开发方案的编制和实施奠定了基础。

第八部分　地质实验技术

第一章　概述

地质实验技术是利用色谱类、光谱类、质谱类等大型精密分析仪，以及中小型专业分析仪等设备，通过规范化、标准化的实验流程，获取各类石油地质信息和评价参数，支撑油气勘探开发基础研究。地质实验技术研究内容涉及油气的生成、运移、聚集、封盖保存和油藏描述等各个领域，是油气勘探开发中一种不可或缺的技术手段。本章主要介绍中原油田地质实验技术现状及发展趋势。

一、中原油田地质实验技术现状

中原油田地质实验中心组建于1980年，源于胜利油田实验室，历经40多年的建设和发展，形成了一系列具有中原特色的石油天然气地质实验技术，涵盖地层古生物、沉积储层、油气地球化学、非常规地质、油气渗流机理、提高采收率、储气库评价等分析实验领域。

1990年之前，中原油田处于勘探开发初期阶段，地层古生物、有机地球化学等地质实验技术得到广泛应用，完成了多口重点探井的单井地质评价，有效支撑了勘探开发初期基础研究工作，培养形成了一批古生物、地球化学等地质实验技术人才。

1991—2020年，随着东濮凹陷、川东北、内蒙古等探区勘探难度增大，对实验质量及实验技术提出了新的要求，建立了完备的质量管控体系，1998年首次取得国家实验室计量认证，2019年获批濮阳市重点实验室。地质实验技术上围绕油藏的沉积储层特征、成藏动态过程、渗流特征、高含硫气藏开发等问题，通过设备引进与自主研发，新增了阴极发光、包裹体、长岩心物理模拟等实验技术。地质实验研究上依托中国石化基础地质实验科研项目，开展系统的地质评价，针对东濮凹陷古近系盐湖烃源岩、上古生界煤岩生烃演化差异，攻关研究生烃演化过程热模拟实验，创新形成了生烃动态分析关键技术；针对东濮凹陷、川东北、内蒙古等探区致密储层，攻关研究储层成岩过程致密化机理，创新形成了储层成岩演化分析关键技术；针对高温高盐、水驱废弃油藏，攻克多个世界级难题，创新发展了二氧化碳驱油埋存等基础理论，攻关形成长岩心软金属密封、气驱渗流机理、长岩心物理模拟及二氧化碳地质封存等核心技术，实现了从实验操作向实验研究的转化，培养了沉积储层、成藏动态分析、油藏渗流、提高采收率等方向的技术人才。

2020年以来，随着非常规致密油气、页岩油气、煤层气等勘探力度不断加大，以及储气库建设的需要，引进了ICP－MS、原子吸收光谱、氩离子抛光仪等国内外先进仪器设备，新增了微量元素分析、氩离子抛光电镜分析、渗流动态物理模拟等实验技术。利用分析实验技术及测试结果，分析评价了普光探区千佛崖组页岩气、东濮凹陷古近系页岩油、上古生界煤层气特点及分布特征，参与部署论证页岩气、页岩油、煤层气风险井，培养了页岩岩相评价、储气库实验评价方向的技术人才。随着地质实验技术及人才的不断进步，2024 年成功申报中国石化酸性气开发重点实验室。

通过科研与实验相结合，逐步形成了七大地质实验技术：一是古生物地层地质实验技术，主要包括微体化石(介形类、轮藻)分析、孢粉和孢粉色变指数分析、牙形石和牙形石色变指数分析。二是有机地球化学地质实验技术，主要包括有机碳分析、岩石热解分析、干酪根分析等 14 个分析项目。三是沉积储层地质实验技术，主要包括粒度分析、ICP－MS 等离子质谱分析、包裹体分析等 9 个分析项目。四是非常规油气地质实验技术，主要包括三维定量荧光、岩石孔径与比表面积分析、氩离子抛光扫描电镜等 7 项分析项目。五是提高采收率实验技术。六是油气渗流机理实验技术，主要包括相对渗透率实验、敏感性评价等实验。七是储气库地质实验技术，主要包括岩石力学试验、烃类气体扩散系数测定、渗流动态物理模拟，评价储层封闭性，研究储气库注采扩散机理、储气库多次注采渗流规律等。

二、地质实验技术发展趋势

地质实验技术主要服务于含油气盆地的勘探开发，随着勘探工作的不断深入，研究对象越来越复杂，难度越来越大，勘探研究对地质实验结果的依赖性也更强，对地质实验技术创新发展的要求也更迫切。基于此，地质实验技术将立足于“做大常规地质实验技术、做强非常规地质实验技术、做优特色地质实验技术”的发展理念，主要从以下几个方面进行地质实验技术的建设，更好地支撑油田勘探开发研究和部署。

(1)在强化烃源岩地球化学、油气地球化学实验技术的基础上，引入油藏地球化学实验技术。

(2)以干酪根、原油、族组分稳定碳同位素分析技术为基础，逐步拓展稳定碳同位素测试分析范围，建设氢同位素地质实验分析技术。

(3)加强钻井现场地质实验技术建设，做好非常规页岩油气、煤层气勘探开发现场支撑，确保勘探开发工作高效推进。

(4)逐步完善非常规地质实验技术，加大非常规油气勘探支撑力度。

(5)自动化、智能化实验技术是未来重要的发展方向。

(6)模拟实验技术可以在实验室内最大限度地重现油气在相应地质条件下的演化过程，对油气勘探开发有着重要的指导作用。

第二章　石油地质实验样品

油气勘探开发过程中，需要钻探不同类型的井，如地质井、参数井、预探井、评价井等。为达到不同的钻探目的，必须对这些井展开生储盖层评价，以对勘探区的石油地质条件做出综合分析。评价的基础资料来自生储盖层的实验测试，正确的分析化验资料的获取依赖于取样的可靠性，包括两方面：一是样品的层位位置及代表性；二是样品的品质、足量和无污染。

第一节　取样、包装与保存

根据不同地质目的以及所选择不同测试方法的要求，样品大致分为：地层古生物样品、烃源岩样品、储集岩样品、盖层岩石样品和油、气、水等样品。对于不同样品的采集方式、形状、数量和包装都有一定的规定和要求，下面分别介绍。

一、取样方法

(一)用于油层物性测定、荧光分析的岩心样品

对于测饱和度的岩心样品，其包装与保存的目的是减少液体的蒸发损失和岩样内液体的流动；对于要求保持原始润湿性的岩样，则要求防止岩样表面被污染，或暴露在大气中被氧化；对于疏松或胶结性差的岩心，就需要采取适当的支撑保护措施，防止在搬运过程中压坏或碰损破碎。

(二)用于其他分析的岩心、岩屑样品

按所需要的分析目的选取样品，一般在现场将岩心剖开，其中一半长期保存，另一半进行岩性描述、沉积相观察，而后选取样品进行包装。岩屑样品要挑有代表性的、能够代表本层岩性特征的样品，有特殊需要的要特别处理(如用于轻烃分析的岩屑样品)。

(三)油、气样品

(1)油样。在井上取油样，无论从油管、油池、分离器或其他地方取样，均需用洁净工具，用密封玻璃瓶装，不松动。填写标笺贴于瓶上，并详细记录取样条件、出油情况及分析项目等。

(2)气样。按 GB / T 13609—2017《天然气取样导则》的要求，选择合适的取样接头、导管和样品容器进行气样采集。取样方法一般用吹扫法，将气流从气源导入经过清洗的样品容器内，以获得有代表性的试样。

没有上述条件的，也可用排水(饱和盐水)取气法，取气量为取气瓶的1/3，在饱和盐水中密封，将气瓶倒置取出存放，注意不能混入空气。一个样品最少同时取两个平行样，在现场安排合适的地方取其一个试气样，证实确已取妥后，将其平行样密封好，样品和记录一并交实验室立即分析，不得长时间放置，暂时不能分析的须用冰箱保存，在冰箱中保存控制在2~3个月。

(四)用于轻烃分析的岩屑样品

用于轻烃分析的岩屑样品属于有特殊需要的样品，在采样过程中要注意以下几点：①卡准井深，注意钻井液返回时间和岩屑迟到时间；②等距离的系统取样(如20m间隔)，在油气显示层段可适当加密；③从钻井液池槽出口或筛上捞取岩屑，用清水稍加冲洗，尽可能洗去泥浆，迅速放入密闭金属样品罐或钻井地质岩屑轻烃取样罐，不得使用可能产生烃类物质的密封材料；④岩屑上面加1/5~1/3清水，再加几滴防腐剂(淡盐水)；⑤封好并编号迅速运回实验室立即分析，不宜搁置太久，在冰箱中保存不要超过2~3个月。

二、样品包装与保存

所有进入实验室的试样应按顺序统一编号。原则上所有的样品都应在5℃以下保存，并避免强光照射。根据分析项目要求，不同性质试样还应遵循相关的储存时间限制。

对保存技术的选择，一方面要考虑到储存时间及准备测定的目的；另一方面要考虑就地测定、分析，还是运送到很远的外地去进行测定。

用于古生物分析的样品必须用棉花、棉纸或软纸包装后再用布袋或牛皮纸包装捆好，内附标笺；用于有机地球化学分析的样品不能用塑料纸或塑料容器等含有机成分的物品包装，须用玻璃瓶、金属罐、锡箔袋、布袋、牛皮纸袋等进行包装并附上标笺，以免污染样品而影响分析准确性；用于储层分析的样品需用布口袋或牛皮纸口袋进行包装，附上标笺。目前常用的保存岩样方法有以下几种。

(1)容器密封法。岩样可直接装进容器，也可用铝箔、聚乙烯或其他合适的塑料包裹后密封在容器中。容器中不能倒入其他液体，可倒入测定液。可将称量后的岩样泡在测定液中进行密封。

(2)管子密封法。把岩样装进钢、铝或塑料管中，两端用带O形密封圈的堵头封住。

(3)用抽空排气的塑料袋保存样品。

(4)干冰冷冻法保存岩样。

(5)用金属箱或塑料条带缠裹岩样。

(6)岩样表面深塑料涂层。

(7)用冰柜冷冻法保存岩样。

所有岩样及油气样品的标笺内容包括：产地、井号、时代、层位、井深、岩性、取样时间、取样条件、取样人、分析项目。

第二节　送样要求

本节介绍的送样要求是标准测试的具体送样要求，如有特殊情况，如样品量少或其他困难不能满足本送样要求时，可经过协商解决；各项目的测试均应附基本地质资料，包括采样地点、井号、采样深度、层位及初始的岩石定名，平面上的样品要附平面图，剖面样品要附剖面图，最后还需详细提出对分析测试的目的与要求。

(1)地层古生物样品。微体古生物样、野外剖面样品要去掉风化样品，采集新鲜样品；钻井样品、岩心样要洗掉泥浆；岩屑样要挑选代表本层岩性的样品，用纸袋或塑料袋包装；如在野外发现化石，应用棉花包好再用纸袋包装。根据不同门类，微体古生物样品的取样量也有不同的要求，一般情况 100～200g。

(2)烃源岩样品。样品要有代表性、均匀、无污染、新鲜；岩屑样必须是经过挑选后的单一真样，包装应避免污染。样品量视岩样有机质含量的高低而定，原则上有机质含量高的样品数量可少一些，而有机质含量低的样品要多一些。

(3)储盖层样品。储盖层取样密度可按不同时代、层位以及分析目的和不同分析项目的要求而定。用于单井储层评价的样品有砂岩、碳酸盐岩、火山岩及泥岩等几部分。对不同的测试项目岩心的选取要求不同，根据盖层岩性的变化、非均质程度及其代表的深度，选取有代表性的岩心并妥善保管。

(4)非常规地质评价样品。非常规地质评价具有测试项目多、样品要求密度大的特点，在常规油气测试取样规范的基础上，另有以下几个方面的要求：①样品密度要满足非常规资源地质评价、勘探目标评价、水平井靶窗设计、储量计算的需求，视岩性变化需加密取样；②通过保压取心、缩短岩心出桶时间、冷冻保存样品等方式，最大限度地保持样品的原始状态，避免烃类损失，提高分析测试精度；③通过同一样品一体化开展岩石学参数、烃源岩品质、储集性能、含油性及力学参数等分析项目，最大限度地保证样品配套性，满足系统分析的需求。

具体的各种测试分析项目对样品有不同的要求，详见表 8－2－1。

表 8－2－1　各测试项目送样要求表

研究领域	测试项目	送样数量	质量要求
地层古生物分析	微体化石(介形类、轮藻)	钻孔样 >100g 露头样 >500g	微体古生物样品，野外剖面样品要去掉风化壳采集新鲜岩样；钻井样品，岩心样要洗掉泥浆，岩屑样要挑选代表本层岩性的样品，用纸袋或塑料袋包装；如在野外发现化石，应用棉花包好再用纸袋包装；孢粉样用塑料袋包装
	牙形石和牙形石色变指数	1kg	
	孢粉和孢粉色变指数	岩屑：40～200g 岩心：30～50g	

续表

研究领域	测试项目	送样数量	质量要求
有机地球化学分析	有机碳	泥岩 >10g 煤样 >5g	样品新鲜、纯净
	岩石热解		
	干酪根（包括分离、镜检、干酪根碳同位素、干酪根元素）	泥样 >200g 煤样 >150g 碳酸盐岩 >500g	样品新鲜、纯净； 有机碳，泥岩 >0.5%、碳酸盐岩 >0.2%； 原油中尽量不含水； 不溶和可溶组分全分析，泥样 >500g，煤样 >250g，碳酸盐岩 >800g
	可溶有机组分（氯仿沥青“A”、族组分、饱和烃色谱、饱和烃质谱、族组分碳同位素）	泥样 >300g 煤样 >150g 原油：10mL 油砂：200g 碳酸盐岩 >500g	
	镜质体反射率	岩心和岩屑直接制光片：3cm × 2cm × 1.5cm； 碎屑岩样：C_{org}0.5% ~2%，25 ~ 100g；C_{org} >2%，25g； 碳酸盐岩样：C_{org}0.1% ~0.5%，100 ~200g；C_{org} >0.5%，100g	样品新鲜，完整，有代表性，富含有机质的灰、深灰色的岩心或岩屑；岩屑需挑样；碳酸盐岩样品含有沥青；全岩直接制片测定 Ro 不用干酪根分离
	荧光显微组分	30g	样品新鲜、完整、有代表性
沉积储层分析	岩石薄片	φ25mm ×5mm；不规则 <24mm × 24mm ×5mm	岩屑挑样，附岩性描述、地层和时代
	扫描电镜	2cm ×2cm ×2cm	附井深、时代，需洗油
	能谱		
	粒度（筛析、激光、薄片）	泥岩：5 ~10g 砂岩、粉砂岩：10 ~50g 砾岩：50 ~1000g	钙质、泥质或铁质胶结的砂岩（硅质不能做），需洗油
	重矿物	100g	需洗油
	阴极发光	φ25mm ×5mm； 不规则 <24mm ×24mm ×5mm	需洗油
	荧光薄片	φ25mm ×5mm； 不规则 <24mm ×24mm ×5mm	制成的片子要不开裂，无气泡，厚度标准约 0.05mm

续表

研究领域	测试项目	样品状态	送样数量	质量要求
沉积储层分析	常规物性（孔隙度、渗透率、饱和度、碳酸盐含量、含盐量）	岩样	ϕ 25.4mm ϕ 38.1mm 饱和度 150g 碳酸盐 5g 含盐量 5g	孔渗经洗油，长度大于直径；饱含油原始样（封蜡）；碳酸盐需洗油；含盐量原始样
	全直径物性（全直径孔隙度、全直径垂直渗透率、全直径水平渗透率）	岩样	ϕ 63.5mm ϕ 88.9mm ϕ 114.3mm	需洗油，长度大于直径
	覆压孔渗	岩样	ϕ 25.4mm	需洗油，长度 >5cm
	储层孔隙结构（压汞、铸体）	岩样	压汞：2.5cm × 2.5cm，圆柱子； 铸体 ϕ 25mm × 5mm； 不规则 <24mm × 24mm × 5mm	需洗油
	黏土矿物含量	岩样	泥岩 >30g 砂岩 >50g	含油砂岩样品需洗油
	全岩矿物定量			
	激光拉曼光谱	砂岩岩样	ϕ 25mm × 5mm； 不规则 <24mm × 24mm × 5mm	需洗油
	ICP–MS 等离子质谱	泥岩岩样	30g	有代表性，岩屑要挑样，需洗油
	包裹体	砂岩岩样	ϕ 25mm × 5mm； 不规则 <24mm × 24mm × 5mm	需洗油
流体实验及渗流机理分析	油藏注水水质指标	水样	1500mL	悬浮固体、SRB、TGB、IB 尽量现场分析，否则装满容器，密封送检；尽量不含油
	油气田水离子成分	水样	500mL	尽量不含油
	地层流体 PVT	油、气	3 支	井下取样
	多层水驱物理模拟试验	岩样		根据项目确定样品数量
	二维宏观驱油试验	岩样		提供资料
	相渗实验	岩样	ϕ 25.4mm	需洗油，长度 >5cm； 渗透率 >1 × $10^{-3}\mu m^2$
	岩电实验	岩样	ϕ 25.4mm	经洗油，长度 >5cm， 渗透率 >1 × $10^{-3}\mu m^2$，一组 15 个样或者以上，各类岩性（各种粒度的砂岩）有代表性
	敏感性试验	岩样	ϕ 25.4mm	经洗油，长度 >5cm， 渗透率 >1 × $10^{-3}\mu m^2$
	气相色谱（含天然气）	油气泥岩抽提物	油：30mL；气：500mL	

续表

研究领域	测试项目	样品状态	送样数量	质量要求
非常规含油气性及储集性分析	有机碳	泥岩岩样、煤	>10g 碎样	样品新鲜、纯净； 标准规定下限要求：每一富有机质页岩 / 煤岩层系样品不少于 5 个； 地质评价需求：5 块 /m
	岩石热解			
	岩石冷冻热解			
	岩石多温阶热解			
	三维定量荧光			
	共聚焦扫描电镜	岩样	>10g 小块	标准规定下限要求：2 块 /m
	岩石含气量	岩样	全直径岩心	地质评价下限要求：1 块 /2m
	岩石薄片	岩样	>10g 小块	含油样品需洗油； 标准规定下限要求：每一富有机质页岩样品不少于 5 个； 地质评价要求：5 块 /m
	X 射线衍射	岩样	全岩矿物 >10g 碎样 黏土矿物 >50g 碎样	
	孔隙度、渗透率	岩样	2.5cm × 2.5cm × 4cm	
	高压压汞	岩样		
	低温氮吸附	岩样		
	氩离子抛光电镜	岩样	>10g 小块	地质评价下限要求：1 块 /2m
	核磁共振	岩样	2.5cm × 2.5cm × 4cm	

扫一扫
获取更多资源

第三章 古生物实验技术及应用

为了便于区分古、今生物，一般将第四纪全新世开始以来所出现的生物称为现代生物，把出现在全新世以前的生物称为古生物，古生物也泛指生活在距今约一万年前的生物。古生物学与现代生物学一样，按其研究的范畴可分成不同的学科，如分古动物学和古植物学。在石油勘探中，常通过古生物实验分析方法提取自岩心或岩石中的微小古生物如有孔虫、介形虫、轮藻、孢粉和牙形石等开展研究。这类在各地质时代沉积岩层中所保存的、肉眼不能识别、必须用显微镜或电子显微镜观察、研究的古生物化石被称为微体化石。

第一节 古生物实验技术

一、介形类、微体腹足类、轮藻类分析鉴定化石

(一)实验方法概要

介形类、微体腹足类、轮藻类化石分析鉴定技术是一门从岩石样品中分离、富集介形类、微体腹足类、轮藻类化石并进行鉴定的技术。将这些微体化石从岩石中分离出来需要经过物理、化学方法处理。介形虫化石经常与生、储油岩系伴生，它们在地层的划分对比、古沉积环境的研究、沉积矿床和石油的成因、分布规律的探索等方面发挥了重要作用。此外，可根据介形虫壳的成分解释古气候、古水文和成岩作用。轮藻化石大都产于陆相(河流相和湖泊相)地层中，常和陆相介形类、腹足类、双壳类及鱼类化石共生，是划分、对比地层，确定沉积环境的重要依据之一。

(二)实验分析流程

(1)雕样：将岩心样或露头样沿层面劈成片状，在显微镜下进行观察样品，雕出完整化石。若化石难以雕出，做好标记，以供鉴定。

(2)碎样：生物灰岩可将样品先用700℃的高温加热，在冷水中冷却后再粉碎；钙质致密岩样可用5% ~15%浓度的冰醋酸溶液浸泡24 ~48h，至岩石疏松后再击碎。坚硬的岩石样品用破碎设备破碎，碎后粒径一般不小于4mm。

(3)洗样，烘样：不含油样品直接用水浸泡，至样品完全分散为止，含油样品须先去除油质；黏性较大的软泥质样品应先用10% ~20%的过氧化氢或过氧化钠浸泡；不易泡散的泥质岩样须加10% ~20%的碳酸氢钠或氢氧化钠溶液以文火煮沸，促其分散。用孔径不大于0.1mm的分析筛对松散后的样品进行清水冲洗，去除泥质，冲洗后烘干样品。

(4)筛样，挑样：样品用2.00mm、1.00mm、0.15mm孔径的分析筛过筛。过筛后的样品在显微镜下逐行挑选化石。

(5)化石鉴定：

介形类鉴定依据：肌痕特征、铰合结构、壳瓣叠覆关系、内部构造、毛细管、形状、纹饰、微细结构及其他形态特征。

微体腹足类鉴定依据：螺壳的总体形态特征、胎壳、口盖、壳口形状及螺环旋转方向，壳体形态、大小、壳饰及纹饰。

轮藻类鉴定依据：藏卵器包围细胞的生长方向和数目、顶部构造类型、顶孔及外壳的发育状况、底孔、底塞的形态，藏卵器形态、大小、侧视螺旋环数、赤道角、装饰、钙化程度、纵切面侧壁及外壳特征等。

二、化石孢粉分析鉴定

(一)实验方法概要

化石孢粉分析技术是一门从岩石样品中分离、富集化石孢粉并进行属种鉴定和色变指数分析的技术。提取孢粉需要通过一定的物理、化学方法处理。孢粉化石的研究与石油勘探具有十分密切的关系，是石油勘探不可缺少的手段之一。孢粉学在石油勘探中应用主要集中在地层划分与对比、判断成熟度和生烃能力等方面。

(二)实验分析流程

1. 样品采集及机械处理

野外露头样品应采新鲜面，岩心应取无污染部分。将样品粉碎为粒径0.45~0.60mm的颗粒。

2. 化学处理

实验中要根据岩石类型和有机质含量选择合适的试剂及处理方法。

泥岩类样品：①稀盐酸处理：在样品中加入浓度为15%~20%的稀盐酸，加入量为样品体积的1~2倍，静置至不再起泡。杯中加满清水静置3~4h，倒出上层废液并收集，再加清水反复洗至中性。②氢氟酸处理：在样品中加入样品体积1~2倍的氢氟酸，充分搅拌至不再起泡，静置12~24h。用水洗至中性。③浓盐酸处理：在盛有样品的烧杯中，加入样品体积1~2倍的浓盐酸，加热至沸。冷却后加满清水静置。用水洗至中性。

灰岩样品：在进行稀盐酸处理步骤之后，加入样品体积1~2倍的5%~10%氢氧化钾或氢氧化钠，静置20min。用水洗至中性。

煤岩样品：先加入少量水浸湿，再加入硝酸充分搅拌，并随时镜检，至大部分岩样中炭片呈褐色。用水洗至中性。

3. 孢粉提取

从处理过的样品中提取化石孢粉有重液浮选和筛洗两种方法。

重液浮选：需要将处理完的样品离心并倒出上层清液，加入样品体积2~3倍的重液，重液相对密度为2.0~2.25，充分搅拌后离心。将浮选后的重液加入体积为重液体积3~4倍的1%乙酸水溶液，静置8~12h，倒出重液稀释液并回收。剩余样品用水洗至中性。

筛洗：用孔径200μm不锈钢筛除去杂质，剩余部分在超声波清洗器中振荡15~30min

后，经孔径不大于10μm尼龙筛筛洗。将筛洗后的样品移至试管，离心脱水。

4. 薄片制作

在载玻片上，用玻璃棒蘸取少许均匀混合后的样品与加热溶化后的甘油胶混合，将加热的盖玻片平整盖在样品上，轻压盖玻片，使样品均匀充满。用中性树胶封固。

5. 化石鉴定

鉴定的主要依据包括：①形状、轮廓及大小；②萌发器官的性质及数量；③外壁构造及其纹饰；④周壁、复合体、赤道突起或极部突起特征。

6. 孢粉色变指数：

孢粉颜色级别共分为六级：一级浅黄色，二级黄色，三级棕黄色，四级棕色，五级棕黑色，六级黑色。

色变指数计算

$$SCI = \frac{\sum_{i=1}^{6} a_i \cdot n_i}{\sum_{i=1}^{6} n_i} \quad (8-3-1)$$

式中，SCI 为孢粉色变指数（Spore Coloration Index），宜保留小数点后两位；a_i 为色级；n_i 为第 a_i 色级的孢粉个数。

三、牙形石分析鉴定

（一）实验方法概要

牙形石分析鉴定技术是一门将牙形石从野外或井下岩石样品中经过物理或化学方法分解和挑选出来的实验技术。牙形石地理分布广泛，化石特征明显，演化快，数量多，不论在露头地层剖面还是在井下地层的对比中都起着重要作用。牙形石的颜色呈浅黄色，它随地温的升高而变深呈褐色至黑色，当地温高达有机质中的有机碳转化消失时，牙形石便呈白色。因此，牙形石的颜色可以作为判断岩层热变质程度及所含油气成熟度的一个参数。

（二）实验分析流程

1. 碎样

用碎样机或铁锤碎样，大块样品破碎为粒径10～20mm，其中硅质岩、砂岩和泥页岩样品可破碎为粒径5～10mm。

2. 泡样

不同岩性的样品，可选用不同的化学试剂处理。

灰岩～白云岩样品：用浓度10%～15%的乙酸水溶液浸泡3～7天，待样品不反应时即可筛洗。提高温度可加速反应，但不宜大于95℃。

软的页岩样品：用水浸泡或文火水煮。

硬的页岩样品：用浓度15%～20%亚氯酸钠水溶液浸泡几周的时间。

黏土页岩、黏土岩样品：用浓度10%～15%过氧化氢水溶液反复多次浸泡。

砂岩、硅质岩样品：加入浓度5%～8%氢氟酸水溶液浸泡。每隔12h筛洗一次，直至全部溶解为止。

3. 筛样

泡样处理后的样品用湿筛法分级过筛。取筛孔1.00～1.19mm的上筛和筛孔0.100～0.125mm(奥陶系～三叠系样品)或0.08～0.09mm(寒武系样品)的下筛。最后收集下筛中的样品，用烘箱烘干或晾干，挑样。其中质量大于5g的样品宜重液浮选后挑样。

4. 重液浮选

用重液(三溴甲烷)浮选方法，去掉浮于上部的样品残渣，选取沉于下部的牙形石。多数样品应使用密度2.75～2.80g/mL的重液；白云岩或重矿物较多的样品，可使用密度2.84～2.86g/mL的重液。

5. 挑样

在实体显微镜下观察和挑选牙形石，放大倍数为10～15倍。

6. 鉴定

依次观察标本的类型、轮廓、侧面、口面、反口面、主齿、齿、断面、基部、基腔和细微构造等形态，根据专门的定义限定其特征范畴。

四、古生物实验技术特征

1. 技术适用性

(1)可以在显微镜下直接观察化石的形态特征。

(2)能够直观地区分不同种类，并统计个体数量。

2. 技术局限性

(1)在生物地层的研究中，单一微体化石的应用范围也会具有一定的局限性。在某些时限范围内，大化石比微体化石更精确。

(2)在微体化石处理过程中，混杂现象是经常发生的，如果不能正确地区分出与微体化石外形非常相似的现代生物，会影响化石鉴定的准确性，从而影响后续的研究认识。

第二节　在油气地质勘探评价中的应用

在油气勘探工作中古生物实验技术对微体化石研究具有重要意义，在含油气地层划分对比、古环境和古气候研究中得到了广泛应用。

一、地层划分对比

地层古生物提供确切的化石证据，对地层地质年代的确定、地层层序的建立及组、段的划分与对比具有重要的指导意义。

在渤海湾盆地东濮凹陷的北部，上古生界石炭系－二叠系之上、新生界古近系之下发育一套500～800m厚的内陆河湖相红色砂泥岩构造，岩性致密，视电阻率很高，被称为“高阻红层”地层。该套地层的地质年代归属和划分对比问题长期以来一直存在争议。赵蔚等人对该地层开展了区域地层对比、黏土矿物同位素年龄测试、古生物分析和“高阻红层”地层赋存状况等一系列分析，其中黏土矿物同位素年龄测试分析表明东濮凹陷“高阻红层”

样品的年代与临清地区莘县凹陷下三叠统样品的年龄具有可对比性，并且两次分析结果（表8－3－1，表8－3－2）都表明样品的年代为中生代，排除了属新生代古近系孔店组的可能性。该研究认为两次测试结果的差异性可能是系统误差所致，最终将“高阻红层”的地质年代置于早三叠世。

表8－3－1　东濮凹陷和莘县凹陷某些井“高阻红层”和下三叠统样品的K－Ar法分析同位素年龄结果（一）

地区	井号	井深/m	样品类型	岩性	层位	同位素年龄/Ma	地质时代
莘县凹陷	朝1井	2662.71～2562.97	岩心	紫红色泥岩	下三叠统和尚沟组	235.4±3.1	三叠世拉丁期（Ladinian）
东濮凹陷	观1井	2798.50	岩心	紫红色泥岩	“高阻红”	239.9±3.0	中三叠世安尼期（Anisian）
	卫57井	2805.04	岩心	紫红色泥岩	“高阻红”	266.3±3.4	二叠纪沃德期（Wordian）

表8－3－2　东濮凹陷和莘县凹陷某些井“高阻红层”和下三叠统样品的K－Ar法分析同位素年龄结果（二）

地区	井号	井深/m	样品类型	岩性	层位	同位素年龄/Ma	地质时代
莘县凹陷	朝1井	2662.71～2562.97	岩心	紫红色泥岩	下三叠统和尚沟组	178.00±2.57	早侏罗世土阿辛期（Toarcian）
东濮凹陷	观4井	2496.07	岩心	紫红色泥岩	“高阻红”	193.68±2.84	早侏罗世辛涅缪尔期（Sinemuraian）
	天1井	1667.38	岩心	紫红色泥岩	“高阻红”	126.49±1.38 127.29±1.86	早白垩世巴雷姆期（Barremian）

“高阻红层”的年代归属有了初步的结论，但是一直缺乏可靠的化石证据支持。后续研究的“高阻红层”的孢粉组合（图8－3－1），使该套地层的年代归属有了新的进展。“高阻红层”孢粉化石显示的是一个二叠纪和三叠纪分子混生的植物群，卫77－3井井深2854.31m的孢粉组合以含主产于三叠纪的Lundbladispora为主，伴以一些主产于二叠纪的成分Lueckisporites、Jugasporites、Scutasporites等，与新疆准噶尔及吐鲁番盆地上仓房沟群分下亚组合（年代为早三叠世早期）即Limatulasporites－Lundbladispora－Taeniaesporites－Equisetosporites、山西交城刘家沟组孢粉组合等多地早三叠时期的孢粉组合都具有可比性，因此认为组合年代属早三叠世早期；卫77－4井井深2815.13m的孢粉组合则以主产于二叠纪的Lueckisporites、Jugasporites、Crucisaccites、Scutasporites为主，伴以少量三叠纪成分Lundbladispora、Triadispora等，其年代显然要稍早于卫77－3井的孢粉组合，当属晚二叠世晚期。“高阻红层”孢粉化石的发现，使“高阻红层”的年代归属的研究有了新的进展，为该套地层的划分对比补充了古生物证据。

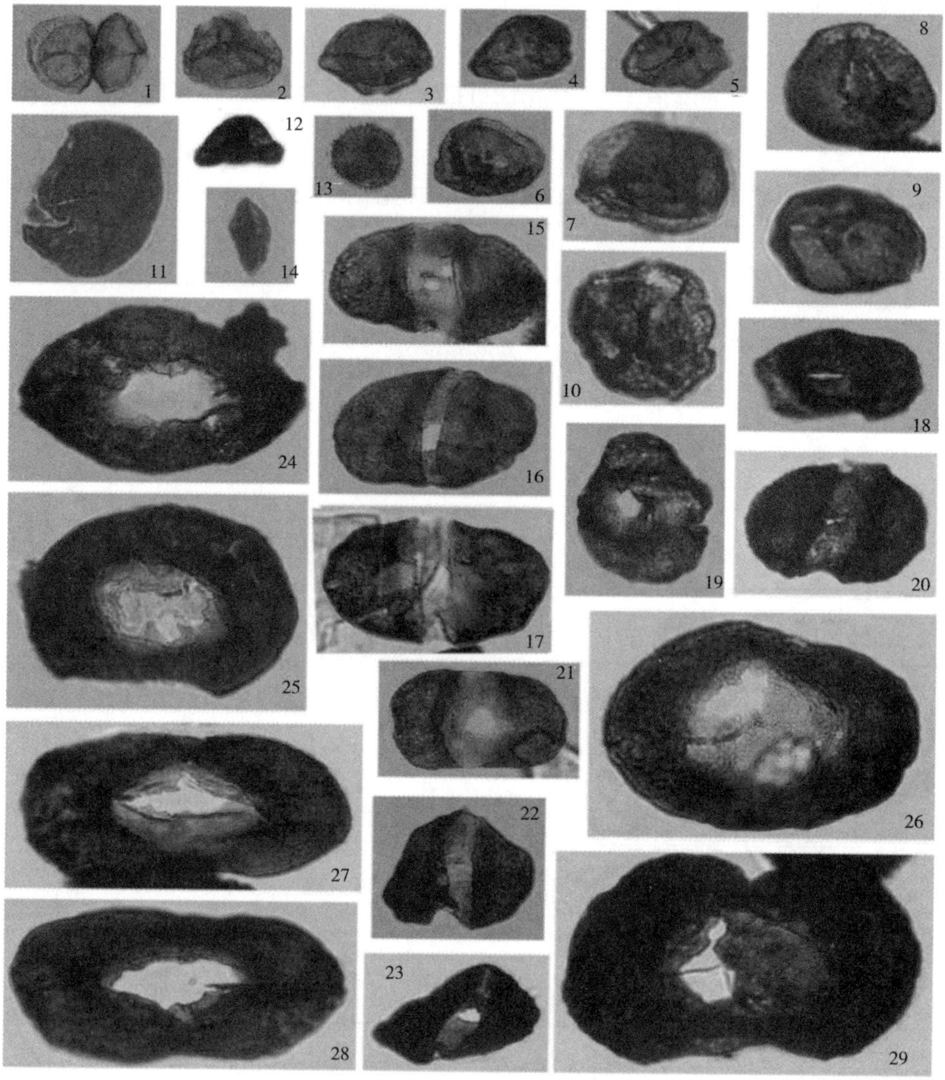

图 8－3－1 东濮凹陷卫 77－3 井“高阳红层”中的孢粉化石

1～9—Lundbladispora neuburgii；10—Lundbladispora microreticulata；11—Calamospora sp.；12—Concavisporites toralis；13—Micrhystridiumsp.；14—Cycadopites nitidus；15，16，17，19，21，22，23—Lueckisporites singhii；18，20—Jugasporites schaubergeroides；24—Cordaitina major；25，26，27，28，29—Jugasporites sp.

二、古环境与古气候

微体化石在古环境研究中的意义重大，它们能够揭示古气候和古环境的变迁。微体化石种类和数量庞大，且分布广泛。它们不仅记录了远古时期的环境信息，还反映了当时的气候条件。通过对微体化石的研究，可以了解地质历史时期的古环境变化，这些变化包括气候的干燥与湿润、水体的深浅、盐度的变化等。例如，介形类和轮藻是极好的环境指标，它们的繁殖、发育、数量、分布及形态特征等都与其生活环境关系密切。介形类对盐度、温度、水动力等的变化很敏感，这些变化可以通过其丰度、分异度、优势种和壳饰变化反映出来。气候的变化也会影响植被面貌，进而会影响植被产生的孢粉组合。可以通过研究沉积物中的孢粉化石，恢复当时的古植被和古气候(表8-3-3)。

为了恢复中生代古植被和古气候环境，许多孢粉专家在四川盆地中生代陆相孢粉开展了大量的研究工作。前人研究分析发现四川盆地中生代指示炎热、干旱气候条件的掌鳞杉科植物的Classopollis(克拉梭粉)的含量变化具有规律性：上三叠统须家河组Classopollis有出现，下侏罗统自流井组由下而上含量增多；在中侏罗统占有绝对优势，但呈现减少的趋势；在晚侏罗世仍占有重要地位；在早白垩世Classopollis又占据绝对优势，到了晚白垩世已基本绝迹。将Classopollis含量的变化规律结合四川盆地中生代陆相沉积特征可以看出，四川盆地晚三叠世温暖潮湿，为重要造煤期；早侏罗世相对温暖潮湿并逐渐向炎热干燥气候转化，局部尚有煤线和湖相灰岩出现，主体为灰色-杂色湖相沉积；中侏罗统相对炎热干燥，初步出现陆相红色沉积；晚侏罗世较炎热干燥，形成大套陆相红色沉积；早白垩世气候炎热干燥，部分地区初步沙化；晚白垩世气候环境极端炎热干燥，四川盆地全面沙化和盐碱化。

表8-3-3 植物生态类型反映的古气候特征

生态类型	植物	孢子花粉	气温和湿度
喜热植物	石松目、莲座蕨目、真蕨目、苏铁目、松柏目罗汉松科、南美杉科、桃金娘目桃金娘科、芸香目漆树科、楝科	Lycopodiumsporites，Camarozonosporites，Marattisporites，Osmundacidites，Todisporites，Lygodiumsporites，Gleicheniidites，Cyathidites，Cibotiumspora，Pterisisporites，Polypodiisporites，Dictyophyllidites，Cycadopites，Podocarpidites Araucariacites，Myrtaceidites，Rhoipites，Meliaceoidites	热热带-亚热带
喜暖植物	真蕨目、科达目、银杏目、松柏目、杨柳科、胡桃科、桦科、山毛榉科、榆科、冬青科、金缕梅科	Osmundacidites，Schizaeoisporites，olypodiaceaesporites，Cordaitina，Entylissa，Keteleeriaepllenites，Tsugaepollenites，Taxodiaceaepollenites，Salixipollenites，Caryapollenites，Juglanspollenites，Alnipollenites，Momipites，Quercoidites，Cupuliferoipollenites，Ulmipollenites，Ilexpollenites，Liquidambarpollenites	暖亚热带-暖温带
耐寒植物	雪松属、冷杉属、云杉属	Cedripites，Abiespollenites，Piceaepollenites	冷温带
湿生植物	石松目、莲座蕨目、真蕨目、苔藓	Lycopodiumsporites，Lycopodiacidites，Marattisporites，Osmundacidites，Todisporites，Gleicheniidites，Plicifera，Cyathidites，Cibotiumspora，Dictyophyllidites，Stereisporites	潮湿
中生植物	科达纲、苏铁纲、松柏纲	Cordaitina，Florinites，Cycadopites，Monosulcites，Bennettiteaepollenites，Podocarpidites，Platysaccus，Pinuspollenites，Piceaepollenites，Tsugaepollenites，Cedripites，Taxodiaceaepollenites	半潮湿-半干旱
旱生植物	掌鳞杉科、麻黄科、藜科、菊科	Classopollis，Ephedripites，Chenopodipollis，Artemisiaepollenites，Tubulifloridites	干旱

在四川盆地普光探区开展侏罗系地层分析工作时，在普光107-1H井的岩心中分析出Classopollis minor(小克拉梭粉)、Pinuspollenites(双束松粉)、Cyathidites minor(小桫椤孢)等孢粉分子(图8-3-2)，整体呈现出裸子植物为主，优势类群为掌鳞杉科，此外还有少数松

科、罗汉松科、紫萁科、桫椤科植物。掌鳞杉科植物属耐热、耐干旱的灌木类，与罗汉松粉、双束松粉等耐干热分子和喜炎热潮湿的桫椤科、紫萁科共同出现，由此推测当时植被发育，乔木、灌木为主，林间伴生蕨类植物，反映当时气候属于亚热带半干旱半潮湿气候区。

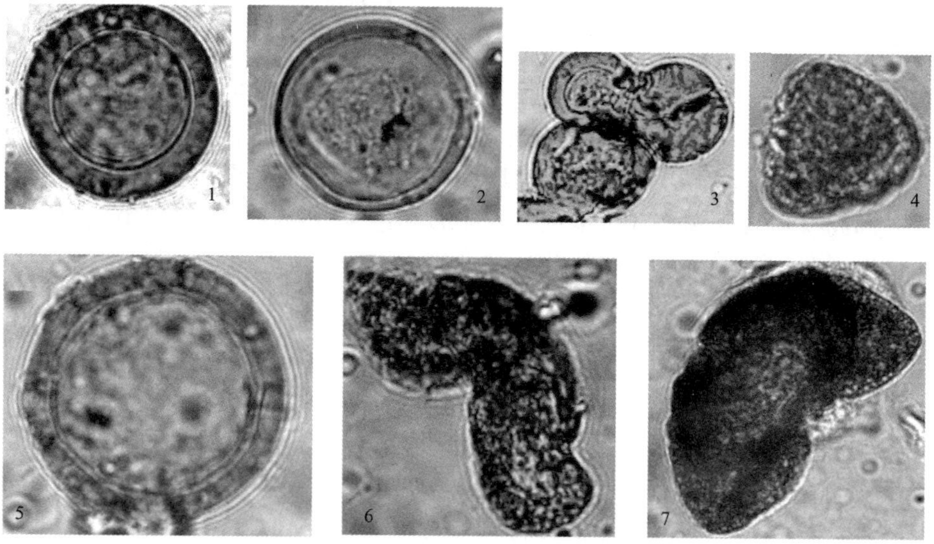

图 8－3－2　四川盆地普光探区中侏罗世孢粉化石

1—粒纹克拉梭粉（Classopollis granulatus）；2—克拉梭克拉梭粉（Classopollis classoides）；3—小克拉梭粉（Classopollis minor）；4—隆兹隆兹孢（Lunzisporites lunzensis）；5—巨大隐孔粉（Eresipollenires grandis）；6—伸长双束松粉（Pinuspollenites elongatus）；7—原始松柏粉（未定种）（Protoconiferus sp.）

此外，在普光 107－1H 井的自流井组大安寨段和马鞍山段产出以 Darwinula（达尔文介）为主的介形类化石（图 8－3－3），该类介形是广温性的淡水生物，它能生活在淡水－微咸水（咸度在 0.2%～2%）水域中，在淡水湖泊中最常见。大安寨段的 Darwinula 大多数未有壳面纹饰发育，壳体形态规整圆润、壳面光滑，未见瘤、刺，表明其生活环境应为具有一定水体扰动的浅水区域，达尔文介的发育表明普光地区在大安寨段沉积期发育滨浅湖沉积。

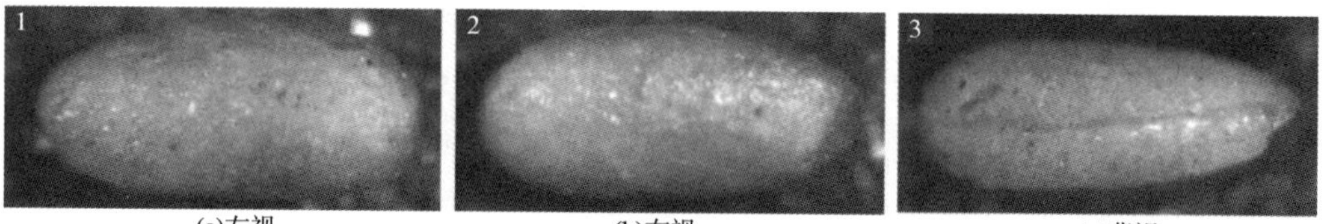

(a)左视　(b)右视　(c)背视

图 8－3－3　四川盆地普光探区早侏罗世介形化石

1，2，3—内凹达尔文介（Darwinula incurva）

扫一扫
获取更多资源

第四章　沉积储层实验技术及应用

第一节　沉积储层实验技术

沉积储层实验技术是利用岩心、岩屑、露头等样品开展实验分析，明确其沉积相、成分特征、成岩作用、孔隙结构特征。常见的沉积储层实验技术包括薄片分析、扫描电镜－能谱、阴极发光分析、粒度分析、重矿物分析、ICP－MS 等离子元素分析、X 射线衍射分析、流体包裹体分析等。

一、岩石薄片分析

(一) 实验方法概要

该方法是将岩心、岩屑、露头等样品磨制成 0.03～5mm 厚的薄片，在偏光显微镜下观察矿物的结晶特点，鉴定其光学性质，确定样品的矿物成分，分析矿物的生成顺序，最终确定岩石类型及其成因特征；含油样品在紫外光或蓝光照射下可发荧光，利用荧光显微镜可观察其荧光显示特征，确定其含油性及含油特征。利用环氧树脂在一定温度、压力下注入岩石孔隙后发生固化反应，进行岩石孔隙及结构特征的鉴定。

(二) 分析操作要点

(1) 岩石标本的肉眼观察：确定样品颜色、致密度、沉积构造特征。

(2) 制片：样品切片方向应尽量垂直于层理方向，其中普通薄片要求厚度为 0.03mm，荧光薄片厚度为 0.05mm，铸体薄片厚度为 5mm。

(3) 偏光显微镜下鉴定：鉴定各类矿物的相对含量，分析其结构构造等特征，依据标准确定岩石名称。

(4) 荧光显微镜下鉴定：根据岩石中烃类及其他有机物在紫外光激发下发光颜色不同，对含油样品用荧光显微镜照射，通过荧光颜色、亮度和发光部位，确定含油气性质。薄片不需要盖盖玻片。

(三) 实验技术特征

1. 技术适用性

岩石薄片实验技术在石油地质行业应用广泛，其中矿物成分、结构特征鉴定是进行沉积环境分析的重要依据，成分成熟度指数[即石英/(长石＋岩屑)]可判断物源的远近，胶结物类型及含量可开展成岩作用分析，储集空间类型及含量鉴定是孔隙演化分析的基础，而含油样品荧光特征分析可确定有机质类型、含量及分布产状。

2. 技术局限性

(1)目前常规的岩石薄片大小在 3cm × 4cm 左右，可观察的视域范围不够大，不能反映整个样品的特征。

(2)显微镜的放大倍数在 25 ~ 630 倍，观测的精度还不够高，粒径小于 0.01mm 的矿物鉴定难度大。

二、扫描电镜－能谱分析

(一)实验方法概要

扫描电子显微镜(简称扫描电镜)工作原理是从电子枪中产生的阴极电子，由阳极加速形成激发电子束，此电子束在扫描偏转作用下轰击样品室中的样品，这样可控的高能电子束与样品相互作用产生二次电子、背散射电子、X 射线、阴极荧光等多种信号，这些信号被对应的不同探测器接收放大、处理、调制成像。

能谱分析是利用光电效应，通过测量光电子的动能及其数量关系，来判断样品表面各种元素的含量。

(二)分析操作要点

1. 样品制备

扫描电镜样品制备有 3 个主要环节：样品的预处理、样品上桩粘接、镀膜。

(1)样品的预处理：一般按洗油、磨制、酸化、净化、干燥程序进行处理。

(2)样品上桩粘接：用乳胶、导电胶把经上述处理后的样品粘接到样品桩上。

(3)镀膜：通常采用镀金或镀碳两种方式，镀膜厚度一般控制在 40 ~ 60nm。镀碳比镀金更易于岩石矿物元素的测定。

2. 样品分析

(1)碎屑岩样品分析：碎屑岩样品扫描电镜分析需要对岩石结构、岩石成分、孔隙及喉道、填隙物类型、填隙物产状(图 8－4－1)、成岩后生作用等方面进行样品特征鉴定。

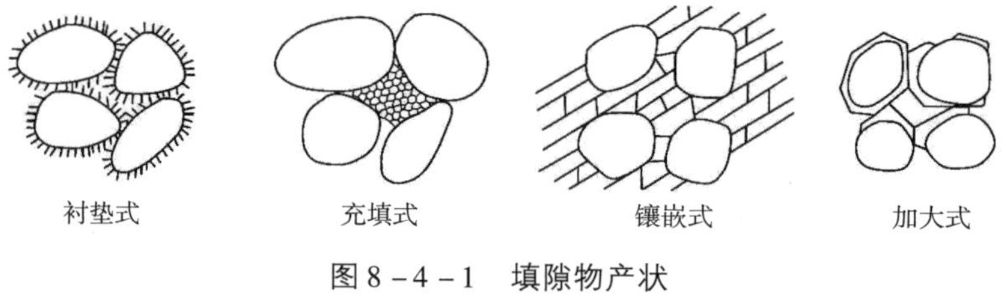

图 8－4－1　填隙物产状

(2)碳酸盐岩样品分析：碳酸盐岩样品扫描电镜分析需要对岩石结构、岩石成分、孔隙及裂缝、填隙物类型与产状、颗粒、泥晶基质、亮晶胶结物、黏土矿物、成岩后生作用等方面进行样品特征鉴定。

(三)实验技术特征

1. 技术适用性

(1)通过观察超微化石，为古生物及古环境的研究提供重要信息。

(2)研究黏土矿物的形态及分布，确定成岩作用过程、成岩阶段及次生变化。

(3)该技术具有高分辨率和实时成像功能，可以拍摄高分辨率的样品微区形貌图以及具有清晰边界的多相矿物相图。结合能谱仪，可以测量岩石的元素组成等更多信息。

2. 技术局限性

扫描电镜由于其分辨率高，因此其观察视域小，无法反映岩石的全貌。

三、阴极发光分析

(一)实验方法概要

阴极发光是由阴极射线管释放高压电子束轰击样品时产生的荧光，不同矿物由于含有不同的激活剂元素而产生不同的阴极发光，用来激发并产生阴极发光的装置叫作阴极发光装置。阴极发光显微镜主要由偏光显微镜、阴极电子枪、样品室、控制系统、真空系统、图像记录系统、稳压电源组成。

(二)分析操作要点

1. 样品制片

样品切片方向应尽量垂直于层理方向，厚度为0.04～0.05mm，石英干涉色为一级黄色，碳酸盐岩结构清晰。

2. 操作流程

开机前仪器状态确认－打开变压器电源及“Main Power”－打开真空泵－阴极发光时打开FOCUS－鉴定。

3. 样品鉴定分析

主要包括岩性鉴定、矿物成分(图8－4－2)、孔隙成因及演化、胶结方式(图8－4－3)及期次、石英加大级别(弱、中、强)、溶蚀组分、交代关系、蚀变作用、生物碎屑、环带特征、成岩特征与成岩阶段、裂缝、充填物特征、染色判别碳酸盐矿物等。

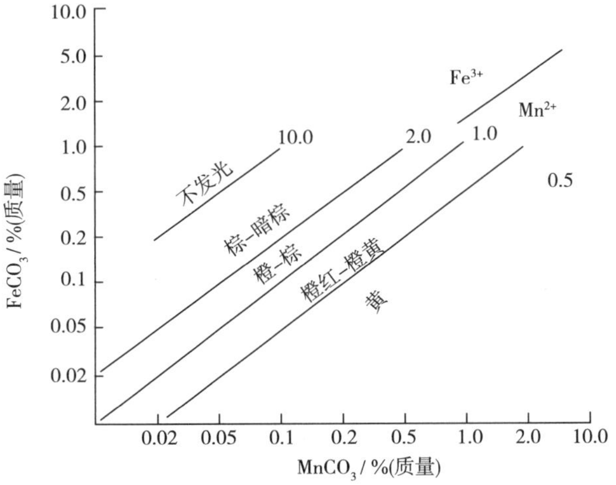

图8－4－2　阴极发光颜色与铁、锰比值的关系

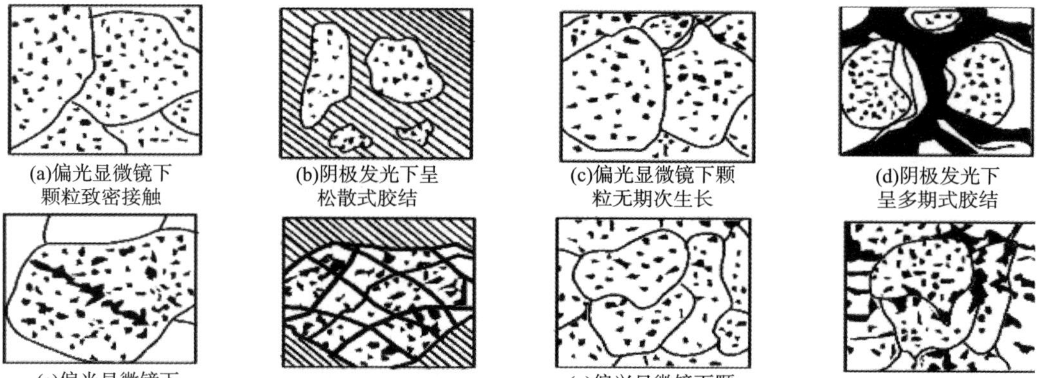

(a)偏光显微镜下颗粒致密接触　(b)阴极发光下呈松散式胶结　(c)偏光显微镜下颗粒无期次生长　(d)阴极发光下呈多期式胶结

(e)偏光显微镜下颗粒无破裂缝　(f)阴极发光下呈破裂愈合式胶结　(g)偏兴显微镜下颗粒间无压溶缝合线　(h)阴极发光下呈压溶嵌合式胶结

图 8－4－3　阴极发光胶结方式判别

(三)实验技术特征

1. 技术适用性

(1)根据不同的阴极发光特征，可迅速区分薄片中相似矿物。

(2)用阴极发光鉴定极细粒矿物，十分准确和可靠，且可估算出矿物的含量。

(3)沉积岩中的重矿物、自生矿物等微量矿物，阴极发光特征不同，可在岩石中明显表示出，可用来了解母岩的类型以及形成环境。

2. 技术局限性

(1)该技术只能定性描述岩石矿物阴极发光特征，无法定量描述。

(2)目前部分阴极发光配备能谱仪，联合阴极发光使用技术还不是很成熟，对岩石发光机制的研究不是很完善。

(3)阴极发光射线激发不一致会造成岩石发光不同，不同地区对比性不强。

四、粒度分析

(一)实验方法概要

粒度分析是测定碎屑沉积物中不同粗细颗粒含量的方法，主要用来研究储层沉积环境、储集性，常用分析方法有激光法、筛析法、薄片法。

(二)分析操作要点

1. 样品预处理

主要包括洗油、酸化去除胶结物、冲洗、烘干。

2. 样品制备

样品称重→研磨使颗粒完全解散→搅拌成稠糊状浆体(激光法)或将样品悬浮液静置8h(筛析法)→恒温干燥箱烘干→自然冷却→干燥箱保存以备分析。

3. 样品分析

(1)激光法分析步骤：

开机预热调试→仪器激光校正和背景测量→设置泵入速度、搅拌速度等参数→样品载入→仪器分析得出粒度分布结果。

(2)筛析法分析步骤：

准备标准筛→样品振筛→样品分级后称重记录。

4. 粒度定名原则及参数计算

依据粒度定名原则结合测试结果确定粒度定名，并计算粒度中值、*C* 值、*M* 值、标准偏差、偏度、峰度等参数。

(三)实验技术特征

1. 技术适用性

粒度概率累积曲线可分为悬浮、跳跃、滚动 3 段，由于不同的沉积环境，其水动力条件不同，所以沉积物的搬运方式也不同，这就导致了粒度概率累积曲线中的悬浮搬运段、跳跃搬运段、牵引搬运段的三条直线也会有各种变化，所以可以用这些曲线来判别沉积环境。*C*－*M* 图是根据粒度参数中的 *C* 值、*M* 值用双对数坐标投点后，根据其分布区间来判断水动力条件(图 8－4－4)。

2. 技术局限性

粒度分析方法类型较多，每一种技术方法均有一定的适用条件，需要根据样品特点进行选择。

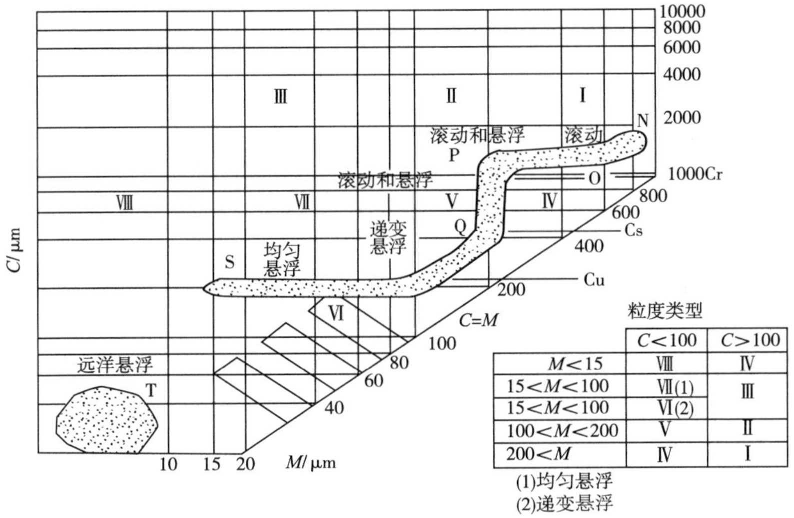

图 8－4－4　帕塞加 *C*－*M* 图

五、重矿物分析

(一)实验方法概要

重矿物是指岩石密度大于 2.86g/cm^3 的陆源碎屑矿物。由于重矿物在沉积岩中的含量一般在 1% 以下，对重矿物分析需要在实验室中配制合适密度的重液，通过浮选、离心，将重矿物分离出来，在显微镜下鉴定出重矿物的种类及颗粒百分比。

(二)分析操作要点

1. 样品的处理

样品若含油，应先洗油。洗油后将样品破碎为 2～5mm 的碎块，称取不少于 20g 的样品进行酸处理，然后反复清洗，再置于烘箱中烘干。烘干后用孔径0.063mm和0.25mm的筛子过筛，取0.063～0.25mm的颗粒作为分离粒级样品进行实验测试；砾岩可用孔径0.5mm的筛子过筛。凡多于5g的样品称取5g，不足5g者全部称重。

2. 重矿物分离方法与重液选择

（1）重矿物分离原理：组成岩石的各种矿物其密度不同，将密度不同的矿物颗粒，置于一定密度值的重液中，自然会发生分离作用，密度小于重液密度的矿物浮于重液表面，密度与重液相近的矿物悬浮于重液之中，而密度大于重液密度的矿物沉落于重液底部。据此，可选择一系列密度不同的重液便能将轻、重矿物分开。由于它是使用重液来进行分离的，故又称为重液分离。分离方法主要为双层分离管法、漏斗法。

（2）重液选择：重液的种类很多，性能良好的重液必须在分离过程中重液的密度保持不变（通常用相对密度为2.86的重液）；尽可能无色透明，无毒；挥发性小、黏度较低，不与要分离的矿物发生化学反应、在分离过程中不易分解；易溶于酒精及其他溶液中，使用后便于回收；价格低廉，经济方便。

3. 重矿物鉴定

重矿物鉴定通常是用油浸法进行的。在偏光显微镜下观察样片、测定折射率和其他光学性质，鉴定出矿物种类，描述出颜色、晶形、包裹体、表面磨蚀及特殊的结构构造等特征，然后统计各种矿物的颗粒数，计算出百分含量。

（三）实验技术特征

1. 技术适用性

（1）根据重矿物组合、重矿物特征并结合轻矿物组合分析母岩的性质。

（2）某些重矿物是某种母岩所特有，可单独用来判断母岩的物源方向。

2. 技术局限性

重矿物分析的局限性，主要为样品含量少，需大量样品进行分析。

六、ICP－MS等离子元素分析

（一）实验方法概要

ICP－MS是通过ICP产生高温等离子体，使样品中的元素电离成离子，然后通过质谱仪对这些离子进行质量分析，从而实现对样品中元素的定性与定量分析。设备由进样系统、离子源、四级杆质量分析器和检测器等部分组成，另外还配有数据处理系统、真空系统和供电控制系统等。

（二）分析操作要点

1. 样品前处理

将样品置于聚四氟乙烯消解罐中，水润湿后加入硝酸－高氯酸混合酸，密封后置于微波消解仪内进行消解。消解完毕，取出内罐，放在电加热板上加热赶酸，直至消解罐内溶液近干。

2. 多元素混合标准液配制

分取单元素标准溶液按照相应的浓度需求，配制多元素标准溶液，在配制多元素标准溶液时应注意元素间的相容性和稳定性，做好单元素原始标准液检查工作，以避免杂质影响标准的准确度，新配好的标准液要转移至经过清洗的、未用过的聚丙烯瓶中保存，并定期检查其稳定性。

3. 样品测试

(1)空白试验：随同试料进行双份空白试验，所用试剂取自同一瓶，加入同等的量。

(2)验证试验：随同试料分析同矿种、含量相近的标准物质。

(3)样品测定：①按照仪器操作说明书规定条件启动仪器，选择分析同位素和内标元素，编制样品分析表。②调谐：仪器点燃后至少稳定 30min，期间用浓度 1ng/mL 的铍、钴、铟、铈、铀调谐溶液进行仪器参数最佳化调试，在测定过程中通过三通在线引入内标元素混合溶液。③校准：以校准空白溶液为零点，一个或多个浓度水平的校准标准溶液建立校准曲线。校准数据采集至少 3 次，取平均值。④每批样品测定时，同时测定实验室试剂空白溶液。⑤每批样品测定时，同时分析单元素干扰溶液，以获得干扰系数 k 并进行干扰校正。⑥样品测定中间用清洗空白溶液清洗系统。

(4)结果计算：

①分析结果的计算：按式(8－4－1)计算固体样品中待测物的量：

$$W(\mathrm{B})=\frac{(\rho-\rho_0)\cdot V}{m} \tag{8-4-1}$$

式中，$W(\mathrm{B})$为样品中待测物 B 的量，μg/g；ρ 为测定溶液中待测物浓度，μg/mL；ρ_0 为实验室试剂空白溶液中待测物浓度，μg/mL；V 为测定溶液体积，mL。

②干扰校正：干扰系数 k 由式(8－4－2)计算：

$$k=\rho_{\mathrm{eQ}}/\rho_{\mathrm{in}} \tag{8-4-2}$$

式中，ρ_{eQ}为干扰物标准溶液测得的相当分析物的等效浓度，μg/mL；ρ_{in}为干扰元素标准溶液的已知浓度，μg/mL。

(三)实验技术特征

1. 技术适用性

ICP－MS 具有灵敏度高、检测限低、精密度好、线性范围宽及多元素同时测定等特性，使得它在地质分析领域具有广泛的应用，包括但不限于岩石、矿石等地质样品中的元素分析。

2. 技术局限性

(1)对于固体样品，如岩石，一般需要预先转化为溶液，这一过程往往会使检出限变差。这意味着在将岩石样品转化为适合分析的形式时，可能会影响到分析的灵敏度和准确性。

(2)如果不与其他技术联用，ICP－MS 测出的只是样品中元素的总量，不能进行价态分析。这意味着它提供的信息相对有限，对于需要了解元素具体价态的应用来说，ICP－MS 可能不是最佳选择。

七、X 射线衍射分析

(一)实验方法概要

X 射线衍射是一种利用 X 射线在晶体物质中的衍射效应进行物质结构分析的技术。该方法具有不损伤样品、无污染、快捷、测量精度高、能得到有关晶体完整性等优点。该方法适用于沉积岩中黏土矿物及石英、方解石、白云石、铁白云石、菱铁矿、硬石膏、石膏、无水芒硝、重晶石、黄铁矿、石盐、斜长石、钾长石、钙芒硝、浊沸石、方沸石的定性与定量分析。

(二)分析操作要点

1. 仪器设备

主要包括：多晶 X－射线衍射仪(光源功率≥1600W，2θ 角准确度小于 0.02°)；射线检测计(能量范围：50keV～1.3MeV)；离心机(转速≥2000r/min)；超声波粉碎器(输出功率≥1000W)；天平(感量为 0.0001g)；电热干燥箱；高温炉；电热水浴锅。

2. 测定实验器材与试剂

主要包括：载玻片；玛瑙研钵；标准筛；烧杯；去离子水；分析纯的盐酸、双氧水、乙醇、氨水、六偏磷酸钠、乙二胺四乙酸二钠、三氧甲烷、乙二醇、氯化钾或氯化镁、水合联氨。

3. 全岩 X 射线衍射样品预处理

(1)含油岩石样品应洗油处理至荧光四级以下。

(2)将岩石样品在低于 60℃的温度下烘干，冷却至室温后粉碎研磨至全部粒径小于 40μm 或手搓无颗粒感。

(3)将样品粉末置于样品载玻片的凹槽中，使样品被测量面保持粗糙，与样品载玻片的表面保持平整均匀，避免样品体粉末择优取向。

4. 黏土矿物 X 射线衍射样品预处理

(1)将样品粉碎至小于 1mm 粒径。

(2)把粉碎后的样品放在高型烧杯中，加蒸馏水浸泡，用超声波进行分散。

(3)若黏土颗粒悬浮，吸取粒径小于 2μm 的悬浮液。

(4)若黏土颗粒不悬浮，按步骤处理至黏土颗粒悬浮。

(5)将吸取的悬浮液离心，使黏土颗粒沉降。

(6)将离心后的样品在低于 60℃电热干燥箱中烘干。

(7)将烘干后的样品用玛瑙研钵磨至手搓捏无颗粒感，用纸包好，标明样品编号。

5. 全岩 X 射线衍射样品测试

(1)使用标准物质对仪器进行校准。

(2)启动 X 射线开始扫描，进行数据采集。

(3)利用软件进行数据分析，结合衍射谱图确定矿物种类。

(4)利用公式计算黏土矿物总量和各种非黏土矿物含量。

6. 黏土矿物 X 射线衍射样品测试

(1)对衍射谱图进行分峰与拟合处理。

(2)利用公式对矿物 S(蒙脱石)、I/S(伊利石/蒙脱石)、It(伊利石)、K(高岭石)和 C(绿泥石)的百分含量进行计算。

(三)实验技术特征

1. 技术适用性

(1)借助高岭石、蒙脱石、伊利石、绿泥石和混层黏土矿物 X 射线衍射谱特征，可定性区分不同种类黏土矿物，定量计算不同种类黏土矿物的相对含量。

(2)混层比指混层矿物 I/S 或 C/S 中蒙脱石层所占的比例，可用于划分成岩阶段，估算地温、预测生储油层、判断生油门限等。

2. 技术局限性

(1)X 射线衍射分析的灵敏度相对较低，这意味着可能需要大量的样品才能获得准确的测试结果，这限制了其在某些需要微量样品分析中的应用。

(2)X 射线衍射分析不能用于非晶样品的测试，因为非晶样品没有形成有序的结构，无法产生衍射图案。

八、流体包裹体分析

(一)实验方法概要

流体包裹体分析是利用光学显微镜观察流体包裹体的形态、大小和分布情况，了解流体包裹体特性，利用激光拉曼分析仪能够提供包裹体内分子结构的信息，对包裹体内流体成分鉴定有重要作用，利用冷热台对包裹体进行加热及冷却，测定包裹体的均一温度和冰点温度。

(二)分析操作要点

1. 实验仪器

荧光显微镜、热台(最高温度不低于 300℃，分辨率 1℃)、冷台(温度应达 -100℃以下，分辨率 0.2℃)。

2. 样品制片

取样→胶固→磨平面(粗磨→细磨)→平面抛光→粘片→切片(厚度 0.8 ~ 1.2mm)→磨片(磨至 0.035 ~ 0.100mm)→薄片抛光→溶取岩片(溶解剂去除残胶)。

3. 流体包裹体岩相学鉴定

在偏光显微镜下鉴定流体包裹体的形态、大小、赋存状况、荧光特征，利用岩相学对包裹体进行分期。

不同类型的包裹体除了和不同矿物共生以外，还可能进一步和矿物共生次序有一定的世代关系，其中最主要的就是各类矿物内原生和次生包裹体的区别。

原生包裹体：分布较规则，与主矿物的结晶要素有关，常呈负晶形沿解理、双晶纹、晶面或生长环带以及次生加大边成群出现。

次生包裹体：形态多不规则，一般体积较原生包裹体小，沿裂隙分布，裂隙切割主矿物，并穿越相邻矿物。

假次生包裹体：多为圆或椭圆形，个体较原生包裹体小，沿微裂纹分布，平行或交叉出现，沿微裂纹在各矿物内延伸，少有穿过主矿物假次生包裹体，排列方向不受晶体生长面控制，而与微裂缝方向一致(图 8 -4 -5)。

Ⅰa 为在沉积岩的石英岩屑的包裹体，有两种类型：含石盐子矿物的包裹体和气体包裹体。这些包裹体组合可能来自岩浆岩(如斑岩)或高温热液体。

Ⅰb1 为 H_2O-CO_2 包裹体，可能反映出原岩是一种中到高等的变质岩。

Ⅰb2 为与含 H_2O-CO_2 包裹体在同一岩屑中的包裹体，是一种低盐度、排列整齐的水

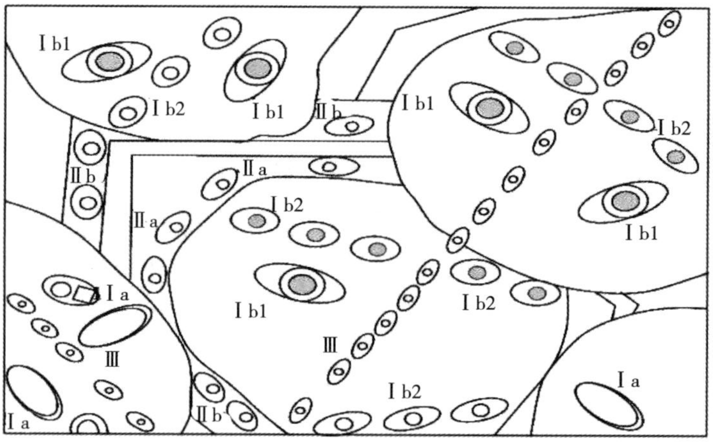

图 8-4-5　复杂世代的流体包裹体

溶液包裹体，或许也含有 CO_2，它可能是在变质高峰之后岩裂缝形成的次生包裹体。

Ⅱa 为石英在次生加大边中分布的水溶液和油气包裹体，这是在沉积岩胶结和油气迁移过程中形成的包裹体，代表了沉积作用的包裹体。

Ⅱb 为水溶液包裹体，分布于石英次生加大边的外带，代表油气迁移之后和最后一次胶结阶段的流体特征。

Ⅲ为低温、低盐度，穿过岩屑的次生水溶液包裹体，代表了沉积盆地中最后一次热液活动。

4. 样品流体包裹体测温分析

(1)冷热台校正：利用标样，对冷热台进行稳定校正，均一温度误差不超过 ±1℃，冰点误差不超过 ±0.2℃。

(2)均一温度测定：将包裹体薄片放入热台，找到欲测包裹体，控制升温速率在 3～10℃/min。在包裹体接近均一相态时，升温速率为小于 2℃/min。观察流体包裹体的气相或液相消失时的温度，即为均一温度。重复操作两至三次，取平均读数。

(3)冰点测定：使冷热台降温至包裹体完全冻结后逐步升温，在接近最后一块冰晶消失前，使升温速率降至 0.5～1.0℃/min，记录包裹体最后一块冰晶消失时的温度，即冰点。

(三)实验技术特征

1. 技术适用性

(1)成藏期次研究，通过对油气包裹体及其伴生的盐水包裹体进行测温，结合盆地热史、埋藏史研究，可确定油气的成藏时期。

(2)演化研究，通过测定不同成岩矿物上包裹体的均一温度，结合盆地热史、埋藏史研究，可确定各矿物的形成时期及先后形成顺序，为成岩演化及孔隙演化提供依据。

2. 技术局限性

流体包裹体鉴定是建立于岩相学分析基础上的，若没有开展岩相学分析就进行包裹体测试，容易将原生包裹体不加分析地鉴定为次生包裹体进行测温应用，造成分析结果混乱。

第二节 在油气地质勘探评价中的应用

沉积储层实验技术在油气地质勘探评价中的主要应用包含以下几个方面：①物源特征分析；②沉积体系、沉积相类型和特征分析；③储层岩石学特征分析；④储层储集空间类型分析；⑤储层成岩作用类型及成岩演化分析；⑥储层成岩相分析；⑦有效储层控制因素分析；⑧有效储层平面展布分析。

一、沉积物源分析

沉积物源分析主要任务是确定物源方向、侵蚀区或母岩区位置、搬运距离及母岩性质。具体方法步骤：首先确定研究区母岩性质，可利用研究区内岩石薄片鉴定结果中岩屑类型、阴极发光实验中石英发光颜色、重矿物组合特征来确定母岩性质，在此基础上分析区域资料，确定物源区岩性组合，通过研究区与物源区岩性特征对比，初步明确物源方向；其次利用岩石薄片成分成熟度、重矿物 ZTR 指数、粒度分选系数等资料分析物源搬运的距离，进一步明确物源方向。

以东濮凹陷古近系为例，分析源汇特征。区域地质资料显示，东濮凹陷前古近纪最新地层为中下三叠统，兰聊带上升盘存留少量上古生界，很快过渡到下古生界，西部西坡到内黄隆起，依次为中下三叠统、上古生界、下古生界、少量太古界。据此东濮凹陷从开始形成到古近纪沉积结束，物源都是中下三叠统 - 太古界地层，以上古生界碎屑岩地层和下古生界碳酸盐岩地层为主，母岩应主要是沉积岩，但岩石薄片鉴定结果显示，岩屑成分为喷出岩和变质岩(表 8 - 4 - 1)，重矿物组合分析东濮凹陷古近系的母岩也以岩浆岩、变质岩母岩为主，而这类母岩出露于豫西焦作、鹤壁等地区，由此来看，东濮凹陷存在来自这些地区的物源，具有远源汇聚的特点。这与东濮凹陷盐湖形成需要广阔的流域面积这一观点相一致，为解释东濮凹陷盐湖蒸发成因提供依据。

二、沉积体系及沉积相类型分析

沉积环境分析是沉积相类型分析的基础，环境要素包括自然地理、气候、构造、沉积介质的物理和化学等条件。其中 ICP - MS 等离子元素分析、粒度分析可判断沉积介质的物理和化学等条件，为沉积相类型分析提供依据。

在东濮凹陷沉积分析时，利用粒度概率累积曲线很好区分多种沉积微相(图 8 - 4 - 6)。其中，扇三角洲平原水上分流河道粒度概率累积曲线表现为形态不规则，牵引、滚动次总体多，斜率低，分选差；三角洲前缘水下分流河道粒度概率累积曲线表现为两段式，跳跃总体较发育，斜率较高，重力流性质减弱，具有牵引流性质。滩坝砂体粒度概率累积曲线为一跳一悬、两跳一悬、多跳一悬等类型。

表 8-4-1 东濮凹陷文 22、胡 7-18 井典型样品岩石薄片鉴定结果

井号	编号	深度/m	岩屑/%													
			火山岩			变质岩				沉积岩						总量
			喷出岩	侵入岩	总量	石英岩	板岩	千枚岩	总量	砂岩	泥岩	硅质	页岩	白云岩	总量	
文 22	Es4	3108. 81				2. 25	3	7. 5	12. 75			1. 5			1. 5	14. 25
		3111. 18				1. 95	2. 6	6. 5	11. 05			1. 3			1. 3	12. 35
		3113. 08				1. 80	2. 4	6	10. 20			1. 2			1. 2	11. 40
		3114. 88				1. 95	2. 6	6. 5	11. 05			1. 3			1. 3	12. 35
胡 7-18	Es3 下 3	2318. 80	5	3	8	4			4	6	1				7	19
		2324. 80	5		5	5			5					5	5	20
		2330. 10	3	4	7	3			3	3	3				6	19
		2335. 40								1	14				15	15
		2336. 57	4		4	3	3		6	3	4				7	17
		2367. 40	4		4				3	3	5				8	15
		2380. 90	5		5	5			5	5	1				6	16

一些特殊的岩石能反映特定的沉积环境，通过岩石薄片分析岩石学特征，可为沉积相研究提供帮助。例如川东北地区须家河组须二段的石英砂岩反映碎屑滨岸沉积环境，东濮凹陷古近系内碎屑砂岩多反映滩坝相沉积，内蒙古白垩系小型断陷湖盆内多见不等粒结构砂岩，反映出近物源沉积，多为扇三角洲沉积。

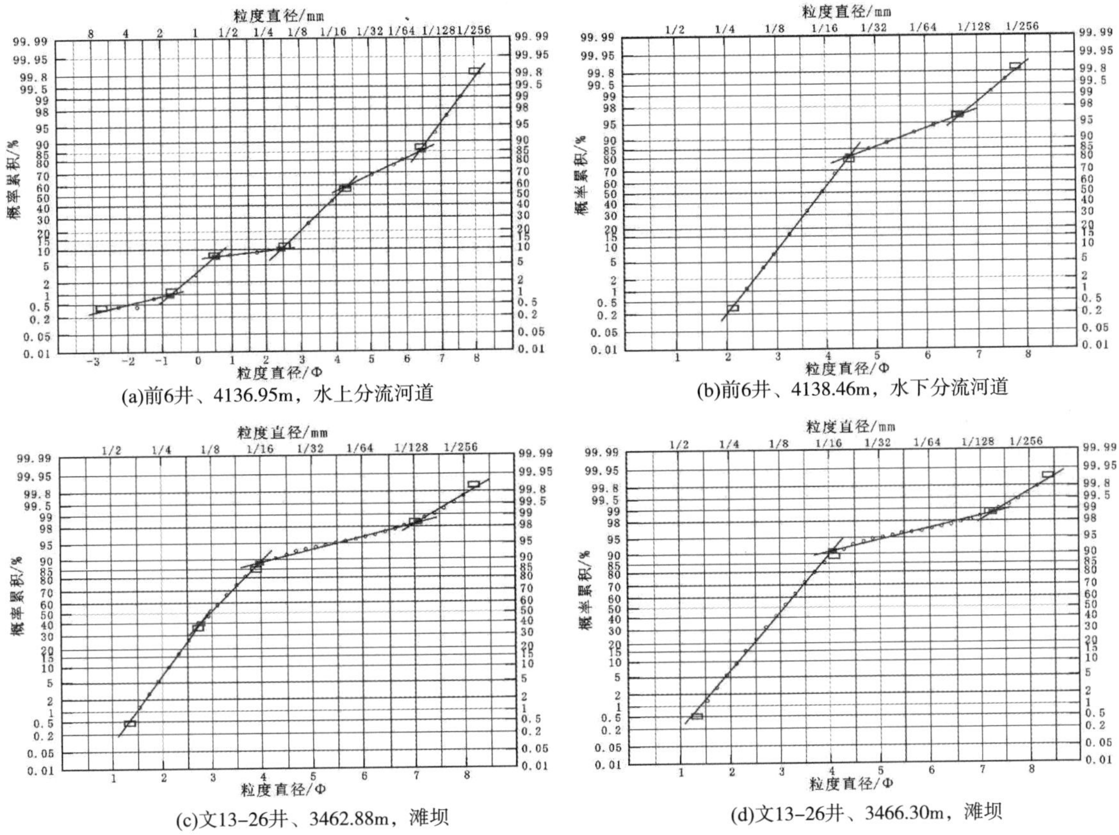

(a)前6井、4136.95m，水上分流河道

(b)前6井、4138.46m，水下分流河道

(c)文13-26井、3462.88m，滩坝

(d)文13-26井、3466.30m，滩坝

图 8-4-6　典型沉积环境粒度概率累积曲线

三、储层成岩作用分析

储层成岩作用分析是通过分析储层的岩石学特征、储集空间类型、孔喉结构特征、成岩作用类型及成岩演化过程明确有利储层的主控因素，预测有利储层分布。目前，建立了“数理分析找线索，微观分析找原因，综合分析下结论”的储层成岩作用研究思路，以查干凹陷为例，介绍如何综合利用各项分析实验资料，明确查干地区溶蚀型储层的形成及分布预测。

首先对查干凹陷白垩系所有的分析实验资料进行系统整理，其中物性统计数据结果表明查干凹陷碎屑岩储层，尤其是深层储层比较致密，孔隙度、渗透率偏低(表 8-4-2)。利用粒度、碳酸盐含量、岩石薄片等数据，分别建立粒径中值、分选系数、碳酸盐含量、成分成熟度等与孔隙度的相关性，最终碳酸盐含量与孔隙度相关系数较高，可推测是控制储层物性好坏的主要因素，至此完成了“数理分析找线索”。

下一步需要分析造成这种“现象”的原因，主要利用岩石薄片分析，选取物性有差异的样品观察其在成分、填隙物、含油性等各方面的差异。结果发现，物性好的样品碳酸盐含量低，含油性好；物性差的样品多数碳酸盐含量高，且基本不含油。同时还能见到碳酸盐颗粒被油气包裹悬浮于孔隙中间的现象。利用阴极发光、流体包裹体等分析技术对方解石胶结物进行形成期次分析，为成岩早期产物。据此完成“微观分析找原因”，物性差异的原因主要是早期碳酸盐胶结后，由于油气充注对碳酸盐胶结物进行选择性溶蚀使得粒间孔隙溶蚀扩大，孔隙度增加。

表8-4-2　查干凹陷下白垩统碎屑岩储层实测物性统计表

分析项目	样本/个	最小值	最大值	平均值
孔隙度/%	939	0.09	36.86	9.88
渗透率/$10^{-3}\mu m^2$	913	0.002	1178.67	18.01
碳酸盐含量/%	524	0	97.20	12.03

在孔隙成因分析基础上，储层主控因素有两个方面，一是需要有早期碳酸盐胶结，二是要经历后期的溶蚀作用，这是形成有利储层的两个关键因素。其中第一个主控因素受沉积环境及成岩作用控制，第二个主控因素受烃源岩排烃控制。因此明确了纵向上巴音戈壁组是有利的层段，平面上三角洲前缘及滩坝砂体是有利发育区。

第五章　油气地球化学实验技术及应用

油气地球化学是应用化学原理，尤其是有机化学的理论和观点来研究地质体中与油气有关的有机质来源、时空分布、化学组成、结构、性质及演化，探讨有机质向油气转化的过程和机理，研究油气的初次和二次运移、油气的次生改造和蚀变、油气藏聚集特征、油气藏形成过程及油气田开发过程中的有机－无机相互作用、油气组分的变化及其规律和意义，以及运用这些知识来指导油气勘探和开发的一门科学。

实验分析是油气地球化学研究最基础的手段，无论是烃源岩评价、石油和天然气地球化学特征研究、油气源对比研究，还是有机质向油气转化的过程和机理研究，都建立在油气地球化学实验数据基础上。

第一节　油气地球化学实验技术

一、总有机碳分析

(一) 实验方法概要

总有机碳是指岩石中存在于有机质中的碳，通常用占岩石质量的百分比来表示。总有机碳分析的基本原理为，用盐酸去除样品中的无机碳后，在高温氧气流中燃烧，使总有机碳转化成二氧化碳，经检测给出总有机碳的含量，主要用于烃源岩有机质丰度评价。

(二) 分析操作要点

总有机碳测试主要包括样品准备、去除无机碳、上机测试等过程。

样品准备：将样品粉碎至粒径为0.075～0.180mm，粉碎好的样品质量不应少于4g。

去除无机碳：根据样品类型，取0.01～1.00g样品置于瓷坩埚中，加入盐酸与蒸馏水按1∶7(体积比)配制的盐酸溶液，在水浴锅或者电加热板上加热，温度控制在60～80℃，加热反应2h以上，至反应完全为止，再用蒸馏水将样品洗至中性后放入60～80℃的烘箱内，烘干待测。

上机测试：在烘干后盛有样品的瓷坩埚中加入铁屑助熔剂0.6～1.0g、钨粒助熔剂0.8～1.5g，上机测试。

(三) 实验技术特征

1. 技术适用性

总有机碳分析适用于岩石和现代沉积物等样品中有机碳含量的测定，具有快速高效的特点，在陆源泥页岩、煤岩、碳质泥岩、海相泥岩和碳酸盐岩等类型烃源岩评价中得到很好的应用。

2. 技术局限性

(1)在实验过程中，需要对样品加入过量盐酸溶液，容易造成资源浪费以及环境污染等问题。

(2)当样品中有高含量的碳酸盐等物质时，遇盐酸就会强烈反应，常发生样品飞溅和漫延现象。

二、岩石热解分析

(一)实验方法概要

岩石热解分析的基本原理为，由氢火焰离子化检测器检测岩石样品在载气流热解过程中排出的烃。有机质热解生成的一氧化碳与二氧化碳和热解后的残余有机质加热氧化生成的二氧化碳，由热导检测器或红外检测器检测，或催化加氢生成甲烷后再由氢火焰离子化检测器检测，从而检测岩石样品中烃类的含量，达到评价生油岩和储油岩的目的。

利用岩石热解可以进行有机质类型的划分和烃源岩成熟度判识。

(二)分析操作要点

在仪器开机稳定后，首先做空白试验，空白试验不少于2次，待空白稳定后做标样试验(岩石热解的标准物质)平行分析不少于两次，其 S_2 值及 T_{max} 值应符合分析精密度要求，待标样品正常通过后再进行样品分析。用天平称取100mg、100～200目的待测样品放入坩埚中，并将坩埚平稳地放入热解进样器内，按“热解”键进行样品热解分析，按程序所设定的时间发出脉冲信号自动进行。300℃前，岩石中残留的烃放出，测得 P_1 峰，该峰面积为 S_1，代表游离烃的数量；在300～600℃之间，测得 P_2 峰，该峰面积为 S_2，代表干酪根热解产生的烃类和少部分重质可抽提的组分总量，热解烃最高峰值温度 T_{max} 代表干酪根的最大热解烃量时对应的温度；热解结束后，在热解降温的同时，由热导检测器在400℃前收集的二氧化碳，该峰为 P_3，该峰面积为 S_3，代表样品在热解中产生的二氧化碳含量，工作站自动采集数据并储存数据文件及图谱文件。连续开机分析超过12h，应重新测定一次标准物质，其测定值应符合精密度要求。

(三)实验技术特征

1. 技术适用性

(1)岩石热解分析具有快速高效的特点，适用于低成熟－成熟阶段烃源岩评价，能够为烃源岩评价提供有机质丰度、类型、成熟度等参数。

(2)岩石热解分析可以用于储层含油性评价，判别原油性质，并估算产能情况。

2. 技术局限性

(1)由于高成熟和过成熟烃源岩生烃热演化程度过高，岩石热解分析在高成熟、过成熟烃源岩评价中适用性较差。

(2)当岩样中的碱金属含量较高时，在岩石热解分析中常发生离子化干扰，会影响分析结果的准确性和可靠性。

三、岩石中抽提物含量分析

(一)实验方法概要

岩石中抽提物含量分析是油气地球化学研究最常用也是必不可少的基础实验之一，其原理主要根据相似相溶原理，使用二氯甲烷等有机溶剂和索氏抽提器将岩石中可溶有机质萃取出来。

(二)分析操作要点

将岩心或岩屑样品粉碎至全部通过0.18mm孔径标准筛(粉碎机温度在使用时不得超过50℃)，并保持干燥。称取样品100～200g(可视有机碳含量多少或岩石颜色的深浅而定)，包好后装入提取器样品室中，向抽提器中加入底瓶容量1/2～2/3的二氯甲烷，并加入少量铜片脱硫。在60℃左右的温度下对岩样进行抽提，抽提至回流液无色为止。抽提完毕后，将抽提液浓缩至5～10mL，浓缩过程中二氯甲烷抽提液的加热温度不得超过50℃，随后转入称量瓶中，在室温下挥发至干，直至恒重为止，冷却后称量，两次称量之差不超过0.0010g。

根据样品重量和抽提出的有机质的质量按公式(8－5－1)计算出岩石中可溶有机质的含量。

$$X=(G_2-G_1)/m\times 100\% \tag{8-5-1}$$

式中，X为二氯甲烷可溶有机质质量分数，%；G_1为称量瓶质量，g；G_2为称量瓶加二氯甲烷可溶有机质质量，g；m为样品质量，g。

(三)实验技术特征

1. 技术适用性

该方法适用于烃源岩、含油储层、现代沉积物等样品的测试分析，可用于评估沉积物中的有机质丰度，预测油气资源潜力，研究有机质在地质过程中的转化和迁移。

2. 技术局限性

(1)该方法应用在新鲜岩心样品测试分析中准确度更高，当岩心经过长期放置后，由于风化作用的影响，岩心中可溶有机质轻质部分大量挥发损失，会造成测试分析结果偏低的现象。

(2)该方法在恒重温度过高时可能导致某些低分子量化合物大量损失，会影响测试分析结果的准确性，而在低温条件下进行恒重时由于时间较长，会在一定程度上影响工作效率。

四、岩石中可溶有机物及原油族组分分析

(一)实验方法概要

岩石中可溶有机物及原油族组分分析使用的标准为SY/T 5119—2016《岩石中可溶有机物及原油族组分分析》。经过二氯甲烷溶剂抽提出来的可溶有机质是一个有机混合物，其组成与原油一致，一般包括四大类，即通常称的岩石中可溶有机质或原油的族组成：饱和烃、芳香烃、沥青质和胶质。族组成的分离基于抽提物可溶有机质或原油中不同有机组

分的极性差异，它们同吸附剂之间的吸附性能不同，利用各种有机溶剂的极性不同、脱附能力的差异，采用不同的冲洗有机溶剂可以达到对不同物质的脱附、分离效果。

（二）分析操作要点

岩石中可溶有机质或原油的族组分分析主要包括样品准备、色层柱分离、计算各族组分含量等过程。

1. 样品准备

称取一定量的可溶有机质或原油样品（30～50mg），置于已恒重的离心试管中，在称取的试样中加入30mL正己烷，搅拌使其充分溶解，在离心机中进行离心至沥青质沉淀出来为止，然后采用塞有脱脂棉的短颈漏斗过滤沥青质，待有机溶剂挥发后称取沥青质的量。

2. 色层柱分离

将吸附柱硅胶和氧化铝按照3：2的比例装入色层柱（吸附剂：样品＝200：1）中，轻敲管壁使其充填紧密。然后加入足量的正己烷湿润柱子，再将离心管中脱去沥青质的澄清混合液样品转入色层柱中。用正己烷洗脱饱和烃；用苯或二氯甲烷和正己烷混合溶剂洗脱芳香烃；用苯加甲醇1：1混合液洗脱胶质（冲洗剂的用量为样品的250倍）。每步冲洗时均需观察色层柱液面颜色的变化特征。承接三种组分，装在称量瓶中。将装有饱和烃、芳香烃、胶质、沥青质的称量瓶用氮气吹干，至恒重为止。在天平室中冷却30min称量，两次称量之差不超过0.0010g。

3. 计算各族组分含量

恒重后计算出各族组分的含量，计算公式见式（8－5－2）。

$$W(S, A, N, B)=(G_1-G_2)/m\times100\% \qquad (8-5-2)$$

式中，W(S，A，N，B)为各族组分的含量，%；G_1为称量瓶加组分的质量，g；G_2为称量瓶质量，g；m为称样质量，g。

（三）实验技术特征

1. 技术适用性

族组分分析适用于各类岩石中可溶有机物及原油（不含轻质原油和凝析油）的族组分分析，对于研究不同地区石油资源的特性具有重要意义。

2. 技术局限性

该方法主要适用于中质和重质原油的族组分分析，而对低密度、挥发性强的轻质原油适用性较差。

五、镜质体反射率分析

（一）实验方法概要

镜质体反射率分析原理就是根据光电倍增管所接受的反射光强度与其光电信号成正比的原理，在入射光强度一定的反光显微镜下，对比煤光片中的镜质体和已知反射率的标准样的光电信号值而确定。可用干物镜测定其空气中的反射率（Ra），用油浸物镜测定其油浸中的反射率（Ro）。

镜质体反射率广泛应用于煤岩学和石油地球化学生产与研究，是鉴定煤化程度、有机质热成熟度、沉积盆地演化、古地温恢复、地层剥蚀厚度计算、石油生成与演化的最佳参数。

(二)分析操作要点

1. 制片

将制备好的干酪根或岩石样品与固结剂按一定比例混合固化成型，用水砂纸或刚玉粉进行预磨，用抛光液进行抛光，磨制好的标本要求在10倍或20倍干物镜下光片无污斑、无针状擦痕、无布纹，组分之间界限清晰，极少划痕和麻点。制备合格的光片需在干燥器内放置12h后方可进行反射率测定。

2. 测试环境要求

镜质体反射率测定要求防尘环境，室温23℃ ±3℃，相对湿度在70%以下。

3. 样品测试

将浸油滴在已光片抛光面上，并将样品置于载物台，用机械尺微微移动光片，直至十字丝中心对准一个合适的镜质体测区，测区内应不包含裂隙、抛光缺陷、矿物包体和其他显微组分碎屑，且测区外无黄铁矿和惰质组分等高反射率物质干扰。

在测试过程中，首先进行随机反射率测定：取下起偏器，在不旋转载物台的情况下直接测定，获取随机反射率值 R_{ran}；其次，测取最大反射率：将起偏器置于45°，旋转载物台360°至出现最大反射率值。

由于同一样品各镜质体颗粒之间光学性质存在微小差异，因此必须从不同颗粒上测取足够数量的反射率值，以保证测定结果的代表性。当平均反射率值 <0.5% 或 >2.0% 时，测点数不应少于30个；当平均反射率值≥0.5%，<2.0% 时，测点数不应少于20个。

(三)实验技术特征

1. 技术适用性

该方法适用于富含镜质体的陆相沉积岩类，如湖相泥页岩、煤系泥岩、碳质泥岩和煤岩，通过分析不同地层中镜质体的反射率，可以推断出这些地层的热演化特征，进而预测其生烃潜力。

2. 技术局限性

(1)该方法对缺少镜质体的古老海相样品无法进行精准测试。

(2)镜质体随着热演化程度的增高，其光学各向异性增强，镜质体反射率的统计范围值也逐渐增大，因此，当镜质体反射率值 >1.0% 时，应尽量多测一些测点，以保证镜质体反射率统计数据的可靠性。由于镜质体反射率的影响因素较多，因此，在测定时必须对样品中大量的镜质体进行测定。

六、干酪根显微组分分析

(一)实验方法概要

该方法以煤岩学分类命名原则为基础，利用具有透射光和反射荧光功能的生物显微镜，对沉积岩中干酪根显微组分进行鉴定，并对各显微组分百分含量进行定量统计，根据各显微组分不同的加权系数计算出类型指数(*TI*)，从而将干酪根划分为三类四型(Ⅰ、$Ⅱ_1$、$Ⅱ_2$ 和Ⅲ型)，以确定有机质类型。

显微组分分析是烃源岩有机质类型分析的重要手段，可通过有机质显微组分组成的差异判识烃源岩有机质类型，是判断烃源岩生烃能力的重要指标。

（二）分析操作要点

1. 制片

干酪根显微组分分析需选用湿的干酪根粗样或干的干酪根粗样经蒸馏水浸泡、超声处理后离心富集的样品。制片共有聚乙烯醇法和丙三醇法两种，聚乙烯醇法为：将聚乙烯醇和蒸馏水按 1∶9～1∶11 比例混合后加热，缓慢搅拌配制成聚乙烯醇溶液；用玻璃棒蘸取少量样品于盖玻片上，加适量聚乙烯醇溶液与样品充分混合，均匀涂满盖玻片，室温下自然风干；在已风干的盖玻片上涂满无荧光黏结剂，立即翻盖到载玻片上，用尖头镊轻轻挤压出气泡，待完全固结后备用。丙三醇法为：用滴管吸取适量的丙三醇至干酪根样品中，搅拌混合均匀，然后用玻璃棒蘸取适量含有丙三醇的样品于载玻片上，涂布均匀，用尖头镊夹盖玻片从一边压在样品上，轻压挤出气泡，用描笔蘸取适量乳胶，涂抹在盖玻片和载玻片接触处，待完全晾干后备用。

2. 显微组分鉴定

将样品薄片置于生物显微镜的载物台上，选择合适的物镜和目镜放大倍数，总放大倍数一般为 400～600 倍，在透射光和反射荧光条件下对各显微组分按照不同显微组分光性特征进行鉴定，需要时做彩色照相。根据鉴定，有机显微组分可划分为腐泥组、壳质组、镜质组和惰质组。

3. 显微组分百分含量统计

显微组分含量统计有点测法和目估法两种。

点测法：在 40～60 倍物镜下对样品薄片进行扫描观察后确定其代表性粒径大小，其值的确定应保证样品中大于该粒径的颗粒含量达到 50% 以上，以此作为 1 个统计单位，然后依次等距离地移动视域，每个视域的中心点作为被鉴定物的固定坐标，凡进入此坐标的样品颗粒，根据其透射光、反射荧光特征和粒径单位进行鉴定和计数统计。每一个样品至少要鉴定计数 300 个统计单位，然后按各组分的单位数计算出其相应的百分含量。

目估法：在 40～60 倍物镜下对样品薄片进行扫描观察，采取连续观察 2～3 行或做不少于 50 个视域的选择性视域观察，估算出各显微组分所占每一视域面积的百分比，最后计算出各显微组分占整个样品薄片的面积百分比的平均值，作为该样品薄片中各显微组分的百分含量。

4. 类型指数计算

干酪根类型指数 TI 值按式(8－5－3)求出：

$$TI = 100 \times a + 100 \times b_1 + 50 \times b_2 + 10 \times c_1 + (-75) \times c_2 + (-100) \times d \quad (8-5-3)$$

式中，TI 为干酪根类型指数；a 为腐泥组百分含量，%；b_1 为树脂体百分含量，%；b_2 为角质体、木栓质体、孢粉体、菌孢体、腐殖无定形体和底栖藻无定形体的总百分含量，%；c_1 为富氢镜质体百分含量，%；c_2 为正常镜质体百分含量，%；d 为丝质体百分含量，%。

（三）实验技术特征

1. 技术适用性

干酪根显微组分分析技术可以直接观察到干酪根的形态、结构和颜色等特征，主要用于沉积岩中有机质成分及其演化过程的研究，被广泛应用于烃源岩生烃潜力评价。

2. 技术局限性

本方法主要依赖显微镜下的观察和鉴定，对操作者的经验和技术水平要求较高，不同研究人员可能会对同一显微组分有不同的解读，可能导致分类结果的不一致性和误差。此外，干酪根根据其来源和演化过程可分为多种类型，每种类型的显微组分特征可能非常相似，这在一定程度上增加了准确分类的难度。

七、稳定碳同位素分析

(一) 方法概要

稳定碳同位素分析使用的标准为 GB/T 18340. 2—2010《地质样品有机地球化学分析方法　第 2 部分：有机质稳定碳同位素测定　同位素质谱法》。试样在同位素质谱仪中分解燃烧并氧化，充分转化为 CO_2，纯化后的 CO_2 经离子源，形成的离子束在电场磁场的作用下，导致具有不同质荷比的离子束分开从而检测同位素丰度。

(二) 分析操作要点

稳定同位素质谱分析主要包括样品准备、上机测试等过程。

1. 样品准备

用万分之一的天平分别称取 0. 15 ~0. 25mg 的标准物质(GBW 04407、GBW 04408)、0. 25 ~0. 35mg 干酪根样品置于锡杯中；在通风橱中，用二氯甲烷将族组分样品溶解，用微量采血吸管吸取一定量置于锡杯中，待二氯甲烷挥发锡杯晾干后使用；对于原油，用微量采血吸管蘸取一定量于锡杯底部。

2. 上机测试

开机后，质谱仪进样系统、分析系统分别用机械泵和涡轮分子泵抽真空，达到仪器的分析要求；将温度升至 960℃，设置载气流速为 100mL/min，参考气流速为 200mL/min，氧气流速为 220mL/min。待仪器稳定后，首先做空白试验，空白试验不少于 2 次，待空白稳定后做标样试验(GBW 04407、GBW 04408)，平行分析不少于 2 次，其 $\delta^{13}C_{SA-PDB}$(‰)值应符合分析精密度要求，在已设定好实验条件下，做样品测试。

(三) 实验技术特征

1. 技术适用性

该技术可用于开展沉积岩中干酪根、原油和天然气碳同位素分析，其参数在古气候、古环境和油气源对比研究中有着广泛应用，适用于常规和非常规油气勘探开发研究。

2. 技术局限性

虽然稳定碳同位素分析技术可应用于多种环境和地质条件下有机质样本的分析，但对于复杂的混合物，特别是那些含有多种同位素的化合物，精确分析仍存在挑战。

八、气相色谱分析

(一) 实验方法概要

气相色谱分析是指流动相为气体的色谱分析法。在测试过程中，汽化的试样被载气

(流动相)带入色谱柱中，利用柱中的固定相与试样中各组分分子作用力不同、各组分从色谱柱中流出时间存在差异的原理，实现组分的彼此分离。采用适当的鉴别和记录系统，制作标有各组分流出色谱柱时间和浓度的色谱图。根据图中标明的出峰时间和顺序，可对化合物进行定性分析；根据峰的高低和面积大小，可对化合物进行定量分析。

气相色谱分析技术在石油地质研究中，可用于分析烃源岩抽提物、原油、储层中烃类组成，判别储层流体性质，确定油气的组成和成熟度，进而评估油气的品质和开采价值。通过开展烃源岩抽提物化学组成、原油化学组成的分析，可以开展相似性分析，进而分析储层中油气的来源，为油气成藏研究提供重要的支撑。

(二)分析操作要点

采用柱层析分析法将原油和烃源岩中抽提物进行组分分离，从而获取饱和烃、芳烃、胶质和沥青质等组分，阴干后称重备用。

根据饱和烃组分质量，注入合适量的正己烷，稀释至仪器检测范围内浓度待测；根据芳烃组分质量，注入合适量的二氯甲烷，稀释至仪器检测范围内浓度待测。

检测前仪器设备检查：操作前检查气路、设置条件、稳定仪器，排除漏、堵，然后按最佳操作条件调好仪器，要确保程序升温色谱基线稳定。

用清洁的微量注射器将样品手动注入汽化室，迅速按下主机 Start 键开始分析，或将待测样品置于自动进样器内完成测试。

应用仪器自带软件，识别样品色谱峰保留时间、峰高、峰面积，计算获取不同化合物的相对含量，并计算相关参数数值。

(三)实验技术特征

1. 技术适用性

气相色谱分析适用于原油、天然气和沉积岩中可溶有机质中有机化合物组成分析，是油气源对比研究的重要实验手段，在石油地质行业有着广泛的适用性。

2. 技术局限性

气相色谱分析主要适用于分析在高温条件下具有一定挥发性的物质，对热稳定性较好的物质无效，因此，它只限于分析气体和沸点较低的化合物或挥发性的衍生物。

九、气相色谱－质谱分析

(一)实验方法概要

气相色谱－质谱分析是一种结合了气相色谱和质谱技术的综合分析方法。它通过将气相色谱的分离能力与质谱的检测能力结合起来，可以实现对复杂混合物的高效分离和精确鉴定。

气相色谱－质谱分析可用于石油、天然气等方面的研究，分析烃类和其他有机化合物的组成，帮助石油地质学家了解石油和天然气的来源，也可用于石油和天然气中非烃化合物组成研究。利用烃源岩和原油中生物标志化合物组成特征，开展油气源对比、油气运移方向的研究，为油气成藏及油气分布规律研究提供重要证据。

(二)分析操作要点

气相色谱－质谱分析与气相色谱分析操作具有相似的步骤，具体步骤如下：

(1)采用柱层析分析法将原油和烃源岩中抽提物进行组分分离，从而获取饱和烃、芳烃、胶质和沥青质等组分，阴干后称重备用。

(2)根据饱和烃组分质量，注入合适量的正己烷，稀释至仪器检测范围内浓度待测；根据芳烃组分质量，注入合适量的二氯甲烷，稀释至仪器检测范围内浓度待测。

(3)检测前仪器设备检查：操作前检查气路、设置条件、稳定仪器，排除漏、堵，然后按最佳操作条件调好仪器，要确保程序升温色谱基线稳定。

(4)用清洁的微量注射器将样品手动注入汽化室，迅速按下主机 Start 键开始分析，或将待测样品置于自动进样器内完成测试。

(5)应用仪器自带软件，识别样品色谱峰保留时间、峰高、峰面积，计算获取不同化合物的相对含量，并计算相关参数数值。

(三)实验技术特征

1. 技术适用性

气相色谱－质谱分析具有高灵敏度、高分辨率和良好的定性定量能力，可用于分析沉积物、石油和天然气中的有机化合物，有助于研究人员了解油气的来源及烃源岩生烃演化过程，在石油地质研究中有着广泛的应用。

2. 技术局限性

(1)为了充分发挥质谱法的特长，样品需要非常纯，否则，复杂的基质可能会干扰分析结果，导致定量分析变得复杂。

(2)虽然气相色谱法具有较高的分离效率，但对于某些复杂混合物，尤其是那些含有相似保留时间的组分，可能无法完全分离。

第二节　在油气地质勘探评价中的应用

一、烃源岩评价

烃源岩评价回答的是探区内是否存在烃源岩，哪些是烃源岩，烃源岩的品质如何，是否达到了生烃所需要的热演化条件。在评价过程中需要用到总有机碳分析、岩石热解分析、岩石中抽提物含量测定、镜质体反射率测定、干酪根显微组分分析、干酪根同位素分析等实验技术，通过实验获取与岩石中有机质丰度、类型、成熟度等相关的测试分析数据，并应用这些数据，首先进行有机质丰度评价，从而回答哪些是烃源岩，哪些不是烃源岩，并初步评价烃源岩的品质；其次，开展有机质类型评价，进一步回答烃源岩品质的好坏；最后，进行有机质成熟度评价，指出烃源岩所处的热演化阶段，明确烃源岩中有机质生油、生气的热演化条件。通过有机质丰度、类型、成熟度的综合评价，最终回答探区内岩石是否能作为有勘探价值的石油聚集的来源。

(一)烃源岩有机质丰度

烃源岩有机质丰度通常用总有机碳含量(TOC)、生烃潜量(S_1+S_2)、岩石抽提物含量(或氯仿沥青“A”)、总烃和烃指数(HI)等数据来表征，对各项参数的划分界限国内外学者开展了大量的研究，形成了丰富的经验，制定了相应的评价标准，目前国内对烃源岩有机质丰度的评价主要根据不同环境条件下形成的烃源岩进行评价标准的界限划分。如表8－5－1所示，海相和湖相泥页岩有机质丰度依据TOC、S_1+S_2、氯仿沥青“A”和HC划分为4个等级：非烃源岩、一般烃源岩、好烃源岩和优质烃源岩。

煤系烃源岩是含煤地层中具备生油气的煤、碳质泥岩和煤系泥岩的总称，主要形成于海陆过渡或沼泽环境，煤系泥岩有机质丰度按照TOC、S_1+S_2、氯仿沥青“A”和HC(总烃)的分布界限同样划分为4个等级，具体如表8－5－2所示。

碳质泥岩是指TOC值介于6%～40%的煤系黑色泥岩，一般认为是好的气源岩，作为油源岩，其有机质丰度主要依据TOC、*HI*和S_1+S_2划分为4个等级，具体如表8－5－3所示。

表8－5－1　海相和湖相泥页岩有机质丰度评价标准

烃源岩等级	TOC/%	S_1+S_2/(mg/g)	氯仿沥青“A”/%	HC/(μg/g)
非烃源岩	<0.5	<2	<0.05	<200
一般烃源岩	0.5～1	2～6	0.05～0.1	200～500
好烃源岩	1～2	6～20	0.1～0.2	500～1000
优质烃源岩	≥2	≥20	≥0.2	≥1000

表8－5－2　煤系泥岩有机质丰度评价标准

烃源岩等级	TOC/%	S_1+S_2/(mg/g)	氯仿沥青“A”/%	HC/(μg/g)
非烃源岩	<0.75	<2	<0.03	<120
一般烃源岩	0.75～3	2～20	0.03～0.06	120～300
好烃源岩	3～6	20～70	0.06～0.12	300～700
优质烃源岩	3～6	≥70	≥0.12	≥700

表8－5－3　碳质泥岩生油的有机质丰度评价标准

烃源岩等级	TOC/%	*HI*/(mg/g)	S_1+S_2/(mg/g)
非油源岩	6～10	<150	<10
一般油源岩	6～10	150～400	10～40
好油源岩	10～20	400～600	40～70
优质油源岩	20～40	≥600	≥100

煤的TOC均>40%，是好的气源岩，作为油源岩，其有机质丰度可划分为3个等级，具体如表8－5－4所示。

表8－5－4　煤生油的有机质丰度评价标准

烃源岩等级	*HI*/(mg/g)	S_1+S_2/(mg/g)	氯仿沥青“A”/%	HC/(μg/g)
非油源岩	<150	<70	<0.75	<1500
一般油源岩	150～400	70～150	0.75～5	1500～25000
好油源岩	≥400	≥150	≥5	≥25000

图 8－5－1 是拐子湖凹陷拐参 1 井巴音戈壁组烃源岩有机质丰度评价柱状图，拐子湖凹陷是典型的中生代断陷湖盆，烃源岩为湖相泥岩，烃源岩有机质丰度特征按照湖相泥岩的标准进行评价。拐参 1 井巴二段绝大部分暗色泥岩 TOC＜0.05％，为非烃源岩，巴一段暗色泥岩 TOC 在 0.27％～1.71％，大部分样品为一般～好烃源岩；拐参 1 井巴二段暗色泥岩 S_1+S_2 均＜2.0mg/g，为非烃源岩，巴一段 S_1+S_2 在 0.22～4.18mg/g，为非～一般烃源岩；拐参 1 井巴二段暗色泥岩氯仿沥青“A”均小于 0.05％，为非烃源岩，巴一段 3560～3650m 暗色泥岩氯仿沥青“A”主要在 0.06％～0.28％，为一般～优质烃源岩，其他深度段暗色泥岩氯仿沥青“A”＜0.05％，为非烃源岩。

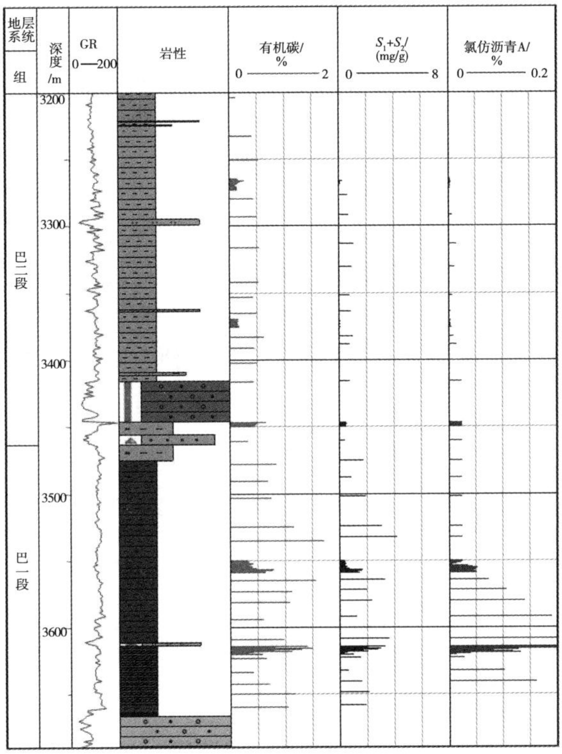

图 8－5－1　拐参 1 井巴音戈壁组烃源岩有机质丰度评价综合柱状图

从拐参 1 井巴音戈壁组烃源岩有机质丰度评价过程不难看出，受不同地区或者深度段烃源岩生排烃差异的影响，部分参数（如 S_1+S_2）在评价过程中与其他参数无法完全匹配，这就要求研究人员在评价过程中综合考虑地质因素，评价地质演化过程对相关评价参数的影响程度，从而优选最合适的参数进行烃源岩有机质丰度评价。

（二）烃源岩有机质类型

烃源岩有机质类型评价常用岩石热解、干酪根元素、干酪根同位素、干酪根显微组分分析等多种实验数据来表征，主要用于烃源岩生烃能力的判识，在研究过程中通常采用多种参数综合评价，常用的有机质类型划分指标有显微组分类型指数（*TI*）、干酪根 H/C 原子比、O/C 原子比、岩石热解氢指数（*HI*）、氧指数（*OI*）和 S_2/S_3，根据国内外专家研究经验，经过多次修正，目前国内主要应用表 8－5－5 所示 6 项指标开展烃源岩有机质类型划分，采用四分法将有机质类型划分为：Ⅰ型、$Ⅱ_1$型、$Ⅱ_2$ 型和Ⅲ型。

表 8－5－5 烃源岩有机质类型划分标准

有机质类型	类型指数(*TI*)	H/C	O/C	*HI*	*OI*	S_2/S_3
Ⅰ型	≥80	≥1.5	≤0.1	≥600	≤50	≥20
$Ⅱ_1$型	80～40	1.5～1.2	0.1～0.2	600～400	50～100	5～20
$Ⅱ_2$型	40～0	1.2～0.8	0.2～0.3	400～150	100～150	3～5
Ⅲ型	<0	<0.8	>0.3	<150	>150	<3

以拐参1井为例，巴二段暗色泥岩*TI*值以0～40为主，为$Ⅱ_2$型有机质，巴一段*TI*值在40～90，有机质类型以$Ⅱ_1$型为主，有少量Ⅰ型；巴二段暗色泥岩O/C值以0.13～0.27为主，为$Ⅱ_2$型有机质，巴一段O/C值在0.04～0.18，有机质类型以$Ⅱ_1$型为主，有少量Ⅰ型，与类型指数评价结果相同。综合判断拐参1井巴二段烃源岩主要为$Ⅱ_2$型有机质，巴一段烃源岩以$Ⅱ_1$型有机质为主，有少量Ⅰ型有机质。

(三)烃源岩有机质成熟度

有机质成熟度指标是用来衡量烃源岩中有机质向油气转化程度的重要参数，通常可用岩石热解、镜质体反射率测定等实验技术所得到的T_{max}和Ro数据来表征，其中Ro是烃源岩有机质成熟度判识最主要的指标。按照国内最新评价标准，如表8－5－6所示，烃源岩有机质成熟度可划分为5个阶段：未成熟阶段、低成熟阶段、成熟阶段、高成熟阶段、过成熟阶段。拐子湖凹陷拐参1井巴音戈壁组烃源岩实测Ro在1.01%～1.28%，正处于成熟阶段。

表 8－5－6 烃源岩有机质成熟度评价标准

演化阶段	Ro/%	T_{max}/℃
未成熟阶段	<0.5	<435
低成熟阶段	0.5～0.7	435～440
成熟阶段	0.7～1.3	440～455
高成熟阶段	1.3～2.0	455～490
过成熟阶段	≥2.0	≥490

二、油气源对比

油气源对比包括油－岩、气－岩、油－油、油－气对比等，其实质就是运用地球化学方法，利用同源相近的原理，通过对原油(天然气)之间或原油(天然气)与烃源岩之间的相同馏分中某个成分的含量或某些成分之间的比值，或某同系物分布和组成进行比较，来研究油、气及与源岩之间的相互关系。它可通过元素、分子和同位素参数的对比实现，使用的主要实验分析技术有气相色谱分析、气相色谱－质谱分析、稳定碳同位素分析等。通过油气源对比分析，可以明确油气来源和去向，确定探区内主力源岩层及油气的运移方向。

油气源对比研究的步骤：首先，开展原油(天然气)和烃源岩可溶有机质的组成、分子化合物特征、同位素特征研究，明确其各自的成因环境、原始生油气母质类型、成熟热演化条件；其次，对具有代表性的参数进行原油(天然气)与烃源岩相似性对比分析，确定油气与烃源岩之间是否具有同源关系。值得注意的是，当原油遭受过次生蚀变时，其中的部分数据将会发生较大的变化，从而会影响油气源对比结果的准确性，这就要求研究人员在开展油气源对比时，必须判断哪些数据对成因关系等问题的解释更可靠。

图8－5－2和图8－5－3是东濮凹陷文明寨地区原油饱和烃质量色谱图，该地区原油主要表现出高伽马蜡烷、C_{31}～C_{35}藿烷“翘尾”、$C_{27}>C_{29}$规则甾烷不对称“V”字形特征，与图8－5－4文明寨东部沙三中5－9砂组、沙三下TOC＞1.0%的优质烃源岩质量色谱图具有很好的对比性，均表现出咸水－半咸水环境藻类先质在低成熟条件下所生成烃类的特征，表明两者具有较好的同源关系。

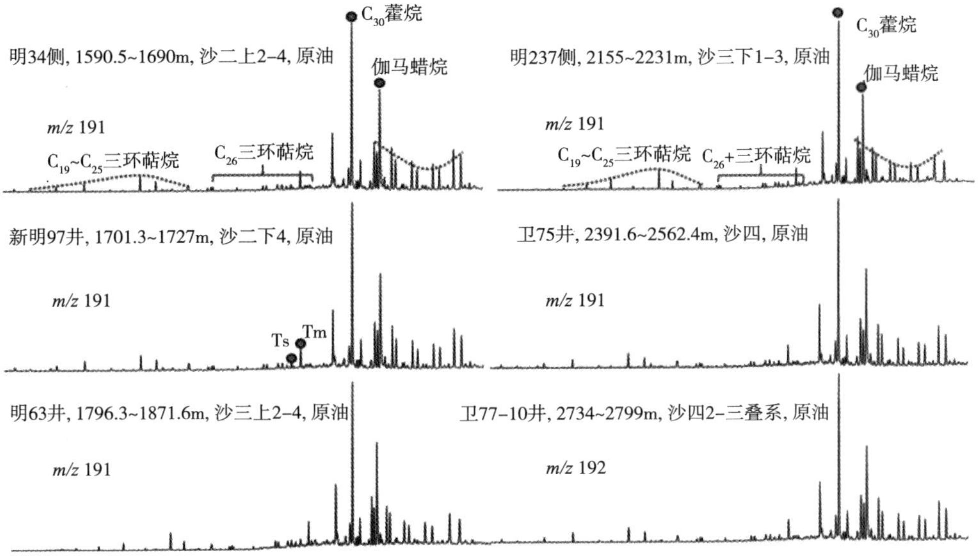

图8－5－2　文明寨地区原油饱和烃 m/z191 质量色谱图

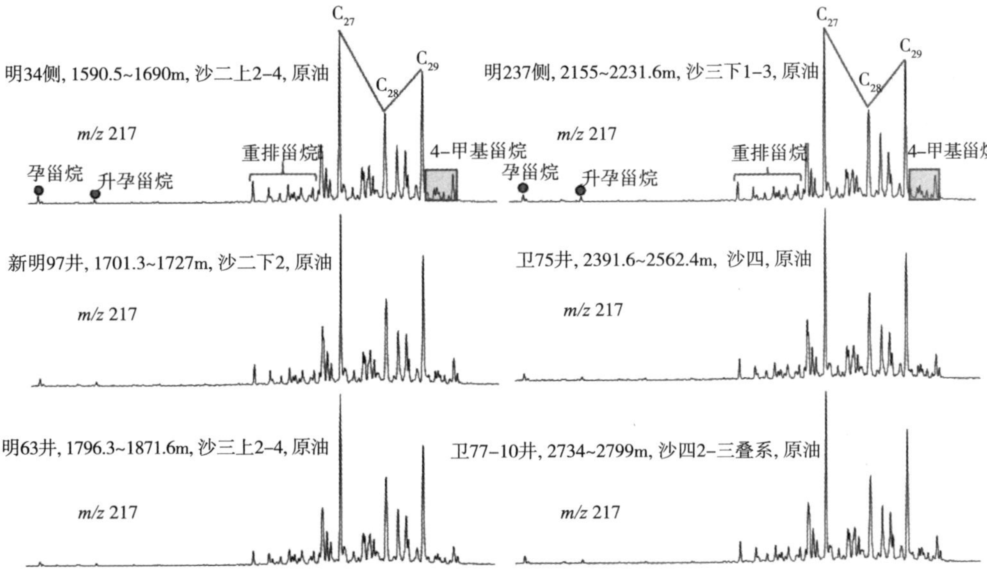

图8－5－3　文明寨地区原油饱和烃 m/z217 质量色谱图

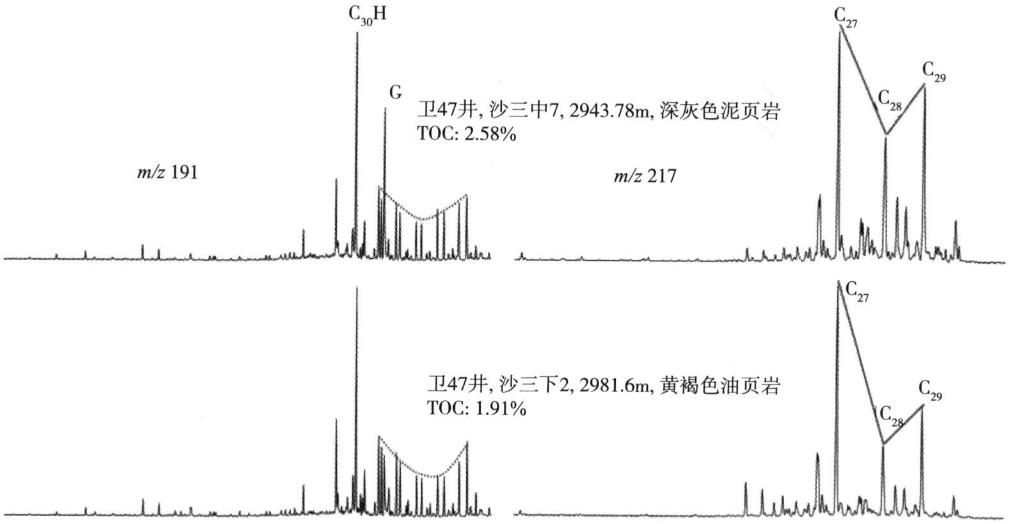

图 8－5－4　文明寨东部 TOC＞1.0% 烃源岩饱和烃 m/z191 和 m/z217 质量色谱图

三、油气成藏规律研究

油气成藏是指沉积盆地中，石油和天然气生成后，通过在输导层中的运移，最后充注进入圈闭之中，聚集形成油气藏的地质过程。油气成藏规律是通过系统地开展油气生成、运移、聚集、油气藏分布特征的研究，总结得到的油气在盆地地层层序格架中成藏动态过程和静态分布的一般规律。在油气成藏规律研究过程中，应用烃类包裹体结合盆地埋藏史、热史等开展油气成藏期次注入史研究，同时还要开展油气运移方向、输导体系等研究，其中油气运移方向的研究多采用油气地球化学方法，利用气相色谱、气相色谱－质谱分析技术，从而获取烃源岩和不同油气藏中油气典型化合物组成参数，根据不同极性化合物选择性吸附和运移机理，开展油气运移方向研究。

扫一扫
获取更多资源

油气运移方向研究常用的表征参数包括芳烃成熟度参数、含氮化合物参数等。在对东濮凹陷胡状集－庆祖集地区油气运移方向研究过程中，主要优选了1，8－/2，7－二甲基咔唑(1，8－/2，7－DMC)、1，8－/2，5－二甲基咔唑(1，8－/2，5－DMC)、1，8－/暴露型二甲基咔唑(1，8－/暴露型DMC)与G1屏蔽型二甲基咔唑等4个含氮化合物进行油气运移方向的示踪。从4个油气运移示踪参数的分布来看，胡状集地区沙三下的油气主要存在自西南向东北方向的运移，以及东南向西北方向的运移，庆祖集仅存在北西向运移。

第六章　油层物理实验技术及应用

油层物理实验技术是认识和评价储层的基础研究手段，无论是油气勘探、钻井还是油气开采，获取科学合理的储层物性参数是油气勘探开发成功的基础。油层物理实验主要通过测量和分析油气藏储层岩石的物理性质(如孔隙度、渗透率和油水饱和度)、储层流体的物理性质及流体与岩石相互作用等，以了解油气藏储集空间的结构特征、储层中流体的物理性质变化，从而科学地评价油气藏的赋存特征、油气储量、油气井产能及勘探开发难易程度等，是研究储层岩石和流体物理性质的基础实验。

第一节　油层物理实验技术

油层物理实验分析的目的是测定代表性岩心的物性参数，涉及的分析项目和仪器类型多，各分析项目的差异性大。油层物理实验典型的测试技术有：干馏法测饱和度、氦气法测孔隙度、稳态气测渗透率、覆压孔渗、岩石电阻率测定、相渗曲线测定、高温高压相态分析等相关实验测试技术。

一、干馏法饱和度分析

(一)实验方法概要

该方法的原理是在常压条件下，通过高温干馏，将岩样中的油水变成蒸汽，由排液口冷却管流出，收集至集液管，并记录各温度段的油、水体积，结合岩心的孔隙体积，计算出油水在岩心中的饱和度。饱和度分析为油气藏资源评价提供原油或天然气的饱和度参数，用以计算某一区域原油或天然气的油气藏储量；实验得到的大量统计数据，还可以对饱和度测井技术进行校正，为开发井测井解释含油饱和度提供支撑。

(二)分析操作要点

样品准备：用地质锤从岩心上取下约25.4～50.8mm的岩心块，粉碎成约6.4mm大小的块状，并用孔径6.4mm(大约3～4目)的泰勒筛过筛，去除细小颗粒。

高温干馏：称量粉碎岩心约100～175g，倒入样品杯并拧紧杯盖，放到恒温箱中，初始温度保持在177℃，直到所有的岩样都不再出水为止，记录干馏出来的水体积，然后把温度升到649℃，观察集液管，当所有的岩样不再释放出流体时，可以认为测定结束。测试温度通常从室温～649℃。记录所产生的油水体积。

结果计算：根据记录的油水体积以及岩心质量，借用邻近样品的孔隙度和岩石密度数据，计算出样品的孔隙体积以及油水在孔隙体积中的占比，油水的占比即为油水的饱和度。

（三）实验技术特征

1. 技术适用性

干馏法饱和度分析测试技术具有广泛适用性和便携性，可用于大多数类型的储层，对实验分析环境要求较低，可以在室内或现场快速开展相关分析化验。

2. 技术局限性

如果岩样中含有大量蒙脱石，干馏法在高温阶段蒸馏出黏土的结晶水，含水饱和度会偏高；如果含有高温下裂解的固态烃类，得到的含油饱和度可能会偏高；如果液态烃类裂解成气体烃类，则可能造成含油饱和度偏低。另外，蒸馏出来的液体可能会乳化，使油水计量存在误差。

二、孔隙度分析

（一）实验方法概要

孔隙度定义为岩石的孔隙空间体积与其总体积之比，是所有岩石的固有性质。实验室通常采用氦气测岩石的孔隙度。该方法的原理是基于玻意尔定律，利用双室法测出岩样颗粒体积 v_g，利用丈量的岩样长度和直径求出样品总体积 v_b，便可得出孔隙体积 v_p，进而计算出孔隙度 ϕ。孔隙度分析在油气勘探过程中，主要用于评价储集层的储油能力，对于油气勘探开发方案的设计和储量计算提供基础数据支持；在储层评价方面，该参数也是对储层进行高孔隙度、中孔隙度及低孔隙度等类型划分的重要依据；在孔隙度测井方面，实验室的数据可用于校正孔隙度测井的结果。

（二）分析操作要点

样品准备：小圆柱岩样，直径要求为2.5cm，最小长度与直径比为1，丈量岩样的长度和直径，烘箱105℃烘8h以上，自然晾干后，放入干燥器，待测。

测试：根据样品长度，选岩心夹持器和标准块。将岩心放入样品室，用标准块补齐空余体积，在测试软件上录入岩心的尺寸和标准块的组合编号，待压力稳定后，软件自动结束实验。

计算原理：软件采集标准块编号，根据平衡后的压力，按照玻意尔定律计算出样品室的固体总体积，然后减去所有标准块的体积，得出岩心的骨架体积，结合丈量的直径、长度计算表观体积，进而由表观体积减去骨架体积得出孔隙体积，最后孔隙体积除以表观体积得到孔隙度参数。

测试过程注意事项：标准块校正因子随温压变化，按10%的样品数量抽查检测结果。

（三）实验技术特征

1. 技术适用性

氦气法测孔隙度技术具有速度快、操作简单、可重复性高、仪器体积小等特点，可以在室内或现场快速开展相关分析，为高效推进勘探开发提供保障。

2. 技术局限性

氦气法测孔隙度方法中，单室法或双室法要求样品加工成规则的圆柱体，岩样表面不规则，可能使总体积偏大；对于非均质性严重的样品，需要获取全直径岩心作为测试对象；仪器主要受大气压变化的干扰，需频繁地校准仪器。

三、渗透率分析

(一) 实验方法概要

渗透率是指一定压差下，储层岩石允许流体通过的能力。实验室通常采用稳态气测法测量岩石的渗透率，该方法的原理是基于达西定律，通过气体驱入岩心，待压力稳定后，测量气体流量和压力，结合岩心长度和直径等数据，代入达西公式求出渗透率值。渗透率实验主要用于评价储层流体在岩石孔隙中的流动能力和评价储层产能，是勘探开发地质评价的重要基础数据之一；渗透率也是评价地层压裂、酸化改造的重要指标。

(二) 分析操作要点

样品准备：小圆柱岩样，直径要求为 2.5cm，丈量岩样的长度和直径，烘箱 105℃ 烘 8h 以上，自然晾干后，放入干燥器，待测。

测试：气源压力，装入岩心至夹持器，加围压保持 1.4MPa，并对岩样的岩心前加一定的压力，等待岩心前后压力平衡，平衡压力后，仪器通过压力传感器和气体流量传感器采集岩心前后的压力和流量数据，自动计算出渗透率。

计算原理：根据气相达西定律公式，软件自动采集岩心前后压力，结合岩心长度、直径、测试气体介质、室温和大气压、皂膜移动体积和时间等参数，自动计算出渗透率。

(三) 实验技术特征

1. 技术适用性

稳态法测气体渗透率具有量程大、速度快、重复性好、实验环境要求低和适用各种岩性的特点，能够在室内或现场迅速展开分析化验，有效保障勘探开发工作的高效推进。

2. 技术局限性

该方法实际可测定的渗透率下限约为 $0.01\times10^{-3}\mu m^2$，低渗致密岩石达到稳定状态需要的时间较长，页岩的渗透率重复性较差；高流量速度下测试，存在惯性阻力，流体运动不再适用达西定律；气体实测渗透率受气体滑脱的影响，渗透率高于液体测得的渗透率，特别是对于低渗致密岩心，所测渗透率理论上需要进行“克氏校正”，得到“克氏渗透率”。

四、覆压孔渗

(一) 实验方法概要

覆压孔渗实验的原理是利用覆压孔渗仪模拟地层常温高压时的环境，逐渐对岩样增加上覆压力，测试不同压力下岩样孔隙体积和渗流能力变化，获得不同压力下的孔隙度和渗透率。覆压孔渗是指岩石在覆盖压力下的孔隙度和渗透率。由于地层上部有厚度上千米的岩石，形成较高的上覆压力，常规孔渗的覆盖压力只有 1.4MPa 左右，远低于岩石真实的受压情况。覆压孔渗分析结果可以用来弥补常规孔渗测试得到的结果大于地层真实值的缺陷，也可用于指导校正测井解释得到的孔隙度和渗透率参数。

（二）分析操作要点

样品准备：小圆柱岩样，直径要求为2.5cm或3.8cm，长度要求大于5.0cm，丈量岩样的长度和直径，烘箱105℃烘8h以上，自然晾干后，放入干燥器，待测。

测试：覆压孔渗仪预热30min，确定所需的上覆压力点（一般初始压力5MPa，10个压力点，最高压力50MPa），启动测试程序，并记录测试环境下的大气压力和实验温度。

计算原理：覆压下孔隙度和渗透率的测试仍然是分开测试的。与常规孔隙度的双室法玻意尔定律测试不同，覆压下孔隙度采用的是单室法玻意尔定律，直接测量参比室的压降计算岩心的孔隙体积，然后孔隙体积除以样品表观体积即为覆压下的孔隙度；渗透率测试原理与常规渗透率的测试原理一致。

（三）实验技术特征

1. 技术适用性

覆压孔渗可以同时测得某一围压下岩心的孔隙度和渗透率，得到的孔隙度和渗透率的变化的差异性可间接反映岩心的非均质特点。

2. 技术局限性

受地层与构造应力的影响，上覆压力往往无法准确测得，对于构造背斜型油藏，上覆压力根据经验计算得到的模拟压力往往大于真实地层条件压力，导致测试得到的孔隙度和渗透率小于地层的实际情况；覆压孔渗存在破坏岩心微观孔喉结构的可能，因此该实验的重复性较差；仪器体积较大，不适宜现场测试；测试时采用单室法测孔隙度，对环境温度要求特别高，需要维持在标定时的温度下进行实验。

五、岩电分析

（一）实验方法概要

实验的基本原理是模拟地层水饱和岩心，用气体将岩心的地层水驱替出来，测试驱替过程中，岩心不同含水饱和度下的电阻值，进而根据阿尔奇公式，计算相关地层的电性参数。本实验主要用于计算阿尔奇公式中的储层参数，如地层电阻率因素 F、孔隙度、含水饱和度与地层电阻率之间的关系，在测井解释和评价中的作用非常重要，有助于评价油藏的物理结构和形态。

（二）分析操作要点

样品准备：将岩样烘干，称重，抽空样品，饱和地层水，求出孔隙体积和孔隙度，同时称样品湿重。

测试：将饱和盐水岩样放入夹持器，调整实验围压和温度，测初始电阻率。然后按照实验要求，选用驱替介质，视被测岩样的孔隙度、渗透率大小由低向高逐级增大驱替压力，当岩样不再出水后，关闭流压，待岩样电阻稳定后，记录不同压力点的饱和度数据、电阻数据和称重盐水质量。

计算原理：仪器软件可以采集不同测量节点下稳定的岩心电阻值，岩心驱替出的水体积计量后，可以计算岩心内剩余的水体积和水的饱和度，根据不同节点的岩心电阻值和饱和度的对应关系，软件生成测试需要的相关地层参数。

(三)实验技术特征

1. 技术适用性

岩电分析通过测量岩石的电阻率和介电常数，能够有效区分储层的含油、含水或含气特性。可适用于砂岩、碳酸盐岩储层的测试分析，在利用测井资料基于阿尔奇公式定量解释地层含油气饱和度方面有着不可替代的作用。它为油气藏的定量评价、储层的精细表征以及提高测井解释的准确性提供了科学依据，是油气勘探开发的重要辅助工具。

2. 技术局限性

本方法建立在驱替的基础上测定不同地层水饱和度条件下岩石的电阻率变化情况，在致密储层无法驱替岩心的条件下，本方法不能得到更多的数据用以支撑阿尔奇公式的计算。

六、相渗曲线测定

(一)实验方法概要

实验室通常采用非稳态法测试相渗曲线。该方法的理论依据是一维达西渗流理论和气体状态方程，忽略毛管力和重力，且假设流体间互不相溶，利用水驱油，恒速将模拟地层水注入岩样，出口计量采出油的体积、水的体积以及时间，按照非稳态相对渗透率理论计算各相的单相渗透率与某一相的绝对渗透率之比。相渗曲线是多相流共存时，岩石对某一相流体通过能力的大小与流体饱和度的关系，即相对渗透率和饱和度的关系曲线。相渗曲线可直接用于计算油井产量、流度比，确定油(或气)水在储层中的垂向分布，将其表示成饱和度函数，可反映岩石物性、流体性质、润湿性及实验条件对两相渗流的影响，对不同油藏的相渗曲线特征，如束缚水饱和度、残余油饱和度的变化，可定性判断储层性质，为勘探开发方案设计提供合理的指导。

(二)分析操作要点

样品准备：小圆柱岩样，直径2.5cm或3.8cm，长度不小于直径的1.5倍，并丈量岩样的长度和直径，烘箱105℃烘8h以上，称干重后，抽空饱和地层水，称湿重。并准备实验用流体：油(根据实际的油水黏度比，配制与原油配伍性好的模拟油)、水(根据实际的地层水和注入水资料，配制与之匹配的标准盐水，放置1d以上，再用微孔滤膜过滤去杂质，抽空)、气(加湿处理的氮气或压缩空气)。

测试：用油(或气)驱水，建立束缚水饱和度，采集岩心前的注入压力，计量驱出水量，测束缚水下的油(或气)相渗透率。然后，用计量泵按一定速度注入模拟地层水，出口端记录驱出的油体积和水体积，以及时间，直至基本不出油，实验结束。

计算原理：通过计算每一相瞬时的绝对渗透率和瞬时饱和度的关系，形成不同含水、含油饱和度下的两相相对渗透率数据，进而生成两相相对渗透率曲线。

(三)实验技术特征

1. 技术适用性

相渗分析通过测量油、水和气等多相流体在储层岩石中的渗透能力，能够揭示储层的流体驱替机制，评估储层流体驱替特性。该测试技术可以提供油水、气水和油气之间的相对渗透率曲线，帮助判断不同流体在储层中的流动规律，指导油气开发过程；优化油气开采策略，相渗分析帮助建立多相流体在储层中的流动模型，为水驱、气驱、聚合物驱等开采方式提供参数支持。

2. 技术局限性

本方法仅适用于岩心渗透率大于 $1 \times 10^{-3} \mu m^2$ 的样品，对于渗透率太小的致密岩心，受贾敏效应的影响，很难在岩心内形成两相流，也就无法对致密岩心进行相对渗透率的测试。对于致密岩心，不仅非稳态方法很难完成相渗曲线的测试，稳态法同样也很难完成相关实验工作，解决此类问题，更多基于数值理论模型计算得到的相渗曲线，更具有指导意义。

七、油气藏流体物性分析

(一) 实验方法概要

油气藏流体物性分析实验的理论基础是多组分烃类体系的相图和状态方程，该实验利用 PVT 分析仪，对地层流体开展单次脱气、恒质膨胀、多次脱气、定容衰竭等一系列实验，分析地层流体从地层至地面过程中，随着压力的变化，气在原油中的溶解和分离导致的烃类组成和性质的变化。高温高压相态是指流体的高压物性，烃类的化学组成是相态转化的内因，而压力的变化是相态变化的外部条件。该实验主要评价地层流体的高温高压物理性质，对于计算油气储量需要的体积系数、气油比和油气藏类型判断极为重要，在产能评价方面可以提供地层条件下，含气油或高温高压条件下其他流体的黏度参数，为勘探开发地质设计和评价提供依据。

(二) 分析操作要点

样品准备：取样一定要高于饱和压力(或露点压力)，最好不含水或含很少的水(大多数情况下，油气相态按照不受水影响处理，即无水实验)，气油比和饱和压力需多次复配，参照现场提供的气油比值。

测试：将样品转入 PVT 分析仪中，保持地层温度(注意：整个高温高压相态分析实验，均在地层温度条件下进行)，加热恒定 4h 以上，在地层压力下将样品搅拌均匀，使其成为单相，进行单次脱气实验，该实验通过“节流”瞬间膨胀为常温常压下的气液两相，记录油气量，获气油比、体积系数、地层原油密度和井流物组分等参数。完成单次实验后，进行 $P-V$(压力与体积)关系的测试，即恒质膨胀实验，该实验过程中样品在 PVT 分析仪中，只有能量交换，无物质的传入与传出，从泡点压力以上逐级降压，测出体积和压力的关系，获饱和压力、相对体积等参数。模拟黑油油藏开采过程，需进行多次脱气实验，该实验由饱和压力降至常压，排出所有气顶后，测量油气变化，整个体系的总组成是不断改变的，一般脱气级数为 3 ~ 12 级，获各级压力下的溶解气油比、体积系数等参数。模拟凝析气藏和易挥发性油藏衰竭开采过程，需进行定容衰竭实验，该实验将饱和压力下的样品体积定为定容体积，降压至预定压力至平衡，保持该压力排放至定容体积，一般分 4 ~ 8 压力级，获各级压力下的井流物组分、反凝析液变化等参数。

(三) 实验技术特征

1. 技术适用性

该技术可以在模拟地下储层高温高压环境下，分析油气混合物的相态特征，评估真实条件下的流体相态特征，指导储层的采油和注气开发方案、优化地面处理流程、优化气液分离器和脱气设备的运行参数，有助于在生产初期进行预防设计，减少堵塞和腐蚀的风险，提高生产的连续性和稳定性。

2. 技术局限性

由于本方法需要使用能够代表地层真实流体的样品，而获得真实流体不仅对取样井要求较高，同时还需庞大的配套设施设备及施工队伍，因此，该方法分析结果的准确性受能否取得代表性的合格样品的影响非常大。

第二节　在储量评估中的应用

油层物理实验技术广泛应用于油气田勘探开发的不同阶段。在油气田勘探阶段，主要为储量评估、产能预测、测井数据校正、井网井距规划等提供基础数据支撑，在开发阶段主要为开发方案设计、生产动态调整、增产措施制定、地质模型和数值模拟等提供储层参数。本节主要介绍储量评估中油层物理实验技术的应用。

在储量评估方法中，常用的容积法通常涉及油层物理实验的孔、渗、饱和体积系数等参数。通过对储层孔隙度、渗透率、含油饱和度、地层流体体积系数等物性参数的准确测量和分析，评估油气或地下水的储量规模，为资源开发规划提供基础数据。

在开展储量评估前，首先要界定储量参数界限。一般包括含油边界和物性边界两种。物性边界主要由油层物理实验提供相关数据，再经地质研究工作者统计分析，界定储层的有效厚度下限。图 8－6－1 和图 8－6－2 分别是中原油田某区块岩性含油性直方图统计、试油结果与储层物性关系图。图 8－6－1 显示该区域主力含油岩性为粉砂岩，图 8－6－2 显示该地区的储层有效孔隙度下限为 12.9%，渗透率下限为 $3\times10^{-3}\mu m^2$。

储量评估前还需要对储层的油气藏类型进行准确的判断，特别是高挥发性的临界状态的油气藏，油气藏的相态特征研究也至关重要。图 8－6－3 为中原油田两种类型的油气藏的相图。图中显示普陆 1 井为典型的凝析气藏，拐参 1 井为典型黑油油藏。

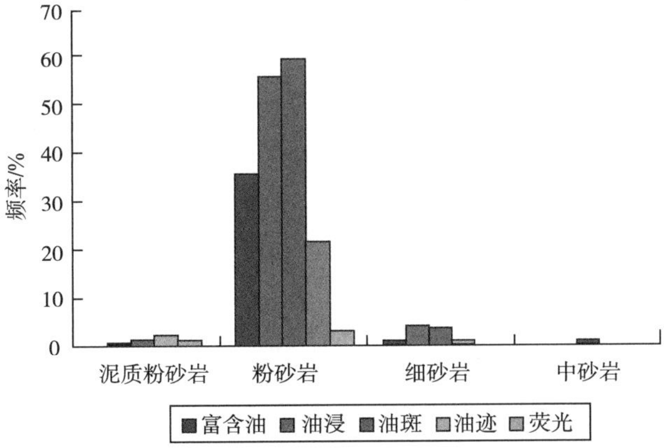

图 8－6－1　东濮某区块不同岩性的含油性统计

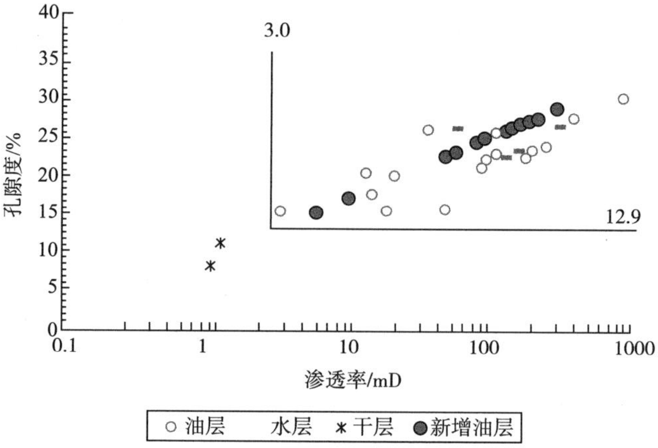

图 8－6－2 东濮某区块试油结果与储层物性关系

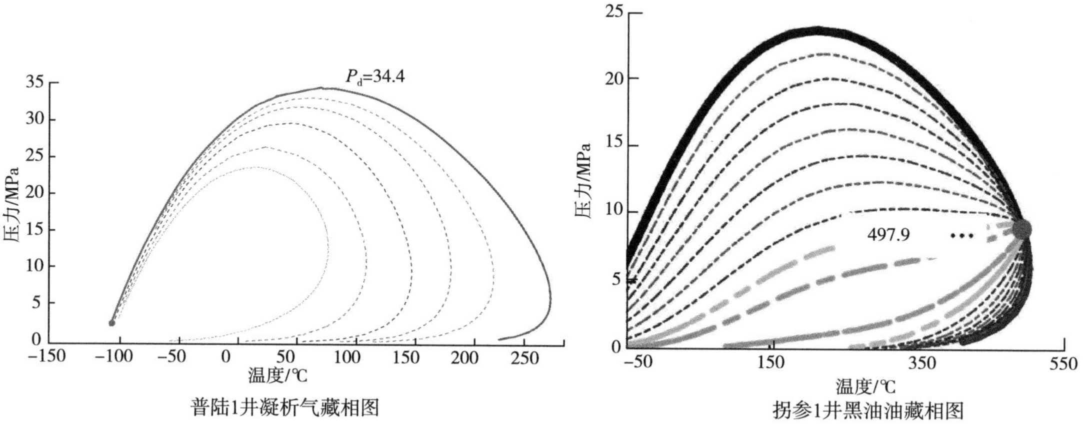

图 8－6－3 中原油田部分井流体相态特征

扫一扫
获取更多资源

以中原油田东濮地区某区块为例，本区块某井的 Es_2 上 1 层位的孔隙度为 22.0%，含油饱和度为 66.5%，地层原油体积系数为 1.220，地面原油密度为 0.887t/m³，结合含油面积、储层有效厚度计算本区块的沙二上 1 砂组原油地质储量为 26.04×10^4t，溶解气资源量为 $0.33\times10^8m^3$，见表 8－6－1。

表 8－6－1 中原油田东濮凹陷某区块地质储量数据表

计算单元			含油面积/km²	有效厚度/m	有效孔隙度/%	含油饱和度/%	体积系数	气油比/(m³/m³)	原油密度/(t/m³)	地质储量		
										原油		溶解气/10^8m^3
区块	井区	层位								10^4m^3	10^4t	
××区	××井	Es_2 上 1	0.68	3.6	22.0	66.5	1.220	112	0.887	29.36	26.04	0.33
	小计		0.68	—	—	—	—	—	—	29.36	26.04	0.33

第七章　非常规实验技术及应用

非常规实验技术是在常规油气沉积储层、地球化学、油层物理等实验技术基础上，以取全取准页岩油、页岩气、煤层气等非常规资源地质评价关键参数为目的，针对非常规储层地质特征而发展起来的一系列实验技术，主要用于量化评价含油气性、储集性、可动性和可压性特征。

第一节　非常规实验技术

一、三维定量荧光分析

（一）实验方法概要

三维定量荧光测试的基本原理为物质被可见光或者紫外光照射后，处于基态的分子吸收光能后跃迁到激发态，各激发态分子相互撞击而以无辐射能量损失的形式回到第一激发态的最低振动能级，这一振动能级的分子在返回基态时，会产生荧光。三维定量荧光分析技术可以用显微光度计测定烃类荧光强度及颜色，确定其含油性高低程度，在识别储层含油气性与油气运移途径、古今油水界面的界定方面有重要的意义，可用于页岩油含油性评价、油源对比分析、原油成熟度分析等多个方面。

（二）分析操作要点

标准油样的制备：预热天平 30min 以上，称取烧杯的质量；用玻璃棒蘸取原油样放入烧杯中，称取油样约 25mg；加少许正己烷到烧杯，并用玻璃棒轻轻搅拌溶解原油，然后将溶液转入 25mL 的量瓶中，再用少许正己烷清洗小烧杯数次，将清洗后的正己烷也倒入量瓶中，向量瓶中添加正己烷至 25mL 刻度，并轻轻晃动使其混合均匀，量瓶加塞。此溶液即为 1000mg/L 的标准油样。

标定油样的制备：取 5 个试管，分别编号为 1、2、3、4、5 号试管；取 1000mg/L 的标准油样 10mL 到 1 号试管；从 1 号试管中用微量移液器取 50μL 溶液加入 2 号试管中，再加正己烷至 10mL 摇匀，2 号试管中溶液的浓度则为 5mg/L；从 1 号试管中用微量移液器取 100μL 溶液加入 3 号试管中，再加正己烷至 10mL 摇匀，3 号试管中溶液的浓度则为 10mg/L；从 1 号试管中用微量移液器取 150μL 溶液加入 4 号试管中，再加正己烷至 10mL 摇匀，4 号试管中溶液的浓度则为 15mg/L；从 1 号试管中用微量移液器取 200μL 溶液加入 5 号试管中，再加正己烷至 10mL 摇匀，5 号试管中溶液的浓度则为 20mg/L。

被测样品的制备：选取被测岩样（岩屑、井壁取心、岩心），用滤纸吸干岩样表面水分，用研钵研细。称取岩样 1.0g 放入具塞试管，加入 5mL 正己烷，浸泡 15min 左右。

仪器检测：开机时，先开氙灯电源，等待氙灯正常触发并点亮后，再开主机电源，稳定 30min 以上；启动计算机，连接无线网络，运行计算机软件。如果岩样浸泡液清澈透明而且没颜色，则可将岩样浸泡液放入石英比色皿直接分析。如果岩样浸泡液有颜色或扫描图谱峰值超限，则需先对岩样浸泡液进行稀释后再分析。

(三)实验技术特征

1. 技术适用性

(1)能够有效辨别并揭示肉眼无法观测到的油气显示，并能够准确地测定其强度值，在发现微弱油气显示方面具有明显优势。

(2)可以通过立体图和指纹图的差减来扣除添加剂或混油的影响，从而形象地还原地层显示的真实面目，进而达到正确识别真假油气显示以及准确评价油气层的目的。

(3)能够很好地进行原油性质的判别。

2. 技术局限性

(1)因为荧光强度的观察和解释需要一定的专业知识和经验，存在一定的主观性。

(2)处理和解释这些数据需要复杂的软件和专门的知识，增加了数据分析的难度。

(3)对于非荧光或荧光强度较弱的油类，三维定量荧光方法效果不佳。

二、低温氮吸附比表面积测定

(一)实验方法概要

该方法通过测量样品在不同压力条件下(压力 p 与饱和压力 p_0)的凝聚气量，绘制出等温吸附和脱附曲线，通过不同理论方法可得出孔容积和孔径分布曲线。该方法主要用于测定岩石的孔隙结构和比表面积，特别是在页岩油气、致密油气、煤层气储层研究中应用广泛，可以用于表征储层孔隙结构特征，明确油气储集空间类型。

1. 比表面积实验采用 BET 法

本实验中比表面积的测试采用的是 BET 法，这种方法是基于多分子层吸附理论——BET 方程建立的，是布鲁劳尔(Brunauer)、埃麦特(Ermett)和特勒(Teller)在单分子层吸附理论基础上共同提出的。BET 方程的表达式为：

$$\frac{p}{V_{\mathrm{d}}(p_0-p)}=\frac{1}{V_{\mathrm{m}}C}+\frac{C-1}{V_{\mathrm{m}}C}p/p_0 \qquad (8-7-1)$$

式中，V_{d}为样品实际吸附量，mL；p_0 为吸附剂饱和蒸气压，Pa；V_{m} 为单层饱和吸附量，mL；p 为吸附质分压，Pa；C 为与样品吸附能力相关的常数。

BET 方程建立在多层吸附的理论基础之上，这与实际吸附过程更为接近，是比表面积和孔径分布测试中使用最广泛的方法。

2. 孔径分布采用 BJH 模型

本实验中孔径分布的测定主要采用两种计算模型，分别是 BJH 模型和 DFT 模型。其中 BJH 模型主要用于以介孔为主的研究介质，而 DFT 模型则能够对微孔和介孔进行有效的表征。针对不同的研究介质和目的应该选用不同的计算模型。

(二)分析操作要点

吸附法的测试主要包括样品准备、样品脱气、自由空间体积测定、等温吸附脱附曲线测定和结果计算等过程。

1. 样品准备

将样品粉碎过筛，取粒径在0.250～0.425mm的样品5～20g，在105℃下烘干或60℃真空干燥至恒重，放入干燥器备用，含油样品应先洗油。

2. 样品脱气

称取样品在150℃下进行抽真空脱气4h，除去杂质气体、水蒸气等。样品量宜按岩性确定：泥岩取1～3g；对于比表面积较低的样品，宜适当增加样品量或在样品管中加入填充柱。

3. 自由空间体积测定

将样品置于分析口，浸入装有液氮的杜瓦瓶中，控制样品在液氮液面以下至少5.0cm处，并在整个测定过程中保持液氮面恒定。分别向歧管和样品管充入氦气，测定得到自由空间体积。

4. 等温吸附脱附曲线测定

在液氮温度下测得不同相对压力下氮气吸附量，在10s内的压力变化率不超过0.010%时，即可认为吸附平衡。系统歧管压力 p 与氮气的饱和蒸气压 p_0 的比值在0.001～0.995之间至少测量30个点，在 $p/p_0=0.001\sim0.100$ 之间选点宜不少于10个。

5. 结果计算

参数包括自由空间体积、吸附量、比表面积和孔径分布等。其中比表面积可通过BET方程或Langmuir方程计算，孔径分布可通过BJH或DFT模型计算。

(三)实验技术特征

1. 技术适用性

(1)可以测量出样品的孔隙结构和表面积。

(2)测试时，在液氮温度下，含氮的气氛中，样品对氮气产生物理吸附，回到室温时吸附的氮气全部脱附，不会对样品造成损伤。

(3)适用于各种材料的孔隙结构表征。

2. 技术局限性

(1)低温氮吸附法主要适用于介孔和宏孔材料的研究，对于孔径小于2nm的微孔结构无法提供准确信息。

(2)低温氮吸附实验主要反映的是表面吸附特性，对于那些主要通过体积吸附的孔隙无法完全反映岩石的真实孔隙特性。

三、氩离子抛光扫描电镜分析

(一)实验方法概要

氩离子抛光扫描电镜分析是氩离子刻蚀抛光技术与扫描电镜分析技术结合形成的一项新的技术集合体。扫描电镜分析是一种样品微观形貌观察的技术方法，可直接利用样品表面材料的物理性能进行微观成像。氩离子抛光扫描电镜的工作原理是利用聚焦的高能电子束轰击样品表面，激发产生各种物理信息，通过对这些信息的接收、放大和显示成像，获得测试样品表面的形貌特征。

(二) 分析操作要点

氩离子抛光扫描电镜分析主要包括样品制备和观察描述两个过程。

1. 样品制备

氩离子抛光样品制备主要包括以下几个程序：选样洗油、样品切割、无尘干燥、离子抛光和真空镀膜。其中选样洗油、无尘干燥和真空镀膜的要求与新鲜断面样品制备相同。样品切割和离子抛光按照以下氩离子抛光技术的要求执行：由于受限于离子束加工面积的制约，在对样品进行氩离子抛光前，需要先把样品加工至合适的尺寸和形状。不同型号的抛光仪对样品形状和尺寸的要求略有区别，但大体上基本要求一致，均需要将样品加工成规则的立方体。当页理发育且易破碎时，可先对样品进行包埋处理。将切割完成的样品放入烘箱中去除水分后即可进行氩离子抛光，根据研究需要选择合适的抛光模式。当进行截面抛光时，使用导电胶将样品固定在挡板一侧，装入样品台后开始抛光。当进行平面抛光时，使用导电胶将样品直接固定在样品台上，放入仪器内即可开始抛光。

2. 观察描述

观察的内容主要包括岩石结构、孔隙及喉道、填隙物和成岩后生作用等。岩石结构主要观察碎屑颗粒、填隙物、孔隙整体分布及连通性等特征。孔隙及喉道的观察包括确定孔隙类型，描述孔隙大小、分布及连通性，测量喉道宽度并描述发育程度。填隙物的观察包括确定填隙物的成分和矿物类型，以及描述填隙物的产状，如衬垫式、充填式、镶嵌式和加大式等。使用氩离子抛光后的样品，主要观察的内容是纳米级孔隙和裂缝，其中以有机质孔隙、黏土矿物晶间孔缝、黄铁矿晶间孔、溶蚀孔和微裂缝为主。

(三) 实验技术特征

1. 技术适用性

(1) 这项技术能够提供纳米级的表面平整度和精确控制抛光深度，使得研究人员能够更深入地研究地质样品的微观结构和性质。

(2) 可用于观察沉积岩中的有机质母质类型、黏土矿物、钙质超微化石以及储集岩等，揭示页岩等复杂地质样品微小孔隙的真实面貌，统计页岩储层孔隙类型和孔隙度，更好地开展页岩储层特征研究。

2. 技术局限性

(1) 氩离子抛光技术对非常硬和非常软的样品抛光过程难以控制，导致表面处理效果不理想。

(2) 氩离子抛光技术耗时较长、成本较高，不适用于大量样品的测试分析。

四、共聚焦扫描电镜分析

(一) 实验方法概要

共聚焦扫描电镜的工作原理是：照明针孔与探测针孔相对于物镜焦平面是共轭的，激光光源经照明针孔，经由分光镜反射至物镜，并聚焦于样品上，对标本内焦平面上的每一点进行扫描。激发出的荧光经入射光路反向回到分光镜，通过探测针孔时先聚焦，聚焦后的光被光电倍增管或冷电耦器件探测收集，再经过信号处理，在计算机监视屏上形成图像。共焦显微系统仅对样本焦平面成像，有效地避免了衍射光和散射光的干扰，而具有比普通显微镜更高的分辨率。

共聚焦扫描电镜能够提供高分辨率的岩石表面形貌，进行纳米结构观察，可用于岩石孔隙结构研究，同时，借助于一些特殊方法，可实现对岩石孔隙中流体分布特征的研究，确定岩石孔隙中流体分布及其连通性特征。

（二）分析操作要点

共聚焦扫描电镜主要包括样品制备和上机测试两个过程。

1. 样品制备

共聚焦扫描电镜样品，用环氧树脂加入荧光剂后，经加压灌注，磨制成岩石薄片。从岩石薄片制作要求来看，以玫瑰红色荧光剂最为理想，它能溶于环氧树脂，既可制成铸体薄片，也能同时应用于激光荧光观察，具有较好的效果。

2. 上机测试

（1）显微镜启动：打开稳压电源，依次打开显微镜、扫描器、激光电源开关，启动软件 LASAF。

（2）扫描参数设置：①选择合适的物镜、视野。在明视场和荧光之间切换，通过显微镜前面板的按钮选择合适的荧光滤块，进行样品的荧光观察，根据染料的激发波长，选择所需激光。②进行光路设置，可改变所选激光、调节激光输出功率、改变分光镜。③选择观察方法（如 BF、DIC 等）。④选择扫描模式，默认模式为 zyz 扫描，是最常用的扫描模式，可用于 xy 扫描和 z 轴层切扫描（xyz 扫描）。还可按样品扫描需要在下拉菜单中选择由 x、y、z、t（时间）及 λ（波长）组合而成的多维扫描模式。⑤设置扫描参数，包括分辨率、扫描速度、针孔大小、线平均、面平均、累加及放大倍数等。

（3）图像采集：①预览图像并优化参数。以设定的扫描参数预览图像，调节轴位置找到最适合观察的焦平面，并调节 PMT（光电倍增管）的电压及偏移或激光输出功率使图像达到最佳，需注意参数对图像质量的正面和负面影响。②采集图像并保存。从获取第一张图像就要开始保存，以后每获取一张图像都要保存一次，以免数据丢失。

（4）显微镜关闭。关闭显微镜汞灯电源。若使用过油镜，需用清洁液或无水乙醇清洁镜头。关闭 LASAF 软件，再依次关闭扫描器电源、计算机、显微镜电源，待风扇停止后再关闭激光源按钮。

（三）实验技术特征

1. 技术适用性

（1）可以在偏光显微镜的基础上进行高分辨率成像，准确研究样品的形貌和性能，对于确定岩石孔隙中流体分布及其连通性特征具有非常重要的作用。

（2）通过对同一样品不同层面的实时扫描成像，进行图像叠加可构成样品的三维结构图像，这样可以对样品的立体结构进行分析，能十分灵活、直观地进行形态学观察。

2. 技术局限性

（1）受激光电子束穿透深度的限制，激光共聚焦扫描电镜无法获取样品深层孔隙结构信息。

（2）激光共聚焦扫描电镜操作更复杂，需要具有更为丰富的专业知识和技术，并且设备成本较高，在一定程度上限制了实验室的使用频率和范围。

五、核磁共振分析

（一）实验方法概要

核磁共振技术通过检测岩样孔隙内流体的性质及流体量，并掌握岩石孔隙固体表面与流体的关系，以此迅速地获得各项评价参数。

核磁共振实验技术可用于研究储层岩石孔隙度、渗透率、含油饱和度、含水饱和度，预测油气在储层中的流动性，特别是在非常规油气勘探开发中，在页岩储层、致密砂岩储层的研究中有着广泛的应用。

（二）分析操作要点

核磁共振测试主要包括岩样制备、岩样核磁共振参数测量等过程。

1. 岩样制备

根据需要取不少于10g的岩样，一般岩心上钻取直径为38.1mm或25.4mm、长度为25～50mm的岩样。对实验样品进行洗油、洗盐，称干重，测量样品的长度和直径，测量样品的气测渗透率，采用气测法和水测法分别测量样品孔隙度。

2. 岩样核磁共振参数测量

（1）测前准备：打开仪器电源，按照仪器要求设定磁体控制温度，并使探头和磁体保持恒温，仪器预热16h以上。打开计算机，进入测量控制软件。将标准水样、油样、标准岩样、待测岩样放入恒温箱中，温度设定为磁体工作温度，恒温6h以上。

（2）测量参数的选取及确定原则：①核磁共振频率偏移值：偏移值不得超过额定频率的2%。②90℃脉冲宽度。③180℃脉冲宽度。④仪器接收增益：在信号不失真的条件下，增益应尽可能地大。

（3）测量采集参数推荐使用值：推荐使用参数值见表8－7－1，或建议利用信噪比控制测量，信噪比控制在80以上。

（4）测前刻度：将配制的饱和溶液25～30mL、油样（无水煤油）25～30mL、标准水样1（蒸馏水）、标准水样2（0.05% $CuSO_4$ 溶液）、陶瓷标样（饱和水或0.05% $CuSO_4$ 溶液）放入恒温箱中恒温保持6h以上。设定测量参数，对上述样品进行测量，将测量结果与标准谱对比，确定测量仪器的稳定性和准确性。测完后，将所测样品放入恒温恒湿箱中密闭保存。

（5）岩样测量

将准备好的待测岩样用不含氢的非磁性容器（如玻璃试管）装好，放入测量腔（岩心室或样品室）。根据测量内容，选择相应的脉冲序列，设置测量系统参数和采集参数，确认当前参数准确无误后，开始测量。

表8－7－1　测量采集参数推荐使用值

样品	回波间隔（TE）/ms	等待时间（RD）/s	回波个数（NECH）	扫描次数（NS）	仪器增益（RG）
油样（无水煤油）	0.7	20	4096	32	20
标准水样1（蒸馏水）	0.7	20	16384	32	20

续表

样品	回波间隔（TE）/ms	等待时间（RD）/s	回波个数（NECH）	扫描次数（NS）	仪器增益（RG）
标准水样2（0.05% $CuSO_4$ 溶液）	0.35	3	4096	32	20
陶瓷标样（饱和水或0.05% $CuSO_4$ 溶液）	0.35	10	4096	128	100
饱和岩心（孔隙度15%以上）	0.35	10	4096	128	100
饱和岩心（孔隙度10%～15%）	0.35	10	4096	128及以上	100
饱和岩心（孔隙度5%～10%）	0.35	5	2048	256及以上	100
饱和岩心（孔隙度5%以下）	0.35	5	1024	256及以上	100
脱水岩心	0.35	5	1024	256及以上	100

（三）实验技术特征

1. 技术适用性

（1）通过核磁共振技术，可以研究土壤和岩石的各项物理学性质。通过标定得到核磁信号与孔隙度的相关关系可以获取待测岩样核磁孔隙度。

（2）利用核磁共振技术，根据图像的亮斑和亮度可以直观、定性地认识和描述岩石内部孔隙演化和微裂缝的发育情况。

2. 技术局限性

（1）核磁共振分析对无机物或不含氢的化合物反应敏感性较弱。

（2）核磁共振信号可能会因为磁场不稳定、样品不均匀等原因而漂移，会导致测试结果准确性不够，需要具有丰富经验的实验技术人员进行判别。

第二节　在页岩油气勘探评价中的应用

非常规实验技术主要应用于页岩油气、煤层气勘探开发，与常规实验分析相比，其所针对的研究对象具有更加致密的储层条件，孔隙度、渗透率一般较低，岩石对油气的吸附作用更强。为更好地开展非常规页岩油气、煤层气勘探开发，一方面通过技术革新，形成了一系列适用于非常规油气研究需要的实验技术；另一方面进行更为密集的样品采集和系统的测试分析，更全面、准确地评价非常规储层含油气性及赋存状态、储集空间大小及结构特征等关键要素，为成藏主控因素研究、区带评价、勘探目标评价、水平井靶窗优选、储量申报等工作奠定基础。

普陆页1井是普光地区首口页岩气专探井，该井在取心后，进行了精细的岩性描述和系统的常规、非常规实验分析，主要实验成果如图8－7－1～图8－7－3所示。

首先，应用岩石含气量测试技术开展现场含气量测试分析，明确了普陆页1井千一段含气性特征，3号小层连续发育半深湖相纹层状长英质黏土岩，解析气含量平均0.58m^3/t，总含气量平均1.58m^3/t，具有较好的含气性；其次，应用氩离子抛光扫描电镜、核磁共振等技术，明晰了千一段页岩储层物性特征，明确了高角度裂缝、顺层微裂缝和页理缝的密集发育，提高了泥页岩的储集空间和渗流能力，是普陆页1井千佛崖组页岩气高产的重要条件；最后，结合常规实验中全岩X射线衍射分析、地球化学测试分析等数据，提出半深湖－深湖相优质泥页岩是页岩气富集的基础，高－过成熟作用使得供烃强度大，原油裂解成气可流动性好，形成有机孔增加储集空间和甲烷吸附能力，是普陆页1井千佛崖组页岩气富集高产的关键条件。

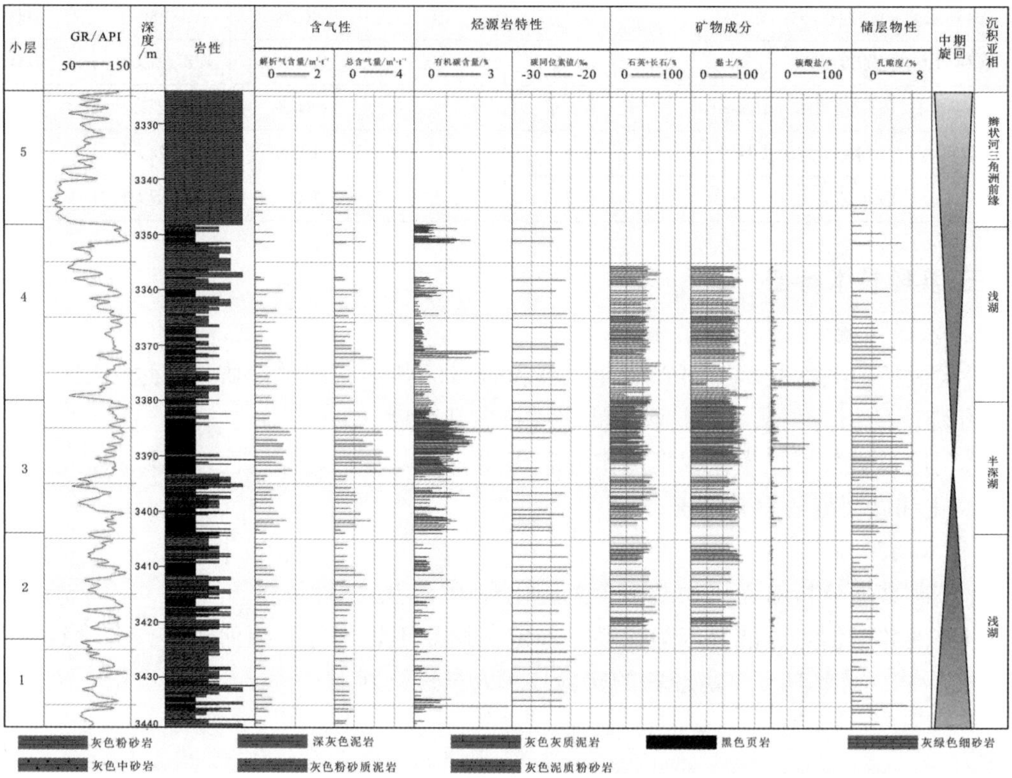

图8－7－1　普陆页1井千佛崖组一段页岩综合评价剖面图

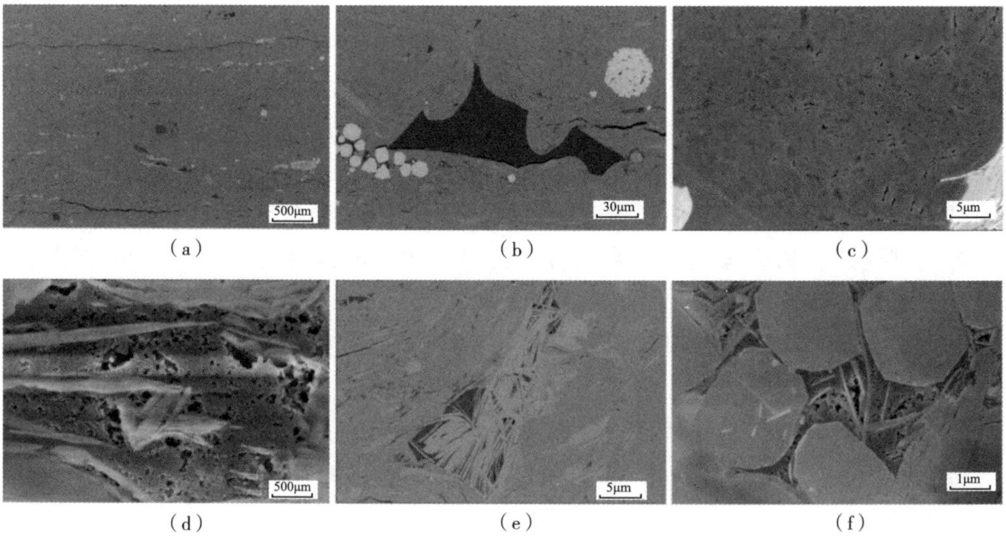

图8－7－2　普陆页1井千一段泥页岩孔隙发育特征(氩离子抛光扫描电镜分析结果)

上述实验研究成果明确了普陆页 1 井千佛崖组一段 3 号小层具备页岩气富集的各项地质－工程条件，在 3 号小层实施水平井及分段压裂测试，获日产 $10.4\times10^4m^3$ 的工业气流，取得了川东北千佛崖组页岩气勘探的重大突破。同时，研究成果丰富了川东北侏罗系高－过成熟泥页岩的油气藏类型、储集空间特征和富集高产规律等认识，为川东北陆相页岩油气勘探提供了重要的指导意义。

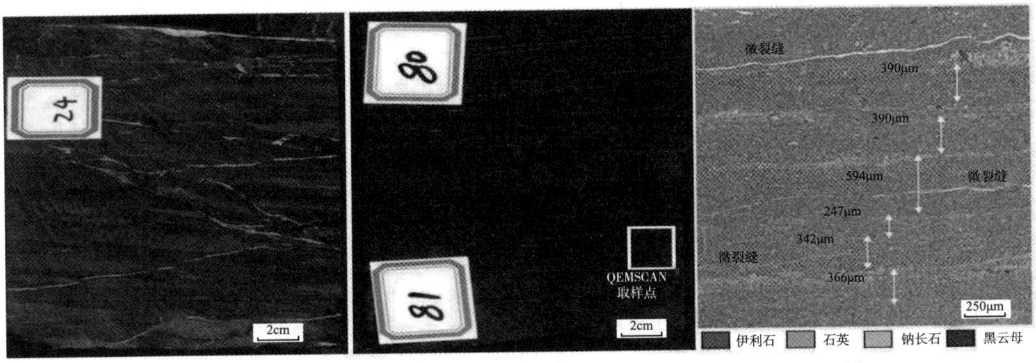

(a)　　(b)　　(c)

图 8－7－3　普陆页 1 井千一段泥页岩微裂缝发育特征

扫一扫
获取更多资源

参考文献

[1]刘宝珺．张锦泉．沉积成岩作用[M]．北京：科学出版社，1992.

[2]吴元燕．油气储层地质[M]．北京：石油工业出版社，1996.

[3]方少仙，侯方浩．石油天然气储层地质学[M]．东营：石油大学出版社，1998.

[4]赵澄林，刘孟慧．东濮凹陷下第三系碎屑岩沉积体系与成岩作用[M]．北京：石油工业出版社，1992.

[5]马永生．碳酸盐岩微相[M]．北京：地质出版社，2006.

[6]E. M. 斯麦霍夫．裂缝性油气储集层勘探的基本理论与方法[M]．陈定宝等，译．北京：石油工业出版社，1985.

[7]李国平，郑德文．天然气封盖层研究与评价[M]．北京：石油工业出版社，1996.

[8]赵文智，何登发．石油地质综合研究导论[M]．北京：石油工业出版社，1999.

[9]陈丽华，许怀先．生储盖评价[M]．北京：石油工业出版社，1999.

[10]蒋有录，查明．石油天然气地质勘探[M]．北京：石油工业出版社，2006.

[11]崔荣旺，杨树栋．石油与天然气勘探[M]．北京：石油工业出版社，2001.

[12]张厚福，等．石油地质学[M]. 3 版．北京：石油工业出版社，1999.

[13]翟光明，等．中国石油地质志卷十三[M]. 2 版．北京：石油工业出版社，2022.

[14]谈玉明，徐田武，张云献，等．东濮凹陷天然气富集规律[J]．断块油气田，2017，24(4)：442－447.

[15]赵文智，王兆云，张水昌，等．有机质接力成气模式的提出及其在勘探中的意义[J]．石油勘探与开发，2005，32(2)：1－7.

[16]童崇光．四川盆地构造演化与油气聚集[M]．北京：地质出版社，1992.

[17]郭正吾．四川盆地形成与演化[M]．北京：地质出版社，1996.

[18]赵文光，郭彤楼，蔡忠贤，等，川东北地区二叠系长兴组生物礁类型及控制因素[J]．现代地质，2010，24(5)：951－956.

[19]蔡勋育，马永生，李国雄，等，普光气田下三叠统飞仙关组储层特征[J]．石油天然气学报，2005，27(1)：43－45.

[20]陈效华，高明健，陈德华．普光地区须家河组储层控制因素研究[J]．断块油气田，2011，18(2)：169－172.

[21]何超红，杨辉廷．普光地区须家河组沉积相及储层特征研究[J]．四川地质学报，2013，33(1)：49－58.

[22]张永刚，贺振华，陈洪德，等．中国典型海相礁滩储层[M]．北京：科学出版社，2011.

[23]胡伟光．礁滩储层识别与勘探[M]．北京：中国石化出版社，2016.

[24]张庆峰．四川盆地礁滩大气田地质特征与富集模式[J]．四川地质学报，2021，41(2)：259－263.

[25]马永生，牟传龙，谭钦银，等．达县－宣汉地区长兴组－飞仙关组礁滩相特征及其对储层的制约[J]．地学前缘，2007，14(1)：182－192.

[26]马永生，郭旭升，凡睿．川东北普光气田飞仙关组鲕滩储层预测[J]．石油勘探与开发，2005，32(4)：60－64.

[27]王瑞华，谭钦银，牟传龙，等．川东北地区飞仙关组鲕滩储层的主控因素[J]．石油天然气学报，

2011，33(9)：37－42.
[28]杨莹莹，李国蓉，邓勇．川东北开江－梁平陆棚两侧飞仙关组储层特征[J]．石油与天然气地质，2012，33(5)：736－742.
[29]黄彦庆，肖开华，王爱，等．川东北元坝西部须家河组二段优质储层展布特征研究[J]．沉积与特提斯地质，2023，43(3)：489－500.
[30]孙海涛，钟大康，王威，等．四川盆地马路背地区上三叠统须家河组致密砂岩储层成因分析[J]．沉积学报，2021，39(5)：1057－1067.
[31]邹才能，董大忠，杨桦，等．中国页岩气形成条件及勘探实践[J]．天然气工业，2011，31(12)：26－39，125.
[32]聂海宽，包书景，高波，等．四川盆地及其周缘下古生界页岩气保存条件研究[J]．地学前缘，2012，19(3)：280－294.
[33]胡东风，张汉荣，倪楷，等．四川盆地东南缘海相页岩气保存条件及其主控因素[J]．天然气工业，2014，34(6)：17－23.
[34]郭旭升，胡东风，文治东，等．四川盆地及周缘下古生界海相页岩气富集高产主控因素——以焦石坝地区五峰组－龙马溪组为例[J]．中国地质，2014，41(3)：893－901.
[35]金之钧，胡宗全，高波，等．川东南地区五峰组－龙马溪组页岩气富集与高产控制因素[J]．地学前缘，2016，23(1)：1－10.
[36]王学军，周勇水，彭君，等．川东北普光地区侏罗系千佛崖组页岩气重大突破[J]．中国石油勘探，2022，27(5)：52－61.
[37]郭旭升．涪陵页岩气田焦石坝区块富集机理与勘探技术[M]．北京：科学出版社，2014：1－347.
[38]王世谦，王书彦，满玲，等．页岩气选区评价方法与关键参数[J]．成都理工大学学报(自然科学版)，2013，40(6)：609－620.
[39]鲁卡・考森蒂诺．油藏评价一体化研究[M]．李阳，王大锐，译．北京：石油工业出版社，2003.
[40]刘泽容，信全麟．油藏描述原理与方法技术[M]．北京：石油工业出版社，1993.
[41]张世奇，纪有亮．油气田地下地质学[M]．东营：中国石油大学出版社，2005.
[42]陈碧钰．油矿地质学[M]．北京：石油工业出版社，1987.
[43]王杰．油藏描述技术——勘探阶段[M]．北京：石油工业出版社，2000.
[44]纪友亮，张世奇，等．陆相断陷湖盆层序地层学[M]．北京：石油工业出版社，1996.
[45]张万选．陆相地震地层学[M]．北京：石油工业出版社，1993.
[46]蔡希源，宋国奇，等．陆相盆地高精度层序地层学[M]．北京：地质出版社，2004.
[47]郭彦如，刘全兴，樊太亮，等．查干凹陷湖盆层序地层框架中的含油气系统[M]．北京：地质出版社，2003.
[48]于兴河．碎屑岩油气储层沉积学[M]．北京：石油工业出版社，2002.
[49]吕锡敏，任战利，陈启林，等．银根盆地基底构造特征及其控盆意义[J]．煤田地质与勘探，2006，34(4)：16－19.
[50]王惠民，靳涛，高志前，等．查干凹陷碎屑岩储集层特征及有利区带预测[J]．新疆石油天然气，2005，1(1)：43－47，101.
[51]祝玉衡，张文朝．二连盆地层序地层样式及油气意义[J]．石油勘探与开发，1999，26(4)：49－53，5.
[52]陈建平，刘明明，刘传虎．深水环境层序边界及体系域的划分——以银根盆地查干凹陷下白垩统为例[J]．石油勘探与开发，2005，32(1)：27－29.
[53]李文厚，周立发．苏红图－银根盆地白垩纪沉积相与构造环境[J]．地质科学，1997，32(3)：387－395.

[54]吴少波，白玉宝，杨友运．内蒙古银根盆地下白垩统沉积相[J]．古地理学报，2003，15(11)：36－43.
[55]李文厚．苏红图－银根盆地下白垩统层序地层学研究[J]．沉积学报，1997，15(3)：18－22.
[56]陈建平，何忠华，魏志彬．银额盆地查干凹陷基本生油条件研究[J]．石油勘探与开发，2001，28(6)：23－27.
[57]靳久强，孟庆任，张研，等．额济纳旗地区侏罗－白垩纪盆地演化与油气特征[J]．石油学报，2000，21(4)：13－19，119－120.
[58]卫平生，姚清洲，吴时国．银根－额济纳旗盆地白垩纪地层、古生物群和古环境研究[J]．西安石油大学学报(自然科学版)，2005，20(2)：17－21，6.
[59]王新民，李相博，郭彦如，等．银根－额济纳旗盆地改造动力与油气成藏[J]．石油实验地质，2004，26(5)：442－447.
[60]叶加仁，杨香华．银－额盆地查干凹陷温压场特征及其油气地质意义[J]．天然气工业，2003，23(2)：15－19，11.
[61]窦立荣，李建忠，方杰．利用岩石化学成分判断二连盆地形成的沉积构造环境[J]．矿物岩石，1997，17(1)：50－57.
[62]林卫东，周永章，王新民，等．银根－额济纳旗盆地天草凹陷构造－沉积体系演化及油气成藏条件分析[J]．大地构造与成矿学，2004，28(4)：444－449.
[63]杨占龙，郭精义，陈启林，等．银根盆地查干凹陷火山沉积岩岩相特征及其识别标志[J]．沉积学报，2005，23(1)：67－72.
[64]易士威，李正文，焦贵浩，等．二连盆地凹陷结构与成藏模式．石油勘探与开发[J].1998，25(2)：8－12.
[65]赵红格，刘池阳．物源分析方法与研究进展[J]．沉积学报，2003，21(3)：409－415.
[66]陈启林，杨占龙，关银录，等．银根－额济纳裂谷盆地群凹陷结构样式及对成藏的控制[J]．天然气地球科学，2005，16(5)：559－563.
[67]林卫东．查干凹陷原油地球化学特征与油源对比[J]．石油与天然气地质，2000，21(3)：249－251.
[68]赵澄林，祝玉衡，季汉成，等．二连盆地储层沉积学[M]．北京：石油工业出版社，1996.
[69]祝玉衡，张文朝．二连盆地下白垩统沉积相及含油性[M]．北京：科学出版社，2000.
[70]陈建平，王东良，秦建中，等．银根－额济纳旗盆地原油的发现及其主要地球化学特征[J]．地球化学，2001，30(4)：335－342.
[71]戴启德，纪友亮．油气储层地质学[M]．东营：石油大学出版社，1996.
[72]赵文智，杜金虎，等．石油地质综合研究导论[M]．北京：石油工业出版社，1999.
[73]吴茂炳，王新民．银根－额济纳旗盆地油气地质特征及油气勘探方向[J]．中国石油勘探，2003，8(4)：45－49，6－7.
[74]张洪安，李令喜，陈清棠，等．银额盆地油气勘探新领域、新类型及资源潜力[J]．石油学报，2024，45(1)：147－162.
[75]侯云超，樊太亮，王宏语，等．银额盆地拐子湖凹陷深层优质储层特征及形成机理[J]．沉积学报，2019，37(4)：758－767.
[76]张斌，王宏语，樊太亮，等．银额盆地拐子湖凹陷断陷早期沉积充填演化[J]．东北石油大学学报，2018，42(4)：15－26，39，5，6.
[77]卢进才，陈高潮，魏仙祥，等．内蒙古西部额济纳旗及邻区石炭系－二叠系的储集条件－石炭系－二叠系油气地质条件研究之二[J]．地质通报，2011，30(6)：827－837.
[78]赵春晨，刘护创，任来义，等．银额盆地 YHC1 井白垩系气藏形成的地质环境及其远景意义[J]．天然气地球科学，2017，28(3)：439－451.

[79]张立强，严一鸣，熊丽．白音查干凹陷下白垩统都红木组都一段砂体的差异性沉积模式[J]．油气地质与采收率，2016，23(6)：28－33.
[80]林腾飞，窦立荣，甘利灯．地震勘探技术发展历程及展望[J]．世界石油工业，2023，30(1)：57－69.
[81]印兴耀，张洪学，宗兆云．数据域五维地震资料解释技术研究现状与进展[J]．石油物探，2018，57(2)：155－172.
[82]钱荣钧．关于地震采集空间采样密度和均匀性分析[J]．石油地球物理勘探，2007，42(2)：235－243.
[83]陆基孟．地震勘探原理[M]．东营：石油大学出版社，1993：132－138.
[84]李庆忠．走向精确勘探的道路[M]．北京：石油工业出版社，1993：73.
[85]赵邦六，董世泰，曾忠，等．单点地震采集优势与应用[J]．中国石油勘探，2021，26(2)：55－68.
[86]杜喜善．叠前时间偏移高精度成像应用研究[D]．北京：中国地质大学(北京)，2015.
[87]吴迪．二维叠后偏移方法技术研究与比较[D]．西安：长安大学，2005.
[88]曹丹平．地震资料解释基础[M]．北京：石油工业出版社，2020.
[89]胡伟光．油气地震勘探[M]．北京：石油工业出版社，2017.
[90]T. R. 莱夫赫．地球物理综合解释[M]．徐怀大，译．北京：石油工业出版社，1987.
[91]贾承造，郑民，张永峰．中国非常规油气资源与勘探开发前景[J]．石油勘探与开发，2012，39(2)：129－136.
[92]邹才能，杨智，崔景伟，等．页岩油形成机制、地质特征及发展对策[J]．石油勘探与开发，2013，40(1)：14－26.
[93]赵政璋，杜金虎，邹才能，等．大油气区地质勘探理论及意义[J]．石油勘探与开发，2011，38(5)：513－522.
[94]杨智，侯连华，林森虎，等．吉木萨尔凹陷芦草沟组致密油、页岩油地质特征与勘探潜力[J]．中国石油勘探，2018，23(4)：76－85.
[95]茅绍智．微体古生物学教程[M]．武汉：中国地质大学出版社，1989.
[96]范方显．古生物学教程[M]．东营：石油大学出版社，1994.
[97]宋之琛．孢子花粉分析[M]．北京：科学出版社，1965.
[98]于洋，张艳．孢粉化石提取和扫描电镜样品制备[J]．世界地质，2021，40(3)：738－742.
[99]吴勘，宋倩倩，陈建华．孢粉化石在石油勘探中的应用[J]．石油天然气学报(江汉石油学院学报)，2009，31(4)：210－212.
[100]王从凤．油气勘查中地层古生物工作的发展[J]．石油实验地质，1990(增刊)：51－54.
[101]谢叶彩，刘春莲，商建林，等．三水盆地古近纪早期微体生物群及其古环境意义[J]．中山大学学报(自然科学版)，2008，2：114－117.
[102]陈建平，赵长毅，何忠华．煤系有机质生烃潜力评价标准探讨[J]．石油勘探与开发，1997，24(1)：1－5.
[103]戴鸿鸣．油气勘探地球化学[M]. 2 版．北京：石油工业出版社，2011.
[104]卢双舫．油气地球化学[M]．北京：石油工业出版社，2008.
[105]楚泽涵．地球物理测井方法与原理[M]．北京：石油工业出版社，2007.
[106]欧阳健．石油测井解释与储层描述[M]．北京：石油工业出版社，1994.
[107]雍世和．测井数据处理与综合解释[M]．北京：石油工业出版社，2006.
[108]测井学编写组．测井学[M]．北京：石油工业出版社，2004.
[109]王敬农．石油地球物理测井技术进展[M]．北京：石油工业出版社，2006.
[110]陈恭洋．油气田地下地质学[M]．北京：石油工业出版社，2007.

[111]何更生．油层物理[M]．北京：石油工业出版社，2011.
[112]F. J. 卢西亚．碳酸盐岩储层表征[M]．北京：石油工业出版社，2011.
[113]戴启德，黄玉杰．油气田开发地质学[M]．东营：中国石油大学出版社，2006.
[114]常俊合，张同周，许书堂，等．白音查干凹陷稠油特征及其成因[J]．西安石油学院学报，1998，13(4)：21－24.
[115]高鸿斌，王河清，户建忠．含油气系统在白音查干凹陷中的原因[J]．西安工程学院学报，1999，21(增刊)：24－26.
[116]关德范，王国力，张金功，等．成盆成烃成藏理论思维—从盆地到油气藏[M]．北京：石油工业出版社，2004：24－80.
[117]李金良，樊太亮，张岳桥．二连盆地白音查干凹陷层序地层及其油气勘探意义[J]．地质力学学报，2007，31(1)：60－69.
[118]林春明，岳信东，李艳丽，等．白音查干凹陷沉积特征研究[R]．南京：南京大学，2006.
[119]罗彩珍，田世澄，刘绍光．二连盆地白音查干凹陷构造的重新认识与勘探潜力分析[J]．石油天然气学报(江汉石油学院学报)，2009，31(5)：200－204.
[120]谈玉明，冯建辉，张云献，等．白音查干凹陷达尔其油田原油的分类与生物降解作用[J]．石油与天然气地质，2004，25(4)：437－443.
[121]张家政，赵广珍，刘喜顺，等．白音查干凹陷西部洼陷下白垩统储层特征及影响因素[J]．江汉石油学院学报，2000，22(4)：6－9.
[122]张福顺，樊太亮，王生朗，等．白音查干凹陷层序地层格架及充填样式[J]．地球学报，2003，24(2)：137－142.
[123]赵广珍，张家政，张源智，等．白音查干凹陷西洼低熟油特征及成藏规律[J]．石油勘探与开发，2001，28(5)：4－7.
[124]王华．层序地层学基本原理、方法与应用[M]．武汉：中国地质大学出版社，2008.
[125]王允诚．油气储层地质学[M]．北京：地质出版社，2008.
[126]李丕龙．陆相断陷盆地油气地质与勘探[M]．北京：石油工业出版社，2003.
[127]欧阳健．测井地质分析与油气层定量评价[M]．北京：石油工业出版社，1999.

后　记

在油田教材编制委员会统一领导下，组织编写了《油田企业强“三基”实战型培训系列教材》，本书是其中之一。本教材编写过程中，油气勘探系统领导专家高度重视，集思广益，各领域专家发挥专长，殚精竭虑，积极筹措各类参考文献，精心开展编撰工作，于2024年9月30日完成了初稿合编，2025年4月底完成统稿评审。

本教材共八部分三十五章。第一部分总论，共分为三章，由徐田武负责，汪功怀、陈发亮、任杰、陈长河、李路、范晓丽、周艳、司敏娜、陶利萍、黄佩等参与编写；第二部分东濮凹陷油气地质勘探与评价，共分为四章，由慕小水负责，高永涛、刘国庆、杨栋栋、李路、王锦、宋晓航等参与编写；第三部分川东北探区油气地质勘探与评价，共分为四章，由周凯、齐仁理负责，黄蕾、尹青、吕美霞、林燕、张青青、颜瑞晶、张宇等参与编写；第四部分内蒙古探区油气地质勘探与评价，共分为四章，由陈清棠负责，程秀申、万晶、范晓丽、司敏娜、周艳、沈秉北、苗翠芝、李凤娇、杨东民、杨玉平、付晓宁、张泽均、王乐、柯明文、陈淑鹏、王威、刘一欣等参与编写；第五部分非常规油气地质勘探与评价，共分为五章，由周杰、徐云龙、周勇水负责，尹青、齐仁理、张鹏伟、彭国桃、张旷、张旭、杨小波、赵俊省、李娜等参与编写；第六部分地震勘探技术，共分为五章，由汪功怀负责，秦广胜、周杰、李庆洋、马建波、张利红、张丽霞、姜超、张旭、张旷、彭国桃、杨小波、马静雅、张永田、王献杰、游洪文、王莉、张德生、瞿长青、张松平、国运东、孟祥羽等参与编写；第七部分地球物理测井评价技术，共分为三章，由任杰负责，焦伊丰、刘宁培、翟芳芳、李盈楠等参与编写；第八部分地质实验技术，共分为七章，由张云献负责，李红磊、周勇水、王亚明、邓已寻、李潇、张莹莹、康华、侯庆林、高志飞、杨雪等参与编写。

全文由蔡其新、汪功怀、慕小水、陈清棠、张云献、陈发亮、许书堂、齐仁理、任杰、欧阳睿、杨国臣负责统稿，李明川（中国石油大学（华东））、祖钦先、徐田武、程秀申、邓已寻、张宇、吕美霞、高峰、余海波、姜超、王锦等参与相关部分审稿工作，夏建港、廖响、董原完成合稿编辑，段金宝、张洪安、李令喜、万涛、彭君、王学军、李传强、王运所、袁波、王德波、杜浩坤、周凯等审阅，段金宝对本书终稿做最后审订。

本教材在编著过程中，受到各级领导专家的高度重视和大力支持，余传谋、李建雄、朱机灵、章胜、吴春茂、陈永浩、向俊科、刘忠亮、张玉体、刘爱永、田永敏、郭国强、胡志成、徐俊杰、王保喜、褚铁、刘爱华、李玉玲、杨玉萍、张登辉等为本教材的编审贡献了智慧和力量；编审工作得到了中原油田党委组织部(人力资源部)、油气勘探管理部、普光分公司、勘探开发研究院、物探研究院、石油工程技术研究院、油田党校(培训中心)等单位部门的大力支持，相关领域技术研究人员还提供了大量所需图表和数据，在此一并表示感谢。

本书编写委员会

2025 年 5 月